普通高等教育"十五"国家级规划教材

气体动力学基础

王新月　主编

王新月　胡春波　张堃元
陆利蓬　申振华　　编著

西北工业大学出版社

西　安

【内容简介】 本教材主要介绍了可压缩流体动力学的基本概念、基本方程和求解方法。全书共 12 章,分别介绍了流体力学的基本理论和基础知识,重点阐述了可压缩流体的属性、气动函数、超声速流中的膨胀波、激波理论以及一维定常管流理论;介绍了理想流体多维流动的动力学理论和方法,黏性流体的基本方程和附面层理论;简要介绍了势流理论、相似理论和高超声速流动的特殊问题等内容。

本书可作为高等工科院校有关专业的专业基础课教材,也可供机械、能源、船舶和化工等部门的有关工程技术人员参考。

图书在版编目(CIP)数据

气体动力学基础/王新月主编 . —西安:西北工业大学出版社,2006.5(2024.1 重印)
普通高等教育“十五”国家级规划教材
ISBN 978 - 7 - 5612 - 2142 - 6

Ⅰ. 气… Ⅱ. 王… Ⅲ. 气体动力学—高等学校—教材 Ⅳ.O354

中国版本图书馆 CIP 数据核字(2006)第 114966 号

出版发行:西北工业大学出版社
通信地址:西安市友谊西路 127 号 邮编:710072
电 话:(029)88493844 88491757
网 址:www.nwpup.com
印 刷 者:兴平市博闻印务有限公司
开 本:787 mm×1 092 mm 1/16
印 张:23.25
字 数:548 千字
版 次:2006 年 5 月第 1 版 2024 年 1 月第 13 次印刷
定 价:69.00 元

前　言

　　为了适应我国高等教育的改革和发展,满足培养面向21世纪高技术人才的需求,针对专业调整后的"飞行器动力工程"专业培养方案,我们将"流体力学基础"和"气体动力学基础"教学内容合并,以全面系统、结构合理、重点突出、例题丰富为原则,精心编写了本教材。其内容侧重介绍可压缩流体动力学的基本概念、基本方程和求解方法,故取名为《气体动力学基础》,它将为读者学习后续课程和从事本专业的工作提供扎实的基础知识。

　　本书首先讨论了流体动力学的基本概念、流体的基本属性,突出了气体的高温属性。在讨论静力学的基础上,突出了流体压强的测量方法。在对流体运动分析的基础上,一方面从一维运动和多维运动的雷诺输运定理出发,由浅入深地引出多维流动积分形式的基本方程,并将微分形式的基本方程放入单独一章(第八章)讨论,这样将重点和难点进一步分散,使得多维流动的基本方程更容易理解和学习。另一方面,由积分形式的基本方程很容易引出一维流动的基本方程,这样可以减少教学学时,更适合教学学时改革的需要。教材中详细讨论了超声速流动中的激波、膨胀波理论;详细讨论了可压一维定常管内流动。为了加强基础,拓宽专业知识面,用一章(第四章)的篇幅讨论不可压管内流动中的各种问题的处理方法和计算问题。在研究一维和二维流动的基础上,进一步讨论多维流动的流动规律、微分形式的基本方程、旋涡运动、无旋运动和势流叠加等内容,并在第十一章中介绍了量纲分析法,这是流体力学实验的基础。在此基础上,讨论了黏性流体力学的基本方程和附面层基础。最后介绍了高超声速流动的特点和有关特殊问题。

　　本教材配备有电子教案和电子教材(拟于2007年出版),以配合教师教学和学生学习之用。在电子教案和电子教材中,有内容丰富、形式多样的与本教材结合紧密的动画素材和流动显示的配套内容,为气体动力学的教学和学习提供了非常便利的条件。希望本书的出版为气体动力学教学内容和教学方法的改革提供有益的借鉴。

本书可作为高等工科院校的气体动力学课程（80～90 学时）的教科书，适用于航空、航天工程，飞行器动力工程，工程热物理，民航工程等专业，也可供机械、能源、船舶和化工等部门的有关工程技术人员参考。

本书由西北工业大学王新月主编。书中第一、二、四、五、六、七章由王新月编写；第三、十章由北京航空航天大学陆利篷和王新月编写；第八章由南京航空航天大学张堃元和王新月编写；第九章由张堃元编写；第十一章由沈阳航空工业学院申振华编写；第十二章由西北工业大学胡春波编写。全书由西北工业大学廉小纯教授担任主审，提出了许多宝贵意见，在此向廉小纯教授表示最衷心的感谢。

由于编者水平有限，对于书中出现的缺点和不足之处，恳请读者批评指正。

编著者

2006 年 2 月

主 要 符 号 表

符 号	含 义
A	面积
a	加速度
c	声速
c_f	摩擦因数
c_p	比定压热容
c_v	比定容热容
D	扩散系数
d	直径
E	弹性模量,总能量
e	单位质量流体的总能量
F	作用力,气流的冲量
H	动量矩
h	单位质量流体的焓(比焓)
h_f	沿程能量损失
h_w	总能量损失
h_ζ	局部能量损失
k	比热比
M	外力矩,偶极矩
m	质量
N	功率
p	压强
Q	热量
q	单位质量流体的热量
q_m	质量流量
q_v	体积流量
R	气体常数,单位质量流体的质量力
s	单位质量流体的熵(比熵)
T	温度
u	热力学能(内能)
V	速度
V_x,V_y,V_z	笛卡尔坐标系速度分量
V_r,V_θ,V_z	圆柱坐标系速度分量
v	体积,小扰动速度
V_*	摩擦速度

符　号	含　义
W	功,重力
Ma	马赫数
Re	雷诺数
Fr	弗劳德数
Eu	欧拉数
St	斯坦顿数
We	韦伯数
β	压缩系数,激波角,单位质量流体所具有的随流物理量
δ	壁面折转角,附面层厚度
δ^*	位移厚度
δ^{**}	动量损失厚度
Γ	速度环量
γ	重度
ε	湍流度
Ω	涡量
ω	旋转角速度
μ	动力黏度
ν	运动黏度
Φ	与流体质量有关的随流物理量,黏性耗散函数
φ	势函数
ψ	流函数
λ	速度因数,沿程损失因数,导热系数
ζ	局部损失因数
Δ	绝对粗糙度
χ	湿周长
σ	总压恢复因子

下标

cr	临界状态参数
cs	控制面
cv	控制体
d	设计值
s	系统,激波,锥面上的参数,轴功

上标

′	脉动量
*	滞止状态参数(总参数)

目　录

绪　　论

流体(气体和液体)动力学在现代科学技术中起着越来越重要的作用。无论在航空、航天、航海,还是在机械、建筑、化工、气象、海洋、生物工程和民用工程等各个领域都会涉及流体。特别是在流体机械中的应用更为广泛,例如吸气式发动机、火箭发动机、燃气轮机、风机和压缩机等都离不开流体。飞行器在大气层中的运动、船舶在海洋中的运动等都与流体息息相关。因此流体力学的内容已经涉及各个领域,它几乎是所有学科和工程技术的基础。

气体动力学的发展可分为四个阶段。

第一阶段——气体动力学的基础阶段:

19 世纪末,在气体动力学的基础发展阶段,是以工程应用背景为基础的研究阶段。该阶段是以蒸汽机和爆炸技术为背景,涉及气流的压缩性。1870 年朗金-雨贡纽导出了激波关系式;1882 年瑞典工程师发明了拉伐尔喷管;之后斯托道拉、普朗特和迈耶先后实验研究了拉伐尔喷管的流动特性。

第二阶段——可压缩流体动力学的发展阶段:

20 世纪初,随着飞机速度的不断提高,气体压缩性的影响变得更为严重,同时激波的研究也逐步成为热点。在该阶段,1908 年普朗特和迈耶提出了激波和膨胀波理论;1910 年瑞利和泰勒研究得出了激波的不可逆性;1933 年泰勒和马科尔提出了圆锥激波的数值解。之后相继出现了小扰动线化方法、特征线法等。这一时期的一系列研究成果由泰勒和马科尔于 1935 年总结为"可压缩流体动力学",为气体动力学的研究奠定了基础。

第三阶段——气体热力学的发展阶段(20 世纪 30 年代中至 50 年代末):

1935 年召开了讨论关于航空中的高速流动问题的学术大会,表明了流体力学先驱者对高速问题的关注和重视。之后,由于以喷气飞机、涡轮喷气发动机、火箭发动机等为背景的工程问题发展的需求,将空气动力学与热力学相结合。这个时期为气体热力学的发展阶段。其特点是在完全气体假设下的气体动力学理论和实验逐渐成熟。

第四阶段——气体热化学和计算流体力学的发展阶段(20 世纪 50 年代末至今):

为了解决航天飞行器等超声速及高超声速飞行中的气动力和气动热问题,解决高温流动问题,必须将化学热力学、空气动力学、化学动力学及统计物理学等相结合。目前高超声速飞行器的研究仍然是世界各国研究的热点。从 20 世纪 60 年代以来,由于计算机的发展,计算方法和计算流体动力学的发展更是突飞猛进,取得了举世瞩目的成就,解决了历史上遗留下来的一些难题,从而进一步研究解决与目前发展相适应的一系列复杂问题,例如湍流问题、非定常问题和磁流体问题等。

本书以流体为研究对象,主要研究流体的基本属性,流体的运动规律以及流体与物体之间的相互作用;重点突出气体在高速流动条件下的流动特点、运动规律。

本教材的特点是:

(1)所阐述的基本概念、理论、方法等内容紧密结合气体在航空发动机各部件内流动的多种状况,同时也给出了较多有关工程计算的算例。

书中提供了大量的计算、求解气流在航空发动机内流动的例题和习题;有不少例题是作者精心拟定的,有些例题具有重要的工程应用背景,希望通过这些例题能够使读者达到融会贯通的目的。

(2)将多维流动积分形式的基本方程与微分形式的基本方程分开讲解,目的是将难点分散,有利于初学者掌握。

(3)书中的专业术语、符号及文字采用国家标准及规范汉字。例如,对于有量纲的系数称为系数,无量纲的系数称为因数,如"速度系数"改用"速度因数"(见 GB 3101—93);"粘性"改用"黏性"(见《现代汉语词典》第 5 版,商务印书馆,2005 年)等。

第一章 流体的物理属性及流动模型

气体动力学是流体力学的一个分支,是研究气体的基本属性、可压缩气体的运动规律及其与周围物体相互作用的一门科学。按照传统的物质形态划分,气体和液体统称为流体。气体在一定的条件下,例如流速很低(气体速度比当地声速小得多)时,可以忽略其压缩性影响。

本章主要讨论流体的基本物理属性和流动模型。首先介绍连续介质模型;其次讨论流体的基本属性,主要涉及流体的压缩性、输运特性(黏滞性和导热性);最后讨论高温气体的基本属性。这些都是研究气体动力学所必须具备的基本知识。

1.1　连续介质模型

1.1.1　连续性假设

从分子物理学观点来看,任何实际流体都是由大量微小的分子或原子所组成的,而且每个分子都在不断地作无规则的热运动。对于流体运动来说,用微观的研究方法太烦琐。而流体(气体和液体)动力学则是研究流体宏观运动的,所以一般可以不考虑流体的微观结构,而把流体看做连续介质。这就是1753年物理学家欧拉提出来的连续性假设。按照这一假设,流体充满着一个容积时不留任何自由空隙,既没有真空的地方也没有分子的微观运动,即把流体看做是连绵不断的不留任何自由空隙的连续介质。这种假设称之为连续性假设。

连续介质假设带来的最大简化是:我们不必研究大量分子的微观瞬时状态,而只需研究描述流体宏观状态的物理量,如速度,压强和密度等。在连续介质中,可以把这些物理量看做是坐标和时间的连续函数,因此可以充分地应用连续函数和场论等数学工具。

连续性假设在一般的情况下都是合理的。因为气体分子的平均自由行程 l 很小,大约为几十纳米(10^{-8} m),它和所要研究的物体的特征尺寸 L 比较起来是极其微小的。即使用微米(10^{-6} m)的尺度来计量流体的特性,测得的仍然是大量分子统计平均的结果。只有到了地球的外层空间,例如在海拔 120~150 km 的高度上,空气分子平均自由行程与飞行器的特征尺寸处于同一数量级,即通常认为当 $l/L \geqslant 0.01$ 时,连续介质模型将不再适用。例如航天器在外层空间运行,由于那里的空气十分稀薄,分子运动的平均自由行程可能达几米以上,这时围绕航天器的流动空气就不能作为连续介质;再如在高真空泵中,气体分子之间的距离与真空泵的结构尺寸是可以相比拟的,这时也不能把气体看成是连续介质。本教材只讨论连续介质基础上的流体动力学问题。

1.1.2　连续介质中一点处参数的定义

下面以流体密度为例,来说明连续介质中一点处流体参数的定义。在充满连续介质的空间任取一点 P,Δv 是包含点 P 的一个微小体积元,如图 1.1(a)所示。体积元 Δv 内流体分子的总质量为 Δm,用比值 $\Delta m/\Delta v$ 表示 Δv 内流体的平均密度,用 ρ 表示。当 Δv 变化时,平均密度的变化曲线如图 1.1(b)所示。由图可以看出,开始,随着 Δv 的不断减小,由于 Δv

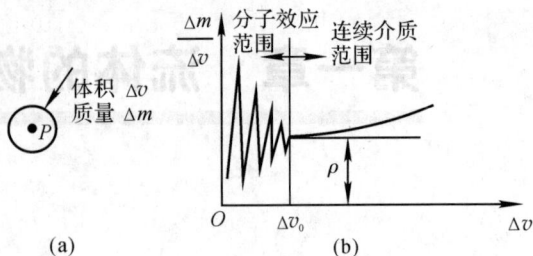

图 1.1　连续介质中一点处参数的定义

内所包含的流体在性质上愈来愈均匀,于是,ρ 随 Δv 的缩小趋近于一个渐近值。但是,当 Δv 进一步缩小到非常小,使 Δv 内只包含着少数几个分子时,由于分子进入或跑出该体积,致使平均密度随时间发生忽大忽小的变化,因而 ρ 就不可能有确定的数值。可以设想有这样一个最小的体积元 Δv_0,它与所研究物体的特征尺寸相比是微不足道的,可以看成是一个流体性质均匀的空间点,但它与分子的平均自由行程相比要大得多,它包含足够多的分子数目,使得流体密度的统计平均值有确切的意义。将这个最小体积元 Δv_0 内的平均密度定义为一点(如 P 点)处的密度,即

$$\rho = \lim_{\Delta v \to \Delta v_0} \frac{\Delta m}{\Delta v}$$

在分析流体运动时,往往要取一块具有微小特征尺寸且包含有足够多分子数目的极微小的流体团,简称流体质点。它是几何上的一个点,其大小是可以和 Δv_0 相比似的,而相对于流动空间和所研究物体的特征尺寸却是微不足道的,因而可以忽略不计。但它的大小与分子的平均自由行程相比要大得多。它含有足够多的分子数目,使得流体参数的统计平均值有确切的意义。总之,可以把流体质点看成一个流体性质均匀的空间点,而连续介质可以看成是由无限多个连续分布的流体质点所组成的。

关于连续介质中一点的温度,就是指在某瞬时与该点重合的微小流体团中所包含的大量分子无规则运动的平均移动动能的量度。

连续介质中某一点的速度,是指在某瞬时与该点重合的流体质点质心的速度。显然它不同于流体分子的运动速度。

一点处的密度和温度均是标量,而一点处的流体运动速度则是一个向量。这一点要特别注意。有关连续介质某一点处的压强的定义以后要专门讨论。

1.2　流体的压缩性与膨胀性

1.2.1　流体的压缩性

根据流体压缩性影响的大小,可以将流体的运动分为可压缩流体与不可压缩流体。通常对于大多数问题来说,因为液体难以压缩,所以认为液体是不可压缩的,而气体是可以压缩的。一般情况下,气体的密度依赖于气体的热力学状态,只有当气体的流速非常小(速度小于 0.3 倍的声速)时,才可以被看做是不可压缩的。

液体与气体主要区别在于它们的密度对其压强的依存特性,即压缩性的不同。

流体的压缩性是当流体被压缩时,压强变化而引起密度或比容发生变化的特性。流体压缩性的大小通常用压缩系数 β 来表示。其定义为在一定温度下,压强 p 升高一个单位时,流体体积 v 或密度 ρ 的相对变化量。其表达式为

$$\beta = -\frac{1}{v}\frac{\mathrm{d}v}{\mathrm{d}p} = -\frac{1}{\upsilon}\frac{\mathrm{d}\upsilon}{\mathrm{d}p} = \frac{1}{\rho}\frac{\mathrm{d}\rho}{\mathrm{d}p} \tag{1.1}$$

式中　v——原有的体积;

　　υ——比体积;

　$\mathrm{d}v$——体积的改变量;

　$\mathrm{d}p$——压强的改变量。

因为压强与体积的变化方向是相反的,故式(1.1)中有一负号。

压缩系数的倒数称为体积弹性模量 E,它是单位体积的相对变化所需要的压强增量,即

$$E = \frac{1}{\beta} = \rho\frac{\mathrm{d}p}{\mathrm{d}\rho} = -\frac{\mathrm{d}p}{\mathrm{d}v/v} \tag{1.2}$$

对于液体来讲,压缩性很小,体积弹性模量很大。例如,压强从 101 kPa 增加到 101 MPa 时,水的体积改变量还不到 5%。因此,在研究液体流动时,总是认为它们是不可压缩的。只有在特殊的情况下,例如研究水中爆破、液压冲击和高压领域等问题时,液体的可压缩性才显示出它的影响。

对于气体,流体的压缩系数和体积弹性模量的定义同样适用。但气体密度随压强的变化与热力过程有关。例如,对于等熵过程,$p/\rho^k = c$,$\mathrm{d}p/\mathrm{d}\rho = kp/\rho$,$E = kp$。对于等温过程,由状态方程,$p = \rho RT$,求导可得 $E = p$。对于空气,$k = 1.4$,当 $p = 10 \times 10^4$ Pa 时,等熵过程的 $E = 1.4 \times 10^5$ Pa,而在常温下,水的弹性模量 $E = 2.1 \times 10^9$ Pa,可见气体的弹性模量要比液体小得多,即气体的压缩性比液体要大得多。因为气体状态发生变化,其密度变化是剧烈的,因此在一般情况下,必须考虑气体压缩性影响。以后还会证明,$\mathrm{d}p/\mathrm{d}\rho$ 等于声速的平方,所以,气体的压缩性决定于它的密度和当地声速。

对于气体,当气体流速变化时,会引起气体的压强和密度发生变化。在绝能(无热量和功的交换)流动中,当气体以低速流动时,由于气流速度变化而引起的气体密度的相对变化量很小,可以把气体看做不可压缩流体来处理;而对高速气流,压缩性的影响就不能忽略,必须按可压缩流体来处理。气体在喷气发动机中的流动,一般都是高速流动。本教材的重点是研究可压缩流动。

1.2.2 流体的膨胀性

流体温度升高时,流体体积增加的特性称为流体的膨胀性。用膨胀系数 α 表示。α 定义为在压强不变的条件下温度升高一个单位时流体体积的相对增加量,即

$$\alpha = \frac{1}{v}\frac{\mathrm{d}v}{\mathrm{d}T} = \frac{1}{\upsilon}\frac{\mathrm{d}\upsilon}{\mathrm{d}T} = -\frac{1}{\rho}\frac{\mathrm{d}\rho}{\mathrm{d}T} \tag{1.3}$$

式中,T 为温度,其他符号与式(1.1)相同。

液体的膨胀系数很小,工程上一般不考虑它们的膨胀性。

对于气体,用完全气体的状态方程 $pv = RT$,可以得到压强不变时的 $\mathrm{d}v/v = \mathrm{d}T/T$,因此

$$\alpha = \frac{1}{T} \tag{1.4}$$

1.3　流体的输运性质

流体由非平衡状态转向平衡状态时物理量的传递性质称为流体的输运性质。例如,当两个流体层之间存在速度差时,通过动量的传递,速度差就会减小而使速度趋向均匀。如果流体各部分之间存在着温度差,那么通过能量的传递过程,使得温度差减小而使温度趋向均匀。流体内部就是通过这样的自发过程达到新的平衡状态的。

流体的输运性质主要指动量输运、能量输运和质量输运。从宏观上看,它们分别表现为流体的黏性、导热性和扩散性。

1.3.1　流体的黏性

黏性也是流体固有的属性之一。在流动的流体中,如果各流体层的流速不相等,那么在相邻的两流体层之间的接触面上,就会形成一对等值而反向的内摩擦力(或黏性阻力)来阻碍两流体层作相对运动。流体质点具有抵抗其质点作相对运动的性质,称为流体的黏性。

流体的黏性只有在运动流体层之间发生相对运动时才表现出来。下面举例说明流体黏性产生的物理原因。

图 1.2 表示一块平板安装在风洞的试验段中,气流沿平板板面流动。测出沿板面法线方向的气流速度分布。由图可以看出,在离开平板上方较远(距离为 δ)的地方,其流速与外部气流速度 V_0 基本相同,而愈靠近平板,速度愈小。到板面上,流体黏附在板面上其流速为零。上述流速分布说明,每一运动较慢的流体层,都是在运

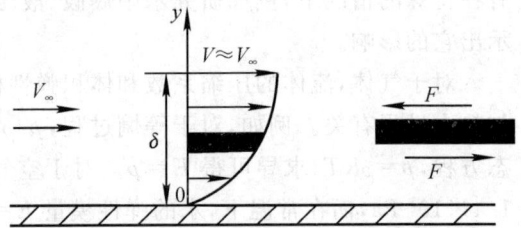

图 1.2　绕平板的黏性流动

动较快的流体层的带动下运动的,同时运动较快的流体层也受到运动较慢的流体层的阻碍,使其流速减小。这样一层一层地影响下去,就有相当多层的流体,在黏性的作用下受到阻滞而减小了流速。结果就形成如图 1.2 所示的速度分布。平板上气流速度出现上述分布情况,正是由于气体黏性作用的结果。

黏性阻力产生的物理原因是由于存在分子不规则运动的动量交换和分子间的吸引力引起的。而分子间相互吸引所产生的阻力,是由于当相邻流体层具有相对运动时,快层分子的吸引力拖动慢层,而慢层分子的吸引力阻滞快层,亦即产生了两层流体之间吸引力所形成的阻力。另一方面由于分子不规则运动时,各流体层之间互有分子迁移和掺混,快层分子进入慢层时,给慢层交换动量,使慢层加速,反之,慢层分子迁移到快层时,给快层传递动量而使快层减速。这就是分子不规则运动的动量交换所形成的阻力。由此可以看出,流体的黏性现象即是动量输运的结果。

应该指出,气体黏性影响的范围是不大的。根据实验得知,在离板面 δ 距离处,气流速度和外部气流速度 V_0 就没有明显的差别了。δ 与平板长度比较起来,只是一个很微小的量。如果平板长度以米计量的话,δ 只不过是几毫米到几十毫米而已。通常将靠近物体表面附近,速度梯度很大的薄层流体叫做附面层(或称边界层)。严格地说,要在离物面无限远处,气流速度才会等于未扰动气流的速度 V_∞(对于平板而言)。但实际中,将 $V = 0.99V_0$ 的地方作为附面

层的边界。附面层以外的流体，可以近似认为是无黏性的流体，即理想流体。

流体的内摩擦力可根据牛顿内摩擦定律确定。该定律是由实验得出来的，它的数学表达式为

$$F = \mu \frac{dV}{dy} A \tag{1.5}$$

式中　F——作相对运动的两层流体之间接触面上的内摩擦力（N）；

　　　A——接触面面积（m^2）；

　　　$\frac{dV}{dy}$——沿接触面的外法线方向的速度梯度；

　　　μ——动力黏度（Pa·s）。

对于单位面积上的内摩擦力

$$\tau = \frac{F}{A} = \mu \frac{dV}{dy} \tag{1.6}$$

式中，τ 为单位面积上的内摩擦力，称为切应力（N/m^2）。

式（1.6）适合于流体作层状流动的情况。

由式（1.6）可知，当 $\frac{dV}{dy} = 0$ 时，$\tau = 0$，即当流体层没有相对运动时，内摩擦力为零。

切应力的方向规定：当流体层被快层带动时，τ 的方向与运动方向一致，当流体层被慢层阻滞时，τ 的方向与运动方向相反。

式（1.5）和式（1.6）中的系数 μ 称为动力黏度，或简称黏度。

式（1.6）称为牛顿内摩擦定律。遵守牛顿内摩擦定律的流体称为牛顿流体，不符合该定律的称为非牛顿流体。本书仅讨论牛顿流体。水、空气和气体等本质上都是牛顿流体。

在流体力学中，黏度 μ 经常与流体密度 ρ 结合在一起，以 μ/ρ 的形式出现。所以将这个比值定义为运动黏度，并用 ν 表示之，其单位为 m^2/s，即

$$\nu = \frac{\mu}{\rho} \quad (m^2/s) \tag{1.7}$$

例如，在温度为 20 ℃时，空气的 $\nu = 0.151 \times 10^{-4}$ m^2/s，水的 $\nu = 0.1 \times 10^{-5}$ m^2/s。

黏度的大小与流体的性质和温度有关。根据实验，气体的黏度随温度的增高而增大。这是因为气体的黏性主要是由各层气体之间分子动量交换的结果。当温度升高时，分子热运动加剧，分子间动量交换加剧，因而黏度增大。而液体的黏度则随温度升高而迅速减小。这是因为液体的黏性主要是来自于分子间的内聚力。当温度升高时，液体分子间距离增大，内聚力减小，黏度降低。液体的黏度要比气体的大得多。例如，当温度 15 ℃时，空气的动力黏度仅为 1.789×10^{-5} Pa·s，而水在 20 ℃时，动力黏度则为 1.006×10^{-3} Pa·s。

实验证明，流体的黏度随着压强的增加而增加。但是当压强不太高时，压强对黏性的影响很小，所以一般不考虑压强对黏性的影响。如果使用运动黏度 ν，由于它与密度有关，所以考虑压缩性影响时，ν 与压强密切相关。因此在气体动力学中，使用更多的是动力黏度 μ。

由流体黏性的定义可以看出，只有在运动流体存在速度差时，流体的黏性才表现出来，因此对于黏度为零的流体或匀速运动的均匀流体均可以看做是无黏性流体。无黏性流体又称为理想流体。实际上，真正的理想流体是不存在的，但对于黏度很小，或速度梯度很小的流动可以看做是无黏性流动。将真实流体的流动分成不同的区域，即黏性不起主要作用和起主要作

用的区域,分别作为理想流动区域和黏性流动区域,会给问题的求解带来极大方便。

由于黏性的存在而导致流体能量的耗散,流动过程的熵发生变化。无内摩擦也就没有内耗散和损失,即理想流体的绝热流动为等熵流动。

例 1.1 旋转式黏度计由内、外圆筒构成,内筒半径为 r_1,外筒半径为 r_2,内圆筒用扭力弹簧固定不动,外圆筒以等角速度 ω 旋转,两圆筒的径向间隙为 δ_1,底面间隙为 δ_2,内、外圆筒间充入被测液体至 h 高度。如果扭力弹簧上的扭矩为 M,求被测液体的黏度。

解 因为 δ_1,δ_2 均为小量,间隙中速度成线性分布,所以径向间隙中速度梯度为

$$\frac{\mathrm{d}V}{\mathrm{d}z} = \frac{\omega r_2}{\delta_1}$$

剪应力为

$$\tau_1 = \mu \frac{\mathrm{d}V}{\mathrm{d}z} = \mu \frac{\omega r_2}{\delta_1}$$

内圆筒侧面上剪应力产生的扭矩为

$$M_1 = A\tau_1 r_1 = 2\pi r_1 h \left(\mu \frac{\omega r_2}{\delta_1} \right) r_1 = 2\pi r_1^2 \frac{\omega r_2}{\delta_1} \mu h$$

内圆筒底部的剪应力为

$$\tau_2 = \mu \frac{\mathrm{d}V}{\mathrm{d}z} = \mu \frac{\omega r}{\delta_2}$$

式中,r 为变量,由此引起的扭矩为

$$M_2 = \int \mathrm{d}M_2 = \int \tau_2 r \mathrm{d}A = \iint \mu \frac{\omega r^2}{\delta_2} r \mathrm{d}r \mathrm{d}\theta$$

即

$$M_2 = \mu \frac{\omega}{\delta_2} \int_0^{2\pi} \int_0^{r_1} r^3 \mathrm{d}r \mathrm{d}\theta = \frac{\pi}{2\delta_2} \mu \omega r_1^4$$

总扭矩 M 为

$$M = M_1 + M_2 = \frac{2\pi r_1^2 r_2 h \omega \mu}{\delta_1} + \frac{\pi r_1^4 \omega \mu}{2\delta_2}$$

可得被测流体的黏度为

$$\mu = \frac{2\delta_1 \delta_2 M}{\pi r_1^2 \omega (4 r_2 \delta_2 h + r_1^2 \delta_1)}$$

例 1.2 转轴直径 $d = 0.036$ m,轴承长度 $l = 0.1$ m,轴与轴承之间的缝隙宽度 $\delta = 0.02$ mm,其中充满 $\mu = 0.72$ Pa·s 的油。若轴的转速 $n = 200$ r/min,求克服油的黏性阻力所消耗的功率。

解 根据驱动力矩和阻力矩相等的关系,即

$$\tau_1 (2\pi r_1 l) r_1 = \tau_2 (2\pi r_2 l) r_2$$

又

$$\tau = \mu \frac{\mathrm{d}V}{\mathrm{d}y}$$

得

$$\left(\frac{\mathrm{d}V}{\mathrm{d}y} \right)_1 = \left(\frac{\mathrm{d}V}{\mathrm{d}y} \right)_2 \left(\frac{r_2}{r_1} \right)^2$$

由上式可见,缝隙中的速度梯度不是常数,但由于缝隙很小,即 $\frac{r_2}{r_1} \approx 1$,可以认为速度呈线

性分布。速度梯度为

$$\frac{\mathrm{d}V}{\mathrm{d}y}=\frac{V}{\delta}$$

式中,V 为黏附于轴表面的油的运动速度,它等于轴表面的圆周速度,即

$$V=\frac{\pi d n}{60}=\frac{\pi \times 0.036 \times 200}{60}=0.377 \ \mathrm{m/s}$$

阻力矩

$$M=\tau A r=\mu \frac{V}{\delta}\pi d l \frac{d}{2}$$

消耗的功率为

$$N=M\omega=\tau A r\omega=\mu \frac{V}{\delta}\pi l d \frac{d}{2}\frac{2n\pi}{60}=$$

$$0.72 \times \frac{0.377}{0.02 \times 10^{-3}}\pi \times 0.1 \times 0.036 \times \frac{0.036}{2}\times \frac{2 \times 200\pi}{60}=$$

$$44.6 \ \mathrm{kW}$$

1.3.2 流体的导热性

流体和固体一样也具有导热性。当流体中沿着某个方向存在着温度梯度时,热量就会由温度高的地方传向温度低的地方,这种热量传递的性质称为流体的导热性。

热量传递的方式有三种,即热传导、热对流和热辐射。热传导的物理本质与黏性类似,主要是由于不同温度的物体和流体之间、流体不同温度的各部分之间的分子动能相互传递而产生的热量传递,以及分子无规则的热运动和自由电子运动产生热量的传递。热对流是由于不同部分的分子相对位移,把热量从一处带到另一处传递的结果,因此热对流仅仅存在于运动的流体中。热辐射是流体放射出辐射粒子时,转化本身的内能而辐射出能量的现象。流体的温度越高,辐射的能力越强。

流体在管道内流动时,流体温度和管道内壁温度有差异,它们之间必然会发生热量传递。紧贴管壁处总有一薄层流体作层状流动,其中垂直于壁面方向仅有分子的能量传递,即只存在热传导,而流层以外的区域,热量的传递主要靠对流。

单位时间内通过单位面积由热传导传递的热量按傅里叶导热定律确定,即

$$q=-\lambda \frac{\partial T}{\partial n} \quad (\mathrm{W/m^2}) \tag{1.8}$$

式中 n——表面的法线方向;

$\partial T/\partial n$——沿 n 方向的温度梯度;

λ——导热系数;

负号——表示热量的传递方向与温度梯度方向相反。

气体的热传导与内摩擦有关,从微观来看,都是来源于分子的热运动。由于分子的热运动,两流体层之间有动量交换产生内摩擦力;两流体层之间有动量传递而产生热传导。所以气体的热传导系数 λ 与黏度 μ 具有内在的联系。

一般情况下的流动都是非绝热流动。为了研究问题的方便,引进了绝热流动的概念。它是指流动过程中没有热量的输入和生成,或者说流体内部的导热系数近似为零的流动。严格

的绝热流动是难以实现的。

由于气体导热系数很小,所以在气体低速流动中,除专门研究传热问题的场合外,一般都不计其热传导性质。在气体高速流动中,若温度梯度不太大,也可以作为绝热流动来处理。

液体导热系数比气体大,但当温度梯度很小时,同样也可作为绝热流动处理。

1.3.3 流体的扩散性

当流体的密度分布不均匀时,流体的质量就会从高密度区迁移到低密度区,流体的这种现象称为扩散性。在单组分流体中,由于自身的密度差所引起的扩散称为自扩散。对于两种组分的混合介质,由于各组分各自密度之间的差在组分中所引起的扩散称为交互扩散。在工程问题中,交互扩散较自扩散更为重要。

当流体分子进行动量、能量(热能)交换且伴随有质量交换时,质量输运的机理与动量、热能输运的机理完全相同。对于由双组分 A,B 所组成的混合物系统,各组分均由其各自的高密度区向低密度区扩散。假设仅考虑组分 A 在组分 B 中的扩散,则组分 A 的定常扩散率与其密度梯度和截面积成正比,单位时间每单位面积的质量流量与密度梯度成正比,即

$$w_{AB} = -D \frac{d\rho_A}{dy} \tag{1.9}$$

式中,w_{AB} 为每单位面积质量流量;D 为扩散系数,它的单位为 m^2/s,它的大小取决于压强、温度和混合物的成分。一般液体的扩散系数较气体的小几个数量级。式(1.9)即是著名的一维定常菲克第一扩散定理。

1.4 高温气体的属性

在温度十分低、压强十分高的情况下;在高温范围内出现化学离解时;在高超声速飞行器表面采用烧蚀防热时;或在燃烧产物进入边界层,形成复杂的化学反应等情况下,气体的比热、内能和焓不仅仅是温度的函数,而且还取决于压强。其结果是气体的比热比和熵将随温度和压强发生变化,描述气体的方程都会偏离完全气体的状态方程。通常把这些现象叫真实气体效应。

除了工程实践中经常遇到的蒸汽和燃烧后的气体流动问题之外,高超声速流动问题也是十分重要的。在这种情况下,空气的压强和温度可能发生剧烈的变化。在温度十分高的范围内,氧分子和氮分子的离解已占据重要的地位,甚至可能发生电离现象。

空气在不同温度范围内的物理化学特性是不同的。当温度在 600 K 以下时,空气的主要成分氮和氧分子的运动只有平动和转动。从统计热力学分析可知,此时可以把气体的比定容热容 c_v、比定压热容 c_p 以及比热比(也称绝热指数)k 看做是常数,即对于空气,有

$$c_v = \frac{5}{2}R, \quad c_p = \frac{7}{2}R, \quad k = \frac{c_v}{c_p} = 1.4$$

可见当温度小于 600 K 时,空气可以认为是完全气体。式中,R 为气体常数,其单位为 $J/(kg \cdot K)$。

当温度 T 介于 600~2 500 K 之间时,氮分子和氧分子振动自由度被激发,但是化学反应还未开始,根据统计热力学可得如下结论:

$$c_v = c_v(T), \quad k = k(T)$$

$$c_p = c_v + R = c_p(T) \tag{1.10}$$

此时,完全气体的状态方程 $p = \rho RT$ 仍然可以应用,但显然 c_v 和 c_p 不是常数,而对应的比热比也不再是常数,而是随温度在变化。图 1.3 定性地表示了空气的比定容热容随温度的变化关系。

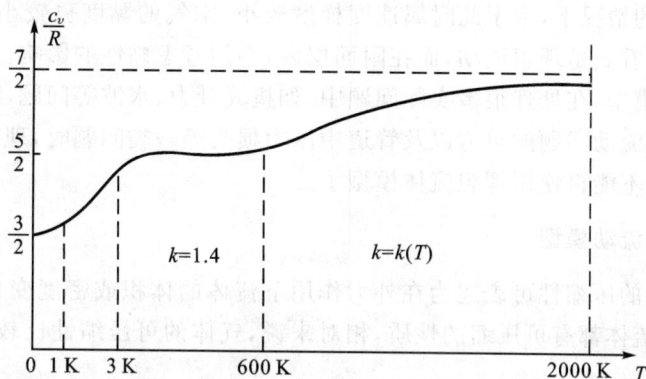

图 1.3　空气的比定容热容随温度的变化

当空气的温度在 2 500～9 000 K 之间时,氧分子和氮分子先后产生离解(当空气温度高于 2 500 K 时,氧分子分解,并生成少量的一氧化氮;当温度大于 4 000K 时,氮分子大量分解),此外空气还产生化学变化;如果温度大于 9 000 K,就会发生电离。

总之,当温度高于 2 500 K 时,空气是一种多组元、变成分、有化学反应的混合气体。此时各个组元在混合气体中所含分子量的多少,不仅取决于该系统的压力和温度,而且还与各个化学反应的速率有关,因而空气也不再是完全气体了。

关于高超声速流动的真实气体效应,将在第十二章详细讨论。

1.5　流体流动模型简介

前面几节在连续介质模型的基础上,讨论了流体的基本物理属性。在工程热力学中,已经讨论了流体的热力学性质。实际流体的物理属性是多方面的,这些物理属性对于流体的流动都有不同程度的影响。如果在处理某些特定的问题时,把所有的物理属性都考虑进去,这样会使所研究的问题更加复杂化,有些复杂问题的解甚至可能是得不到的。为了求出理论解,必须根据具体情况提出一些既能符合或接近实际,又能使问题简化的理论模型或基本假设。例如,由完全气体的假设,引入了完全气体模型,这种理论模型满足完全气体的状态方程,而对实际气体进行了简化。实际中,对于一些特定的具体问题,流体的物理属性并非都具有同等的重要性。因此,可以抓住问题的主要方面,忽略次要方面,即抓住一些起主导作用的物理属性,忽略一些处于次要地位的物理属性,设计出一个合理的理论模型。该模型既抓住了主要的物理本质,又能使问题得到简化,并能够描述现象的主要特征。可见,合理的理论模型是求解流体力学问题的关键。

1.5.1　理想流体模型(无黏性流体模型)

根据牛顿内摩擦定理,在流体的黏度足够小,而且流体流动的速度梯度不太大的情况下,剪切应力比较小,这样的流动可以忽略剪切应力,而把流体看做是理想流体,或无黏性流体。在理想流体模型中,流体微团不承受黏性力的作用。

实际流体都是有黏性的,但是对于黏度较小的流体(如水、空气等)在某些情况下,可以当做理想流体来处理。例如,在研究离开物体表面较远,即离开物体表面附面层(速度梯度较大)之外的区域内流动的情况下,由于此时属速度梯度较小,空气的黏度也较小,因而黏性应力也较小的情况,此时可看做是理想流动,而在附面层内,必须考虑黏性的影响。

采用理想流体模型,在处理很多实际问题中,如机翼升力、水波等问题,都起到了重要的作用,但在求解绕物体流动问题的阻力以及管道中压力损失等一类问题时,理想流体与实际流体有较大差别,因而就不能再使用理想流体模型了。

1.5.2　不可压流动模型

由前可知,流体的压缩性可表述为在外力作用下流体的体积或密度变化而引起流体压强变化的性质。实际流体都有可压缩的性质,相对来说,气体的可压缩性比较大,而液体的可压缩性比较小。

在解决实际问题中,为了简化,有时将流体的密度近似看为不变,即密度相对变化量 $\Delta\rho/\rho$ 很小,这样的流体称为不可压缩流体。由于液体在很大的压强作用下,密度的变化很小,所以常常将液体视为不可压缩的。但在一些特殊问题中(如水下爆炸、液体管路动态特性问题),又必须考虑液体的可压缩性。对于气体来讲,一般情况下都不能忽略气体的压缩性影响,只有在流体流动速度较小,因而所引起的 $\Delta\rho/\rho$ 较小的情况下,才可以把这样的低速流动看做是不可压缩的。对于一般气体流动问题,当流速与当地声速之比 $V/c < 0.3$ 时,认为流动是不可压的,否则就是可压的。

1.5.3　绝热流动与等熵流动模型

在工程热力学中,曾经定义过等熵过程,即可逆的绝热过程为等熵过程。

在许多流动中都伴随有传热的现象,热量的来源既可以是该部分流体与其外界之间的热交换(如在燃烧室中的加热,在管道流动中,或通过壁面的传热等),也可以是流体内部,由物理与化学作用而产生的,如化学反应将化学能转化为热能。对于没有这类热量的输入或生成,且流体内部的导热系数近似为零的流动,称为绝热流动。如果在绝热流动过程中,不存在机械能耗散,则称其为可逆的绝热流动,即等熵流动;对存在机械能耗散的绝热流动则称为不可逆绝热流动。

严格的绝热流动是难以实现的,即使没有热量从外部传入或在内部生成,流动中也会伴有不均匀的温度分布,这就会引起热传导的现象。只有当传入与生成的热量都非常小,而且热传导的影响也可略去不计时,才可以近似地认为是绝热流动;而只有忽略流体的黏性(无内摩擦也就没有内耗散和损失)与热传导的连续流动,才可以近似看做是等熵流动。

小　　结

本章讨论了连续介质模型和流体的基本属性。有关连续介质与流体质点的概念、流体的黏性、压缩性、导热性等均是研究流体运动的基础。高温气体的属性也是非常重要的。

一般情况下,液体被认为是不可压缩的,对于气体,通常必须考虑压缩性的影响。

思考与练习题

1.1 试述黏性产生的物理原因。

1.2 动力黏度 μ 随温度如何变化？

1.3 汽缸内的空气在温度为 50 ℃、压强为 2.76×10^5 Pa 时，体积为 0.35 m^3。现将空气压缩到 0.071 m^2。试问：

(1)在等温压缩过程中，新体积下的空气压强是多少？

(2)在等熵压缩过程中，压缩后的空气压强是多少？

1.4 上、下两平行圆盘，直径均为 d，间隙厚度为 δ，间隙中液体的动力黏度为 μ，若下盘固定不动，上盘以角速度 ω 旋转，求所需力矩 M 的表达式。

1.5 设空气沿平板流动，速度分布如图 1.4 所示，如果在 δ 范围内流速按抛物线规律分布：

$$V = V_\infty \left(\frac{2y}{\delta} - \frac{y^2}{\delta^2} \right)$$

当 $V_\infty = 20$ m/s，$\delta = 0.01$ m 时，试求空气对壁面所作用的摩擦切应力。已知空气的动力黏度 $\mu = 1.78 \times 10^{-5}$ Pa·s。

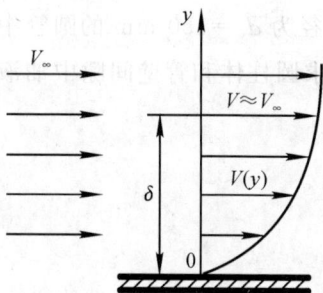

图 1.4　题 1.5 图

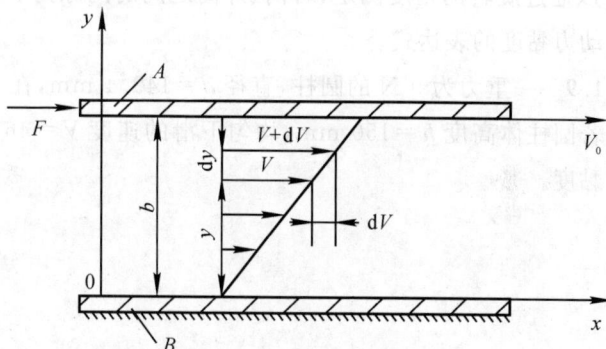

图 1.5　题 1.6 图

1.6 设在两平行板之间充满黏性流体，如图 1.5 所示，下板固定不动，而上板以等速度 V_0(设 V_0 为常数)沿 x 方向移动，若流层之间的摩擦切应力 τ 沿 y 方向为常数。试证：两平行板之间流体的速度沿 y 方向的分布为

$$V = \frac{V_0}{b} y$$

1.7 在两个平行直壁之间，有黏性流体在流动，如图 1.6 所示，沿壁面法线方向速度为抛物线分布：

$$V = V_0 \left(1 - \frac{y^2}{H^2} \right)$$

已知在中心处,速度 V_0 为 2.0 m/s,流体为空气,$\mu=1.8\times10^{-5}$ Pa·s。$H=12\times10^{-2}$ m。试求:

(1)距下壁 5.0×10^{-2} m 处的平面上的速度梯度。

(2)求该平面上的切应力。

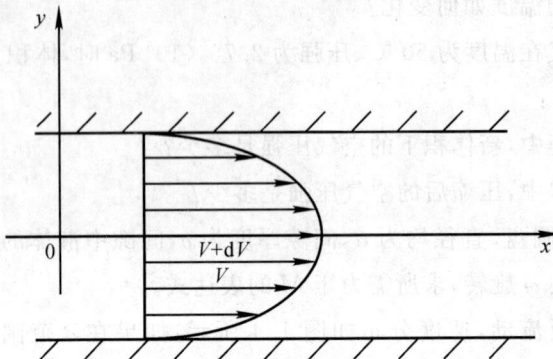

图 1.6　题 1.7 图

1.8　有一测量黏度的仪器由内、外两个同心圆筒组成,外筒以转速 $n(r/min)$ 旋转,通过内、外筒之间的油液,将力矩传递给内筒,内筒固定悬挂于一金属丝下,金属丝上所受的力矩 M 可以通过旋转的角度测定,若内、外筒之间的间隙为 $b=r_2-r_1$,底面间隙为 a,筒高为 H,求油液动力黏度的表达式。

1.9　一重力为 9 N 的圆柱,直径 $d=149.4$ mm,在一个内径为 $d_0=150$ mm 的圆管中下滑。若圆柱体高度 $h=150$ mm,均匀下滑的速度 $V=46$ m/s,求圆柱体和管壁间隙中油液的动力黏度。

第二章 流体静力学基础与基本概念

本章主要讨论流体处于静止或相对静止时的平衡规律,描述这种规律的数学关系是流体静平衡微分方程。在此基础上,讨论流体静平衡微分方程的应用,即讨论只有重力作用时以及流体在相对静止(平衡)时的平衡规律;讨论流体运动学基础及基本概念。本章讲述的这些概念是研究流体动力学所必须具备的基本知识。

2.1 作用在流体上的力及静压强的特性

任何流体的运动都是在力的作用下进行的。因此,在研究流体的运动规律时,应该首先研究作用在流体上的力。

2.1.1 作用在流体上的力

作用在流体上的力可以分成两大类:质量力和表面力。分述如下。

1. 质量力(也称为体积力)

质量力是指作用在体积 v 内每一个流体质点上的力,其大小与流体体积或质量成正比,而与体积 v 以外的流体存在无关。这类力中最常见的有重力。此外,对于非惯性坐标系,质量力还包括惯性力。例如,气体在压气机或涡轮内运动时,取与转子以相同角速度旋转的动坐标系来研究气体的运动时,就要考虑惯性力和哥氏力。

若规定用 $\boldsymbol{R}$ 表示作用在单位质量流体上的质量力, X,Y,Z 分别表示其在坐标轴 x,y,z 方向上的分量,则

$$\boldsymbol{R} = X\boldsymbol{i} + Y\boldsymbol{j} + Z\boldsymbol{k} \tag{2.1}$$

式中, $\boldsymbol{i},\boldsymbol{j},\boldsymbol{k}$ 分别表示沿坐标轴 x,y,z 方向上的单位向量。

作用在微元体积 $\mathrm{d}v$ 上的质量力为

$$\mathrm{d}\boldsymbol{F} = \rho\boldsymbol{R}\,\mathrm{d}v$$

作用在流体体积 v 上的质量力为

$$\boldsymbol{F} = \int_v \rho\boldsymbol{R}\,\mathrm{d}v \tag{2.2}$$

2. 表面力和应力

所谓表面力是指作用在所取流体表面上的力,是由与这块流体相接触的流体或物体的作用而产生的。根据连续介质的概念,这个力连续分布在所取流体表面上(见图 2.1)。在所取

流体表面 S 上点 C 附近划出一微元面积 ΔA，作用在其上的表面力为 $\Delta \boldsymbol{F}$，当微元面积 ΔA 无限减小时，比值 $\Delta \boldsymbol{F}/\Delta A$ 的极限值为

$$\boldsymbol{p}_{\mathrm{n}}=\lim_{\Delta A \to \Delta A_0}\frac{\Delta \boldsymbol{F}}{\Delta A} \qquad (2.3)$$

$\boldsymbol{p}_{\mathrm{n}}$ 表示以 $\boldsymbol{n}$ 为法向的单位面积上的表面力，常称其为表面应力。应力 $\boldsymbol{p}_{\mathrm{n}}$ 的方向一般与作用面的外法向 $\boldsymbol{n}$ 并不重合，它是空间点和坐标的函数，且与作用面在空间的方位有关。通常 $\boldsymbol{p}_{\mathrm{n}}$ 可以分解为垂直于表面的法向应力（称为正应力）和平行于表面的切向应力（称为切应力）。

式(2.3)中的 ΔA_0 是和流体质点的体积 Δv_0 可以相比拟的微小面积。

作用于整个流体表面上的表面力可表示为

$$\boldsymbol{F}=\int_S \boldsymbol{p}_{\mathrm{n}}\mathrm{d}A \qquad (2.4)$$

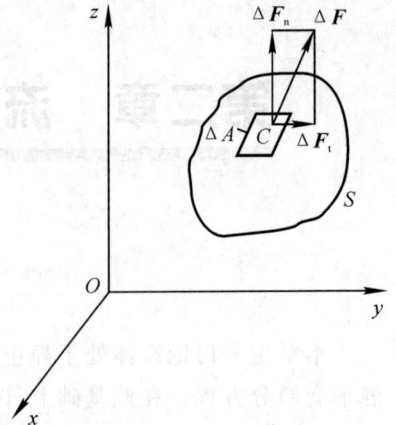

图 2.1　分析表面力示意图

2.1.2　流体静压强及其特性

在静止流体中，由于流体间没有相对运动（$\mathrm{d}V/\mathrm{d}y=0$），或者在运动的无黏性流体（忽略黏度系数 μ）中，切向力等于零，流体内部仅存在法向力。这时，作用在某点附近单位面积上的法向力就定义为该点流体的压强（法向应力），以符号 p 表示，其单位是 Pa 或 $\mathrm{N/m^2}$。

流体压强具有下列两个重要的特性：

（1）因为流体分子之间的距离比固体的大得多，一般流体抵抗拉伸的能力很小，故压强的方向永远沿着作用面的内法线方向，即压强的方向永远指向作用面。

（2）在静止流体或运动的无黏性流体中，某一点压强的数值与过该点所取作用面在空间的方位无关。下面就来证明这个问题。

首先考虑静止流体的情况（见图 2.2）。设在静止流体中，围绕点 C 取一流体体积元，并将它放大为微元体，使该微元体的顶点 C 与坐标系 $Oxyz$ 的原点重合，微元体的三个边长分别是 $\mathrm{d}x,\mathrm{d}y$ 和 $\mathrm{d}z$。因为流体没有相对运动，于是流体内的切应力等于零。作用在微元体上的力仅有质量力和表面力中的法向力（静压强）。设质量力仅有重力，且沿 z 方向的负向（图中没有标出）。由于所取的微元体无限小，可以认为作用在表面 $Cbdc$ 上各点的流体压强均匀分

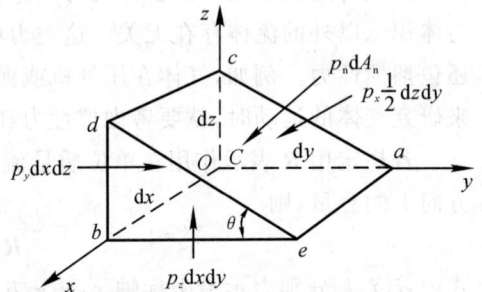

图 2.2　静止或无黏性流体上的表面力

布。因此，可以得出作用在表面 $Cbdc$ 上的法向力为 $p_y\mathrm{d}x\mathrm{d}z$。写出 y 方向的平衡方程

$$p_y\mathrm{d}x\mathrm{d}z-p_{\mathrm{n}}\mathrm{d}A_{\mathrm{n}}\sin\theta=0$$

由图 2.2 可以看出，$\mathrm{d}A_{\mathrm{n}}\sin\theta=\mathrm{d}x\mathrm{d}z$，因此 $p_y=p_{\mathrm{n}}$。

类似地，可以写出 z 方向的平衡方程为

$$p_z\mathrm{d}x\mathrm{d}y-p_{\mathrm{n}}\mathrm{d}A_{\mathrm{n}}\cos\theta-\frac{1}{2}\rho g\mathrm{d}x\mathrm{d}y\mathrm{d}z=0$$

式中,ρ 为流体的密度,且有 $\mathrm{d}A_n\cos\theta=\mathrm{d}x\mathrm{d}y$,上式可化简为

$$p_z - p_n - \frac{1}{2}\rho g\mathrm{d}z = 0$$

略去高阶小量,则有

$$p_z = p_n$$

同理,在 x 方向也可以作同样推导,最后得

$$p_x = p_y = p_z \qquad\qquad (2.5)$$

由于微元体的位置和方向是可以任选的,因此,我们已经证明了在静止流体中,一点处的压强与过该点所取作用面在空间的方位无关,即压强是各向同性的。

其次,讨论运动的无黏性流体的情况。对于运动的无黏性流体,同样可以得到式(2.5),所不同的是在质量力中多出了一项惯性力。惯性力是质量力,也是三阶无限小量,在建立动平衡关系式时,将和重力同时略去,因而可以得出和式(2.5)相同的结果。

综上所述,可得如下结论:在静止流体或运动的无黏性流体中,任一点处的压强沿各个方向都是相同的。也就是说,流体内部一点的压强大小与该点所在的作用面在空间的方位无关。因此,可以把流体压强看做是标量,即它只是空间点和时间的函数。

2.2　流体静平衡微分方程及其应用

平衡流体的最大特点是没有切应力。本节讨论静止或相对静止流体的平衡规律,并由此得到其压强分布规律。

2.2.1　流体静平衡微分方程

在惯性坐标系中,任何物体处于静止状态的必要条件是作用在物体上的外力之和以及外力矩之和均为零。现在利用力的平衡条件导出流体压强的变化规律。

在静止流体中任取一点 $A(x,y,z)$,如图 2.3 所示,围绕点 A 取一微元六面体,其表面分别与坐标面平行,点 A 在其中心,六面体边长分别为 $\mathrm{d}x,\mathrm{d}y,\mathrm{d}z$,体积为 δv,其压强为 p。

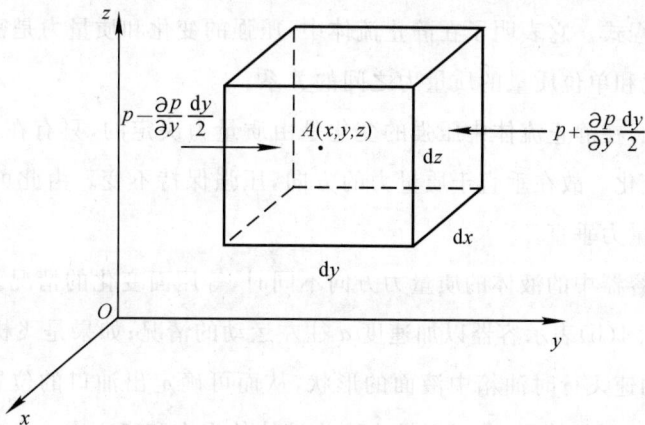

图 2.3　推导流体静平衡微分方程

作用在此微元六面体上的力有质量力和表面力。其质量力在 x, y, z 方向上的分力分别是 $X\rho\delta v, Y\rho\delta v, Z\rho\delta v$。对于静止或相对静止的流体，切向力等于零，表面力中仅有压力。所以，作用于此微元六面体的表面力分别和 6 个面垂直。沿 y 方向的表面力，只有垂直于 xOz 面的两个表面的法向力。将这两个面上的压强 p 按泰勒级数展开且保留一次项，分别为

$$p - \frac{\partial p}{\partial y} \cdot \frac{\mathrm{d}y}{2} \qquad 和 \qquad p + \frac{\partial p}{\partial y} \cdot \frac{\mathrm{d}y}{2}$$

作用在六面体上沿 y 方向的表面力则为

$$\left(p - \frac{\partial p}{\partial y}\frac{\mathrm{d}y}{2}\right)\mathrm{d}x\mathrm{d}z - \left(p + \frac{\partial p}{\partial y}\frac{\mathrm{d}y}{2}\right)\mathrm{d}x\mathrm{d}z = -\frac{\partial p}{\partial y}\mathrm{d}x\mathrm{d}y\mathrm{d}z$$

同理，可得作用于该六面体上沿 x 和 z 方向的表面力分别为

$$-\frac{\partial p}{\partial x}\delta v \qquad 和 \qquad -\frac{\partial p}{\partial z}\delta v$$

作用于此六面体上的质量力在 x, y, z 方向上的分力分别是 $X\rho\delta v, Y\rho\delta v, Z\rho\delta v$，因为流体处于平衡状态，则沿 x, y, z 方向的各力的总和应等于零。沿 x 方向则有

$$-\frac{\partial p}{\partial x}\delta v + X\rho\delta v = 0$$

或

同理可得

$$\left.\begin{aligned}\frac{\partial p}{\partial x} &= \rho X \\[4pt] \frac{\partial p}{\partial y} &= \rho Y \\[4pt] \frac{\partial p}{\partial z} &= \rho Z\end{aligned}\right\} \tag{2.6a}$$

写成向量形式则为

$$\boldsymbol{\nabla} p = \rho \boldsymbol{R} \tag{2.6b}$$

式(2.6)称为流体静平衡微分方程式，是由欧拉在 1755 年首先推导出来的，因此也称它为欧拉静平衡微分方程式。它表明了在静止流体中，压强的变化和质量力是密切相关的，描述了静平衡时压强、密度和单位质量的质量力之间的关系。

由式(2.6)可见，在静止流体中压强的变化是由质量力决定的，只有在质量力不等于零的方向，才有压强的变化。故在垂直于质量力的方向，压强保持不变。由此可以推论，在静止流体中的等压面和质量力垂直。

图 2.4 表示当容器中的液体的质量力方向不同时，等压面变化的情况。图 2.4(a)表示只有重力的情况；图 2.4(b)表示容器以加速度 a 往左运动的情况；如果是飞机的油箱，则从图可以看出，飞机水平加速飞行时油箱中液面的形状，从而可确定出油口的位置。图 2.4(c)表示容器以角速度 ω 转动时的情形，此时惯性力则为液体的重力和离心力 $r\omega^2$ 之合力。半径 r 愈

大,惯性离心力也愈大,这时等压面是个抛物面。

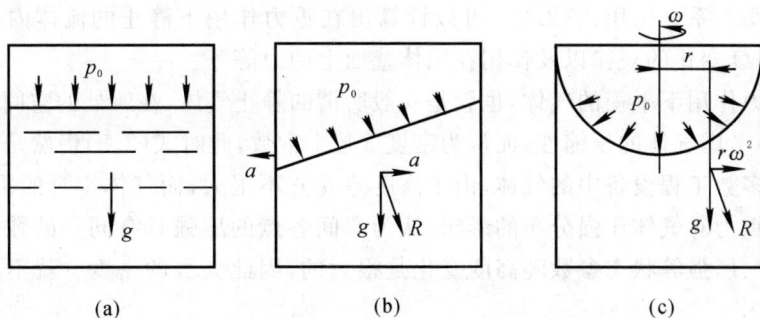

图 2.4　质量力与等压面的关系

2. 2. 2　重力作用下流体内部的压强

在一般情况下,静止流体只受到重力作用。现在来讨论在这种情况下压强变化的规律。此时,图 2.3 所示的微元六面体所受的质量力只有重力,显然,单位质量流体的质量力为 g,其方向垂直向下,与图 2.3 中所选择的 z 方向相反。因此,单位质量流体的质量力在各个坐标轴方向的分量为

$$X=0,\quad Y=0,\quad Z=-g$$

代入式(2.6a),得

$$\frac{\partial p}{\partial x}=0,\quad \frac{\partial p}{\partial y}=0,\quad \frac{\partial p}{\partial z}=-\rho g$$

由此可见,压强 p 只是密度 ρ 和坐标 z 的函数,而与 x,y 无关。则可得

$$\frac{\mathrm{d}p}{\mathrm{d}z}=-\rho g$$

或

$$\mathrm{d}p=-\rho g\mathrm{d}z \tag{2.7}$$

这就是流体静力学的基本关系式。

在重力作用下平衡的液体,可以认为是不可压缩的,即 $\rho=$ 常数。对式(2.7)两边积分可得

$$p=-\rho gz+C=-\gamma z+C$$

或

$$p+\gamma z=C \tag{2.8}$$

式中,$\gamma=\rho g$ 为液体的重度;C 是积分常数,由给定的边界条件决定。

通常说明液体内部某一点的位置时,总是以这一点在液体自由表面以下的深度来说明的。因此,引用深度 h 的零点在液体的自由表面上,方向向下,如图2.5所示。这时式(2.8)就变为

$$p=\gamma h+C$$

如果在液面($h=0$)上的压强 p_0 为已知,则可求得积分常数 $C=p_0$,则

$$p=p_0+\gamma h \tag{2.9}$$

可见,在重力作用下,液体内部的压强随深度的增加按线性规律变化。液体中任一点处的压强均由两部分组成。一部分是液体自由

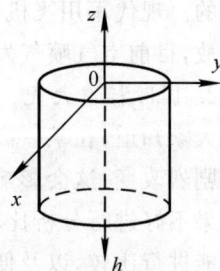

图 2.5　静止流体中的压强

表面上的压强 p_0；另一部分是该点附近单位面积上液体柱的重量 γh。它清楚地表明了压强和重力之间的平衡关系。运用式(2.9)，可以计算出在重力作用下静止的流体内部任一点的压强、压强沿着深度变化的规律以及作用在固体壁面上的力等等。

对于在重力作用下平衡的气体，也就是一般所谓的静止气体，在所处的空间不是十分大的情况下，可以不考虑气体的压缩性，而认为密度 ρ 是个常数，此时式(2.9)仍然是适用的；此外，对于存在于大多数工程设备中的气体，由于高度差 h 并不很大，而气体本身的重度 γ 又很小，故可以不考虑重力对气体压强分布的影响，认为空间各点的压强具有同一的数值。但对于大气来说，其密度、压强等状态参数随高度变化是很大的，因此大气的密度 ρ 就不再作为常数看待了。

2.2.3　大气结构与国际标准大气

1. 大气结构

围绕在地球表面的一层空气，叫做大气层。由于重力场的作用，空气在大气层中的分布是不均匀的，靠近地面的空气较稠密，离开地面越远就越稀薄，最后逐渐过渡到宇宙空间。

大气层内部情况随高度不同而异，通常把它分成几层来研究。

在靠近地面的一层是对流层。这一层占据了大气的大部分质量（约占 3/4）。这一层空气受地面的加热和起伏不平的影响，处于不断运动的状况，有水平方向和垂直方向的风，同时还会发生像云、雨、雪、雷、电等现象；空气的密度、压强、温度等参数不断改变，且可随高度的增大而减小。对流层的平均高度可取为 11 km。

高度从 11～24 km 为同温层（或平流层），这层的特点是空气的温度几乎不变，平均等于 $-56.5\ ℃(216.5\ \text{K})$。这一层中的空气没有垂直方向的流动，而只有水平方向的流动，所以同温层又叫平流层。

在高度 24～85 km 之间为中间大气层。这一层气温变化比较强烈，先随高度增大而增大，然后随高度增大而减小。

电离层由 85 km 一直延伸到 800 km 的高空。此层空气已电离，导电性较大，可以反射无线电波，而且空气较稀薄，太阳光线辐射作用较强，气温随高度的增加迅速增高。

越过 800 km 以上是外层大气，是过渡到宇宙空间的区域，此层空气极其稀薄。

一切以空气中的氧气作为氧化剂进行燃料燃烧的发动机都只能在大气层中工作，以此类发动机为动力的飞机只能在大气层中飞行，因而大气的情况对于飞机和发动机的研究是十分重要的。现代军用飞机只能在对流层和平流层中飞行。至于更高的高度，由于空气过于稀薄的缘故，目前空气喷气发动机还不能在那样稀薄的大气中工作。

2. 国际标准大气

大家知道，在某一高度上，大气的温度、压强、密度等参数会随纬度、地区、季节和昼夜等因素而剧烈改变，这会影响到飞机的飞行性能或发动机的工作性能，从而对在试飞或试车时所得的结果不好进行分析比较。为了便于整理飞行试验或试车数据，便于对同类型飞机或发动机的性能进行比较，以及便于作设计计算，国际航空界共同规定了一种国际标准大气。国际标准大气主要是按照中纬度地区各季节中大气的平均值定出的。其具体规定如下所述。

(1)空气被看做是完全气体。

(2)大气的相对湿度为零。

(3)以海平面作为高度计算的起点 $H=0$，$T_0=288.15$ K，$p_0=1.013\,25\times10^5$ Pa，$\rho_0=1.225$ kg/m^3。

(4)在高度 $H=11\,000$ m 以下，气温随高度呈直线变化，高度每升高 1 m，气温下降 0.006 5 K，即

$$T=288.15-0.006\,5H \tag{2.10}$$

式中　T——对流层中任一高度上的大气温度(K)；

　　　H——高度(m)。

(5)在高度 $H=11\,000\sim24\,000$ m 的范围内，气温保持不变，此时，$T=216.5$ K。

根据上述规定，由流体静力学知识和完全气体的状态方程式就可以计算出大气压强和大气密度随高度的变化规律。由式(2.7)可得在流体内部某点压强随高度 H 的变化关系式为

$$\mathrm{d}p=-\rho g\mathrm{d}H$$

用完全气体的状态方程式 $p=\rho RT$ 等号两边分别除上式两边，得

$$\frac{\mathrm{d}p}{p}=-\frac{g}{RT}\mathrm{d}H$$

将 $T=288.15-0.006\,5H$ 代入上式，积分后得

$$\ln p=\frac{g}{0.006\,5R}\ln(288.15-0.006\,5H)+C \tag{a}$$

当 $H=0$ 时，有 　　　　　$p=p_0=1.013\,25\times10^5$ Pa

解得 　　　　　$C=\ln p_0-\frac{g}{0.006\,5R}\ln 288.15$

代入式(a)，得

$$\frac{p}{p_0}=\left(1-\frac{0.006\,5H}{288.15}\right)^{\frac{g}{0.006\,5R}} \tag{2.11}$$

同理，对同温层 $T=216.7$ K，也可得到

$$\frac{p}{p_1}=\mathrm{e}^{\left[\frac{g(H_1-H)}{216.7R}\right]} \tag{2.12}$$

式中，p_1，H_1 分别为对流层上界的压强和海拔高度。

有了温度和压强随高度的变化规律后，就可算得大气的密度 ρ 随高度的变化规律。列成表格，就是国际标准大气表(见附录表 1)。只要给出海拔高度，就可查到相应该高度大气的状态参数。

国际标准大气表给出了各国设计、实验有关航空产品的统一标准。各国、各厂生产的航空发动机的性能都是以国际标准大气为基准给出的。

2.3　流体的相对平衡

我们已经研究了静止流体中的压强分布。对于等加速运动的流体，如果每个流体质点与其直接相邻的质点之间没有相对运动，流体的运动像刚体运动一样，则可以将坐标系与加速运动的流体相固连，此时流体处于相对平衡状态，且流体内各处的切应力为零，仍可以用静平衡微分方程式(2.6)来研究其压强分布规律。下面以两个具体的例子来说明。

2.3.1　直线等加速运动

考虑一个沿直线作等加速运动的载有液体容器的小车,如图 2.6 所示。加速度 $\boldsymbol{a}$ 为

$$\boldsymbol{a}=a\cos\theta\boldsymbol{i}-a\sin\theta\boldsymbol{k}$$

将坐标系与小车固连,则在此非惯性坐标系中,质量力由两部分组成:重力及惯性力,即单位质量的质量力为

$$\boldsymbol{R}=-a\cos\theta\boldsymbol{i}+(a\sin\theta-g)\boldsymbol{k}$$

根据式(2.6),得

$$\frac{\partial p}{\partial x}=-\rho a\cos\theta$$

$$\frac{\partial p}{\partial y}=0$$

$$\frac{\partial p}{\partial z}=\rho a\sin\theta-\rho g$$

图 2.6　直线等加速运动的液体

即
$$\mathrm{d}p=-\rho a\cos\theta\mathrm{d}x+(\rho a\sin\theta-\rho g)\mathrm{d}z \tag{2.13a}$$

积分式(2.13a),得

$$p=-\rho ax\cos\theta-\rho z(g-a\sin\theta)+C \tag{2.13b}$$

式中,C 为积分常数。

由式(2.13b)可以看出存在下述几种情况。

1. 等压面为倾斜平面

在等压面上压强为常数,故由式(2.13b)可得等压面方程为

$$z+\frac{a\cos\theta}{g-a\sin\theta}x=常数 \tag{2.14}$$

即等压面是斜率为 $-a\cos\theta/(g-a\sin\theta)$ 的平面。

2. 自由液面为倾斜平面

由于自由液面上的压强 p_{a} 为常数,故自由液面为等压面,而且也是倾斜平面。

对于过零点的自由液面,其边界条件可写成 $(p)_{\substack{x=0\\z=0}}=p_{\mathrm{a}}$,代入式(2.13b)得到 $C=p_{\mathrm{a}}$,故压强分布可写成

$$p=p_{\mathrm{a}}-\rho(g-a\sin\theta)\left(\frac{a\cos\theta}{g-a\sin\theta}x+z\right) \tag{2.15}$$

由此可求出自由液面方程,即 $p=p_{\mathrm{a}}$ 的平面为

$$z_0=-\frac{a\cos\theta}{g-a\sin\theta}x \tag{2.16}$$

将式(2.16)代入式(2.15),得

$$p=p_{\mathrm{a}}-\rho(g-a\sin\theta)(z-z_0) \tag{2.17}$$

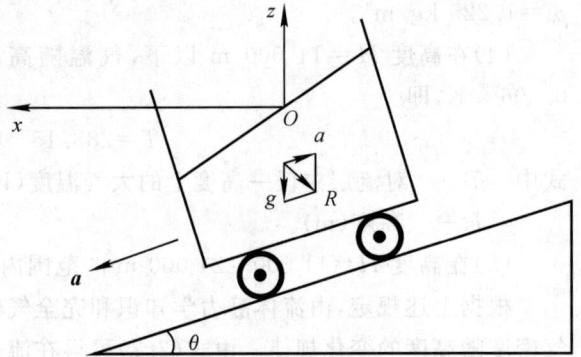

若令 $h = z_0 - z$，则式(2.17)可写成

$$p = p_a + \rho(g - a \sin \theta)h \tag{2.18}$$

式中，h 为自由液面下方液体的深度，如图 2.7 所示。

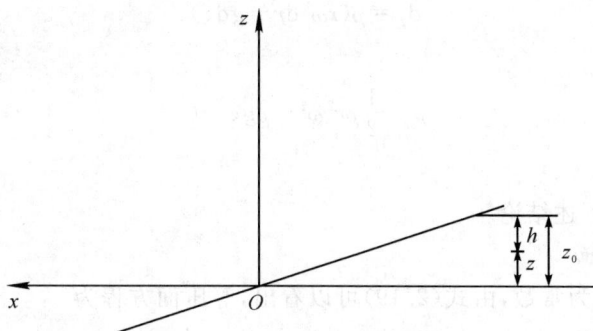

图 2.7　自由液面下方的深度

3. 两种不同液体的分界面为等压面

图 2.8 中所示的两种密度不同而又不相混的流体处于平衡时，可以证明，它们的分界面必为等压面。

在分界面上任取相邻两点，设这两点的压强差为 $\mathrm{d}p$，则由式(2.13a)，得

$$\mathrm{d}p_1 = \rho_1[(-a \cos \theta)\mathrm{d}x + (-g + a \sin \theta)\mathrm{d}z]$$

$$\mathrm{d}p_2 = \rho_2[(-a \cos \theta)\mathrm{d}x + (-g + a \sin \theta)\mathrm{d}z]$$

式中，$\theta = 0$。由以上两式可得

图 2.8　两种液体的分界面为等压面

$$\frac{\mathrm{d}p_1}{\rho_1} = \frac{\mathrm{d}p_2}{\rho_2}$$

要使该式成立，则必有 $\mathrm{d}p_1 = \mathrm{d}p_2 = 0$，可见分界面为等压面。

综上所述，在直线等加速坐标系中，相对静止液体的等压面、自由液面、分界面均为倾斜的平面。

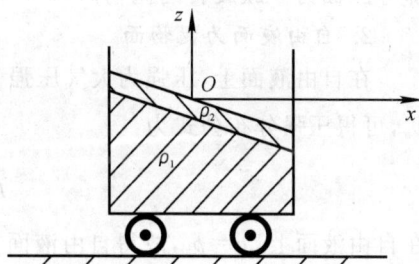

2.3.2　等角速度旋转容器中液体的平衡

图 2.9 所示为盛有液体的开口容器，绕某一固定轴作等角速度转动。此时，相对于容器而言，液体处于相对平衡。

在相对坐标系中，各点的加速度为

$$a = -r\omega^2 i_r$$

式中，i_r 为柱坐标沿 r 方向的单位向量。

由于液体旋转时有向心加速度，因此质量力有重力和离心力，即

$$R = r\omega^2 i_r - g i_z$$

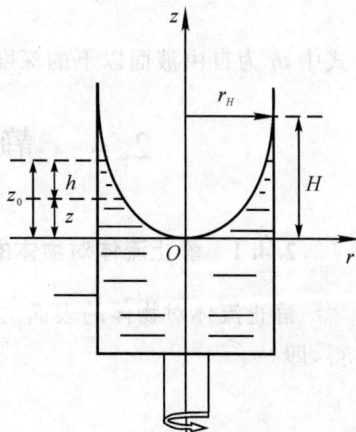

图 2.9　旋转容器中液体的平衡

由方程式(2.6),得

$$\frac{\partial p}{\partial r}=\rho r\omega^2, \quad \frac{\partial p}{\partial z}=-\rho g, \quad \frac{\partial p}{r\partial\theta}=0$$

所以

$$\mathrm{d}p=\rho(r\omega^2\mathrm{d}r-g\mathrm{d}z)$$

积分上式,可得

$$p=\frac{1}{2}\rho r^2\omega^2-\rho gz+C \tag{2.19}$$

式中,C 为积分常数。

由式(2.19)可得下述结论。

1. 等压面为抛物面

在等压面上,压强为常数,由式(2.19)可以看出,等压面方程为

$$z=\frac{\omega^2}{2g}r^2+\text{常数} \tag{2.20}$$

即等压面为一族旋转的抛物面。

2. 自由液面为抛物面

在自由液面上,压强为大气压强 p_a,则边界条件可写成 $(p)_{\substack{z=0\\r=0}}=p_a$,代入式(2.19),得 $C=p_a$,可得压强分布公式为

$$p=p_a-\rho g\left(z-\frac{r^2\omega^2}{2g}\right) \tag{2.21}$$

在自由液面上,$p=p_a$,故得自由液面方程为

$$z_0=\frac{r^2\omega^2}{2g} \tag{2.22}$$

可见,液面上升的高度与角速度的平方成正比,ω 越大,液面升得也越高。当 $r=r_H$ 时,液面升到最高点,此时 $H=\frac{r_H^2\omega^2}{2g}$,由此可得到角速度 $\omega=\frac{\sqrt{2gH}}{r_H}$。可通过测定 H,直接求出旋转角速度 ω,且 ω 与流体种类无关。

将式(2.22)代入式(2.21),得

$$p=p_a-\rho g(z-z_0)=p_a+\rho gh \tag{2.23}$$

式中,h 为自由液面以下的深度,$h=z_0-z$,如图 2.9 所示。

2.4　静止流体对平面和曲面的作用力

2.4.1　静止流体对物体的作用力

静止流体对物体的表面力的合力,可以通过对整个表面上各面积元表面力的积分而获得,即

$$F=\int_A p\mathrm{d}A=\int_A(p_a+\gamma h)\mathrm{d}A \tag{2.24}$$

式中　　p_a——自由液面上的压强;

　　　　h——物体离开自由液面的深度。

2.4.2　静止流体对平面的作用力

如果一水平平板位于液体下深度为 h 处,则作用在物体表面一侧的力,由式(2.24),可得

$$F = \int_A (p_a + \gamma h)\,\mathrm{d}A = (p_a + \gamma h)A \tag{2.25}$$

如果任意形状的平板倾斜放置在液体中,如图 2.10 所示,该平板垂直于纸面,与水平面之夹角为 θ,液体自由表面的压强等于大气压强 p_a,试求作用于平板上的合力及其合力的作用点。

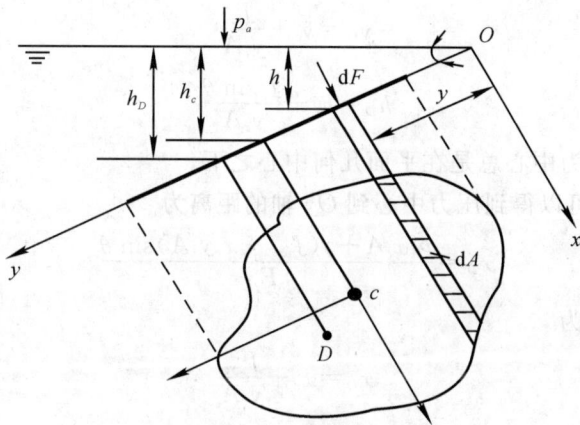

图 2.10　作用于倾斜平板上的力

为研究方便起见,假设将平板绕 Oy 轴旋转 $90°$,使它与图面重合,就能显示平板的形状。

在平面上取一微面积 $\mathrm{d}A$,液体作用于此微元面积上的压力为 $p\mathrm{d}A$,作用在整个平板上的压力为

$$F = \int_A p\,\mathrm{d}A = \int_A (p_a + \gamma h)\,\mathrm{d}A$$

积分上式,便可得到作用在整个平面上的合力,即

$$F = \int_A (p_a + \gamma y\,\sin\,\theta)\,\mathrm{d}A = p_a A + \gamma\,\sin\,\theta\int_A y\,\mathrm{d}A$$

式中, $\int_A y\mathrm{d}A$ 为平板面积 A 对 Ox 轴的面积静矩,它等于 $y_c A$, y_c 是平板的形心 c 与 Ox 轴间的距离,所以

$$F = p_a A + \gamma h_c A = p_c A \tag{2.26}$$

式中, h_c 是几何中心 c 在自由液面下的深度, $p_c = p_a + \gamma h_c$。

由式(2.26)可见,作用力 F 的大小等于平板面积 A 和平板形心 c 处的绝对压强 p_c 之积,而与平板倾斜角 θ 无关;作用力的方向与平板垂直。

下面再研究合力作用点(压力中心)的计算方法。设作用点为 D。根据平行力系对某轴的力矩之和应等于合力对同一轴力矩的原理,先对 Ox 轴取矩,得到

$$F y_D = \int_A y\,\mathrm{d}F = \int_A (p_a + \gamma h)y\,\mathrm{d}A = p_a\int_A y\,\mathrm{d}A + \gamma\,\sin\,\theta\int_A y^2\,\mathrm{d}A$$

式中,$\displaystyle\int_A y^2 dA$ 是平面对 Ox 轴的惯性矩,以 J_x 表示。又根据平行移轴定理,$J_x = J_c + y_c^2 A$,J_c 是平面面积对通过其几何中心 c 并与 Ox 轴平行的轴 x' 的惯性矩(附录表 7 列出了几种常见平面的惯性矩)。将这些关系代入上式,得出

$$y_D = \frac{p_a y_c A + \gamma \sin\theta(J_c + y_c^2 A)}{(p_a + \gamma y_c \sin\theta)A} = y_c + \frac{J_c \gamma \sin\theta}{(p_a + \gamma y_c \sin\theta)A}$$

如果仅需求出相对压强 γh 作用在面积 A 上的合力作用点(即相对压力中心)时,可由上式令 $p_a = 0$(不考虑自由液面的压强)得到,即

$$y_D = y_c + \frac{J_c}{y_c A} \tag{2.27}$$

$$h_D = h_c + \frac{J_c \sin\theta}{y_c A} \tag{2.28}$$

式(2.28)表明,压力中心总是在平面几何中心之下。

再对 Oy 轴取矩,可以得到压力中心到 Oy 轴的距离为

$$x_D = \frac{p_a x_c A + \gamma(J_{xyc} + x_c y_c A)\sin\theta}{F}$$

对于相对压力中心,则为

$$x_D = x_c + \frac{J_{xyc}}{y_c A} \tag{2.29}$$

式中,$J_{xyc} = J_{xy} + x_c y_c A$,$J_{xy} = \displaystyle\int_A xy\,dA$ 是平面惯性积,J_{xyc} 是平面对通过 c 点且平行于 Ox 和 Oy 轴的惯性积。

2.4.3　静止流体对曲面的作用力

设流体作用在柱形曲面 AB 上,如图 2.11 所示,那么,静止的流体对曲面 AB 的作用力如何计算呢?

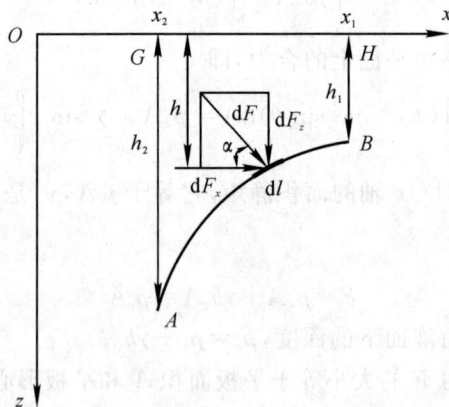

图 2.11　作用于曲面上的力

在曲面 AB 上取一微元面积 dA,它距流体的自由表面深度为 h。显然曲面 AB 各点只受流体沿内法线方向的压强作用,其大小为

$$p = p_a + \gamma h \tag{a}$$

在 AB 上取一微元长度 $\mathrm{d}l$，曲面的高度为 b，则微元面积 $\mathrm{d}A=b\mathrm{d}l$。若作用在 $\mathrm{d}A$ 上的合力为 $\mathrm{d}F$，则

$$\mathrm{d}F=p\mathrm{d}A=pb\mathrm{d}l \tag{b}$$

$\mathrm{d}F$ 在 x 方向的分量为

$$\mathrm{d}F_x=\mathrm{d}F\cos\alpha=pb\cos\alpha\mathrm{d}l=pb\mathrm{d}h$$

所以

$$F_x=\int_{h_1}^{h_2}pb\mathrm{d}h=\int_{h_1}^{h_2}(p_\mathrm{a}+\gamma h)b\mathrm{d}h=p_\mathrm{a}b(h_2-h_1)+b\gamma\frac{h_2^2-h_1^2}{2}=b(h_2-h_1)\left(p_\mathrm{a}+\gamma\frac{h_2+h_1}{2}\right)$$

式中，$b(h_2-h_1)=A_x$ 为曲面 AB 在 zOy 面上的投影，而 $\dfrac{h_2+h_1}{2}$ 则为 A_x 面的几何中心在自由液面下的深度 h_c，则

$$F_x=(p_\mathrm{a}+\gamma h_c)A_x \tag{2.30}$$

即静止液体作用在柱形曲面 AB 上的合力在水平方向的分量等于柱面在该方向的投影面积与该面积几何中心压强的乘积。也就是对柱面 AB 作用力的水平分量等于某一个垂直平板上所受的作用力。这个平板就是柱面 AB 在 yOz 坐标面上的投影。而水平分力的大小和压力中心的位置根据 2.4.2 节即可确定。如果柱形曲面是封闭的，则 $A_x=0$，因此 $F_x=0$。

将式（a）代入式（b），可得柱面 AB 所受的表面力在铅垂方向上的分力，即

$$\mathrm{d}F_z=\mathrm{d}F\sin\alpha=(p_\mathrm{a}+\gamma h)\mathrm{d}A_z=p_\mathrm{a}\mathrm{d}A_z+\gamma h\mathrm{d}A_z$$

$$F_z=\int_{x_2}^{x_1}(p_\mathrm{a}+\gamma h)b\mathrm{d}x$$

积分后，得

$$F_z=p_\mathrm{a}A_z+\gamma v \tag{2.31}$$

式中，v 为压力体的体积。

静止流体对柱面 AB 的作用力沿铅垂方向上的分力可分为两个部分。一部分是由于自由液面上的压强 p_a 所引起的压力 $p_\mathrm{a}A_z$；另一部分则是曲面上方压力体内流体的重力 γv。前者作用力合力的中心在 A_z 的面积中心，而后者则通过体积 v 中流体的重心。值得注意的是，压力体的体积 v 是指具有压强 p_a 的自由表面和曲面 ab 间所包围的体积。它可以是充满了流体的体积，也可以是假想的体积。当曲面所受的垂直作用力 F_z 向下时，压力体的体积等于曲面上方液体的体积，此时压力体称为实压力体，如图 2.12(a) 所示。当 F_z 是向上时，这时曲面上方并没有液体，此时压力体的体积仍等于曲面上方的体积 abc。这种情况下的压力体称为虚压力体，如图 2.12(b) 所示。

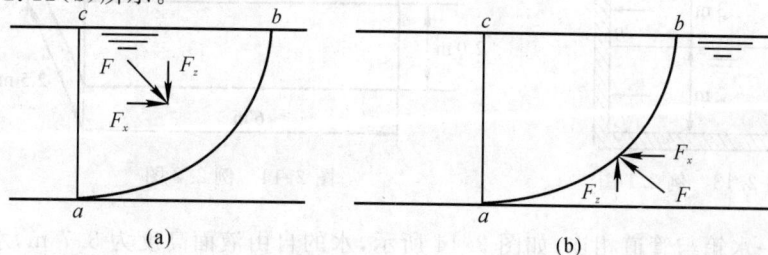

图 2.12　曲面所对应的压力体的体积
(a)实压力体；(b)虚压力体

例 2.1 如图 2.13 所示,水箱内装有水和油,油的重度为 7.8×10^3 N/m³,求作用在 1.2 m 宽的侧面 ABC 上的合力。

解 作用在 ABC 上的合力可由 AB 和 BC 两部分所受的力合成。因水箱周围和自由液面上均受大气压强的作用,所以只需要考虑相对压强的作用。

AB 面上的作用力 F_1 为

$$F_1 = \gamma_1 h_{c_1} A_1 = 7.8 \times 1.5 \times 3 \times 1.2 \times 10^3 = 42.12 \text{ kN}$$

BC 面上的作用力 F_2 为 BC 面形心处的压强与面积 A_2 的乘积,即

$$F_2 = (\gamma_1 \times 3 + \gamma_2 \times 1) A_2 = [(3 \times 7.8 \times 10^3) + 9.810 \times 10^3 \times 1](2 \times 1.2) = 79.7 \text{ kN}$$

总的合力

$$F = F_1 + F_2 = 42.12 + 79.7 = 121.8 \text{ kN}$$

设 F_1 的作用点离开自由液面深度为 h_{D_1},则有

$$F_1 h_{D_1} = \int_{AB} ph \, dA = \int_0^3 1.2 \gamma_1 h^2 \, dh = 1.2 \gamma_1 \times \frac{1}{3} \times 3^3 =$$

$$10.8 \times 7.8 \times 10^3 = 84.24 \text{ kN} \cdot \text{m}$$

$$h_{D_1} = \frac{1}{F_1} \int_{AB} ph \, dA = \frac{84.24 \times 10^3}{42.12 \times 10^3} = 2 \text{ m}$$

F_2 的作用点离两种液体交界面的距离为 h',则 F_2 的作用点离开自由液面的深度为

$$h_{D_2} = 3 + h'$$

根据

$$F_2 h' = \int_{BC} pL \, dA = \int_0^2 (3\gamma_1 + \gamma_2 L) L (1.2 dL) =$$

$$\int_0^2 3.6 \gamma_1 L \, dL + \int_0^2 1.2 \gamma_2 L^2 \, dL = 87.552 \text{ kN} \cdot \text{m}$$

得

$$h' = \frac{1}{F_2} \int_{BC} pL \, dA = 87\,552 / 79\,700 = 1.098\,5 \text{ m}$$

所以

$$h_{D2} = 4.098\,5 \text{ m}$$

合力作用点

$$h_D = \frac{F_1 h_{D_1} + F_2 h_{D_2}}{F} = 3.373\,5 \text{ m}$$

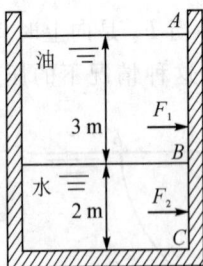

图 2.13 例 2.1 图

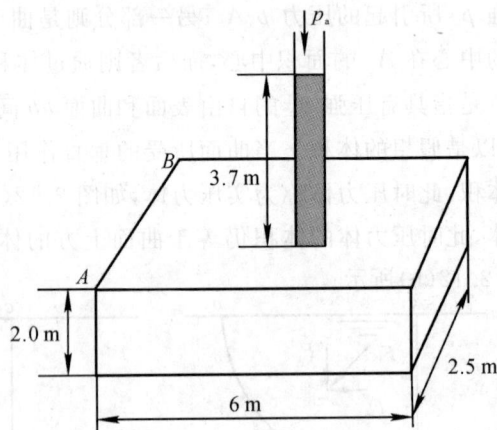

图 2.14 例 2.2 图

例 2.2 一水箱与管道相连,如图 2.14 所示,水的自由液面高度为 3.7 m,水箱底面宽度为 2.5 m,水箱高度为 2.0 m,管道截面积 $A = 0.1$ m²,忽略水箱与管道的重量。试计算:

(1)作用在水箱底面上的合力;

（2）作用在水箱侧面 AB 上的合力及作用点；

（3）水的总重力，分析为什么与水箱底面上的合力不相等。

解　（1）由于水箱底面上的压强是均匀的，因此合力为

$$F = \gamma h A = 9\,810 \times 5.7 \times 6 \times 2.5 = 839 \text{ kN}$$

（2）水箱侧面的几何中心在自由液面下的深度为 $h_c = 4.7$ m，因此所受作用力为

$$F = \gamma h_c A = 9\,810 \times 4.7 \times 2 \times 2.5 = 230 \text{ kN}$$

作用点到自由液面的距离为

$$h_D = h_c + \frac{J_c}{y_c A} = 4.7 + \frac{2.5 \times 2^3 / 12}{4.7 \times 2 \times 2.5} = 4.77 \text{ m}$$

（3）水的总重力

$$G = \gamma v = 9\,810 \times (6 \times 2 \times 2.5 + 3.7 \times 0.1) = 298 \text{ kN}$$

与（1）相比可以看出，水箱底面上所受的合力 F 与水的总重力 G 不相等，原因是水箱上壁所受流体向上的作用力 F' 为

$$F' = \gamma h A = 9\,810 \times 3.7 \times (2.5 \times 6 - 0.1) = 541 \text{ kN}$$

因此

$$F - F' = 839 - 541 = 298 = G$$

2.5　流体静压强的测量原理

2.5.1　绝对压强、相对压强和真空度

以绝对真空为基准的压强称为绝对压强。绝对压强总是正值，状态方程中所使用的压强就是绝对压强 p。

压强常用压强表和真空表来测量。压强表用于测量高于大气压的压强，称为表压强 p_{gage}；真空表用于测量低于大气压的压强，称为真空度 p_{va}。一般用这类测压计所测得的压强（如 p_{gage}，p_{va}）是实际压强与当地大气压强的差值，称为相对压强，即

$$p_{gage} = p - p_a$$

$$p_{va} = p_a - p$$

2.5.2　流体静压强的测量

压强测量是流体力学实验技术中最基本的测量技术。不仅压强本身是表征流体运动过程的重要参数，而且流速、流量等参数的测量，也往往转换为压强测量问题。因此，压强测量几乎成为每一项流体力学实验所不可缺少的项目。从被测压强的性质来看，压强的测量可分为静态压强（稳定压强）和动态压强（非稳定压强）的测量。静态压强的测量是指流体压强不随时间而变，或者变化很慢，称其为常规测量。动态压强是指流体压强随时间快速变化，或周期性变化，它是研究非定常流动所必须进行的特殊测量项目。

在流体力学实验中，测量压强的范围非常广泛，可以由负压到中、高压。在这样宽的压强范围内，需要采用各种类型的测压计。

压力指示仪有各种各样的结构形式。按被测压强高低，可以分为压强表、真空表和压力传

感器。它们多数是利用金属的弹性变形来度量压强大小的。

各种压力表、真空表和压力传感器都必须进行校准和标定,这些测压计在出厂前和使用了一段时间后都须进行校准,以保证测量精度。测压计按其转换原理的不同,大致可分为液柱式压力计、弹性式压强表、活塞式压强表和电压式压强表等。

1. 液柱式压力计

液柱式压力计基本原理是将被测压强转换成液柱高度差进行压力测量的,用于测量低压、负压或压力差。常用的液柱式压力计有单管式测压计、U 形管测压计和斜管测压计等。

(1)单管式测压计:单管式测压计是最简单的液柱式测压计。通常由一根内径大于 5 mm 的直玻璃管组成。玻璃管一端直接连在盛有液体的压力容器上,另一端与大气相通,如图2.15 所示。若液体在玻璃管内上升的高度为 h,液体的重度为 γ,则容器中 A 点的压强为

$$p_A = p_a + \gamma h$$

用单管式测压计测量压强简单、准确。但其缺点是只能用来测量液体的压强,而不能用来测量气体的压强,而且容器内压强必须大于大气压强,否则空气被抽吸进容器;同时也不能用来测量很高的压强,否则测压管很长,用起来很不方便。

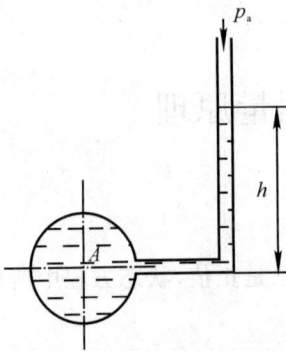

图 2.15　单管式测压计　　　　　　图 2.16　U 形管测压计

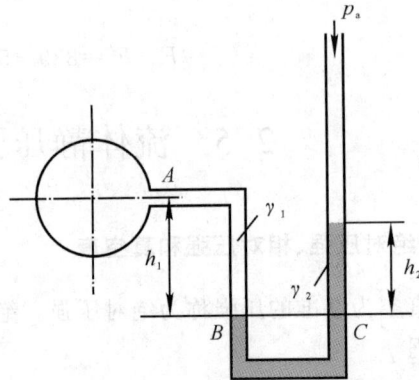

(2)U 形管测压计:U 形管测压计的一端与大气相通,另一端连接到所要测量压强的容器上,如图 2.16 所示。U 形管测压计克服了单管式测压计的缺点。它的优点是既可以测量液体的压强,也可以测量气体的压强(因为 U 形管中的液体可将被测流体与大气隔开)。如果被测流体的压强较小时,U 形管中装较轻的液体,如水或酒精。当被测流体的压强较大时,U 形管中装较重的液体,如水银。

当多个 U 形管并联使用时,其压强计算较为复杂,但只要注意在连通的同一种静止液体中,如果两点高度相同,则它们的压强也相等。由此可以建立 A(见图 2.16)点压强与大气压强之间的关系,即

$$p_A + \gamma_1 h_1 = p_a + \gamma_2 h_2$$

如果被测流体是气体,则由于气体重度 γ_1 比液体重度小得多,可以略去 $\gamma_1 h_1$ 项,得

$$p_A = p_a + \gamma_2 h_2$$

U 形管测压计还可以用来测量两点间的压强差,即构成所谓的 U 形管差压计如图 2.17 所示。U 形管两端分别连接在容器 A 和 B 上。用 U 形管差压计可测量任意两点之间的压强差,由图 2.17 可知,C,D 面是等压面,因此可得

$$p_A + \gamma_1 h_1 = p_B + \gamma_2 h_2 + \gamma_3 h_3$$

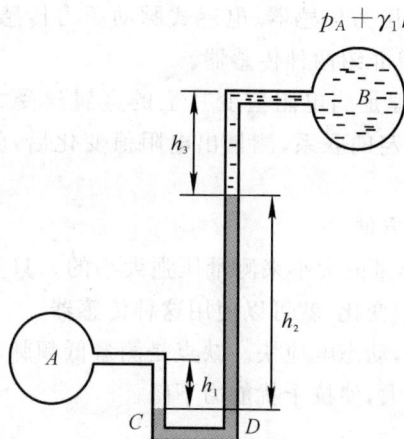

图 2.17　U 形管差压计

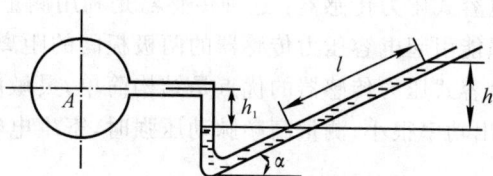

图 2.18　斜管测压计

于是 A, B 两点的压强差为 $p_A - p_B = \gamma_2 h_2 + \gamma_3 h_3 - \gamma_1 h_1$。需要注意的是,在高精度测量过程中,要考虑温度对液体密度的影响。

(3) 斜管测压计:为了提高测量精度,对于微小压强的测量,可以将测压管倾斜放置,即利用斜管测压计将读数放大。图 2.18 所示为斜管测压计,倾斜管一端和容器 A 相接,另一端与大气相通,测压管倾斜角为 α,容器内的压强为

$$p_A + \gamma_1 h_1 = p_a + \gamma_2 l \sin \alpha$$

即
$$p_A = p_a - \gamma_1 h_1 + \gamma_2 l \sin \alpha$$

斜管测压计常用来测量气体的压强,根据图中几何关系,得

$$\frac{l}{h} = \frac{1}{\sin \alpha}$$

可见,l 比 h 放大了 $\dfrac{1}{\sin \alpha}$ 倍,α 愈小,l 愈长,从而提高了读数和测量精度。

2. 弹性式压强表

弹性式压强表是利用弹性元件在受到压强作用下产生压缩和伸长变形的原理来测量压强大小的。它用于测量稳态压强,可以用来测量中等或较高的压强。这类压强表的形式有管环式、弹簧式和隔膜式等。这类压强表的测量精度和灵敏度不太高,且不能测量脉动压强的变化。

3. 活塞式压强表

此种压强表是一种标准的压强测量仪表。它是将被测压强转换成活塞上所加的平衡砝码的重量进行压强测量的。

4. 电压式压强表

电压式压强表是将被测压强转换成各种电量进行压强测量的。这是一种采用电测技术对流体压强进行测量的方法。

在发动机实验中,压强测量点数越来越多,要迅速准确地记录这些数据,液柱式压强计及弹性式压强表是难以实现的。这就需要采用压力传感器。

压力传感器是利用电子元件制成的传感器,它将压强的变化转变成电量(如电压、电容、电流或电感等)的变化,然后经过相应的换算而求得压强的变化值。这类传感器可以测量脉动压

强。常见的传感器有电阻应变式压力传感器、电容式压力传感器、电感式脉动压力传感器、电压式压力传感器和压阻式压力传感器等。下面仅简单介绍两种传感器。

电阻应变式压力传感器：这种传感器的工作原理是当电阻应变片上的金属丝受力变形时，其电阻值发生变化的大小与被测压强之间建立一定的联系，测量出电阻值变化后，就可求出被测压强的大小。

电阻应变式压力传感器的优点是结构简单，使用方便。

电容式压力传感器：这种传感器是利用测量电容量的大小来测量压强大小的。只要使所测压强能引起电容压力传感器的两极板间的距离发生变化，就可以使用这种传感器。

电容式压力传感器的优点是结构简单，灵敏度高，动态响应快。缺点是测量低频脉动压强时，输出功率很小；测量高频脉动压强时，寄生电容较大，使抗干扰能力下降。

小　　结

连续介质与流体质点的概念、流体的黏性、压缩性和导热性等是研究流体运动的基础。

作用在流体上的力可分为两类，即质量力和表面力。当流体处于静平衡（静止流体）和相对平衡（流体质点作等加速运动或等角速度旋转）时，导致剪切应力处处为零。因此作用在流体上的力只有质量力和压强（垂直于表面的力）。

静止流体或运动的无黏性流体中，任意一点的压强具有两个重要特点：

（1）任意一点处的压强都是各向同性的，因此压强是时间和空间坐标的标量函数，而与作用面在空间的方位无关；

（2）压强的方向永远沿着作用面的内法线方向。

流体静平衡微分方程为

$$\boldsymbol{V}p = \rho \boldsymbol{R}$$

对于静平衡流体，如果质量力只有重力，则压强随高度变化为

$$\frac{\mathrm{d}p}{\mathrm{d}z} = -\rho g$$

对于作等加速度直线运动或等角速度转动的流体，如果没有流体之间的相对运动，仍可以运用流体静平衡微分方程。

对于等加速直线运动，在相对坐标系中，其等压面、自由液面和分界面均为倾斜平面。

对于等角速度旋转的液体，在转动坐标系中，其等压面、自由液面和分界面均为抛物面。

静止流体对任意平板的作用力 F 的大小等于平板面积 A 和平板形心 c 处的绝对压强 p_c 的乘积，即 $F = p_c A = (p_a + \gamma h_c)A$，而与平板的倾角 θ 无关，其方向与平板垂直。

静止流体对柱面的作用力在水平方向上的投影 F_x 等于作用在投影平面 A_x 上的作用力。在铅垂方向上的分力为

$$F_z = p_a A_z + \gamma v$$

式中，v 为压力体的体积。

思考与练习题

2.1 思考流体静平衡微分方程的意义。

2.2 有一油槽车在水平轨道上作等减速运动,其减加速度 $a=0.02$ m/s^2。试求此车油罐内油的自由液面倾斜角。

2.3 如图 2.19 所示,其中 $\rho_1=850$ kg/m^3,$\rho_2=1\,000$ kg/m^3,$h_1=15$ cm,$h_2=7.0$ cm。试求 A 点的相对压强。

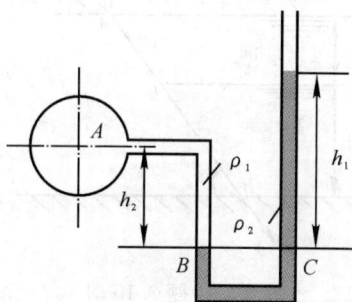

图 2.19 题 2.3 图

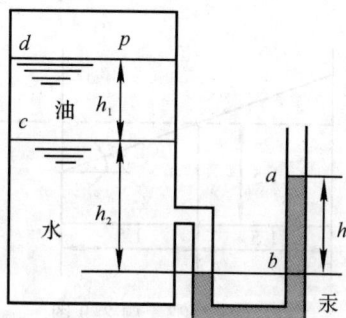

图 2.20 题 2.4 图

2.4 图 2.20 所示的封闭容器中盛有 $\rho=800$ kg/m^3 的油,$h_1=300$ mm,下面为水,$h_2=500$ mm,测压管中汞柱液面的读数 $h=400$ mm。试求封闭容器中油面相对压强 p 的大小。

2.5 直径为 $d=0.2$ m,高度为 $h=0.1$m 的圆柱形容器,装水 2/3 容量后,绕垂直轴旋转。求:

(1)自由液面达到顶部边缘时的转速;

(2)自由液面达到底部中心时的转速。

2.6 半径 $r=15$ cm,高 $H=50$ cm 的圆柱形离心分离器,充水深度 $h=30$ cm,容器绕圆柱中心线以等角速度 ω 旋转。求圆柱以多大的极限角速度旋转时,才能不使水从容器中溢出。

2.7 一根横截面面积为 1 cm^2 的管子连在一个容器的上面(见图 2.21)。容器的高度为 $h_1=1$ cm,横截面积为 100 cm^2,今把水注入,使水到容器上部的深度为 $h_2=99$ cm。问:

(1)水对容器底面的作用力是多大?

(2)系统内水的重力是多少?

(3)解释(1)和(2)中求得的数值为何不同。

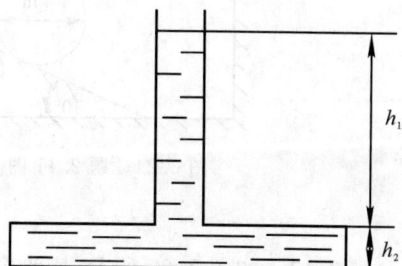

图 2.21 题 2.7 图

2.8 在海平面上海水密度 $\rho_0 = 1\,024\ \text{kg/m}^3$,求海洋 8 000 m 深处的压强(表压)。假设:

(1)海水是不可压缩的;

(2)海水是可压缩的,其中弹性摸量 $E = 2.34 \times 10^9\ \text{Pa}$。

2.9 一矩形水箱长 3 m,自由液面离箱底 1.5 m(见图 2.22)。如果水箱以加速度 $a = 3\ \text{m/s}^2$ 作水平运动,试确定自由液面与水平面之间的夹角以及作用在箱底的最小压强与最大压强。已知流体密度 $\rho = 1\,000\ \text{kg/m}^3$。

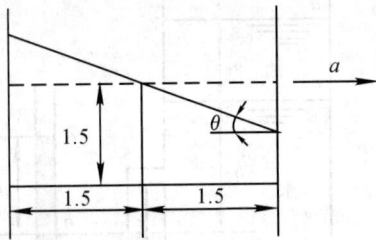

图 2.22 题 2.9 图

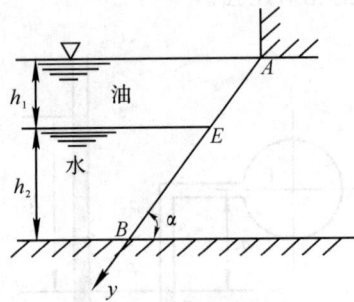

图 2.23 题 2.10 图

2.10 如图 2.23 所示,巨型闸门 AB,宽 1 m,左侧油深 $h_1 = 1$ m,水深 $h_2 = 2$ m,油的重度 $\gamma = 7.84\ \text{kN/m}^3$,闸门的倾角 $\alpha = 60°$。求闸门上的流体总压力及作用点的位置(平板右侧受大气压强的作用)。

2.11 计算图 2.24 所示水平圆柱体每 1 m 长度上的流体作用力。

(1)若圆柱体左侧是限制在密闭容器中的气体,容器内气体表压强为 35 kPa;

(2)若圆柱体左侧是具有自由表面的水。计算时计及圆柱体右侧大气压强的作用。

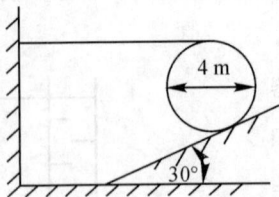

图 2.24 题 2.11 图

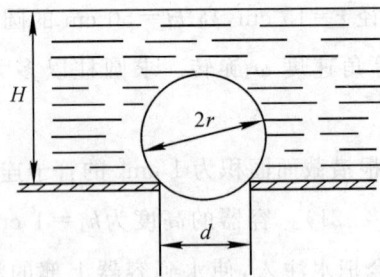

图 2.25 题 2.12 图

2.12 如图 2.25 所示,盛水容器底部开有 $d = 5$ cm 的孔,用空心金属球封住,球重力 $G = 2.45$ N,$r = 4$ cm,水深 $H = 20$ cm。求升起该球所需的力。

2.13　盛有水的圆桶（见图 2.26），以角速度 ω 绕自身轴旋转，试问：ω 超过多大值时可露出桶底？设水的初始高度为 h。

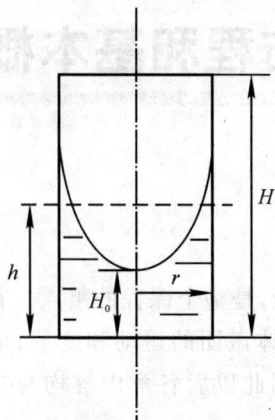

图 2.26　题 2.13 图

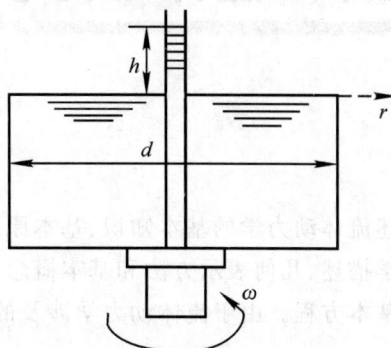

图 2.27　题 2.14 图

2.14　一圆柱形容器，其顶盖中心装有一敞口的测压管，如图 2.27 所示，容器装满水，测压管中的水面比顶盖高 h，容器直径为 d。当它绕自身中心轴以角速度 ω 旋转时，试问：顶盖受到液体向上的作用力有多大？

2.15　在水下竖壁上有一半圆柱形的穴腔，半径 r，长 L，轴线在水面下 H 处，$H>r$，如图 2.28 所示，水的密度是 ρ。求水对腔壁的铅垂方向的力及水平方向的力。

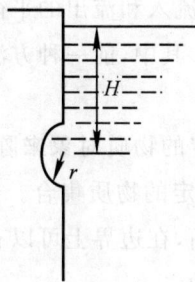

图 2.28　题 2.15 图

第三章 流体动力学基本方程和基本概念

本章讲述流体动力学的基本知识、基本原理和基本方程,是整个课程的重点。首先讨论流体运动的数学描述、几何表示方法和基本概念;其次讨论流体微团的运动和变形;最后讨论流体动力学的基本方程。由于流体动力学涉及的内容广泛,因此以后各章内容均与本章内容有一定的联系。

3.1 描述流体运动的两种方法及基本概念

3.1.1 系统和控制体

在分析流体运动时,主要有两种方式。一种是描述流场中每一个点的流动细节,另一种是针对一个有限区域,通过研究某物理量流入和流出的平衡关系来确定总的作用效果,如作用在这个区域上的力、力矩、能量交换等等。其中,前一种方法也称为微分方法,而后者则被称为积分方法或"控制体"方法。

力学的基本物理定律都是针对一定的物质对象来陈述的。在流体力学中,这个对象就是系统(System)。所谓系统,是指某些确定的物质集合。系统以外的物质称为环境。系统的边界定义为把系统和环境分开的假想表面,在边界上可以有力的作用和能量的交换,但没有质量的通过。系统的边界随着流体一起运动。

在流体动力学中,因为流体运动的复杂性,对于任何有限长的时间,很难确定流体系统的边界,因此,采用系统的分析方法一般情况下是比较困难的。在实际研究中,人们往往需要研究的是某一个特定的流动区域,在这个区域中流体和所研究的对象发生作用,例如,建筑物受到的风载、活塞受到的流体压力、飞行物的升力和阻力等等。因此提出了控制体的分析方法。所谓控制体(control volume),是指流体流过的、固定在空间的一个任意体积,占据控制体的流体是随时间改变的,控制体的边界称为控制面(control surface),它总是封闭的表面。通过控制面,可以有流体流入或流出。在控制面上可以有力的作用和能量的交换。引入了控制体的概念后,在分析问题时,就可以把注意力放在所确定的控制体上,研究流体流过控制体时诸参数的变化情况,以及控制体内流体与控制体外物质的相互作用。根据所研究对象的运动情况,控制体主要有三种类型,分别为静止、运动和可变形,其中,前两种控制体为固定形状,如图3.1

所示。本书主要考虑刚性的、没有运动的控制体。

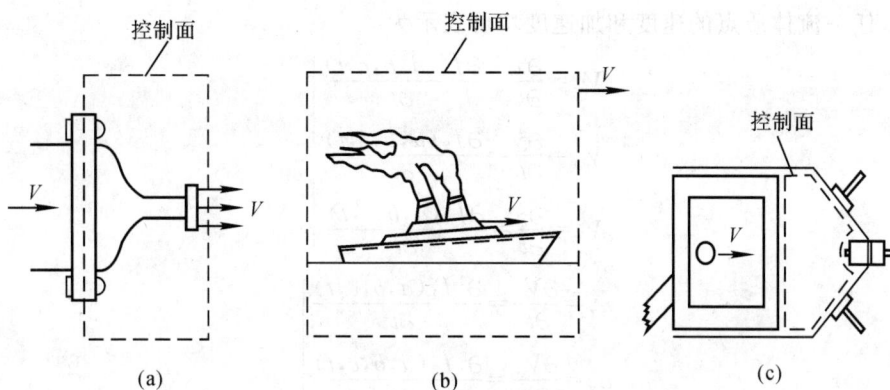

图 3.1 固定、运动和可变形的控制体

(a)固定控制体；(b)以船速运动的控制体；(c)汽缸内的变形控制体

3.1.2 描述流体运动的两种方法

在理论力学中,以质点、质点系和刚体为研究对象,在流体力学中,以流体为研究对象。由于流体无固定的形状,因而研究流体要复杂得多。对于表征运动流体的各物理量,诸如流体质点的速度、加速度、压强、密度、温度等统称为流体的流动参数。描述流体的运动即是要研究流体流动参数随时间和空间的变化规律。要研究流体运动,就要解决用什么方法描述流体的运动问题。这就是下面要解决的问题。

目前,研究流体运动有两种不同的观点,因而形成两种不同的方法。一种方法是从分析流体各个质点的运动着手,即跟踪流体质点的方法来研究整个流体的运动,称之为拉格朗日法；另一种方法则是从分析流体所占据的空间中各固定点处流体的运动着手,即设立观察站的方法来研究流体在整个空间里的运动,称其为欧拉法。

1. 拉格朗日(Lagrange)法

用拉格朗日法研究流体运动时,着眼点是流体质点。其实质就是研究个别流体质点的速度、加速度、压强和密度等参数随时间 t 的变化,以及由某一流体质点转向另一流体质点时这些参数的变化,然后再把全部流体质点的运动情况综合起来,就得到整个流体的运动情况。此法实质上就是质点动力学研究方法的延续。

通常利用初始时刻流体质点的坐标来标注不同流体质点的坐标。设初始时刻流体质点的坐标是(a,b,c),不同的(a,b,c)代表不同的流体质点。显然质点的空间位置不但与时间有关,而且还与该质点起始时刻的空间位置有关。于是 t 时刻任意流体质点的位置在空间的坐标可表示为

$$\left.\begin{array}{l} x=f_1(a,b,c,t) \\ y=f_2(a,b,c,t) \\ z=f_3(a,b,c,t) \end{array}\right\} \tag{3.1}$$

式中,(a,b,c)称为拉格朗日坐标,(a,b,c,t)称为拉格朗日变数。拉格朗日变数是各自独立的,质点的初始坐标(a,b,c)与 t 无关,t 仅影响运动坐标、速度和加速度。显然,流体质点不管什么时候运动到哪里,拉格朗日坐标并不改变。

当 (a,b,c) 一定时,式(3.1)代表某个流体质点的运动轨迹,代表 t 时刻流体质点所处的位置。因此,任一流体质点的速度和加速度均可表示为

$$
\left.
\begin{aligned}
V_x &= \frac{\partial x}{\partial t} = \frac{\partial f_1(a,b,c,t)}{\partial t} \\
V_y &= \frac{\partial y}{\partial t} = \frac{\partial f_2(a,b,c,t)}{\partial t} \\
V_z &= \frac{\partial z}{\partial t} = \frac{\partial f_3(a,b,c,t)}{\partial t}
\end{aligned}
\right\}
\tag{3.2}
$$

$$
\left.
\begin{aligned}
a_x &= \frac{\partial V_x}{\partial t} = \frac{\partial^2 f_1(a,b,c,t)}{\partial t^2} \\
a_y &= \frac{\partial V_y}{\partial t} = \frac{\partial^2 f_2(a,b,c,t)}{\partial t^2} \\
a_z &= \frac{\partial V_z}{\partial t} = \frac{\partial^2 f_3(a,b,c,t)}{\partial t^2}
\end{aligned}
\right\}
\tag{3.3}
$$

式中采用求偏导数是因为 f_i 同时是时间 t 和质点标号(即质点初始位置坐标 (a,b,c))的函数,而在求导数时要求 a,b,c 不变,即求导是针对同一流体质点所作的。

用拉格朗日方法来研究流体运动时,由于该方法研究的是各个流体质点的运动,对于由无穷多个流体质点所构成的流体来说,往往会遇到数学上的困难,所以一般很少采用,只有在研究像流体的波动、振动等某些问题时才使用。

2. 欧拉(Euler)法

采用欧拉法研究流体运动,其着眼点是流场中的空间点即着眼于控制体。其实质是研究运动流体所占空间中某固定空间点流体的速度、压强和密度等物理量随时间的变化,以及找出任意相邻空间点之间这些物理量的变化关系,即分析由空间某一点转到另一点时流动参数的变化,从而得出整个流体的运动情况。可见,用欧拉法不需要注意各个流体质点的运动过程,而是研究运动流体所占空间各点的流体参数的变化;研究一切描述流体运动的物理参数在空间的分布,即研究各流动参数的场,如速度场、压强场、密度场等向量场和标量场。所以,数学中的连续函数和场论知识是欧拉法的强有力的工具。

在欧拉法中,用流体质点的空间坐标 (x,y,z) 与时间变量 t 来表达流体的运动规律,(x,y,z,t) 叫欧拉变数。欧拉变数不是各自独立的,因为流体质点在场中的空间位置 x,y,z 与时间 t 有关,不同的时间 t,流体质点有不同的空间坐标。因此,对于任一个流体质点的位置变量 x,y,z 都是时间 t 的函数,即

$$
\left.
\begin{aligned}
x &= x(t) \\
y &= y(t) \\
z &= z(t)
\end{aligned}
\right\}
\tag{3.4}
$$

设 V_x,V_y 和 V_z 分别代表流体质点的速度 V 在 x,y,z 轴上的分量,则

$$
\left.
\begin{aligned}
V_x &= \frac{\mathrm{d}x}{\mathrm{d}t} = V_x(x,y,z,t) \\
V_y &= \frac{\mathrm{d}y}{\mathrm{d}t} = V_y(x,y,z,t) \\
V_z &= \frac{\mathrm{d}z}{\mathrm{d}t} = V_z(x,y,z,t)
\end{aligned}
\right\}
\tag{3.5}
$$

式(3.5)表示在空间点(x,y,z)处t时刻的流体速度。这个速度是某一流体质点的速度，即在t时刻运动到空间点(x,y,z)处的那个流体质点的速度。

同样，压强、温度和密度等物理量都可以表示成x,y,z,t的函数。

应该强调的是，由于某个时刻在空间点(x,y,z)上必有一个流体质点占据，因此用欧拉法描述的物理量实际上是占据该空间点的流体质点的物理量。

用欧拉法描述实际上最终提供了一切物理量的场，如速度场、压强场、温度场等等，因此可以使用数学中有关场论的数学工具。所以在流体力学中，欧拉法得到了广泛的应用。

例 3.1　分别用拉格朗日法和欧拉法求流体质点的加速度。

$$x = -t - 1 + c_1 e^t$$
$$y = t - 1 + c_2 e^{-t}$$

解　用拉格朗日法求解。当$t=0$时，对应流体质点的坐标为(a,b)，代入上式得

$$c_1 = a+1, \quad c_2 = b+1$$

因此，用拉格朗日法描述的流体质点的坐标为

$$\begin{cases} x = -t-1+(a+1)e^t \\ y = t-1+(b+1)e^{-t} \end{cases}$$

流体质点的速度和加速度分别为

$$\begin{cases} V_x = \dfrac{\partial x}{\partial t} = -1+(a+1)e^t \\ V_y = \dfrac{\partial y}{\partial t} = 1-(b+1)e^{-t} \end{cases}$$

$$\left. \begin{array}{l} a_x = \dfrac{\partial V_x}{\partial t} = (a+1)e^t \\ a_y = \dfrac{\partial V_y}{\partial t} = (b+1)e^{-t} \end{array} \right\} \tag{a}$$

用欧拉法求解。流体质点的速度为

$$V_x = \frac{\mathrm{d}x}{\mathrm{d}t} = -1 + c_1 e^t = t + x$$

$$V_y = \frac{\mathrm{d}y}{\mathrm{d}t} = 1 - c_2 e^{-t} = t - y$$

流体质点的加速度可根据多元函数微分法则对速度求导得到，即

$$\left. \begin{array}{l} a_x = \dfrac{\mathrm{d}V_x}{\mathrm{d}t} = \dfrac{\partial V_x}{\partial t} + V_x\dfrac{\partial V_x}{\partial x} + V_y\dfrac{\partial V_x}{\partial y} + V_z\dfrac{\partial V_x}{\partial z} = 1+x+t = c_1 e^t \\ a_y = \dfrac{\mathrm{d}V_y}{\mathrm{d}t} = \dfrac{\partial V_y}{\partial t} + V_x\dfrac{\partial V_y}{\partial x} + V_y\dfrac{\partial V_y}{\partial y} + V_z\dfrac{\partial V_y}{\partial z} = 1+y-t = c_2 e^{-t} \end{array} \right\} \tag{b}$$

可见，式(a)和式(b)是一致的。

式(a)表示初始时刻坐标为(a,b)的那个流体质点在t(给定)时刻的加速度，而式(b)给出的加速度则表示t(给定)时刻的加速度在空间的分布。当空间点给定时，表示位于该空间点的流体质点不同时刻的加速度，不同的空间点有不同的加速度。因此，我们并不关心是哪个流体质点的加速度，而是关心加速度在空间的分布，这就是欧拉法的描述方法。

3.1.3 随流导数

1. 随流导数

在流动过程中,流体质点的各物理量随时间的变化率称为相应物理量的随流导数,也称为随体导数或质点导数。例如,流体质点的加速度是流体质点速度随时间的变化率。随流导数意味着跟随流体质点运动时观测到的质点物理量随时间的变化率。

在拉格朗日法中,物理量的随流导数是跟随质点(a,b,c)的物理量随时间的导数,这时(a,b,c)是不变的。例如,速度是矢径$\boldsymbol{r}(a,b,c,t)$对时间的偏导数,加速度是速度对时间的偏导数,即

$$\boldsymbol{V}(a,b,c,t)=\frac{\partial \boldsymbol{r}(a,b,c,t)}{\partial t} \tag{3.6}$$

$$\boldsymbol{a}(a,b,c,t)=\frac{\partial \boldsymbol{V}(a,b,c,t)}{\partial t} \tag{3.7}$$

可见,在拉格朗日法中随流导数是偏导数。

在欧拉法中,随流导数必须是跟随t时刻位于空间点(x,y,z)上的那个流体质点的物理量随时间的变化率(该物理量是同一流体质点而非同一空间点)。由于流体质点是运动的,因此,流体质点的空间位置x,y,z是变化的,可见该物理量的随流导数是$\frac{\mathrm{d}}{\mathrm{d}t}$。若该物理量用$N(x,y,z,t)$表示,则$N$的随流导数为

$$\begin{aligned}
\frac{\mathrm{d}}{\mathrm{d}t}N(x,y,z,t)&=\frac{\partial N}{\partial x}\frac{\mathrm{d}x}{\mathrm{d}t}+\frac{\partial N}{\partial y}\frac{\mathrm{d}y}{\mathrm{d}t}+\frac{\partial N}{\partial z}\frac{\mathrm{d}z}{\mathrm{d}t}+\frac{\partial N}{\partial t}=\\
&=\frac{\partial N}{\partial x}V_x+\frac{\partial N}{\partial y}V_y+\frac{\partial N}{\partial z}V_z+\frac{\partial N}{\partial t}=\\
&=\frac{\partial N}{\partial t}+(\boldsymbol{V}\cdot\boldsymbol{V})N
\end{aligned} \tag{3.8}$$

式中
$$\frac{\mathrm{d}}{\mathrm{d}t}=\frac{\partial}{\partial t}+V_x\frac{\partial}{\partial x}+V_y\frac{\partial}{\partial y}+V_z\frac{\partial}{\partial z}$$

$$\boldsymbol{V}=\boldsymbol{i}\frac{\partial}{\partial x}+\boldsymbol{j}\frac{\partial}{\partial y}+\boldsymbol{k}\frac{\partial}{\partial z}$$

式(3.8)表明,用欧拉法求质点物理量的随流导数由两项构成。第一项是$\frac{\partial N}{\partial t}$,表示在给定点上物理量$N$随时间的变化率,称为局部导数或当地导数。它是由于流动的非定常性引起的,对定常流,该项等于零。第二项$(\boldsymbol{V}\cdot\boldsymbol{V})N$,表示物理量$N$在空间分布不均匀的情况下,流体质点运动时引起$N$的变化率,称为对流导数或迁移导数。它是在非均匀的流场中(有梯度$\boldsymbol{V}N$)由空间位置变化引起的。该项反映了流场的非均匀性,对于均匀流场,该项为零。

在圆柱坐标系中,随流导数的表达式为

$$\frac{\mathrm{d}N}{\mathrm{d}t}=\frac{\partial N}{\partial t}+\left[V_r\frac{\partial N}{\partial r}+\frac{V_\theta}{r}\frac{\partial N}{\partial \theta}+V_z\frac{\partial N}{\partial z}\right]$$

$$\boldsymbol{V}\equiv\boldsymbol{i}_r\frac{\partial}{\partial r}+\boldsymbol{i}_\theta\frac{\partial}{r\partial \theta}+\boldsymbol{i}_z\frac{\partial}{\partial z}$$

对于不可压缩流体,流体质点在运动过程中密度保持不变,因此它的随流导数等于零,即 $\frac{\mathrm{d}\rho}{\mathrm{d}t}=0$。由于它表示每个流体质点的密度在流动过程中保持不变,但不同的流体质点密度可以互不相同,所以 $\frac{\mathrm{d}\rho}{\mathrm{d}t}=0$ 并不意味着整个流场的密度为常数。只有均质不可压缩流体,其密度才处处相等,即 $\rho=C$。

对于可压缩流体,一般情况下,$\frac{\mathrm{d}\rho}{\mathrm{d}t}\neq0$,但 $\frac{\partial\rho}{\partial t}$ 可以等于零,即表示空间各点流体质点的密度不随时间变化。

由随流导数的定义式可以看出,流动参数的随流导数把该参数的瞬时变化率与流场中该参数的导数联系起来了。在欧拉法描述中,特性场是直接可以利用的,所以随流导数在拉格朗日法与欧拉法之间建立了一种联系。由以上讨论可知,随流导数是对流体质点的,它反映了流体质点物理量随时间的变化率,因此随流导数本质上是拉格朗日观点下的概念。

2. 速度的随流导数(加速度)

将式(3.8)中的 N 用流体质点的速度代入得到流体质点运动的加速度。它表示流体质点沿迹线运动时的速度变化率。加速度矢量形式的表达式为

$$a=\frac{\mathrm{d}\boldsymbol{V}}{\mathrm{d}t}\equiv\frac{\partial\boldsymbol{V}}{\partial t}+(\boldsymbol{V}\cdot\boldsymbol{\nabla})\boldsymbol{V} \tag{3.9}$$

由式(3.9)可见,速度的随流导数由两部分组成。

(1)$\partial\boldsymbol{V}/\partial t$——局部加速度或当地加速度。它表示在固定空间点上(流体质点没有空间位置变化)流体质点的运动速度对时间的变化率。它是由流场的非定常性引起的。显然,对于定常流动,该项等于零。

(2)$(\boldsymbol{V}\cdot\boldsymbol{\nabla})\boldsymbol{V}$——对流加速度或迁移加速度。它表示流体质点经过 dt 时间运动到不同的位置时,质点速度对时间的变化率,即流体质点位置改变引起的速度变化率。它是由流场的不均匀性引起的。对于均匀流动该项等于零。

同样质点的其他物理量如压强、温度和密度等,都有其相应的随流导数。

对于直角坐标系,流体质点运动速度可表示为

$$\boldsymbol{V}=V_x\boldsymbol{i}+V_y\boldsymbol{j}+V_z\boldsymbol{k}$$

根据速度的随流导数(或从多元函数微分法)可知,通过流场中某点的流体质点的加速度在直角坐标系中表示为

$$\left.\begin{array}{l}a_x=\dfrac{\mathrm{d}V_x}{\mathrm{d}t}=\dfrac{\partial V_x}{\partial t}+V_x\dfrac{\partial V_x}{\partial x}+V_y\dfrac{\partial V_x}{\partial y}+V_z\dfrac{\partial V_x}{\partial z}\\[3mm]a_y=\dfrac{\mathrm{d}V_y}{\mathrm{d}t}=\dfrac{\partial V_y}{\partial t}+V_x\dfrac{\partial V_y}{\partial x}+V_y\dfrac{\partial V_y}{\partial y}+V_z\dfrac{\partial V_y}{\partial z}\\[3mm]a_z=\dfrac{\mathrm{d}V_z}{\mathrm{d}t}=\dfrac{\partial V_z}{\partial t}+V_x\dfrac{\partial V_z}{\partial x}+V_y\dfrac{\partial V_z}{\partial y}+V_z\dfrac{\partial V_z}{\partial z}\end{array}\right\} \tag{3.10}$$

对于圆柱坐标系,$\boldsymbol{V}=V_r\boldsymbol{i}_r+V_\theta\boldsymbol{i}_\theta+V_z\boldsymbol{i}_z$,代入式(3.9),并考虑到 $\boldsymbol{i}_r,\boldsymbol{i}_\theta$ 的方向在不断变化,可得流体质点的加速度为

$$a_r = \left(\frac{\mathrm{d}\boldsymbol{V}}{\mathrm{d}t}\right)_r = \frac{\partial V_r}{\partial t} + V_r\frac{\partial V_r}{\partial r} + V_\theta\frac{\partial V_r}{r\partial\theta} + V_z\frac{\partial V_r}{\partial z} - \frac{V_\theta^2}{r} = \frac{\mathrm{d}V_r}{\mathrm{d}t} - \frac{V_\theta^2}{r}$$

$$a_\theta = \left(\frac{\mathrm{d}\boldsymbol{V}}{\mathrm{d}t}\right)_\theta = \frac{\partial V_\theta}{\partial t} + V_r\frac{\partial V_\theta}{\partial r} + V_\theta\frac{\partial V_\theta}{r\partial\theta} + V_z\frac{\partial V_\theta}{\partial z} + \frac{V_rV_\theta}{r} = \frac{\mathrm{d}V_\theta}{\mathrm{d}t} + \frac{V_rV_\theta}{r} \tag{3.11}$$

$$a_z = \left(\frac{\mathrm{d}\boldsymbol{V}}{\mathrm{d}t}\right)_z = \frac{\partial V_z}{\partial t} + V_r\frac{\partial V_z}{\partial r} + V_\theta\frac{\partial V_z}{r\partial\theta} + V_z\frac{\partial V_z}{\partial z} = \frac{\mathrm{d}V_z}{\mathrm{d}t}$$

在圆柱坐标系中,加速度有如下特点:

(1)径向加速度由两项组成:$\dfrac{\mathrm{d}V_r}{\mathrm{d}t}$ 表示径向速度分量的随流导数;$-\dfrac{V_\theta^2}{r}$ 表示流体质点作圆周运动时产生的向心加速度,向心加速度指向转动中心,与 r 方向相反。

(2)周向加速度也由两项组成:$\dfrac{\mathrm{d}V_\theta}{\mathrm{d}t}$ 表示周向速度分量的随流导数;$\dfrac{V_rV_\theta}{r}$ 表示流体质点以 V_θ 作圆周运动时,径向速度分量 V_r 因圆周运动改变方向使得流体质点沿周向产生的附加加速度。

(3)轴向加速度:由于圆柱坐标系的 z 轴与直角坐标系中的 z 轴重合,因此 z 轴方向的加速度分量表达式相同。

从以上分析可知,在拉格朗日法中,(x,y,z) 是指一个流体质点在空间的位置坐标,而欧拉法中的 (x,y,z) 则是空间点的坐标,不同时刻有许多不同的流体质点通过。

由于欧拉法比拉格朗日法要优越得多,所以在流体力学的研究中多用欧拉法。在本课程中,都采用欧拉法。

例 3. 2　已知用拉格朗日法表示的质点坐标

$$x = a\mathrm{e}^t, \quad y = b\mathrm{e}^{-t}$$

试求流体质点的速度和加速度。

解　拉格朗日法描述的速度和加速度分别为

$$V_x = \frac{\partial x}{\partial t} = a\mathrm{e}^t, \quad V_y = \frac{\partial y}{\partial t} = -b\mathrm{e}^{-t} \tag{a}$$

$$a_x = \frac{\partial V_x}{\partial t} = a\mathrm{e}^t, \quad a_y = \frac{\partial V_y}{\partial t} = b\mathrm{e}^{-t} \tag{b}$$

用欧拉法描述的速度和加速度分别如下:

根据已知条件得　　　　　　$a = x\mathrm{e}^{-t}, \quad b = y\mathrm{e}^t$

则将 a,b 代入式(a)、式(b),得

$$V_x = \frac{\mathrm{d}x}{\mathrm{d}t} = a\mathrm{e}^t = x, \quad V_y = \frac{\mathrm{d}y}{\mathrm{d}t} = -b\mathrm{e}^{-t} = -y$$

$$a_x = \frac{\mathrm{d}V_x}{\mathrm{d}t} = a\mathrm{e}^t = x, \quad a_x = \frac{\mathrm{d}V_y}{\mathrm{d}t} = b\mathrm{e}^{-t} = y$$

也可由式(3.10),得

$$a_x = \frac{\partial V_x}{\partial t} + V_x\frac{\partial V_x}{\partial x} + V_y\frac{\partial V_x}{\partial y} = x$$

$$a_y = \frac{\partial V_y}{\partial t} + V_x\frac{\partial V_y}{\partial x} + V_y\frac{\partial V_y}{\partial y} = y$$

例 3.3 已知用欧拉法表示的速度为

$$V_x = e^{(x+1)t}, \quad V_y = e^{(y+1)t}$$

试确定流体质点在位置$(1,1)$,当$t=0$时的加速度。

解 由

$$a_x = \frac{\partial V_x}{\partial t} + V_x \frac{\partial V_x}{\partial x} + V_y \frac{\partial V_x}{\partial y}$$

$$a_y = \frac{\partial V_y}{\partial t} + V_x \frac{\partial V_y}{\partial x} + V_y \frac{\partial V_y}{\partial y}$$

得

$$a_x = e^{(x+1)t}[x+1+te^{(x+1)t}]$$

$$a_y = e^{(y+1)t}[y+1+te^{(y+1)t}]$$

将$x=1,y=1$和$t=0$代入上式,得

$$a_x = 2, \quad a_y = 2$$

例 3.4 通过一收敛喷管的流场可以用一维速度分布$V=V_0(1+2x/L)$来近似,式中,L为喷管长度,V_0为入口速度,出口速度为$V=3V_0$。试求:

(1)加速度分布;

(2)若入口速度$V_0=10$ m/s,$L=1$ m,试求进、出口的加速度。

解 该流动为一维流动,且V与时间无关。

(1)求加速度即求速度的随流导数,因此有

$$\frac{\mathrm{d}V}{\mathrm{d}t} = V\frac{\partial V}{\partial x} = V_0(1+2x/L)2V_0/L$$

由此可以看出,即使流动是定常流动,流体加速度并不为零。

(2)入口处$x=0$,将V_0,L代入上式得进口的加速度为

$$\left(\frac{\mathrm{d}V}{\mathrm{d}t}\right)_{x=0} = V\frac{\partial V}{\partial x} = 2V_0^2/L = 200 \text{ m/s}^2$$

出口处$x=L$,加速度为

$$\left(\frac{\mathrm{d}V}{\mathrm{d}t}\right)_{x=L} = V_0(1+2)2V_0/L = \frac{6V_0^2}{L} = 3\left(\frac{\mathrm{d}V}{\mathrm{d}t}\right)_{x=0} = 600 \text{ m/s}^2$$

3.1.4 迹线、流线、流管和脉线

为了清楚地了解流场的详细情况,常用流场的几何表示方法,它能帮助我们直观形象地分析流体运动。常用到的有迹线、流线和流管等概念。

1. 迹线

任何一个流体质点在空间中的运动轨迹,称为迹线。或者说,迹线是同一个流体质点,在不同时刻的空间坐标的连线。显然,如果流体的运动是以拉格朗日变数给出的,那么流场的描述则由迹线给出。

2. 流线和流管

用欧拉法研究流体运动时,流线的概念相当重要。所谓的流线是指在给定的瞬时t,流场中位于流线上的各流体质点的速度向量均与曲线在相应点的切线相重合。换句话说,在给定的瞬时t,流线上任一点的切线方向与位于该点流体质点的速度方向一致。图 3.2 表示的是对于同一种流动在不同坐标系中的流线。图 3.2(a)表示在绝对坐标系中的非定常流动的流线,

图 3.2(b)则表示在相对坐标系中定常流动的流线。

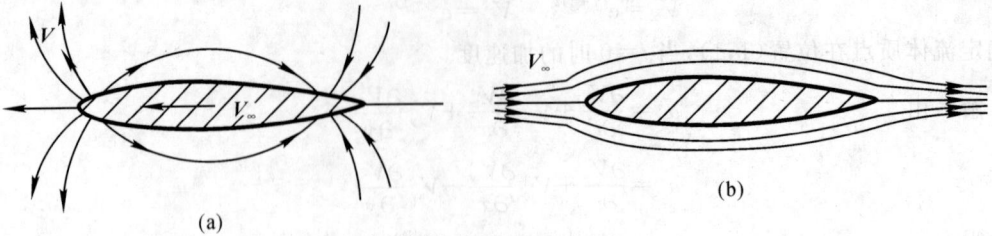

图 3.2　在不同坐标系中观察的流动

(a)绝对坐标系中的流线；(b)相对坐标系中的流线

　　流线有两个重要的特性。一是在定常流动中,流体质点的流线与迹线一定重合;而在非定常流动中,一般它们不重合,是两条不稳定的曲线。另一个特性是在一般的情况下,流线不能彼此相交。这可用反证法证明,即如果相交,则在交点处的流体质点必有两个切线方向,这是不可能的,所以流线不能彼此相交。

　　在特殊的情况下,流线可能相交。例如,理想的直匀流绕一个静止的物体运动,如图 3.3所示,在驻点 A 处,流线与上、下翼面(上、下两条流线)彼此相交。此时前驻点处的流体质点的速度必为零,而零向量的方向可以是任意的。同样,在机翼后缘 B 处,上、下两条流线也相交而成一流线。此时,上下两条流线必须在后缘处相切。流线相交的第三种情况就是在流场中速度接近无限大的点处(通常称为奇点),如图 3.4所示。

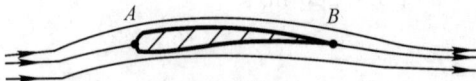

图 3.3　绕翼型的流线

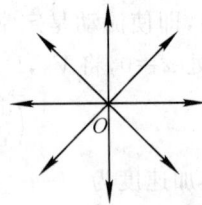

图 3.4　奇点处的流线

　　在某一时刻,流场中,任取一条非流线的曲线 C,通过 C 上的每一个点做该瞬时 t 的流线,这些无限多条流线就构成了一个曲面,称其为流面。如果曲线 C 是条封闭的非流线,则该流面形成为流管。如果流管的横截面积足够小,则这条流管就叫基元流管。基元流管的任一截面上流体参数都是均匀的。根据流线的特点,可以推出,流体质点不能穿越流管。对无黏性流体,其固体壁面即可视为流面。

　　现在来确定流线方程。在流线上任取一点 $M(x,$ $y,z)$(见图 3.5)。其速度 V 在三个坐标轴上的投影分别为 V_x,V_y 和 V_z,于是向量 V 与三个坐标轴的夹角的余弦是

$$\frac{V_x}{V}, \quad \frac{V_y}{V}, \quad \frac{V_z}{V}$$

　　在点 $M(x,y,z)$ 附近沿流线取无限小线段 ds,则过点 M 的流线与坐标轴之间的夹角的余弦是

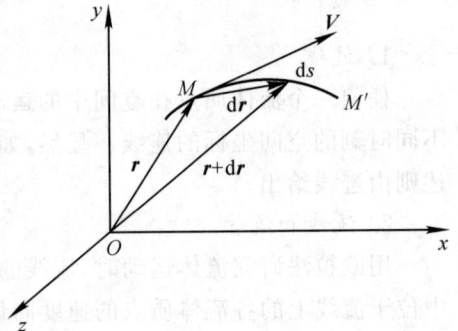

图 3.5　流线方程推导

$$\frac{\mathrm{d}x}{\mathrm{d}s}, \quad \frac{\mathrm{d}y}{\mathrm{d}s}, \quad \frac{\mathrm{d}z}{\mathrm{d}s}$$

式中，$\mathrm{d}x,\mathrm{d}y$ 和 $\mathrm{d}z$ 是 $\mathrm{d}s$ 在坐标轴 x,y,z 上的投影。根据流线的定义，流线上任一点处流体质点的速度向量与该点的切线相重合，即

$$\frac{V_x}{V}=\frac{\mathrm{d}x}{\mathrm{d}s}, \quad \frac{V_y}{V}=\frac{\mathrm{d}y}{\mathrm{d}s}, \quad \frac{V_z}{V}=\frac{\mathrm{d}z}{\mathrm{d}s} \tag{3.12}$$

从而得
$$\frac{\mathrm{d}x}{V_x}=\frac{\mathrm{d}y}{V_y}=\frac{\mathrm{d}z}{V_z}=\frac{\mathrm{d}s}{V} \tag{3.13}$$

这就是直角坐标系流线的微分方程式，积分后得到流线方程。

同理，可得圆柱坐标系中的流线方程为

$$\frac{\mathrm{d}r}{V_r}=\frac{r\mathrm{d}\theta}{V_\theta}=\frac{\mathrm{d}z}{V_z} \tag{3.14}$$

流线方程写成向量形式则为

$$\mathrm{d}\boldsymbol{r}\times\boldsymbol{V}=0 \tag{3.15}$$

例 3.5　设已知流体运动的速度分量为 $V_x=-\dfrac{y}{x^2+y^2}$，$V_y=\dfrac{x}{x^2+y^2}$，试求流线方程，并求过点 $(1,1)$ 的流线。

解　显然这是平面定常流动。按流线方程定义，将 V_x,V_y 代入式(3.13)，即

$$\frac{\mathrm{d}x}{V_x}=\frac{\mathrm{d}y}{V_y}$$

得
$$y\mathrm{d}y=-x\mathrm{d}x$$
积分得
$$x^2+y^2=C$$

式中，C 为常数。流线为一族圆心在坐标原点的同心圆。

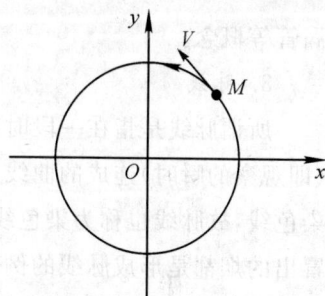

图 3.6　过点 M 的流线

将点 $(1,1)$ 代入流线方程，得 $C=2$，即过点 $M(1,1)$ 流线方程 $x^2+y^2=2$，如图 3.6 所示。速度是个矢量，所以流线应有方向。为了确定流体运动的方向，需要计算速度 $\boldsymbol{V}$ 与 x,y 方向夹角的余弦，即

$$\cos\theta=\frac{V_x}{V}=-\frac{y}{\sqrt{x^2+y^2}}$$

$$\cos\alpha=\frac{V_y}{V}=\frac{x}{\sqrt{x^2+y^2}}$$

对于点 $M(1,1)$，则有 $\cos\theta=-\dfrac{1}{\sqrt{2}}$，而 $\cos\alpha=\dfrac{1}{\sqrt{2}}$，则 $\boldsymbol{V}$ 与 x 方向成钝角，与 y 方向成锐角，即流线的方向为逆时针方向，如图 3.6 所示。

例 3.6　设已知流体运动的各速度分量为 $V_x=x+t$，$V_y=-y+t$，$V_z=0$。试求流线族及 $t=0$ 瞬时通过点 $A(-1,-1)$ 的流线。

解　这是一个平面非定常流动。根据式(3.13)，可得

$$\frac{\mathrm{d}x}{x+t}=\frac{\mathrm{d}y}{-y+t}$$

当求在瞬时 t 的流线时，可将 t 视为常数，积分后得

$$\ln(x+t)=-\ln(-y+t)+\ln C$$

式中,C 为常数,或

$$(x+t)(-y+t)=C \qquad\qquad\qquad\text{(a)}$$

即在某一瞬时 t 的流线族是一族双曲线。为了确定 $t=0$ 时通过点 $A(-1,-1)$ 的流线,可以将 $t=0$ 时的坐标 $x=-1,y=-1$ 代入式(a),得积分常数 $C=-1$。将 $C=-1$ 代入方程式(a),可得当 $t=0$ 时通过点 A 的流线为

$$xy=1$$

如图 3.7 所示。流线与 x 方向夹角的余弦为

$$\cos\theta=\frac{V_x}{V}=\frac{x+t}{\sqrt{(x+t)^2+(-y+t)^2}}$$

当 $t=0$ 时,

$$\cos\theta=\frac{V_x}{V}=\frac{x}{\sqrt{x^2+y^2}}$$

显然,在 A 点,$\cos\theta<0$,故 V 与 x 方向成钝角。同理可知,与 y 方向夹角 α 为锐角。流线方向如图 3.7 所示。

除了流线、迹线和流管外,对有旋流动的描述还有涡线和涡管等概念。

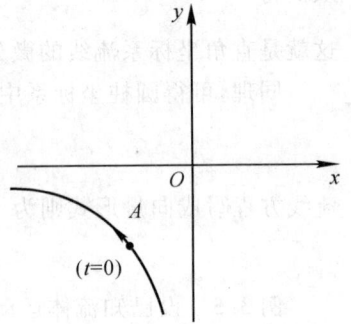

图 3.7　过某点的流线

3. 脉线

所谓脉线是指在一段时间内,将相继通过某一空间固定点的不同流体质点,在某一瞬时(即观察的瞬时)连成的曲线。如果该空间固定点是释放染色的源,则在某一瞬时观察到一条染色线,故脉线也称为染色线。染色线也是同一时刻不同流体质点的连线。经过烟头和烟囱冒出的烟都是形成脉线的例子。

在流动显示技术中,对气体,在流场中的固定点可加入烟或氢气以形成烟线或氢气泡等显示流场结构和流动图像。对液体经常加入有色液体,从而在流场中形成染色线。在实验室里,经常采用染色线、烟线和氢气泡等流场显示技术来显现流场的结构。

3.1.5　流体运动分类

一、定常与非定常流动

1. 定常流动

在一般情况下,流体的速度、压强、温度、密度等流体运动参数都是坐标和时间的函数。但是在某些情况下,在任意空间点上,流体质点的全部流动参数都不随时间而变化,这种流动称为定常流动。例如,飞机作匀速直线运动时,相对于飞机来看(即将坐标系固定在飞机上)空气绕飞机的运动可认为是定常的,即所有的流动参数都不随时间而变化,满足 $\partial/\partial t=0$ 的条件。对于定常流动,由于与时间无关,因此定常流动的研究要简单得多。所以往往将某些流动参数随时间变化不大的非定常流动作适当的假设,将其简化为定常流动。

2. 非定常流动

在任意空间点上,流体质点的流动参数(全部或一部分)随时间发生变化的流动称为非定

常流动,用数学表示为 $\partial/\partial t \neq 0$。发动机在起动或减速工作过程中,发动机内的气流则为非定常流动。非定常流动常常可以通过选取适当的坐标系而转变为定常流动,如飞行器的匀速直线运动,在地面上观察为非定常运动,而在飞行器上看则是定常运动。这种转化方法在气体动力学中经常被采用。

虽然为处理问题的方便,常常把非定常的流动转化为定常流动或看做是定常流动来处理,但在数值计算中,都常常把定常流动看做非定常流动来处理,即求非定常流动的渐近解,这样使数值求解更为方便。

二、一维流动与多维流动

如果流体在流动中,其流动参数仅是一个空间坐标的函数,则这样的流动称为一维流动,如果流动参数是两个空间坐标的函数,则称为二维流动,二维流动又称为平面流动。如果流动参数是三个空间坐标的函数,则称为三维流动。二维和三维流动均称为多维流动。如果把时间也考虑进去,则有一维定常流动、一维非定常流动,二维定常流动和二维非定常流动,三维定常流动和三维非定常流动,等等。

在圆柱坐标系中,轴对称流动属于二维流动,它的特点是流动参数仅是坐标 r,z 的函数,而与 θ 无关,即 $\partial/\partial\theta = 0$。例如,空气沿着一个圆锥物体的对称轴线方向流动,流动参数仅仅沿轴线方向(z 方向)和垂直于轴线方向(r 方向)发生变化。

3.2　流体微团运动分析

在理论力学中,刚体的复杂运动可以分解为平动和绕某一瞬时轴的转动问题来简化求解过程。那么在流体力学中,是否可以像分解刚体的运动那样,将流体微团的复杂运动也分解为类似的几个简单的运动呢? 这就要对流体质点的运动进行分析。本节分析流体质点运动的组成部分,以便对复杂的流体运动进行分类研究,着重分析直角坐标系中的流体微团的运动。

3.2.1　直角坐标系中流体微团的速度分解

在运动流体中取一流体微元体(见图 3.8),设其中心点 $M(x,y,z)$ 在某一瞬时的速度为
$$V = V_x \mathbf{i} + V_y \mathbf{j} + V_z \mathbf{k}$$
流体微元体上邻近的另一点 $M_1(x+\delta x, y+\delta y, z+\delta z)$ 在同一瞬时的速度用泰勒级数展开,略去二阶以上的小量,得

$$\left.\begin{aligned}
V_{x1} &= V_x + \frac{\partial V_x}{\partial x}\delta x + \frac{\partial V_x}{\partial y}\delta y + \frac{\partial V_x}{\partial z}\delta z \\
V_{y1} &= V_y + \frac{\partial V_y}{\partial x}\delta x + \frac{\partial V_y}{\partial y}\delta y + \frac{\partial V_y}{\partial z}\delta z \\
V_{z1} &= V_z + \frac{\partial V_z}{\partial x}\delta x + \frac{\partial V_z}{\partial y}\delta y + \frac{\partial V_z}{\partial z}\delta z
\end{aligned}\right\} \quad (3.16)$$

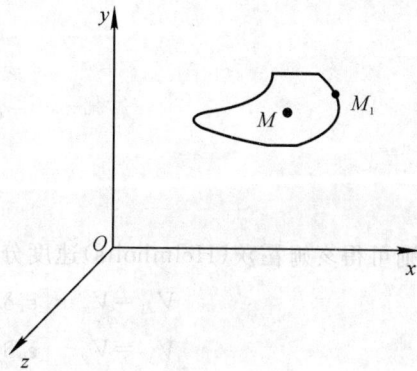

图 3.8　流体微团运动分析

在第一式中人为地增加四项，即 $\pm\dfrac{1}{2}\dfrac{\partial V_y}{\partial x}\delta y\pm\dfrac{1}{2}\dfrac{\partial V_z}{\partial x}\delta z$，然后将第一式改写为

$$V_{x1}=V_x+\frac{\partial V_x}{\partial x}\delta x+\frac{1}{2}\left(\frac{\partial V_x}{\partial y}+\frac{\partial V_y}{\partial x}\right)\delta y+\frac{1}{2}\left(\frac{\partial V_z}{\partial x}+\frac{\partial V_x}{\partial z}\right)\delta z-$$

$$\frac{1}{2}\left(\frac{\partial V_y}{\partial x}-\frac{\partial V_x}{\partial y}\right)\delta y+\frac{1}{2}\left(\frac{\partial V_x}{\partial z}-\frac{\partial V_z}{\partial x}\right)\delta z$$

同理，将第二式和第三式分别增加 $\pm\dfrac{1}{2}\dfrac{\partial V_x}{\partial y}\delta x\pm\dfrac{1}{2}\dfrac{\partial V_z}{\partial y}\delta z$ 和 $\pm\dfrac{1}{2}\dfrac{\partial V_x}{\partial z}\delta x\pm\dfrac{1}{2}\dfrac{\partial V_y}{\partial z}\delta y$，则可将第二式和第三式改写为

$$V_{y1}=V_y+\frac{\partial V_y}{\partial y}\delta y+\frac{1}{2}\left(\frac{\partial V_y}{\partial x}+\frac{\partial V_x}{\partial y}\right)\delta x+\frac{1}{2}\left(\frac{\partial V_z}{\partial y}+\frac{\partial V_y}{\partial z}\right)\delta z-$$

$$\frac{1}{2}\left(\frac{\partial V_z}{\partial y}-\frac{\partial V_y}{\partial z}\right)\delta z+\frac{1}{2}\left(\frac{\partial V_y}{\partial x}-\frac{\partial V_x}{\partial y}\right)\delta x$$

$$V_{z1}=V_z+\frac{\partial V_z}{\partial y}\delta z+\frac{1}{2}\left(\frac{\partial V_z}{\partial y}+\frac{\partial V_y}{\partial z}\right)\delta y+\frac{1}{2}\left(\frac{\partial V_z}{\partial x}+\frac{\partial V_x}{\partial z}\right)\delta x-$$

$$\frac{1}{2}\left(\frac{\partial V_x}{\partial z}-\frac{\partial V_z}{\partial x}\right)\delta x+\frac{1}{2}\left(\frac{\partial V_z}{\partial y}-\frac{\partial V_y}{\partial z}\right)\delta y$$

引用以下符号：

$$\left.\begin{aligned}\varepsilon_x&=\frac{\partial V_x}{\partial x}\\\varepsilon_y&=\frac{\partial V_y}{\partial y}\\\varepsilon_z&=\frac{\partial V_z}{\partial z}\end{aligned}\right\}\tag{3.17}$$

$$\left.\begin{aligned}\gamma_x&=\frac{1}{2}\left(\frac{\partial V_z}{\partial y}+\frac{\partial V_y}{\partial z}\right)\\\gamma_y&=\frac{1}{2}\left(\frac{\partial V_x}{\partial z}+\frac{\partial V_z}{\partial x}\right)\\\gamma_z&=\frac{1}{2}\left(\frac{\partial V_y}{\partial x}+\frac{\partial V_x}{\partial y}\right)\end{aligned}\right\}\tag{3.18}$$

$$\left.\begin{aligned}\omega_x&=\frac{1}{2}\left(\frac{\partial V_z}{\partial y}-\frac{\partial V_y}{\partial z}\right)\\\omega_y&=\frac{1}{2}\left(\frac{\partial V_x}{\partial z}-\frac{\partial V_z}{\partial x}\right)\\\omega_z&=\frac{1}{2}\left(\frac{\partial V_y}{\partial x}-\frac{\partial V_x}{\partial y}\right)\end{aligned}\right\}\tag{3.19}$$

则可得亥姆霍茨（Helmholts）速度分解定理为

$$\left.\begin{aligned}V_{x1}&=V_x+[\varepsilon_x\delta x+(\gamma_z\delta y+\gamma_y\delta z)+(\omega_y\delta z-\omega_z\delta y)]\\V_{y1}&=V_y+[\varepsilon_y\delta y+(\gamma_x\delta z+\gamma_z\delta x)+(\omega_z\delta x-\omega_x\delta z)]\\V_{z1}&=V_z+[\varepsilon_z\delta z+(\gamma_y\delta x+\gamma_x\delta y)+(\omega_x\delta y-\omega_y\delta x)]\end{aligned}\right\}\tag{3.20a}$$

用矢量表示为

$$V_1 = V + \boldsymbol{\varepsilon} \times \delta r + \boldsymbol{\omega} \times \delta r \tag{3.20b}$$

式中,第一项为平移速度;第二项为变形(包括线变形和角变形)引起的速度增量;第三项为旋转引起的速度增量。$\boldsymbol{\varepsilon}$ 为变形速度矩阵,即

$$\boldsymbol{\varepsilon} = \begin{bmatrix} \varepsilon_x & \gamma_z & \gamma_y \\ \gamma_z & \varepsilon_y & \gamma_x \\ \gamma_y & \gamma_x & \varepsilon_z \end{bmatrix}$$

3.2.2　流体微团的运动和变形

进一步分析式(3.20)可以看出,点 M_1 处的速度(V_{x1}, V_{y1}, V_{z1})由点 M 处的速度(V_x, V_y, V_z)和后边的几项构成。如果后边的几项等于零,则点 M_1 处的速度与点 M 处的速度相等。说明该流体微团上各点的速度相等,该流体微团只可能作平动。如果速度不相等,则流体微团不但有平动,而且还可能会存在转动和变形运动。为了说明流体微团运动的形式,下面以流体微团的平面运动来讨论式(3.17)~式(3.19)的物理意义。

为了简单起见,在二维流动中,考察一个正方形的流体微团,其边长为 $\delta x = \delta y$,如图 3.9 所示。一般情况下流场是不均匀的,即流场中的各点速度的大小和方向都可能变化。因此该微团从 t 时刻的位置 $ABCD$ 运动到 $t + dt$ 时刻的位置 $A'B'C'D'$ 上,流体微团的体积、形状都发生了变化,而且也发生了旋转。整个运动是同时发生的,可以将这样的一个复杂的一般运动分解为几个简单运动的合成,如图 3.10 所示。

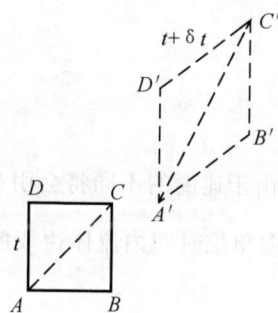

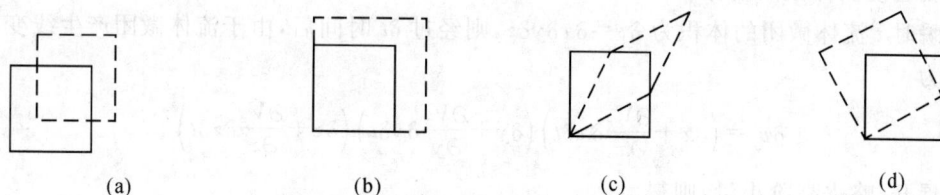

图 3.9　流体微团的一般运动

图 3.10　流体微团运动的分解
(a)平移;(b)线变形;(c)角变形;(d)旋转

1. 平移

在式(3.20b)中,若 $\boldsymbol{\varepsilon} = 0, \boldsymbol{\omega} = 0$,则 $V_1 = V$,表示流体微团上各点的速度都相等,经过 dt 时间后,流体微团运动到新的位置,其大小、形状、方位等均没有发生变化。流体微团作平移运动如图 3.10(a)所示。

2. 线变形(体变形)

当式(3.20b)中的 $\boldsymbol{V}=\boldsymbol{\omega}=\boldsymbol{0}$,且变形速度矩阵 $\boldsymbol{\varepsilon}$ 中除了 $\varepsilon_x=\dfrac{\partial V_x}{\partial x}\neq 0$ 外,其余各项均为零。

即如果速度变化仅有 $\dfrac{\partial V_x}{\partial x}$,则此时如图 3.11 所示的点 A 与点 D 的 x 方向的速度分量都是 V_x,

而点 C 与点 B 的 x 方向的速度分量都是 $V_x+\dfrac{\partial V_x}{\partial x}\delta x$。

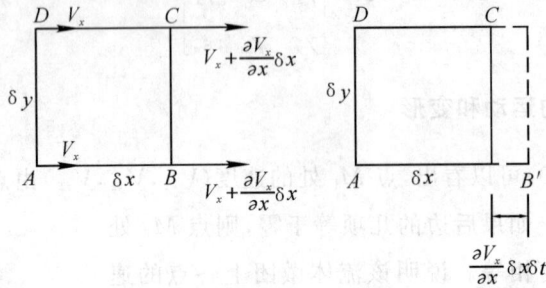

图 3.11　流体微团的线变形

由于速度的不同将会引起流体边线的拉伸,在 δt 时间内 x 方向的拉伸量为 $\dfrac{\partial V_x}{\partial x}\delta x\delta t$,则在 x 方向单位时间内流体边线的相对伸长量为

$$\frac{1}{\delta x}\frac{\mathrm{d}(\delta x)}{\mathrm{d}t}=\frac{1}{\delta x}\frac{\dfrac{\partial V_x}{\partial x}\delta x\delta t}{\mathrm{d}t}=\frac{\partial V_x}{\partial x}=\varepsilon_x$$

如果同时考虑三个方向的速度变化,则 x,y,z 方向的流体边线的相对伸长量为 $\dfrac{\partial V_x}{\partial x}$,

$\dfrac{\partial V_y}{\partial y},\dfrac{\partial V_z}{\partial z}$。因此,式 $\varepsilon_x=\dfrac{\partial V_x}{\partial x},\varepsilon_y=\dfrac{\partial V_y}{\partial y},\varepsilon_z=\dfrac{\partial V_z}{\partial z}$ 表示流体微团边线的相对伸长量。它们又称为线应变速度。从以上的讨论可以看出,只要存在流体微团的线应变速度,就会产生线变形,其结果就会使流体微团的体积产生膨胀和收缩,即所谓的体变形。

设瞬时 t 流体微团的体积为 $\delta v=\delta x\delta y\delta z$,则经过 δt 时间后,由于流体微团产生线变形,其体积变为

$$\delta v'=\left(\delta x+\frac{\partial V_x}{\partial x}\delta x\delta t\right)\left(\delta y+\frac{\partial V_y}{\partial y}\delta y\delta t\right)\left(\delta z+\frac{\partial V_z}{\partial z}\delta z\delta t\right)$$

将上式展开,略去高阶小量,则得

$$\delta v'=\delta v+\left(\frac{\partial V_x}{\partial x}+\frac{\partial V_y}{\partial y}+\frac{\partial V_z}{\partial z}\right)\delta t\delta v$$

于是,单位时间内流体体积的相对变化率(即流体微团的体积膨胀率)为

$$\frac{1}{\delta v}\frac{\mathrm{d}(\delta v)}{\mathrm{d}t}=\frac{1}{\delta v}\lim_{\delta t\to 0}\frac{\delta v'-\delta v}{\delta t}=\frac{\partial V_x}{\partial x}+\frac{\partial V_y}{\partial y}+\frac{\partial V_z}{\partial z}$$

上式第二个等号的右端可表示为速度的散度,即

$$\mathrm{div}\boldsymbol{V}=\boldsymbol{\nabla}\cdot\boldsymbol{V}=\frac{\partial V_x}{\partial x}+\frac{\partial V_y}{\partial y}+\frac{\partial V_z}{\partial z}=\varepsilon_x+\varepsilon_y+\varepsilon_z \qquad (3.21)$$

由以上推导可以看出,流体微团三个线变形速度之和等于流体微团的体积膨胀率,也等于

流体运动速度的散度。

3. 剪切变形(角变形)

当流体微团速度的变化率$\dfrac{\partial V_x}{\partial y}\neq\dfrac{\partial V_y}{\partial x}$时,则伴随有流体微团的旋转和剪切变形,导致流体微团的形状发生变化。剪切变形用剪切变形角速度来表示,其定义为流体微团上任意两条相互垂直的流体边线夹角的时间变化率的一半。流体边线是由流体质点所组成的线段。同样考虑xOy平面上的运动,在时刻t流体微团各点的速度分布如图3.12所示。

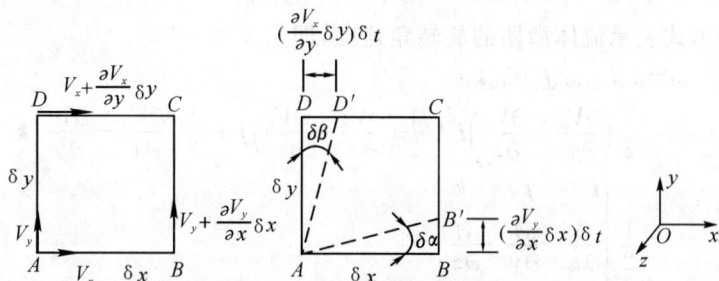

图 3.12　流体微团的角变形与旋转

经过dt时间之后,流体微团的边线AB和AD分别转过的角度为$\delta\alpha$和$\delta\beta$,即

$$\delta\alpha=\left(\frac{\partial V_y}{\partial x}\delta x\right)\delta t/\delta x,\quad \delta\beta=\left(\frac{\partial V_x}{\partial y}\delta y\right)\delta t/\delta y$$

这两条流体边线间的夹角变化了$\delta\alpha+\delta\beta$,则根据剪切变形角速度的定义,在xOy平面上,剪切变形角速度为

$$\gamma_z=\lim_{\delta t\to 0}\frac{1}{2}\left(\frac{\delta\alpha+\delta\beta}{\delta t}\right)=\frac{1}{2}\left(\frac{\partial V_y}{\partial x}+\frac{\partial V_x}{\partial y}\right)$$

同理,可以得出在另外两个平面内的剪切变形角速度γ_x和γ_y分别为

$$\gamma_x=\frac{1}{2}\left(\frac{\partial V_z}{\partial y}+\frac{\partial V_y}{\partial z}\right)$$

$$\gamma_y=\frac{1}{2}\left(\frac{\partial V_x}{\partial z}+\frac{\partial V_z}{\partial x}\right)$$

流体微团的剪切变形速度为

$$\boldsymbol{\gamma}=\gamma_x\boldsymbol{i}+\gamma_y\boldsymbol{j}+\gamma_z\boldsymbol{k}$$

当γ为正时,微元体角变形减小,即流体微元体产生了收缩切变形;当γ为负时,微元体角变形增大,即流体微元体产生了扩展切变形。

4. 转动

由于从流体微团中某一点引出的各流体线的旋转角速度互不相同,因此需要用平均旋转的概念来描述流体微团的转动,即定义流体微团的旋转角速度为微团上两条相互垂直的流体线的平均旋转角速度。或者说两条相互垂直的流体线角平分线的旋转角速度。考察微团上相互垂直的流体边线AB线和AD线,并规定逆时针旋转角速度为正,顺时针为负,则图3.12所示的AB线和AD线的旋转角速度分别为

$$\lim_{\delta t\to 0}\frac{\delta\alpha}{\delta t}=\frac{\partial V_y}{\partial x},\quad \lim_{\delta t\to 0}\frac{\delta\beta}{\delta t}=-\frac{\partial V_x}{\partial y}$$

定义流体微团绕 Oz 轴的旋转角速度为 AB 线和 AD 线的旋转角速度的平均值,即

$$\omega_z = \frac{1}{2}\left(\frac{\partial V_y}{\partial x} - \frac{\partial V_x}{\partial y}\right)$$

同理,可以导出绕 Ox, Oy 轴的旋转角速度分别为

$$\omega_x = \frac{1}{2}\left(\frac{\partial V_z}{\partial y} - \frac{\partial V_y}{\partial z}\right)$$

$$\omega_y = \frac{1}{2}\left(\frac{\partial V_x}{\partial z} - \frac{\partial V_z}{\partial x}\right)$$

通常可以用矢量形式表示流体微团的旋转角速度,即

$$\boldsymbol{\omega} = \omega_x \boldsymbol{i} + \omega_y \boldsymbol{j} + \omega_z \boldsymbol{k} =$$

$$\frac{1}{2}\left(\frac{\partial V_z}{\partial y} - \frac{\partial V_y}{\partial z}\right)\boldsymbol{i} + \frac{1}{2}\left(\frac{\partial V_x}{\partial z} - \frac{\partial V_z}{\partial x}\right)\boldsymbol{j} + \frac{1}{2}\left(\frac{\partial V_y}{\partial x} - \frac{\partial V_x}{\partial y}\right)\boldsymbol{k} =$$

$$\frac{1}{2}\begin{vmatrix} \boldsymbol{i} & \boldsymbol{j} & \boldsymbol{k} \\ \dfrac{\partial}{\partial x} & \dfrac{\partial}{\partial y} & \dfrac{\partial}{\partial z} \\ V_x & V_y & V_z \end{vmatrix}$$

根据场论的表示法,上式可表示为

$$\boldsymbol{\omega} = \frac{1}{2}\boldsymbol{\nabla} \times \boldsymbol{V} = \frac{1}{2}\boldsymbol{\Omega} \tag{3.22}$$

式中

$$\boldsymbol{\Omega} = \boldsymbol{\nabla} \times \boldsymbol{V} = \begin{vmatrix} \boldsymbol{i} & \boldsymbol{j} & \boldsymbol{k} \\ \dfrac{\partial}{\partial x} & \dfrac{\partial}{\partial y} & \dfrac{\partial}{\partial z} \\ V_x & V_y & V_z \end{vmatrix}$$

式(3.22)中,$\boldsymbol{\Omega} = \boldsymbol{\nabla} \times \boldsymbol{V}$,称为速度的旋度,它构成了一个矢量场称为涡旋场,$\boldsymbol{\Omega}$ 又称为涡量。

由上面讨论亥姆霍兹速度分解定理(式(3.20))中各项的物理意义可知,流体微团的运动可以分解为平移(见图 3.10(a))、线变形(体变形,见图 3.10(b))、剪切变形(见图 3.10(c))和旋转(见图 3.10(d))。如果流场中的流体微团不绕其自身轴旋转,即旋转角速度矢量为零($\boldsymbol{\omega} = 0$),则这样的运动称为无旋运动,否则称为有旋运动或旋涡运动。此部分内容将在第八章讨论。

例 3.7 (1)已知速度分布为 $\boldsymbol{V} = 3t\boldsymbol{i} + xz\boldsymbol{j} + ty^2\boldsymbol{k}$,试计算流体微团的体积膨胀率,并判别该速度场是否为无旋场。

(2)若速度场为 $V_x = x(1+y^2)$,$V_y = x - y^2$,求在此流场中的点(2,1)处的旋转角速度、剪切变形角速度和体积膨胀率。

解 (1)流体微团的体积膨胀率(即速度的散度)为

$$\boldsymbol{\nabla} \cdot \boldsymbol{V} = \frac{\partial}{\partial x}(3t) + \frac{\partial}{\partial y}(xz) + \frac{\partial}{\partial z}(ty^2) = 0$$

此速度场并没有产生膨胀或压缩,这样的流场为不可压缩的。速度的旋度为

$$\boldsymbol{\nabla} \times \boldsymbol{V} = \begin{vmatrix} \boldsymbol{i} & \boldsymbol{j} & \boldsymbol{k} \\ \dfrac{\partial}{\partial x} & \dfrac{\partial}{\partial y} & \dfrac{\partial}{\partial z} \\ 3t & xz & ty^2 \end{vmatrix} = (2ty - x)\boldsymbol{i} + z\boldsymbol{k} \neq \boldsymbol{0}$$

所以流动为有旋的。由速度分布还可以看出，该流场为三维非定常流动。

(2)流体微团在点(2,1)处的旋转角速度、剪切变形角速度和体积膨胀率分别为

$$\omega = \frac{1}{2}\left(\frac{\partial V_y}{\partial x} - \frac{\partial V_x}{\partial y}\right) = \frac{1}{2}(1 - 2xy) = -1.5$$

$$\gamma = \frac{1}{2}\left(\frac{\partial V_y}{\partial x} + \frac{\partial V_x}{\partial y}\right) = \frac{1}{2}(1 + 2xy) = 2.5$$

$$\boldsymbol{\nabla} \cdot \boldsymbol{V} = \frac{\partial V_x}{\partial x} + \frac{\partial V_y}{\partial y} = (1 + y^2) - 2y = 0$$

可以看出，此流场为二维定常流场；在点(2,1)处流体微团顺时针旋转，虽然没有产生体积膨胀变形，但是产生了剪切变形。

3.3　适合于系统的基本方程及雷诺输运定理

3.3.1　适合于系统的基本方程

在分析流体运动时，主要有两种方式：一种是描述流场中每一个点的流动细节；另一种是针对一个有限区域，通过研究某物理量流入和流出的平衡关系来确定总的作用效果，如作用在这个区域上的力、力矩、总能量交换等等。其中，前一种方法也称为微分方法，而后者则称为积分方法。

如果系统的质量用 m 来表示，则根据质量守恒定律，有

$$m = \text{const} \quad 或 \frac{\mathrm{d}m}{\mathrm{d}t} = 0 \tag{3.23a}$$

如果环境对系统施加的合力为 F，则根据牛顿第二定律，有

$$\boldsymbol{F} = m\mathrm{d}\boldsymbol{V}/\mathrm{d}t = \frac{\mathrm{d}}{\mathrm{d}t}(m\boldsymbol{V}) \tag{3.23b}$$

如果环境对系统施加关于某一轴的合力矩为 $\boldsymbol{M}$，则有

$$\boldsymbol{M} = \mathrm{d}\boldsymbol{H}/\mathrm{d}t \tag{3.23c}$$

式中，$\boldsymbol{H} = \sum (\boldsymbol{r} \times \boldsymbol{V})\delta m$ 为系统关于同一轴的动量矩(也叫角动量)。如果传给系统的热量为 $\mathrm{d}Q$ 或系统对外做功 $\mathrm{d}W$，则系统的能量会发生变化 $\mathrm{d}E$，根据热力学第一定律，有

$$\mathrm{d}Q - \mathrm{d}W = \mathrm{d}E$$

或

$$\frac{\mathrm{d}Q}{\mathrm{d}t} - \frac{\mathrm{d}W}{\mathrm{d}t} = \frac{\mathrm{d}E}{\mathrm{d}t} \tag{3.23d}$$

式(3.23a)～式(3.23d)分别称为适合于系统的连续方程、动量方程、角动量(或动量矩)方程和能量方程。这些方程都包含热力学参量，所以在研究某些具体流动时还要补充完全气体状态方程。

3.3.2　雷诺输运定理

在流体力学中为了便于研究，常常采用控制体的方法，因此就需要将描述系统的力学基本方程转化成对控制体的方程，这个过程就是通过雷诺输运定理来完成的。方程式(3.23a)～式(3.23d)都是基本量(m, $\boldsymbol{V}$, $\boldsymbol{H}$, $\boldsymbol{E}$)对时间导数的关系式，因此，需要将系统中物理量对时间的

导数转化为控制体中相应量的时间导数。为了方便，首先推导一维流动的雷诺输运方程，然后再推广到一般形式。

图 3.13 表示速度场 $V = V(s)$ 的一维流动，选取控制体 11—22（Ⅰ，Ⅲ区），如图所示。选 t 时刻占据该控制体的流体为系统，经过 dt 时间后系统运动到 $1'1'-2'2'$（Ⅲ，Ⅱ区）位置，流入、流出控制体的流体体积分别为 $\Delta v_1 = A_1 V_1 dt$，$\Delta v_2 = A_2 V_2 dt$。令 Φ 为与流体质量有关的随流物理量（能量、动量等），β 表示单位质量流体所具有的 Φ，整个控制体内流体所具有的 Φ 应为

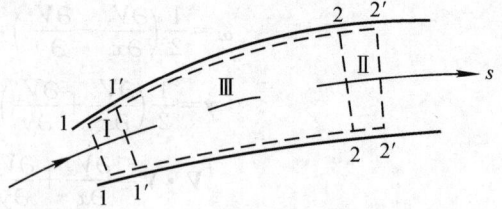

图 3.13　一维流动的雷诺输运公式推导

$$\Phi_{cv} = \int_{cv} \beta dm = \int_{cv} \beta \rho \, dv \tag{3.24a}$$

式中，ρdv 为微元体中流体的质量；下标 cv 表示控制体（体积）。

显然，在同一瞬间 t，与控制体相重合的流体系统所具有的物理量 $\Phi_s(t) = \Phi_{cv}(t)$，在 $t + \Delta t$ 瞬时，系统移动到新的位置，不再与控制体重合，计算 Φ_s 随时间的变化率，即

$$\frac{d\Phi_s}{dt} = \lim_{\Delta t \to 0} \frac{\Phi_s(t + \Delta t) - \Phi_s(t)}{\Delta t} \tag{3.24b}$$

式中

$$\Phi_s(t + \Delta t) = \Phi_{cv}(t + \Delta t) - (\beta \rho \Delta v)_{\text{I}} + (\beta \rho \Delta v)_{\text{II}} \tag{3.24c}$$

而 $(\beta \rho \Delta v)_{\text{I}}$ 是 Δt 时间内通过截面 A_1 流入控制体 cv 的 Φ 值，即

$$(\beta \rho \Delta v)_{\text{I}} = \beta \rho_1 A_1 V_1 \Delta t$$

$(\beta \rho \Delta v)_{\text{II}}$ 是同一时间通过截面 A_2 流出控制体的 Φ 值，即

$$(\beta \rho \Delta v)_{\text{II}} = \beta \rho_2 A_2 V_2 \Delta t$$

由于 $\Phi_s(t) = \Phi_{cv}(t)$，故式（3.24b）可改写为

$$\frac{d\Phi_s}{dt} = \lim_{\Delta t \to 0} \frac{\Phi_s(t + \Delta t) - \Phi_{cv}(t)}{\Delta t} \tag{3.24d}$$

下面推导 t 时刻 Φ_{cv} 对时间的导数和系统所具有的 Φ_s 对时间导数之间的关系。将式（3.24c）代入式（3.24d），可以得出

$$\frac{d\Phi_s}{dt} = \lim_{\Delta t \to 0} \frac{\Phi_s(t + \Delta t) - \Phi_{cv}(t)}{\Delta t} =$$

$$\lim_{\Delta t \to 0} \frac{\Phi_{cv}(t + \Delta t) - (\beta \rho \Delta v)_{\text{I}} + (\beta \rho \Delta v)_{\text{II}} - \Phi_{cv}(t)}{\Delta t} =$$

$$\lim_{\Delta t \to 0} \frac{\Phi_{cv}(t + \Delta t) - (\beta \rho_1 A_1 V_1) \Delta t + (\beta \rho_2 A_2 V_2) \Delta t - \Phi_{cv}(t)}{\Delta t} =$$

$$\frac{d\Phi_{cv}}{dt} + (\beta \rho_2 A_2 V_2)_{\text{out}} - (\beta \rho_1 A_1 V_1)_{\text{in}} \tag{3.25a}$$

如果控制体是静止的，则

$$\frac{d\Phi_s}{dt} = \frac{\partial \Phi_{cv}}{\partial t} + (\beta \rho_2 A_2 V_2)_{\text{out}} - (\beta \rho_1 A_1 V_1)_{\text{in}} \tag{3.25b}$$

式（3.25）即为一维运动的雷诺输运定理数学表达式。式中，等号右边三项分别为：第一项表示控制体内 Φ 随时间的变化率；第二项表示流出控制面的 Φ 流率；第三项表示流入控制面的 Φ

流率;后两项称为流率项(Flux-Term),代表流体通过控制面时物理量 Φ 值的净通量率。

对于定常流动,在静止的固定形状的控制体中 Φ_{cv} 不随时间变化,因此

$$\frac{\partial \Phi_{cv}}{\partial t} = 0$$

式(3.25)可以很容易地推广到一般的形式。

图 3.14 表示了一个任意形状的控制体,在控制面上的每个微元面积 dA 上,都有相应的流速 $\boldsymbol{V}$,与 dA 的外法线夹角为 θ。在控制面处,有的部分为流体流入控制体,有的部分为流体流出控制体,有的部分为流线或固壁($V=0$),没有流体流入或流出控制体。因此对于任意固定形状的控制体,方程式(3.25)可推广为

$$\frac{\mathrm{d}\Phi_s}{\mathrm{d}t} = \frac{\mathrm{d}\Phi_{cv}}{\mathrm{d}t} + \int_{cs} \beta \rho V \cos\theta \mathrm{d}A_{out} - \int_{cs} \beta \rho V \cos\theta \mathrm{d}A_{in} =$$

$$\frac{\mathrm{d}\Phi_{cv}}{\mathrm{d}t} + \int_{cs} \beta \mathrm{d}q_{m,out} - \int_{cs} \beta \mathrm{d}q_{m,in} \tag{3.26}$$

对静止控制体,则

$$\frac{\mathrm{d}\Phi_s}{\mathrm{d}t} = \frac{\partial \Phi_{cv}}{\partial t} + \int_{cs} \beta \rho V_n \mathrm{d}A_{out} - \int_{cs} \beta \rho V_n \mathrm{d}A_{in} \tag{3.27}$$

式中,cs 表示控制体的表面,式(3.27)即为适用于静止控制体的雷诺输运定理数学表达式。

将式(3.24a)代入式(3.27),并将时间导数放在积分号内,式(3.27)可写为

$$\frac{\mathrm{d}\Phi_s}{\mathrm{d}t} = \int_{cv} \frac{\partial}{\partial t}(\beta \rho) \mathrm{d}v + \oint_{cs} \beta \rho (\boldsymbol{V} \cdot \boldsymbol{n}) \mathrm{d}A \tag{3.28}$$

方程式(3.28)说明,在某一时刻 t,控制体内流体所构成的系统具有的随流物理量随时间的变化率,等于该瞬时与系统重合的控制体中所含同一物理量的增加率与相应物理量通过控制面的净流出率之和。

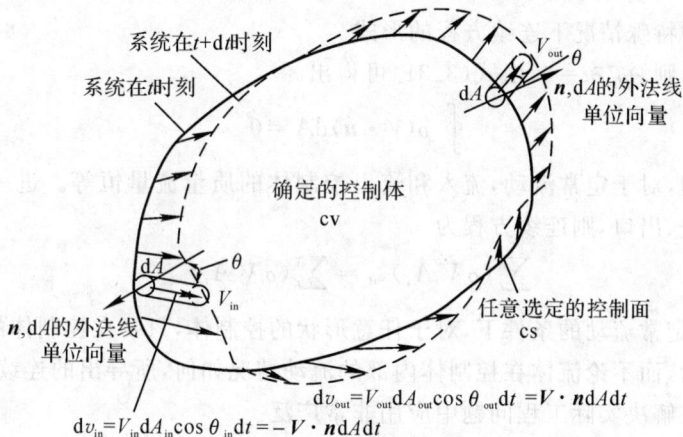

图 3.14　任意形状的控制体

在许多实际应用中,流体通过多个进、出口流入和流出控制体,在这些进、出口截面流动近似一维,因此式(3.28)中积分形式的流率项可以简化为所有出口截面流率减去进口截面流率,即

$$\oint_{cs} \beta \rho (\boldsymbol{V} \cdot \boldsymbol{n}) \mathrm{d}A = \sum (\beta_i \rho_i V_i A_i)_{out} - \sum (\beta_i \rho_i V_i A_i)_{in} \tag{3.29}$$

　　图 3.15 所示为多进、出口控制体,其中①、④ 截面为进口,②、③、⑤ 截面为出口。对于该流动情况,流率项应为

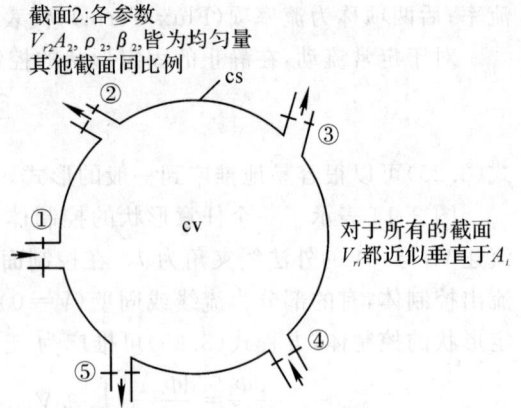

截面2:各参数 $V_2, A_2, \rho_2, \beta_2$ 皆为均匀量 其他截面同比例

$$\oint_{cs} \beta\rho(\boldsymbol{V} \cdot \boldsymbol{n})\mathrm{d}A = \beta_2\rho_2 V_2 A_2 + \beta_3\rho_3 V_3 A_3 +$$

$$\beta_5\rho_5 V_5 A_5 \quad - \quad \beta_1\rho_1 V_1 A_1 \quad -$$

$$\beta_4\rho_4 V_4 A_4 \tag{3.30}$$

除了这五个截面外,控制面上其他部分没有流体进出,因此对流率项没有贡献。

　　将式(3.27)或式(3.28)中的 Φ 分别换为质量、动量、动量矩或能量,代入到式(3.23a)～式(3.23d)中,即可以得到控制体形式的力学基本方程。

图 3.15　多进出口控制体

对于所有的截面 V_i 都近似垂直于 A_i

3.4　连续方程

　　根据质量守恒定律,系统的质量保持不变,数学方程为式(3.23a)。在雷诺输运表达式中,令 $\Phi = m$,则 $\beta = \mathrm{d}m/\mathrm{d}m = 1$,将它们代入式(3.28)并根据式(3.23a),得出

$$\int_{cv} \frac{\partial\rho}{\partial t}\mathrm{d}v + \oint_{cs} \rho(\boldsymbol{V} \cdot \boldsymbol{n})\mathrm{d}A = 0 \tag{3.31}$$

　　如果控制体只有若干个进、出口,且流动为一维,则式(3.31)可以写成

$$\int_{cv} \frac{\partial\rho}{\partial t}\mathrm{d}v + \sum_i (\rho_i V_i A_i)_{\text{out}} - \sum_i (\rho_i V_i A_i)_{\text{in}} = 0 \tag{3.32}$$

　　下面讨论几种特殊情况下连续方程的形式。

　　(1)定常流动,则 $\partial\rho/\partial t = 0$,由式(3.31)可得出

$$\oint_{cs} \rho(\boldsymbol{V} \cdot \boldsymbol{n})\mathrm{d}A = 0 \tag{3.33}$$

　　式(3.33)说明,对于定常流动,流入和流出控制体的质量流量恒等。进一步,如果控制体只有若干个一维进、出口,则连续方程为

$$\sum_i (\rho_i V_i A_i)_{\text{out}} = \sum_i (\rho_i V_i A_i)_{\text{in}} \tag{3.34}$$

　　可以证明,在定常流动的条件下,对于任意形状的控制体,只要在控制体的进、出口截面上流体参数是均匀的,而不论流体在控制体内部的流动情况如何,所导出的连续方程与式(3.34)是相同的。该式在解决实际工程问题中应用非常广泛。

　　例如在图 3.15 中,如果控制体内的流动定常,则三个出口的质量流率应等于两个进口的质量流率,即

$$\rho_2 V_2 A_2 + \rho_3 V_3 A_3 + \rho_5 V_5 A_5 = \rho_1 V_1 A_1 + \rho_4 V_4 A_4 \tag{3.35}$$

　　质量流率或称为质量流量,常用 q_m 表示,其 SI 单位为千克/秒(kg/s)。因此式(3.35)还可以写成一维定常流动的连续方程,即

$$q_m = \rho V A = C \tag{3.36}$$

　　对于一般形式,有

$$q_m = \int_{cs} \rho(\boldsymbol{V} \cdot \boldsymbol{n}) \mathrm{d}A \qquad (3.37)$$

（2）不可压流动，$\partial \rho / \partial t = 0$，又因为 $\rho \neq 0$，方程式（3.33）可简化为

$$\oint_{cs} (\boldsymbol{V} \cdot \boldsymbol{n}) \mathrm{d}A = 0 \qquad (3.38)$$

如果进、出口均为一维流动，则有

$$q_v = VA = C \qquad (3.39)$$

式中，q_v 称为通过某截面的体积流量，其 SI 单位为立方米/秒（m^3/s）。对于一般形式，体积流量可表示为

$$q_v = \int_{cs} (\boldsymbol{V} \cdot \boldsymbol{n}) \mathrm{d}A \qquad (3.40)$$

例 3.8　图 3.16 所示为一维定常流管，①，②分别为进、出口截面。试写出其质量守恒关系式。

解　根据定常流动的连续方程式（3.36），可以得出

$$q_m = \rho_1 V_1 A_1 = \rho_2 V_2 A_2 = \mathrm{const}$$

上式说明，通过定常流管任意截面的质量流量处处相等，为同一个常数。如果是不可压的，则有

$$q_v = V_1 A_1 = V_2 A_2 = \mathrm{const}$$

或

$$V_2 = \frac{A_1}{A_2} V_1$$

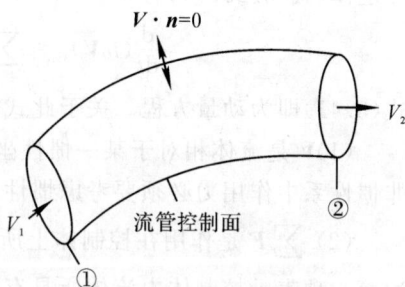

图 3.16　一维定常流管

因此，在一维定常不可压流管中体积流量也是一个常数，流速和截面积成反比。

例 3.9　图 3.17 所示为一圆管中的不可压黏性定常流动，其轴向速度分布近似为

$$V_x = V_0 \left(1 - \frac{r}{R}\right)^m$$

对于层流 $m \approx 1/2$，对于湍流 $m \approx 1/7$，计算平均流速。

解　该流动的体积流量为

$$q_v = \int V_x \mathrm{d}A = \int_0^R V_0 \left(1 - \frac{r}{R}\right)^m 2\pi r \mathrm{d}r$$

平均流速为

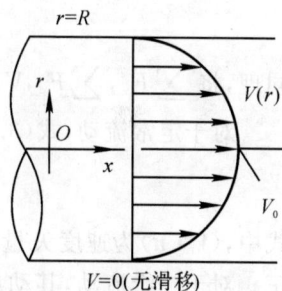

图 3.17　圆管中的不可压
黏性定常流动

$$V_{av} = \frac{q_v}{A} = \frac{1}{\pi R^2} \int_0^R V_0 \left(1 - \frac{r}{R}\right)^m 2\pi r \mathrm{d}r$$

$$V_{av} = V_0 \frac{2}{(1+m)(2+m)}$$

对于层流 $m \approx 1/2$，$V_{av} \approx 0.53 V_0$。对于湍流 $m \approx 1/7$，$V_{av} \approx 0.82 V_0$。对比两种流动可见，湍流的平均速度略小于最大速度，速度分布相对均匀。

例 3.10　某涡轮喷气发动机在设计状态下工作时，已知在尾喷管进口截面气流参数为：$p_1 = 2.05 \times 10^5$ Pa，$T_1 = 865$ K，$V_1 = 288$ m/s，$A_1 = 0.19$ m²；出口截面的气流参数为：$p_2 = 1.143 \times 10^5$ Pa，$T_2 = 766$ K，$A_2 = 0.153\ 8$ m²。试求通过尾喷管的燃气质量流量和出口速度。给定燃气（$k = 1.33$）的气体常数 $R = 287.4$ J/(kg·K)。

解　根据连续方程，质量流量为

$$q_m = \rho A V = \frac{p}{RT} A V = \frac{p_1 A_1 V_1}{RT_1} = 45.1 \text{ kg/s}$$

由于

$$q_m = \frac{p_1 A_1 V_1}{RT_1} = \frac{p_2 A_2 V_2}{RT_2}$$

所以

$$V_2 = V_1 \frac{A_1}{A_2} \frac{p_1}{p_2} \frac{T_2}{T_1} = 565.1 \text{ m/s}$$

3.5　动量方程

将雷诺输运定律表达式(式(3.28))中的 Φ 换为动量 $m\boldsymbol{V}$,则 $\beta = \mathrm{d}\Phi/\mathrm{d}m = \boldsymbol{V}$,根据牛顿第二定律(式(3.23b)),有

$$\frac{\mathrm{d}}{\mathrm{d}t}(m\boldsymbol{V})_s = \sum \boldsymbol{F} = \int_{\mathrm{cv}} \frac{\partial(\rho\boldsymbol{V})}{\partial t} \mathrm{d}v + \oint_{\mathrm{cs}} \rho\boldsymbol{V}(\boldsymbol{V} \cdot \boldsymbol{n}) \mathrm{d}A \tag{3.41}$$

式(3.41)即为动量方程。关于此式需要强调以下三点:

(1)$\boldsymbol{V}$ 是流体相对于某一惯性坐标系的速度,如果坐标系运动则应考虑相对速度,而且,在非惯性系中作用力必须要考虑惯性力。

(2)$\sum \boldsymbol{F}$ 是作用在控制体上所有力的矢量和,包括表面力以及质量力(体积力)。等号右边第一项表示控制体内流体所具有的动量随时间的变化率,对定常流该项为零。第二项表示通过控制体表面的流体动量通量,它等于单位时间内净流出控制体的流体动量。

(3)整个方程为矢量关系式,在直角坐标系中有三个分量式,其 x 方向的分量式为

$$\sum F_x = \int_{\mathrm{cv}} \frac{\partial(\rho V_x)}{\partial t} \mathrm{d}v + \oint_{\mathrm{cs}} \rho V_x V_n \mathrm{d}A \tag{3.42}$$

同理,将 $\sum F_y$,$\sum F_z$,V_y 和 V_z 代入,可分别得到 y,z 方向的分量式。

对于定常流动,式(3.41)为

$$\sum \boldsymbol{F} = \oint_{\mathrm{cs}} \rho\boldsymbol{V}(\boldsymbol{V} \cdot \boldsymbol{n}) \mathrm{d}A \tag{3.43}$$

式中,$(\boldsymbol{V} \cdot \boldsymbol{n})$ 为速度矢量与控制面外法向单位矢量的点积,对于流入控制体应为负,流出为正。对于一维流动,其动量为

$$\boldsymbol{M} = q_m\boldsymbol{V} = \rho V_n A\boldsymbol{V} \tag{3.44}$$

如果控制体的所有进、出口参数均匀,则式(3.42)为

$$\sum \boldsymbol{F} = \int_{\mathrm{cv}} \frac{\partial(\rho\boldsymbol{V})}{\partial t} \mathrm{d}v + \sum (q_{mi}\boldsymbol{V}_i)_{\mathrm{out}} - \sum (q_{mi}\boldsymbol{V}_i)_{\mathrm{in}} \tag{3.45}$$

式(3.45)说明,作用在控制体上的合力等于该控制体内动量随时间的变化率加上单位时间进、出口动量的矢量和。式(3.45)在具体应用时常采用直角坐标系分量形式。此外,对于固定形状控制体在定常流动的情况下,式(3.45)等号右边第一项为零。因此,其 x 方向的分量式(其他方向类同)为

$$\sum F_x = \sum (q_{mi}V_{xi})_{\mathrm{out}} - \sum (q_{mi}V_{xi})_{\mathrm{in}} \tag{3.46}$$

同样可以证明,在定常流动的条件下,对于任意形状的控制体,只要在控制体的进、出口截面上流体参数是均匀的,而不论流体在控制体内部的流动情况如何,所导出的动量方程与式(3.46)是相同的。

控制体形式的动量方程是流体动力学中最常用的基本方程之一。其优点在于,只要知道

控制体进、出口的流动情况，就可以得出作用在控制体上的力，而无须知道控制体内部的流动细节。

动量方程式中的作用力为质量力和表面力。质量力的合力可表示为

$$F_B = \int_{cv} R\rho \, dv \tag{3.47}$$

一般情况下，控制体受到的表面力包括两部分——压力和黏性力，即法向力和切向力。对于理想流体，切向力为零，因此，表面力仅为法向压力。

下面首先来分析压力的作用。由第二章已经知道，作用在流体表面的压力与表面垂直并指向内部。因为表面单位矢量向外为正，所以压力可以表示为

$$F_p = \oint_{cs} p(-n) \, dA \tag{3.48}$$

如果整个表面上压强相等都为 p_a，如图 3.18(a)所示，则对于封闭的表面，压力的合力为零，即

$$F_p = -p_a \oint_{cs} n \, dA = 0$$

这一结果表明，只要表面封闭且压强处处相等，无论表面形状如何，合力恒为零。当控制面上压强并非处处相等时，如图 3.18(b)所示，则 p_a 相互抵消，剩下的只有表压 $p_{gage} = p - p_a$ 的作用，即

$$F_p = \oint_{cs} (p - p_a)(-n) \, dA = \oint_{cs} p_{gage}(-n) \, dA$$

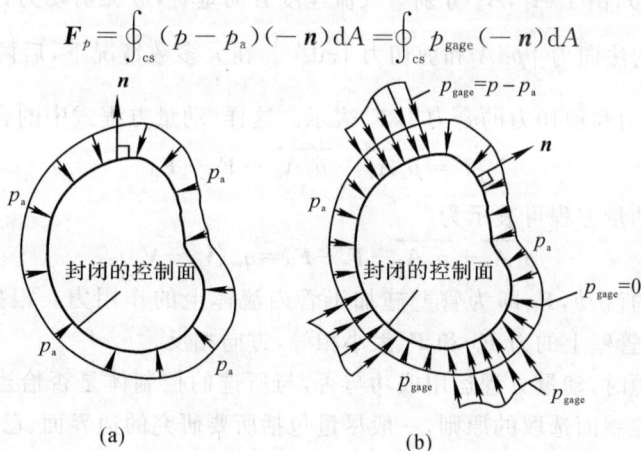

图 3.18 流体表面的压强分布

将式(3.47)和式(3.48)代入式(3.41)，得到适合于控制体的动量方程为

$$\int_{cv} \frac{\partial(\rho V)}{\partial t} \, dv + \oint_{cs} \rho V(V \cdot n) \, dA = \int_{cv} R\rho \, dv - \oint_{cs} pn \, dA \tag{3.49}$$

考虑到动量方程的实际应用大多数是在于求对物体的作用力 F_e，为此取如图 3.19 所示的控制体，控制面由 A, A_1, A_2 组成。为了方便，把表面力分解成两部分，即物体(通过控制面 A_1)对控制体内流体的作用力 $-F_e$ 和控制体外流体作用于控制面 A 上的压力 $-\int_A pn \, dA$，A_2 控制面是双层的，因此压力合力为零。在求流体对物体的作用力时，所取控制体只要把物体包围在内即可，并且动量方程式(3.41)可写成

$$\int_{cv} \frac{\partial(\rho V)}{\partial t} \, dv + \oint_{cs} \rho V(V \cdot n) \, dA = -F_e - \oint_A pn \, dA + \int_{cv} R\rho \, dv \tag{3.50a}$$

式（3.50a）还可以写成在三个坐标轴上的投影式，例如 x 方向的分量式为

$$\int_{cv}\frac{\partial(\rho V_x)}{\partial t}dv+\oint_{cs}\rho V_n V_x dA=-F_{ex}-\int_{cs}p\cos\theta dA+\int_{cv}X\rho dv \tag{3.50b}$$

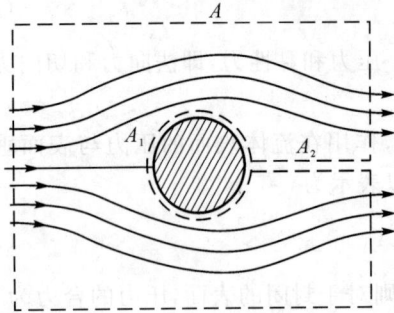

图 3.19　推导动量方程的控制体　　　　　　图 3.20　作用在管内流体上的力

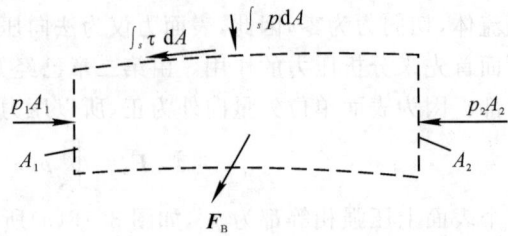

对于一维流动，图 3.20 表示了作用于控制体内流体的质量力，记为 $\boldsymbol{F}_B$；控制体外的流体或固体作用在控制面上的表面力，一部分为控制面的进、出口截面上表面力的法向力 $p_1 A_1$，$p_2 A_2$（均指向作用面），由于 A_1，A_2 分别与气流速度方向垂直，故无剪切力；另一部分为作用在控制面的侧表面上的法向力 $\int_{cs}p dA$ 和剪切力 $\int_{cs}\tau dA$。在大多数情况下，后两种力是未知的，因此，侧表面上的法向力和剪切力的合力用 $\boldsymbol{F}_i$ 表示。这样，动量方程式中的合力为

$$\sum\boldsymbol{F}=\overrightarrow{p_1 A_1}+\overrightarrow{p_2 A_2}+\boldsymbol{F}_i+\boldsymbol{F}_B \tag{3.51}$$

则一维定常流动的动量方程可表示为

$$\overrightarrow{p_1 A_1}+\overrightarrow{p_2 A_2}+\boldsymbol{F}_i+\boldsymbol{F}_B=q_m(\boldsymbol{V}_2-\boldsymbol{V}_1) \tag{3.52}$$

对于流体在管道中的流动，$\boldsymbol{F}_i$ 即为管壁施加于管内流体上的作用力。根据牛顿第三运动定律，管内流体作用于管壁上的力 $\boldsymbol{F}_d$ 和 $\boldsymbol{F}_i$ 大小相等，方向相反。

在具体解决问题时，动量方程运用成功与否，与所选的控制体是否恰当很有关系，但是很难给出普遍适用的控制面选取的原则，一般尽量包括所要研究的边界面、已知物理量尽量多的面和流面等。

例 3.11　如图 3.21 所示，水流过一弯曲 90° 的管道，在进口 1—1 截面处水流的压强为 4.91×10^5 Pa，在出口截面 2—2 处压强为 4.19×10^5 Pa，水的流量为 78.5 kg/s。截面 1—1 的直径为 10 cm，2—2 的直径为 8 cm，如果忽略水流的自重，求水对管壁的作用力。

图 3.21　水流过 90° 的管道

解　选弯管内侧面和进、出口截面为控制面，如图 3.21 中虚线所示。因为忽略水自重，所以控制体受力只有表面力，包括进出口的压力和侧面管壁的作用力，其中后者的反作用力即为所求的力。

在如图 3.21 所示直角坐标系下，设管壁对控制体内水流的作用力为 $\boldsymbol{F}=F_x\boldsymbol{i}+F_y\boldsymbol{j}$，对所选控制体在 x 和 y 方向分别使用动量方程，有

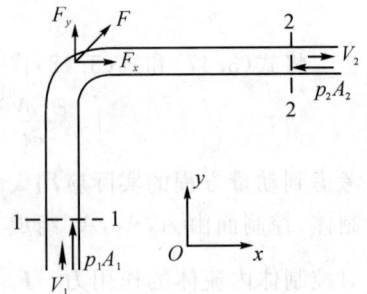

$$F_x - p_2 A_2 = q_m V_2 \tag{a}$$

$$F_y + p_1 A_1 = q_m (0 - V_1) \tag{b}$$

式中

$$V_1 = \frac{q_m}{\rho_1 A_1} = \frac{78.5}{1\,000 \times \frac{\pi}{4} \times 0.1^2} = 10 \text{ m/s}$$

$$V_2 = \frac{q_m}{\rho_2 A_2} = \frac{78.5}{1\,000 \times \frac{\pi}{4} \times 0.08^2} = 15.6 \text{ m/s}$$

将 V_1, V_2 等代入式(a),式(b),得

$$F_x = +\left(4.19 \times 10^5 \times \frac{\pi}{4} \times 0.08^2 + 78.5 \times 15.6\right) = +3\,329.6 \text{ N}$$

$$F_y = -\left(4.91 \times 10^5 \times \frac{\pi}{4} \times 0.1^2 + 78.5 \times 10\right) = -4\,639.4 \text{ N}$$

负号说明 F_y 的方向与图中假设方向相反。根据作用力与反作用力定律,水流对弯管的作用力与管壁对水流的作用力大小相等、方向相反,即 $F_{dx} = -F_x$, $F_{dy} = -F_y$,作用力的合力为

$$F_d = \sqrt{F_{dx}^2 + F_{dy}^2} = \sqrt{4\,640^2 + 3\,329.6^2} = 5\,712 \text{ N}$$

F_d 与 x 的负方向(第 2 象限)的夹角为

$$\alpha = \arctan \frac{F_{dy}}{F_{dx}} = \arctan\left(-\frac{4\,639.4}{3\,329.6}\right) = -54.3°$$

例 3.12　流体流过导流弯板,如图 3.22 所示,已知射流截面积为 A,射流速度为 V,其大小不变,弯板转角为 θ,流动定常,压强处处为 p_a,忽略摩擦,求弯板的支撑力 F。

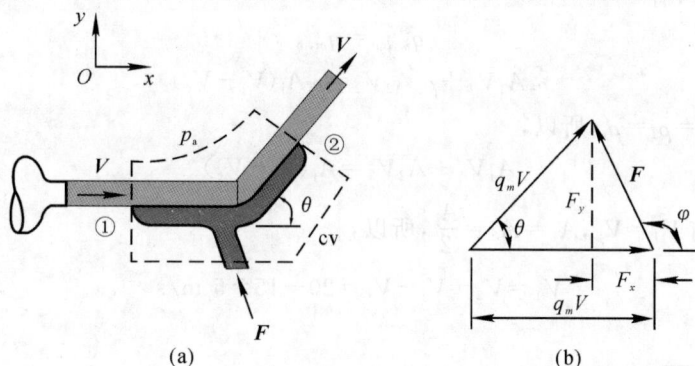

图 3.22　流体流过导流弯板

解　选控制体如图 3.22 中虚线所示,如忽略流体和弯板的自重,而且控制面上压强处处为 p_a,所以对整个封闭的控制面其合力为零,则控制体所受的外力只有弯板支撑处的 F。根据动量方程,有

$$F = q_{m2} V_2 - q_{m1} V_1$$

由连续方程, $q_{m2} = q_{m1} = q_m = \rho A V$,在如图 3.22 所示的直角坐标系中, x, y 方向的动量方程有

$$F_x = q_m (V_{2x} - V_{1x}) = q_m V (\cos\theta - 1)$$

$$F_y = q_m (V_{2y} - V_{1y}) = q_m V \sin\theta$$

合力大小为
$$F=\sqrt{F_x^2+F_y^2}=q_mV\sqrt{\sin^2\theta+(\cos\theta-1)^2}=2q_mV\sin\frac{\theta}{2}$$

方向为
$$\tan\alpha=\frac{F_y}{F_x}=\frac{\sin\theta}{\cos\theta-1}$$

例 3.13　一股水流以水平速度 V_j 冲击到一垂直平板,该平板同时以水平速度 V_c 向右运动,如图 3.23 所示。如果水的密度为 1 000 kg/m³,射流的截面积为 3 cm²,V_j、V_c 分别为 20 m/s 和 15 m/s,如果忽略水和板的自重,水流相对于平板为定常,且上、下平均分开。试求保持平板匀速运动所需的力。

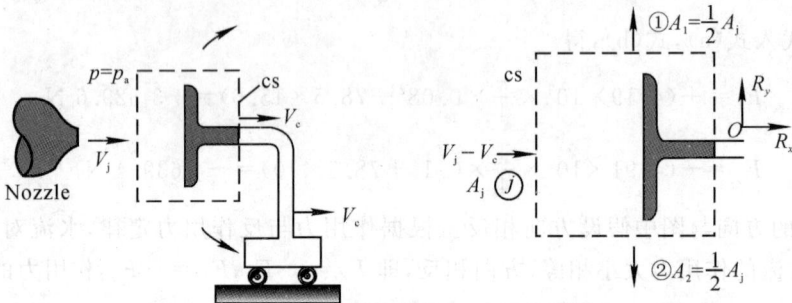

图 3.23　水流冲击到垂直平板

解　选控制体如图中虚线所示,该控制体随平板以 V_c 运动,因此相对平板来说,控制体是静止的,根据相对运动原理,此时流入控制体的来流速度应为 V_j-V_c,控制体所受的外力,只有平板后的水平支撑在与控制面切割处作用到控制体上的力,此力即为所求之力。

根据连续方程,有
$$q_{m,\text{out}}=q_{m,\text{in}}$$
$$\rho_1A_1V_1+\rho_2A_2V_2=\rho_jA_j(V_j-V_c)$$

流动不可压,有 $\rho_1=\rho_2=\rho_j$,所以,
$$A_1V_1+A_2V_2=A_j(V_j-V_c)$$

已知上、下对称,有 $V_1=V_2$,$A_1=A_2=\dfrac{A_j}{2}$,所以,
$$V_1=V_2=V_j-V_c=20-15=5\text{ m/s}$$

由动量方程,得

x 方向：
$$\sum F_x=R_x=q_{m1}V_{1x}+q_{m2}V_{2x}-q_{mj}V_{jx}=$$
$$-[\rho_jA_j(V_j-V_c)](V_j-V_c)$$
$$R_x=-1\,000\times0.000\,3\times5=-1.5\text{ kg}\cdot\text{m/s}^2=-1.5\text{ N}$$

y 方向：
$$R_y=q_{m1}V_{1y}+q_{m2}V_{2y}-q_{mj}V_{jy}$$
$$R_y=q_{m1}V_1+q_{m2}(-V_2)=\frac{1}{2}q_{mj}(V_1-V_2)=0$$

例 3.14　推导空气喷气发动机的推力公式。

解　发动机的推力是发动机所产生的推动发动机前进的力。推力的物理实质是内、外气流作用在发动机所有湿表面上的轴向力的合力。如果直接按定义求推力是非常困难的。但是,如果将发动机看成一个整体,根据动量定理,直接从气流经过发动机时的动量变化率来计

算推力,可以不涉及发动机内部的流动细节,这样就会简单很多。

设发动机以飞机飞行速度 **V** 相对地面运动。为了便于研究,将坐标系固定在发动机上,且 x 方向与来流方向一致。因此在此坐标系观察到的情况是发动机静止,而空气则以与 **V** 大小相等、方向相反的速度流入发动机,以 V_e 表示从发动机尾喷口射出的速度(见图 3.24)。取控制体如图中虚线所示。控制面 o′—e′ 为圆柱面,母线与发动机的轴向即 x 方

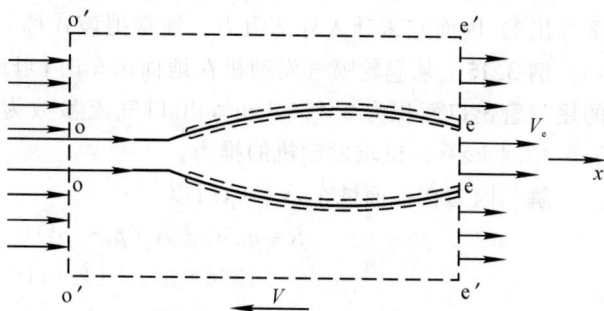

图 3.24　推导空气喷气发动机的推力公式

向平行,且离发动机足够远,因此可以认为它是一个流面,其上的压强为大气压强 p_a。控制面 o′—o′ 为圆截面,垂直于发动机的轴线,取在未受进口扰动的足够远前方,这是因为发动机进口截面处的气流参数一般不易确定。o′—o′ 面上的气体压强为大气压强 p_a,气流速度为 **V**。控制面 e—e 为发动机尾喷管的出口平面,在该截面上,燃气的喷射速度与 x 方向近似平行,速度的平均值为 V_e,压强的平均值为 p_e。e′—e′ 和 e—e 位于同一平面内,它是环形截面,假定不计气流从外部流过时的摩擦,并且与发动机内部的燃气无热量交换,因此可以近似地认为,从发动机外部流过的空气在截面 e—e′ 上,各参数与远前方来流 o′—o′ 处相同。

下面对控制体在轴线方向写出动量方程。

首先分析受力情况:

截面 o′—o′ 所受外界气体的压力:$p_a A'_o$(A'_o 是 o′—o′ 面的面积);

截面 e—e 所受外界气体的压力:$p_e A_e$(A_e 是 e—e 面的面积);

环形截面 e—e′ 所受外界气体的压力:$p_a(A'_e - A_e)$(A'_e 是 e′—e′ 截面的面积且 $A'_e = A'_o$)。

假定发动机湿表面对内、外气流在轴向的作用力的合力为 R_x,其方向与气流方向一致,则 R_x 与发动机的推力互为作用力和反作用力。

作用在控制体上的合力为

$$R_x + p_a A'_o - p_a(A'_e - A_e) - p_e A_e = R_x - A_e(p_e - p_a)$$

气流流过控制体在 x 方向的动量变化率(外流的动量变化率为零)为

$$q_{m,bg} V_e - q_m V$$

其中,q_m 表示空气由 o—o 截面流入发动机的流量;$q_{m,bg}$ 表示燃气从 e—e 截面流出发动机的流量,它等于空气流量 q_m 和燃油流量 $q_{m,f}$ 之和,即

$$q_{m,bg} = q_m + q_{m,f} = q_m\left(1 + \frac{q_{m,f}}{q_m}\right)$$

然后根据控制体受力情况,写出其轴向的动量方程。在 x 方向,气流流经控制体时的动量变化率,应等于作用在控制体上的合力,故有

$$R_x - A_e(p_e - p_a) = q_{m,bg} V_e - q_m V$$

$$R_x = q_{m,bg} V_e - q_m V + A_e(p_e - p_a) \tag{3.53}$$

因此,发动机的推力为 $-R_x$,其方向与 x 方向相反。在近似计算时,可假设 $q_{m,bg} \approx q_m$,则推力的大小可写成

$$R = q_m(V_e - V) + A_e(p_e - p_a) \tag{3.54}$$

需要说明的是,推力公式(式(3.53))是在假设气流从发动机外部流过无摩擦等理想条件下导出的,因而它未计入外部阻力。通常把该式称为发动机的内推力或额定推力公式。

例 3.15　某涡轮喷气发动机在地面试车时,当地的大气压强为 $1.013\ 3\times10^5$ Pa,发动机的尾喷管出口面积为 $0.154\ 3\ \mathrm{m}^2$,出口气流参数为 $p_e=1.141\times10^5$ Pa,$V_e=542$ m/s,流量 $q_m=43.4$ kg/s。试求发动机的推力。

解　因为在地面试车,$V=0$,所以

$$R=q_m V_e+A_e(p_e-p_a)=$$
$$43.4\times542+(1.141-1.013\ 3)\times10^5\times0.154\ 3=$$
$$25\ 493\ \mathrm{N}$$

例 3.16　运用动量定理导出火箭向上垂直加速飞行(见图 3.25)的加速度公式(设火箭内气体的运动相对火箭是定常的)。

解　取火箭本身的外壳表面和喷管的出口平面为控制面。对此控制面沿火箭飞行方向(z 方向)写动量方程。为方便起见,取与火箭以同样速度运动的相对坐标系。因为火箭作加速运动,故该坐标系为非惯性系。在本节开始的时候曾强调,对于非惯性坐标系,在运用动量方程时,要将惯性力考虑到合力中,并把速度改为相对速度。由此,对所取的控制面沿 z 方向的动量方程,可以写为

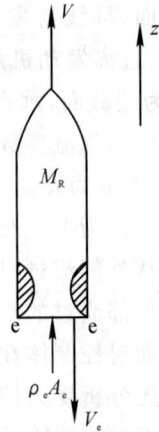

图 3.25　推导火箭向上垂直加速飞行的加速

$$-M_R g+(p_e-p_a)A_e-F_d-M_R\frac{\mathrm{d}V}{\mathrm{d}t}=-q_{m,\mathrm{bg}}V_e$$

式中　第一项——作用在控制体的重力(M_R 为火箭整体的瞬时质量);

　　　第二项——作用在控制面上压强的合力在 z 方向上的投影(p_e 为喷管出口处的压强,p_a 为大气压强,A_e 为喷管出口处的截面积);

　　　第三项——作用在控制面上的全部阻力的合力在 z 方向上的投影;

　　　第四项——火箭的惯性力,方向与火箭的加速度相反(V 为火箭飞行的瞬时速度);

　　　第五项——从控制面 e—e 气体动量的流出率($q_{m,\mathrm{bg}}$ 为燃气的流量,V_e 为气体相对于所取坐标的速度)。

将上式整理后得

$$M_R\frac{\mathrm{d}V}{\mathrm{d}t}=[q_{m,\mathrm{bg}}V_e+(p_e-p_a)A_e]-(F_d+M_R g)$$

3.6　动量矩方程

与第 3.5 节建立动量方程的方法相同,控制体的方法同样可以运用到对动量矩的分析中。取雷诺输运定律表达式(式(3.27))中的 Φ 为动量矩 H。对于流体系统,关于某一坐标轴的动量矩为

$$\boldsymbol{H}=\int_{cv}(\boldsymbol{r}\times\boldsymbol{V})\mathrm{d}m \tag{3.55}$$

式中　$\boldsymbol{r}$——流体微元质量 $\mathrm{d}m$ 距坐标原点的矢径;

　　　$\boldsymbol{V}$——微元流体的速度。

那么,单位质量的角动量为

$$\boldsymbol{\beta} = \mathrm{d}\boldsymbol{H}/\mathrm{d}m = \boldsymbol{r} \times \boldsymbol{V} \tag{3.56}$$

代入雷诺输运定理表达式(式(3.28)),得

$$\left(\frac{\mathrm{d}\boldsymbol{H}}{\mathrm{d}t}\right)_s = \frac{\partial}{\partial t}\left[\iint_{cv}(\boldsymbol{r}\times\boldsymbol{V})\rho\mathrm{d}v + \int_{cs}(\boldsymbol{r}\times\boldsymbol{V})(\boldsymbol{V}\cdot\boldsymbol{n})\rho\mathrm{d}A\right] \tag{3.57}$$

根据动量矩方程,系统关于某一轴的动量矩的变化率应等于该时刻系统所受所有外力对同一轴的力矩之和,故式(3.57)可写成

$$\sum\boldsymbol{M} = \sum(\boldsymbol{r}\times\boldsymbol{F}) = \frac{\partial}{\partial t}\left[\iint_{cv}(\boldsymbol{r}\times\boldsymbol{V})\rho\mathrm{d}v + \int_{cs}(\boldsymbol{r}\times\boldsymbol{V})(\boldsymbol{V}\cdot\boldsymbol{n})\rho\mathrm{d}A\right] \tag{3.58}$$

如果控制体的进、出口为一维流动,则动量矩流率为

$$\int_{cs}(\boldsymbol{r}\times\boldsymbol{V})(\boldsymbol{V}\cdot\boldsymbol{n})\rho\mathrm{d}A = \sum(\boldsymbol{r}\times\boldsymbol{V})_{out}q_{m,out} - \sum(\boldsymbol{r}\times\boldsymbol{V})_{in}q_{m,in} \tag{3.59}$$

对于定常流动,$\dfrac{\partial}{\partial t}\left[\iint_{cv}(\boldsymbol{r}\times\boldsymbol{V})\rho\mathrm{d}v\right]=0$。因此,一维定常流动的动量矩方程为

$$\sum\boldsymbol{M} = \sum(\boldsymbol{r}\times\boldsymbol{V})_{out}q_{m,out} - \sum(\boldsymbol{r}\times\boldsymbol{V})_{in}q_{m,in} \tag{3.60}$$

方程式(3.60)表明:对于流动定常且进、出口为一维的固定控制体,作用在控制体上诸外力对于某轴的力矩总和,等于单位时间内从控制面流出与流入的流体对该轴的动量矩之和。

在对叶轮机械的研究中,经常采用圆柱坐标系,如图3.26所示,而且主要应用于建立对旋转轴的动量矩方程。对于 Oz 轴的动量矩方程可写为

$$\sum M_z = q_m(V_{2u}r_2 - V_{1u}r_1) \tag{3.61}$$

例 3.17　流体在如图3.27所示的径流式叶轮机中作定常流动,流过整个叶轮的质量流量为 q_m,进入叶轮时的流体速度为 V_1,流出叶轮时的速度为 V_2。试写出对于旋转轴(Oz 轴)的动量矩方程。

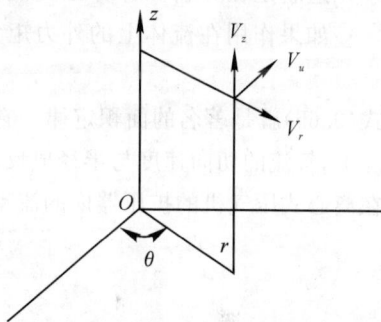

图 3.26　动量矩方程推导

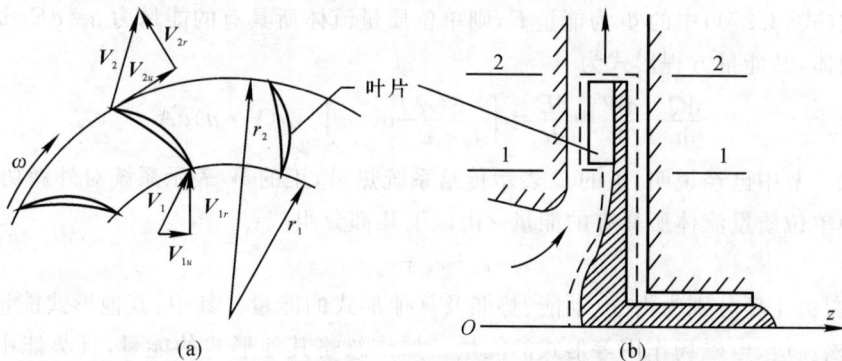

图 3.27　对于旋转轴(Oz 轴)的动量矩方程

解　取控制体如图3.27(b)中虚线所示,它包围整个转子,并切割转轴。设在控制面的进、出口截面1—1和2—2上,流体参数沿周向是均匀的,则单位时间内进、出控制体的动量矩之差为

$$q_m(V_{2u}r_2 - V_{1u}r_1)$$

现在分析作用在控制面上诸外力对 Oz 轴的力矩：作用在截面 1—1 和 2—2 上的压强对于 Oz 轴的矩为零。如果忽略由于转子与充满在叶轮机壳体内的流体之间的摩擦所产生的力矩，则单位时间作用在控制体中流体上的外力矩就等于外界通过转轴加于叶轮的转矩 M_z，根据式(3.61)可得

$$M_z = q_m (V_{2u} r_2 - V_{1u} r_1) \tag{3.62}$$

方程式(3.62)是动量矩定理应用于流体在叶轮机中的定常流动的解析式，称为动量矩的欧拉方程。如果将式(3.62)两端同乘以叶轮机的旋转角速度 ω，则可得外界给予叶轮机的功率，即

$$N = M_z \omega = q_m (V_{2u} r_2 - V_{1u} r_1) \omega$$

或

$$N = q_m (V_{2u} U_2 - V_{1u} U_1) \tag{3.63}$$

式中，U_1，U_2 表示叶轮在半径 r_1 及 r_2 处的圆周速度。

功率是外力对每秒流过叶轮机的流体所做的功，所以外力对流过叶轮机的单位质量流体做功的功率为

$$w = \frac{N}{q_m} = V_{2u} U_2 - V_{1u} U_1 \tag{3.64}$$

这就是在分析和计算压气机或涡轮的功时经常用到的公式。

如果作用在流体上的外力矩为零，根据动量矩方程式(3.62)，得出

$$V_{2u} r_2 = V_{1u} r_1 = V_u r = \text{const} \tag{3.65}$$

式(3.65)就是著名的面积定律。它说明，在没有外力矩作用而流体只依靠本身的惯性运动的情况下，气流的切向速度与半径成反比。半径越大，气流的切向速度越小；反之则相反。例如，气体在离心式压气机的扩压器内的流动，燃料在离心式喷嘴内的旋转运动等，均属于这种情形。

3.7　能量方程

将雷诺输运定理运用到热力学第一定律，可以得出控制体形式的能量方程。令雷诺输运定律表达式(式(3.27))中的 Φ 为能量 E，则单位质量流体所具有的能量为 $\beta = dE/dm = e$。对固定的控制体，其能量方程形式为

$$\frac{dQ}{dt} - \frac{dW}{dt} = \frac{dE}{dt} = \int_{cv} \frac{\partial (e\rho)}{\partial t} dv + \oint_{cs} e\rho (\boldsymbol{V} \cdot \boldsymbol{n}) dA \tag{3.66}$$

在第 3.3 节中已经说明，正的 Q 表示传给系统热量，正的 W 表示系统对外做功。

系统中单位质量流体所具有的能量 e 由以下几部分组成：

$$e = e_i + e_k + e_p + e_o$$

式中，等号右边 4 项分别为内能、动能、势能及其他形式的能量。其中，其他形式能量主要包括化学反应、核反应、电磁场作用等形式的能量。如果忽略其他形式的能量，且势能中仅考虑重力势能，并令 z 坐标向上为正，则单位质量流体的能量可表示为

$$e = u + \frac{1}{2} V^2 + gz \tag{3.67}$$

将系统做功(功率)分为三部分：

$$\dot{W} = \dot{W}_s + \dot{W}_p + \dot{W}_v$$

下标 s, p, v 分别表示轴功、压力做功和黏性切应力做功。

其中,轴功表示系统中的流体通过某种机械对外所做的功。

压力做功只产生在控制面上,对于控制面上的某一微元面积,压力做功应为微元面上的压力乘以微元面上速度的法向分量,即

$$\mathrm{d}\dot{W}_\mathrm{p} = (p\mathrm{d}A)V_\mathrm{n} = p(\boldsymbol{V} \cdot \boldsymbol{n})\mathrm{d}A$$

通过对 $\mathrm{d}\dot{W}_\mathrm{p}$ 在整个控制面上积分便得到流体对外做的压力功功率,即

$$\dot{W}_\mathrm{p} = \int_\mathrm{cs} p(\boldsymbol{V} \cdot \boldsymbol{n})\mathrm{d}A \tag{3.68}$$

黏性切应力做功的功率也是发生在控制面上,其值应为黏性力与速度的点积,即

$$\mathrm{d}\dot{W}_\mathrm{v} = -\boldsymbol{\tau} \cdot \boldsymbol{V}\mathrm{d}A$$

或者

$$\dot{W}_\mathrm{v} = -\int_\mathrm{cs} \boldsymbol{\tau} \cdot \boldsymbol{V}\mathrm{d}A \tag{3.69}$$

式中,负号表示是外界对控制体做功。

根据控制体的选择不同,黏性力做功项也会有不同的形式。如果控制面为固壁,则根据无滑移条件,速度为零,所以黏性力做功也为零;对于机械的表面黏性力做功项将与轴功合并;对于进、出口面速度近似与截面垂直,只有黏性正应力做功,一般情况下,因为黏性正应力很小,因此这一项也常常可以忽略掉。但是对于某些特殊情况,如激波等,此项必须考虑。

对于控制面为流面的情况,如果流动无黏性,则无黏性力之功,否则应计入该项作用。

经过上述讨论,得出系统对外做功的功率为

$$\dot{W} = \dot{W}_\mathrm{s} + \int_\mathrm{cs} p(\boldsymbol{V} \cdot \boldsymbol{n})\mathrm{d}A - \int_\mathrm{cs} (\boldsymbol{\tau} \cdot \boldsymbol{V})_\mathrm{ss}\mathrm{d}A \tag{3.70}$$

将式(3.70)、式(3.67)代入式(3.66)发现压力做功项可以和能量流率项合并,因为都含有 $\boldsymbol{V} \cdot \boldsymbol{n}$ 的面积分,得出控制体的能量方程为

$$\dot{Q} - \dot{W}_\mathrm{s} - (\dot{W}_\mathrm{v})_\mathrm{ss} = \frac{\partial}{\partial t}\left(\int_\mathrm{cv} e\rho\mathrm{d}v\right) + \int_\mathrm{cs}\left(e + \frac{p}{\rho}\right)\rho(\boldsymbol{V} \cdot \boldsymbol{n})\mathrm{d}A \tag{3.71}$$

式中,下标 ss 表示流面。已知焓 $h = u + p/\rho$,代入式(3.71),得出对于固定控制体一般形式的能量方程为

$$\dot{Q} - \dot{W}_\mathrm{s} - \dot{W}_\mathrm{v} = \frac{\partial}{\partial t}\left[\int_\mathrm{cv}\left(u + \frac{1}{2}V^2 + gz\right)\rho\mathrm{d}v\right] + \int_\mathrm{cs}\left(h + \frac{1}{2}V^2 + gz\right)\rho(\boldsymbol{V} \cdot \boldsymbol{n})\mathrm{d}A \tag{3.72}$$

如果控制体具有若干个一维进、出口截面,则式(3.72)中的面积分将简化为流出控制体能量流率和流入控制体能量流率的差。对于流动定常、进出口一维的固定控制体,能量方程式(3.72)为

$$\dot{Q} - \dot{W}_\mathrm{s} - \dot{W}_\mathrm{v} = \sum\left(h + \frac{1}{2}V^2 + gz\right)_\mathrm{out} q_{m,\mathrm{out}} - \sum\left(h + \frac{1}{2}V^2 + gz\right)_\mathrm{in} q_{m,\mathrm{in}} \tag{3.73}$$

对于只有一个进口(1 截面)和一个出口(2 截面)的控制体,有

$$\dot{Q} - \dot{W}_\mathrm{s} - \dot{W}_\mathrm{v} = \left(h_2 + \frac{1}{2}V_2^2 + gz_2\right)q_{m2} - \left(h_1 + \frac{1}{2}V_1^2 + gz_1\right)q_{m1} \tag{3.74}$$

考虑到连续方程 $q_{m1} = q_{m2} = q_m$,式(3.73)可以写成

$$h_1 + \frac{1}{2}V_1^2 + gz_1 = h_2 + \frac{1}{2}V_2^2 + gz_2 - q + w_\mathrm{s} + w_\mathrm{v} \tag{3.75}$$

式中 q——传给单位质量流体的热量，$q=\dot{Q}/q_m=\mathrm{d}Q/\mathrm{d}m$；

$\quad w_s$——单位质量流体对外做的轴功，$w_s=\dot{W}_s/q_m=\mathrm{d}W_s/\mathrm{d}m$；

$\quad w_v$——单位质量流体由于黏性力对外做的功，$w_v=\dot{W}_v/q_m=\mathrm{d}W_v/\mathrm{d}m$。

式(3.75)说明，上游 1 截面处单位质量流体所具有的总能量 $h_1+\dfrac{1}{2}V_1^2+gz_1$ 等于下游 2 截面的总能量加上单位质量流体对外做的轴功和黏性力功再减去单位质量流体吸收的热量。

当研究对象为气体时，在高度变化不是很大的情况下，可以略去位能的变化，如果所选控制面使得黏性力做功为零，这样式(3.75)可以写成

$$q-w_s=(h_2-h_1)+\frac{1}{2}(V_2^2-V_1^2) \tag{3.76}$$

式(3.76)是大多数工程热力学教科书中常见的一维定常流动的能量方程式，又叫热焓形式能量方程。它表明，外界加给气流的热量用来对外界做功和增加气体的焓和动能。在推导式(3.76)时并未涉及气体在控制体内流动的具体情况，因此该式对流动是否是可逆过程都适用。

对于微元控制体，式(3.76)为

$$\delta q-\delta w_s=\mathrm{d}\left(\frac{V^2}{2}\right)+\mathrm{d}h \tag{3.77}$$

式(3.77)是一维定常流动的微分形式的能量方程。

对于绝能流动过程，因为 $q=0(\delta q=0)$，$w_s=0(\delta w_s=0)$，能量方程式(3.76)和式(3.77)简化为

$$h_1+\frac{1}{2}V_1^2=h_2+\frac{1}{2}V_2^2=\mathrm{const} \tag{3.78}$$

$$\mathrm{d}\left(\frac{V^2}{2}\right)+\mathrm{d}h=0 \tag{3.79}$$

对于完全气体，气体的焓 $h=c_pT$，代入方程式(3.78)和式(3.79)中，得

$$c_pT_1+\frac{1}{2}V_1^2=c_pT_2+\frac{1}{2}V_2^2=\mathrm{const} \tag{3.80}$$

$$\mathrm{d}\left(\frac{V^2}{2}\right)+c_p\mathrm{d}T=0 \tag{3.81}$$

式(3.78)表明，在绝能流动中，管道各个截面上气流的焓和动能之和保持不变，但两者之间却可以相互转换。如果气体的焓减小（表现为温度降低），则气体的动能增大（表现为气体的速度增大）；反之，如果气体的动能减小，则气体的焓增大。

在涡轮喷气发动机中，对于气体在进气道、尾喷管、压气机（或涡轮）静子通道内的流动，可以近似地认为是绝能流动。

例 3.18 空气从图 3.28 所示的收缩喷管射出，在稳定段中空气压强 $p_1=1.47\times10^5$ Pa，温度 $T_1=293$ K，在喷管出口处，气流的压强等于外界大气压强 $p_a=1.013\,3\times10^5$ Pa。忽略空气在喷管中的摩擦影响，并假设在流动中与外界无热量交换，空气的比定压热容 $\left(c_p=\dfrac{k}{k-1}R\right)$ 为常数。求喷管出口截面上空气的速度及温度。

解 由于稳定段直径比喷口出口直径大得多，所以稳定段中气流的速度相当小，可以忽

略不计,近似认为 $V_1 \approx 0$。

根据式(3.80),喷管出口截面上的空气速度为

$$V_2 = \sqrt{2c_p(T_1 - T_2)} = \sqrt{\frac{2k}{k-1}RT_1\left(1 - \frac{T_2}{T_1}\right)}$$

图 3.28 空气流经收缩喷管

由于忽略空气在喷管内流动时的摩擦影响,并假设在流动中与外界无热量交换,故可以认为空气在喷管内流动为等熵过程。因此

$$\frac{T_2}{T_1} = \left(\frac{p_2}{p_1}\right)^{\frac{k-1}{k}}$$

将此式代入前式,得

$$V_2 = \sqrt{\frac{2k}{k-1}RT_1\left[1 - \left(\frac{p_2}{p_1}\right)^{\frac{k-1}{k}}\right]}$$

将已知数据代入,得

$$V_2 = 244 \text{ m/s}$$

$$T_2 = T_1\left(\frac{p_2}{p_1}\right)^{\frac{k-1}{k}} = 263.7 \text{ K}$$

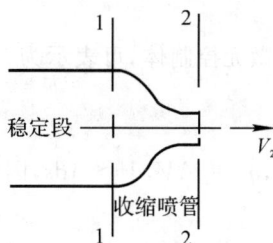

例 3.19　某涡轮喷气发动机,空气进入压气机时的温度 $T_1 = 290$ K,经压气机压缩后,出口温度上升至 $T_2 = 450$ K,如图 3.29 所示。假设压气机进出口的空气流速近似相等,如果通过压气机的空气流量为 13.2 kg/s,求带动压气机所需的功率(设空气的比定压热容为常数)。

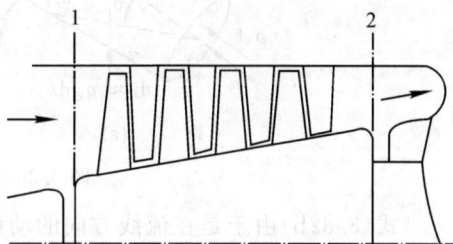

解　在压气机中,外界并未向气体加入热量,气体向外界散出的热量也可以忽略不计,故空气通过压气机可以近似地认为是绝热过程,即 $q = 0$,又因 $V_1 \approx V_2$,故由式(3.76),有

图 3.29　压气机所需的功率

$$-w_s = h_2 - h_1 = c_p(T_2 - T_1) = \frac{k}{k-1}R(T_2 - T_1)$$

将已知数据代入得

$$w_s = -160.8 \text{ kJ/kg}$$

即压气机压缩 1 kg 的空气所消耗的功为 160.8 kJ,负号表示外界对气体做功。

带动压气机所需的功率为

$$N_s = q_m w_s = 2\ 122 \text{ kW}$$

3.8　伯努利方程

伯努利方程是一个和定常流动能量方程形式非常接近的方程,它给出了无黏性流动中压力、速度和高度位置之间的关系。该关系是伯努利在 1738 年口述给出的,1755 年欧拉推导出完整的公式。伯努利方程非常著名而且应用很广,但必须要注意,该方程只适用于黏性作用可以忽略的流动。下面推导伯努利方程。

图 3.30 所示为沿流管所取的微元控制体,长度为 $\mathrm{d}s$,s 为流线方向,流动参量 (ρ, V, p) 随 s 及时间变化,并且在各个垂直于 s 的截面上是均匀的。根据质量守恒式(3.32),有

$$\int_{cv} \frac{\partial \rho}{\partial t} dv + q_{m,\text{out}} - q_{m,\text{in}} = 0$$

对于微元控制体,可表示为

$$\frac{\partial \rho}{\partial t} dv + dq_m = 0$$

式中,$q_m = \rho A V, dv \approx A ds$,因此有

$$dq_m = d(\rho A V) = -\frac{\partial \rho}{\partial t} A ds \tag{3.82a}$$

流线方向的动量方程为

$$\sum dF_s = \frac{\partial}{\partial t}\left(\int_{cv} V \rho \, dv\right) + (q_m V)_{\text{out}} - (q_m V)_{\text{in}} = \frac{\partial(\rho V)}{\partial t} A ds + d(q_m V) \tag{3.82b}$$

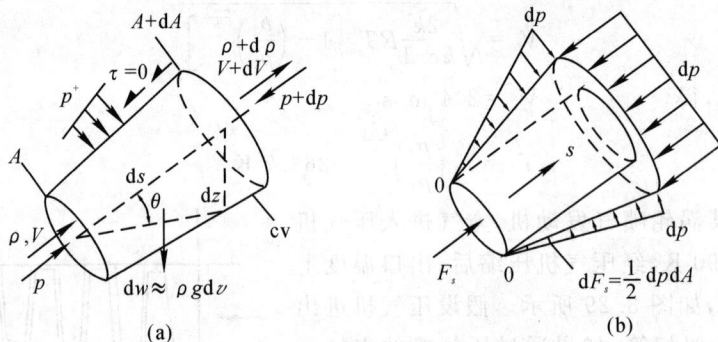

图 3.30　沿流管所取的微元控制体

　　式(3.82b)由于是在流线方向的动量方程,因此 V 就是 V_s。如果忽略黏性力作用,即对于理想流体,流体受到的力为压力和重力,重力在流线方向的分量为

$$dF_{s,g} = -dW \sin\theta = -\gamma A ds \sin\theta = -\gamma A dz$$

求整个控制面的压强在沿流向的合力时,可以将所有部分的压强都减去 p,然后再求和,如图 3.30(b)所示,即

$$dF_{s,p} = \frac{1}{2} dp dA - dp(A + dA) \approx -A dp$$

将上述两个力项代入动量方程式(3.82b),得

$$\sum dF_s = -\gamma A dz - A dp = \frac{\partial(\rho V)}{\partial t} A ds + d(q_m V) =$$

$$\frac{\partial \rho}{\partial t} V A ds + \frac{\partial V}{\partial t} \rho A ds + q_m dV + V dq_m$$

将上式两边除以 ρA 并考虑到式(3.82a),得

$$\frac{\partial V}{\partial t} ds + \frac{dp}{\rho} + V dV + g dz = 0 \tag{3.83a}$$

式(3.83a)即为非定常、无黏性流动,沿流线方向的微分形式动量方程,又称为一维流动的欧拉运动微分方程。

　　如果流动为定常,则式(3.83a)可改写为

$$\frac{dp}{\rho} + V dV + g dz = 0 \tag{3.83b}$$

对于气体,由于重度很小,通常忽略重力势能,则式(3.83b)为

$$\frac{\mathrm{d}p}{\rho} + V\mathrm{d}V = 0 \tag{3.83c}$$

此式说明,当 $\mathrm{d}p$ 为正值时,$\mathrm{d}V$ 必为负值,也就是说,当压强增加时,流体的速度必定要减小,而当压强减小时,速度一定要增加。这是气体流动时的重要规律之一。

对式(3.83a)从点 1 到点 2 进行积分,得

$$\int_1^2 \frac{\partial V}{\partial t}\mathrm{d}s + \int_1^2 \frac{\mathrm{d}p}{\rho} + \frac{1}{2}(V_2^2 - V_1^2) + g(z_2 - z_1) = 0 \tag{3.84}$$

对于定常不可压流动,式(3.84)变为

$$\frac{p_2 - p_1}{\rho} + \frac{1}{2}(V_2^2 - V_1^2) + g(z_2 - z_1) = 0$$

或

$$\frac{p_1}{\rho} + \frac{V_1^2}{2} + gz_1 = \frac{p_2}{\rho} + \frac{V_2^2}{2} + gz_2 = \mathrm{const} \tag{3.85}$$

式(3.85)两端同时除以 g 得

$$\frac{p_1}{\gamma} + \frac{V_1^2}{2g} + z_1 = \frac{p_2}{\gamma} + \frac{V_2^2}{2g} + z_2 = \mathrm{const} \tag{3.86}$$

式(3.86)即为定常不可压无黏性流动沿流线的伯努利方程。

从力学观点来看,伯努利方程表示无黏性流体定常流动中的能量守恒定律。式中,p/γ 代表单位重力流体的压力能;$V^2/(2g)$ 表示单位重力流体所具有的动能;z 表示单位重力流体所具有的位能。

式(3.86)表明,对于无黏性定常流动,单位重力流体的压力能、位能和动能的总和沿流线是一个常数。可以证明,对于多维定常无黏性流动,此式沿流线仍然成立。

式(3.86)中各项都具有长度量纲,因此又称为"头",p/γ 称为压力头又叫静水头,$V^2/(2g)$ 称为速度头,又称为动水头,z 称为位置水头。在流体力学中常常采用水头线来直观地表示伯努利方程中各项之间的关系,如图 3.31 所示。流管各截面中心线联成的曲线 aa' 称为位置水头线,位置水头线上再加上压力水头线的高度,则可得到反映 p/γ 和 z 之和的曲线 cc',这条曲线称为静水头线,在静水头线上加上速度水头的高度,则得到反映单位重力流体总机械能量的曲线 bb',它被称为总水头线。

如果流动是在同一水平面内进行,或者流场中坐标 z 的变化与其他流动参量相比可以忽略不计时,则从式(3.86)可得

$$p + \frac{\rho V^2}{2} = C = p^* \tag{3.87}$$

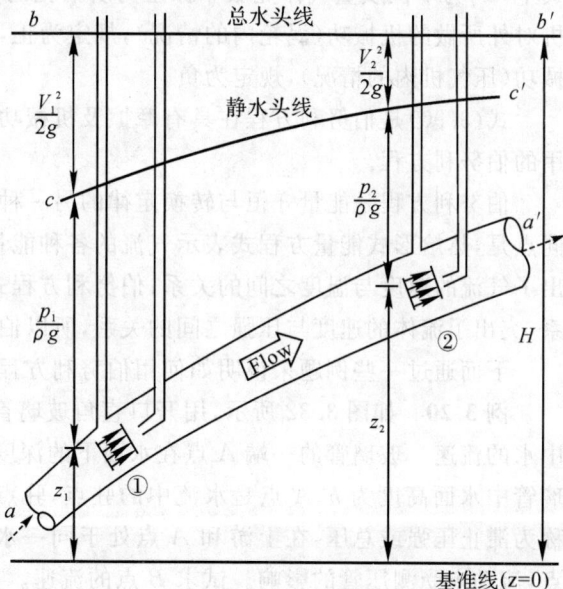

图 3.31　伯努利方程中各项的意义

式中,p,$\rho V^2/2$,p^* 分别称为静压、动压和总压(驻点压强)。式(3.87)表示,流管每个横截面上

的总压相等。

对于气体可压缩定常流动,气体本身的重力忽略不计。由式(3.84)得出

$$\int_1^2 \frac{\mathrm{d}p}{\rho} + \frac{1}{2}(V_2^2 - V_1^2) = 0 \tag{3.88}$$

对于等熵过程,根据工程热力学可知,$\dfrac{p}{\rho^k} = C$,故

$$\frac{1}{\rho} = \frac{p_1^{1/k}}{\rho_1} \frac{1}{p^{1/k}} = C^{1/k}/p^{1/k}$$

所以有

$$\int_1^2 \frac{\mathrm{d}p}{\rho} = \frac{k}{k-1} RT_1 \left[\left(\frac{p_2}{p_1} \right)^{\frac{k-1}{k}} - 1 \right]$$

代入式(3.88),得出

$$\frac{k}{k-1} RT_1 \left[\left(\frac{p_2}{p_1} \right)^{\frac{k-1}{k}} - 1 \right] + \frac{V_2^2 - V_1^2}{2} = 0 \tag{3.89}$$

式(3.89)的适用条件为一维定常绝能等熵流动。该式说明了在一维定常绝能等熵流动过程中速度和压强之间的变化关系。在喷管中气体等熵膨胀,压强降低,而气流速度增加;在扩压器内,气流速度减小,压强升高。

当实际的黏性气体流过叶轮机时,如果忽略重力位能的变化,伯努利方程将有如下的形式:

$$-w_s = \int_1^2 \frac{\mathrm{d}p}{\rho} + \frac{1}{2}(V_2^2 - V_1^2) + w_f \tag{3.90}$$

式中,w_f 为单位质量气体克服摩擦阻力所消耗的功(流动损失);w_s 为单位质量气体通过叶轮机对外所做的机械功(涡轮内的情况),规定为正,或外界通过叶轮机对单位质量气体所做的机械功(压气机内的情况),规定为负。

式(3.90)是伯努利方程在具有摩擦及机械功条件下的推广,称为推广的伯努利方程或通用的伯努利方程。

伯努利方程是能量守恒与转换定律的另一种表现形式。它与热焓形式的能量方程式的不同点是,热焓形式能量方程式表示气流的各种能量(包括热能和机械能)的守恒与转换关系,突出了气流的速度与温度之间的关系;伯努利方程式却表示流体的各种机械能的守恒与转换关系,突出了流体的速度与压强之间的关系,所以伯努利方程又叫做机械能形式的能量方程。

下面通过一些例题来说明如何用伯努利方程解决问题。

例 3.20 如图 3.32 所示,用开口直角玻璃管测量水渠中水的流速。玻璃管的一端 A 点在水面下的深度为 H_0,玻璃管中水面高度为 h,A 点是水流中的驻点,驻点处的压强称为滞止压强或总压,在上游和 A 点处于同一水平上的 B 点,流动未受测压管的影响。试求 B 点的流速。

解 应用伯努利方程于 A,B 两点,即

$$\frac{p_A}{\gamma} + \frac{V_A^2}{2g} + z_A = \frac{p_B}{\gamma} + \frac{V_B^2}{2g} + z_B$$

由于 A 点是驻点,故 $V_A = 0$,A,B 处于同一水平线,因而

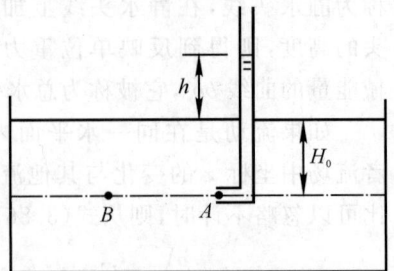

图 3.32 直角玻璃管测压计

$z_A = z_B$，另外，$p_B = \gamma H_0$，$p_A = \gamma(H_0 + h)$，将这些数值代入上述方程后，可得

$$V_B = \sqrt{\frac{2g}{\gamma}(p_A - p_B)} = \sqrt{2gh}$$

上述弯管也称为毕托管或总压管。本题中 A 点的总压与未受干扰的 B 点的总压是相同的，实际上 $p_A - p_B$ 是 B 点总压和静压之差，因此只要测得某点的总压和静压，就可得出该点的流速。如图 3.33 所示为一测速管示意结构。在毕托管的基础上，在驻点之后适当距离的外壁上沿圆周钻几个小孔，称为静压孔。将静压孔和毕托管中心孔分别连接于压差计的两端，由此得出总压和静压的差值。这种仪器被称为毕托-静压管或动压管。假定测点 B 附近的气流是直匀流，总压孔对准来流，来流撞在孔上，速度降为零，相应的压强达到了总压（即 $p_A = p^*$），沿 AB 流线应用伯努利方程，得

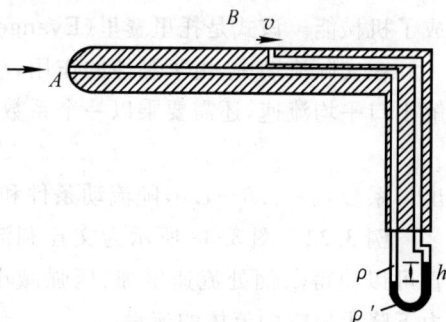

图 3.33　毕托管

$$V_B = \sqrt{\frac{2g}{\gamma}(p_A - p_B)}$$

而 $p_A - p_B = h(\gamma' - \gamma) = hg(\rho' - \rho)$，故

$$V_B = \sqrt{\frac{2gh(\rho' - \rho)}{\rho}} \tag{3.91}$$

式中　ρ——被测流体的密度；

　　　ρ'——U 形管中的液体密度；

　　　h——U 形管中液体的高度差。

例 3.21　试求出小孔出流速度和水箱液面高度之间的关系式（见图 3.34）。假定流动定常无黏性。

解　我们选①处表示上游，②处表示下游。确定具体位置时，应考虑的原则就是能够得到最多的已知信息、要包含所求的未知量，所以②应该定在小孔的出口处。在这里已知压强为大气压，出口速度为所求量；而①应选在水箱的上表面，这里压强为大气压，距小孔的高度为 h。

根据连续方程，有

$$A_1 V_1 = A_2 V_2 \tag{1}$$

列①—②之间的伯努利方程，为

$$\frac{p_1}{\gamma} + \frac{V_1^2}{2g} + z_1 = \frac{p_2}{\gamma} + \frac{V_2^2}{2g} + z_2 \tag{2}$$

由于 $p_1 = p_2 = p_a$，所以有

$$V_2^2 - V_1^2 = 2g(z_1 - z_2) = 2gh \tag{3}$$

将式（1）代入式（3），有

$$V_2^2 = \frac{2gh}{1 - A_2^2/A_1^2} \tag{4}$$

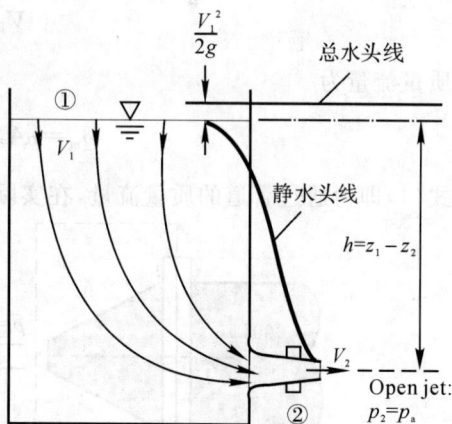

图 3.34　小孔出流速度

一般情况下,小孔出口的截面 A_2 要远远小于水箱的截面 A_1,所以 $A_2^2/A_1^2 \approx 0$,最后有

$$V_2 \approx (2gh)^{1/2} \tag{5}$$

式(5)说明,小孔出口的速度近似为无黏性流体微团由①自由下落到②时的速度,势能完全变成了机械能。该式是托里赛里(Evangelista Torricelli)在 1644 年导出的。

在实际流动中,由于黏性的作用,小孔出口的速度不是均匀一维的,所以在工程计算中求解出口平均流速,还需要乘以一个系数 c_d,即

$$(V_2)_{av} = c_d(2gh)^{1/2}$$

出口系数 $c_d = 0.6 \sim 1.0$,随流动条件和小孔形状不同而变化。

例 3.22　图 3.35 所示为文丘利流量管。收缩管可以使得②面处流速增加、压强减小。试通过压力下降求出管中流体的流量。

解　沿中心线列①—②的伯努利方程为

$$\frac{p_1}{\gamma} + \frac{V_1^2}{2g} + z_1 = \frac{p_2}{\gamma} + \frac{V_2^2}{2g} + z_2$$

图 3.35　文丘利流量管

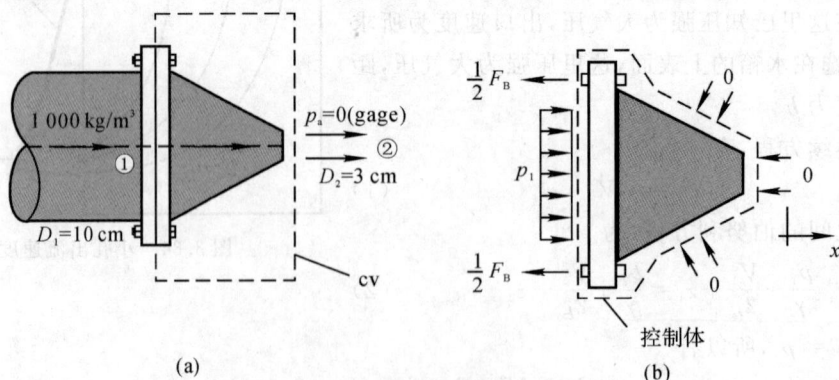

如果管中心线水平,则 $z_1 = z_2$ 因此

$$V_2^2 - V_1^2 = \frac{2\Delta p}{\rho}, \quad \Delta p = p_1 - p_2 \tag{1}$$

对于不可压流,由连续方程得

$$A_1 V_1 = A_2 V_2$$

或

$$V_1 = \beta^2 V_2, \quad \beta = \frac{d_2}{d_1} \tag{2}$$

将式(2)代入式(1),得出收缩管处的速度为

$$V_2 = \left[\frac{2\Delta p}{\rho(1 - \beta^4)} \right]^{1/2} \tag{3}$$

质量流量为

$$q_m = \rho A_2 V_2 = \rho A_2 \left(\frac{2\Delta p}{\rho(1 - \beta^4)} \right)^{1/2} \tag{4}$$

式(4)即为通过管道的质量流量,在实际流动中考虑黏性的作用时还要乘以一个修正系数。

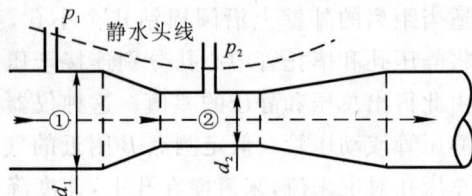

图 3.36　消火栓受力

例 3.23　消火栓喷头如图 3.36 所示,水以 1.5 m³/min 的流量喷出。假设流动无黏性,

试求连接喷头和消火栓之螺栓所受的力。

解　首先采用伯努利方程和连续方程求出喷头上游的压强 p_1，然后再用控制体的动量分析计算出螺栓受力。

根据喷嘴进、出口①和②截面之间的伯努利方程，可得出

$$p_1 = p_2 + \frac{1}{2} \rho (V_2^2 - V_1^2) \tag{1}$$

已知流量为 $q_v = 1.5 \text{ m}^3/\text{min} = 0.025 \text{ m}^3/\text{s}$，因此进、出口速度分别为

$$V_1 = \frac{q_m}{A_1} = \frac{0.025}{(\pi/4) \times 0.1^2} = 3.2 \text{ m/s}$$

$$V_2 = \frac{q_m}{A_2} = \frac{0.025}{(\pi/4) \times 0.03^2} = 35.4 \text{ m/s}$$

已知 $p_2 = p_a = 0$（表压），则由方程式(1)，可得

$$p_1 = \frac{1}{2} \times 1\,000 \times (35.4^2 - 3.2^2) = 620 \text{ kPa}$$

控制体所受合力，如图 3.36(b)所示，为

$$\sum F_x = -F_B + p_1 A_1$$

其他各面上的大气压相互抵消。x 方向的动量流量为

$$q_m V_2 - q_m V_1 = q_m (V_2 - V_1)$$

对图中虚线所示控制体，根据动量方程有

$$-F_B + p_1 A_1 = q_m (V_2 - V_1)$$

或

$$F_B = p_1 A_1 - q_m (V_2 - V_1)$$

将所有的数据代入，得出

$$F_B = 4\,067 \text{ N}$$

由此可以得出，为什么在灭火时需要几个消防队员来把握消防栓喷头的原因。

例 3.24　如图 3.37 中所示的平面叶栅，由无限多个形状相同的叶片所组成。试求出气流作用在叶片上的气动力。

取控制体如图中虚线所示。在垂直于纸面的方向为单位长度。AB 和 CD 分别取在上、下游足够远的地方，此处气流的参数是均匀的，AC 和 BD 是两个状态完全相同的流面。假定气流是无黏性不可压流。

由于 AC 和 BD 两个面上的压强完全相同但方向相反，因此力的作用相互抵消。

x 方向的动量方程为

$$F_x + p_1 s - p_2 s = q_m (V_{2x} - V_{1x})$$

或

$$F_x = q_m (V_{2x} - V_{1x}) + (p_2 - p_1)s \tag{1}$$

式中，F_x 为叶片给予气流的作用力在 x 方向的分量。

y 方向的动量方程为

$$F_y = q_m [-V_{2y} - (-V_{1y})] = q_m (V_{1y} - V_{2y}) \tag{2}$$

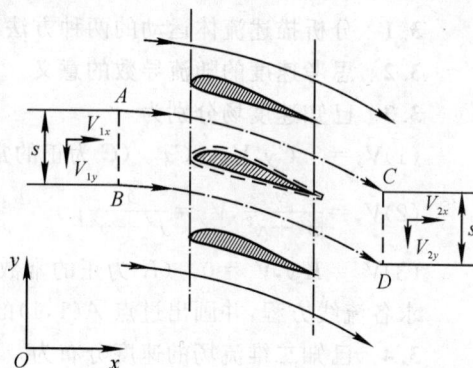

图 3.37　作用在叶片上的气动力

式中，F_y 为叶片给予气流的作用力在 y 方向的分量。

气流作用在叶片上的作用力 P 应该为 F 的反作用力，所以有

$$-P_x = q_m(V_{2x} - V_{1x}) + (p_2 - p_1)s$$
$$-P_y = q_m(V_{1y} - V_{2y})$$

根据连续方程 $q_m = \rho V_{1x}s = \rho V_{2x}s$，得出

$$V_{1x} = V_{2x}$$

根据伯努利方程，可得

$$p_2 - p_1 = \frac{\rho}{2}[(V_{1x}^2 + V_{1y}^2) - (V_{2x}^2 + V_{2y}^2)] = \frac{\rho}{2}(V_{1y}^2 - V_{2y}^2)$$

将上两式代入式(1)，式(2)，得

$$P_x = \frac{\rho}{2}(V_{2y}^2 - V_{1y}^2)s$$

$$P_y = \rho V_x s(V_{2y} - V_{1y})$$

小　结

本章主要讨论了流体动力学的基本方程。这些方程是以后各章要用到的，是分析动力学的基本数学工具。除此之外，本章介绍了描述流体运动的两种方法、流体微团运动的分解以及有关动力学的基本概念。介绍雷诺输运定理的目的主要是为了更方便地导出基本方程，把适合于系统的方程转化成适合于控制体的方程。

思考与练习题

3.1　分析描述流体运动的两种方法有何不同。

3.2　思考速度的随流导数的意义。

3.3　已知速度场分别为

(1)$V_x = -Cy, V_y = Cx$　（C 为正的常数）；

(2)$V_x = \dfrac{y}{x^2 + y^2}, V_y = \dfrac{x}{x^2 + y^2}$；

(3)$V_x = Ky, V_y = 0$　（K 为正的常数）。

求各流线方程，并画出过点 $A(1,1)$ 的流线。

3.4　已知二维流场的速度分布为

$$V_x = \frac{x}{1+t}, \quad V_y = y$$

试求当 $t = 0$ 时过点 $(1,1)$ 的流线及迹线。

3.5　已知流体的速度分布为 $V_x = 1 - y, V_y = t$（t 为时间）。试求当 $t = 1$ 时过点 $(0,0)$ 的流线。

3.6　已知速度场 $\boldsymbol{V} = x^2 y\boldsymbol{i} - 4y\boldsymbol{j} + 3z^2\boldsymbol{k}$。试求过点 $(3,2,1)$ 的加速度。

3.7　已知速度场 $\boldsymbol{V} = (x+t)\boldsymbol{i} + (t-y)\boldsymbol{j}$。试求过点 $(2,1)$ 的加速度。

3.8　通过一收敛喷管的流场可以用一维速度分布为 $V_x = V_0(1 + 2x/L)$ 来近似,式中,L 为喷管长度,V_0 为入口速度,出口速度为 $V_x = 2V_0$,试求:

(1)加速度分布;

(2)若入口速度 $V_0 = 100$ m/s,$L = 1$ m,试求进、出口的加速度。

3.9　已知速度分量为 $V_x = 2xt$,$V_y = yt$,$V_z = zt^2$,且密度场为 $\rho = (x^2 + y^3 + zt)$。求流体质点的密度变化率。

3.10　有一二维流场,其速度分布为 $V_x = x^2 y + y^2$,$V_y = x^2 - y^2 x$。求流场在点(1,2)处的旋转角速度、剪切变形角速度和体积膨胀率。

3.11　已知流场的速度分布为 $V_r = 2r\sin\theta$,$V_\theta = 2r\cos\theta$。试求旋转角速度、剪切变形角速度和体积膨胀率。

3.12　一速度大小为 $|V| = kr^n$ 的流动,其流线为绕坐标原点的同心圆。求流体微团的旋转角速度 ω_z;若 $\omega_z = 0$,求剪切变形角速度的表达式。

3.13　已知速度分布为 $V/V_\infty = (y/\delta)^{1/7}$。试问这种流动是无旋流动还是有旋流动?

3.14　横截面积为 $(0.5 \times 0.5)\,\text{m}^2$ 的空气导管如图 3.38 所示,通过四个面积为 $(0.4 \times 0.4)\,\text{m}^2$ 的侧向管口流出,出口气流平均流速均为 5 m/s。求通过 1—1,2—2,3—3 各截面的流速和体积流量。

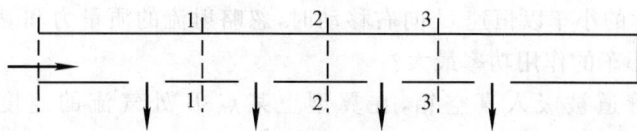

图 3.38　题 3.14 图

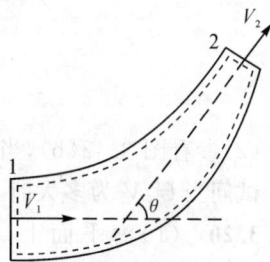

图 3.39　题 3.15 图

3.15　一个水平放置的渐缩弯管如图 3.39 所示,进、出口流体的压强、速度、面积、流体的密度和通过的体积流量均已知。求流体对管壁的作用力(设流动为不可压、气流方向角 θ 给定)。

3.16　已知尾喷管进口燃气参数 $p_1 = 1.76 \times 10^4$ Pa,流速 $V_1 = 300$ m/s,进口截面积 $A_1 = 0.85$ m^2,出口速度 $V_2 = 500$ m/s,出口截面积 $A_2 = 0.67$ m^2,若燃气流量为 $q_m = 160$ kg/s,设流动为绝能等熵的,求燃气作用于喷管上的轴向力 R。

3.17　一股射流冲击板面,如图 3.40 所示,已知流动为定常,入射流股速度为 V_0,流量为 q_{v0},斜板倾角为 θ。设各流股在垂直纸面方向的厚度均为 1,不计重力及阻力作用(假设 $V_0 = V_1 = V_2$),求流体对斜板的冲击总作用力 F 及分流流量 q_{v1},q_{v2}。

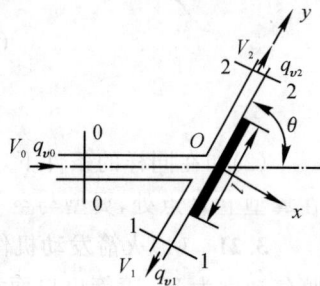

图 3.40　题 3.17 图

3.18　在图 3.41 所示中给出一台射流泵,截面 1 处的高速液体主流引动截面 2 处的一股低速次流(流体与主流相同),在等直径混合室的末端,即截面 3 处,由于液流之间摩擦的结果,两股液流已经完全掺混,而且速度均匀。已知 $V_1 = 30.48$ m/s,$V_2 = 3.048$ m/s,$\rho = 103$ kg/m³,$A_1 = 0.009\ 3$ m²,$A_2 = 0.083\ 7$ m²,为了便于分析起见,假设在截面 1 和 2 处两股的静压相同,且假设混合室壁上的切应力可略去不计。试计算出口截面 3 与截面 1 的压强差为多少。

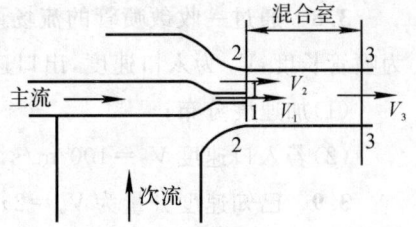

图 3.41　题 3.18 图

3.19　(1)参看图 3.42(a),水(射流)流过一固定叶片后,流速方向改变了 α 角。如果射流截面不变,且不计摩擦力的影响,则 $V_2 = V_1$,$p_2 = p_1$。试确定液体射流对叶片的作用力。

提示:计算液体射流与叶片间的作用力时,因 p_a(大气压)的作用远较动量变化为小,故一般可略去 p_a 的影响。

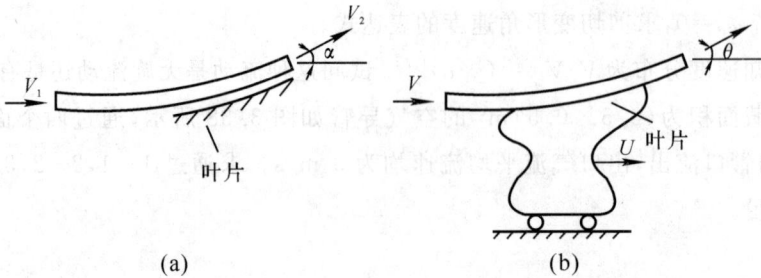

(a)　　　　　　　　　　　　(b)

图 3.42　题 3.19 图

(2)参看图 3.42(b),当导流叶片的小车以恒速 U 向右移动时,忽略射流的质量力和黏性力。试问当 U/V 为多大时,射流对小车的作用功率最大?

3.20　(1)海平面上,大气从管道被吸入真空箱,在翼型上某点 B 处气流的速度为 122 m/s,试求点 B(见图 3.43(a))处的气流静压 p_B。

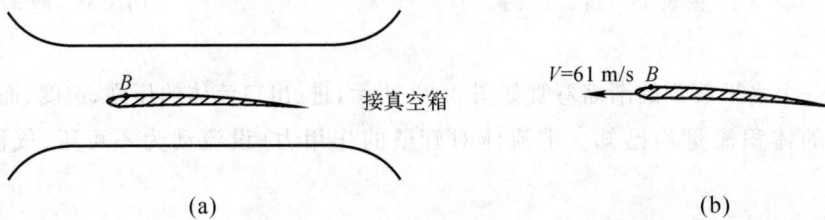

(a)　　　　　　　　　　　　(b)

图 3.43　题 3.20 图

(2)如在同样的条件下,若机翼在静止大气中以等速度 61 m/s 向左运动(见图 3.43(b)),在翼型上 B 点处,翼型与空气的相对速度为 122 m/s,试求点 B 处的气流静压 p_B。

3.21　(1)火箭发动机作地面试验,从尾喷口排出的质量流量为 q_{mj},喷口处的压强为 p_j,喷气速度为 V_j;喷管出口面积为 A,大气压强为 p_a。设为定常流动,求实验台所受的推力。

(2)如果发动机相对于地面做匀速直线运动,试推导发动机的推力公式。

第四章　管道内的黏性流动与管路计算基础

黏性是流体的重要属性之一，自然界中存在的流体都具有黏性。由于流体黏性的影响，必然伴随着流体机械能的损失，即所谓的流动损失。因此在管内流动中，确定流动损失是管道设计与计算的关键。

在工程中，涉及许多的管道计算问题，除了工程中常见的各种管道外，航空上诸如发动机的起动管路系统、滑油系统、空调系统和空气系统等管路设计问题都与流动损失有关。此外，减少和利用流动损失也是研究流动损失的目的之一。

本章首先介绍黏性流体的两种流态，然后讨论管内层流流动和湍流流动，并讨论沿程损失和局部损失。在讨论流动损失（沿程损失和局部损失）的计算时，一般是指不可压缩流体的流动损失的计算。对于液体，因为可以认为是不可压缩的，所以用本章介绍的方法计算压力损失产生的误差较小；但对于气体，因为不能认为是不可压缩的，所以计算会产生一定的误差，其大小取决于气体流动的速度和所研究的管道或附件的损失大小。最后讨论管道设计与计算基础。

4.1　管道中黏性流动的状态

由于实际流体具有黏性，因此流体在管道中流动时，紧贴管壁的流体其速度必然为零，即与管壁没有相对运动。而离开管壁越远，由于一层层流体之间的相互影响，流速逐渐增大，到管道中心处的流速最大。经过大量的科学实验发现，黏性流体流动中存在着两种不同的流动状态。一种状态是流体质点作有序的、有规则的运动。在这种运动中，流体质点的迹线互不交错，相邻两层之间没有无规则的脉动，流体是在作层状运动，这种流动称之为层流流动。与层流流动完全不同的流动状态是另一种流态，这种流态是流体质点作毫无规则的混乱运动，各层流体作复杂的、无规则的和随机的非定常运动。在这种流动中，每个流动质点的迹线十分复杂，流体各部分互相掺混，流体的这种运动称为湍流流动（或紊流流动）。

一、雷诺实验

黏性流动的两种流态首先是由雷诺实验得到证明，并确定了流态的判别方法。

雷诺实验是在尺寸足够大的水箱中充满水，并不断补充水使水箱的水位保持一定的高度。在水箱中插入一根透明的玻璃管，此管进口做成圆滑的喇叭形，玻璃管出口前某位置装一阀门K，以控制玻璃管内流速的大小。另用一细管引出一条有色液体（有色液体的比重与水相同，但与水不相溶），如图 4.1(a)所示。阀门 C 用于调节有色液体。

　　实验时,当阀门 K 开得不大时,玻璃管内的流速不大。然后打开阀门 C,则有色液体流入玻璃管。这时可以观察到玻璃管内有色水从头到尾保持各清晰的流线。移动细管,可以观察到玻璃管中若干条有色的流线,这些流线互不相混。这说明管中的流体在流动过程中是分层的一层一层的流动,各层之间互不干扰、互不掺混,如图 4.1(b)所示,这种流动称为层流。当阀门 K 开大时,流速逐渐增大,开始仍保留层流流动。当阀门开到一定程度,管内流速增加到某个临界值时,有色水流开始弯曲,层流流动状态被破坏,如图 4.1(c)所示。如果继续增加流速,有色水流便会突然散开,而发生断裂,如图 4.1(d)所示。这说明流体质点除了沿管道轴线方向的纵向流动外,还有流体质点的无规则横向运动。结果把各层流体搅混而形成了一系列小旋涡,流体处于毫无规则的混乱运动状态,这种流态称为湍流流动。如果出现湍流流动后,逐渐关小阀门 K,就会观察到从上述的湍流过渡为层流的流动现象,但是由湍流转变为层流的流速却不相同。由以上实验可知,流体在管道内的实际流动中,存在着两种性质截然不同的流动,即层流和湍流。而层流和湍流之间存在着一个过渡的流动状态。这些状态是流体运动普遍存在的物理现象。

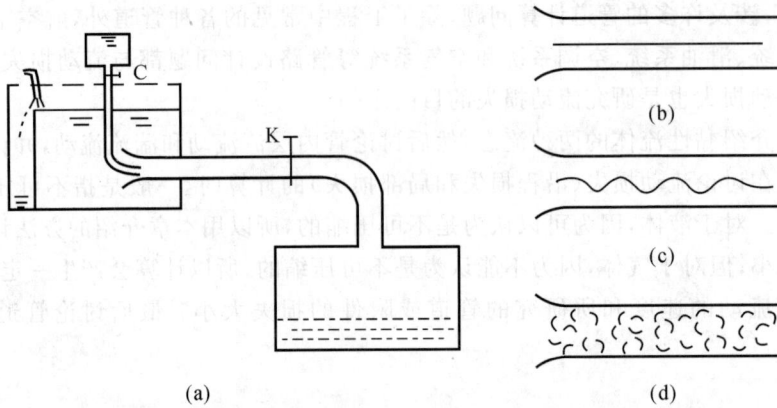

图 4.1　雷诺实验示意图

　　雷诺实验不但揭示了这两种流动状态,同时也揭示了不同流动状态下的流动损失机理。层流和湍流的流动损失机理有所不同。在层流中,由于分子间的吸引力和分子无规则运动的动量交换产生的黏性阻力而引起流动损失。在湍流中,除了上述黏性阻力外更重要的是由于大量流体质点脉动运动,大量旋涡的无规则迁移引起的动量交换产生的阻力而引起流动损失。因此其损失规律的不同是由于它们的流动结构不同而造成的,前者称为黏性阻力(或黏性应力),通常以 τ_l 表示;后者称为湍流应力,以 τ_t 表示。

二、雷诺数及流态判别

　　在雷诺实验中,若以不同的管径、不同的流体进行实验,其各种流态的转变也是不同的。实验研究发现这种流态的转变不仅取决于阀门开启的大小(即流速大小),而且还决定于流速 V,特征长度 d(管径)和流体的运动黏度 ν 三者的组合量,该组合量叫雷诺数,记为 Re,其定义为

$$Re = \frac{Vd}{\nu} = \frac{\rho Vd}{\mu} \tag{4.1}$$

　　从层流转变为湍流的现象称为转捩,转捩是一种自然的不稳定现象。当雷诺数较小时,层流流动是稳定的;当雷诺数大到一定数量时,这种不稳定现象便出现了。之外,影响稳定的因

素还有管壁的粗糙度,管道入口的形状等。管道壁面越粗糙,越容易转变为湍流。进口形状不光滑,也越容易转变为湍流。实验发现,当管壁十分光滑,入口处的形状也非常光滑时,实验曾做到雷诺数超过 40 000 才转变为湍流。但是,实验时,从湍流转变为层流的雷诺数可以低到 2 320。此时,层流变得非常稳定,不论管壁多么粗糙,流动也不会转变为湍流。因此,流态转变的雷诺数与实验条件、管壁粗糙度、管道进口形状等因素有关。从层流转变为湍流的雷诺数称为上临界雷诺数,用 $Re'(13\ 800\sim40\ 000)$ 表示;而从湍流转变为层流的雷诺数称为下临界雷诺数,用 $Re_{cr}(2\ 320)$ 表示。当雷诺数大于 Re' 时为湍流,当雷诺数小于 Re_{cr} 时为层流,介于这两个雷诺数之间的流动可能是层流,也可能是湍流,还可能是从层流向湍流转变的过渡状态,但多数为湍流。这是由于在雷诺数较高时,层流极易转变为湍流的原因。在工程应用中,取下临界雷诺数作为判别的准则,该雷诺数叫临界雷诺数。从雷诺实验得知,对于管内流动:

$$Re\leqslant2\ 320 \qquad\qquad 层流$$
$$Re>2\ 320 \qquad\qquad 湍流$$

对于特殊形状的管道,判别流态的临界雷诺数也有所不同。例如,圆形橡胶管的临界雷诺数为 1 600,同心环缝的临界雷诺数为 1 100,边长为 a 的正方形管道的临界雷诺数为 2 070,偏心环缝的临界雷诺数为 1 000。

雷诺数是一个无量纲的参数。根据雷诺数的定义,有

$$Re=\frac{\rho Vd}{\mu}\sim\frac{\rho V^2}{\dfrac{\mu V}{l}}$$

可以看出,上式分子表示单位时间内通过单位面积的流体动量,即表示流体惯性力的大小;而分母中 V/l 表示速度梯度,因此雷诺数反映了流体质点的惯性力与黏性力之比。根据雷诺数的定义和物理意义可知,雷诺数越小,则惯性力相对于黏性力也越小,黏性力的作用也越大,因而流体能保持平稳的层流状态,能够消除流体发生紊乱的运动。雷诺数越大,则惯性力的作用大,惯性力容易使流体质点发生湍流运动。

需要说明的是,空气和水的黏度都很小,因而在管内流动问题中,速度取平均速度,特征长度取管道直径来定义雷诺数,因此管内流动的雷诺数一般在几千以上。对于高速运动的飞行器,速度取飞行速度,特征长度取飞机机翼的平均弦长,机翼的雷诺数可能在千万以上。气体在管内流动的气体雷诺数也较大。

对于非圆形的管道,雷诺数定义中的特征长度用当量直径 d_e 表示,即

$$d_e=\frac{4A}{\chi} \tag{4.2}$$

式中,A 表示充满流体部分的截面面积;χ 表示流体的湿周长,即指流动截面上流体与固体壁面接触的周界长度,或被流体湿润的固体壁面周界长度。图 4.2 给出了两种湿周长的例子。

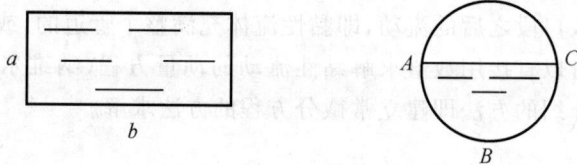

(a) 图 4.2　湿周长的计算 (b)
(a)$\chi=2(a+b)$；(b)$\chi=\overset{\frown}{ABC}$

以当量直径作为特征尺寸时,雷诺数表示为

$$Re = \frac{\rho V d_e}{\mu} \tag{4.3}$$

三、流动损失的分类

根据流动中能量损失产生的机理和表现形式,可将流动损失分为两种类型。

1. 沿程损失

沿程损失是指沿流动路程上由于各流体层之间黏性摩擦而产生的流动损失(又叫摩擦损失)。流体在流动中沿流程克服内摩擦力所消耗的机械能称为沿程能量损失,以 h_f 表示。

沿程能量损失 h_f 可根据量纲分析法(见第九章)得出,并写成如下形式:

$$h_f = \lambda \frac{l}{d} \frac{V^2}{2g} \tag{4.4}$$

式中,λ 称为沿程损失(阻力)因数,它与流动状态(层流或湍流)、雷诺数和管壁粗糙度等因素有关,通常需要由实验确定。

2. 局部损失

局部损失是流体在流动中因遇到局部障碍物,例如,管道截面突然扩大或减小、流道突然弯曲、流道中设置有各种管件(如阀门、三通)等而产生的流动损失。由于流体的黏性摩擦和流体与局部障碍物之间发生剧烈碰撞而产生旋涡等消耗机械能,这种能量损失发生在局部故称其为局部损失,以 h_ζ 表示。由大量实验可知,单位质量流体的局部损失与流体的动能成正比,可写成

$$h_\zeta = \zeta \frac{V^2}{2g} \tag{4.5}$$

式中,ζ 称为局部损失因数,由实验确定。它与雷诺数和管件几何形状等有关。

在各种设备和管道计算中,上述两种损失一般都存在,即在管路系统中既存在直管也存在弯管和阀门等各种各样的管件。因此整个流动的机械能损失既有沿程损失又有局部损失,即总的能量损失为

$$h_W = \sum_{i=1}^{n} \lambda_i \frac{L_i}{d_i} \frac{V_i^2}{2g} + \sum_{j=1}^{m} \zeta_j \frac{V_j^2}{2g} = \sum h_f + \sum h_\zeta \tag{4.6}$$

在实际工程中,如果产生局部损失的管件相距较近,还应该考虑其相互干扰损失。

4.2   圆管中充分发展的层流流动及沿程损失

当雷诺数较低时,即流速、管径较小而黏度较大时常会出现层流流动。工程中遇到的液体的层流流动较多,如轴承润滑、液压传动、燃油供给、石油传送和化工管道等都会遇到层流流动。气体在发动机各部件中的流动多数为湍流流动。

本节仅讨论圆管入口段之后的流动,即黏性流体充满整个管道的,或称为充分发展的管内层流流动。这种流动可以直接用数值求解黏性流动的动量方程(纳维尔-斯托克斯方程,见第十章),也可以用本节介绍的方法即建立常微分方程的方法求解。

一、管内速度分布

取水平放置的直管,沿轴线方向为 x 方向。显然流动是轴对称的,对于不可压缩流动,根据连续方程可知流体流动的速度与 x 无关,因此沿 x 方向不同截面相同半径处的流速相等,即 $V = V(r)$。

取如图 4.3 所示的小圆柱体,长度为 l,半径为 r,分析作用在其上的作用力。由于没有径向和周向的速度分量,因而同一截面上的压强相同。又由于各截面的速度分布相同,因此,相同半径处速度梯度也相同,故切应力也相同。圆柱体受力分析示于图 4.3 中,根据牛顿第二定律,得

$$p_1 \pi r^2 - p_2 \pi r^2 - \tau 2\pi r l = 0$$

若记 $p_1 - p_2 = \Delta p$,则上式为

$$\tau = \frac{\Delta p r}{2l} \tag{4.7}$$

由上式可知,圆管中的层流切应力与半径 r 成正比。壁面上,$r = r_0$(圆管半径),$\tau = \tau_w$,切应力达到最大值。而在轴线上,$r = 0$,$\tau = 0$。

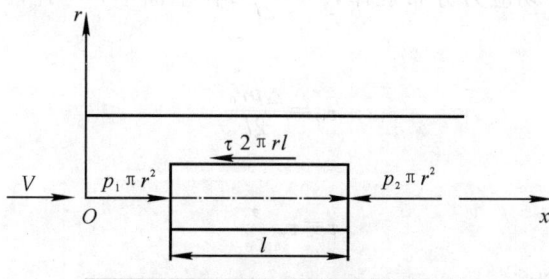

图 4.3　定常不可压层流流动

将牛顿内摩擦定律 $\tau = -\mu \dfrac{\mathrm{d}V}{\mathrm{d}y}$(负号表示随着 r 的增加,速度是减小的,仅取 τ 的大小)代入式(4.7),得

$$-\mu \frac{\mathrm{d}V}{\mathrm{d}r} = \frac{\Delta p r}{2l}$$

则

$$\int_0^V \mathrm{d}V = -\frac{\Delta p}{2\mu l} \int_{r_0}^r r \mathrm{d}r$$

于是得到圆管中的速度分布为

$$V = \frac{\Delta p}{4\mu l}(r_0^2 - r^2) \tag{4.8}$$

由式(4.8)可以看出,在层流流动中,速度分布为抛物线分布规律。

在圆管中心处速度最大,将 $r = 0$ 代入式(4.8),得

$$V_{\max} = \frac{\Delta p}{4\mu l} r_0^2 \tag{4.9}$$

通过圆管的流量为

$$q_v = \int_0^{r_0} V 2\pi r \mathrm{d}r = \int_0^{r_0} \frac{\Delta p}{4\mu l}(r_0^2 - r^2) 2\pi r \mathrm{d}r = \frac{\pi \Delta p r_0^4}{8\mu l} = \frac{\pi \Delta p d^4}{128\mu l} \tag{4.10}$$

式(4.10)与实验结果完全一致。用该式可作为测定液体黏度的依据。只要在一根已知的管道中,保证流动为稳定的充分发展的层流流动,测出通过管内的流量和压差,代入式(4.10),就可以确定流体的黏度。

截面上的平均流速为
$$\overline{V} = \frac{q_v}{\pi r_0^2} = \frac{\int_0^{r_0} V 2\pi r \mathrm{d}r}{\pi r_0^2}$$

将式(4.10)代入上式,考虑到式(4.9),得到平均速度

$$\overline{V} = \frac{\Delta p r_0^2}{8\mu l} = \frac{\Delta p}{32\mu l} d^2 = \frac{1}{2} V_{max} \tag{4.11}$$

二、壁面切应力分布及摩擦力

式(4.7)已经导出了切应力分布规律,$\tau = \dfrac{\Delta p r}{2l}$;在壁面上,$r = r_0$,$\tau = \tau_w$,切应力达到最大值,即

$$\tau_w = \frac{\Delta p r_0}{2l}$$

因此,切应力分布为

$$\tau = \tau_w \frac{r}{r_0} \tag{4.12a}$$

作用在管壁上的摩擦力为

$$F = \tau_w 2\pi r_0 l = \frac{\Delta p r_0}{2l} 2\pi r_0 l = \Delta p \pi r_0^2 \tag{4.12b}$$

式(4.12)不仅适合于层流流动,也适合于湍流流动。由式(4.12)可以看出,当管内流动处于平衡状态时,作用在管壁上的摩擦力与两端截面上的压强差相平衡。

三、沿程损失计算

由于黏性摩擦的影响,流体在等截面直管中的流动也会产生沿程能量损失。沿程能量损失可以表示成压强损失、功率损失和水头损失。

对图4.3所示的管道的任意两个截面应用伯努利方程,并考虑到沿程的能量损失,可得管内黏性流体的伯努利方程,即

$$\frac{p_1}{\gamma} + \frac{V_1^2}{2g} + z_1 = \frac{p_2}{\gamma} + \frac{V_2^2}{2g} + z_2 + h_f$$

由于各截面的平均流速相等,即 $V_1 = V_2$,且管道水平放置 $z_1 = z_2$,并考虑到式(4.4),沿程能量损失可以表示为沿程压力损失的关系,即

$$h_f = \frac{\Delta p}{\gamma} = \frac{p_1 - p_2}{\gamma} = \frac{4\mu l V_{max}}{\gamma r_0^2} = \frac{64}{Re} \frac{l}{d} \frac{V^2}{2g} =$$
$$\lambda \frac{l}{d} \frac{V^2}{2g} \tag{4.13a}$$

式中,V 是管道截面上的平均流速;对于层流流动,$\lambda = 64/Re$,即沿程损失因数仅仅与雷诺数有关,与管壁粗糙度无关。

工程上常用压差形式表示沿程损失,由式(4.13 a),可得

$$\Delta p = \lambda \frac{l}{d} \frac{\rho V^2}{2} = \lambda_p \frac{\rho V^2}{2} \tag{4.13b}$$

式中,$\lambda_p = \dfrac{64l}{Red}$,称为压力损失因数。

由式(4.13a)可以看出,对于层流流动,沿程能量损失与速度和管长成正比,与管径的平方成反比。层流流动的沿程损失因数仅与雷诺数有关,而与管壁粗糙度无关。对于介质为油的情况,工程中常用下式计算沿程损失因数:

$$\lambda = \frac{75}{Re}$$

功率损失指输送流体时克服沿程阻力所消耗的功率。设管道流量为 q_v,则由于沿程摩擦所损失的功率为

$$N = \gamma q_v h_f = q_v \Delta p = \frac{32\mu l \overline{V} q_v}{d^2} = \frac{128\mu l q_v^2}{\pi d^4} \tag{4.14}$$

由式(4.14)可见,沿程摩擦所损失的功率与黏度成正比,与管径成反比。适当降低黏度或适当加大管径可降低功率损失。当流量与管径不变时,黏度越小,损失的功率也越小。因此在输送油液时,为了降低功率损失,常将油液加热。

需要说明一点,计算气体在管内流动的压强损失时,通常指的是流动气体的总压损失,关于总压的概念将在第五章中介绍。

例4.1 一个等截面的圆管垂直放置,流体从入口截面 1 到出口截面 2,假设流体在其中作定常不可压缩层流流动,若不考虑圆管进出口的影响,流动可以看为充分发展的管流。试确定圆管内的速度分布。

解 本例题与流体在水平放置的圆管内流动分析类似,不同的是需要考虑重力的影响。选取 z 方向沿流动方向,r 方向沿径向。同样取一个小圆柱体,对该圆柱体受力分析,写出牛顿第二定理,得

$$p_1 A - p_2 A - \tau 2\pi r l + \gamma A(z_1 - z_2) = 0$$

进一步可得

$$(p_1 + \gamma z_1) - (p_2 + \gamma z_2) = \frac{2\tau l}{r} \tag{1}$$

将 $\tau = -\mu dV/dr$ 代入式(1),得

$$\frac{(p_1 + \gamma z_1) - (p_2 + \gamma z_2)}{l} = -\frac{2}{r}\mu \frac{dV}{dr} \tag{2}$$

式(2)等号左端的压强 p 仅是 z 的函数,故该式左端各项与 r 无关;而等号右端项的 V 只是 r 的函数,故该式右端也只是 r 的函数。因此只有当式(2)等号左、右两端都等于常数时,式(2)才能成立。因此,单位长度上的压强差 $\frac{\Delta p}{l}$ 不变。令 $B = [(p_1 + \gamma z_1) - (p_2 + \gamma z_2)]/l$,$B$ 称为单位长度上的有效压差,则由式(2)可得

$$dV = -0.5Brdr/\mu$$

对上式积分后,得

$$V = -0.25Br^2/\mu + C$$

当 $r = r_0$(圆管的半径)时,$V = 0$,代入上式得 $C = Br_0^2/(4\mu)$,因此速度为

$$V = \frac{B}{4\mu}(r_0^2 - r^2)$$

可见,速度分布仍然为抛物线的分布规律。

显然,最大速度为

$$V_{max} = 0.25Br_0^2/\mu$$

4.3　圆管中充分发展的湍流流动及沿程损失

4.3.1　湍流流动的时均化及湍流度

在湍流中,流体质点作混杂的、无规则和随机的非定常运动,它们在向下游流动的同时,不断与邻近的流体质点相互掺混,流体质点作无规则的横向脉动。所以湍流流动中的各流动物理量对于时间和空间坐标来说,呈现着随机性的脉动。图 4.4 给出了流体以湍流运动时,流场中某点处的速度变化。在任一瞬时,湍流流场中各点处的速度也是不相同的。由图 4.4 可以看出,湍流流动的速度(含其他物理参数)虽然是脉动的,但却在某一平均值上下变动,即服从统计规律。因此引进流动参数时均值的概念来分析湍流运动是方便的。下面以速度为例进行分析。

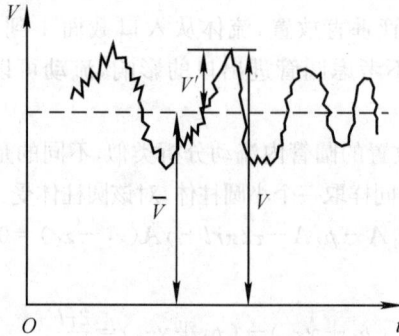

图 4.4　湍流流动速度的随机性

在图 4.4 中,取一时间间隔 T,T 相对于整个运动来说是很短的,但相对于脉动运动来说又足够得长,把流体的瞬时速度 V 在时间 T 内取平均值,得到时均速度 $\overline{V}$ 为

$$\overline{V} = \frac{1}{T}\int_0^T V \mathrm{d}t \tag{4.15}$$

通常把各个物理量,例如瞬时速度 V 表示成时均速度 $\overline{V}$ 与脉动速度 V' 之和,即

$$V = \overline{V} + V'$$

显然,脉动速度的时均值等于零,即

$$\overline{V'} = \frac{1}{T}\int_0^T (V - \overline{V})\mathrm{d}t = \overline{V} - \overline{V} = 0 \tag{4.16}$$

对于流场中的压强、密度、温度等都可以将其瞬时值表示为时均值与脉动值之代数和。

一般来说,取时均值后的物理量 $\overline{V}$ 仍是时间 t 和空间坐标的函数,这种湍流称为非定常湍流。

引入湍流时均值的概念之后,对于湍流的一切概念都是从时均值的意义上定义的。对于工程中的大多数问题都是稳定的湍流流动(即时均化后的物理量与时间 t 无关)。如果流动是一维的,则前面讨论的一维定常流基本方程(如连续方程、动量方程、伯努利方程）都是适用的。引入时均值的概念后，给处理湍流流动带来了很大的方便。但是它掩盖了湍流脉动运动的物理本质。因此在分析诸如湍流流动阻力时，就必须考虑流体质点及微团相互掺混进行动量交换的影响，即计算流体质点及微团混杂运动引起的阻力，否则会引起较大的误差。

为了描述湍流流动的随机性质，在工程中常采用湍流度的概念。湍流度用 ε 表示，则

$$\varepsilon = \frac{\sqrt{\overline{V'^2}}}{\overline{V}} \tag{4.17}$$

式中，把脉动速度先平方，使之为正值，再作时间平均，然后取方根值。可以反映出脉动量绝对值的平均大小。

在普通风洞中，ε 小于 1%。

需要说明的是，在讨论湍流的时均特性时，其流动参数均指时均参数，因此以下的研究均略去了时均参数的符号"—"。

4.3.2　圆管中湍流流动的切应力及速度分布

实验观察发现，在管内和绕物面的流动中，流动可以分为三层，即黏性底层、过渡区和湍流核心区。由于流动受壁面的限制，在靠近壁面的薄层内，流体质点没有横向的脉动，因此在壁面附近，流体质点的运动仍然保持有序的层流流动，该层流体称为黏性底层。离开壁面一段距离后，壁面的影响逐渐减弱，流动呈现出波动状态，流线弯曲，该区域称为过渡区。过渡区之外的是湍流核心区，即完全发展的湍流核心区，该区域内的流动完全不受壁面粗糙度的影响。图 4.5 给出了壁面湍流的结构示意图。

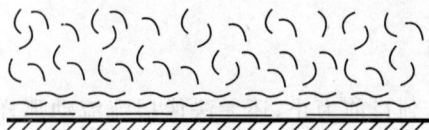

图 4.5　壁面湍流的结构示意图

黏性底层的厚度很薄，其厚度大概仅有几分之一毫米。根据理论分析和实验结果知，黏性底层的厚度为

$$\delta_l = \frac{32.8d}{Re\sqrt{\lambda}} \tag{4.18}$$

可见随着雷诺数的增加，黏性底层的厚度减小。

一、湍流流动的切应力分布及摩擦力

湍流流动的切应力分布与层流流动的表达形式完全相同，即

$$\tau = \tau_{\mathrm{w}} \frac{r}{r_0}$$

不过，对于湍流流动，流过截面上的壁面切应力 τ_{w} 与层流不同，因此其切应力分布的斜率也不同。图 4.6 给出了壁面切应力 τ_{w} 的比较，图中 $\tau_{\mathrm{w,t}}$，$\tau_{\mathrm{w},l}$ 分别表示湍流壁面切应力和层流壁面

切应力。

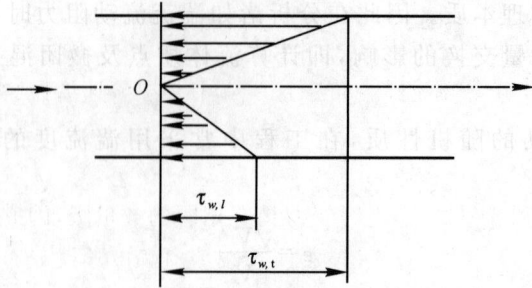

图 4.6 湍流和层流壁面切应力的比较

在湍流流动中,由于流体质点的大量混杂运动,其阻力损失大大超过了层流的阻力损失。

在层流区或黏性底层,由于流体流动的有序性或壁面的限制,流体质点横向脉动引起的切应力很小,因此切应力主要是分子黏性切应力,可以用牛顿内摩擦定律表示。

在湍流核心区,既有层流流动的分子黏性切应力 τ_l,也有湍流流动的流体质点横向脉动引起的湍流切应力 τ_t。根据普朗特混合长度理论,平面定常均匀湍流的切应力可以表示为

$$\tau = \tau_l + \tau_t = \mu \frac{\mathrm{d}\overline{V}}{\mathrm{d}y} + \rho l^2 \left(\frac{\mathrm{d}\overline{V}}{\mathrm{d}y}\right)^2$$

式中　l——普朗特混合长度,由实验确定;

$\dfrac{\mathrm{d}\overline{V}}{\mathrm{d}y}$——$y$ 方向上的时均速度梯度。

在计算湍流流动时,由于 $\tau_l \ll \tau_t$,因此为了研究方便,通常略去式中等号右端的第一项。下面在导出速度分布时同样忽略了分子黏性应力 τ_l。

二、湍流流动的速度分布

由于湍流流动的复杂性,到目前为止,还无法像层流流动那样,严格地按理论分析导出湍流流动的速度分布规律。这里在一定的假设前提下,根据理论分析和实验相结合的方法来研究湍流流动的速度分布。

1. 黏性底层速度分布

在黏性底层中,由于厚度很薄,因此可以认为是层流流动,切应力可以用壁面切应力表示,即 $\tau = \tau_w$,而且速度分布也可认为是线性的。由牛顿内摩擦定律得到

$$\tau_w = \mu \frac{\mathrm{d}V}{\mathrm{d}y}, \qquad 即 \qquad \mathrm{d}V = \frac{\tau_w}{\mu} \mathrm{d}y$$

积分得

$$V = \frac{\tau_w}{\mu} y \tag{4.19a}$$

并引进摩擦速度的定义,即

$$V_* = \sqrt{\frac{\tau_w}{\rho}}$$

代入式(4.19a),得到

$$\frac{V}{V_*} = \frac{\rho V_*}{\mu} y = \frac{V_* \, y}{\nu} \tag{4.19b}$$

式(4.19)即为黏性底层的速度分布规律。

可见黏性底层的速度分布为线性分布。这实际上是层流速度抛物线分布规律在黏性底层中的近似处理。

2. 过渡区的速度分布

在过渡区内,由于黏性应力与湍流切应力具有相同的数量级,因此难以进行理论分析。其速度分布要用实验来确定。工程中常将过渡区按湍流流动的速度分布规律来确定。

3. 湍流核心区的速度分布

在湍流流动中,由于黏性底层的存在,壁面的粗糙度 Δ 对流动损失的影响与黏性底层厚度 δ_l 有关。当 $\delta_l \geqslant \Delta$ 时,黏性底层完全掩盖了管壁的粗糙部分,核心区中的流动完全感受不到粗糙度的影响,这种状态下的流动管道称为水力光滑管。当 $\delta_l < \Delta$ 时,管壁的粗糙度暴露在黏性底层之外,粗糙表面造成的旋涡增加了流动损失,这种情况下的管道称为水力粗糙管。因此两种管道中的速度分布也不相同。

假设湍流切应力 τ_t 与壁面切应力具有同样的数量级,因此则有 $\tau_t \approx \tau_w$。

湍流核心区的速度分布可以从普朗特混合长度理论得出。其基本思想是把湍流脉动与气体分子运动相比拟,认为流体微团脉动引起的切应力和分子运动引起的黏性应力非常相似。当湍流流动的时均流线为直线时,认为脉动引起的湍流可以表示为与黏性切应力具有类似的形式,即

$$\tau_t = \mu_t \frac{dV}{dy} = \rho l^2 \left(\frac{dV}{dy}\right)^2 \tag{4.20}$$

式中,μ_t 为湍流黏度;混合长度 l 一般假设为 $l = \kappa y$,κ 由实验确定。

根据以上假设和式(4.20),可得

$$\tau = \tau_t = \rho l^2 \left(\frac{dV}{dy}\right)^2 = \tau_w$$

引进摩擦速度的定义,得

$$V_* = l \frac{dV}{dy} = \kappa y \frac{dV}{dy}$$

积分可得

$$\frac{V}{V_*} = \frac{1}{\kappa} \ln y + C_1$$

令 $C_1 = C - \dfrac{1}{\kappa} \ln \dfrac{\nu}{V_*}$,则上式可写为

$$\frac{V}{V_*} = \frac{1}{\kappa} \ln \frac{y V_*}{\nu} + C \tag{4.21}$$

式(4.21)表明,湍流流动的速度分布是按对数规律分布的。式中的常数要由实验确定。

对于光滑的直圆管,根据实验可取 $\kappa = 0.4$,$C = 5.5$,代入式(4.21),得

$$\frac{V}{V_*} = 5.75 \lg \frac{y V_*}{\nu} + 5.5 \tag{4.22}$$

工程上,式(4.22)适合于除黏性底层以外的任何区域。

湍流流动的速度分布除了对数分布规律外,人们还根据实验结果归纳出了幂次方的速度

分布规律,即

$$\frac{V}{V_{\max}}=\left(\frac{y}{r_0}\right)^{\frac{1}{n}} \tag{4.23}$$

式中,n 随雷诺数而变化,具体数值见表 4.1。

表 4.1 指数 n 随雷诺数的变化

Re	4.0×10^3	2.3×10^4	1.1×10^5	1.1×10^6	2.0×10^6	3.2×10^6
n	6	6.6	7	8.8	10	10

由表 4.1 可知,指数 n 随雷诺数的增大而增大,一般取 $n=6\sim10$。当 $Re=1.1\times10^5$ 时,$n=7$,于是可得

$$\frac{V}{V_{\max}}=\left(\frac{y}{r_0}\right)^{\frac{1}{7}} \tag{4.24}$$

式(4.24)称为布拉休斯的 1/7 速度分布规律。

由式(4.22),可得 $y=r_0$ 的圆管轴线上的最大速度为

$$V_{\max}=V_*\left(5.75\lg\frac{V_* r_0}{\nu}+5.5\right) \tag{4.25}$$

通过圆管的平均速度为

$$\overline{V}=\frac{q_v}{\pi r_0^2}=\frac{1}{\pi r_0^2}2\pi\int_0^{r_0}V(r_0-y)\mathrm{d}y \tag{a}$$

当 $y=r_0$ 时,$V=V_{\max}$,代入式(4.21),可得

$$V_{\max}/V_*=\frac{1}{\kappa}\ln\frac{r_0 V_*}{\nu}+C \tag{b}$$

因此,由式(4.21)和式(b)得 $\qquad V-V_{\max}=\dfrac{V_*}{\kappa}\ln(\dfrac{y}{r_0})$

代入式(a)积分,得平均速度为

$$\overline{V}=V_{\max}-1.5V_*/\kappa=V_{\max}-3.75V_* \tag{4.26a}$$

经实验修正后的平均速度为

$$\overline{V}=V_{\max}-4.07V_* \tag{4.26b}$$

湍流流动的速度分布规律按照对数规律或幂次方的速度分布规律,其特点是在靠近壁面处的速度变化很大,在湍流区速度变化较小,这是由于湍流区流体质点的剧烈掺混,使得速度分布更加均匀。根据平均速度与最大速度之比可以得出,对于湍流流动,若用 1/7 幂次方的速度分布,则 $V/V_{\max}=0.817$,而层流流动 $V/V_{\max}=0.5$。可见湍流的速度分布比较均匀。

对于水力粗糙管,流速分布公式为

$$\frac{V}{V_*}=5.75\lg\frac{y}{\Delta}+8.5 \tag{4.27}$$

其平均速度仍为式(4.26a)。

4.3.3 圆管内沿程损失的实验研究

尽管对于湍流流动的研究可以借助于计算机技术的发展从理论上进行研究,但是,从4.3.2小节的讨论可以看出湍流流动是非常复杂的,因此对于湍流流动的研究,目前大多数问

题还需要借助于实验才能够得到解决。从沿程损失的计算公式式(4.4)可以看出,沿程能量损失计算的关键仍然是沿程损失因数的确定。大量研究表明,在不可压缩流动中,沿程损失因数 $\lambda = f(Re, \Delta/d)$,为确定这一函数关系的具体表达形式,必须经过大量实验的研究。本节主要介绍著名的尼古拉兹实验曲线。

尼古拉兹对不同直径的管道进行了一系列的实验。为了模拟管壁的粗糙度,采用了人工粗糙的管壁,即以颗粒均匀的砂粒黏附在经过油漆后的管壁上,用砂粒直径 Δ 表示绝对粗糙度,Δ 与管径之比 Δ/d 称为相对粗糙度。用 6 种不同粗糙度的圆管进行实验,测出了 h_f,V,并计算出 λ,得到了 λ 与 Re 的关联曲线,并以对数规律示于图 4.7 中。

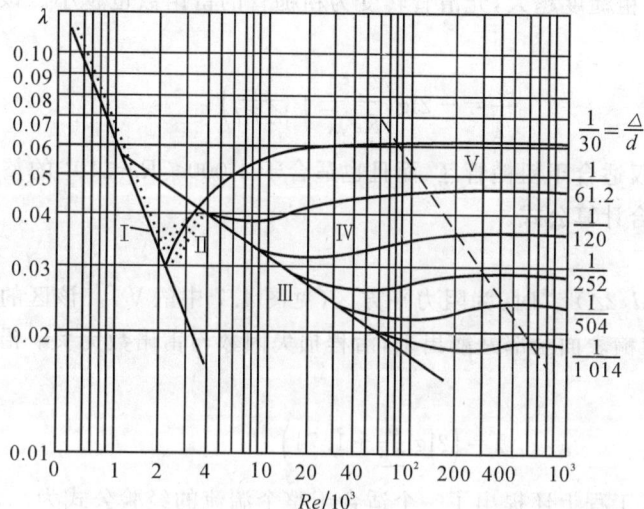

图 4.7　尼古拉兹实验曲线

由图可以看出,尼古拉兹的实验曲线可以分为 5 个阻力区域,每个阻力区域的 λ 计算经验和半经验公式归纳如下。

1. 层流区

当 $Re \leqslant 2\,320$ 时,λ 与 Re 的关联曲线在对数坐标图上为一直线(见图 4.7 中的 Ⅰ)。所有的不同相对粗糙度的实验点都落在这一直线上,这条直线的方程正是 $\lambda = 64/Re$,表明实验规律只与 Re 有关,而与 Δ/d 无关。

2. 过渡区

当 $2\,320 \leqslant Re \leqslant 4\,000$ 时,出现了从层流向湍流过渡的不稳定现象。在该区域中,虽然实验点上下波动,但总的趋势是 λ 随 Re 的增大而增大(见图 4.7 中 Ⅱ)。此区可用扎依钦柯的经验公式计算,即

$$\lambda = 0.002\,5 Re^{1/3} \tag{4.28}$$

3. 光滑管区

此区中的管壁粗糙度对 λ 几乎没有什么影响,不同粗糙度的实验点都落在同一直线上(见图 4.7 中的 Ⅲ)。这种情况只能是黏性底层厚度 δ_l 大于壁面粗糙度 Δ 时才可能出现的。流体就好像流过光滑的壁面一样。这个区域的范围为 $4\,000 \leqslant Re \leqslant 80(d/\Delta)$,$\lambda$ 可用下列经验公式计算。

当 $4\,000 \leqslant Re \leqslant 10^5$ 时,可以用布拉休斯公式计算,即

$$\lambda = \frac{0.316\,4}{Re^{0.25}} \tag{4.29}$$

当 $10^5 < Re \leqslant 3 \times 10^6$ 时,采用尼古拉兹光滑管的经验公式,即

$$\lambda = 0.003\,2 + 0.221 Re^{-0.237} \tag{4.30}$$

根据湍流的速度分布规律,尼古拉兹提出了一个适用于整个光滑管区的半经验公式,即

$$\lambda = [2\lg(Re\sqrt{\lambda}) - 0.8]^{-2} \tag{4.31}$$

4. 粗糙管区

当 $80(d/\Delta) \leqslant Re \leqslant 4\,160(d/2\Delta)^{0.85}$ 时,为粗糙管区(见图 4.7 中的 Ⅳ)。随着 Re 的增大,黏性底层厚度逐渐减小,以至于不能掩盖粗糙不平的管壁表面,管壁粗糙度对流动产生影响。由图 4.7 可以看出,粗糙度越大,光滑管转变为粗糙管的雷诺数也越小。该区的 λ 可用考尔布鲁克公式计算,即

$$\frac{1}{\sqrt{\lambda}} = -2\lg\left(\frac{2.51}{Re\sqrt{\lambda}} + \frac{\Delta}{3.7d}\right) \tag{4.32}$$

考尔布鲁克公式不仅适合于粗糙管区,而且也适合于 $4\,000 \leqslant Re < 10^6$ 的整个区域。这是一个湍流沿程损失的综合计算公式。

5. 阻力平方区

当 $Re > 4\,160(d/2\Delta)^{0.85}$ 时,为阻力平方区(见图 4.7 中的 Ⅴ)。该区的流动特点是黏性底层厚度趋近于零,粗糙表面全部暴露出来,沿程损失因数与雷诺数无关。沿程损失因数的计算公式为

$$\lambda = \left(2\lg\frac{d}{2\Delta} + 1.74\right)^{-2} \tag{4.33}$$

为了便于计算,工程上还提出了一个适合于整个湍流的经验公式为

$$\lambda = 0.11\left(\frac{\Delta}{d} + \frac{68}{Re}\right)^{0.25} \tag{4.34}$$

在粗糙管区和阻力平方区,即从式(4.32)~式(4.33)可以看出,沿程损失因数与管壁粗糙度 Δ 有关。由前所述,尼古拉兹实验曲线揭示了管道中的沿程损失的规律,但这些规律的得出是有前提的——该实验是在人工粗糙的管道(管壁粗糙度比较均匀)内进行的。实际的商品管道的壁面粗糙度不会像人工粗糙管那么均匀,而且实际管道粗糙部分的高度、形状和分布规律也不相同。因此实际中要把各种管壁的真实粗糙度通过实验换算成砂粒粗糙度。表 4.2 给出了几种常用管道的绝对粗糙度,即与真实粗糙度相当的砂粒直径。

表 4.2 常用管道的绝对粗糙度

管道种类	Δ/mm	管道种类	Δ/mm
普通的镀锌钢管	0.39	铸铁管	新:0.25,旧:1
普通的新铸钢管	0.25~0.42	新的仔细浇成的无缝钢管	0.04~0.17
冷拔铝及铝合金管	0.0015~0.06	在普通条件下浇成的钢管	0.19
冷拔及热轧钢管	0.04	旧钢管	0.1~0.5
涂柏油的钢管	0.12~0.21	橡胶软管	0.03

在实际计算中,适合于工业管道使用的实验曲线类似于尼古拉兹的实验曲线,使用时可以

查阅流体力学手册。

例 4.2　设有一个截面尺寸为 $(1.2\times0.6)\,mm^2$ 的矩形通风管道,通过截面的流量为 $q_v=11.67\,m^3/s$,空气的温度 $t=45\ ℃$,在 $L=12\ m$ 长的管道中,用倾斜 $30°$ 的装有酒精的斜管微压计测量沿程损失,斜管中的读数 $l=7.5\ mm$,酒精密度 $\rho=860\ kg/m^3$。求风道的沿程损失因数 λ。

解　在标准状态下,$t=45\ ℃$ 时的空气密度为

$$\rho=\frac{p}{RT}=\frac{1.013\ 3\times10^5}{287.06\times(273.15+45)}=1.109\ 5\ kg/m^3$$

风道中的流速

$$V=\frac{q_v}{A}=\frac{11.67}{0.72}=16.21\ m/s$$

管道的当量直径

$$d_e=\frac{4A}{\chi}=\frac{4\times0.72}{2(1.2+0.6)}=0.8\ m$$

由

$$\Delta p=\lambda\frac{L}{d_e}\frac{\rho V^2}{2}$$

得

$$\lambda=\frac{2\Delta p d_e}{L\rho V^2}=\frac{2\times7.5\times10^{-3}\times0.5\times860\times9.81\times0.8}{12\times1.11\times16.2^2}=0.014\ 48$$

例 4.3　一输油管道的管长 $L=300\ m$,直径 $d=0.2\ m$,绝对粗糙度 $\Delta=0.5\ mm$,输送流量 $q_v=0.33\ m^3/s$,油的运动黏度 $\nu=3.0\times10^{-6}\ m^2/s$。求单位质量流体通过管道的能量损失。

解　首先求出雷诺数,然后判别流动状态,即

$$V=\frac{4q_v}{\pi d^2}=\frac{4\times0.33}{3.14\times0.2^2}=10.5\ m/s$$

$$Re=\frac{Vd}{\nu}=\frac{10.5\times0.2}{3.0\times10^{-6}}=7.006\ 37\times10^5$$

因为

$$4\ 160\left(\frac{d}{2\Delta}\right)^{0.85}=4\ 160\left(\frac{200}{2\times0.5}\right)^{0.85}=3.758\times10^5$$

所以流动属于阻力平方区,由式(4.33)得

$$\lambda=(2\lg\frac{d}{2\Delta}+1.74)^{-2}=(2\lg\frac{200}{2\times0.5}+1.74)^{-2}=0.024\ 8$$

故

$$h_f=\lambda\frac{l}{d}\frac{V^2}{2g}=0.024\ 8\times\frac{300}{0.2}\times\frac{10.5^2}{2\times9.8}=209.6\ m$$

4.3.4　压缩性对沿程损失因数的影响

由前面讨论可知,在不可压缩(液体或低速流动的气体)情况下,对于光滑管,沿程损失因数仅仅取决于雷诺数,对于粗糙管,除了与雷诺数有关外,还与管壁的相对粗糙度有关。

一般情况下,在可压流动中,沿程损失因数除了与雷诺数和相对粗糙度有关外,还与马赫数有关。因此考虑压缩性影响时的沿程损失因数要用实验来确定。在黏性可压流动中,压缩性对沿程损失因数的影响如图 4.8 所示。图中,λ_c/λ_{inc} 表示在相同雷诺数下可压流动的沿程损

失因数与不可压流动的沿程损失因数之比。

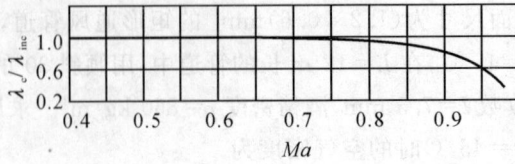

图 4.8　压缩性对沿程损失因数的影响

由图 4.8 可以看出：

(1)当 $Ma<0.7$ 时,压缩性对沿程损失因数影响较小,按不可压流动的沿程损失因数计算不会引起太大的误差。

(2)在 $0.7<Ma<0.9$ 范围内,λ_c 随 Ma 的增加而逐渐减小。在 $Ma>0.9$ 以后,沿程损失因数迅速下降。

(3)在超声速气流中,可压流动的沿程损失因数比不可压流动的要小一些,由实验知,对于管道长度 L 在 $10\sim50$ 倍的管径时,当 $1.2<Ma\leqslant3.0$,$0.25\times10^5<Re\leqslant7\times10^5$ 时,沿程损失因数在 $0.008\sim0.012$ 之间,大约为不可压流动沿程损失因数的 50%。

4.4　管道内的局部阻力及损失计算

在实际的管路系统中,不但存在第 4.3 节所讲的在等截面直管中的沿程损失,而且也存在着因有各种各样的其他管件,如弯管、流道突然扩大或缩小、阀门、三通等,所以当流体流过这些管道的局部区域时,流速大小和方向被迫急剧地发生改变,从而出现流体质点的撞击,产生旋涡、二次流以及流动的分离及再附壁现象。此时由于黏性的作用,流体质点间发生剧烈的摩擦和动量交换,因而阻碍着流体的运动。这种在局部障碍物处产生的损失称为局部损失,其阻力称为局部阻力。因此,在一般的管路系统中,既有沿程损失,又有局部损失。

4.4.1　局部损失产生的原因及计算

一、产生局部损失的原因

产生局部损失的原因多种多样,而且十分复杂,因此很难概括全面。这里结合几种常见的管道来说明。

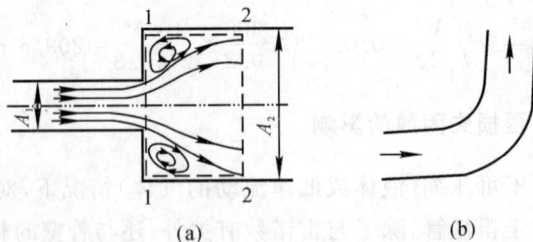

图 4.9　局部损失的原因

对于突然扩张的管道,由于流体从小管道突然进入大管道,如图 4.9(a)所示,而且由于流体惯性的作用,流体质点在突然扩张处不可能马上贴附于壁面,而是在拐角的尖点处离开了壁面,出现了一系列的旋涡。进一步随着流体流动截面面积的不断扩张,直到 2 截面处流体充满了整个管截面。在拐角处由于流体微团相互之间的摩擦作用,一部分机械能不可逆地转换成热能,在流动过程中,不断地有微团被主流带走,同时也有微团补充到拐角区,这种流体微团的不断补充和带走,必然产生撞击、摩擦和质量交换,从而消耗一部分机械能。同时,进入大管流体的流速必然重新分配,增加了流体的相对运动,并导致流体的进一步摩擦和撞击。局部损失就发生在从旋涡开始到消失的一段距离上。

图 4.9(b)示出了流体在弯曲管道的流动。由于管道弯曲,流线会发生弯曲,流体在受到向心力的作用下,管壁外侧的压力高于内侧的压力。在管壁的外侧,压强先增加而后减小,同时内侧的压强先减小后增加,这样流体在管内形成螺旋状的交替流动。

综上所述,碰撞和旋涡是产生局部损失的主要原因。当然在 1—2 之间也存在沿程损失,一般来说,局部损失比沿程损失要大得多。在测量局部损失的实验中,实际上也包括了沿程损失。

二、局部损失的计算

如前所述,单位重量流体的局部能量损失以 h_ζ 表示

$$h_\zeta = \zeta \frac{V^2}{2g}$$

式中　ζ—— 局部损失(阻力)因数,是一个无量纲数,它的大小与局部障碍物的结构形式有关,由实验确定;

　　　V—— 管中流体的平均速度(通常指局部损失之后的速度)。

局部压强损失为

$$\Delta p = \zeta \frac{\rho V^2}{2}$$

式中,Δp 为流经局部障碍物前后的压强差(或总压差)。

1. 突然扩张管道的局部损失计算

由于产生局部损失的情况多种多样及其流动情况的复杂性,所以对于大多数情况局部损失只能通过实验来确定。只有极少数情况下的局部损失可以进行理论计算。

对于突然扩大的情况,可以通过理论推导得到局部损失的计算公式。流体在如图 4.9(a)所示的突然扩张的管道内流动,由于流体的碰撞、惯性和附面层的影响,在拐角区形成了旋涡,引起能量损失。由图可见,流体到 2—2 截面充满整个管道。取 1—1 和 2—2 截面以及侧表面为控制体,并设截面 1—1 处的管道面积为 A_1,参数为 p_1,V_1;截面 2—2 处的管道面积为 A_2,参数为 p_2,V_2,则根据伯努利方程,有

$$\frac{p_1}{\gamma} + \frac{V_1^2}{2g} + z_1 = \frac{p_2}{\gamma} + \frac{V_2^2}{2g} + z_2 + h_\zeta$$

于是局部损失为

$$h_\zeta = \frac{p_1 - p_2}{\gamma} + \frac{V_1^2 - V_2^2}{2g} \tag{a}$$

对 1—1 和 2—2 截面运用连续方程,即

$$V_1 A_1 = V_2 A_2$$

对所取的控制面应用动量方程,考虑到 1—1 和 2—2 截面之间的距离比较短,通常可以不计侧表面上的表面力,于是动量方程可写为

$$p_1 A_1 - p_2 A_2 = \rho V_2 A_2 (V_2 - V_1)$$

将动量方程和连续方程代入式(a),得

$$h_\zeta = \frac{V_2^2 - V_1 V_2}{g} + \frac{V_1^2 - V_2^2}{2g} = \frac{(V_1 - V_2)^2}{2g} =$$

$$\frac{V_1^2}{2g}\left(1 - \frac{A_1}{A_2}\right)^2 = \frac{V_2^2}{2g}\left(\frac{A_2}{A_1} - 1\right)^2$$

令 $\zeta_1 = \left(1 - \frac{A_1}{A_2}\right)^2$,$\zeta_2 = \left(\frac{A_2}{A_1} - 1\right)^2$,则局部损失可写为

$$h_\zeta = \zeta_1 \frac{V_1^2}{2g} = \zeta_2 \frac{V_2^2}{2g} \tag{4.35}$$

式中,ζ_1,ζ_2 分别表示局部损失(阻力)因数。式(4.35)表明,用公式计算局部损失时,采用的速度可以是损失前的也可以是损失后的,但局部损失因数也不同。由式(4.35)及局部损失因数的表达式可以看出,突然扩大的局部损失因数仅与管道的面积比有关而与雷诺数无关。实际上,根据实验结果可知,当在雷诺数不很大时,局部损失因数随着雷诺数的增大而减小,只有当雷诺数足够大(流动进入阻力平方区)时,局部损失因数才与雷诺数无关。如果流体从管道流入一大容器,此时 $A_1/A_2 \approx 0$,则 $\zeta_1 = 1$。

下面介绍几种比较常见的局部损失因数的计算,而且在一般情况下,局部损失因数均是由对应发生损失后的速度给出的。

2. 渐扩管

流体流过逐渐扩张的管道时,由于管道截面积的逐渐扩大,使得流速沿流向减小,压强增高,而且由于黏性的影响,在靠近壁面处,流速小,以至于动量不足以克服逆压的倒推作用,因而在靠近壁面处可能出现倒流现象从而引起旋涡,产生能量损失。渐扩管的扩散角 θ 越大,旋涡产生的能量损失也越大;θ 越小,要达到一定的面积比所需要的管道也越长,因而产生的摩擦损失也越大。所以存在着一个最佳的扩散角 θ。在工程中,一般取 $\theta = 6° \sim 12°$,其能量损失最小。θ 在 60° 左右损失最大。渐扩管的局部损失因数为

$$\zeta = \frac{\lambda}{8\sin\left(\frac{\theta}{2}\right)}\left[1 - \left(\frac{A_1}{A_2}\right)^2\right] + K\left(1 - \frac{A_1}{A_2}\right)^2 \tag{4.36}$$

式中,K 随 θ 的变化见表 4.3。

表 4.3　式(4.36)中的 K 随 θ 的变化

θ	8°	10°	12°	15°	20°	25°
K	0.14	0.16	0.22	0.30	0.42	0.62

3. 突然缩小

流体在管道截面积突然缩小的管道中流动,如图 4.10 所示。当管道的截面积突然收缩时,流体首先在大管的拐角处发生分离,形成分离区,然后在小管内也形成一个分离区。最后才占据管道的整个截面。局部损失因数的确定可以根据实验确定。对于不可压流动,根据实验结果,有

$$\zeta=0.5\left(1-\frac{A_2}{A_1}\right) \tag{4.37}$$

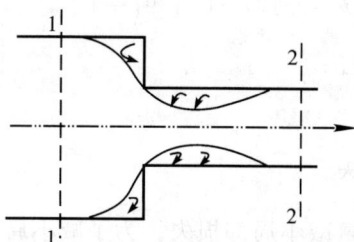

图 4.10　突然缩小的管道

在特殊情况下，$A_2/A_1 \rightarrow 0$，即流体从一个大容器进入管道且进口处具有尖锐的边缘时，局部损失因数为 $\zeta=0.5$。若将进口处的尖锐边缘改成圆角后，则局部损失因数 ζ 随着进口的圆滑程度而大大降低，对于圆形匀滑的边缘，$\zeta=0.2$；入口极圆滑时 $\zeta=0.05$。

4. 渐缩管

为了减小管道截面积突然缩小的流动损失，通常采用渐缩管。在渐缩管中，流线不会脱离壁面，因此流动阻力主要是由沿流程的摩擦引起的。对应于截面积缩小后的流速的局部损失因数为 $\zeta=0.05 \sim 0.06$，由此可见，在渐缩管中的流动损失很小。

5. 弯管

在弯管内的流动由于流体的惯性，流体在流过弯管时内、外壁面的压力分布不同而流线发生弯曲，流体受到向心力的作用。这样，弯管外侧的压强就高于内侧的压强，如图 4.11 所示。图中 $\overset{\frown}{AB}$ 区域内，流体压强升高，B 点以后，流体的压强渐渐降低。与此同时，在弯管内侧的 $\overset{\frown}{A'B'}$ 区域内，流体作增速降压的流动，在 $\overset{\frown}{B'C'}$ 区域内是增压减速流动。在 $\overset{\frown}{AB}$ 和 $\overset{\frown}{B'C'}$ 这两个区域内，由于流动是减速增压的，会引起流体脱离壁面，形成旋涡区，造成损失。此外，由于黏性的作用，管壁附近的流体速度小，在内、外压力差的作用下，会沿管壁从外侧向内侧流动。

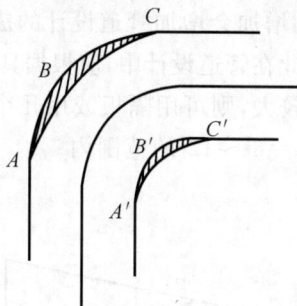

图 4.11　流体在弯管内的流动

同时，由于连续性，管中心流体会向外侧壁面流去，从而形成一个双旋涡形状的横向流动，整个流动呈螺旋状。横向流动的出现，也会引起流体能量的损失。弯管的局部损失因数计算的经验公式为

$$\zeta=k\,\frac{\theta}{90^\circ} \tag{4.38a}$$

式中，θ 表示弯管弯曲的角度，以（°）为单位；系数 k 的计算式为

$$k=0.131+0.159\left(\frac{d}{r}\right)^{3.5} \tag{4.38b}$$

式中　r——弯管中线的曲率半径；

　　　d——管径。

4.4.2　减小和利用局部损失

在各种管道的设计中，应尽量减小局部损失。为了减小局部损失，应尽量避免流通截面积发生突然的变化。在截面积有较大变化的地方常采用锥形过渡，在要求比较高的管道中应采用光滑的流线形壁面。

以下举几个例子来说明减小局部损失的方法。

1. 弯曲管道

由弯管的局部损失计算公式可知，弯管的局部损失取决于管道的直径（d）、曲率半径（r）和管道的转弯角。因此在设计管道时，为了减小局部损失，应尽量避免采用转弯角过小的死弯。对于直径较小的热力设备管道，通常采用 $r/d>3.5$。对于直径较大的排烟风道来说，横向的二次流动比较突出。为了减小二次流动损失，一方面可以适当地加大管道的曲率半径，以减小流体转弯时的离心力；另一方面通常在弯管内安装导流叶片，如图4.12所示。这样既可以减小弯道两侧的压强差，又可以减小二次流影响的范围。根据实验，在没有安装导流叶片的情况下，直角弯管的 $\zeta=1.1$；安装薄板弯成的导流叶片后，$\zeta=0.4$；当导流叶片呈流线月牙形时，$\zeta=0.25$。可见，安装导流叶片后，并适当选择导流叶片的形状，对减小局部损失有明显的效果。

2. 流通截面的变化

将突然扩张的管道改为渐扩管，由于涡流区的大小和涡流强度的减小，其局部损失有很大的改善。但是当扩张（或收缩）的面积比一定时，渐变管的长度相应地加长，使得沿程损失有所增加，所以设计时应取最佳值。管长的增加会增加管道设计的成本或带来制造上的困难。有些情况下，还要受到几何空间的限制，因此在管道设计中，应根据具体问题、具体情况全面折中考虑。

在设计渐扩管时，如果面积比较大，则可用隔板或用几个同心扩张管来达到正常的扩张角（见图4.13）。扩张角一般控制在 $\alpha=6°\sim12°$ 的范围内。

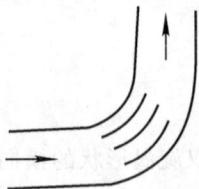

图 4.12　装有导流片的弯管

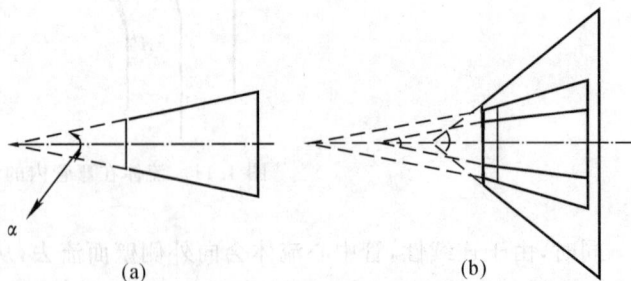

图 4.13　渐扩管的扩张角

(a)渐扩管的扩张角；(b)具有隔板的渐扩管

3. 三通

工程中有各种各样的三通接头，其局部阻力因数也各不相同，使用时可查阅流体力学手册。这里说的是为了减少流体流过三通的能量损失，可以在总管中根据支管的流量安装分流板和合流板，如图 4.14 所示。从减小局部损失的角度来讲，应尽量避免采用直角三通。

4. 局部损失的利用

在日常生活中，局部损失还可以被利用。阀门就是利用局部损失来控制流量的一个例子。在航空发动机上，为了防止燃烧室出口的高温高压燃气进入滑油腔内，可以利用如图 4.15 所示的封严装置将燃气和滑油腔隔开。封严装置的原理是根据燃气每经过一个密封齿，压强就有所降低，经过几个密封齿后，压强就降低到与滑油腔内的压强基本相等。这样最后一个齿的前、后的压强差很小，达到阻隔燃气流入滑油腔的目的，起到密封的作用。

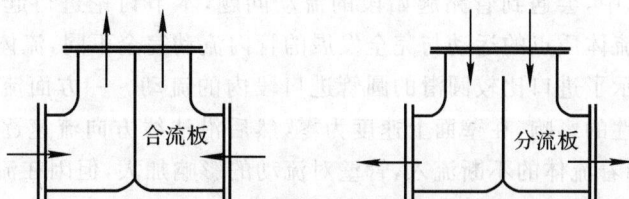

图 4.14　三通管道中的合流板和分流板

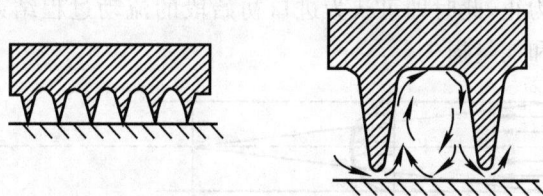

图 4.15　封严装置

4.4.3　流动损失叠加及当量长度法

1. 流动损失的计算

一般情况下，流体在管路系统中的流动必将存在若干沿程损失和局部损失，总的能量损失符合叠加原理。在不考虑其相互干扰的情况下，单位质量流体沿流程的总损失的计算式为式 (4.6)。

2. 当量长度法

由上面的沿程损失和局部损失计算公式可知，这两种损失均与流速的平方成正比。假定能够找出在流速相同的条件下，某段长度的管件能产生同样长度的沿程损失，这段长度就叫做该管件的当量长度。它能在流动损失等效的条件下，以某段等径直管的沿程损失代替局部损失。这种当量长度法对于管路系统的计算是非常方便的。这种当量关系为

$$\lambda \frac{L'}{d} \frac{V^2}{2g} = \zeta \frac{V^2}{2g}$$

即

$$L' = \frac{\zeta}{\lambda} d \tag{4.39}$$

式中，L' 称为该管件的当量长度，或者称为此局部损失的等价管长。

如果管路系统的管径和沿程阻力损失因数处处相等,则有

$$\sum L' = \frac{d}{\lambda} \sum \zeta$$

于是

$$h_W = \sum \frac{\lambda}{d}(L+L')\frac{V^2}{2g} = \frac{\lambda}{d}\frac{V^2}{2g}\sum(L+L') \tag{4.40}$$

引用了当量长度的概念,可在总损失中方便地估计出局部损失所占的比例,这为复杂管路系统的能量损失计算提供了简便的分析方法。

4.4.4　进口起始段内的流动

在各种管路计算中,会遇到管路起始段的流动问题,本节讨论进口起始段的沿程能量损失。在这段管流中,流体质点的运动与完全发展的管内流动完全不同,流体质点的速度在不断地变化。图 4.16 表示了进口比较圆滑的圆管进口段内的流动。一方面流体从进口几乎均匀地流入管内,由于黏性的影响,在壁面上速度为零,然后沿法线方向流速逐步增加到中心线上的速度;另一方面,随着流体的不断流入,管壁对流动的影响加大,但因在流动中要满足连续方程,即流量保持不变,因此,管轴附近的流体将相应加速。在这个过程中,流体质点存在着从管壁到管轴的横向运动,且横截面上的速度分布也发生了变化,直到轴线上的速度达到该流量下的完全发展的最大速度为止,此时即可认为进口初始段的流动过程结束。下面分别讨论进口起始段长度的计算方法和能量损失。

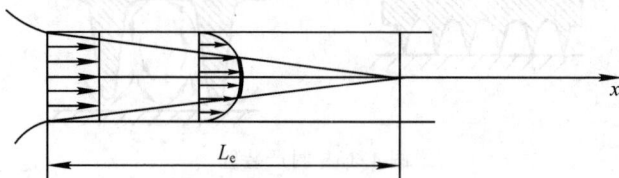

图 4.16　进口起始段内的流动

1. 进口起始段长度

从进口开始到管中形成完全发展的流动时对应的这段流程定义为进口起始段。进口起始段的长度用 L_e 表示。

一般情况下,对于比较光滑的进口,管中完全发展的流动是层流流动,则起始段长度为

$$L_e = 0.065 Re\, d \tag{4.41}$$

将 $Re = 2\,320$ 代入式(4.41),可得

$$L_e = 150d$$

由实验得到的层流起始段长度为

$$L_e = 0.028\,75 Re\, d \tag{4.42}$$

如果把 $Re = 2\,320$ 代入式(4.42),可得

$$L_e = 66.5d \tag{4.43}$$

如果管中完全发展的流动为湍流流动,则根据大量实验结果可知,起始段长度为 $L_e = (25\sim40)d$。

从以上分析可知,通常湍流起始段比层流起始段要短。这是由于湍流质点相互掺混,流体

进入管口后很快就达到了湍流速度分布规律。

对于进口比较尖锐的管道,流体进入管道时将出现先收缩后扩张的离壁现象,其间管壁对流体的影响减弱,相应起始段的长度将有所增加。

2. 进口起始段的能量损失

在进口起始段内,不仅存在着由于摩擦影响引起的沿程损失,而且也存在流体质点横向脉动而引起的局部损失,因此进口起始段的能量损失应为这两者之和。设局部损失因数为 ζ,则起始段单位质量流体的能量损失为

$$h_w = \left(\lambda \frac{L_e}{d} + \zeta\right) \frac{V^2}{2g} \tag{4.44}$$

对于层流流动,当管道进口尖锐时,$\zeta = 2.7$;当管道进口圆滑时,$\zeta = 2.2 \sim 2.4$。

对于湍流流动,当管道进口尖锐时,$\zeta = 0.5$;当管道进口圆滑时,$\zeta = 0.005 \sim 0.06$。

从以上数据可以看出,在同样流速下,湍流流动的局部损失比层流时小得多,这主要是由于湍流流动时,流体质点的无规则横向脉动,使得进口段湍流脉动所占的比例相对较小。

工程计算中,常常将局部损失折合到沿程损失中一起计算。

当起始段内的流动为层流时,取沿程损失因数 $\lambda = A/Re$,当 $L > L_e$ 时,能量损失为

$$h_w = \left(\frac{A}{Re}\frac{L_e}{d} + \lambda \frac{L - L_e}{d}\right) \frac{V^2}{2g} \tag{4.45}$$

式中,A 为实验常数。层流流动状态下,水的实验常数列入表 4.4 中。

表 4.4　水的实验常数 A

$[L_e/(Red)]/10^3$	2.5	5	7.5	10	12.5	15	17.5	20	25	28.75
A	122	105	96.66	88	82.4	79.16	76.14	74.375	71.5	69.56

如果当 $L < L_e$ 时,则单位质量流体的能量损失为

$$h_w = \frac{A}{Re}\frac{L_e}{d}\frac{V^2}{2g} \tag{4.46}$$

对于管内的湍流流动,或管长 $L > 10L_e$,通常不计进口段的流动损失。

4.5　管路设计与计算基础

在工程中,会涉及许多管路设计与计算问题。除了工程中的石油、化工、建筑、供暖和水利中的管路系统外,在航空、航天中诸如飞机滑油系统和发动机起动管路系统、飞机空调系统等都会遇到管路计算问题。

工程中所遇到的管路设计与计算问题是多种多样的,遇到的管件类型以及所涉及的物理量也很多,但管路设计与计算中所遇到的典型情况一般有三类。

(1)已知管路布局、几何尺寸和管路系统允许的压力降,求通过的流量(确定管路的输送能力)。

(2)已知管路布局、几何尺寸和通过的流量,求流动损失,即确定管路系统的压力降。

(3)已知管路布局、通过的流量和允许的压力降,确定管路几何尺寸。

对于上述(1),(3)两类问题,通常需要多次的迭代计算。具体计算可假设一个沿程损失因

数 λ,按总的损失计算确定流速 V,并计算雷诺数 Re,判别流动状态,然后对假设的 λ 进行校核,直到求出较为准确的 λ 后,最后用总的能量损失公式计算速度 V,从而求出通过管路的流量或管径 d。对于上述的第(2)种情况,若能事先计算出 Re,则根据 Re 可以确定流动状态及该流动所属的流动范围,亦即确定 λ,从而可直接确定管路的压力降。

根据前面的讨论,一条管路中的能量损失等于各段上的沿程损失和局部损失之和,即

$$h_w = \sum \lambda_i \frac{l_i}{d_i} \frac{V_i^2}{2g} + \sum \zeta_j \frac{V_j^2}{2g}$$

在管路设计之前,通常要进行经济核算。若管径大,则初期投资大,但流动损失小,所需动力设备小,经常运转的费用就小。

工程中需要先定出经济流速,可根据输送的流量定出合适的管径。可见管路中能量损失的计算是管路计算的关键。

在水力机械中经常用到管路特性曲线。所谓的管路特性曲线是指一条管路上的能量损失与流量之间的函数关系。

4.5.1　串联管路的计算

串联管路是指各种不同(或相同)直径的管路依次连接组成的管路系统,如图 4.17 所示。

在不可压缩流动中,对于直径相同的串联管路,由于管路截面积相同,通过管路各截面上的流量相等,因此通过各截面上的平均流速也相等。对于直径不同的串联管路,根据连续方程,通过管路各截面上的流量仍相等,但平均流速不再相等。无论是同径管路还是异径串联管路,计算的基本原则如下:

(1)在串联管路中,各管段的流量相等;

(2)串联管路系统的总损失等于各管段的沿程损失和局部损失之和,即

$$h_w = \sum \lambda_i \frac{l_i}{d_i} \frac{V_i^2}{2g} + \sum \zeta \frac{V_j^2}{2g} \tag{4.47}$$

$$q_{v1} = q_{v2} = q_{vn} \tag{4.48}$$

对于如图 4.17 所示的管路系统,流体自容器 A 经串联管路系统流入容器 B,对两容器的自由液面应用伯努利方程得

$$\frac{p_A}{\gamma} + z_A + \frac{V_A^2}{2g} = \frac{p_B}{\gamma} + z_B + \frac{V_B^2}{2g} + h_w$$

当自由液面的压强为大气压强时,$p_A = p_B$,当容器足够大时,$V_A = V_B$,代入上式得

$$h_w = H \tag{4.49}$$

即水位的降低用来克服各种流动损失。

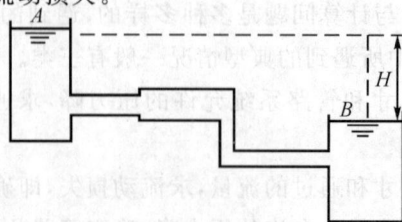

图 4.17　串联管路

当已知通过管路的流量和管路的几何尺寸时,即可利用连续方程求出流量和雷诺数,由 Re 可以确定 λ,并由管件具体形式确定局部损失因数 ζ,从而确定总的流动损失。

当已知总的流动损失和通过管路的流量时,采用迭代法确定管路的直径。可以先假设一个流速 V,由此求出 d,Re,λ 和 h'_w,比较计算出的 h'_w 与已知的总损失 h_w 的差别,调整流速 V,重新计算,直到两者误差在允许的范围内即可确定。

当已知总的流动损失和管路的几何尺寸时,也同样采用迭代法确定管路的流量。可以先假设一个 λ,求出流速 V,之后计算 Re,再求新的 λ 值,由 λ 计算新的速度,直到收敛为止。

例 4.4　供水系统(见图 4.18)由三种不同的管段组成,水从管 1 和 2 两截面分流,流量为 $q_{v1}=q_{v2}=0.05$ m³/s,从 3 截面流出的流量为 $q_{v3}=0.05$ m³/s,已知管径 $d_1=0.3$ m,$d_2=0.2$ m,$d_3=0.15$ m,管长 $l_1=l_2=l_3=100$ m,管壁粗糙度 $\Delta=0.125$ mm,水的运动黏度系数 $\nu=1.003\times10^{-6}$ m²/s。若不计局部损失,要达到正常的供水量,试求水塔中的水位高度 h。

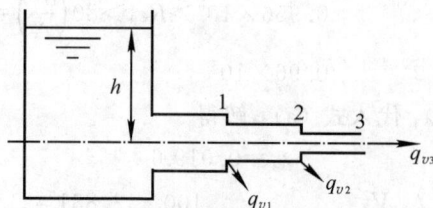

图 4.18　有泄流的串联管路计算

解　由图可见,这是一个有泄流的串联管路系统。对于第一管段,其平均流速为

$$V_1=\frac{q_{v1}+q_{v2}+q_{v3}}{\pi(d_1/2)^2}=\frac{4\times0.05\times3}{\pi\times0.3^2}=2.123 \text{ m/s}$$

$$Re_1=\frac{V_1d_1}{\nu}=\frac{2.123\times0.3}{1.003\times10^{-6}}=0.635\times10^6$$

$$4\ 160\left(\frac{d_1}{2\Delta}\right)^{0.85}=4\ 160\left(\frac{0.3\times1\ 000}{2\times0.125}\right)^{0.85}=1.723\times10^6>Re_1>80\left(\frac{d_1}{\Delta}\right)=1.92\times10^5$$

可见,流动属于粗糙管区。于是沿程损失因数可按下式计算:

$$\frac{1}{\sqrt{\lambda}}=-2\lg\left[\frac{2.51}{Re_1\sqrt{\lambda_1}}+\frac{\Delta}{3.7d_1}\right]\tag{a}$$

解得
$$\lambda_1=0.016\ 9$$
于是可得

$$h_{w1}=\lambda_1\frac{l_1}{d_1}\frac{V_1^2}{2g}=0.016\ 9\times\frac{100}{0.3}\times\frac{2.123^2}{2\times9.8}=1.2954 \text{ m}$$

第二段的沿程损失

$$V_2=\frac{q_{v2}+q_{v3}}{\pi(d_2/2)^2}=\frac{4\times0.05\times2}{\pi\times0.2^2}=3.184 \text{ m/s}$$

$$Re_2=\frac{V_2d_2}{\nu}=\frac{3.184\times0.2}{1.003\times10^{-6}}=0.6349\times10^6$$

$$4\ 160\left(\frac{d_2}{2\Delta}\right)^{0.85}=4\ 160\left(\frac{0.2\times1\ 000}{2\times0.125}\right)^{0.85}=$$

$$1.221\times10^6>Re_2>80\left(\frac{d_2}{\Delta}\right)=$$

$$1.28 \times 10^5$$

流动属于粗糙管区。于是将 λ_2 代入式（a），解得

$$\lambda_2 = 0.018\ 2$$

从而可得

$$h_{w2} = \lambda_2 \frac{l_2}{d_2} \frac{V_2^2}{2g} = 0.018\ 2 \times \frac{100}{0.2} \times \frac{3.184^2}{2 \times 9.8} = 4.707\ \text{m}$$

第三段的沿程损失

$$V_3 = 4q_{v3}/(\pi d_3^2) = 4 \times 0.05/(\pi \times 0.15^2) = 2.831\ \text{m/s}$$

$$Re_3 = \frac{V_3 d_3}{\nu} = \frac{2.831 \times 0.15}{1.003 \times 10^{-6}} = 0.423 \times 10^6$$

$$4\ 160\left(\frac{d_3}{2\Delta}\right)^{0.85} = 4\ 160\left(\frac{150}{2 \times 0.125}\right)^{0.85} =$$

$$0.956 \times 10^6 > Re_3 > 80\left(\frac{d_3}{\Delta}\right) =$$

$$0.96 \times 10^5$$

流动属于粗糙管区。于是将 λ_3 代入式（a），解得

$$\lambda_3 = 0.019\ 6$$

从而可得

$$h_{w3} = \lambda_3 \frac{l_3}{d_3} \frac{V_3^2}{2g} = 0.019\ 6 \times \frac{100}{0.15} \times \frac{2.831^2}{2 \times 9.8} = 5.343\ \text{m}$$

求水位高度，沿水箱自由液面至流道出口截面应用伯努利方程，得

$$\frac{p_a}{\gamma} + z + \frac{V^2}{2g} = \frac{p_a}{\gamma} + z_3 + \frac{V_3^2}{2g} + h_{W\Sigma}$$

式中

$$z = h, \quad V = 0, \quad z_3 = 0$$

$$h_{W\Sigma} = h_{w1} + h_{w2} + h_{w3}$$

所以

$$h = h_{w1} + h_{w2} + h_{w3} + V_3^2/(2g) = 11.85\ \text{m}$$

4.5.2 并联管路的计算

并联管路是指如图 4.19 所示的各管道进口汇合在一起，出口也汇合在一起，即从一点分叉又又在另一点汇合的管路称为并联管路。并联管路系统各支管可以是同径并联管路，也可以是异径并联管路。

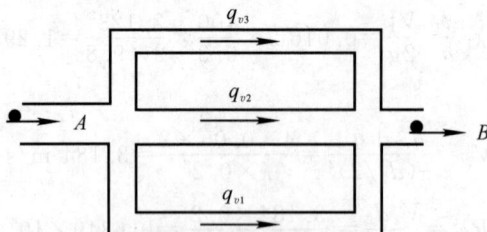

图 4.19 并联管路

并联管路的特点是各支管的流量不同，但总流量等于各支管流量之和。在并联管路中，各支管的流动损失 h_{wi} 相同（这里假设汇合后的流体参数已经掺混均匀），根据并联管路的特点

即可得出并联管路两个重要的计算公式为

$$q_v = \sum q_{vi} \tag{4.50}$$

$$h_{wi} = h_{wAB} \tag{4.51}$$

在并联管路的计算中,虽然各管段的流动损失 h_{wi} 相同,但由于各管段的流量和管径不同,因此各支管的沿程损失因数 λ 并不相同。为了简化计算,对工程中的湍流问题常按阻力平方区计算。已知总流量和管道尺寸,求流量分配,用试凑法的计算步骤如下:

(1)设过管 1 的流量 q'_{v1},求管 1 的流动损失 h'_w。

(2)用 h'_w 求其他管的流量 $q'_{v2}, q'_{v3}, \cdots, q'_{vn}$ 及 $\sum q'_v$。

(3)设总流量 q_v 在各管中按 q'_{vi} 相同的比例分配,即

$$q_{vi} = \frac{q'_{vi}}{\sum q'_v} q_v$$

(4)根据 q_{vi} 计算各管中的流动损失并校正流量的正确性。

例 4.5　并联管路如图 4.20 所示,设 $d_1 = 0.1$ m, $l_1 = 150$ m, $\lambda_1 = 0.025$,总管流量 $q_v = 0.1$ m^3/s, $d_2 = 0.15$ m, $l_2 = 180$ m, $\lambda_2 = 0.02$,不计局部损失。求各支管中的流量 q_{v1} 和 q_{v2}。

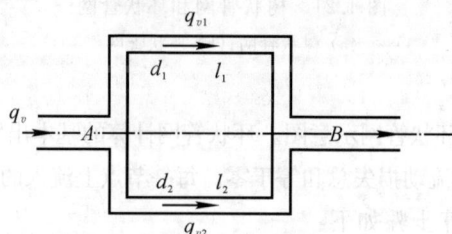

图 4.20　并联管路计算

解　依题意可知

$$q_{v1} + q_{v2} = 0.1 \text{ m}^3/\text{s} \tag{a}$$

又因

$$h_{w1} = h_{w2}$$

即

$$\lambda_1 \frac{l_1}{d_1} \frac{1}{2g} \left(\frac{4q_d}{\pi d_1^2} \right)^2 = \lambda_2 \frac{l_2}{d_2} \frac{1}{2g} \left(\frac{4q_{v2}}{\pi d_2^2} \right)^2 \tag{b}$$

将有关数据代入式(b)并整理,得

$$2.81 q_{v1} = q_{v2} \tag{c}$$

联立式(a)和式(c),解得

$$q_{v1} = 26.25 \times 10^3 \text{ m}^3/\text{s}, \quad q_{v2} = 73.75 \times 10^3 \text{ m}^3/\text{s}$$

4.5.3　管网计算基础

管网是指有一系列管道相互连接组成的管路系统,分为树状管网和环状管网。树状管网管线短,投资少,但可靠性较差。环状管网管线长,投资高,但当局部管线损坏时,可以用其他管线代替,便于维护。

树状管网:几条管道自一点分叉而不再汇合的管路系统叫分叉管路系统。分叉管路系统中的分支上可又有分叉管路,可一直分下去形似树状,故称树状管网。

树状管网是工程中常见的管路形式,在供水、供气管路中广泛采用。树状管路是将主干道中的流体引向不同的地点,以满足用户的需求。图 4.21(a)给出了树状管网的示意图,假设管路中各段的长度、直径和流量已知,可以计算出管路系统中的能量损失。每一分支可以按串联管路计算,即

$$h_{wi} = \left(\frac{\lambda_i l_i}{d_i} + \sum \zeta\right)\frac{V_i^2}{2g}$$

$$H_i = \sum h_{wi}$$

计算出每一分支管路上的 H_i,其中的最大者即是所要求的树状管网系统的能量损失。

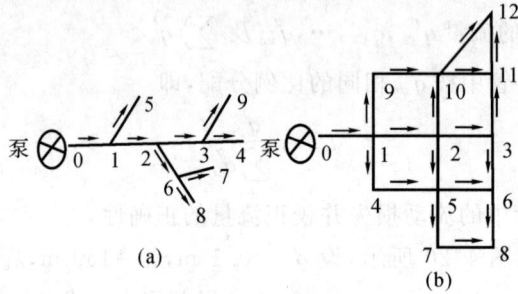

图 4.21 树状管网和环状管网
(a) 树状管网;(b) 环状管网

环状管网:图 4.21 (b) 为环状管网示意图。环状管网计算的基本出发点为,根据能量方程,环状管网的任意闭合环路上各管段的流动损失总和等于零。每一节点上流入的流量等于流出的流量。

在设计新管网时,其计算步骤如下:

(1)确定管网布局方式(树状、环状或混合状),管线位置和各管段的长度。

(2)根据用户的流量需求,确定各管段的流量,选择各管段的经济流速,并根据流量确定各管段的管径。

(3)计算各管段的流动损失,根据水头控制点确定供流设备的供流水头(如水塔高度等)。一般选取供流设备的最远供流端(见图 4.21(a)中的点 4、点 9 和(b)中的点 8、点 12)为水头的控制点,应满足这些最不利点的水头要求。

(4)对于环状管网,需要调整流量分配来满足各闭合环路的流动损失为零的要求。

小　　结

本章讨论了管内黏性不可压缩流体流动基础及有关概念。

(1)讨论了黏性流动的两种流态,即层流和湍流流动。讨论了层流和湍流的特点、差别。在黏性流动中用雷诺数判别流动状态。

(2)讨论管内层流流动和管内湍流流动的分析方法、速度分布、切应力分布等。

(3)流动损失(沿程损失和局部损失)及其计算,流动损失的计算归结为求沿程损失因数和局部损失因数。计算时必须首先确定流动状态,然后根据流动状态的特点确定相应的损失因数,进一步确定总的能量损失和压力损失。

(4)以单管的计算为基础,为串、并联管路和管网的计算奠定基础。

思考与练习题

4.1 思考雷诺数的物理意义,并写出直径为 d_1 和 $d_2(d_2>d_1)$ 的同心圆环的雷诺数的表达式。

4.2 思考产生沿程损失和局部损失的物理原因。

4.3 一等截面的圆管其轴线与水平面的夹角为 α,假设流体在其中作定常不可压层流流动,若不考虑圆管进出口的影响,流动可以看做充分发展的管流。试导出管内的速度分布,以及最大速度和单位长度上的压差。

4.4 分别确定水($\nu=1.13\times10^{-6}$ m²/s)和重质柴油($\nu=205\times10^{-6}$ m²/s)以 1.067 m/s 的速度在直径为305 mm的管道中流动时的流动状态。

4.5 直径为多大的管道可以在层流状态下输送 $q_v=5.67\times10^{-3}$ m³/s 的中质柴油($\nu=6.08\times10^{-6}$ m²/s)?

4.6 如图 4.22 所示,黏性流体在重力作用下流过一根斜管,管的半径为 r_0,$\alpha=30°$。求:

(1)当管内压力为常数时,定常流动的运动微分方程;

(2)管内的流速分布;

(3)黏度与流量 q_v 的关系。

4.7 试证明两无限大固定平行平板间层流流动的平均流速与最大流速之比为2/3。

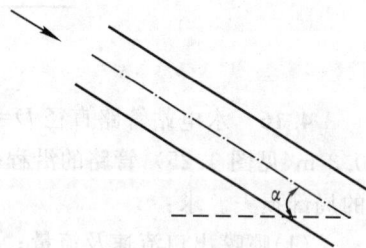

图 4.22　题 4.6图

4.8 水在直径为 305 mm 的管道中流动时,在 300 m 长度上的沿程损失为 15 m 水柱。试求:

(1)管壁上的切应力;(2)离管道中心线 51 mm 处的切应力,摩擦速度;

(3)当 $\lambda=0.05$ 时的平均流速。

4.9 大气压力下 20 ℃的水和空气流过同一光滑管道。若沿程损失因数和沿程损失相同,且已知空气的密度为 $\rho=1.225$ kg/m³,求两者的体积流量之比。

4.10 当 $Re=3\,500$ 时,光滑管内的流动可能是层流或湍流。设有 20 ℃的水流过内径为 50.8 mm,长为 1.3 m 的光滑管,求:

(1)湍流和层流时的平均流速比;

(2)湍流时的沿程损失;(3)层流时管中心的流速。

4.11 方形光滑管道的边长为 a 和 b,截面积一定,求流过一定流量时,沿程损失最小的 a/b 值(设流动为层流)。

4.12 设在两个水位不同的水箱之间,在同一高度上用管道连通。若管道的直径为

(1)d;　(2)$d/2$;

求层流和湍流时两种管道的流量比(不计局部损失)。

4.13 流体经过如图 4.23 所示的环状间隙,自左向右流过,间隙两边的压强为 p_1 和 p_2。已知 $p_1>p_2$,设间隙通道的沿程损失因数为 λ,进出间隙的局部损失因数为 $\sum\zeta$,求流过间隙的体积流量。

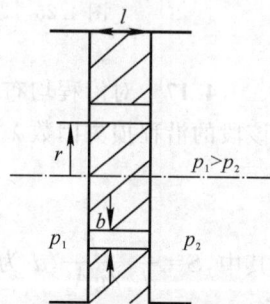

图 4.23　题 4.13图

4.14 流体从容器 A 经过串联管路 1 和 2 到达容器 B。已知由容器 A 到管 1 的局部损

失为 $\zeta_1=0.5$，管 1 的长度和直径分别为 $l_1=300$ m，$d_1=0.6$ m；$\Delta_1=2$ mm；管 2 的长度和直径分别为 $l_2=240$ m，$d_2=1$ m，$\Delta_2=0.3$ mm；流体的运动黏度 $\nu=3\times10^{-6}$ m²/s，两容器的液面差 $H=6$ m。求流过管路的流量。

4.15 有一种供水系统由三种不同管道组成，如图 4.24 所示。已知管径 $d_1=0.3$ m，$d_2=0.2$ m，$d_3=0.15$ m，管长 $l_1=l_2=l_3=100$ m，粗糙度为 $\Delta=0.125$ mm，水的运动黏度 $\nu=1.003\times10^{-6}$ m²/s。若不计局部损失，求当供水量为 $q_{v3}=0.05$ m³/s 时，管道中的沿程损失。

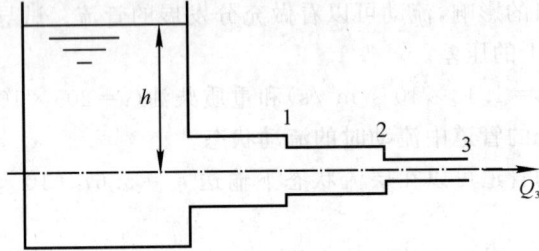

图 4.24　题 4.15 图

4.16 水电站管路直径 $D=0.5$ m，长 $L=1\,000$ m，水头 $H=400$ m，出口端喷嘴直径 $d=0.3$ m（见图 4.25），管路的沿程损失因数 $\lambda=0.02$，喷嘴的局部损失因数 $\zeta=0.04$，不计入口处的局部损失。求：

(1) 喷嘴出口流速及流量；

(2) 射流功率 $\gamma q_v V^2/(2g)$，输水管效率 η（指出口可用动能与流体原有能量之比 $V^2/(2g\gamma H)$）。

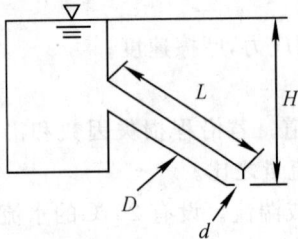

图 4.25　题 4.16 图

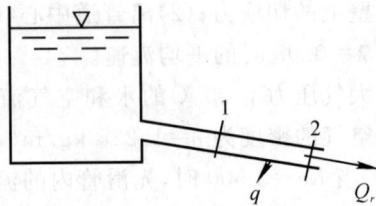

图 4.26　题 4.17 图

4.17 对沿程均布泄流的管段如图 4.26 所示。设均布泄流的总量为 q_v，下游流量为 q_{vT}；该段的沿程损失因数 λ 为常数。试证明该段的沿程损失为

$$h_W=S\left(q_{vT}^2+q_{vT}q_v+\frac{q_v^2}{3}\right)$$

其中，$S=\dfrac{\lambda}{d}\dfrac{l}{2gA^2}$，$d$ 为管径，l 为管长，A 为管截面积。

4.18 由水塔供水的输水管路由三段串联而成，各管段尺寸为：$l_1=300$ m，$l_2=200$ m，$l_3=100$ m，$d_1=200$ mm，$d_2=150$ mm，$d_3=100$ mm。沿程损失因数 $\lambda=0.03$，在 l_2 段内均匀泄流流量 $q_v=20$ L/s，在 l_3 段内流量 $q_{vT}=10$ L/s。求所需水头 H。

4.19 油泵以 $q_v=0.070\,8$ m³/s 的流量通过长 $L=5\,000$ m 和管径 $d=0.3$ m 的管路抽送密度 $\rho=950$ kg/m³ 的重油。试求运动黏度 $\nu=1.8$ cm²/s 时的沿程压强损失 Δp。

第五章　滞止参数与气动函数

在气体动力学中,尤其在发动机的气动计算中,经常用到滞止参数、临界参数和气体动力学函数的概念。因此,本章将讨论微扰动的传播规律;引出声速与马赫数的概念,并讨论滞止参数、临界参数、极限速度和气体动力学函数。在此基础上,将前文讨论过的一维定常流动的基本方程用本章所介绍的滞止参数和气动函数来表示,以利于在发动机中的应用。

5.1　微扰动的传播及马赫数

5.1.1　微扰动的传播

在气体所占据的空间中,若某点的压强、密度和温度等参数发生了变化,则这种现象被称为气体受到了扰动。造成扰动的根源(如击鼓时鼓膜的振动,说话时声带的振动)叫做扰动源。根据扰动所造成的气体参数变化的大小,把扰动分为微扰动和强扰动。如果气体的压强、密度和温度等参数的变化量与参数原来的数值相比极其微小时,则称其为微扰动(鼓膜和声带的振动所引起的扰动均为微扰动),否则为强扰动。扰动在介质中是以波的形式向四周传播的。

如图 5.1(a)所示,用锤击鼓时,会引起鼓膜的振动。当鼓膜向外凸起时,会压缩其邻近的一层空气,使周围静止空气的压强、密度和温度略有增加。这层被压缩的空气因其压强稍大于外层空气的压强,就挤压靠近它的较远的一层空气。这层较远的空气受到压缩后,又会压缩更远的一层空气,击鼓这样的一个扰动就会从鼓膜处向四周传播出去。而扰动气体与未受扰动气体的分界面即是扰动波。由于扰动很弱,且空气受到压缩,故称为微弱压缩波。同理,当鼓膜向内凹时,其邻近的空气又会膨胀,压强、密度和温度略微减小。这种微弱膨胀扰动也会从鼓膜处向四周传播出去。只要鼓膜连续振动,就产生一系列的压力升高和降低的微扰动波,不管是压缩或膨胀,只要是微扰动,所产生的微扰动波都是以声速向外传播的。

5.1.2　声速

由 5.1.1 小节的分析可知,微扰动波在介质中的传播速度,就是声速。声速的大小与介质的可压缩性有非常紧密的联系,因而它是介质的重要属性之一。

将上述微扰动波的传播过程用量化的形式表示。鼓膜压缩邻近空气的这一扰动,即所产生的微扰动波相当于活塞在一个半无限长直管中,由于活塞速度从零增加到 dV,这一扰动将压缩邻近气体而产生微扰动波。该微扰动波以声速 c 向右传播,如图 5.1(b)所示。

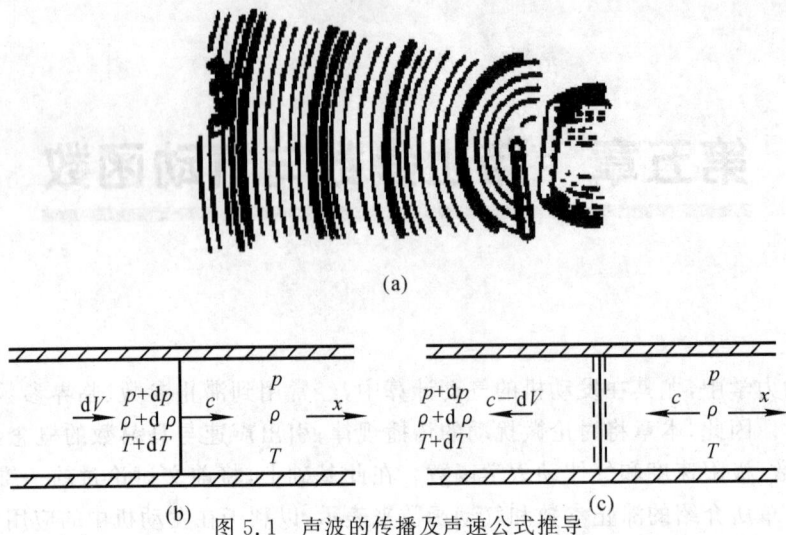

图 5.1　声波的传播及声速公式推导

(a) 微扰动的传播；(b)扰动波在绝对坐标系中的传播；(c)扰动波在相对坐标系中的传播

波扫过的气体，压强为 $p+\mathrm{d}p$，密度为 $\rho+\mathrm{d}\rho$，温度为 $T+\mathrm{d}T$，并以微小速度 $\mathrm{d}V$ 向右运动。波前方的气体压强为 p，密度为 ρ，温度为 T，并且气体是静止不动的。而微扰动波是以声速向右传播的。显然，对一个静止的观察者来说，这是一个非定常的一维流动。为了使分析简单起见，选用与扰动波一起运动的相对坐标系。对于位于该坐标系的观察者来说，上述的流动过程就转化为定常的了。这就表明了观察者以声速 c 向右运动时所看到的这一过程的现象，即扰动波不动，而压强为 p，密度为 ρ，温度为 T 的未被扰动的气体以声速 c 向着扰动波（即由右向左）运动。气体经过扰动波之后，速度降为 $c-\mathrm{d}V$，同时压强增大为 $p+\mathrm{d}p$，密度增加到 $\rho+\mathrm{d}\rho$，温度也升高到 $T+\mathrm{d}T$，如图 5.1(c)所示。包围扰动波取控制体（即图中虚线），并忽略作用在这个控制体上的黏性力，然后对此控制体沿 x 方向应用动量方程，则有

$$-pA+(p+\mathrm{d}p)A=\rho Ac[-(c-\mathrm{d}V)-(-c)]$$

式中，A 为直管的横截面面积。经整理后得

$$\mathrm{d}p=\rho c\mathrm{d}V \tag{a}$$

对此控制体应用连续方程，则有

$$\rho Ac=(\rho+\mathrm{d}\rho)A(c-\mathrm{d}V)$$

经整理并略去高阶无穷小量后，可得

$$\frac{\mathrm{d}V}{c}=\frac{\mathrm{d}\rho}{\rho} \tag{b}$$

将式(b)代入式(a)，得

$$c=\frac{\mathrm{d}p}{\mathrm{d}\rho} \tag{5.1}$$

由气体属性的讨论可知，气体中的声速 c 大小直接代表了气体的可压缩性的大小。

不难理解，如果活塞以 $\mathrm{d}V$ 速度在管内向左运动，即在管内（活塞右边）产生膨胀波向右运动，同样它的运动速度仍然是声速 c，并由式(5.1)决定。也就是说，在相同介质的条件下，微压缩扰动波与微膨胀扰动波的传播速度是一样的。显然，由微压缩扰动波和微膨胀扰动波交替组成的微弱扰动波（例如在空气中的声波）的传播速度也是由式(5.1)决定的。

要想具体计算声速，还必须知道在微扰动传播过程中的压强 p 和密度 ρ 之间的关系。因

为在微扰动传播过程中,气体参数变化量都是无限小量。即 $\mathrm{d}p\to0$,$\mathrm{d}\rho\to0$ 和 $\mathrm{d}T\to0$。若忽略黏性作用,则整个过程接近于可逆的过程。此外,由于扰动传播过程进行得非常迅速,介质来不及和外界交换热量,这就使得此过程接近于绝热过程。所以,可以认为微扰动的传播过程是个等熵过程。对于完全气体来讲,在等熵过程中压强 p 和密度 ρ 之间的关系是

$$\frac{p}{\rho^k}=常数$$

对此式取对数并微分,得

$$c=\sqrt{\left(\frac{\partial p}{\partial \rho}\right)_s}=\sqrt{k\,\frac{p}{\rho}}=\sqrt{kRT} \tag{5.2}$$

对于空气,气体常数 $R=287.06\ \mathrm{J/(kg\cdot K)}$,$k=1.4$,则 $c=20.05\sqrt{T}\ (\mathrm{m/s})$。对于涡轮喷气发动机使用的燃气,一般取 $R=287.41\ \mathrm{J/(kg\cdot K)}$,$k=1.33$,则 $c=19.55\sqrt{T}\ (\mathrm{m/s})$。

从式(5.2)可知,气体中声速的大小与气体的性质和绝对温度有关。气体温度愈高,气体中的声速愈大,则气体的可压缩性就愈小(即 $\mathrm{d}\rho/\mathrm{d}p$ 愈小)。对于不可压缩流体来说,密度为常数,即 $\mathrm{d}\rho/\mathrm{d}p$ 趋近于 0,则 $c=\sqrt{\dfrac{\mathrm{d}p}{\mathrm{d}\rho}}\to\infty$。对任何一个微小的扰动,都会立即传遍到整个流场。可见声速的大小与气体的可压缩性有关。

5.1.3　马赫数

流体的压缩性与声速有关,但由伯努利方程和微分形式的动量方程可知,气流的速度变化,也影响到气流的密度和压强的变化。因此对流动的气体来讲,气流的压缩性除了与气体中的声速有关外,还与气流的速度大小有关。为了同时考虑这两个因素,需要用气流的马赫数来表示流动气体的压缩性。马赫数用 Ma 表示,它的定义是

$$Ma=\frac{V}{c} \tag{5.3}$$

即流体质点的运动速度与流体质点当地的声速之比。流场中各点的气体参数不同,马赫数的值也就不同。马赫数是可压缩流动理论中的重要相似参数。因为它除了表征气流的压缩性以外,对于研究气体的高速运动规律以及气体流动问题的计算和分析等方面,均有极其重要的用途。由马赫数的定义式可以看出,$Ma^2=\dfrac{V^2}{c^2}=\dfrac{2}{k(k-1)}\dfrac{V^2/2}{c_vT}$,即马赫数的平方是与气流的动能与内能之比成正比的,因此,马赫数的平方可以作为衡量气体宏观运动的动能与分子无规则运动的内能比值大小的一种度量。

气流的可压缩性与马赫数的关系可由欧拉运动微分方程式揭示出来。因为气体在流动过程中,满足下列关系式:

$$-V\mathrm{d}V=\frac{\mathrm{d}p}{\rho}=\frac{\mathrm{d}\rho}{\rho}\frac{\mathrm{d}p}{\mathrm{d}\rho}$$

将式(5.1)代入上式,并应用式(5.3),得

$$-Ma^2\,\frac{\mathrm{d}V}{V}=\frac{\mathrm{d}\rho}{\rho} \tag{5.4}$$

式中,$\mathrm{d}V/V$ 和 $\mathrm{d}\rho/\rho$ 分别表示气流速度和密度的相对变化量。式(5.4)表明,在绝能等熵流动中,气流速度相对变化量所引起的密度相对变化量与 Ma^2 成正比,且 V 与 ρ 变化方向相反。

在绝能等熵流动中，当 $Ma \leqslant 0.3$ 时，比值 $\left| \dfrac{\mathrm{d}\rho}{\rho} \middle/ \dfrac{\mathrm{d}V}{V} \right|$ 在 0.09 以下，一般可以不考虑密度的变化。即认为气体是不可压缩的，从而可以使问题简化，当 $Ma > 0.3$ 时，就必须考虑气体的压缩性。

对于不可压流动，由于密度不变（即认为密度是已知的），只需要求出流场中的压强和速度，在无特殊加热和冷却的情况下，可以不考虑能量方程。如果需要知道温度的变化，例如有加热的情况，此时温度、压强和速度存在着相互的耦合关系，就一定要用到能量方程来求解温度场。

对于气体绕物体的流动，当气流速度小于当地声速（即 $Ma < 1$ 时），称这种气流为亚声速气流；当气流速度大于当地声速（即 $Ma > 1$ 时），称其为超声速气流。当物体上一部分区域的流动为 $Ma < 1$，而其余部分的流动为 $Ma > 1$ 时，则在该物体上的某点（或线）必定有 $Ma = 1$，这种既有亚声速，又有超声速的混合流动叫跨声速流动。跨声速流动兼有亚声速和超声速流动的某些特征，因而使流动更为复杂。

例 5.1　飞机在 1 2000 m 的高空飞行，其速度为 1 800 km/h。求该飞机的飞行马赫数。若在发动机尾喷管出口处，燃气流的温度为 873K，燃气速度为 560 m/s，燃气的比热比 $k = 1.33$，气体常数 $R = 287.4$ J/(kg·K)。求尾喷管出口处燃气流的声速和马赫数。

解　由国际大气表查得，$H = 12\ 000$ m 时的声速为 295.1 m/s，因此飞机的飞行马赫数为

$$Ma = \frac{V}{c} = \frac{1\ 800 \times 10^3}{3\ 600 \times 295.1} = 1.694$$

根据定义即可算出尾喷管出口的声速和马赫数分别为

$$c = \sqrt{kRT} = 19.55\sqrt{873} = 577 \text{ m/s}$$

$$Ma = \frac{V}{c} = \frac{560}{577.6} = 0.97$$

5.2　几个气流的参考参数

5.2.1　气流的滞止参数

1. 滞止状态与滞止参数（或称总参数）

在气体动力学中，为了计算方便，引入了滞止参数的概念。滞止参数又叫总参数，而一般流动中一点处的流体压强、温度与密度又叫静参数。这里的静参数是指相对于测量仪器静止时所测得的参数。气流从某一状态绝能等熵地滞止到速度为零的状态称为滞止状态，滞止状态下的气流参数称为滞止参数，用上标"﹡"表示。在实际中，由于滞止参数便于测量，因而在气动计算中得到了广泛的应用。

滞止状态是一种假想的参考状态（也可以是真实状态），在实际流动中，气流每一个状态都有相应的滞止状态，因而每一点都有相应的滞止参数。因此，滞止参数是点函数。在实际流动中，从一点到另一点的滞止参数可能不同。一般滞止参数的变化与实际流动中气体与外界的热交换和功交换以及耗散（摩擦即是一种耗散）等因素有关。

由于滞止参数是人为引入的参考参数，其定义与所研究的实际流动过程无关。但滞止参数可以是流场中实际存在的参数，如飞行器飞行时驻点处的参数和高压容器中气体的参数，高速风洞前的储气罐中的气体参数等。

2. 滞止焓和滞止温度

根据一维定常绝能流动的能量方程

$$h+\frac{V^2}{2}=h_1+\frac{V_1^2}{2}$$

可知,在绝能流动中,当速度减小时,气流的(静)焓 h 将会增加。如果把气流由速度 V_1 绝能地滞止到零($V_1=0$),此时所对应的焓值(h_1)就称为滞止焓,用 h^* 表示,则

$$h^*=h+\frac{V^2}{2} \tag{5.5}$$

此式只要求绝能,不要求等熵,因此式(5.5)既可适用于可逆过程也适用于不可逆过程。滞止焓也称为气流的总焓。式(5.5)中的 h 称为静焓。静焓与气流动能之和,代表气流所具有的总能量的大小(即总焓)。

对于完全气体,$h=c_pT$,则有

$$T^*=T+\frac{V^2}{2c_p} \tag{5.6}$$

式中,T^* 称为气流的滞止温度或称总温。它是把气流速度绝能滞止到零时的温度,它也反映气流总能量的大小,而 T 称为静温。

因为 $c_p=\frac{k}{k-1}R$,而 $Ma^2=\frac{V^2}{c^2}=\frac{V^2}{kRT}$,代入式(5.6),得

$$T^*=T\left(1+\frac{k-1}{2}Ma^2\right)$$

或

$$\frac{T^*}{T}=1+\frac{k-1}{2}Ma^2 \tag{5.7}$$

由式(5.7)可见,总温与静温之比取决于气流的 Ma。当 Ma 很小时,T^*/T 接近于1,气流 Ma 越大,则 T^* 与 T 差别就越大。例如,当 $Ma=0.3$ 时,$k=1.4$,则由式(5.7)可得

$$\frac{T^*}{T}=1.018$$

可见,当 $Ma\leqslant0.3$ 时,T^* 与 T 差别不超过 2%。式(5.7)中三个参数 T^*,T 和 Ma 中已知任何两个,就可用式(5.7)求出第三个。

从式(5.6)可以看出,要想测出以速度 V 运动的气体静温 T,必须使温度计与气流没有相对速度,此时温度计所指示的温度即为气流的静温。显然,这是不容易办到的。实际中所测得的温度都接近于气流的总温。例如在实验室中,测温计是固定在气流通道壳体上的,所以这时测温计所显示的温度是气流的总温(不计测温探头的热传导及黏性的影响)。

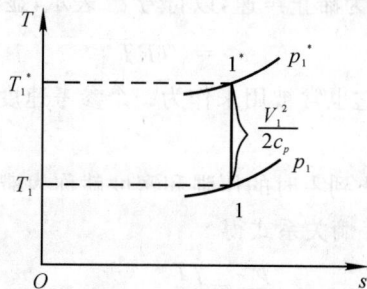

图 5.2　滞止状态和实际状态在 $T\text{-}s$ 图上的相对位置

利用 $T\text{-}s$ 图可以清楚地把滞止状态和实际状态表示出来。图5.2中点1代表气流被滞止之前的状态,即实际状态,其静温为 T_1,速度为 V_1,静压强为 p_1。根据滞止参数的定义,气

流滞止前后的状态位于一条等熵线上。因此图中点 1^* 代表气流的滞止状态,其温度为 T_1^*,压强为 p_1^*。其线段 $1-1^*$ 的长度应为 $V_1^2/(2c_p)$。

3. 用滞止焓和滞止温度表示能量方程

引用总温的概念后,气流的能量方程式(3.76)可以表示为

得
$$q-w_s=\left(h_2+\frac{V_2^2}{2}\right)-\left(h_1+\frac{V_1^2}{2}\right)=h_2^*-h_1^*=c_p(T_2^*-T_1^*) \tag{5.8a}$$

即加给气流的热量和机械功用以增大气流的总焓。当气体作绝能流动时,能量方程式则为

$$h_2^*=h_1^* \tag{5.8b}$$

对完全气体有
$$T_2^*=T_1^* \tag{5.8c}$$

对于作绝能流动的气体,气流的总焓(或总温)保持不变。这是绝能流动的一个基本性质。对于燃烧室内的流动,能量方程式可写成

$$q=h_2^*-h_1^*=c_p(T_2^*-T_1^*) \tag{5.8d}$$

即加给气流的热量用以增大气流的总焓。

对于压气机($w_s<0$)、涡轮($w_s>0$)内的流动,能量方程式可写成

$$-w_s=h_2^*-h_1^*=c_p(T_2^*-T_1^*) \tag{5.8e}$$

即加给气流的机械功用以增大气流的总焓,或气流的总焓降低转变成对外做的机械功。

例 5.2 某压气机在地面试验时,测得出口气流总温为 $T_2^*=310$ K,空气流量为 $q_m=50$ kg/s,求带动压气机所需要的功率。设空气的比定压热容 $c_p=1\ 004$ J/(kg·K)。

解 对压气机,$q=0$,则
$$-w_s=c_p(T_2^*-T_1^*)$$

压气机在地面试验时,空气由静止状态逐渐加速吸入压气机,在这个过程中,气流是绝能的,所以总温不变,即在压气机进口截面上空气的总温 T_1^* 应等于静止空气的温度。由国际标准大气表查得,地面大气的温度为 288 K,故压气机进口气流总温为

$$T_1^*=288\text{ K}$$

所以
$$w_s=c_p(T_1^*-T_2^*)=1\ 004(288-310)=-22.09\text{ kJ/kg}$$

所求得的机械功 w_s 为负值,表明是外界对气体做功,带动压气机所需要的功率为

$$N=q_m w_s=50\times22.09=1\ 104.5\text{ kW}$$

对应于气流滞止状态的声速,称为滞止声速,以符号 c^* 表示,显然

$$c^*=\sqrt{kRT^*} \tag{5.9}$$

在绝能流动中,c^* 是一个常数,它也常被用来作为一个参考速度。

4. 滞止压强和滞止密度

将气流速度绝能等熵地滞止到零时的压强和密度就称为滞止压强和滞止密度,分别用 p^* 和 ρ^* 表示。对于完全气体,由等熵关系式得

$$\frac{p^*}{p}=\left(\frac{T^*}{T}\right)^{\frac{k}{k-1}}$$

将式(5.7)代入上式,得

$$\frac{p^*}{p}=\left(1+\frac{k-1}{2}Ma^2\right)^{\frac{k}{k-1}} \tag{5.10}$$

由式(5.7)、式(5.10)和完全气体的状态方程式可以得到滞止密度 ρ^*、静密度 ρ 和 Ma 之间的关系。将完全气体状态方程式分别用于气流滞止前后的状态可得

$$\rho^*=\frac{p^*}{RT^*}, \qquad \rho=\frac{p}{RT}$$

两式相除,则得

$$\frac{\rho^*}{\rho}=\frac{p^*}{p}\frac{T}{T^*}=\left(1+\frac{k-1}{2}Ma^2\right)^{\frac{1}{k-1}} \tag{5.11}$$

式(5.7)、式(5.10)和式(5.11)给出了滞止参数与静参数之间的关系。可以看出,如果给定了流场中任一点的气流滞止温度 T^*、滞止压强 p^*、滞止密度 ρ^* 和马赫数 Ma,那么就可由式(5.7)、式(5.10)和式(5.11)三式,分别算出该点的气流温度 T、压强 p 和密度 ρ,并进一步计算出速度 V。反之,也可以通过某点气流的静参数确定其总参数。

应该指出,在气体动力学中引进滞止状态是个参考状态,它是假想地把一点处的气流绝能等熵地流入一个无限大的储气箱内,使其速度滞止到零时的箱内气体状态。在流场内每一点都有一个当地的滞止状态,因此,在任意流动过程中的每一点都有确定的滞止参数的数值,即滞止参数是点函数。在实际流动中,气体与外界有能量交换和黏性耗散时,流场中各点的滞止参数也是可以变化的。

5.2.2 关于总压的讨论

1. 总压的物理意义

在流体动力学中,总压是一个非常重要的物理量,它代表了气流做功能力的大小。下面通过具体例子来说明这个问题。图5.3表示两股气流分别在收缩形管道内绝能等熵加速流动。在管道入口,气流的总温相等,即 $T_1^*=T_1^{*\prime}$,也就是说,两股气流的总能量是一样的,但两股气流的总压不等,$p_1^*>p_1^{*\prime}$。根据伯努利方程式,气体在管道内作加速流动,必定膨胀降压。如果两股气流在各自管道的出口处的压强相等,$p_2=p_2{}'$,问在上述条件下,管道出口流速 V_2 和 $V_2{}'$ 哪个大?

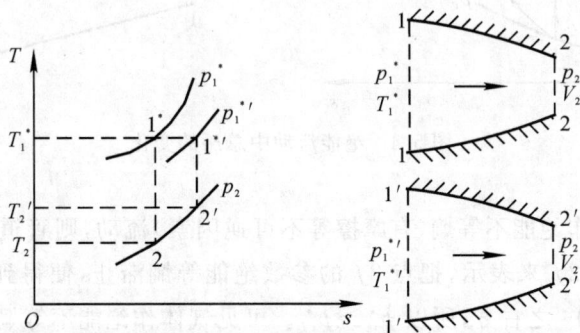

图5.3 说明总压的物理意义

可以用 $T\text{-}s$ 图来分析这个问题。图5.3中点 1^* 和 $1^{*\prime}$ 分别代表两个管道进口气流的滞止状态,$T_1^*=T_1^{*\prime}$,$p_1^*>p_1^{*\prime}$,故点 1^* 与 $1^{*\prime}$ 在同一水平线上,而点 $1^{*\prime}$ 位于点 1^* 的右方。点 2 和 $2'$ 分别表示两个管道出口的气流状态,因为两管出口压强相等,故点 2 和 $2'$ 位于同一条压

强线上。由图可以看出，$T_2{}'$必高于T_2。由能量方程式

$$c_p T_1^* = c_p T_2 + \frac{V_2^2}{2} \qquad c_p T_1^{*\prime} = c_p T_2{}' + \frac{V_2^{\prime 2}}{2}$$

比较两式，显然$V_2 > V_2'$。这就是说，在其他条件相同时，总压高的气流可以在管道出口得到更大的流速。从而有更大的动能。管道出口气流的动能可以用来做功（如可用来推动涡轮做功），故出口速度大则意味着气流有较大的做功能力。

通过此例，可以看出，尽管两股气流有同样的总能量，但两者的做功能力却不相同，总压越高，做功能力也越大。如果保持流动过程中气流的总温不变，而进口总压降低到和出口压强p_2一样时，那么气流就不可能膨胀降压而加速了。这样的气流虽有同样的总温，但由于总压过低，已失去了做功能力。所以，我们可以用气流的总压的高低来代表气流做功能力的大小。从热能转变成功的方面看，当然希望气流有更大的做功能力。气流做功能力强，就是说气流可以把更多的热能转变成为机械功。为此在发动机里需要有压气机来提高气流的总压，以提高气流的做功能力，改善热能转变为功的有效程度。因此气流的总压也可看做气流能量可利用程度的度量。

2. 影响总压的因素

影响总压变化的因素有黏性耗散、轴功与加热量。

分析气流在图 5.4 所示的管道内作无摩擦的理想绝能流动。两个截面上气流参数可用T-s图上点 1,2 表示（即 1—2 过程为等熵流动），把 1 和 2 两个截面上的气流参数分别绝能等熵滞止，则得到 1^* 和 2^* 两点。因为 $T_1^* = T_2^*$，则 1^* 和 2^* 两点必重合，即气流作理想绝能流动，气体的滞止参数不变，因而 $p_1^* = p_2^*$。这是绝能等熵流动的重要性质。

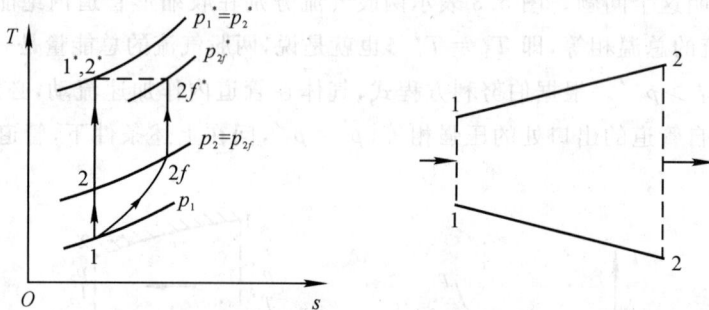

图 5.4　绝能流动中总压的变化

若气流在管道内作绝能不等熵（有摩擦等不可逆因素）流动，则管道出口截面 2 的气流参数可用图 5.4 中的点 $2f$ 来表示，把点 $2f$ 的参数绝能等熵滞止，便得到 $2f^*$ 点。因为 $T_{2f}^* = T_1^*$，点 $2f^*$ 必落在点 1^* 之右方，所以 $p_1^* > p_{2f}^*$。可见气体作绝能不等熵流动时，总压必下降。总之，绝能流动中总压的变化规律可表示为

$$p_1^* \geqslant p_2^* \tag{5.12}$$

当流动为绝能等熵时取等号，绝能不等熵时取大于号。

由以上分析可知耗散及不可逆因素是影响总压的重要因素之一。

对于只存在耗散的绝能流动有 $p_2^* < p_1^*$，因而 $p_2^* / p_1^* < 1$。为了表征绝能流动中总压的

下降程度或不可逆因素的影响大小,我们定义总压恢复因数 σ 为

$$\sigma = \frac{p_2^*}{p_1^*} \tag{5.13}$$

即出口总压与进口总压之比。

根据熵增与状态参数之间的关系,可以得到熵增与总压恢复因数之间的关系如下:

$$s_2 - s_1 = c_p \ln \frac{T_2}{T_1} - R\ln \frac{p_2}{p_1} = c_p \ln \frac{T_2/T_1}{(p_2/p_1)^{\frac{k-1}{k}}} =$$

$$c_p \ln \frac{\dfrac{T_2/T_2^*}{T_1/T_1^*}}{(p_2/p_1)^{\frac{k-1}{k}}} = c_p \ln \left(\frac{p_1^*}{p_2^*}\right)^{\frac{k-1}{k}} = \tag{5.14}$$

$$-R\ln \frac{p_2^*}{p_1^*} = -R\ln\sigma$$

可见,在绝能流动中,耗散愈大,σ 就愈小,气流的熵增将加大。对理想气体的绝能流动,$\sigma=1$,则 $s_2 = s_1$。对绝能不等熵流动,通常用总压恢复因数 σ 来衡量流动过程的不可逆性的程度(即熵增的大小)是非常方便的。

对于绝热流动,由能量方程可得

$$-w_s = h_2 - h_1 + \frac{V_2^2 - V_1^2}{2} = h_2^* - h_1^*$$

对完全气体

$$-w_s = c_p(T_2^* - T_1^*) \tag{5.15}$$

若对于定熵流动,式(5.15)可表示为

$$w_s = \frac{kR}{k-1} T_1^* \left[1 - \left(\frac{p_2^*}{p_1^*}\right)^{\frac{k-1}{k}} \right] \tag{5.16}$$

式(5.15)和式(5.16)是计算轴功的重要关系式。由式(5.16)可以看出,对气体做功将使总压增加,而气流对外做功将使气流总压下降。因此,轴功是影响总压变化的另一个因素。

式(5.16)还可写成如下形式:

$$w_s = c_p T_1^* \left[1 - \left(\frac{p_2^*}{p_1^*}\right)^{\frac{k-1}{k}} \right] = h_1^* \left[1 - \left(\frac{p_2^*}{p_1^*}\right)^{\frac{k-1}{k}} \right] \tag{5.17}$$

由式(5.17)可以看出,由于 h_1^* 代表气流的总能量,则式(5.17)代表了气流总能量可以转化为机械功的比例大小。由此也可看出,p^* 代表了气流的做功能力大小,即气流总能量所能转化为机械能的部分。

关于热交换对总压的影响,将在换热管流中讨论。

3. 能量方程的应用

在绝能流动中($w_s = 0$,$q = 0$,如喷气发动机的扩压器或尾喷管中的流动等),能量方程可表示为

$$h_1^* = h_2^* \quad 或 \quad T_1^* = T_2^*$$

即

$$h_1 + \frac{V_1^2}{2} = h + \frac{V^2}{2}$$

对于理想流体等熵过程,上式可改写为

$$\frac{1}{2}(V_1^2 - V^2) = h - h_1 = c_p(T - T_1) = \frac{kRT}{k-1}\left[1 - \left(\frac{p_1}{p}\right)^{\frac{k-1}{k}}\right]$$

上式即为一维定常绝能等熵流动的伯努利方程。

如果令 $V_1 \to 0$，可得滞止压强的表达式（式(5.10)），即

$$\frac{p^*}{p} = \left(1 + \frac{k-1}{2}Ma^2\right)^{\frac{k}{k-1}}$$

根据数学上的二项式定理，有

$$(1+x)^n = 1 + nx + \frac{n(n-1)}{2!}x^2 + \cdots$$

当马赫数不大时，可将 $\frac{k-1}{2}Ma^2$ 看做 x，$\frac{k}{k-1}$ 看做 n，则将上式展开，得

$$p^* = p + \frac{1}{2}\rho V^2\left(1 + \frac{1}{4}Ma^2 + \cdots\right) \tag{5.18}$$

当气流为不可压缩，即 $Ma < 0.3$ 时，式(5.18)等号右端括号中后边的项可以忽略，则得到不可压流动的伯努利方程，即

$$p^* = p + \frac{1}{2}\rho V^2 \tag{5.19}$$

比较式(5.18)和式(5.19)可以看出，当 $Ma \leqslant 0.3$ 时，忽略气体压缩性所引起的动压变化不大。因此，对于等熵流动，只要马赫数很小，就可以看做是不可压流动，这将会使问题得到较大的简化。

有功交换的绝热流动（如在叶轮机械内的流动）此时能量方程为式(5.15)，若流动为绝热定熵流动则能量方程为式(5.17)。

有热交换的绝功流动（如在燃烧室内的流动），此时能量方程为式(5.8d)。

需要强调一点，滞止参数与坐标系的选取有关，不同坐标系，滞止参数的数值不同。

例 5.3　涡轮导向器进口燃气参数为 $p_1^* = 1.2 \times 10^6$ Pa，总温 $T_1^* = 1\ 110$ K，出口静压 $p_2 = 7.0 \times 10^5$ Pa。求燃气在导向器内做绝能等熵流动时的出口流速 V_2。

解　在绝能等熵流动中气流的总温、总压不变，所以

$$p_2^* = p_1^* = 1.2 \times 10^6 \text{ Pa}$$
$$T_2^* = T_1^* = 1\ 110 \text{ K}$$

由式(5.10)，得

$$Ma_2 = \sqrt{\frac{2}{k-1}\left[\left(\frac{p^*}{p}\right)^{\frac{k-1}{k}} - 1\right]} = \sqrt{\frac{2}{k-1}\left[\left(\frac{12}{7}\right)^{0.248} - 1\right]} = 0.93 \qquad (k = 1.33)$$

由式(5.7)，得

$$T_2 = T_2^* \bigg/ \left(1 + \frac{k-1}{2}Ma_2^2\right) = \frac{1\ 110}{1 + 0.143} = 971 \text{ K}$$

$$c_2 = \sqrt{kRT_2} = \sqrt{1.33 \times 287.4 \times 971} = 609 \text{ m/s}$$

所以

$$V_2 = c_2 Ma_2 = 609 \times 0.93 = 567 \text{ m/s}$$

例 5.4 涡轮导向器进口总温、总压以及出口静压均与上例相同,由于摩擦,导向器出口流速降为 $V_2 = 555$ m/s。求导向器的总压恢复因数 σ。设 $c_p = 1.17$kJ/(kg·K)。

解 因为流动为绝能的,进、出口总温仍保持不变,故

$$T_2 = T_2^* - \frac{V_2^2}{2c_p} = 1\,110 - \frac{555^2}{2 \times 1\,170} = 978.4 \text{ K}$$

由出口截面上总、静参数间的关系为

$$\frac{p_2^*}{p_2} = \left(\frac{T_2^*}{T_2}\right)^{\frac{k}{k-1}} = \left(\frac{1\,110}{978.4}\right)^{4.03} = 1.663$$

得 $\qquad p_2^* = 1.663 p_2 = 1.663 \times 7.0 \times 10^5 = 11.6 \times 10^5 \text{ Pa}$

所以

$$\sigma = \frac{p_2^*}{p_1^*} = \frac{11.6}{12} = 0.97$$

由此可见,由于摩擦的影响,使得总压减小,总压恢复因数下降。由题可知,相应的动能(流速)也减小。

例 5.5 若飞机在 11 000 m 高空以 $Ma = 2.5$ 的速度等速飞行,问机翼表面可能达到的最高温度是多少? 假定流动是绝热的。

解 把坐标系固定在飞机上,气流则以 $Ma = 2.5$ 的速度流向飞机。飞机机翼前缘驻点处的温度最高。由大气参数表查得 11 000 m 高空的温度为 $T = 216.7$ K。所以驻点温度为

$$T^* = T\left(1 + \frac{k-1}{2}Ma^2\right) = 216.7(1 + 0.2 \times 2.5^2) = 487.6 \text{ K}$$

如果在大气中飞行的马赫数很高(如返回地球的高超声速飞行器),由这种气动加热所造成的高温将会产生严重的烧蚀问题。

5.2.3 极限速度和临界参数

除了滞止参数外,在分析和计算气体的流动过程中还经常应用极限速度、临界参数等。

1. 极限速度

气流的极限速度是气流经过绝能过程所能达到的最大速度,记作 V_{max}。可根据完全气体绝能过程的能量方程式来决定 V_{max},即

$$\frac{k}{k-1}RT + \frac{V^2}{2} = \frac{k}{k-1}RT^*$$

可见,在绝能流动中,随着气流的温度降低,气流速度则必然增加,如果气流的绝对温度降到零,即气流的热焓全部转化为动能,这时气流的速度将达到最大值,即极限速度,或称最大速度。上式中,令 $T = 0$K,$V = V_{max}$,可得

$$V_{max} = \sqrt{\frac{2}{k-1}kRT^*} \tag{5.20}$$

显然,V_{max} 仅仅是一个理论上的极限值,因为任何气体在未达到 V_{max} 时,早已液化了。对于绝能流动,由上式可知 V_{max} 是个常数,因此,常用极限速度作为一个参考速度。

2. 临界参数

在绝能流动中,流体速度和声速的关系是

$$\frac{c^2}{k-1}+\frac{V^2}{2}=\frac{c^{*2}}{k-1}=\frac{V_{\max}^2}{2} \tag{a}$$

气流的速度 V 与声速 c 之间的关系用曲线表示,如图 5.5 所示。由图可见,当速度从零连续增加到 $V_{\max}$ 时,相应的声速从 c^* 连续减小到零,即气体的温度由 T^* 下降为零。

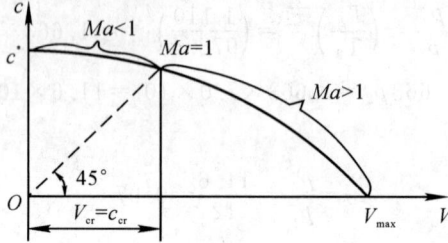

图 5.5　声速 c 与速度 V 之间的变化关系

在气流速度由零绝能等熵地增加到 $V_{\max}$ 的过程中,必然会有气流速度恰好等于当地声速(即 $Ma=1$)的状态,该状态称为临界状态。该状态的声速称为临界声速,以 c_{cr} 表示,相应的速度称为临界速度,以 V_{cr} 表示。显然 $V_{cr}=c_{cr}$。临界状态的压强、密度和温度称之为临界压强、临界密度和临界温度,并分别以 p_{cr},ρ_{cr} 和 T_{cr} 表示。

以 $V_{cr}=c_{cr}$ 代入式(a),得

$$\frac{V_{\max}^2}{2}=\frac{c^{*2}}{k-1}=\frac{c_{cr}^2(k+1)}{2(k-1)}$$

则临界声速、极限速度及滞止声速的关系式为

$$c_{cr}=\sqrt{\frac{k-1}{k+1}}V_{\max}=\sqrt{\frac{2}{k+1}}c^*=\sqrt{\frac{2k}{k+1}RT^*} \tag{5.21}$$

可见对于一定的气体,临界声速 c_{cr} 只决定于其总温 T^*,在绝能流动中是一个不变的常数。因此,在气体动力学中,临界声速 c_{cr} 也是一个方便的参考速度。对空气,$k=1.4$,则 $c_{cr}=18.3\sqrt{T^*}$,对燃气 $k=1.33$,$c_{cr}=18.1\sqrt{T^*}$。

利用总、静参数与马赫数之间的关系即式(5.7)、式(5.10)和式(5.11),将 $Ma=1$ 代入,可求出其临界参数与滞止参数之间的关系,即

$$\frac{T_{cr}}{T^*}=\frac{2}{k+1} \tag{5.22}$$

$$\frac{p_{cr}}{p^*}=\left(\frac{2}{k+1}\right)^{\frac{k}{k-1}} \tag{5.23}$$

$$\frac{\rho_{cr}}{\rho^*}=\left(\frac{2}{k+1}\right)^{\frac{1}{k-1}} \tag{5.24}$$

显然,气体的临界参数与其滞止参数之比,仅是气体比热比 k 的函数。在定常绝能等熵气流中,沿同一流线上,临界参数均是常数。

对于空气,$k=1.4$,有 $\dfrac{T_{cr}}{T^*}=0.833\ 3$,$\dfrac{p_{cr}}{p^*}=0.528\ 3$,$\dfrac{\rho_{cr}}{\rho}=0.633\ 9$。

应该指出,在一维流动的每一个截面上,都有相应于该截面的临界参数,就好像在气流中

每个截面上都有相应的滞止参数一样。若气流在某一个截面上 $Ma=1$,则该截面上气流的状态就是临界状态,该截面上的气流参数就是临界参数,该截面叫做临界截面。气流 $Ma\neq1$ 的截面仍有临界参数,只是该截面气流的静参数不等于临界参数;但如果假想把该截面的气流绝能等熵地转变到 $Ma=1$,则可得到该截面的临界参数。应该特别注意的是,在某个截面上的声速和临界声速的区别,前者由该截面的气流静温决定,而后者则由该截面的临界温度确定,只有在临界截面上($Ma=1$ 的截面)的声速 c 才等于临界声速 c_{cr}。图 5.6 表示了某个气流 $Ma<1$ 的截面上的气流状态参数、滞止参数和临界参数在 $T\text{-}s$ 图上的相对位置。例如,对于气流在管内做绝能等熵加速流动,如果出口截面 $Ma=1$,即出口截面为临界截面,则该截面的参数为整个流管的临界参数。

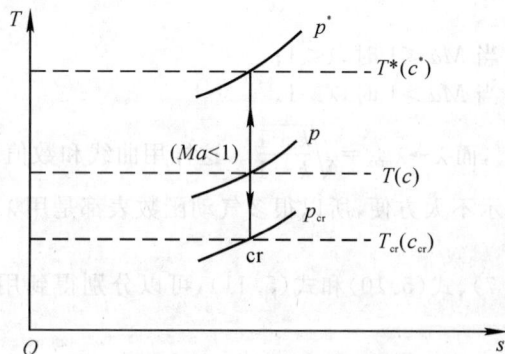

图 5.6　滞止状态、临界状态和实际状态

5.2.4　速度因数

在气体动力学的计算中,有时用气流速度与临界声速之比代替马赫数更为方便。这个比值 λ 称为速度因数,即

$$\lambda=\frac{V}{c_{cr}} \tag{5.25}$$

速度因数和马赫数一样,也是一个无量纲的参数。采用 λ 的好处是,在绝能流动中,临界声速 c_{cr} 是个常数,所以流场中某截面上气流速度 V 只与该截面上速度因数 λ 有关(即与 λ 成正比)。使用 λ 比使用 Ma 要方便得多。因为在绝能流动中,各截面的声速是不同的,要想确定某截面上的流速,除了要知道该截面上气流马赫数之外,还必须要知道该截面上的声速,即还必须确定该截面上气流的静温 T。另外,当 $V=V_{max}$ 时,$Ma\rightarrow\infty$,而 λ 趋近于有限值,即 $\lambda_{max}=\dfrac{V_{max}}{c_{cr}}=\sqrt{\dfrac{k+1}{k-1}}$。由上可知,$\lambda$ 与 Ma 之间必然有确定的对应关系。实际上

$$Ma^2=\frac{V^2}{c^2}=\lambda^2\frac{c_{cr}^2}{c^2}=\lambda^2\frac{2}{k+1}\frac{T^*}{T}$$

即

$$\lambda=Ma\sqrt{\frac{k+1}{2+(k-1)Ma^2}} \tag{5.26a}$$

或

$$Ma=\lambda\sqrt{\frac{2}{(k+1)-(k-1)\lambda^2}} \tag{5.26b}$$

上述的 Ma 与 λ 一一对应关系可以用图 5.7 上的曲线表示。

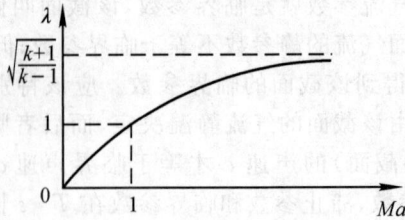

图 5.7 速度因数随马赫数的变化

从图可知:

当 $Ma=0$ 时,$\lambda=0$； 当 $Ma<1$ 时,$\lambda<1$；

当 $Ma=1$ 时,$\lambda=1$； 当 $Ma>1$ 时,$\lambda>1$。

当 $Ma\rightarrow\infty$ 时,$V\rightarrow V_{max}$,而 $\lambda\rightarrow\lambda_{max}=\sqrt{\dfrac{k+1}{k-1}}$。这样用曲线和数值表形式研究气流参数时,当 $V\rightarrow V_{max}$ 时,用马赫数表示不太方便,所以很多气动函数表都是用 λ 表示的,λ 与 Ma 的关系可制成数值表,见附录表 2。

将式(5.26)代入式(5.7)、式(5.10)和式(5.11),可以分别得到用 λ 表示的气流滞止参数与静参数的关系式,即

$$\frac{T}{T^*}=1-\frac{k-1}{k+1}\lambda^2 \tag{5.27}$$

$$\frac{p}{p^*}=\left(1-\frac{k-1}{k+1}\lambda^2\right)^{\frac{k}{k-1}} \tag{5.28}$$

$$\frac{\rho}{\rho^*}=\left(1-\frac{k-1}{k+1}\lambda^2\right)^{\frac{1}{k-1}} \tag{5.29}$$

同理,也可以分别得到用 λ 表示的气流临界参数与静参数的关系式,即

$$\frac{T}{T_{cr}}=\frac{(k+1)-(k-1)\lambda^2}{2}$$

$$\frac{p}{p_{cr}}=\left[\frac{(k+1)-(k-1)\lambda^2}{2}\right]^{\frac{k}{k-1}}$$

$$\frac{\rho}{\rho_{cr}}=\left[\frac{(k+1)-(k-1)\lambda^2}{2}\right]^{\frac{1}{k-1}}$$

例 5.6 已知某发动机尾喷管进口燃气参数为 $p_1^*=2.4\times10^5\,\mathrm{Pa}$,$T_1^*=790\,\mathrm{K}$,出口截面处于临界状态,尾喷管总压恢复因数 $\sigma=0.98$。求出口流速、静温和静压。其中,$k=1.33$,$R=287.4\,\mathrm{J/(kg\cdot K)}$。

解 尾喷管内气流是绝能流动,则 $T_1^*=T_2^*$,而 $\lambda_2=1.0$,故

$$V_2=c_{cr}\lambda_2=\sqrt{\frac{2k}{k+1}RT^*}=18.1\sqrt{T^*}=509.1\,\mathrm{m/s}$$

由式(5.27),得

$$T_{2cr}=T_2^*\left(1-\frac{k-1}{k+1}\lambda^2\right)=790\left(1-\frac{0.33}{2.33}\right)=677.8\,\mathrm{K}$$

$$p_2^*=\sigma p_1^*=0.98\times2.4\times10^5=2.35\times10^5\,\mathrm{Pa}$$

$$p_{2cr}=p_2^*\left(\frac{2}{k+1}\right)^{\frac{k}{k-1}}=2.35\times(0.858)^{4.03}\times10^5=1.27\times10^5\,\mathrm{Pa}$$

5.3　气体动力学函数及其应用

在引入了无量纲速度 Ma，λ 之后，不仅气流的总参数与静参数之比可以用气流的 Ma 或 λ 的函数表示，下面还会看到，连续方程和动量方程也可以用 Ma 或 λ 的函数表示出来。这些以 Ma 或 λ 为自变量的函数叫气体动力学函数（简称气动函数）。给定 λ 或 Ma，编制计算机程序，很容易求得这些数值表。气体动力学函数在气动计算中有着广泛的应用。为了方便计算，往往列出以 Ma 或 λ 为自变量的各种气动函数的数值表，供计算时查用，这样的数值表称为气动函数表（见附录表2）。

5.3.1　气动函数 $\tau(\lambda)$, $\pi(\lambda)$, $\varepsilon(\lambda)$

将式（5.27）、式（5.28）和式（5.29）分别用 $\tau(\lambda)$，$\pi(\lambda)$ 和 $\varepsilon(\lambda)$ 表示，即

$$\tau(\lambda)=\frac{T}{T^*}=1-\frac{k-1}{k+1}\lambda^2 \tag{5.30a}$$

$$\pi(\lambda)=\frac{p}{p^*}=\left(1-\frac{k-1}{k+1}\lambda^2\right)^{\frac{k}{k-1}} \tag{5.30b}$$

$$\varepsilon(\lambda)=\frac{\rho}{\rho^*}=\left(1-\frac{k-1}{k+1}\lambda^2\right)^{\frac{1}{k-1}} \tag{5.30c}$$

在发动机和各种气动计算中它们是用得最多的。以上三式中对于一定的气体（即 k 已知），每式只有三个未知数，即静参数、总参数和 λ。如果已知两个，则第三个就可用相应的公式求出。对于空气来说，$k=1.4$，函数 $\tau(\lambda)$，$\pi(\lambda)$ 和 $\varepsilon(\lambda)$ 随 λ 的变化关系如图 5.8 所示。如果用 Ma 表示以上三个函数式，则为

$$\tau(Ma)=\frac{T}{T^*}=\left(1+\frac{k-1}{2}Ma^2\right)^{-1} \tag{5.31a}$$

$$\pi(Ma)=\frac{p}{p^*}=\left(1+\frac{k-1}{2}Ma^2\right)^{-\frac{k}{k-1}} \tag{5.31b}$$

$$\varepsilon(Ma)=\frac{\rho}{\rho^*}=\left(1+\frac{k-1}{2}Ma^2\right)^{-\frac{1}{k-1}} \tag{5.31c}$$

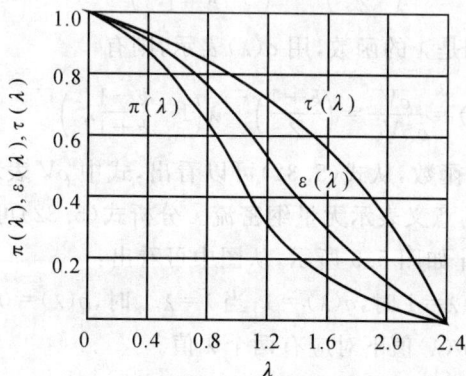

图 5.8　$\tau(\lambda)$，$\pi(\lambda)$，$\varepsilon(\lambda)$ 随 λ 的变化规律

在气动函数表中给出了上述气动函数的数值。下面通过几个例题说明气动函数的运用。

例 5.7 用气动函数表解例 5.4。

解 对燃气 $k=1.33, R=287.4\ \mathrm{J/(kg \cdot K)}$，有

$$c_{cr} = 18.1\sqrt{T_2^*} = 18.1\sqrt{1\ 110} = 603\ \mathrm{m/s}$$

$$\lambda_2 = \frac{V_2}{c_{cr}} = 555/603 = 0.92$$

由 $k=1.33$ 查气动函数表，当 $\lambda_2=0.92$ 时，查得

$$\pi(\lambda_2) = \frac{p_2}{p_2^*} = 0.597\ 7$$

所以

$$p_2^* = \frac{p_2}{\pi(\lambda_2)} = \frac{7.0 \times 10^5}{0.597\ 7} = 11.7 \times 10^5\ \mathrm{Pa}$$

$$\sigma = p_2^*/p_1^* = 11.7/12 = 0.97$$

5.3.2 流量函数 $q(\lambda)$，$y(\lambda)$

在一维定常流动中，流量公式为 $q_m = \rho AV$。如果已知流场中某截面的气流密度 ρ，截面积 A 和该截面上的流速 V，可按上式确定通过此截面的流量 q_m。而在一般气动计算中，往往是先给出气流的总参数（如用仪器测量出总参数等）和某截面的 λ（或 Ma），如果能把流量公式表示成气流总参数和 λ 的关系式，将使计算大大简化。

$$q_m = \rho AV = \frac{\rho V}{\rho_{cr} V_{cr}} \rho_{cr} V_{cr} A \tag{a}$$

式中

$$\rho_{cr} = \rho^* \left(\frac{2}{k+1}\right)^{\frac{1}{k-1}} = \frac{p^*}{RT^*}\left(\frac{2}{k+1}\right)^{\frac{1}{k-1}} \tag{b}$$

$$V_{cr} = \sqrt{\frac{2kRT^*}{k+1}} \tag{c}$$

$$\frac{\rho V}{\rho_{cr} V_{cr}} = \lambda \frac{\rho/\rho^*}{\rho_{cr}/\rho} = \lambda \frac{\varepsilon(\lambda)}{\varepsilon(\lambda=1)} =$$
$$\left(\frac{k+1}{2}\right)^{\frac{1}{k-1}} \lambda \left(1-\frac{k-1}{k+1}\lambda^2\right)^{\frac{1}{k-1}} \tag{d}$$

对于给定的气体，式（d）右端是 λ 的函数，用 $q(\lambda)$ 表示，则有

$$q(\lambda) = \frac{\rho V}{\rho_{cr} V_{cr}} = \left(\frac{k+1}{2}\right)^{\frac{1}{k-1}} \lambda \left(1-\frac{k-1}{k+1}\lambda^2\right)^{\frac{1}{k-1}} \tag{5.32}$$

$q(\lambda)$ 构成一个新的气动函数，从式（5.32）可以看出，式中 ρV 表示通过单位面积上的质量流量，称为密流，因此 $q(\lambda)$ 的意义表示无量纲密流。分析式（5.32）可知 $q(\lambda)$ 的变化规律，即对于空气，$q(\lambda)$ 与 λ 变化的规律如图 5.9 所示，从图中可看出：

当 $\lambda=0$ 时，$q(\lambda)=0$；当 $\lambda=1$ 时，$q(\lambda)=1$；当 $\lambda=\lambda_{max}$ 时，$q(\lambda)=0$。

需要注意的是，在一个 $q(\lambda)$ 值下对应有两个 λ 值。

将式（b）、式（c）、式（d）和式（5.32）代入式（a），得

$$q_m = \sqrt{\frac{2}{k+1}\frac{k}{R}}\left(\frac{2}{k+1}\right)^{\frac{1}{k-1}} q(\lambda) \frac{p^* A}{\sqrt{T^*}} =$$

$$\sqrt{\frac{k}{R}\left(\frac{2}{k+1}\right)^{\frac{k+1}{k-1}}}\frac{p^*A}{\sqrt{T^*}}q(\lambda)=$$

$$K\frac{p^*}{\sqrt{T^*}}Aq(\lambda) \tag{5.33}$$

式中，$K=\sqrt{\dfrac{k}{R}\left(\dfrac{2}{k+1}\right)^{\frac{k+1}{k-1}}}$，对于一定的气体 k 和 R 均是一定的，则 K 也是一个常数。例如，对于空气，$k=1.4$，$R=287.06\ \text{J}/(\text{kg}\cdot\text{K})$，则 $K=0.040\ 4\sqrt{\dfrac{\text{kg}\cdot\text{K}}{\text{N}\cdot\text{m}}}$。对于燃气，$k=1.33$，$R=287.4\ \text{J}/(\text{kg}\cdot\text{K})$，则 $K=0.039\ 7\sqrt{\dfrac{\text{kg}\cdot\text{K}}{\text{N}\cdot\text{m}}}$。在式(5.33)中，$p^*$，$A$ 和 T^* 的单位分别为 Pa，m^2 和 K。

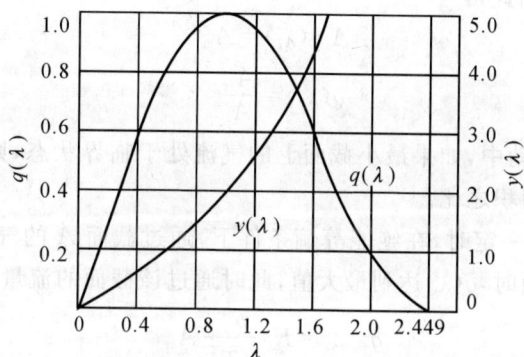

图 5.9　流量函数 $q(\lambda)$ 和 $y(\lambda)$ 随 λ 的变化规律

　　由图 5.9 可知，在临界状态下($\lambda=1$)，$q(\lambda)$ 达到最大值，由此可知，在 $\lambda=1$ 的截面上，即临界截面上，单位面积上通过的流量最大。

　　由流量公式(式(5.33))可见，流量可以表示为总压、总温和 λ 的函数。当 λ 已知时，对于一定的气体，密流(q_m/A)与总压成正比，而与总温的平方根成反比。在发动机的计算中，往往以 $q_m\sqrt{T^*}/p^*$ 作为流量组合参数整理实验数据并绘制发动机的特性曲线，使得某一特定的实验结果可以应用于总压、总温改变的情况。

　　对于一维绝能等熵(总压、总温保持不变)流动，根据连续方程，同一管道各个截面的流量保持不变，因此

$$q(\lambda_1)A_1=q(\lambda_2)A_2=\text{const} \tag{5.34}$$

由式(5.34)可以看出，$q(\lambda)$ 值大，则面积 A 小；反之，$q(\lambda)$ 值小，则 A 变大。由图 5.9 可以看出，在亚声速(即 $\lambda<1$)范围内，随着 λ 增大，$q(\lambda)$ 值增加。因此，管道面积应当减小，即管道形状应当是收缩的(见图 5.10(a))；在超声速(即 $\lambda>1$)范围内，随着气流加速，λ 数增大，$q(\lambda)$ 值减小，则管道截面积应当增大，即管道形状应当是扩张形的(见图 5.10(b))。显然，若要求气体在管道内由亚声速加速到超声速，随着 λ 增大，$q(\lambda)$ 值是先增加，直到 $q(\lambda)=1$ 的最大值，然后 $q(\lambda)$ 值又逐渐减小。而管道截

面应做成如图 5.11 所示的先收缩后扩张的形状。其中最小截面是临界截面。

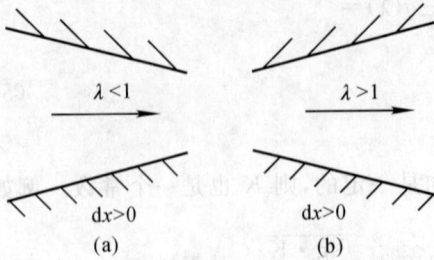

图 5.10　流速随管道面积变化分析　　　　图 5.11　面积变化对流速的影响

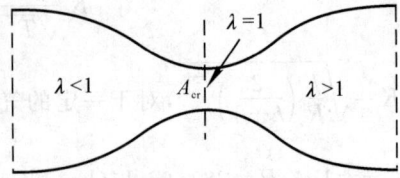

将式(5.34)用于管道中的临界截面 A_{cr} 和任意另一个截面 A_i 之间(见图 5.11),则由于在临界截面上 $q(\lambda)=1.0$,因此得

$$A_i q(\lambda_i) = A_{cr}$$

或

$$q(\lambda_i) = \frac{A_{cr}}{A_i} \tag{5.35}$$

此式说明,在绝能等熵流动中,如果最小截面上的气流处于临界状态,则任一截面上的 $q(\lambda)$ 值等于临界截面积与该截面积之比。

当 p^*,T^* 和面积 A 一定时,在绝能等熵条件下,通过截面 A 的气体流量 q_m 与 $q(\lambda)$ 成正比。当该截面为临界截面时,$q(\lambda)$ 达到最大值,此时通过该截面的流量为最大,即

$$q_{m,\max} = K \frac{p^*}{\sqrt{T^*}} A_{cr} \tag{5.36}$$

因此,如果实际流量超过 $q_{m,\max}$,则多余的流量不可能通过临界截面,这就出现了所谓"堵塞"(或称"壅塞")现象。在本书第七章将研究气流的"堵塞"现象。

有时已知条件不是气流的总压,而是气流在 A 截面上的静压,此时用另一个气动函数 $y(\lambda)$ 来代替 $q(\lambda)$。由式(5.33)和式(5.30b),可得

$$q_m = K \frac{pA}{\sqrt{T^*}} \frac{q(\lambda)}{\pi(\lambda)} = K \frac{p}{\sqrt{T^*}} A y(\lambda) \tag{5.37}$$

式中,$y(\lambda)=q(\lambda)/\pi(\lambda)$。图 5.9 给出了 $y(\lambda)$ 随 λ 变化的规律,$y(\lambda)$ 随 λ 的增加而单调地上升。$y(\lambda)$ 和 $q(\lambda)$ 的数值同样可在气动函数表(见附录表 2)中查到。

例 5.8　一扩压器的出口截面积 A_2 与进口截面积 A_1 之比 $A_2/A_1=2.5$,已知进口截面空气流的速度因数 $\lambda_1=0.8$,求出口截面上空气的 λ_2。

解　假设流动过程为绝能等熵的,则 $T_1^*=T_2^*$,$p_1^*=p_2^*$,根据连续方程,得

$$K \frac{p_1^* q(\lambda_1)}{\sqrt{T_1^*}} A_1 = K \frac{p_2^* q(\lambda_2)}{\sqrt{T_2^*}} A_2$$

故

$$q(\lambda_2) = \frac{A_1}{A_2} q(\lambda_1)$$

由气动函数表查得,当 $\lambda_1=0.8$ 时,$q(\lambda_1)=0.9519$,代入上式,得 $q(\lambda_2)=0.38$,然后查得 λ_2 的两个值,即 $\lambda_2=0.247$ 或 1.825。这一点由图 5.9 可以看出,对应一个 $q(\lambda)$ 值,有两个 λ 与之相对应,一个小于 1,另一个大于 1,究竟取哪个值,要由其他条件决定。本题的 $\lambda_1=0.8$,说明扩压器进口为亚声速气流,而亚声速气流在扩张通道中流速减小,因此应取 $\lambda_2=0.247$。

例 5.9 液体火箭发动机在地面试车时,高速喷气所产生的推力为 $F = 4.905 \times 10^5$ N,在喷管进口处燃气总温 $T^* = 2\,700$ K,总压 $p^* = 30.99 \times 10^5$ Pa,喷管出口处燃气压强等于大气压强 $p_a = 1.013\,3 \times 10^5$ Pa。设燃气的气体常数 $R = 287.4$ J/(kg·K),$k = 1.33$,求喷管出口处燃气速度 V_e、燃气流量 q_m、喷管最小截面及出口截面面积。假设流动为绝能等熵的。

解 发动机在地面试车时,$V = 0$,又流动是绝能等熵的,故 $T_1^* = T^*$,$p_1^* = p^*$,所以,

$$\frac{p_e}{p^*} = \frac{p_a}{p^*} = \pi(\lambda) = 0.032\,7$$,查气动函数表,得 $\lambda_e = 2.01$,故有

$$V_e = \lambda_e c_{cr} = \lambda_e \times \sqrt{\frac{2kRT^*}{k+1}} = 2.01 \times \sqrt{\frac{2 \times 1.33 \times 287.4 \times 2\,700}{2.33}} = 1\,891.8 \text{ m/s}$$

通过喷管的流量可根据发动机的内推力公式计算,即

$$F = q_m(V_e - V) + (p_e - p_a)A_e$$

将 $p_e = p_a$,$V = 0$ 代入上式,得

$$q_m = \frac{F}{V_e} = \frac{4.905 \times 10^5}{1\,891.8} = 259.27 \text{ kg/s}$$

由流量公式,得

$$A_{cr} = \frac{q_m}{Kp^*/\sqrt{T^*}} = \frac{259.27}{0.039\,7 \times 30.99 \times 10^5/\sqrt{2\,700}} = 0.109\,6 \text{ m}^2$$

根据连续方程,有

$$K\frac{p^*}{\sqrt{T^*}}A_{cr} = K\frac{p^* q(\lambda_e)}{\sqrt{T^*}}A_e$$

得

$$A_e = \frac{A_{cr}}{q(\lambda_e)} = \frac{0.109\,6}{0.243\,6} = 0.449\,8 \text{ m}^2$$

例 5.10 有一压气机实验装置如图 5.12 所示,在进口截面($A_1 = 0.29$ m²)处,开有静压孔,与装水银的 U 形管接通。在压气机出口截面处装有总压管与压力表接通。在实验时,U 形管上的读数 $h = 76$ mm,压力表测得的表压强为 6.0×10^5 Pa。由气压计测得当时的大气压强 $p_a = 1.013\,3 \times 10^5$ Pa,由温度计测得当时大气温度 $T_a = 289$ K。求压气机压缩空气所需要的功率为多少(设流动过程是等熵的)。

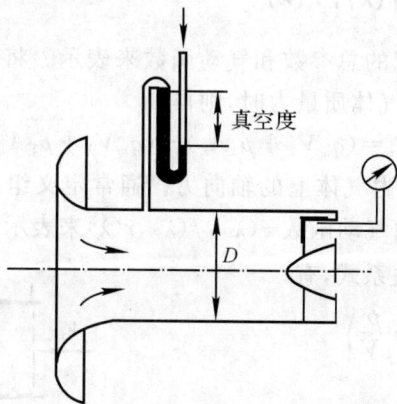

图 5.12 发动机进口静压测量示意图

解 由题意知 $p_1^* = p_a, \quad T_1^* = T_a$

$$p_2^* = p_2 + p_a = 6.0 \times 10^5 + 1.013\ 3 \times 10^5 = 7.013\ 3 \times 10^5\ \text{Pa}$$

进口截面上的压强为

$$p_1 = p_a - \gamma h = 1.013\ 3 \times 10^5 - 76 \times 133.3 = 91\ 199.2\ \text{Pa}$$

由式(5.30b),得

$$\pi(\lambda_1) = \frac{p_1}{p_1^*} = \frac{p_1}{p_a} = \frac{9.119\ 9 \times 10^4}{1.013\ 3 \times 10^5} = 0.9$$

由气动函数表($k=1.4$)查得,当 $\pi(\lambda)=0.9$ 时,$q(\lambda)=0.614\ 9$。由式(5.33),得

$$q_m = K \frac{p_1^*}{\sqrt{T^*}} A q(\lambda_1) =$$

$$0.040\ 4 \times \frac{1.013\ 3 \times 10^5}{\sqrt{289}} \times 0.29 \times 0.614\ 9 =$$

$$42.94\ \text{kg/s}$$

$$N = q_m w_s = q_m \frac{kR}{k-1} T_1^* \left[1 - \left(\frac{p_2^*}{p_1^*}\right)^{\frac{k-1}{k}} \right] =$$

$$42.94 \times \frac{1.4 \times 287.06 \times 289}{0.4} \left[1 - \left(\frac{7.013\ 3}{1.013\ 3}\right)^{0.286} \right] =$$

$$-8\ 335.3\ \text{kW}$$

负号表示压气机对气流做功。

例 5.11 求某压气机出口截面上气流的总压。设其出口截面积 $A=0.1\ \text{m}^2$,由测量得知出口静压 $p=4.12 \times 10^5\ \text{Pa}$,空气流量 $q_m=50\ \text{kg/s}$,总温 $T^*=480\ \text{K}$。

解 由式(5.37),可得

$$y(\lambda) = \frac{q_m \sqrt{T^*}}{KAp} = \frac{50\sqrt{480}}{0.040\ 4 \times 0.1 \times 4.12 \times 10^5} = 0.658$$

查表,当 $k=1.4$ 时,得 $\pi(\lambda)=0.907$,则

$$p^* = \frac{p}{\pi(\lambda)} = \frac{4.12 \times 10^5}{0.907} = 4.52 \times 10^5\ \text{Pa}$$

5.3.3 冲量函数 $z(\lambda), f(\lambda), r(\lambda)$

动量方程式也可以用气流的总参数和气动函数来表示。将动量方程应用于图 5.13 所示的控制体内的气流,如果不计气体质量力时,则得

$$F_i = (q_m V_2 + p_2 A_2) - (q_m V_1 + p_1 A_1)$$

式中,F_i 是管壁作用于控制面内气体上的轴向力。通常定义组合量 $q_m V + pA$ 为某个截面上气流的冲量。它也可以用 λ 的气动函数 $z(\lambda), f(\lambda), r(\lambda)$ 来表示,推导如下。

将连续方程式代入冲量关系式,有

$$q_m V + pA = q_m \left(V + \frac{p}{\rho V} \right)$$

而

$$V = \lambda c_{\text{cr}}$$

$$\frac{p}{\rho} = RT = RT^* \tau(\lambda) = \frac{k+1}{2k} \tau(\lambda) c_{\text{cr}}^2$$

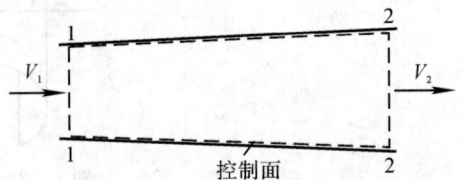

图 5.13 应用动量方程的控制体

代入冲量公式，得

$$q_m V + pA = q_m \left[\lambda c_{cr} + \frac{k+1}{2k} \frac{\tau(\lambda)}{\lambda} c_{cr} \right] =$$

$$q_m \left[\lambda c_{cr} + \frac{k+1}{2k} \frac{c_{cr}}{\lambda} \left(1 - \frac{k-1}{k+1} \lambda^2 \right) \right] =$$

$$q_m \frac{k+1}{2k} c_{cr} \left(\frac{1}{\lambda} + \lambda \right) =$$

$$\frac{k+1}{2k} q_m c_{cr} z(\lambda)$$

式中，$z(\lambda) = \frac{1}{\lambda} + \lambda$，又是一个气动函数，称其为冲量函数。它随 λ 的变化规律表示在图 5.14 上。当 $\lambda < 1$ 时，$z(\lambda)$ 随 λ 的增加而迅速下降；当 $\lambda = 1$ 时，$z(\lambda)$ 降低到最小值为 2；当 $\lambda > 1$ 时，$z(\lambda)$ 随 λ 的增加而增大。需要指出的是 $z(\lambda)$ 函数与气体的比热比 k 无关，且在同一个 $z(\lambda)$ 值下有两个 λ 值与其对应。

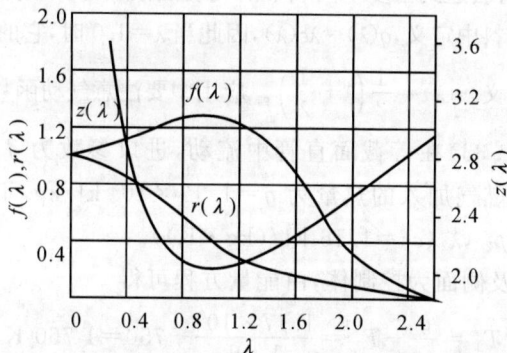

图 5.14 冲量函数 $z(\lambda)$，$f(\lambda)$ 和 $r(\lambda)$ 随 λ 的变化规律

管壁作用于控制体内气体上的轴向力 F_i 等于管道内气体冲量的增量。引用气动函数 $z(\lambda)$ 后，动量方程为

$$F_i = \frac{k+1}{2k} q_m [c_{cr2} z(\lambda_2) - c_{cr1} z(\lambda_1)] \tag{5.38}$$

气体冲量还可以用气流的滞止压强 p^* 表示，因此还可以引出另一个气动函数 $f(\lambda)$。

将式(5.21)、式(5.33)代入冲量关系式，得

$$q_m V + pA = \frac{k+1}{2k} q_m c_{cr} z(\lambda) =$$

$$\frac{k+1}{2k} K \frac{p^*}{\sqrt{T^*}} q(\lambda) A \sqrt{\frac{2kRT^*}{k+1}} z(\lambda) =$$

$$\frac{k+1}{2k} \sqrt{\frac{k}{R} \left(\frac{2}{k+1} \right)^{\frac{k+1}{k-1}}} \sqrt{\frac{2k}{k+1} R} p^* A q(\lambda) z(\lambda) = \tag{5.39}$$

$$\left(\frac{2}{k+1} \right)^{\frac{1}{k-1}} p^* A q(\lambda) z(\lambda) = p^* A f(\lambda)$$

式中
$$f(\lambda) = \left(\frac{2}{k+1}\right)^{\frac{1}{k-1}} q(\lambda) z(\lambda)$$

如果冲量用静压 p 表示,又可得到另一个气动函数 $r(\lambda)$,即将式(5.39)中的总压 p^* 用静压 p 代替,可得

$$q_m V + pA = \frac{p}{\pi(\lambda)} A f(\lambda) = \frac{pA}{r(\lambda)} \tag{5.40}$$

式中,$r(\lambda) = \dfrac{\pi(\lambda)}{f(\lambda)}$。它和 $f(\lambda)$ 随 λ 的变化关系均表示在图 5.14 上。从式(5.39)、式(5.40)两式可以看出,如果用气流的总压或静压表示气流冲量时,冲量大小则与气流的温度高低无关。这是因为 $q_m V$ 项中温度的影响刚好抵消。这样,动量方程中的作用力又可表示为

$$F_i = p_2^* A_2 f(\lambda_2) - p_1^* A_1 f(\lambda_1) \tag{5.41}$$

$$F_i = \frac{p_2 A_2}{r(\lambda_2)} - \frac{p_1 A_1}{r(\lambda_1)} \tag{5.42}$$

到此为止,一般的 8 个气动函数已全部讨论完毕,这些气动函数可以在附录表 2 中查到。需要指出的是,在实际应用中,将会遇到很多不同版本的气动函数表,其中有的气动函数定义稍有不同。例如,在苏联的有些科技资料中定义,$q(\lambda) = \lambda \varepsilon(\lambda)$,因此当 $\lambda = 1.0$ 时,它的 $q(\lambda) = 0.62\cdots$。另外有的厂、所用的气动函数表中定义,$z(\lambda) = \dfrac{1}{2}\left(\lambda + \dfrac{1}{\lambda}\right)$。应用中要注意气动函数的定义。

例 5.12　燃气($k = 1.33$)在等截面直管中流动,进口参数为 $T_1^* = 750$ K,$p_1^* = 2.55 \times 10^5$ Pa,$\lambda_1 = 0.35$,已知给燃气加入的热量为 $q = 1.17 \times 10^3$ kJ/kg,不计燃气与管壁间的摩擦力,求出口气流参数 T_2^*,p_2^*,λ_2($c_p = 1.16$ kJ/(kg·K))。

解　取直管进、出口及侧面为控制体,由能量方程可得

$$T_2^* = \frac{q}{c_p} + T_1^* = \frac{1.17 \times 10^3}{1.16} + 750 = 1\ 760\ \text{K}$$

对于直管且无壁面摩擦力,故 $F = 0$,沿流动方向列动量方程为

$$c_{cr1} z(\lambda_1) = c_{cr2} z(\lambda_2)$$

故
$$z(\lambda_2) = \sqrt{\frac{T_1^*}{T_2^*}} z(\lambda_1) = \sqrt{\frac{750}{1\ 760}}\left(0.35 + \frac{1}{0.35}\right) = 2.1$$

解得 $\lambda_2 = 0.73$ 或 $\lambda_2 = 1.37$。本题为亚声速流动,应取 $\lambda_2 = 0.73$。

动量方程还可写为

$$p_2^* A f(\lambda_2) = p_1^* A f(\lambda_1)$$

故
$$p_2^* = p_1^* \frac{f(\lambda_1)}{f(\lambda_2)} = 2.55 \times 10^5 \times \frac{1.064\ 5}{1.208\ 5} = 2.25 \times 10^5\ \text{Pa}$$

例 5.13　某收缩喷管在截面积为 0.25 m² 的位置处空气的静压为 2.0×10^5 Pa,温度为 300 K,速度为 100 m/s,不计摩擦影响。问该喷管内气流最大可能的流速是多大? 其出口气流参数(p^*,T^*,p,T,Ma)和流量是多少? 出口面积为多大?

解　在截面 $A_1 = 0.25$ m² 位置处,各参数分别为

$$c_1 = \sqrt{kRT_1} = \sqrt{1.4 \times 287.06 \times 300} = 347.2\ \text{m/s}$$

$$Ma_1 = \frac{V_1}{c_1} = \frac{100}{347.2} = 0.288$$

$$p_1^* = \frac{p_1}{\pi(Ma_1)} = \frac{2.0 \times 10^5}{0.943} = 2.119 \times 10^5 \text{ Pa}$$

$$T_1^* = \frac{T_1}{\tau(Ma_1)} = \frac{300}{0.9837} = 305.0 \text{ K}$$

通过喷管的流量为

$$q_m = K \frac{p_1^*}{\sqrt{T_1^*}} q(Ma_1) A_1 = 58.56 \text{ kg/s}$$

由于流动是绝能等熵的,因此喷管出口总压、总温不变。在收缩喷管中,最大可能的马赫数为 1,即最大可能的流速为

$$V_2 = c_{cr} = \sqrt{\frac{2kRT^*}{k+1}} = 319.5 \text{ m/s}$$

出口压强、温度和截面积分别为

$$p_2 = p_{cr} = 0.5283 p^* = 0.5283 \times 211.9 \times 10^3 = 1.119 \times 10^5 \text{ Pa}$$

$$T_2 = T_{cr} = 0.8333 \times 305.0 = 254.2 \text{ K}$$

$$A_2 = A_{cr} = A_1 q(Ma_1) = 0.25 \times 0.4739 = 0.1185 \text{ m}^2$$

例 5.14 亚声速气流在如图 5.15 所示的等截面管内流动(引射器),两股空气混合前的参数分别为 $T_1^* = 900 \text{ K}, p_1^* = 3 \times 10^5 \text{ Pa}, T_2^* = 300 \text{ K}, p_2^* = 2 \times 10^5 \text{ Pa}$,空气流量 $q_{m1} = 80 \text{ kg/s}, q_{m2} = 20 \text{ kg/s}$,截面面积 $A_1 = A_2 = 0.22 \text{ m}^2, A_3 = A_1 + A_2$。略去管壁与气流间的摩擦,气流与外界也无热量交换。求混合后气流的参数 T_3^*, p_3^* 和 Ma_3。设气流的比定压热容 c_p 为常数。

解　这是一个亚声速引射器问题,主动气流 1 与被动气流 2 在混合室进口混合,在出口截面 3 混合均匀。对于亚声速引射器,两股气流在混合室进口处必须满足静压相等的条件,即有 $p_1 = p_2$。由于两股气流的总压不同,所以流速并不相等。

图 5.15　气流在等截面直管内的混合

取控制体如图 5.15 所示,对其用能量方程,可得

$$q_{m1} c_p T_1^* + q_{m2} c_p T_2^* = q_{m3} c_p T_3^*$$

故

$$T_3^* = \frac{q_{m1}}{q_{m3}} T_1^* + \frac{q_{m2}}{q_{m3}} T_2^* = \frac{80}{80+20} \times 900 + \frac{20}{80+20} \times 300 = 780 \text{ K}$$

由流量公式,有

$$q(\lambda_1) = \frac{q_{m1}\sqrt{T_1^*}}{K p_1^* A_1} = \frac{80 \times \sqrt{900}}{0.0404 \times 3.0 \times 10^5 \times 0.22} = 0.9$$

$$q(\lambda_2) = \frac{q_{m2}\sqrt{T_2^*}}{K p_2^* A_2} = \frac{20 \times \sqrt{300}}{0.0404 \times 2.0 \times 10^5 \times 0.22} = 0.195$$

查表,得 $\lambda_1 = 0.714, Ma_1 = 0.68, \lambda_2 = 0.125, Ma_2 = 0.112$,所以,

$$z(\lambda_1) = \lambda_1 + \frac{1}{\lambda_1} = 2.114\ 6$$

$$z(\lambda_2) = \lambda_2 + \frac{1}{\lambda_2} = 0.125 + \frac{1}{0.125} = 8.125$$

由于略去管壁与气流间的摩擦,且气流与外界无热量交换,所以管壁对气流沿流向的作用力 $F_i = 0$,因此由动量方程式(5.38),可得

$$q_{m1} c_{cr1} z(\lambda_1) + q_{m2} c_{cr2} z(\lambda_2) = q_{m3} c_{cr3} z(\lambda_3)$$

$$z(\lambda_3) = \frac{q_{m1}}{q_{m3}} \frac{c_{cr1}}{c_{cr3}} z(\lambda_1) + \frac{q_{m2}}{q_{m3}} \frac{c_{cr2}}{c_{cr3}} z(\lambda_2) =$$

$$0.8 \sqrt{\frac{900}{780}} \times 2.114\ 6 + 0.2 \sqrt{\frac{300}{780}} \times 8.125 = 2.825$$

由气动函数表,查得 $\qquad \lambda_3 = 0.415, \quad Ma_3 = 0.382$
　　由式(5.41),得

$$p_1^* A_1 f(\lambda_1) + p_2^* A_2 f(\lambda_2) = p_3^* A_3 f(\lambda_3)$$

由气动函数表,查得

$$f(\lambda_1) = 1.208, \quad f(\lambda_2) = 1.009, \quad f(\lambda_3) = 1.09$$

故 $\qquad p_3^* = p_1^* \frac{A_1}{A_3} \frac{f(\lambda_1)}{f(\lambda_3)} + p_2^* \frac{A_2}{A_3} \frac{f(\lambda_2)}{f(\lambda_3)} =$

$$3 \times 10^5 \times \frac{1}{2} \times \frac{1.208}{1.09} + 2.0 \times 10^5 \times \frac{1}{2} \times \frac{1.009}{1.09} =$$

$$(1.662\ 4 + 0.923) \times 10^5 = 2.585 \times 10^5\ \text{Pa}$$

由本例可知,一方面,混合后主流的总压有所损失,虽然未计气流与管壁间的摩擦力,但是由于两股气流混合前的速度不同会引起混合后气流总压的下降。气体混合是一个不可逆过程,一定会产生混合损失。另一方面,引射器出口的气流总压大于被动气流的总压。这说明引射器起到一个抽气泵的作用,可以使较低总压的气流总压提高,而引射器的主要作用就在于此。

小　结

　　本章主要讨论了声速、马赫数与速度因数的定义,以及与压缩性的关系;讨论了几个重要的气流参数,即滞止参数、临界参数和最大速度;为了计算方便,引进了气体动力学函数。进一步将一维定常流动的基本方程用滞止参数、临界参数和气动函数来表示。
　　主要掌握这些基本概念的定义,熟练掌握滞止参数与临界参数的变化规律以及影响因素。
　　(1)流场中每一点都有相应该点的滞止参数、临界参数和最大速度,只有在速度等于零的截面上,实际参数与滞止参数相等;只有在速度等于当地声速的截面上,实际参数与临界参数相等。
　　(2)影响总压的因素有摩擦、热交换和机械功的交换。
　　(3)基本方程的表示:
流量公式

$$q_m = \rho V A =$$

$$K \frac{p^*}{\sqrt{T^*}} A q(\lambda) =$$

$$K \frac{p}{\sqrt{T^*}} A y(\lambda)$$

因此,连续方程可相应地有三种表达式。

动量方程求作用力

$$F_i = (p_2 A_2 + q_{m2} V_2) - (p_1 A_1 + q_{m1} V_1) =$$
$$\frac{k+1}{2k} q_m [c_{cr2} z(\lambda_2) - c_{cr1} z(\lambda_1)] =$$
$$p_2^* A_2 f(\lambda_2) - p_1^* A_1 f(\lambda_1) =$$
$$\frac{p_2 A_2}{r(\lambda_2)} - \frac{p_1 A_1}{r(\lambda_1)}$$

能量方程

$$q - w_s = h_2 - h_1 + (V_2^2 - V_1^2)/2 =$$
$$h_2^* - h_1^* =$$
$$c_p (T_2^* - T_1^*)$$

思考与练习题

5.1　什么叫气流的滞止参数和临界参数? 在绝能流动中,它们是如何变化的?

5.2　用 T-s 图分析在绝能流动中,总压的变化规律。

5.3　某发动机在台架试车,当地的大气压强 $p_a = 1.005\ 9 \times 10^5$ Pa,大气温度 $T_a = 296$ K,发动机的进口直径为 $D = 0.6$ m,如图 5.16 所示。试车时,测得进口处的静压(真空度)为 0.032×10^5 Pa,求在该工作状态下,通过发动机的空气流量 q_m。

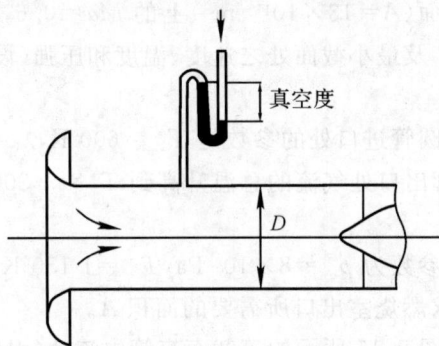

真空度

D

图 5.16　题 5.3 图

5.4　空气沿着扩散管道流动,在进口截面 1—1 处,空气压强 $p_1 = 1.013\ 3 \times 10^5$ Pa,温度 $T_1 = 288$ K,速度 $V_1 = 272$ m/s,截面 1—1 的面积 $A_1 = 1 \times 10^{-3}$ m²,在出口截面 2—2 处空气速度降低到 $V_2 = 72.2$ m/s。设空气在扩散形管道中为绝能等熵流动。试求:

(1)气流作用于管道内壁的力;

(2)进、出口气流的马赫数 Ma_1 及 Ma_2;

(3)进、出口气流的总温及总压。

5.5　已知在超声速喷管的收缩段某截面 1 处的空气流压强 $p_1 = 5.88 \times 10^5$ Pa,总温 $T_1^* = 310$ K,速度因数 $\lambda_1 = 0.6$,在扩张段某截面 2 处气流温度 $T_2 = 243$ K。假设气流在喷管中的流动为绝能等熵的,求空气流在截面 2 上的压强和速度因数。

5.6 设储气箱中空气的压强 $p_1 = 2.943 \times 10^5$ Pa,温度 $T_1 = 288$ K,通过喷管向外喷入大气中,大气压强 $p_a = 9.81 \times 10^4$ Pa。如果在喷管出口截面上的气流压强 p_2 和外界大气压强相等,试求出口截面上的气流速度。假定空气在喷管中的流动是绝能等熵的。

5.7 编写以马赫数为自变量的气体动力学函数表的计算机程序。

5.8 承上题,设气流从储气箱流到喷管出口的过程中,由于气体在流动中有摩擦损失,故为不可逆的绝能流动过程,此时,出口处的气流总压 p_{2f}^* 必小于储气箱中的压强 p_1。设 $p_{2f}^* = 0.95 p_1$,其他条件同上题,试求出口处气流的速度。

5.9 用测压管和温度计测得空气流参数:$p^* = 2.0 \times 10^5$ Pa, $p = 1.5 \times 10^5$ Pa, $T^* = 290$ K。求空气流的 Ma、速度和静温。

5.10 设发动机进气道的空气流量 $q_m = 50$ kg/s,在进气道入口截面上的速度因数 $\lambda_1 = 0.4$,出口截面上的 $\lambda_2 = 0.2$,气流的总温 $T^* = 322$ K。求气流作用在进气道内壁上的推力。

5.11 海平面标准大气经管道被吸入真空箱。假设在所有温度下,空气均保持完全气体的性质,而且空气经管道为绝能流动。试求空气所能达到的最大速度 V_{max}。

5.12 空气自气瓶经超声速喷管流出时的速度等于最大速度之半,求空气流出时的声速、速度因数 λ。已知气瓶中空气的温度 400 K。

5.13 空气沿着收敛扩散形管道流动,在进口截面 1—1 处,空气压强 $p_1 = 6 \times 10^5$ Pa,总温 $T_1^* = 310$ K,速度因数 $\lambda_1 = 0.4$;在出口截面 2—2 处空气流压强 $p_2 = 1.457 \times 10^5$ Pa,求在截面 2—2 处气流的马赫数和温度(假设流动为绝能等熵过程)。

5.14 已知某扩散管的进出口的面积比 $A_1/A_2 = 0.8$,进口速度因数 $\lambda_1 = 0.8$,气流在出口的总压为进口总压的 90%,求出口气流的速度因数 λ_2。

5.15 已知管流中某截面($A = 13 \times 10^{-4}$ m^2)上的 $Ma = 0.6$, $p = 1.3 \times 10^5$ Pa,流量 $q_m = 0.5$ kg/s。求该空气总温 T^* 及最小截面处之速度、温度和压强(设管中流动为等熵,且在最小截面处 $Ma = 1$)。

5.16 空气流在等直径圆管进口处的参数是 $T_1^* = 600$ K, $\lambda_1 = 0.4$。进入管道后,因受到管道外面加热的作用,在圆管出口处气流的总温升高到 $T_2^* = 1\,200$ K,求速度因数 λ_2(忽略气流与管壁间的摩擦力)。

5.17 燃烧室出口气流参数为 $p^* = 8 \times 10^5$ Pa, $T^* = 1\,150$ K, $V = 150$ m/s。通过燃烧室的燃气流量 $q_m = 50$ kg/s。求燃烧室出口所需要的面积 A。

5.18 亚声速气流在如图 5.15 所示的等截面直管内流动(引射器),测得两股气流混合均匀后的总压、总温和流量,即 p_3^*, T_3^*, q_{m3},并已知掺混前的主流参数为 p_1^*, T_1^*, q_{m1},截面面积 $A_1 = A_2$,出口截面面积 $A_3 = A_1 + A_2$。略去管壁与气流间的摩擦,并设气流与外界无热量交换,气流的比定压热容 c_p 为常数。求进口次流在环形截面 2 处的总温 T_2^*、速度因数 λ_2 和总压 p_2^*。

第六章　膨胀波与激波

在绝能等熵流动中,当 $Ma<0.3$ 时,流体可近似看做是不可压缩的。随着流速的不断提高,压缩性的影响将变得愈来愈严重。当 $Ma>1$ 时,绕物体的流动是超声速的,在物体上会形成激波和膨胀波(这将在下面详细讨论)。当流动既有亚声速流动,又有超声速流动时,物体上会出现激波等现象,这种流动称为跨声速流动。在跨声速流动中,物体上可以出现 $Ma<1$, $Ma=1$, $Ma>1$ 的流动区域,流动现象要复杂得多。当 $Ma>5$ 时,流动为高超声速的,其流动特点与低超声速差别很大。关于高超声速流动的特点将在最后一章讨论。本章仅讨论超声速气流中的激波与膨胀波的产生、特点及计算公式。

膨胀波与激波是超声速气流中的重要现象,超声速气流减速时一般会产生激波,超声速气流加速时,会产生膨胀波。随着飞机和发动机性能的提高,超声速进气道、超声速压气机和超声速喷管已经广泛地被采用。超声速燃烧室和超声速涡轮也在研究之中。在分析和研究这些部件中气流的运动规律时,首先就要遇到膨胀波与激波问题。

本章首先讨论微扰动在气流中的传播规律,其次讨论膨胀波和激波的产生、特点、参数变化规律以及激波的相交与反射等问题,最后讨论圆锥激波以及激波在实际中的应用。

6.1　微扰动在气流中的传播及马赫锥

本节将讨论微扰动在气流中的传播规律,特别是在超声速流动中的传播规律。如图 6.1 (a)所示,在静止的气体中,有一个微扰动源位于点 O,它所发出的扰动波以声速向外传播,且扰动波为球面波。假设不计气体黏性的影响,且参数分布均匀,则随着时间的推移,扰动可以传遍整个流场。图 6.1(a)给出了 $t=1\text{ s},2\text{ s},3\text{ s}$ 末微扰动波所达到的位置。如果静止的扰动源在点 O 连续不断地发出扰动,则在不同时刻所发出的扰动波将构成一系列的同心球面。

当气流以小于声速的速度运动时,扰动波相对气流仍以声速 c 向外传播,同时球面中心又以气流速度 V 向下游运动。因此,扰动波在下游顺气流方向的绝对速度为 $c+V$,在上游逆气流方向的绝对速度为 $c-V$,其他方向的绝对速度则介于这两者之间。由于扰动传播的速度大于气流的速度,因此扰动仍可以逆流传播。图 6.1(b)给出了 $t=3\text{ s}$ 末扰动波所在的位置。可以看出在亚声速气流中,微扰动波仍可以传遍整个流场。这是微扰动在亚声速气流中传播的特点。

随着气流速度的不断提高,当气流速度恰好等于当地声速 $(V=c)$ 时,在逆气流方向的绝对速度等于零,因此微扰动波不能逆流传播,即扰动源 O 点的上游不会受到任何影响,扰动被

限制在以扰动源 O 为公切点的各球面波的公切平面的下游。其扰动传播的图形如图 6.1(c) 所示。

　　若气流速度超过声速，则由于气体的运动速度比扰动波相对于气体本身的传播速度还要大，因此，扰动不能逆流传播。扰动影响局限于以 O 点为顶点，以 μ 角为半顶角的圆锥内。如图6.1(d)所示。此圆锥称为马赫锥，μ 角称为马赫角。此马赫锥以内的区域称为扰动的影响区，马赫锥以外的流动不受任何影响。显然，其半锥角满足：

$$\sin\mu=\frac{c}{V}=\frac{1}{Ma} \tag{6.1}$$

　　由式(6.1)可知，当 $Ma=1$ 时，$\mu=90°$，即此时扰动被限制在过扰动源 O 的公切平面内，该公切平面与流动方向垂直。当 $Ma>1$ 时，$\mu<90°$，而在亚声速气流中，μ 角无意义。

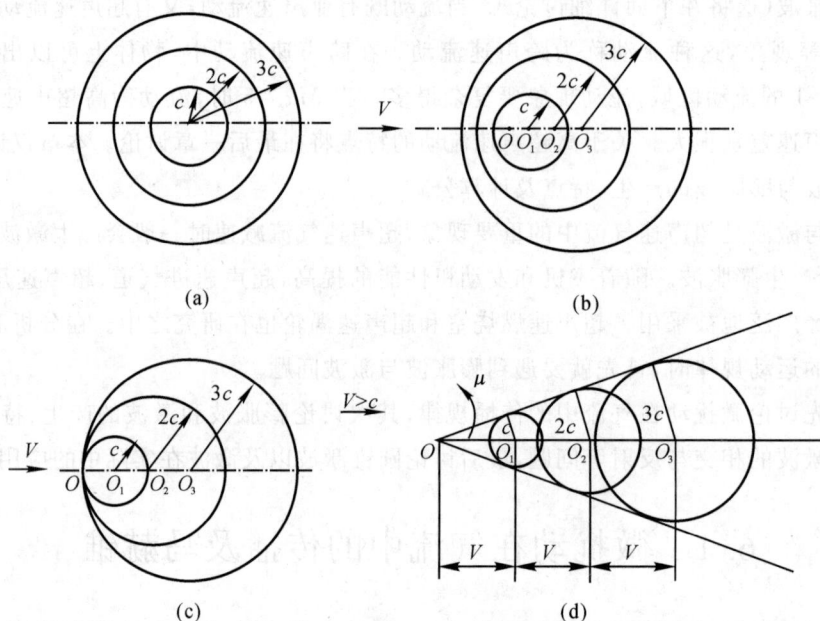

图 6.1　微扰动在介质中的传播规律
(a)$V=0$；(b)$V<c$；(c)$V=c$；(d)$V>c$

　　由以上分析可见，微扰动在亚声速气流中，随着时间的推移，扰动可以传遍整个流场。而在超声速气流中，微扰动波不仅不能逆流传播，而且扰动影响范围仅限制在一个以扰动源为顶点的马赫锥之内。这是亚声速气流与超声速气流的根本差别，如图 6.1(b) 和 6.1(d) 所示。

　　图 6.1(d) 中所示的马赫锥的锥面即为马赫波，马赫波不仅可以是微弱压缩波，也可以是膨胀波。

　　对于直线的扰动源（如无限薄的平板）所产生的微弱扰动波，扰动波的波面为一楔面，如图 6.2(a) 所示。气流通过扰动波受到了微弱的压缩，气流的压强、密度、温度有微小的增加，而速度则有所减小。

　　在平面超声速流场中，马赫波在 xOy 平面上的投影称为马赫线。通常对于面向下游（顺气流方向）的观察者，把从扰动源伸向左方的称为左伸马赫线（图 6.2(b) 中 Ox 轴上方的线），把伸向右方的称为右伸马赫线(图 6.2(b)中 Ox 轴下方的线)。

最后还要指出,如果超声速来流速度沿其垂直方向(y 向)气流参数不均匀,则由于当地马赫数随马赫角变化,因此马赫线将变成曲线。

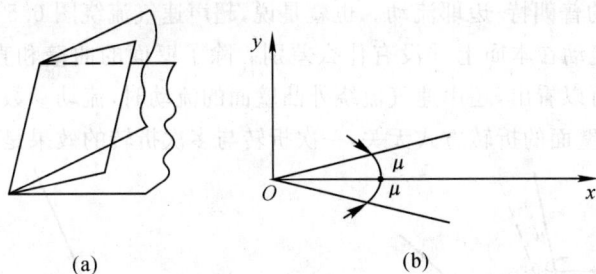

图 6.2 平面超声速流场中的马赫波与马赫线

(a)直线扰动源所产生的马赫波;(b)左伸与右伸马赫线

6.2 膨胀波的形成及普朗特-迈耶流动

6.2.1 膨胀波的形成及特点

二维平面超声速气流沿如图 6.3 所示的外凸壁面(相对于气流向外折转)流动,壁面在 O 点向外折转一个无限小的角度 $d\theta$。由于壁面的微小折转,对原来的均匀来流产生了扰动,使原来的直匀来流的参数发生了微小的变化。因此,在壁面的折转处,产生一道马赫波,其马赫角 $\mu = \arcsin\dfrac{1}{Ma}$。气流通过马赫波之后,流动方向将沿波后壁面流动,即气流通过马赫线一定要折转一个角度 $d\theta$,$d\theta$ 称为气流折转角。通常规定相对于来流方向逆时针方向折转角 $d\theta$ 为正,而顺时针方向折转角 $d\theta$ 为负(图 6.3 中所示的折转角为负)。

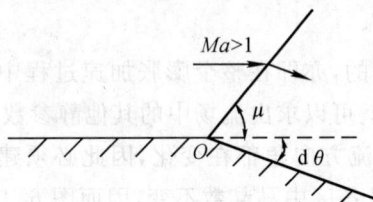

图 6.3 绕外凸壁面产生的左伸膨胀波

从图 6.3 可以看出,马赫波后的流通面积比波前流通面积有所增加。如前所述,超声速气流流过截面积增加的管道,其流速必然增大,相应的压强、温度、密度减小,如果不考虑气流的黏性和与壁面间的热交换,则流动可看做是绝能等熵的。因此,超声速气流流过微小折转的外凸壁面所产生的马赫波,使气流加速,压强和密度下降。这种马赫波使气流得到了膨胀,因此称为膨胀波。可见壁面外凸即是一种产生膨胀波的扰动源。

如果超声速气流绕过一个有限折转角 的外凸壁流动,如图 6.4 所示,此时气流可以看做是流过由一系列折转无限小的外凸壁(每次的折转角为 $d\theta$)的流动,气流每折转一个角度 $d\theta$,就产生一道膨胀波(见图 6.5),而气流每经过一道膨胀波,马赫数增大,μ 角减小,同时壁面又向外折转了 $\mathrm{d}\theta$,因此,后面的膨胀波的倾斜角都比前面的倾斜角小,即这些膨胀波既不会平行也不会彼此相交,而是发散的,即形成了一个扇形区。显然,如果壁面的几个折转点都无限接近 O_1 点时,就形成了如图 6.4 所示的普朗特-迈耶流动。也就是说,超声速气流绕图 6.5 所示的外凸壁面的流动与如图 6.4 所示的流动在本质上并没有什么差别。除了壁面的曲壁和直壁不同之外,其他并没有什么差别。由此可以看出,超声速气流绕外凸壁面的流动时,流动参数的变化取决于来流条件和总的折转角,而与壁面的折转方式无关,一次折转与多次折转的效果是相同的。

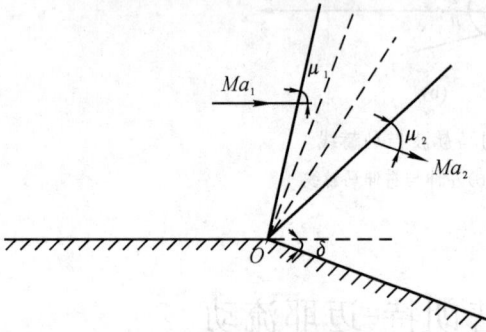

图 6.4　普朗特-迈耶流动　　　　　图 6.5　普朗特-迈耶流动的形成

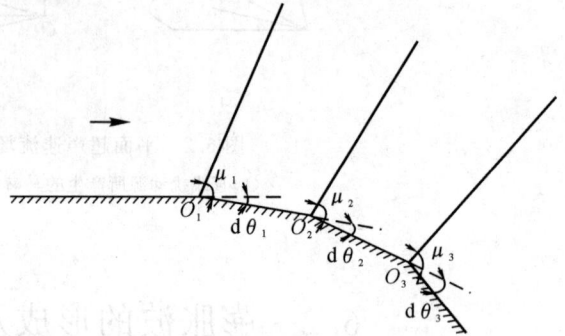

除了超声速气流沿外凸壁流动外,在另外一种情况下,如扰动源为压强差,也会产生膨胀波。例如,当气体由超声速喷管以超声速射出时,如果气体在出口截面上的压强 p_e 大于外界环境压强 p_a,气流自喷管流出后将继续膨胀加速,这个膨胀加速过程直到气体在射流边界上的压强等于外界环境压强为止。这时在喷管出口就必然会产生膨胀波。

同样,对于超声速气流沿内凹的壁面流动,$\mathrm{d}\theta$ 为正值。只要 $\mathrm{d}\theta$ 足够得小,这时产生的微弱压缩波仍然可看做是等熵流动,只不过此时流速减小,相应的压强、温度和密度增加一个微量。这种马赫波使气流得到了微弱压缩,因此称为微弱压缩波。微弱压缩波是等熵压缩波。

6.2.2　膨胀波的计算

气流通过膨胀波是绝能等熵的,亦即在整个膨胀加速过程中,气流的总参数都保持不变。因此只要求出流场中的马赫数,就可以求出流场中的其他静参数。但由图 6.4 可以看出,气流每经过一道膨胀波,马赫数与气流方向角都在变化,因此必须建立两者之间的关系。由于图 6.5 所示各区的流动是均匀的,且各区中马赫数不变,因而图 6.4 所示的扇形区中的马赫线为直线。对于给定的起始条件,扇形区中气流速度和马赫数及其他参数仅仅是气流方向角 θ 的函数。

对图 6.3 的左伸膨胀波,将波前、后的流速 V_1,V_2 分解为与波面平行和与波面垂直的分量,如图 6.6 所示。沿波面取控制体,对该控制体应用连续方程

$$\rho V_n = 常数 \tag{6.2}$$

又沿波面方向的动量方程,由于 $\sum F_t = 0$,因此动量方程为

$$\sum F_t = \rho V_n A(V'_t - V_t) = 0 \tag{6.3}$$

因此可得

$$V_t = V'_t \tag{6.4}$$

即超声速气流经过膨胀波后,气流沿膨胀波波面方向的分速不变。而气流速度的变化仅仅取决于垂直于波面的速度分量。显然,经过膨胀波,气流方向必定要向离开波面的方向折转。

在起始条件一定的情况下,通过膨胀波气流速度的增量 dV 与 $d\theta$ 的关系,可根据图 6.6 所示的速度三角形得出,即

$$\tan(\mu-d\theta)=-\frac{dV}{Vd\theta} \tag{a}$$

式中,$d\theta$ 为负值。

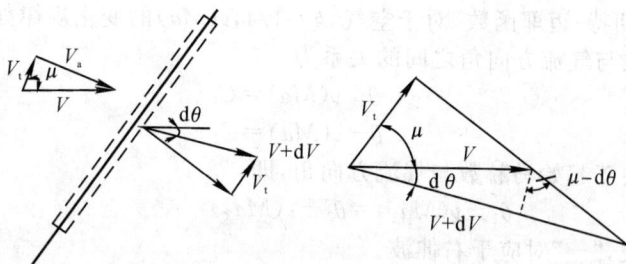

图 6.6　膨胀波前后的速度三角形

当 $d\theta$ 比马赫角小得很多时,则可以认为 $\tan(\mu-d\theta)\approx\tan\mu$,则式(a)可写成

$$\frac{dV}{V}=-\tan\mu d\theta \tag{b}$$

又由式(6.1),得

$$\tan\mu=\frac{1}{\sqrt{Ma^2-1}}$$

代入式(b),得

$$\frac{dV}{V}=-\frac{d\theta}{\sqrt{Ma^2-1}} \tag{6.5}$$

这就是超声速气流沿外凸壁流动的基本微分方程。

由 $V=Mac$,对其两边取对数后微分,可得

$$\frac{dV}{V}=\frac{dMa}{Ma}+\frac{dc}{c} \tag{6.6}$$

由 $c^2=kRT=kRT^*\Big/\left(1+\frac{k-1}{2}Ma^2\right)$,对该式取对数后微分,得

$$\frac{dc}{c}=-\frac{\frac{k-1}{2}MadMa}{1+\frac{k-1}{2}Ma^2}$$

将上式代入式(6.6),得

$$\frac{dV}{V}=\frac{dMa}{Ma}\left[1-\frac{\frac{k-1}{2}Ma^2}{1+\frac{k-1}{2}Ma^2}\right] \tag{6.7}$$

将式(6.7)代入微分方程式(6.5),得

$$d\theta=-\frac{\sqrt{Ma^2-1}\,dMa}{2Ma^2\left(1+\frac{k-1}{2}Ma^2\right)}$$

积分后

$$\theta = -\sqrt{\frac{k+1}{k-1}}\arctan\sqrt{\frac{k-1}{k+1}(Ma^2-1)} + \arctan\sqrt{Ma^2-1} + C_1$$

式中,C_1 为积分常数。

令
$$\nu(Ma) = \sqrt{\frac{k+1}{k-1}}\arctan\sqrt{\frac{k-1}{k+1}(Ma^2-1)} - \arctan\sqrt{Ma^2-1} \tag{6.8}$$

则
$$\theta = -\nu(Ma) + C_1$$

式中,$\nu(Ma)$ 称为普朗特-迈耶函数,对于空气,$k=1.4$,$\nu(Ma)$ 的变化规律如图 6.7 所示。

因此气流马赫数与气流方向角之间的关系为
$$\theta + \nu(Ma) = C_1 \tag{6.9a}$$

对于右伸波,有
$$\theta - \nu(Ma) = C_2 \tag{6.9b}$$

式中的积分常数取决于起始马赫数与气流方向角,即
$$\theta_1 \pm \nu(Ma_1) = \theta_2 \pm \nu(Ma_2) \tag{6.10}$$

"+"号对应于左伸波,"−"对应于右伸波。

若 $Ma_1 = 1$,显然 $\nu(Ma_1) = 0$,且以 Ma_1(即来流)的方向为基准,即当 $\theta_1 = 0°$ 时,由式 (6.10)对于左伸波,得
$$\nu(Ma_2) = \theta_1 - \theta_2 = -\delta$$

可见普朗特-迈耶角就是气流由声速气流膨胀到 $Ma(Ma>1)$ 时气流所折转的角度,如图 6.8 所示。

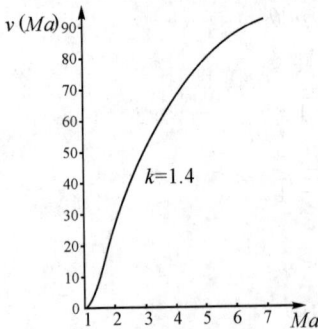

图 6.7　普朗特-迈耶函数随马赫数的变化

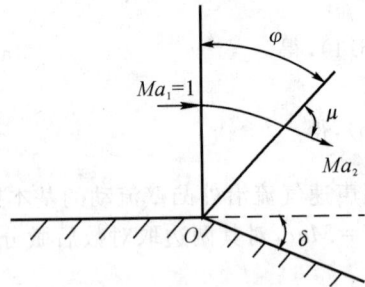

图 6.8　扇形区的大小

当气流由声速膨胀加速到马赫数为无穷大时,气流须折转的角度为
$$\nu(Ma) = \nu(Ma_{max}) = \frac{\pi}{2}\left(\sqrt{\frac{k+1}{k-1}} - 1\right)$$

对空气,$k=1.4$,则
$$\nu(Ma_{max}) = 130°27'$$

如图 6.9 所示,超过 θ_{max} 时就会在局部区域出现真空。可见普朗特-迈耶函数的确代表一个角度。最大的普朗特-迈耶角是将气流绕外凸壁由声速膨胀加速到马赫数为无穷大时,气流的最大折转角。显然,$\nu(Ma_{max})$ 只是一个理论上的极限值。

由式(6.10)可以看出,在给定波前气流参数的情况下,只要知道壁面的总折转角 δ,就可以确定 $\nu(Ma_2)$,从而可确定波后气流的 Ma_2(或 λ_2)以及其他气流参数。因此可以推论:超声速气流绕外凸壁流动时,气流参数的总变化只决定于波前气流参数和气流总的折转角度,而与气流的折转方式无关。即不论一次折转,还是分两次或多次折转,只要总折转角度相同,其最后的气流参数值必定相等。

附录表 3 给出了普朗特-迈耶函数随 λ 或 Ma 的变化数值表。实际上,对于空气,$k=1.4$,

取一系列 Ma 代入式(6.8),即可得 $\nu(Ma)$。编写计算机程序,很容易列出该函数表,但若已知 $\nu(Ma)$,则需要迭代计算才能求出 Ma。

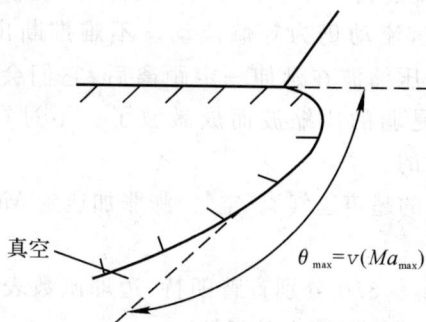

图 6.9 超声速气流膨胀的极限情况

图 6.8 中还给出了马赫角的极角的大小。马赫角的极角定义为气流从声速膨胀到某个马赫数时,膨胀波扇形区所张的角度,用 φ 表示。如果已知波前、后的马赫数,则可计算出马赫角 μ,再根据几何关系可以求出马赫角的极角 φ。如果超声速来流马赫数为 Ma_1,则根据 Ma_1 和 Ma_2 分别求出相应的极角 φ_1 和 φ_2,则可得超声速气流绕外凸壁面流动所产生的扇形区的大小为

$$\Delta\varphi = \varphi_2 - \varphi_1$$

另一方面,根据通过膨胀波前后的连续方程可以得出流线方程,留给读者自行推导。

例 6.1 设平面超声速喷管出口处气流马赫数 $Ma_1 = 1.4$,压强 $p_1 = 1.25 \times 10^5$ Pa,外界大气压强 $p_a = 1.0 \times 10^5$ Pa。求气流经膨胀波后的 Ma_2 及气流的折转角 δ。

解 由膨胀波表查得,当 $Ma = 1.4$ 时,$\nu(Ma_1) = 9°$,$\pi(Ma_1) = p_1/p^* = 0.314$。因为超声速气流排到大气中,所以气流的压强也膨胀到大气压强,即 $p_2 = p_a$,则

$$\frac{p_2}{p^*} = \frac{p_a}{p_1}\frac{p_1}{p^*} = \frac{1}{1.25} \times 0.314 = 0.251\ 2$$

查气动函数表,得

$$Ma_2 = 1.557$$

查膨胀波表,得

$$\nu(Ma_2) = 13.6°$$

以喷管上半部为例,出口处的膨胀波系为右伸波,则

$$\delta = \theta_2 - \theta_1 = \nu(Ma_2) - \nu(Ma_1) = 13.5° - 9° = 4.6°$$

即超声速气流向外折转 $\delta = 4.6°$。因为喷管是上、下对称的,则出口气流也是上、下对称的,下边界也向外折转 $4.6°$,如图 6.10 所示。

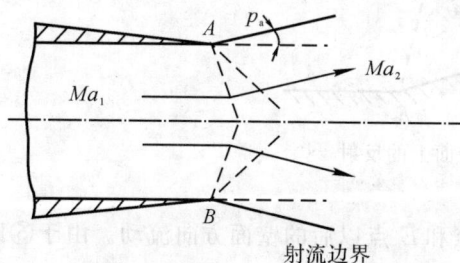

图 6.10 喷管出口的膨胀波

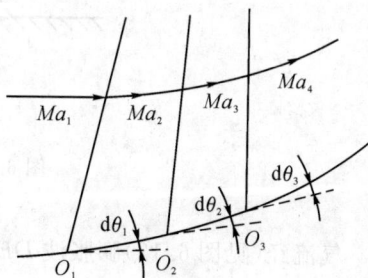

图 6.11 内凹壁面产生的马赫波

需要指出的是,图 6.11 给出的超声速气流沿内凹壁面流动时,只要壁面折转角 $\mathrm{d}\theta$ 无限小,在壁面转折点处就产生微压缩波(也是马赫波)。气流通过弱的压缩波时,气流参

数也将有微小的变化(即气流速度降低、压强和密度、温度均增加),而总参数不变。不难想象,如果超声速气流连续流过具有多个无限小转折角的壁面(见图6.11),则由每个折点必然产生相应的微压缩波,流动仍为等熵流动。不难推断出 $Ma_1 > Ma_2 > Ma_3 \cdots$ 而马赫角 $\mu_1 < \mu_2 < \mu_3 \cdots$ 则各个微压缩波在延伸一定距离后,它们会相交。而很多微压缩波相交成一道波时,它就再也不是弱的压缩波而成激波了。不过在各微压缩波未相交时,气流流经各波的过程仍为等熵的。

例6.2 要将 $Ma_1 = 2.0$ 的超声速气流(空气)膨胀加速到 $Ma_2 = 3.0$,问壁面要折转到多大角度?

解 由 $Ma_1 = 2.0$ 和 $Ma_2 = 3.0$ 分别查普朗特-迈耶函数表得到对应的角度 $\nu(Ma_1) = 26.38°$,$\nu(Ma_2) = 49.76°$,因此壁面需要向外折转

$$\Delta\theta = \theta_2 - \theta_1 = 23.38°$$

6.3 膨胀波的相交与反射

6.3.1 膨胀波在固体壁面上的反射与消波

图6.12所示为一均匀超声速气流沿壁面流动,这时由于壁面外折,在点 A 必产生一束膨胀波,我们用一道波 AB 来表示。均匀的超声速气流经膨胀波 AB 后沿下壁面流动,由于上壁面是直固体壁面,则波后气流方向与上壁面不平行,因而膨胀波 AB 必然在点 B 反射出一道膨胀波。②区气流经反射膨胀波 BC 后进入③区,又沿上壁面方向流动。由于气流在 C 点与下壁面不平行,相当于③区气流在 C 点遇到了一个向外折转的壁面,因此在点 C 又产生一道膨胀波 CD。同理,由于④区气流方向在 D 点与壁面不平行,而再次产生膨胀波 DE。由此可见,膨胀波在固体壁面上反射仍为膨胀波。同理可知,压缩波在固体壁面上反射为压缩波。

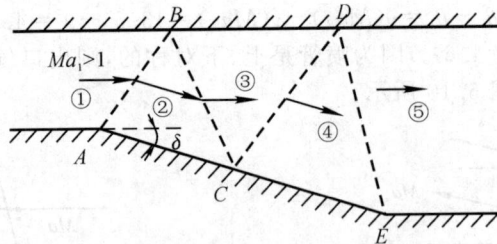

图6.12 膨胀波在固体壁面上的反射

气流经(见图6.12)膨胀波 DE 后,以平行于 D 点和 E 点以后的壁面方向流动。由于⑤区气流方向一致且沿壁面方向,压强也相等,所以在 E 点膨胀波将消失,不再反射。可以利用膨胀波的消失(无反射)来设计超声速喷管。

图6.12中所示各区中的参数可根据式(6.10)逐区计算。如果给定来流的马赫数、静压、静温和壁面折转角 δ,求各区参数。其计算思路如下:

第一步,可以根据 Ma,p_1,T_1 计算出总压、总温。

第二步,根据 Ma_1,查气动函数表得 $\nu(Ma_1)$,然后根据式(6.10),求出左伸波 AB 后的 Ma_2。

由于通过膨胀波总压、总温保持不变,所以可以根据总、静参数与马赫数的关系或气动函数计算出第一道膨胀波后的压强、温度等参数。

第三步,以同样的方法求其他各区的气流参数,并注意到 AB 和 CD 为左伸波,而 BC 和 DE 为右伸波。

6.3.2　膨胀波的相交

如果管道的上、下壁面在 A,B 处都向外转折一个有限角度 δ,则超声速气流流过时,在 A,B 两点处均会产生一束膨胀波,它们的平均马赫波相交于点 C,如图 6.13 所示。超声速气流流过 AC,BC 后,分别向外折转一个角度 δ,沿波后壁面流动。②,③区气流参数分别可按膨胀波计算公式求得。②,③区气流方向不平行而在点 C 又一次膨胀,从而产生膨胀波 CD 和 CE,气流经过这两道波后进入④区和⑤区,气流方向向内折转一个 δ 角,直到④,⑤两区气流方向一致,压强平衡为止。可见膨胀波相交时,在交点处必定又产生两道膨胀波。

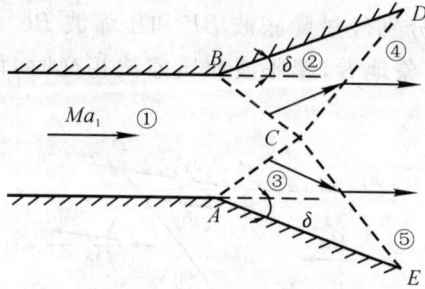

图 6.13　膨胀波的相交

同理可知,压缩波相交后仍然是压缩波。

6.3.3　膨胀波在自由边界上的反射

运动介质与其他介质之间的切向(与速度平行的方向)交界面称为自由边界。自由边界上的特点是接触面两边的压强相等。

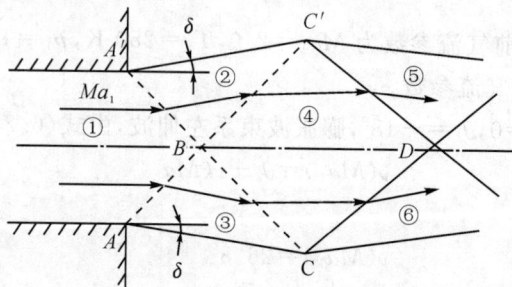

图 6.14　膨胀波在自由边界上的反射

如果喷管出口截面的超声速气流其压强 p_e 大于外界压强 p_a,则在喷管出口产生膨胀波 AB 和 $A'B$(用平均马赫波代替),并交于点 B(见图 6.14)。气流经过膨胀波 AB 和 $A'B$ 后,压强降到外界大气压强 p_a,并向外折转一个角度 δ,AC 和 $A'C'$ 即是自由边界。气流流过点 B 之后必产生膨胀波 BC 和 BC'。②、③区气流经膨胀波 BC,BC' 进入④区;并向内折转角度 δ,且 $p_4 < p_2$(或 p_3),即 $p_4 < p_a$。因为气流到自由边界上必须满足压强相等,所以气流过点 C 和 C' 后,必然受到压缩而产生压缩波,即气流经过压缩波 CD 和 $C'D$ 后,速度降低,压强升高,气流方向向内折转 δ 角。由此可见,膨胀波遇到自由边界时,反射出压缩波。

由以上分析可知,喷管出口之后的无黏性超声速流场是膨胀波和压缩波交替出现的流场,仍可以按逐区计算的方法计算各区的流动参数。

6.3.4 膨胀波与压缩波的相交

如果平面通道的上、下壁面都向上折转无限小角度 $\delta_1 = \delta_2 = \delta$,如图 6.15 所示,则在 AA' 两处必分别产生膨胀波 $A'B$ 和压缩波 AB,两波相交于点 B。在②区和③区内气流均向上偏转 δ 角。虽然这两区气流方向一致,但气流压强不等,即 $p_2 < p_3$。这两股气流平行地流下去是不可能的。在点 B 两股气流相遇后,②区的低压气流将受到③区高压气流压缩,而产生一道压缩波 BC';同时,③区高压气流必向低压气流膨胀,从而产生一道膨胀波 BE。这样,高、低压区分别经过膨胀波 BE 和压缩波 BC' 后进入④区,它们的压强和气流方向都一致了。可以形象地看,膨胀波和压缩波相交时,两波可以相互穿过(波的方向要改变)。

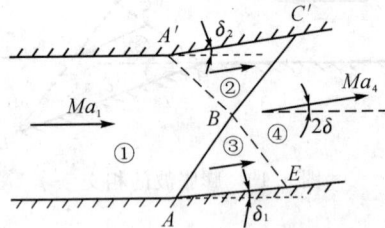

图 6.15 膨胀波与压缩波的相交

研究了上述几种典型的膨胀波的相交与反射问题后,可以总结出处理这类问题的一个重要原则就是:在流场中的同一个区内,气流的方向一致,静压必须相等;不同方向,不同静压的超声速气流相接触必定会产生波。这个原则,在解决其他波的相交与反射问题时,同样也适用。

例 6.3 已知膨胀波前气流参数为 $Ma_1 = 2.0$,$T_1 = 250$ K,$p_1 = 1.8 \times 10^5$ Pa,壁面向外转折 $\delta = 18°$。求膨胀波后的气流参数。

解 以来流为准,$\theta_1 = 0$,$\theta_2 = -18°$,膨胀波束系左伸波,由式(6.2),得

$$\nu(Ma_1) = \theta_2 + \nu(Ma_2)$$

由 $Ma_1 = 2.0$ 查表,得

$$\nu(Ma_1) = 26.5°$$

即

$$\nu(Ma_2) = 18° + 26.5° = 44.5°$$

由膨胀波表查得，当 $\nu(Ma_2)=44.5°$ 时，

$$Ma_2=2.74, \quad \lambda_2=1.898$$

气流通过膨胀波是等熵过程，即 $T_1^*=T_2^*$，$p_1^*=p_2^*$，，由气动函数表，查得

$$\pi(\lambda_1)=0.127\,8, \quad \tau(\lambda_1)=0.555\,4$$
$$\pi(\lambda_2)=0.040\,4, \quad \tau(\lambda_2)=0.399\,5$$

所以

$$T_2=T_2^*\tau(\lambda_2)=\frac{T_1}{\tau(\lambda_1)}\tau(\lambda_2)=\frac{0.399\,5}{0.554\,4}\times250=179.8\ \text{K}$$

$$p_2=p_2^*\pi(\lambda_2)=\frac{\pi(\lambda_2)}{\pi(\lambda_1)}p_1=\frac{0.040\,4}{0.127\,8}\times1.8\times10^5=0.569\times10^5\ \text{Pa}$$

需要注意的是，当壁面折转角 δ 比较大时，或喷管出口截面压强 p_e 比周围大气压强 p_a 大得很多时，就不能用一道平均膨胀波来代替膨胀波束了，而应当用若干膨胀波来求解。在扇形区内取波数愈多，则解的精度愈高，但是计算工作量也将随之加大。

6.4　激波的形成及传播速度

激波是气体在超声速运动过程中最重要的现象之一。它是气体受到强烈压缩后产生的强压缩波，也叫强间断面 *（即两侧气体参数发生间断的面），这种间断称之为激波。气流经过激波后，流速减小，相应的压强、温度和密度均升高。

由于气体经过激波时，气体参数在极短的瞬间和极短的距离内发生极大的变化，因此不但激波厚度很薄，而且参数变化的每一状态不可能是热力学平衡状态。这种过程必然是一个不可逆的耗散过程，因而必然会引起熵的增加，即气体经过激波是一个不可逆的绝热过程。在这个过程中，气体的黏性、热传导占有重要的地位，使得激波内部的结构非常复杂。本教材中研究激波时，都忽略激波的厚度（一般情况下，激波厚度大约是 2.5×10^{-5} cm），只研究激波前后气流参数的变化关系，不讨论其内部的复杂过程。

按照激波的形状，将激波分为以下几种：

(1)正激波：气流方向与波面垂直，如图 6.16(a)所示；

(2)斜激波：气流方向与波面不垂直，如图 6.16(b)所示；

(3)曲线激波：波形为曲线形，例如当超声速气流流过钝头物体时，在物体前面往往产生脱体激波，这种激波就是曲线激波，如图 6.16(c)所示。

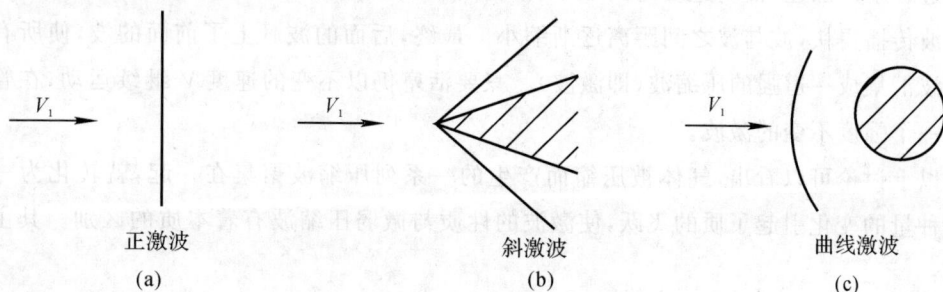

正激波
(a)

斜激波
(b)

曲线激波
(c)

图 6.16　几种激波的示意图

---

* 如果气体参数的各阶导数发生间断，这种情况下间断叫弱间断面。

6. 4. 1　激波的形成

在第 6.1 节中讨论的是微弱压缩波,本节讨论的是强压缩波(或有限强度的扰动波),即激波。但是强压缩扰动波可以看成是由许多微弱压缩波在一定条件下累积形成的。现以活塞在半无限长直管内的加速运动为例来说明激波形成的物理过程。设想将活塞从静止状态加速到某一速度 V 的过程分解为若干阶段,每一阶段活塞只有一个微小的速度增量 ΔV,因而产生微弱的压缩波。当活塞速度从零增加到 ΔV 时,活塞左边的气体先受到压缩,其压强、密度、温度略有提高。所产生的压缩波的传播速度是尚未被压缩的气体中的声速 c_1。由于活塞以速度 ΔV 移动,所以弱压缩波左边的气体被活塞推着也以同样的速度 ΔV 向右移动。经历 1 s 后,压强有微小变化处就是弱压缩波所在位置,如图 6.17(b)所示。

之后,活塞速度由 ΔV 增加到 $2\Delta V$,在管内便产生第二道弱压缩波。第二道弱压缩波的传播速度是 $c_2 + \Delta V$(绝对速度),由于该波是在第一道压缩波后的气流中传播,因此 $c_2 > c_1$,可见第二道波的传播速度必大于第一道波的传播速度,到第二秒末,管内气体压强分布如图 6.17(c)所示。

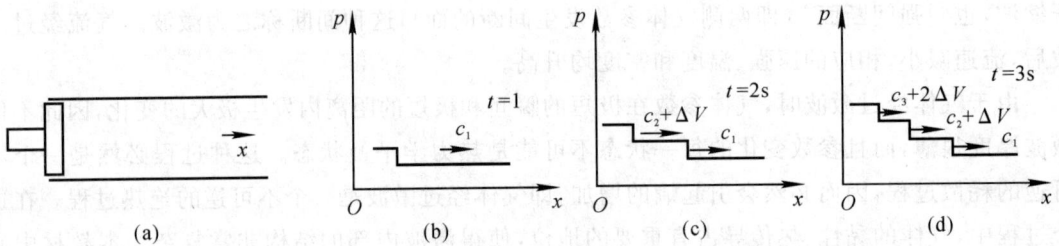

图 6.17　激波的形成

依此类推,活塞每加速一次,在管内就多一道微弱压缩波(见图 6.17(d)),每道波总是在经过前几次压缩后的气体中以当地声速相对于气体向右传播。气体每受到一次压缩,声速便增大一次,而且随活塞速度的增大,活塞附近的气体跟随活塞一起向右移动的速度也增加,所以后面产生的微弱压缩波的传播速度必定比前面的快。

经过若干次加速,活塞速度达到了 V,在管内形成了若干道微弱压缩波,因为后面的波比前面的波传播得快,波与波之间距离逐渐缩小。最终,后面的波赶上了前面的波,使所有这些微压缩波汇集成一道强的压缩波(即激波)。只要活塞仍以不变的速度 V 继续运动,在管内就能维持一个强度不变的激波。

从以上讨论可以看出,气体被压缩而产生的一系列压缩波聚集在一起,就转化为一道激波。这种量的变化引起了质的飞跃,使激波的性质与微弱压缩波有着本质的区别。其主要表现如下:

(1)激波是强压缩波,经过激波的气流参数变化是突跃的;

(2)气体经过激波受到突然、强烈地压缩,必然在气体内部造成强烈的摩擦和热传导,因此气流经过激波是绝能不等熵流动;

（3）激波的强弱与气流受压缩的程度（或扰动的强弱）有直接关系。

6.4.2　激波的传播速度

现以在管内产生的激波为例，导出激波的传播速度。

图 6.18(a)表示由于活塞的加速运动，在管内气体中形成的激波在某一瞬时的位置。用 V_s 和 V_B 分别代表激波传播速度和激波后气体向右的运动速度，即活塞向右移动的速度。为了把非定常流动转化为定常流动，和讨论声速的情况一样，在以激波速度 V_s 运动的相对坐标系中，激波相对于观察者是静止的，而整个流动则为定常的流动，图 6.18(b)表示在相对坐标系中，定常流动的气体参数分布情况。取激波运动方向为 x 的方向，则激波前气流运动速度为 $-V_s$，而波后的气流速度则为 $-(V_s-V_B)$，沿激波前后波面取控制体（即图 6.18(b)中的虚线）。波前为 1 区，波后为 2 区，管道横截面积为 A。对控制体沿 x 方向应用动量方程，得

$$A(p_2-p_1)=q_m\left[-(V_s-V_B)-(-V_s)\right] \tag{a}$$

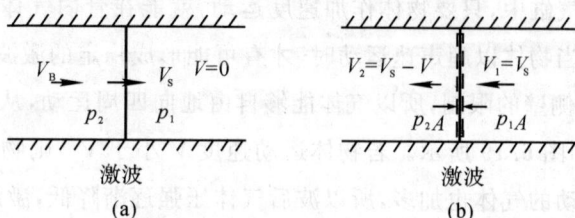

图 6.18　激波传播速度推导用图

由连续方程，可得

$$q_m=\rho_1 V_s A=\rho_2(V_s-V_B)A \tag{b}$$

即

$$V_B=\frac{\rho_2-\rho_1}{\rho_2}V_s \tag{c}$$

由式(a)、式(b)，可得

$$A(p_1-p_2)=A\rho_1 V_s\left[(V_s-V_B)-V_s\right]$$

或

$$V_s V_B=\frac{p_2-p_1}{\rho_1} \tag{d}$$

将式(c)代入式(d)，可得

$$V_s=\sqrt{\frac{p_2-p_1}{\rho_2-\rho_1}\frac{\rho_2}{\rho_1}}=\sqrt{\frac{p_1}{\rho_1}\frac{\frac{p_2}{p_1}-1}{1-\frac{\rho_1}{\rho_2}}}=c_1\sqrt{\frac{\frac{p_2}{p_1}-1}{k\left(1-\frac{\rho_1}{\rho_2}\right)}} \tag{6.11}$$

代入式(d)，可得

$$V_B=\sqrt{\frac{(p_2-p_1)(\rho_2-\rho_1)}{\rho_1\rho_2}}=\sqrt{\frac{p_1}{\rho_1}\left(\frac{p_2}{p_1}-1\right)\left(1-\frac{\rho_1}{\rho_2}\right)} \tag{6.12}$$

从式(6.11)可以看出激波的传播速度与激波前、后的气流参数间的关系。显然随着激波强度的增加(即 p_2/p_1 或 ρ_2/ρ_1 的值加大),激波的传播速度也增加。若激波强度很弱很弱(即 $p_2/p_1 \to 1$,或 $\rho_2/\rho_1 \to 1$),此时激波已成为微弱压缩波,波前、波后的气体参数变化关系为等熵关系。例如,式(6.11)中,

$$\frac{p_2-p_1}{\rho_2-\rho_1} = \frac{\Delta p}{\Delta \rho} \to \left(\frac{\mathrm{d}p}{\mathrm{d}\rho}\right)_s = c^2, \quad \frac{\rho_2}{\rho_1} \to 1$$

所以

$$V_s \to \sqrt{\left(\frac{\mathrm{d}p}{\mathrm{d}\rho}\right)_s} = c$$

可见,当激波很弱时,其传播速度为声速,这时激波已转化为微压缩波了。若激波无限增强时,即 $\dfrac{p_2}{p_1} \to \infty$,$\dfrac{\rho_2}{\rho_1} \to \dfrac{k+1}{k-1}$(参看后文介绍的朗金-雨贡纽关系式),由式(6.11)可以推出 $V_s \to \infty$。可见,随激波强度的增加,激波的传播速度加大,当激波无限增加时,其传播速度趋向无限大;实际中所产生的激波强度增加是有限的,因此,激波是以一定的超声速的速度在气体中传播的。

在图6.17所示的气缸中,只要物体作加速度运动,就能在管内气体中产生激波。当物体在大气中运动时,只有当物体以超声速运动时,才有可能形成稳定的激波。因为波后气流没有像图6.17(a)所示气缸侧壁的限制,所以气体能够自由地向四周运动,从而使得波后气体压强降低,激波强度减弱,如图6.19所示。若物体运动速度 V 小于 V_s,则物体与激波间的距离逐渐加大,波后向四周运动的气体也加多,所以波后气体压强逐渐降低,激波逐渐减弱,直到最后消失。只有物体的运动速度与激波传播速度相同时,才能维持物体与激波之间相对位置不变,而形成稳定的激波。在图6.19所示中,在物体上、下两侧较远处,因为波后气流压强的沟通,故激波强度随气体横向流动而越来越弱,从而形成曲面激波,通常为弓形波。

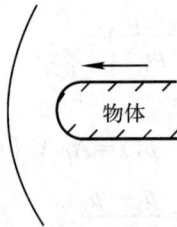

图 6.19 空中运动的物体前产生的曲面激波

例 6.4 设长管中静止空气的参数为 $p_1 = 9.81 \times 10^4$ Pa,$\rho_1 = 1.225$ kg/m³,$T_1 = 288$ K。经活塞压缩后,在气体中产生一道激波,波后空气的参数为 $p_2 = 1.765 \times 10^5$ Pa,$\rho_2 = 1.85$ kg/m³。求激波的传播速度和激波后空气的运动速度,并与气体中的声速比较。

解 由式(6.11)和式(6.12),可得

$$V_s = \sqrt{\frac{(p_2-p_1)}{(\rho_2-\rho_1)}\frac{\rho_2}{\rho_1}} = \sqrt{\frac{(1.765-0.981)\times10^5\times1.85}{(1.85-1.225)\times1.225}} = 435 \text{ m/s}$$

$$V_B = \sqrt{\frac{(p_2 - p_1)(\rho_2 - \rho_1)}{\rho_1 \rho_2}} = \sqrt{\frac{(1.765 - 0.981) \times 10^5 \times (1.85 - 1.225)}{1.225 \times 1.85}} = 147 \ \text{m/s}$$

而激波前气体中的声速为

$$c_1 = \sqrt{kRT_1} = \sqrt{1.4 \times 287.06 \times 288} = 340 \ \text{m/s}$$

由此例题可以看出,激波传播速度大于激波前气体中的声速,即激波传播速度大于微压缩波在气体中的传播速度。

6.4.3　斜激波的形成

当超声速气流被压缩时,即当超声速气流沿内凹壁流动,或自低压区流向高压区时,就会在折转点产生强压缩波即激波。实际上,当超声速气流流过内凹的曲壁时(见图 6.20),曲壁上的每一个点都相当于一个折点,而每一个折点都发出一道微弱压缩波。如果把曲壁 O_1O_2 逐渐靠近,极限情况下 O_2 与 O_1 重合,即形成了如图 6.21 所示的情况,这些微弱的压缩波聚集在一起,就形成一道斜激波。

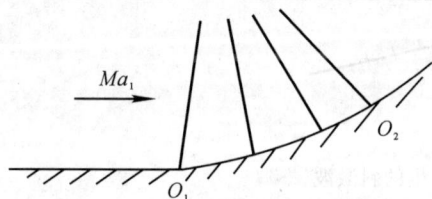

图 6.20　超声速气体绕内凹壁流动的激波　　　　　图 6.21　压缩波聚集成的激波

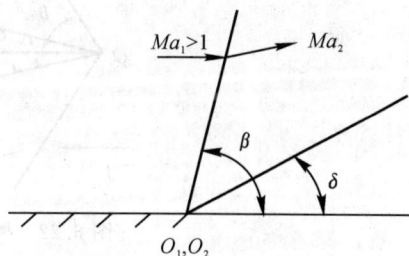

斜激波波面与波前来流方向的夹角定义为激波角,用 β 表示,如图 6.21 所示。

当 $\beta = 90°$ 时,斜激波变为正激波,激波强度最大。

当 $\beta = \arcsin\dfrac{1}{Ma_1}$ 时,激波退化为马赫波,且激波强度最小。一般斜激波的激波角 β 变化范围为

$$\arcsin\frac{1}{Ma_1} < \beta < \frac{\pi}{2}$$

6.5　激波计算公式

6.5.1　激波前、后参数之间的关系

对于超声速气流流过如图 6.22 所示的半顶角为 δ 的楔形体,在 O 点产生一道斜激波,经过斜激波后,气流折转 δ 角而沿楔面流动。沿斜激波取控制体 11—22,将激波前、后气流速度分解为平行于波面的分量 V_{1t},V_{2t} 和垂直于波面的分量 V_{1n},V_{2n}。对所取的控制体可写出下列

基本方程:

连续方程
$$\rho_1 V_{1n} = \rho_2 V_{2n} \tag{6.13}$$

动量方程:法向
$$p_1 - p_2 = \rho_1 V_{2n}^2 - \rho_1 V_{1n}^2 \tag{6.14}$$

切向
$$\rho_1 V_{1n} V_{1t} = \rho_2 V_{2n} V_{2t} \tag{}$$

即
$$V_{1t} = V_{2t} \tag{6.15}$$

能量方程
$$c_p T_1 + \frac{V_1^2}{2} = c_p T_2 + \frac{V_2^2}{2} \tag{6.16}$$

或
$$c_p T_1 + \frac{V_{1n}^1}{2} = c_p T_2 + \frac{V_{2n}^2}{2} \tag{6.17}$$

状态方程
$$p = \rho R T \tag{6.18}$$

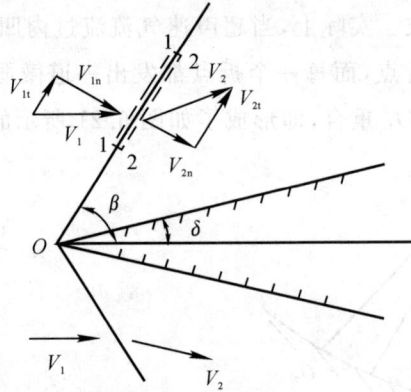

图 6.22 楔形体前产生的斜激波

由式(6.13)~式(6.17)可以看出,超声速气流经过斜激波时,气流平行于波面的切向分速度不变,而法向分速度则要减小,且气流向着波面折转。

显然,对于正激波,$V_{1t} = V_{2t} = 0$。因此,将以上各式中的法向分速度换成速度 V,则得到正激波前后的基本关系式为

$$\rho_1 V_1 = \rho_2 V_2 \tag{6.19}$$

$$p_1 - p_2 = \rho_2 V_2^2 - \rho_1 V_1^2 \tag{6.20}$$

$$V_{1t} = V_{2t} = 0 \tag{6.21}$$

$$c_p T_1 + \frac{V_1^2}{2} = c_p T_2 + \frac{V_2^2}{2} \tag{6.22}$$

6.5.2 基本方程

1. 朗金-雨贡纽关系式

朗金-雨贡纽(Rankine-Hugoniot)关系式揭示了激波前后压强比、密度比、温度比之间的关系。从斜激波前后的连续方程、动量方程和能量方程式(6.13)~式(6.18)可导出朗金-雨贡纽关系式。

将状态方程式(6.18)代入能量方程式(6.17),得

$$\frac{k}{k-1}\left(\frac{p_2}{\rho_2} - \frac{p_1}{\rho_1}\right) = \frac{1}{2}(V_{1n}^2 - V_{2n}^2) \tag{a}$$

又根据动量方程式(6.14)和连续方程式(6.13),得

$$p_2 - p_1 = \rho_1 V_{1n}^2 - \rho_2 V_{2n}^2 = \rho_1 V_{1n}^2 \left(1 - \frac{\rho_1}{\rho_2}\right)$$

解得

$$V_{1n}^2 = \frac{p_2 - p_1}{\rho_2 - \rho_1} \frac{\rho_2}{\rho_1} \tag{b}$$

同理可得

$$V_{2n}^2 = \frac{p_2 - p_1}{\rho_1 - \rho_2} \frac{\rho_1}{\rho_2} \tag{c}$$

将式(b)、式(c)两式代入式(a),得

$$\frac{2k}{k-1}\left(\frac{p_2}{\rho_2} - \frac{p_1}{\rho_1}\right) = \frac{p_2 - p_1}{\rho_2 - \rho_1}\left(\frac{\rho_2}{\rho_1} - \frac{\rho_1}{\rho_2}\right)$$

最后化简,解得

$$\frac{p_2}{p_1} = \frac{(k+1)\dfrac{\rho_2}{\rho_1} - (k-1)}{(k+1) - (k-1)\dfrac{\rho_2}{\rho_1}} \tag{6.23a}$$

类似地,有

$$\frac{\rho_2}{\rho_1} = \frac{(k+1)\dfrac{p_2}{p_1} + (k-1)}{(k+1) + (k-1)\dfrac{p_2}{p_1}} \tag{6.23b}$$

$$\frac{T_2}{T_1} = \frac{\dfrac{p_2}{p_1}\left[(k+1) + (k-1)\dfrac{p_2}{p_1}\right]}{(k+1)\dfrac{p_2}{p_1} + (k-1)} \tag{6.23c}$$

以上三式称为朗金-雨贡纽关系式。三式中均不包含激波角 β。即对任一激波,其一定的压强比对应着一定的密度比和温度比。以上三式既适合于斜激波,也适合于正激波。

图 6.23 给出了等熵绝热压缩过程曲线和激波压缩曲线,比较两条曲线可得如下结论:

(1)对于微弱压缩波(即当 $p_2/p_1 = 1$ 时),这两条曲线都可得到 $\rho_2/\rho_1 = 1$,即只有对微弱压缩波,不等熵压缩过程才无限接近等熵压缩过程。两条曲线在点(1,1)处的斜率相等。

(2)当激波强度 p_2/p_1 无限增大时,激波前后的密度比 ρ_2/ρ_1 最多增加到 $(k+1)/(k-1)$,而对于等熵绝热压缩过程,理论上 ρ_2/ρ_1 可以足够大。

(3)由图 6.23 可以看出,若压缩前气体状态相同,压缩到相同的 p_2/p_1,经过激波压缩的 ρ_2/ρ_1 小于等熵压缩的 ρ_2/ρ_1,即等熵压缩比激波压缩更有效。

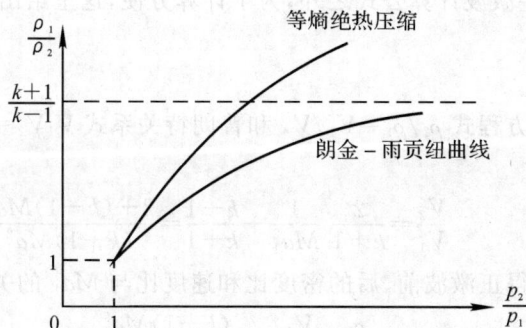

图 6.23　等熵压缩与激波压缩比较

2. 普朗特关系式

普朗特 Prandtl 关系式反映了激波前、后速度的关系。由基本方程式(6.13)和式(6.14),可得

$$V_{1n} - V_{2n} = \frac{p_2}{\rho_2 V_{2n}} - \frac{p_1}{\rho_1 V_{1n}} \tag{a}$$

将式(6.18)代入能量方程式(6.16),得

$$\frac{k}{k-1} \frac{p_1}{\rho_1} + \frac{V_1^2}{2} = \frac{k}{k-1} \frac{p_2}{\rho_2} + \frac{V_2^2}{2} = \frac{kRT^*}{k-1} = \frac{k+1}{2(k-1)} c_{cr}^2 \tag{b}$$

由式(b)可解得

$$\frac{p_1}{\rho_1} = \frac{k+1}{2k} c_{cr}^2 - \frac{k-1}{2k} V_1^2 \tag{c}$$

$$\frac{p_2}{\rho_2} = \frac{k+1}{2k} c_{cr}^2 - \frac{k-1}{2k} V_2^2 \tag{d}$$

将式(c)、式(d)代入式(a),整理后得

$$V_{1n} V_{2n} = c_{cr}^2 - \frac{k-1}{k+1} V_t^2 \tag{6.24}$$

式(6.24)称为普朗特关系式。

对于正激波,$V_t = 0$,普朗特关系式为

$$V_1 V_2 = c_{cr}^2$$

或 $$\lambda_1 \lambda_2 = 1 \tag{6.25}$$

因为正激波前气流的速度因数 $\lambda_1 > 1$,由式(6.25)可见,波后的速度因数 $\lambda_2 < 1$,即相对于正激波,波后的气流永远是亚声速的。同理,对斜激波波前气流的法向分速度必定是超声速的,波后的法向分速度则是亚声速的。但斜激波后的合成速度可能是超声速的,也可能是亚声速的。

例 6.5 利用动量方程证明式(6.25)。

证明 对围绕正激波所取的控制体写出动量方程,忽略控制体侧面上的黏性力,根据

$$F_i = \frac{k+1}{2k} c_{cr} q_m [z(\lambda_2) - z(\lambda_1)]$$

因为 $F_i = 0$,故可得 $z(\lambda_2) = z(\lambda_1)$,此方程有两个解,即 $\lambda_2 = \lambda_1$ 和 $\lambda_1 \lambda_2 = 1$。其中第一个解对正激波无意义,而第二个解即为式(6.25)。

6.5.3 激波计算公式

除了上面给出的一些激波计算公式之外,为了计算方便,这里给出另外一些常用的激波计算公式。

1. 正激波参数计算

对于正激波,由连续方程式 $\rho_2/\rho_1 = V_1/V_2$ 和普朗特关系式 $V_1 V_2 = c_{cr}^2$ 联立,可导出如下关系式:

$$\frac{V_2}{V_1} = \frac{2}{k+1} \frac{1}{Ma_1^2} + \frac{k-1}{k+1} = \frac{2 + (k-1)Ma_1^2}{(k+1)Ma_1^2} \tag{a}$$

再将式(a)代入连续方程得正激波前、后的密度比和速度比与 Ma_1 的关系,即

$$\frac{\rho_2}{\rho_1} = \frac{V_1}{V_2} = \frac{(k+1)Ma_1^2}{2 + (k-1)Ma_1^2} \tag{6.26}$$

由动量方程式(6.20)、连续方程式(6.19)、状态方程和式(a)联立,可得

$$\frac{p_2}{p_1} = \frac{2k}{k+1}Ma_1^2 - \frac{k-1}{k+1} \tag{6.27}$$

由式(6.18)、式(6.26)、式(6.27),可得

$$\frac{T_2}{T_1} = \frac{1}{Ma_1^2}\left(\frac{2}{k+1}\right)^2\left(kMa_1^2 - \frac{k-1}{2}\right)\left(1 + \frac{k-1}{2}Ma_1^2\right) \tag{6.28}$$

由式(6.26)~式(6.28)可以看出,当 $Ma_1 \geqslant 1$ 时, $\frac{p_2}{p_1} \geqslant 1$, $\frac{\rho_2}{\rho_1} \geqslant 1$, $\frac{T_2}{T_1} \geqslant 1$,即激波过程一定是压缩过程,气流经过激波后,压强、温度和密度增大。进一步还可以看出,对于正激波,当比热比 k 一定时,激波前后的密度比、压强比和温度比只决定于来流的马赫数,来流马赫数越大,激波越强。当来流马赫数趋近于 1 时, p_2/p_1, ρ_2/ρ_1, T_2/T_1 趋近于 1,此时激波退化为马赫波。

气流通过激波为绝能流动,即总温保持不变,因此

$$\frac{T_2}{T_1} = \frac{T_2/T^*}{T_1/T^*} = \frac{1 + \frac{k-1}{2}Ma_1^2}{1 + \frac{k-1}{2}Ma_2^2} \tag{6.29}$$

对于正激波,将式(6.28)代入式(6.29),得激波前、后马赫数之间的关系为

$$Ma_2^2 = \frac{Ma_1^2 + \frac{2}{k-1}}{\frac{2k}{k-1}Ma_1^2 - 1} \tag{6.30}$$

由式(6.30)可见, $Ma_1 > 1$,必有 $Ma_2 < 1$;再次证明了正激波后一定是亚声速的。 Ma_1 愈大, Ma_2 则愈小,激波压缩也愈强。

根据总、静参数与 Ma 的关系,即

$$\frac{p_2^*}{p_2} = \left(1 + \frac{k-1}{2}Ma_2^2\right)^{\frac{k}{k-1}} \tag{b}$$

$$\frac{p_1^*}{p_1} = \left(1 + \frac{k-1}{2}Ma_1^2\right)^{\frac{k}{k-1}} \tag{c}$$

得

$$\frac{p_2^*}{p_1^*} = \frac{p_2^*}{p_2}\frac{p_2}{p_1}\frac{p_1}{p_1^*} \tag{d}$$

将式(b)、式(c)和式(6.27)代入式(d),得正激波前、后的总压比为

$$\sigma = \frac{p_2^*}{p_1^*} = \frac{\left[\frac{(k+1)Ma_1^2}{2+(k-1)Ma_1^2}\right]^{\frac{k}{k-1}}}{\left[\frac{2k}{k+1}Ma_1^2 - \frac{k-1}{k+1}\right]^{\frac{1}{k-1}}} \tag{6.31}$$

气体通过激波,熵的变化为

$$s_2 - s_1 = -R\ln\frac{p_2^*}{p_1^*} \tag{6.32}$$

显然有

$$s_2 - s_1 > 0$$

即通过激波,气体的熵必增大。超声速气流经过激波时,气流受到剧烈的压缩,在激波内部存在着剧烈的热传导和黏性作用,该过程是个不可逆的绝热压缩过程,气流做功能力下降,熵增加。

2. 斜激波前、后参数的计算

由图 6.22 所示的几何关系可以看出,斜激波前的法向马赫数 $Ma_{1n}=Ma_1\sin\beta$,将 Ma_{1n} 代替式(6.26)~式(6.28)中的 Ma_1,可得到斜激波前、后的关系式,即

$$\frac{\rho_2}{\rho_1}=\frac{(k+1)Ma_1^2\sin^2\beta}{2+(k-1)Ma_1^2\sin^2\beta} \tag{6.33}$$

$$\frac{p_2}{p_1}=\frac{2k}{k+1}Ma_1^2\sin^2\beta-\frac{k-1}{k+1} \tag{6.34}$$

$$\frac{T_2}{T_1}=\frac{1}{Ma_1^2\sin^2\beta}\left(\frac{2}{k+1}\right)^2\left(kMa_1^2\sin^2\beta-\frac{k-1}{2}\right)\left(1+\frac{k-1}{2}Ma_1^2\sin^2\beta\right) \tag{6.35}$$

显然,对于斜激波,波前、后的密度比、压强比和温度比只决定于波前的法向马赫数,波前的法向马赫数越大,激波也愈强。

将式(6.35)代入式(6.29)等号的左边,经整理可得

$$Ma_2^2=\frac{Ma_1^2+\dfrac{2}{k-1}}{\dfrac{2k}{k-1}Ma_1^2\sin^2\beta-1}+\frac{Ma_1^2\cos^2\beta}{\dfrac{k-1}{2}Ma_1^2\sin^2\beta+1} \tag{6.36}$$

显然,当来流马赫数一定时,随着激波角 β 的增加,波后的马赫数减小。

将 $Ma_{1n}=Ma_1\sin\beta$ 代替式(6.31)中的马赫数,可得斜激波前、后的总压比为

$$\frac{p_2^*}{p_1^*}=\frac{\left[\dfrac{(k+1)Ma_1^2\sin^2\beta}{2+(k-1)Ma_1^2\sin^2\beta}\right]^{\frac{k}{k-1}}}{\left[\dfrac{2k}{k+1}Ma_1^2\sin^2\beta-\dfrac{k-1}{k+1}\right]^{\frac{1}{k-1}}} \tag{6.37}$$

由式(6.36)和式(6.37)可以看出,随着斜激波前的法向马赫数的增大,通过激波的总压恢复因数 $\sigma=p_2^*/p^*$ 下降,即激波越强,通过激波损失越大;当 $Ma_1\sin\beta=1$ 时,$p_2^*=p_1^*$,此时激波退化为弱压缩波。通过斜激波的熵仍可按式(6.32)计算。

通过斜激波,气流的方向必有折转。事实上,斜激波的强度除了取决于 Ma_1 和波前状态外,还取决于通过激波气流的偏转角。很显然,当 Ma_1 及波前状态不变时,波后气流偏转角越大,激波强度也越大(即对来流的压缩也越强)。所以,对于斜激波来说,除 Ma_1 及波前状态之外,尚须给定气流偏转角 δ 与激波角 β 之间的关系,即建立 Ma_1,δ 和 β 的关系式。根据图6.22所示的几何关系,考虑到 $V_{1t}=V_{2t}$,可得

$$\frac{V_{2n}}{V_{1n}}=\frac{\tan(\beta-\delta)}{\tan\beta} \tag{6.38}$$

将式(6.13)及式(6.33)代入式(6.38),得

$$\frac{\tan(\beta-\delta)}{\tan\beta}=\frac{\rho_1}{\rho_2}=\frac{2}{k+1}\frac{1}{Ma_1^2\sin^2\beta}+\frac{k-1}{k+1} \tag{a}$$

由三角函数公式

$$\tan(\beta-\delta)=\frac{\tan\beta-\tan\delta}{1+\tan\beta\tan\delta} \tag{b}$$

将式(b)代入式(a),化简可得

$$\tan \delta = \frac{Ma_1^2 \sin^2 \beta - 1}{\left[Ma_1^2 \left(\dfrac{k+1}{2} - \sin^2 \beta\right) + 1\right]\tan\beta} \tag{6.39}$$

式(6.39)表示,附体斜激波的波后气流折转角 δ 与来流 Ma_1 和激波角 β 有关,对于一定的气体,三个变量 Ma_1,δ 和 β,已知其中任意两个,则可求出第三个。通常 Ma_1 和 δ 是已知的,于是可确定 β。

从式(6.39)可以推出如下参数变化规律:

(1)当 $\delta = 0$ 时,$Ma_{1n} = Ma_1 \sin \beta = 1$。说明此斜激波已退化成弱的压缩波了,$\beta \to \mu$(马赫角)。

(2)当 Ma_1 和 δ(即楔形角)一定时,可以解出两个大小不同的激波角 β_1 和 β_2。它们代表两个强度不等的斜激波。

例 6.6 超声速皮托管(总压管)测量高速气流中的马赫数和流速。

解 在高速气流中,皮托管前驻点上的密度与来流密度相比有较大的增量。若来流为定常亚声速气流,则可由皮托管总静压孔,测出 p^* 及 p,并根据 p^*,p 与 Ma 的关系式求出 Ma。要计算流速,尚须测量出驻点温度。对定常的超声速流动,皮托管只能测出波后总压 p_2^*,欲由此计算气流 Ma,尚须测出波前压强 p_1。

首先对流动过程进行分析,然后根据相互关系进行求解。气流由图 6.24 中的点 1 到点 2 通过激波的流动过程是一绝热过程,由点 2 到点 3 为一等熵过程,由于探头点 3 是驻点,故该点压强相当于激波后气流的滞止压强 p_2^*。

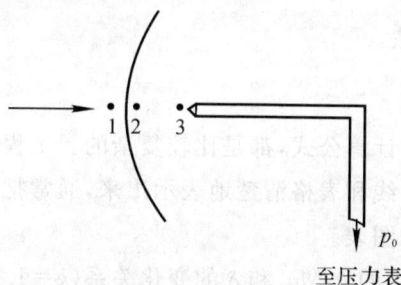

图 6.24　用皮托管测量超声速流中的参数

气流经过正激波后,压强与马赫数的变化关系为

$$\frac{p_2}{p_1} = \frac{2k}{k+1}Ma_1^2 - \frac{k-1}{k+1}$$

波后总压 p_2^* 与波前压强 p_1 的关系,可写成

$$\frac{p_2^*}{p_1} = \frac{p_2^*}{p_2}\frac{p_2}{p_1} = \left(1 + \frac{k-1}{2}Ma_2^2\right)^{\frac{k}{k-1}}\left(\frac{2k}{k+1}Ma_1^2 - \frac{k-1}{k+1}\right)$$

利用激波前、后马赫数之间的关系式(6.30),上式可写成

$$\frac{p_2^*}{p_1} = \left(\frac{k+1}{2}Ma_1^2\right)^{\frac{k}{k-1}}\left(\frac{2k}{k+1}Ma_1^2 - \frac{k-1}{k+1}\right)^{-\frac{1}{k-1}} \tag{6.40}$$

测出 p_2^* 和 p_1 后,由式(6.40)可计算出波前马赫数,要计算流速,还须测量出驻点温度。

例 6.7 已知 $\rho_1 = 1.6$ kg/m³,$p_1 = 68.95 \times 10^3$ Pa 的完全气体经正激波后,速度从 $V_1 = 456$ m/s 降低到 $V_2 = 152$ m/s。试求气体的比热比 k。

解 根据正激波关系式,可得

$$\rho_2 = \rho_1 \frac{V_1}{V_2} = 1.6 \times \frac{456}{152} = 4.8 \text{ kg/m}^3$$

由动量方程

$$p_1 - p_2 = \rho_2 V_2^2 - \rho_1 V_1^2$$

得

$$p_2 = p_1 - \rho_2 V_2^2 + \rho_1 V_1^2 =$$
$$68.95 \times 10^3 - 4.8 \times 152^2 + 1.6 \times 456^2 =$$
$$2.907\ 5 \times 10^5 \text{ Pa}$$

由能量方程

$$c_p T_1 + \frac{V_1^2}{2} = c_p T_2 + \frac{V_2^2}{2}$$

得

$$\frac{k}{k-1} \frac{p_1}{\rho_1} + \frac{V_1^2}{2} = \frac{k}{k-1} \frac{p_2}{\rho_2} + \frac{V_2^2}{2}$$

即

$$\frac{k}{k-1}\left(\frac{p_2}{\rho_2} - \frac{p_1}{\rho_1}\right) = \frac{V_1^2 - V_2^2}{2} = \frac{456^2 - 152^2}{2} = 92\ 416$$

进一步解得

$$k = 1.213$$

6.5.4　激波曲线和激波表

1. 激波曲线

在 6.5.3 小节介绍的激波计算公式,都是比较复杂的。工程上为了方便计算,通常是将激波各个参数间的依赖关系用曲线和表格清楚地表示出来,通常把来流 Ma_1 和气流折转角 δ 作为自变量来绘制各激波曲线和图表。

图 6.25 表示了式(6.39)中的 β,Ma_1 和 δ 的变化关系($k=1.4$)。下面仅讨论曲线下半支。从图中曲线可以看出如下的一些规律:

(1)当 $\delta=0$ 时,激波退化为马赫波,即相当于微弱压缩波的情况,β 随来流 Ma_1 的增加而减小(即最下边的曲线)。对于正激波,β 不随来流 Ma_1 改变,当 $\beta=90°$ 时,β 与 Ma_1 的关系曲线为过 $\beta=90°$ 的水平直线。

(2)在相同的 Ma_1 下,当波后气流折转角 δ 一定时,可有两个大小不等的激波角 β。β 越大,p_2/p_1 值越高,表示激波越强。因此 β 大代表强的斜激波,β 小则代表弱的斜激波。实际流动中究竟是弱激波还是强激波视具体情况而定。一般情况下,工程中由于壁面折转产生的附体激波可视为弱激波;当超声速气流从低压区流向高压区时,所产生的激波可能为弱激波也可能为强激波,可根据激波前、后压强比的大小确定。图 6.25 中所示的虚线上方部分为强激波区,虚线下方部分为弱激波区。

(3)对于弱激波区,当 δ 一定时,激波角随着波前来流 Ma_1 的增大而减小。对于强激波区则相反。

(4)当 β 一定时,δ 随 Ma_1 的增加而加大,即要产生相同的激波角,尖楔的角度必须随来流马赫数的增加而增大。

(5)当 Ma_1 一定时,必有一个相应的 δ_{max} 存在。如果 $\delta < \delta_{max}$,则产生附体斜激波,如图6.26

所示。如果 $\delta > \delta_{max}$，则曲线与过 Ma_1 的垂线无交点，即说明式(6.39)此时无解。其物理意义，就是不可能产生附体斜激波而只能产生一个脱体的曲线激波，如图 6.27 所示。

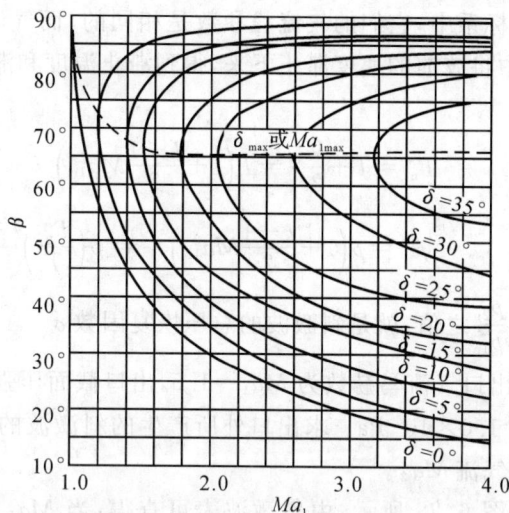

图 6.25　激波角 β 随来流马赫数和气流方向角的变化

（6）当 δ 一定时，存在一个最小的来流 Ma_{1min}，如果 $Ma_1 < Ma_{1min}$，式(6.39)也无解。此时也产生一个脱体激波。脱体激波的 β 沿波面是逐渐变化的，在楔形体正前方近似正激波，激波角最大，激波最强，沿波面向两侧逐渐减弱，最后退化成微弱压缩波。图 6.25 中的虚线表示在各 Ma_1 数值下，对应的 δ_{max} 或是在各 δ 数值下 Ma_{1min} 点的连线。连线之下的曲线即为弱斜激波区，之上则为强斜激波。

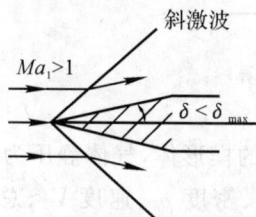

图 6.26　当 $\delta < \delta_{max}$ 时产生附体激波　　　　图 6.27　当 $\delta > \delta_{max}$ 时产生脱体激波

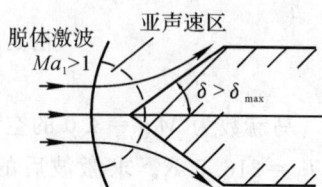

同样，根据式(6.34)、式(6.36)、式(6.37)和式(6.39)，可以计算得出激波前后的压力比、总压比和波后马赫数随来流马赫数和气流方向角的变化规律。这些变化规律可以绘制成类似的图线，这些关系曲线已经通过编程计算得出正激波表和斜激波表，计算时可查阅附录中的表 4、表 5。

2. 利用正激波表计算斜激波

在本节所介绍的基本方程组和普朗特关系式中，可以清楚地看出斜激波与正激波的关系，即如果在以 V_t 速度运动的相对坐标系中，显然原来的斜激波就转化为正激波了。波前的来流马赫数为

$$Ma_{1n} = Ma_1 \sin\beta \tag{6.41}$$

波后的马赫数为

$$Ma_{2n} = Ma_2 \sin(\beta - \delta) \tag{6.42}$$

式中,Ma_1,Ma_2,β 和 δ 分别为原斜激波的波前、波后马赫数,激波角和气流的转折角。

这样就可以用 Ma_{1n} 在正激波表中查得在相对坐标系中的波前、波后其他气流参数之比,因为在两个不同的惯性坐标系中,它们的气流静参数是相同的,而气流的滞止参数,将发生变化。例如,在相对坐标系中将波前的速度滞止下来,得到滞止温度和滞止压强分别记为 T_n^* 和 p_n^*,则有

$$T_n^* = T + \frac{V_{1n}^2}{2c_p} = T\left(1 + \frac{k-1}{2}Ma_{1n}^2\right) \tag{6.43}$$

$$p_n^* = p\left(1 + \frac{k-1}{2}Ma_{1n}^2\right)^{\frac{k}{k-1}} = p\left(\frac{T_n^*}{T}\right)^{\frac{k}{k-1}} \tag{6.44}$$

在正激波表中查得的 $\sigma' = \dfrac{p_{2n}^*}{p_{1n}^*}$ 之值,就是斜激波的总压恢复因数 σ。

例 6.8 超声速喷管出口气流马赫数为 $Ma_1 = 1.5$,出口截面压强为 $p_1 = 0.645 \times 10^5$ Pa,出口外的大气压强为 $p_2 = 1.0 \times 10^5$ Pa。求出口外所产生的斜激波的激波角 β,气流经过斜激波后的折转角 δ 和波后的气流 Ma_2。

解 设所给的喷管如图 6.28 所示,由斜激波表可查得:当 $Ma_1 = 1.5$,$p_2/p_1 = 1.55$ 时,$\beta = 54°$,$\delta = 8°46'$(向波面转折),$Ma_2 = 1.174$。

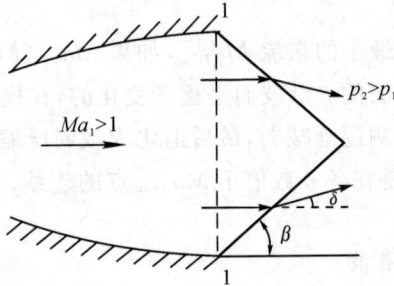

图 6.28 喷管出口激波计算

例 6.9 马赫数为 $Ma_1 = 3.0$ 的空气流过顶角为 $30°$ 的楔形体,气体静压为 $p_1 = 1.0 \times 10^4$ Pa,静温为 $T_1 = 216.5$ K。求激波后的静压 p_2、静温 T_2、密度 ρ_2、速度 V_2、总压 p_2^* 和马赫数 Ma_2。

解 设气流沿楔形体对称面流过,则气流折转角 δ(即楔形体半顶角)为 $15°$,由斜激波表查得激波角为 $\beta = 32.3°$。将 Ma_1,β 代入式(6.30),得到

$$\frac{p_2}{p_1} = \frac{2.8}{2.4} \times 3^2 \sin^2 32.3° - \frac{0.4}{2.4} = 2.831$$

$$p_2 = 2.831 \times 1.0 \times 10^4 = 2.831 \times 10^4 \text{ Pa}$$

由连续方程,有

$$\frac{\rho_2}{\rho_1} = \frac{V_{1n}}{V_{2n}} = \frac{\tan\beta}{\tan(\beta-\delta)} = \frac{\tan 32.3°}{\tan(32.3°-15°)} = 2.03$$

由状态方程,得

$$\rho_2 = \frac{\rho_2}{\rho_1}\rho_1 = 2.03 \times \frac{p_1}{RT_1} = 2.03 \times \frac{1.0 \times 10^4}{287.06 \times 216.5} = 0.327 \text{ kg/m}^3$$

$$T_2 = \frac{p_2}{R\rho_2} = \frac{2.831 \times 10^4}{287.06 \times 0.327} = 301 \text{ K}$$

由图 6.22 所示几何关系及连续方程,可得

$$\frac{V_2}{V_1}=\frac{V_{2n}}{V_{1n}}\frac{\sin\beta}{\sin(\beta-\delta)}=\frac{\rho_1}{\rho_2}\frac{\sin\beta}{\sin(\beta-\delta)}=$$

$$\frac{\sin 32.3°}{2.03\times\sin 17.3°}=0.885$$

$$V_1=Ma_1c_1=3\times20.05\sqrt{216.5}=885\ \text{m/s}$$

而

$$V_2=\frac{V_2}{V_1}V_1=0.888\times885=783\ \text{m/s}$$

方向是向内折转 15°,故有

$$Ma_2=\frac{V_2}{c_2}=\frac{783}{20.05\sqrt{301}}=2.25$$

则

$$p_2^*=\frac{p_2}{\pi(Ma_2)}=\frac{2.831\times10^4}{0.086\ 2}=3.28\times10^5\ \text{Pa}$$

例 6.10　用正激波表计算上例。

解　在上例中已查得 $\beta=32.3°$,所以来流沿斜激波法向马赫数为

$$Ma_{1n}=Ma_1\sin\beta=3\times\sin 32.3°=1.6$$

由 Ma_{1n} 查正激波表,得

$$Ma_{2n}=0.668\ 4,\quad \frac{p_2}{p_1}=2.82,\quad \frac{T_2}{T_1}=1.388$$

$$\frac{\rho_2}{\rho_1}=2.032,\quad \frac{p_2^*}{p_1^*}=0.895\ 2$$

因为 T_1,p_1,ρ_1 和 V_1 已在上例给出,故有

$$p_2=\frac{p_2}{p_1}p_1=2.82\times1.0\times10^4=2.82\times10^4\ \text{Pa}$$

$$T_2=\frac{T_2}{T_1}T_1=1.388\times216.5=300\ \text{K}$$

$$\rho_2=\frac{\rho_2}{\rho_1}\rho_1=2.032\times0.161=0.327\ \text{kg/m}^3$$

由式(6.42),得

$$Ma_2=\frac{Ma_{2n}}{\sin(\beta-\delta)}=\frac{0.668\ 4}{\sin 17.3°}=2.25$$

$$V_2=2.25\times20.05\times\sqrt{300}=781\ \text{m/s}$$

$$p_2^*=\frac{p_2}{\pi(Ma_2)}=\frac{2.82\times10^4}{0.085\ 2}=3.30\times10^5\ \text{Pa}$$

6.6　激波的相交与反射

前文讨论的是气流经过一道激波时参数的变化,在实际的超声速流场中,经常遇到的激波系要复杂得多。一般地,只要流场中出现激波,往往都要出现激波反射和相交。例如,超声速气流绕流叶片或叶栅时的流场,超声速风洞模型实验时的流场等,都是复杂的波系,即多波系共存的流场。本节将研究如何运用前面的知识来分析较复杂的激波系。

6.6.1 激波在固体直壁上的反射

马赫数为 Ma_1 的超声速气流在图 6.29 所示的平直管道内流动,由于管壁的折转,在 A 点产生入射激波 AB,使波后气体偏转 δ 角。在 B 点由于平壁面的限制,迫使偏转后的气流重新平行于平壁方向。因此②区超声速气流再次受到偏转压缩,偏转角仍为 δ。这一偏转压缩必然在 B 点产生反射激波 BC。激波 BC 后③区气流与上壁面平行。若希望在 B 点不产生反射波,则只需要将上壁面在 B 点转折到和②区气流方向平行即可。

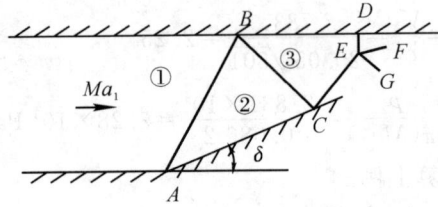

图 6.29 激波在固体直壁上的反射与不规则反射

如果 Ma 数值很大而 δ 较小,原则上说,这种反射在上、下壁面处可重复多次。但每经过一次反射,Ma 都下降,而偏转角 δ 的大小不变。所以经过几次反射后,由于 Ma 较低,因此就会出现 $\delta > \delta_{max}$ 的情况。这时上述正常的反射便不能进行下去,即出现不规则的反射激波,如图 6.29 所示。在点 E 附近形成包括滑移流线在内的复杂反射(叫马赫反射或 λ 反射)的激波。

在正常反射的情况下,即②,③区流动参数的计算可以按单波区逐区计算。

例 6.11 在图 6.29 中,已知马赫数等于 2.0,$p_1 = 1.0 \times 10^5$ Pa,壁面折转角 $\delta = 7°$。求 AB 和 BC 的激波角和②,③区的马赫数和压强。

解 由 $Ma = 2.0, \delta = 7°$,查激波表得

$$\beta = 36.21°, \quad Ma_2 = 1.75, \quad p_2/p_1 = 1.462, \quad p_2 = 1.462 \times 10^5 \text{ Pa}$$

由激波表可以看出,$Ma_2 = 1.75, \delta = 7° < \delta_{max}$,所以能在点 B 处产生斜激波,反射激波 BC 的激波角、③区气流的马赫数和压强分别为

$$\beta_{23} = 41.87°, \quad Ma_3 = 1.509, \quad p_3/p_2 = 1.425, \quad p_3 = 1.425 \times 10^5 \text{ Pa}$$

关于求②,③区气流的总压,留给读者自己求解。

6.6.2 异侧激波相交

马赫数为 Ma_1 的超声速气流在图 6.30 所示的不对称的二维进气道内流动,设上、下唇口的折转角均小于气流的最大折转角,则超声速气流在 A,B 两处分别产生两道斜激波 AC 和 BC,并交于点 C。①区气流经过激波 AC 顺时针折转角 δ_1,经过激波 BC 则逆时针折转角 δ_2。②,③区气流方向不同,在点 C 相互压缩又产生了激波 CD 和 CE,因此异侧激波相交后在交点 C 处又产生两道激波 CD 和 CE。由于 $\delta_1 \neq \delta_2$,因此②,③区气流的马赫数、熵值和其他参数均不相同。气流经过激波 CD 和 CE 后,虽然④,⑤区的气流方向一致,压强也相等,但由于两区气流的速度和熵值都不相同,因此④,⑤区的气流之间存在一条滑流线 CF。滑流线两侧的气流参数不同,就会在两侧产生旋涡。如果 $\delta_2 > \delta_1$,则气

流经过激波 BC 和 CE 的损失大。因此,⑤区的气流总压低于④区气流的总压,⑤区的气流速度也比④区低,两区总温和静压相同。异侧激波相交各区气流参数的计算可通过迭代的方法得到。

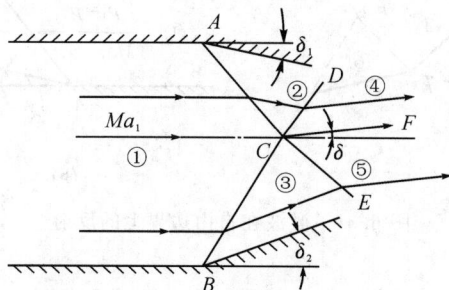

图 6.30 异侧激波相交

如果 $\delta_1 = \delta_2$,气流沿通道对称地流动,④,⑤区的气流方向一致且参数均相同。这种情况下不产生滑流层。

例 6.12 计算④,⑤区的气流参数(见图 6.30)。设 $\delta_1 = 5°$,$\delta_2 = 15°$,$Ma_1 = 3.0$,$p_1 = 1 \times 10^5$ Pa。

解 按 $Ma_1 = 3.0$,$\delta_1 = 5°$,$\delta_2 = 15°$,查激波表,得

$$Ma_2 = 2.75, \quad p_2/p_1 = 1.46$$
$$Ma_3 = 2.25, \quad p_3/p_1 = 2.8$$

计算④,⑤区的气流参数需要采用试凑法迭代计算。

假设 $\delta = 9°$,按 $Ma_2 = 2.75$ 和 $\delta_1 + \delta = 14°$,查激波表得 $p_4/p_2 = 2.48$,即

$$p_4 = (p_4/p_2) \times (p_2/p_1) \times p_1 = 3.62 \times 10^5 \text{ Pa}$$

按 $Ma_2 = 2.25$ 和 $\delta_2 - \delta = 6°$,查激波表得 $p_5/p_3 = 1.44$,即

$$p_5 = (p_5/p_3) \times (p_3/p_1) \times p_1 = 4.04 \times 10^5 \text{ Pa}$$

由于 $p_5 > p_4$,所以重新假设 $\delta = 9.5°$,重复以上计算,得

$$p_4 = 3.8 \times 10^5 \text{ Pa}, \quad p_5 = 3.82 \times 10^5 \text{ Pa}$$

求出的偏差在允许的范围内,因此所假设的 $\delta = 9.5°$ 正确,图 6.30 中所示的气流相对于①区气流向上的折转角 $\delta = 9.5°$。

6.6.3 激波在自由边界上的反射

设有超声速气流自平面喷管流入大气,如果在管道出口的压强 p_1 小于外界压强 p_a(p_a 不能太高,否则会使激波进入管内),则在管道出口处必然会产生两道平面斜激波 AC 和 BC,如图 6.31(a)所示。这两道激波在 C 点相交后,会产生两道激波 CD 和 CE。①区气流经过激波 BC 和 AC 后,气流方向内折转一个角度 δ,气流进入②,③区后,压强与外界压强相等,即 $p_2 = p_3 = p_a$,但由于②,③区气流方向不平行,则在 C 点会产生两道激波 CD 和 CE。②,③区气流穿过激波 CD 和 CE 后进入④区,气流方向与①区气流方向一致,但④区压强高于②,③区气流压强,即 $p_4 > p_2$,$p_4 > p_3$,因而 $p_4 > p_a$,所以激波 CD 和 CE 打到自由边界 BD 和 AE 上后必

然要反射出膨胀波束(用一道波代替)DF 和 EF,因此激波打到自由边界上反射为膨胀波。

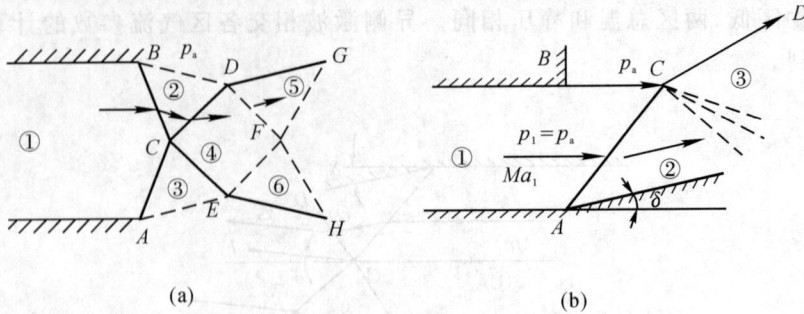

图 6.31 激波在自由边界上的反射

④区气流经膨胀波 DF 和 EF 后,进入⑤,⑥区,分别向外折转一个角度,因而在 F 点又形成两道膨胀波 FG 和 FH。可以看出,在不计黏性的情况下,管道出口以后的流动中,是激波与膨胀波交替重复发展的过程。

例 6.13 超声速气流从如图 6.31(b)所示的平面超声速喷管射出,已知壁面折转角 $\delta=10°$,来流马赫数 $Ma_1=1.5$,外界大气压强为 $p_a=1.0133\times10^5$ Pa。求②,③区气流的马赫数和③区气流的折转角。

解 由 $Ma_1=1.5$ 和 $\delta=10°$,查斜激波表,得

$$\beta=56.68°, \quad Ma_2=1.114, \quad p_2/p_1=1.666$$

由于 $p_1=p_a$,所以

$$p_2=1.688\times10^5 \text{ Pa}, \quad p_2^*=p_2\left(1+\frac{k-1}{2}Ma_2^2\right)^{\frac{k}{k-1}}=3.667\times10^5 \text{ Pa}$$

又③区气流的压强 $p_3=p_a$,$p_3^*=p_2^*$,所以由

$$\pi(Ma_3)=p_3/p_3^*=1.0133/3.667=0.2763$$

查气动函数表,得 $Ma_3=1.49$。

可以根据右伸膨胀波的计算公式求得③区气流的折转角。设用一条平均的膨胀波代替,因此有

$$\theta_2-\nu(Ma_2)=\theta_3-\nu(Ma_3) \tag{a}$$

由 $Ma_2=1.114$ 和 $Ma_3=1.49$,查气动函数表,得

$$\nu(Ma_2)=1.554°, \quad \nu(Ma_3)=11.69°$$

带入式(a),得

$$\delta=\theta_3-\theta_2=\nu(Ma_3)-\nu(Ma_2)=10.14°$$

6.6.4 同侧斜激波的相交

在吸气式发动机超声速二维进气道的设计中,就会出现同侧激波相交的情况。如图 6.32 所示的超声速二维进气道,在 A,B 两点分别产生两道斜激波 AD 和 BD,这两道激波相交后形成一道更强的激波 DE。来流马赫数为 Ma_1 的超声速气流,一方面经过第一道激波 AD 后,气流方向折转 δ_1 的角度,进入②区。②区仍为超声速流,经激波 BD 进入③区,气流方向又折转 δ_2 角,压强进一步得到提高。另一方面,①区气流经过外激波 DE 后进入⑤区,一般来讲,⑤

区气流与③区气流的压强不相等,且方向也不一定一致,因而在 D 点处根据具体情况还会产生弱激波 DF 或膨胀波 DG。

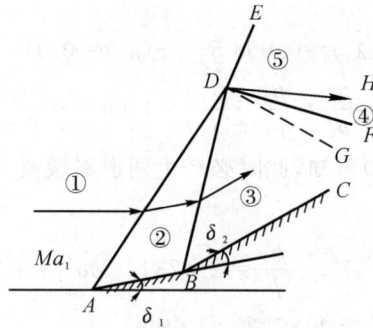

图 6.32　同侧斜激波的相交

①区气流马赫数为 Ma_1,压强为 p_1,便可求出总压 p_1^*。根据 Ma_1 和气流折转角 δ_1 可求出激波 AD 的激波角 β_1 和②区气流马赫数 Ma_2,压强 p_2,由 Ma_2 和 p_2 可求出 p_2^*。然后根据 Ma_2 和气流方向角 δ_2 求出激波 BD 的激波角 β_2,③区气流的马赫数 Ma_3,压强 p_3,进一步计算出③区气流的总压 p_3^*。进而可求出这两道激波的交点 D。

在计算外激波 DE 的激波角时,可先假设气流穿过激波 DE 时,要向上折转 $\delta_1+\delta_2$ 的角度,即假设气流穿过激波 DE 以后,沿平行于壁面 BC 方向流动,然后根据 Ma_1 和气流折转角 $\delta_1+\delta_2$ 算出激波 DE 的激波角 β_{DE},以及⑤区气流马赫数 Ma_5 和压强 p_5。一般地,p_5 不等于 p_3,如果 p_5 小于 p_3,就会在 D 点反射膨胀波束 DG(用一道波代替),使③区气流穿过此膨胀波束 DG 后,把压强降低到与⑤区压强相等,同时气流向上折转一个角度 δ。如果 $p_5>p_3$,则要在 D 点反射出一道弱激波 DF,使③区气流穿过反射波 DF 时,把压强提高到与⑤区压强相等,并向下折转一个角度 δ。因此要计算气流经过膨胀波 DG(或激波 DF)后的④区气流参数,必须先假设一个 δ 值,然后根据 Ma_1 和折转角 $\delta_1+\delta_2\pm\delta$(对于激波用 $-\delta$)重新计算⑤区气流参数 Ma_5' 和 p_5'。如果新计算的值 $p_5'=p_4$,则假设的 δ 是正确的,如果 $p_5'\neq p_4$,就必须重新假设 δ 值,重复以上步骤,直到

$$p_5-p_4\leqslant\varepsilon$$

为止,ε 是允许的偏差。此外,由于④,⑤区流速不等,因此两区之间存在滑流线 DH。

例 6.14　图 6.33 表示超声速气流沿两个内凹壁流动,两个内凹壁总的折转角都是 $25°$,但一个是一次折转,另一个则是分两次折转,即先折转 $15°$,再折转 $10°$,已知斜激波前气流马赫数为 $Ma_1=2.5$。求激波后气流的马赫数 Ma_2 和总压恢复因数 σ。

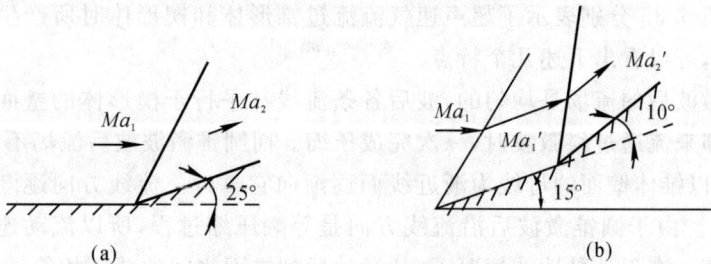

图 6.33　斜激波参数计算

解　(1)一次折转:由激波表查得,当 $Ma_1=2.5,\delta=25°$ 时,

$$\beta=50°, \quad \frac{p_2}{p_1}=4.09, \quad Ma_2=1.395$$

由气动函数表,查得

$$\pi(\lambda_1)=0.058\,5, \quad \pi(\lambda_2)=0.316\,5$$

所以

$$\sigma=\frac{p_1^*}{p_1^*}=\frac{p_2}{p_1}\frac{\pi(\lambda_1)}{\pi(\lambda_2)}=4.09\times\frac{0.058\,5}{0.316\,5}=0.756$$

(2)两次折转:由图 6.33(b)可知,此时必产生两道斜激波。由激波表查得,当 $Ma_1=2.5$, $\delta_1=15°$时,

$$\beta=37°, \quad \frac{p_1'}{p_1}=2.473, \quad Ma_1'=1.87$$

再查激波表(或计算)得,当 $Ma_1'=1.87$,$\delta_2=10°$时,

$$\beta_2=42°, \quad \frac{p_2}{p_1'}=1.68, \quad Ma_2=1.55$$

则

$$\frac{p_2}{p_1}=\frac{p_1'}{p_1}\frac{p_2}{p_1'}=2.473\times1.68=4.15$$

由气动函数表查得,当 $Ma_2=1.55$ 时,$\pi(\lambda_2)=0.253\,3$,$\pi(\lambda_1)=0.058\,5$,则

$$\sigma=\frac{p_2^*}{p_1^*}=\frac{p_2}{p_1}\frac{\pi(\lambda_1)}{\pi(\lambda_2)}=4.15\times\frac{0.058\,5}{0.253\,3}=0.958$$

由此可见,在同样的来流 Ma_1 和总的折转角度也相同的情况下,两次转折和一次转折后的气流参数变化不相同。一般来讲,在上述条件下,气流折转的次数愈多,即经过的激波压缩的次数愈多,气流总压损失越小。

6.7　锥面激波及其数值解

　　超声速气流沿对称轴方向流过锥形体时,如果来流马赫数不是过小或是半锥角 δ_c 不是太大,则在锥体顶端产生一个锥形激波。其激波角为 β_c,如图 6.34 所示。锥形激波与锥体共轴。

　　超声速进气道的中心锥以及大多数超声速飞行器的头部都是圆锥或接近于圆锥。因此在其圆锥头部尖端处会产生圆锥激波。圆锥激波与二维尖楔产生的平面斜激波的前、后气流参数变化规律一样,但波后流场的性质却完全不同。

6.7.1　锥面激波的特点及与平面斜激波的比较

　　图 6.34 和图 6.35 分别表示了超声速气流流过锥形体和楔形体时所产生的激波和流场,从两个流场比较,可以看出下述几个特点。

　　(1)平面斜激波后的流场是均匀的,波后各条流线都平行于楔形体的壁面,且波后的气流参数处处相等,即来流通过斜激波时,一次完成压缩。而圆锥激波波后流场不均匀。圆锥激波后各条流线都是以锥体壁面的母线为渐近线而逐渐向它靠近。流线方向逐渐折转,且沿流线各点参数不相等。由于圆锥激波后沿流线方向是等熵压缩过程,所以流动速度逐渐减小,压强、温度逐渐提高。在不计黏性的情况下,从激波后到锥面之间的总压相等。即来流经过圆锥激波波面不等熵压缩后,波后连续地等熵压缩直至锥面。

　　(2)如果来流马赫数 Ma_1 和半顶角(半楔角和半锥角)均相等,则由尖锥产生的圆锥激波

角 β_c 小于由尖楔产生的平面激波角 β。因此,在同样的条件下,锥形激波比平面斜激波要弱一些。

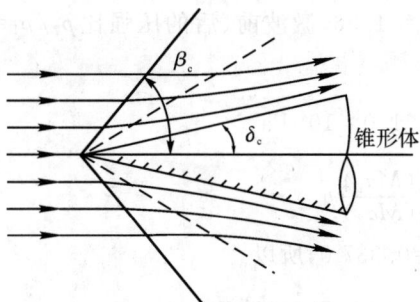

图 6.34 流过锥形体的流线

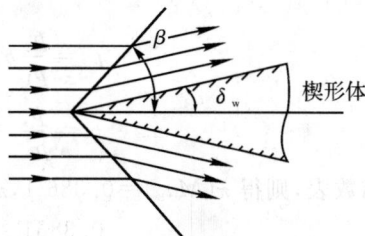

图 6.35 流过楔形体的流线

(3)对于相同的来流马赫数,圆锥激波脱体时的半顶角 $\delta_{c,max}$ 大于由楔形体产生的平面斜激波脱体时的半顶角 $\delta_{w,max}$,即 $\delta_{c,max} > \delta_{w,max}$,如图 6.36 所示。同样,对于一定的半顶角 δ,两者都各自存在 Ma_{1min}。当 δ 相同时,圆锥的 Ma_{1min} 小于气流流过楔形体的 Ma_{1min}。因此,尖楔激波比圆锥激波更容易脱体。

(4)通过锥形流理论可以证明,在锥形激波后,通过锥顶的任一条射线(见图 6.34 中的虚线)上,各点气流参数都是相同的。

图 6.37 表示了锥体表面上的马赫数 Ma_s 与来流马赫数 Ma_1 及锥体半顶角 δ_c 的关系曲线。

图 6.38 所示是用锥形流理论计算的锥面激波角 β_c 与 Ma_1 和 δ_c 之间的关系曲线。从曲线还可看出,曲线族只有下半部(和平面激波相比),即表明超声速气流流过锥形体时,只产生弱的激波。

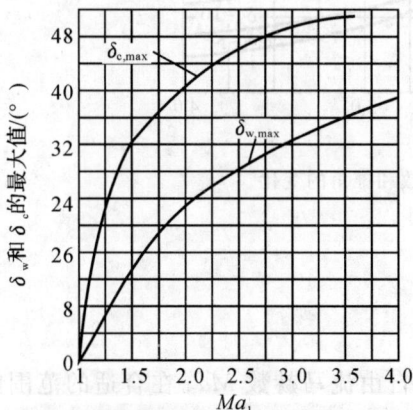

图 6.36 平面斜激波与圆锥激波 δ_{max} 的比较

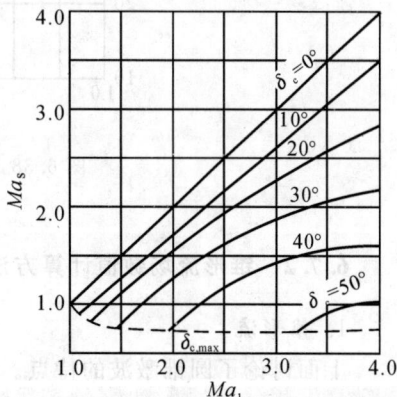

图 6.37 圆锥激波锥面上的马赫数

例 6.15 如图 6.34 所示,已知 $Ma_1 = 2.0$,$p_1 = 1.0 \times 10^4$ Pa,$\delta_c = 30°$。求 β_c,波后气流的折转角 δ 和压强、马赫数以及锥面上气流的马赫数 Ma_s 和压强 p_s。

解 由 $Ma_1 = 2.0$ 及 $\delta_c = 30°$,由图 6.38 查得 $\beta_c = 48.2°$;由图 6.37 查得 $Ma_s = 1.25$。

　　因为在圆锥激波前后气流参数间的关系和平面激波是一样的,所以为了求出波后气流的折转角 δ,可以利用平面激波的图线或数值表,即利用 Ma_1 及 β_c 由平面激波曲线或查表,得 $\delta = 17°$。再按 Ma_1,δ 查得,圆锥激波波后的 $Ma_2 = 1.36$,激波前、后的压强比 $p_2/p_1 = 2.427$。所以

$$p_2 = \frac{p_2}{p_1} p_1 = 2.42 \times 1.0 \times 10^4 \text{ Pa}$$

$$p_s = \frac{p_s}{p_2^*} \frac{p_2^*}{p_2} p_2 = \frac{\pi(Ma_s)}{\pi(Ma_2)} p_2$$

查气动函数表,则得 $\pi(Ma_s) = 0.386\,1$,$\pi(Ma_2) = 0.337\,0$,所以

$$p_s = \frac{0.3861}{0.337\,0} \times 2.42 \times 10^4 = 2.77 \times 10^4 \text{ Pa}$$

可见,超声速气流在锥形激波后是继续减速增压的。从波后到锥面 Ma 减小,而压强升高。

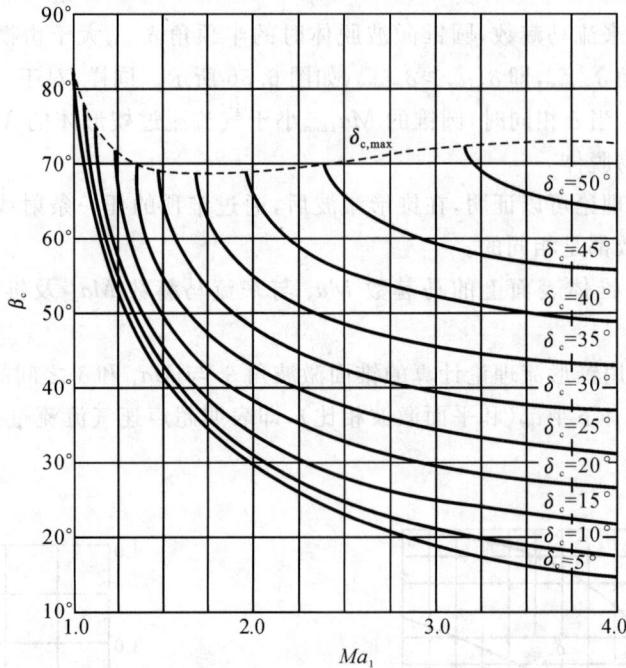

图 6.38　锥形激波角随马赫数和锥角的变化

6.7.2　锥形流场数值计算方法

1. 锥形流

　　上面讨论了圆锥激波的特点。如果半锥角 δ_c 与自由流马赫数 Ma_∞ 在合适的范围内,就会在圆锥前产生一附体的圆锥激波,且激波本身是锥形的,这样的流动称为锥形流。对于一个超声速定常直匀流沿对称轴流过圆锥的流动,其流动满足锥形流动的特点,即沿着任意一条从圆锥顶端发出的射线上,流动参数处处均匀。这种锥形流动的特点已被实验所证明。取如图 6.39 所示的球坐标系,对于圆锥无攻角超声速定常绕流,由于流场的圆锥特性,所有的待求物理量都有 $\frac{\partial}{\partial r} = 0$ 的性质。又由于流场的轴对称性,$\frac{\partial}{\partial \phi} = 0$,因此,圆锥无攻角绕流中的所有待求

函数只是 ψ(球面角)的函数。

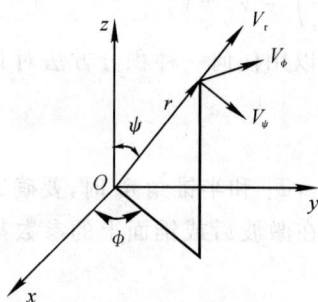

图 6.39 推导圆锥激波所用的坐标系

由以上分析可知,圆锥无攻角超声速定常绕流必定可简化为只有一个自变量 ψ 的常微分方程。可以证明,对一般有攻角的锥体(不一定是圆锥)超声速定常绕流,只要产生附体激波,则同样满足锥形流的条件,即 $\dfrac{\partial}{\partial r}=0$。但是这时不存在对称性,即 $\dfrac{\partial}{\partial \phi}\neq 0$,所以流动参数是 ψ 和 ϕ 的函数。

2. Taylor-Maccoll 数值解

如图 6.40 所示的一直匀来流沿对称轴流过圆锥,在顶端产生一圆锥激波。

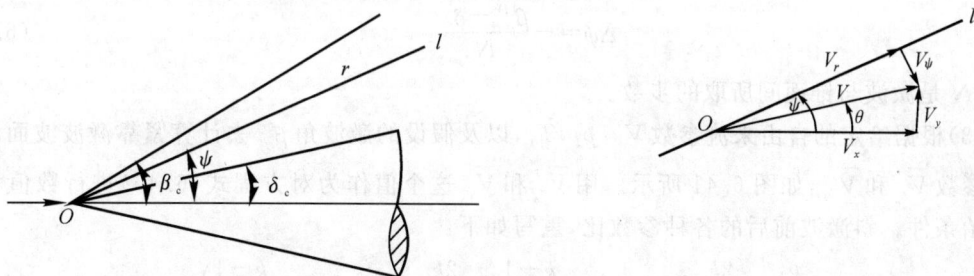

图 6.40 圆锥激波

由于顶端的斜激波是圆锥形的,所以它处处与来流成相同的角度,即圆锥激波角 β_c 和激波强度保持不变,紧靠激波后的流动参数是均匀的。

根据可压流动的气体动力学基本方程,按照锥形流场的基本特征,取球坐标系如图 6.39 所示,便可推导出描述超声速直匀流绕圆锥流动的控制方程(这里仅给出公式而不作详细推导)如下:

$$\overline{V}_\psi = \frac{\mathrm{d}\overline{V}_r}{\mathrm{d}\psi} \tag{6.45}$$

$$\frac{\mathrm{d}\overline{V}_\psi}{\mathrm{d}\psi} = -\overline{V}_r + \overline{c}^2\, \frac{\overline{V}_r + \overline{V}_\psi \cot\psi}{\overline{V}_\psi^2 - \overline{c}^2} \tag{6.46}$$

式中,$\overline{V}_\psi\left(=\dfrac{V_\psi}{c_{cr}}\right)$,$\overline{V}_r\left(=\dfrac{V_r}{c_{cr}}\right)$ 分别是 ψ,r 方向上的速度分量与临界声速之比;$\overline{c}\left(=\dfrac{c}{c_{cr}}\right)$ 是声速与临界声速之比。声速表达式为

$$\overline{c}^2 = \frac{k+1}{2} - \frac{k-1}{2}\left(\frac{V}{c_{cr}}\right)^2 = \frac{k+1}{2} - \frac{k-1}{2}\lambda^2 \tag{6.47}$$

$$\lambda^2 = \left(\frac{V}{c_{cr}}\right)^2 = \overline{V}_r^2 + \overline{V}_\psi^2 \tag{6.48}$$

式(6.46)为一二阶常微分方程,可以用任何一种积分方法对其进行积分,例如,可以用四阶龙格-库塔法。

3. 控制方程的数值积分方法

当给定自由流流动参数 V_1，p_1，T_1 和半锥角 δ_c 时,要确定激波角 β_c 和速度分布 $V_r(\psi)$ 及 $V_\psi(\psi)$。因为激波角 β_c 未知,所以在激波后或锥面上的参数都是未知的,因此需要迭代求解。下面给出一种简单的迭代方法。

首先假定激波角 $\beta^{(i)}$ 的一个试算值,上标 (i) 表示试算的次数,其次确定数值积分的步长。根据锥形流的特点,在激波与锥面之间,从锥尖发出的每条射线上,其流动参数均匀一致,因此步长可以按等角度 $\Delta\psi$ 来划分。最后求解控制方程确定相应的半锥角 $\delta_c^{(i)}$ 的数值。如果计算的 $\delta_c^{(i)} = \delta_c$，则假定的激波角 $\beta^{(i)}$ 是正确的;若不满足该条件,则重新设定 $\beta^{(i)}$，直到当假设的 $\beta^{(i)}$ 的试算值使得 $\delta_c^{(i)} = \delta_c$ 时,求解过程就完成了,即求出了每条射线上的流动参数,也就求解出激波后的锥形流场。其求解步骤如下:

(1)假定激波角 $\beta^{(1)}$ 为初始试算值,可按下式设定:

$$\beta^{(1)} = \delta_c + \frac{1}{2}\arcsin\frac{1}{Ma_1} \tag{6.49}$$

(2)确定数值积分算法的角度步长,即

$$\Delta\psi = -\frac{\beta^{(i)} - \delta_c}{N} \tag{6.50}$$

式中,N 是激波与锥面间所取的步数。

(3)根据给定的自由来流参数 V_1，p_1，T_1，以及假设的激波角 $\beta^{(i)}$ 去计算紧靠激波波面后的流动参数 $\overline{V}_{r_s}$ 和 $\overline{V}_{\psi_s}$，如图 6.41 所示。用 $\overline{V}_{r_s}$ 和 $\overline{V}_{\psi_s}$ 这个值作为对方程式(6.46)进行数值积分的初始条件。斜激波前后的各种参数比,重写如下:

$$\frac{p_2}{p_1} = \frac{2k}{k+1}Ma_1^2\sin^2\beta - \frac{k-1}{k+1} = \frac{2k}{k+1}\left(Ma_1^2\sin^2\beta - \frac{k-1}{2k}\right) \tag{6.51}$$

$$\frac{\rho_2}{\rho_1} = \frac{(k+1)Ma_1^2\sin^2\beta}{2+(k-1)Ma_1^2\sin^2\beta} = \frac{\tan\beta}{\tan(\beta-\theta_s)} \tag{6.52}$$

或

$$\frac{\rho_1}{\rho_2} = \frac{\tan(\beta-\theta_s)}{\tan\beta} = \frac{2}{k+1}\left(\frac{1}{Ma_1^2\sin^2\beta} + \frac{k-1}{2}\right)$$

$$\frac{V_2}{V_1} = \frac{\lambda_2}{\lambda_1} = \frac{\sin\beta}{\sin(\beta-\theta_s)}\left[\frac{2}{(k+1)Ma_1^2\sin^2\beta} + \frac{k-1}{k+1}\right] \tag{6.53}$$

式中,下标 2 表示紧靠激波后面的参数;θ_s 为紧靠波后的气流方向角。$\overline{V}_{r_s}$ 和 $\overline{V}_{\psi_s}$ 由下式确定:

$$\overline{V}_{r_s} = \frac{V_{r_s}}{c_{cr}} = \lambda_2\cos(\beta-\theta_s) \tag{6.54}$$

$$\overline{V}_{\psi_s} = \frac{V_{\psi_s}}{c_{cr}} = -\lambda_2\sin(\beta-\theta_s) \tag{6.55}$$

速度因数

$$\lambda_1 = \left[\frac{(k+1)Ma_1^2}{2+(k-1)Ma_1^2}\right]^{1/2} \tag{6.56}$$

(4)由第(3)步所确定的初始条件开始,从激波到锥面积分控制方程式(6.46)。锥面上的边界条件为速度平行于锥表面(无黏性流体)。因此,在锥面上,$\overline{V}_\psi=0$。激波后面$\overline{V}_\psi$的初始值是负的,当球面角ψ减小时,$\overline{V}_\psi$增加到零。对于假定的一个激波角$\beta^{(i)}$,当计算到锥面上时,$\overline{V}_{\psi_c}=0$,此时,球面角ψ_c必须用迭代法来确定(见图6.41)。这样的ψ_c值找到后,即是对应于激波角$\beta^{(i)}$的圆锥半顶角$\delta_c^{(i)}$。

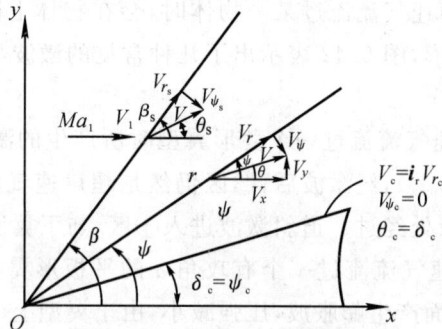

图6.41　圆锥激波计算示意图

(5)当第(4)步所计算的$\delta_c^{(i)}$不等于实际的圆锥半顶角δ_c时,必须对假定的激波角$\beta^{(i)}$重新修改,然后再重复进行上面的第(2)步到第(4)步,直到找出的$\delta_c^{(i)}=\delta_c$时为止。对假定的激波角$\beta^{(1)}$值的第一次修正值,可以用$\delta_c^{(1)}$偏离实际δ_c的差值来修正,即

$$\beta^{(2)}=\beta^{(1)}+(\delta_c-\delta_c^{(1)}) \tag{6.57}$$

$\beta^{(i)}$的以后各次试算值可以对于相邻的两组$\beta^{(i)}$和$(\delta_c-\delta_c^{(i)})$用割线法来确定。重复进行第(2)步到第(4)步,直到$(\delta_c-\delta_c^{(i)})$达到允许的误差范围内,即迭代收敛为止。

(6)在解收敛后,速度分量$\overline{V}_r(\psi)$和$\overline{V}_\psi(\psi)(\overline{V}_\psi$为负)可以被变换成二维速度分量$\overline{V}_x(\psi)$和$\overline{V}_y(\psi)$,然后再计算出流动参数$V(\psi),\theta(\psi),p(\psi)$和$\rho(\psi)$,由图6.41,可得

$$\lambda=\sqrt{\overline{V}_x{}^2+\overline{V}_y{}^2} \tag{6.58}$$

$$\overline{V}_x=\overline{V}_r\cos\psi-\overline{V}_\psi\sin\psi \tag{6.59}$$

$$\overline{V}_y=\overline{V}_r\sin\psi+\overline{V}_\psi\cos\psi \tag{6.60}$$

$$\theta=\tan\frac{\overline{V}_y}{\overline{V}_x} \tag{6.61}$$

式中,符号上的"—"表示物理量与c_{cr}之比。

激波后任一点的滞止参数都相等,即$p^*=p_2^*$,$\rho^*=\rho_2^*$。波后任一点静参数、总参数与λ的关系为

$$\frac{p}{p^*}=\left(1-\frac{k-1}{k+1}\lambda^2\right)^{\frac{k}{k-1}} \tag{6.62}$$

$$\frac{\rho}{\rho^*}=\left(1-\frac{k-1}{k+1}\lambda^2\right)^{\frac{1}{k-1}} \tag{6.63}$$

上述的数值积分求解方法很简单,一般地,取3~4次β的试算值后就能收敛到10^{-6}的相对误差范围内。

6.8　激波在超声速进气道及飞行器设计中的应用

6.8.1　激波与膨胀波的组合

在许多实际问题中,超声速气流流过某一物体时,会在物体上同时出现激波和膨胀波,从而形成了更为复杂的流动图形,图6.42表示出了几种常见的激波与膨胀波同时出现在同一物体上的情况。

图6.42(a)所示是超声速气流流过一个菱形翼型时所产生的激波和膨胀波系。气流在翼型前缘产生两道斜激波($\delta < \delta_{max}$),经激波后,②区仍然是超声速气流,经过翼型顶部的膨胀波束进入③区,最后在翼型后缘处经过一道斜激波进入④区,与下翼面气流汇合。

图6.42(b)所示是超声速气流流过一个有攻角α的平板形翼型。在平板前缘处,下翼面产生斜激波,压强增大,上翼面产生膨胀波,压强减小,由于翼型上、下翼面存在压力差,从而使平板产生升力。而超声速翼型在流动方向上由于压力分量而产生的阻力,称为波阻,这是与亚声速翼型完全不同的概念。

图6.42(c)所示是同侧的激波与膨胀波相交的情况。每一道激波与膨胀波相交后,在交点以上形成一道更弱的激波,所以膨胀波束与激波相交后,形成了曲线形的激波。

图6.42中所示的各个区域的流动参数的计算,根据激波和膨胀波理论,借助数值表或编制计算机程序均可计算出来。

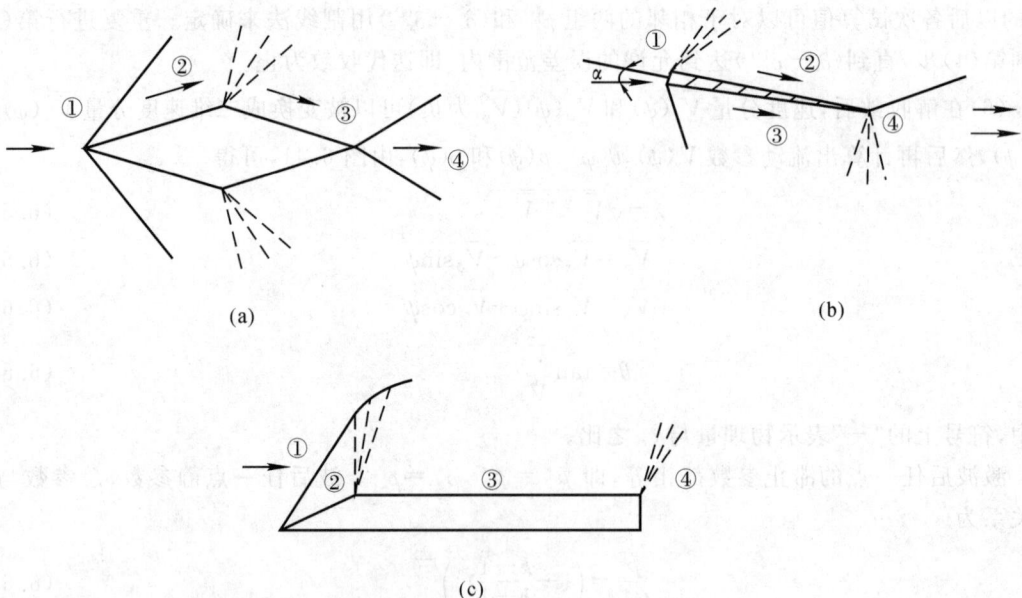

(a)　　　　　　　　　　　　　　　　　　　(b)

(c)

图6.42　激波和膨胀波共同存在的流动

6.8.2　超声速进气道的激波系

进气道的功用是把一定的高速气流均匀地引入发动机,并满足发动机在不同条件下所需求的空气流量,同时气流在其中减速增压。

对进气道的主要要求是：总压恢复因数尽可能得高，阻力小，结构简单且重量轻。

当气流以超声速流入进气道时，超声速气流受到压缩时必然要产生激波，而激波会引起较大的总压损失，使气流的做功能力下降。因此，在设计进气道时，如何组织进气道进口前的激波系，降低进气道的总压损失是非常重要的。

超声速气流流经锥体时便产生锥形激波，流经楔形体时便产生平面斜激波。按照压缩形式来化分，进气道可分为外压式、内压式和混合式进气道。如果超声速气流的压缩过程是在进气道进口截面以外进行的，则称该进气道为外压式进气道；若压缩过程是在进气道进口截面以内进行的，则称为内压式进气道；如果既有外压又有内压缩，则称为混压式进气道。按照波系数目的多少来划分，又可分为正激波式、双波系和多波系进气道。

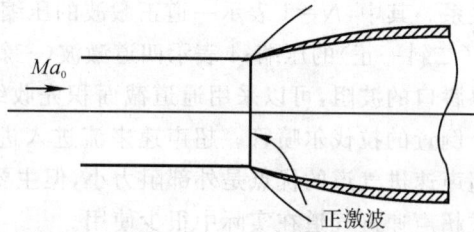

图 6.43　一道正激波

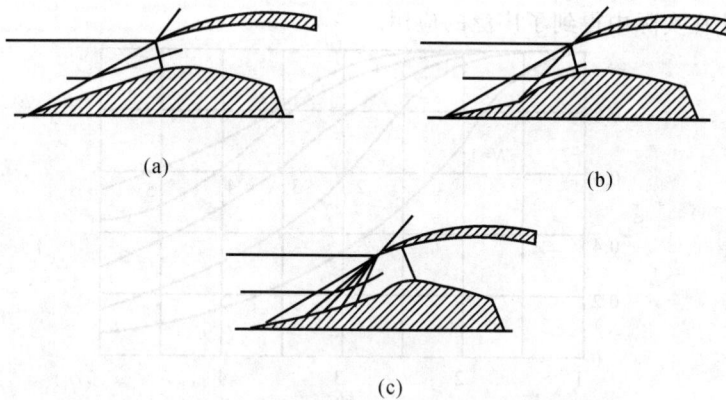

图 6.44　进气道进口多波系示意图

图 6.43 表示的是一道正激波的超声速进气道（又叫皮托式进气道）。当超声速气流流过进气道时，在一定的出口反压作用下，进气道进口截面上会产生一道正激波（外罩上产生斜激波）。正激波后的亚声速气流在进气道内的扩张通道内继续减速增压。这种进气道结构简单、工艺性好且重量轻。但当来流速度高时，单一正激波的总压损失太大，所以，当来流马赫数 $Ma_1 \leqslant 1.5 \sim 1.7$ 时，才被采用。当 $Ma_1 > 1.7$ 时，就要采用结构比较复杂的带有中心锥的进气道（对腹部或两侧进气的飞机，采用楔形体进气道），目的是要产生斜激波，以降低正激波前的气流马赫数，减弱正激波的强度，提高总压恢复因数。图 6.44 表示了不同波系的外压式进气道。图 6.44(a) 表示的是一道斜激波和一道正激波，即双波系外压式进气道。它比图 6.43 表示的单波系进气道有较高的总压恢复因数。例如，当飞机飞行马赫数 $Ma_0 = 2.5$ 时，皮托式进

气道的总压恢复因数为 0.5；而用一道斜激波角为 43°的双波系进气道，则其总压恢复因数为 0.76。通常在 $1.5 < Ma_0 \leqslant 2.0$ 时，多采用双波系进气道。如果在中心锥上再多设计一个折转面，则中心锥要产生两道锥激波（楔形体产生斜激波），与最后的正激波共同组成三波系进气道，如图 6.44(b) 所示。显然，波系越多，则总压恢复因数越高。图 6.44(c) 给出了曲母线中心锥的进气道。在光滑连续的曲面上，超声速气流连续地向内折转。即经过无数的微弱压缩波，气流接近等熵压缩，故称其为等熵外压式超声速进气道。它的总压损失最小。但是随着波数的增多中心锥体就愈复杂，而且，气流经过同侧的波数愈多，气流折转角度将愈大，这样在进气道的外壳前端内壁（要与正激波后气流方向相同）的倾角也就愈大，使得外罩波阻也急速增加。所以多波系外压式进气道使用受到很大限制。图 6.45 给出了总压恢复因数随飞行马赫数与进气道的激波数目变化的关系。其中，$N = 1$ 表示一道正激波的压缩；2 表示二道激波（一斜一正）的压缩；3 表示三道激波（二斜一正）的压缩；4 表示四道激波（三斜一正）的压缩减速过程。

　　为了减小进气道的外罩唇口的波阻，可以采用通道截面积先收缩后扩张的内压式超声速进气道。这种进气道像一个倒置的拉伐尔喷管。超声速来流进入进气道，经过通道收缩段的激波系减速增压。内压式超声速进气道的优点是外部阻力小，但主要缺点是存在着所谓的"起动"问题，因此单纯的内压式超声速进气道在实际中很少使用。

　　为了克服外压式超声速进气道的总压恢复因数提高与外罩波阻增加的矛盾，出现了混压式进气道。超声速气流流经如图 6.46 所示的混压式进气道，先经过进口前的激波系减速到低超声速气流，再经过通道内的激波系减速到亚声速流。这种进气道兼顾了外压式和内压式进气道的优点，因此在实际中得到了广泛的应用。

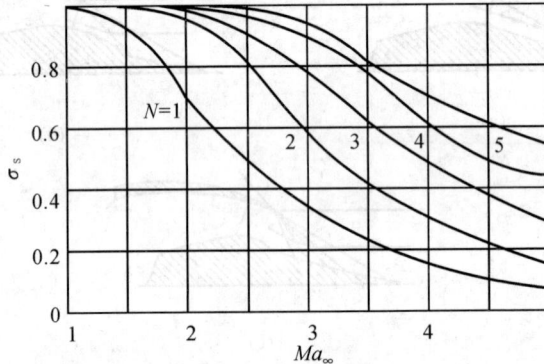

图 6.45　波系数目选择

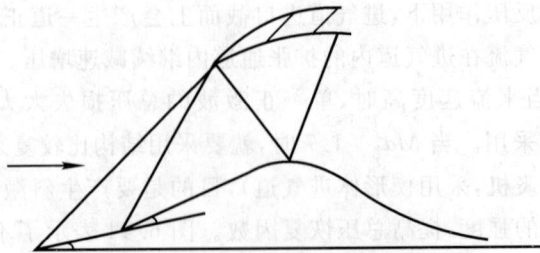

图 6.46　混压式进气道的激波系

6.8.3　激波在乘波构形中的应用

作用在飞行器上的气动力在飞行方向上投影定义为阻力,在垂直于飞行方向上的投影即为升力,升力主要是由飞行器上、下表面的压强差构成的,升力与阻力之比定义为升阻比。对于普通外形的飞机,在超音速飞行时,飞行器上、下表面之间存在压力沟通,从而大大减小了飞行器的升力和升阻比。为了克服普通外形的诸多缺陷,1959 年 Nonweiler 最早提出了乘波构形的概念。认为在高超声速飞行(当 $Ma \geqslant 5.0$ 时,一般称之为高超声速)时,利用激波后压强较高的特点设计一种飞行器,并使得上、下表面的压力不产生沟通,保证下表面的高压气流,提高飞行器的升阻比。这种构形形状独特,在设计飞行条件下,这种外形恰似踏波而行,故冠之以"乘波构形"(waverider)。

乘波构形的显著气动特性是高升阻比,特别适合于高超声速飞行器。常规外形在超声速气流中前缘大都产生脱体激波,激波前后存在的压差使得外形上的波阻非常大,而乘波构形的上表面与自由流平行,所以上表面的压差阻力较小,而下表面在设计马赫数下受到一个与常规外形一样的高压,这个流动的高压不会绕过前缘影响到上表面,这样上、下表面的压差不会像常规外形一样相互沟通而降低下表面的压力,因此乘波机具有较高的升阻比。

乘波构形具有以下优点:

(1)在设计马赫数下,下表面在激波后的高压不会绕过前缘泄漏到上表面,波后高压与上表面低压之间没有压力沟通,这使乘波构形和普通外形相比具有很高的升阻比。

(2)来流经激波压缩后,沿着压缩面的流动被限制在前缘激波内,形成较均匀的下表面流场,可以消除发动机进口处的横向流动,利于提高吸气式发动机的进气效率,使得这一构形便于进行飞机机体/发动机/进气道一体化设计。

(3)由于上、下表面没有压力沟通,飞行器上表面和下表面的流场不存在干涉问题,上、下表面可以分开处理,有效地简化了飞行器的初步设计和计算过程。

图 6.47 给出了源于平面流动和锥形流动的乘波构形。

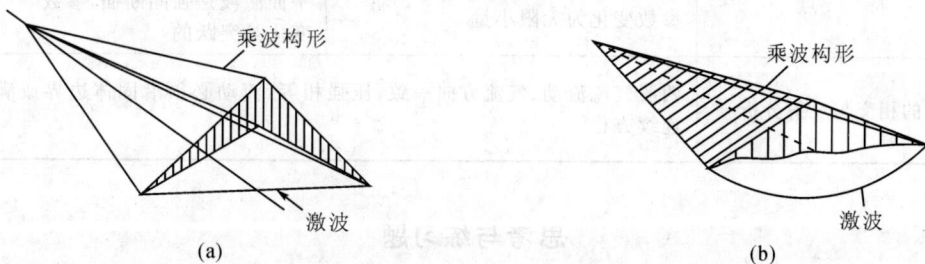

图 6.47　源于平面流动和锥形流动的乘波构形示意图

小　结

本章介绍了二维可压流动。在讨论了微扰动在介质中传播的基础上,主要讨论了超声速气流中的激波与膨胀波的产生、特点、参数变化规律以及有关的计算公式,同时讨论了多波系共存的流场,即波的相互作用。本章得到的结论如下:

(1)亚声速气流和超声速气流的流动规律截然不同。在亚声速气流中,扰动可以传遍整个流场,在超声速气流中,扰动被限制在以扰动源为顶点的马赫锥之间,马赫锥的半顶角为

$$\mu = \arcsin \frac{1}{Ma}$$

马赫角 μ 的大小即表示了扰动的影响范围。

(2)膨胀波和微弱压缩波统称为马赫波。

(3)通过膨胀波,若不计黏性和壁面与外界气体间的热交换,则流动是绝能等熵的。

(4)激波为强扰动波,是强间断面,通过激波时具有强烈的黏性作用和剧烈的热交换。因此是绝能不等熵流动。

(5)膨胀波、激波的产生、特点及参数变化规律的比较见表 6.1。

表 6.1　超声速气流中膨胀波与激波

比较内容	两种波	膨　胀　波	激　波
产生	扰动源 1	超声速气流绕外钝角流动产生膨胀波束	超声速气流绕内凹壁面流动产生激波
	扰动源 2	超声速气流从高压区流向低压区时会产生膨胀波束	超声速气流从低压区流向高压区时会产生激波
参数变化规律	表示方法:↑增加,↓减小→不变	$Ma\uparrow,V\uparrow,p\downarrow,T\downarrow$, $T^*\rightarrow,p^*\rightarrow,s\rightarrow$	$Ma\downarrow,V\downarrow,p\uparrow,T\uparrow$, $T^*\rightarrow,p^*\downarrow,s\uparrow$
特　点		绝能等熵 参数变化为无限小量	绝能不等熵 平面激波是强间断面,参数变化是突跃的
波的相交与反射分析		两股气流流动、气流方向一致,压强相等,流动必须沿固体边界或满足连续方程	

思考与练习题

6.1　用示意图画出超声速气流和亚声速气流绕物体流动时,其流动图形有何差别。

6.2　超声速气流绕外凸壁流动时,气流参数值的总变化取决于什么? 而与什么因素无关?

6.3　试分别定性地指出超声速气流流过膨胀波和激波时参数$(V,\lambda,h,s,h^*,p,T,\rho,p^*,$

T^*,ρ^*)的变化趋势。

6.4　激波的传播速度与什么有关？

6.5　试述 $\nu(Ma)$ 的物理意义。

6.6　$Ma=2.0$ 的超声速气流，其扰动的影响区域是多大？

6.7　从平面超声速喷管射出的超声速直匀空气流，设在出口截面上 $Ma_1=2.0$，$p_1=2\times10^5$ Pa，而喷管外部介质的压强 $p_a=1.013\ 3\times10^5$ Pa。求射流边界相对于喷管轴线的偏斜角 δ 及膨胀后的马赫数 Ma_2。

6.8　$Ma_1=1.0$ 的空气绕外钝角壁面向下折转后，$M_2=2.245$。求气流转折角 δ 及膨胀区扇形角 φ。

6.9　具有速度 $V_1=498.34$ m/s、温度 $T_1=300$ K 和压强 $p_1=1.013\ 3\times10^5$ Pa 的空气，绕外凸壁面流动，气流折转角 $\delta=-15°$。试求膨胀波后气流的速度 V_2、温度 T_2 和压强 p_2 及膨胀波所占区域的扇形角 φ。

6.10　超声速气流在如图 6.48 所示的管道中流动，已知 $Ma_1=2.028$，$a=20\times10^{-2}$ m，$\delta=5°$，假设在 B 点产生膨胀波束用一道平均马赫波代替。要求在管道出口得到平行于壁面 GE 的均匀气流，求管道长度 l。

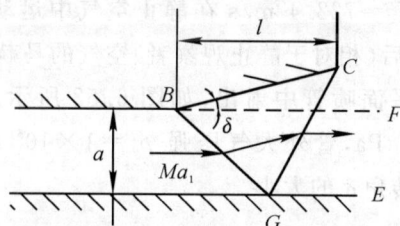

图 6.48　题 6.10 图

6.11　计算图 6.14 中所示各个区域的流动参数。已知来流空气的马赫数和压强分别为 $Ma_1=2.0$，$p_1=1.1\times10^5$ Pa，外界大气压强为 $p_a=1.013\ 3\times10^5$ Pa。

6.12　$\rho_1=1.6$ kg/m³，$p_1=0.69\times10^5$ Pa 的完全气体经正激波后，速度从 $V_1=450$ m/s 降低到 $V_2=150$ m/s。试求 ρ_2/ρ_1，p_2/p_1，T_2/T_1 以及该气体的比热比 k；波前气流马赫数 Ma_1 及波后气流马赫数 Ma_2。

6.13　速度 $V_1=530$ m/s，$Ma_1=2.0$ 的空气流，流过内折壁向内转折 $20°$（见图 6.49）。求激波后的气流速度 V_2。

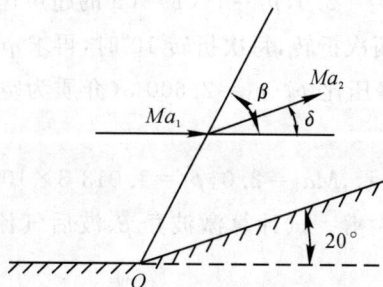

图 6.49　题 6.13 图

6.14　速度 $V_1 = 800$ m/s 的气流经过半顶角为 $20°$ 的尖劈时,测得激波角 $\beta = 53°$(见图 6.50)。试求波后气流速度 V_2。

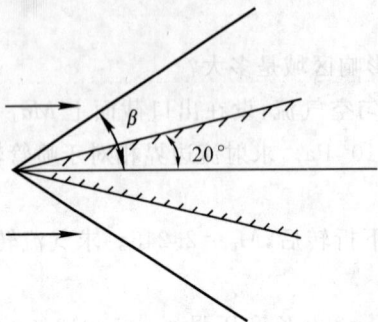

图 6.50　题 6.14 图　　　　　　　　　图 6.51　题 6.15 图

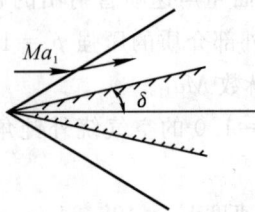

6.15　(1)如图 6.51 所示,设 $Ma_1 = 2.5$,$\delta = 10°$,求激波角 β,p_2/p_1,T_2/T_1,ρ_2/ρ_1,p_2^*/p_1^* 和 Ma_2。

(2)对应 $Ma_1 = 2.5$,为了使激波不脱体,求尖劈角 δ 允许的最大值。

6.16　一正激波以速度 $V_1 = 722.4$ m/s 在静止空气中运动,静止空气的静压为 1×10^5 Pa,温度为 294.4 K 试计算波后(相对于静止观察者)空气的马赫数、静压、温度和速度。

6.17　超声速空气流由平面喷管中射出,如图 6.52 所示。已知喷管出口的流动参数 $Ma_1 = 1.5$,$p_1 = 0.782\ 5 \times 10^5$ Pa,管外大气压强 $p_a = 1 \times 10^5$ Pa。试求喷管出口②区内的 Ma_2,并求激波角 β 和气流折转角 δ 的大小。

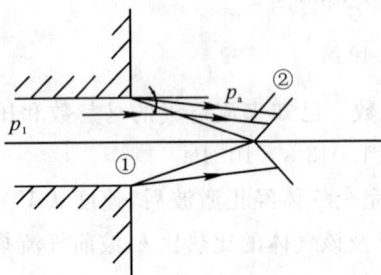

图 6.52　题 6.17 图　　　　　　　　　图 6.53　题 6.18 图

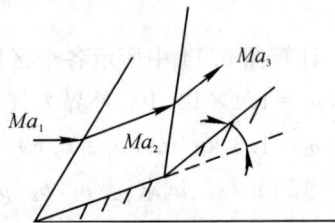

6.18　如图 6.53 所示,$Ma_1 = 2.0$,$p_1 = 1 \times 10^5$ Pa 的超声速气流遇尖劈折转 $20°$。求激波角 β,p_2,M_2 和 p_2^*/p_1^*。若分两次折转,每次折转 $10°$ 时,再求 p_2^*/p_1^*。

6.19　已知斜激波前、后静压比 $p_2/p_1 = 2.600\ 3$(介质为空气),求此斜激波前、后总压比 p_2^*/p_1^*。

6.20　(1)如图 6.54(a)所示,$Ma_1 = 2.0$,$p_1 = 1.013\ 3 \times 10^5$ Pa,$T_1 = 288.15$ K 的空气流对称地流过一尖劈角为 $30°$ 的尖劈。试计算激波角 β、波后气流的马赫数 Ma_2 和静压 p_2、静温 T_2。

(2)$Ma_1 = 2.0$,$p_1 = 1.013\ 3 \times 10^5$ Pa,$T_1 = 288.15$ K 的空气流对称地流过一半顶角为 $\delta_c = 15°$ 的圆锥体(见图 6.54(b))。试计算激波角 β_c、波后气流的折转角 δ、压强 p、温度 T 和马

赫数,以及锥面上气流的 Ma_s,p_s 和 T_s。

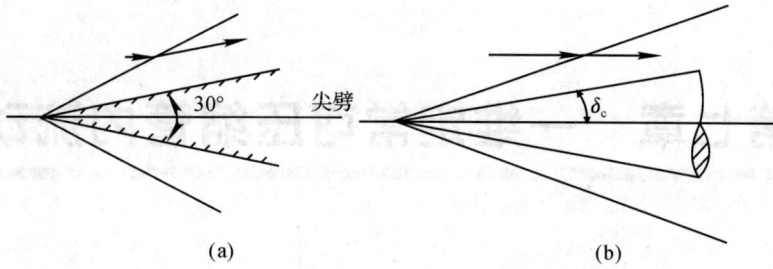

(a)　　　　　　　　　　　　　　(b)

图 6.54　题 6.20 图

6.21　在 $p_1=1.013\ 3\times10^5$ Pa 的超声速空气流中,放一个皮托总压管,测得的压强为 2.6×10^5 Pa。试求该超声速气流的马赫数。

6.22　空气流过如图 6.55 所示的物体,来流方向与下壁面平行。已知 $Ma_1=3.0$,$p_1=1\times10^4$ Pa,$\delta=18°$。试计算物面上气流的马赫数和静压。若设 $BD=0.1$ m,垂直于纸面的厚度为 1.0 m,计算沿来流方向气流作用于物体上的力。

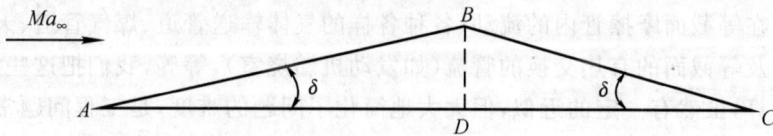

图 6.55　题 6.22 图

第七章　一维定常可压缩管内流动

　　所谓的一维定常可压缩管流是指垂直于管道轴线的每个截面上的流动参数保持均匀一致,且不随时间变化的流动。在这种流动中,气体压缩性影响显著,对于超声速流动,还可能会出现激波和膨胀波等一些特有的现象。对于工程中所遇到的管内高速流动,其管道的截面积可以是圆形的,也可以是方形或任意的形状。管道的中心线可以是直线,也可以是曲线,但曲率半径应足够大。一维定常可压缩管流所涉及的内容很广,例如,截面积无急剧变化的变截面管流(如超声速风洞的尾喷管,亚声速和超声速扩压器,喷气发动机的尾喷管和叶栅通道内的流动等),气流在等截面摩擦管内的流动(各种各样的气体输送管道、煤气管道、天然气管道、蒸汽管道等),以及等截面的有热交换的管流(如发动机燃烧室),等等,我们把这些流动看做一维流动来分析计算,虽然有一定的近似,但大大地简化了问题的难度,是工程问题常采用的方法。

　　气体在管道内的实际流动,通常涉及的因素很多。例如,管道截面积的变化、传热、摩擦、加入或引出气流和化学反应等;在实际管流中,往往又是多种因素同时在起作用;除此之外,当马赫数较高、温度较高或温度变化较大时,还必须考虑变比热容的影响;等等。但是,在各类实际管流中,各种因素的作用时强时弱。例如,在变截面管流中,如果没有加热或冷却,而且管道较短,流速很高,黏性摩擦对气流参数的影响较小,同时高速气流与管壁接触的时间很短,则对外界的散热量也较小。这种情况下可以先忽略摩擦和散热等因素,而仅仅考虑截面积变化对气流参数的影响,把这种流动看做是无黏性的、无热交换的一维定常变截面管流来分析是方便的。如果气体温度不高且变化不太大,则可以作为定比热的完全气体来处理。如果管道较长,截面面积变化不大,可以作为等截面的摩擦管流来处理。如果有热量的交换而截面面积变化不大,则可以看做等截面的换热管流(如发动机的燃烧室)来处理。这样可抓住主要因素分析其流动规律,然后根据具体问题做必要的修正。

　　本章主要讨论一维定常可压缩的变截面管流、等截面摩擦管流、换热管流等和变流量加质管流。

7.1　理想气体在变截面管道中的流动

　　本节主要讨论管道截面积变化对气流参数的影响,以及在变截面管道中的流动分析及计算问题。在讨论中假设:

　　(1)管内气流与外界没有热量和功的交换;

　　(2)不计管壁与气体间的摩擦作用;

　　(3)没有质量的加入或引出;

（4）流动是一维定常的；

（5）所讨论的气体为定比热的完全气体。

气体在航空涡轮喷气发动机压气机的静子叶片、涡轮导向器以及各种吸气式发动机的进气道、尾喷管等部件内的流动，如果气流中没有激波且不计气流与管壁的摩擦，则可将它们看做是一维定常变截面等熵流动。

一、基本方程

为了更清楚地了解截面积变化对流动参数影响的物理过程，本节从微分形式的基本方程出发，来讨论截面积变化对气流参数的影响。

一维定常流动连续方程的微分形式为

$$\frac{\mathrm{d}\rho}{\rho}+\frac{\mathrm{d}A}{A}+\frac{\mathrm{d}V}{V}=0 \tag{7.1}$$

一维定常理想流动的动量方程的微分形式为 $\mathrm{d}p=-\rho V\mathrm{d}V$，考虑到

$$Ma^2=V^2/c^2=\rho V^2/(kp)$$

则

$$\frac{\mathrm{d}p}{p}+kMa^2\frac{\mathrm{d}V}{V}=0 \tag{7.2}$$

绝能流动能量方程的微分形式为

$$c_p\mathrm{d}T+V\mathrm{d}V=0$$

进一步可化成

$$\frac{\mathrm{d}T}{T}+(k-1)Ma^2\frac{\mathrm{d}V}{V}=0 \tag{7.3}$$

由状态方程 $p=\rho RT$，取对数后并进行微分得

$$\frac{\mathrm{d}p}{p}-\frac{\mathrm{d}\rho}{\rho}-\frac{\mathrm{d}T}{T}=0 \tag{7.4}$$

根据 Ma 的定义，$Ma=V/\sqrt{kRT}$，取对数后微分得

$$\frac{\mathrm{d}Ma}{Ma}-\frac{\mathrm{d}V}{V}+\frac{\mathrm{d}T}{2T}=0 \tag{7.5}$$

在式(7.1)～式(7.5)的 5 个等熵流动的基本方程中，包含 6 个变量，即 $\mathrm{d}p/p$，$\mathrm{d}\rho/\rho$，$\mathrm{d}T/T$，$\mathrm{d}V/V$，$\mathrm{d}Ma/Ma$ 和 $\mathrm{d}A/A$。若将 $\mathrm{d}A/A$ 看做独立变量，则可从上述方程组中解出其余 5 个变量与 $\mathrm{d}A/A$ 的关系式，即

$$\frac{\mathrm{d}p}{p}=\frac{kMa^2}{1-Ma^2}\frac{\mathrm{d}A}{A} \tag{7.6}$$

$$\frac{\mathrm{d}\rho}{\rho}=\frac{Ma^2}{1-Ma^2}\frac{\mathrm{d}A}{A} \tag{7.7}$$

$$\frac{\mathrm{d}T}{T}=\frac{(k-1)Ma^2}{1-Ma^2}\frac{\mathrm{d}A}{A} \tag{7.8}$$

$$\frac{\mathrm{d}V}{V}=-\frac{1}{1-Ma^2}\frac{\mathrm{d}A}{A} \tag{7.9}$$

$$\frac{\mathrm{d}Ma}{Ma}=-\frac{2+(k-1)Ma^2}{2(1-Ma^2)}\frac{\mathrm{d}A}{A} \tag{7.10}$$

二、管道截面积变化对气流参数的影响

根据方程式(7.6)~式(7.10),可以分析面积变化对气流参数的影响,其结果综合成表7.1。表中,"↑"表示增加,"↓"表示减小。由表7.1可以看出下述问题。

(1)对亚声速流($Ma<1$):

在收缩形管道中,速度和马赫数增大,压强、密度和温度减小;

在扩张形管道中,速度和马赫数减小,压强、密度和温度增加。

在亚声速气流中,dV 与 dA 异号,表明速度变化与面积变化的方向相反。可见,在收缩形管道内($dA<0$),亚声速气流加速($dV>0$),这种使亚声速气流加速的管道叫亚声速喷管,如图7.1(a)所示;而在扩张形管道内($dA>0$),亚声速气流减速($dV<0$),压强增加,这种使亚声速气流减速增压的管道叫亚声速扩压器,如图7.1(b)所示。

表 7.1　截面积变化对流动参数的影响

气流参数比 ＼ 面积变化	$dA<0$		$dA>0$	
	$Ma<1$	$Ma>1$	$Ma<1$	$Ma>1$
dV/V dMa/Ma	↑	↓	↓	↑
dp/p $d\rho/\rho$ dT/T	↓			↓

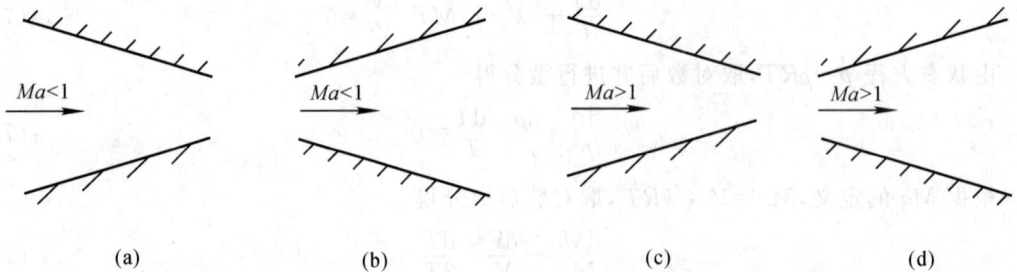

|　　　(a)　　　　　　　　(b)　　　　　　　　(c)　　　　　　　　(d)|

图 7.1　收缩、扩张管道内的流动分析
(a)亚声速喷管;(b)亚声速扩压器;(c)超声速扩压器;(d)超声速喷管

因此,亚声速气流在收缩形管道内($dA<0$),气流加速($dV>0$);在扩张形管道内($dA>0$),气流减速($dV<0$)。

(2)对超声速流($Ma>1$):

在收缩形管道中,速度和马赫数减小,压强、密度和温度增加;

在扩张形管道中,速度和马赫数增加,压强、密度和温度则减小。

在超声速气流中,dV 与 dA 同号,表明速度变化与面积变化的方向相同。可见超声速流动与亚声速流动规律完全相反。在收缩形管道内($dA<0$),沿流动方向,超声速气流减速,压力、密度和温度增加,这种使超声速气流减速增压的管道叫超声速扩压器,如图7.1(c)所示。反之,在扩张形管道内($dA>0$),沿流动方向,超声速气流加速,压强、密度和温度下降。这种

使超声速气流加速的管道叫超声速喷管,如图 7.1(d)所示。

因此,超声速气流在收缩形管道内(dA<0),气流减速(dV<0);在扩张形管道内(dA>0),气流是加速的(dV>0)。

(3)在声速气流($Ma=1$)中:由式(7.6)～式(7.10)可知,实际上,由于 dV,dp,dρ,dT,dMa 都不会趋于无穷大,因此,当 $Ma=1$ 时,必有 dA=0,该截面即为临界截面。在第六章中已经证明过临界截面一定是管道的最小截面。这就是说,气流速度只能在管道的最小截面处达到当地声速。因为当 $Ma<1$ 时,要使气体加速,必有 dA<0,所以根据 dA=0 的这一条件,流动达到声速时管道的截面积必定最小,即声速截面必定是管道的最小截面,叫管道的喉部。但需要强调的是,最小截面不一定是管道的临界截面,因为最小截面是否达到声速还必须要由一定的前后压强差来决定。例如,当进出口压强差不大时,如果进口是亚声速气流,则整个管内的流动可能都是亚声速的,最小截面处速度最大。同样当进出口压强差不大时,若进口马赫数大于1,则整个管内的流动可能都是超声速的,最小截面处速度最小。

通过上面的讨论,可以看出,管道截面积的变化,对亚声速流动和超声速流动有本质上的区别,这种本质上差别的物理原因是由于在不同马赫数时气流的压缩性不同。由表 7.2 可知,无论是超声速气流,还是亚声速气流,密度 ρ 的变化和速度 V 的变化方向总是相反的。气流加速时,密度减小;气流减速时,密度增大。但是,对于不同 Ma 的气流,两者密度随气流速度变化的大小是不同的。表 7.2 列出了按照式(7.7)和式(7.9)计算的一些数值,这是按速度增加 1%时,相应的不同 Ma 时的气流密度变化和面积变化的百分数。例如,对于 $Ma=0.6$ 的亚声速气流,当速度增大 1%时,气流密度减小 0.36%,由微分形式的连续方程可知,面积应减小 0.64%;而对于 $Ma=1.6$ 的超声速气流,当速度增大 1%时,气流密度减小 2.56%,要满足连续方程,截面积应增加 1.56%。对于 $Ma<0.3$ 的气流,速度变化 1%,密度变化不到 0.09%。

表 7.2 不同马赫数下速度变化引起密度和面积的变化

气流参数 \ 马赫数	0.3	0.4	0.6	1.0	1.2	1.4	1.6
dV/V	1%	1%	1%	1%	1%	1%	1%
$d\rho/\rho$	−0.09%	−0.16%	−0.36%	−1.0%	−1.44%	−1.96%	−2.56%
dA/A	−0.91%	−0.84%	−0.64%	0	0.44%	0.96%	1.56%

在绝能等熵流动中,一般认为当 $Ma<0.3$ 时,可以忽略压缩性的影响,而把气流当做不可压流动来处理。Ma 较大时,密度变化也较大,这表明气流压缩性随 Ma 增大而增大。但是在亚声速气流中,密度变化总是小于速度变化;对于超声速气流($Ma>1$),密度变化则比速度变化大。因此,对于影响流量的乘积 ρV,在亚声速流动的情况下,速度变化起着主要的作用,而在超声速流动的情况下,则是密度变化起着主要的作用。

通过上面的讨论,可以看出,在连续的流动中,由于气流压缩性的影响,要使亚声速气流加速,管道截面积必须逐渐收缩;而要使超声速气流加速,管道截面积必须是逐渐扩张的。因此,要使气流从亚声速加速到超声速,管道形状就应该是先收缩后扩张的。

7.2　收缩喷管

使气流不断加速的管道称为喷管。亚声速气流在截面积逐渐缩小的管道内将不断加速，这种管道称为收缩喷管或收敛喷管。收缩喷管在许多试验设备（如校准风洞、叶栅风洞和各种管路系统的喷嘴等）和涡轮喷气发动机中均得到了广泛的应用。在涡轮喷气发动机中，喷管进口的燃气具有较高的总压和总温，在喷管进出口压差的作用下，高温燃气在喷管内膨胀，将气体的热焓转变成动能，到喷管出口，燃气以很高的速度流出，高速喷气使发动机产生很大的反作用推力。

一、喷管出口气流参数的计算

已知收缩喷管进口的总压 p^* 和总温 T^*，如图 7.2 所示，喷管出口的外界反压（或称背压）为 p_b。如果不考虑气体黏性和与外界的热交换，则喷管中的流动为理想的绝能等熵流动，即喷管各截面上的总温和总压都相同。

在这种情况下，面积变化是引起流动参数变化的主要原因。以注脚 e 和 o 分别表示喷管出口和进口截面上的气流参数，则由绝能流动的能量方程，有

图 7.2　收缩喷管

$$c_p T_o^* = c_p T_e^* = c_p T_e + \frac{V_e^2}{2}$$

得

$$V_e = \sqrt{2c_p(T_e^* - T_e)} = \sqrt{2c_p T_e^* \left(1 - \frac{T_e}{T_e^*}\right)} =$$

$$\sqrt{\frac{2k}{k-1} R T_e^* \left[1 - \left(\frac{p_e}{p_e^*}\right)^{\frac{k-1}{k}}\right]} \tag{7.11a}$$

根据 p^*, p 与 Ma 的关系，得

$$Ma_e = \sqrt{\frac{2}{k-1}\left[\left(\frac{p_e^*}{p_e}\right)^{\frac{k-1}{k}} - 1\right]} \tag{7.11b}$$

因此，如果知道气流的马赫数或速度因数，也可以用下式计算速度：

$$V_e = Ma_e c_e = \lambda_e c_{cr} \tag{7.11c}$$

从式（7.11a）可以看出，喷管出口截面上的气流速度主要取决于气流总温 T_e^* 和压强比 p_e/p_e^*。对于给定的气体，气体总温越高，喷管出口截面上气流速度越大，压强比 p_e/p_e^* 越小，气流速度也越大，发动机所获得的反作用推力也越大。

在喷管流动计算中，一般喷管的几何形状和气体性质是已知的，即喷管出口面积、气体性质 R 和 k 是已知的。若进口总压和总温已知，则只需求出出口压强或出口马赫数，即可由以上各式求出出口截面上的其他所有气流参数和通过喷管的流量。

二、临界压强比

亚声速气流在收缩形管道中的最小截面（出口截面），速度最大只能等于当地声速，即出口截面上的气流 Ma_e 最大只能达到 1。若记当 $Ma_e = 1$ 时的压强比 $p_{e,cr}/p_e^*$ 为临界压强比，用

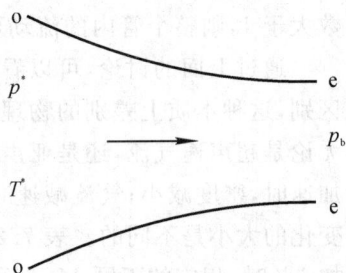

β_{cr}表示,则有

$$\beta_{cr} = \frac{p_{e,cr}}{p_e^*} = \left(\frac{2}{k+1}\right)^{\frac{k}{k-1}} \tag{7.12}$$

对于空气,$k=1.4$,$\beta_{cr}=0.5283$;对于燃气 $k=1.33$,$\beta_{cr}=0.5404$。

通过喷管的流量为

$$q_m = K\frac{p_e^*}{\sqrt{T_e^*}}q(\lambda_e)A_e \tag{7.13a}$$

或

$$q_m = \rho_e V_e A_e \tag{7.13b}$$

当压强比 p_e/p_e^* 下降时,λ_e 将随之增大,因而 $q(\lambda_e)$ 也随之增大,由上式可见,通过喷管的流量也相应地增大。当出口截面上的气流压强比达到 β_{cr} 时,由于 $\lambda_e=1$,$q(\lambda_e)=1$,则流量达最大值,即

$$q_{m,\max} = K\frac{p^*}{\sqrt{T^*}}A_e \tag{7.14}$$

其流量比随 p_b/p^* 的变化如图 7.3 所示。

由图可见,当 p_b/p^* 较大时(大于 $p_{e,cr}/p^*$),由于反压较大(p^* 给定),因而喷管出口流速小于当地声速,此时喷管出口压强与外界反压相等,反压增加,出口压强也增加;反压减小,出口压强 p_e 也减小。因此,在来流总压不变的情况下,随着 p_b 减小,λ_e 增大,$q(\lambda)$ 也随之增大,相应地 p_e/p^* 减小。由式(7.11a)可知,排气速度 V_e 提高,因而通过喷管的流量增大。一旦 $p_b/p^* = \beta_{cr}$,由于喷管出口马赫数等于 1,因此流量达到最大值 $q_{m,\max}$,之后随 p_b 减小,流量保持最大值。

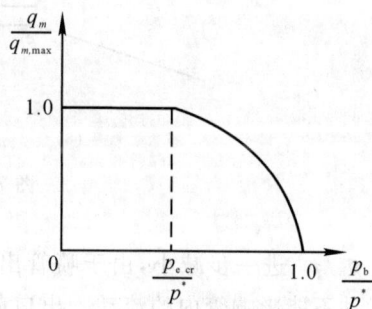

图 7.3 收缩喷管中质量流量比
随压强比的变化

三、收缩喷管的工作状态

气流在收缩喷管内膨胀加速的程度既取决于管后压强 p_b,也取决于喷管进口的总压 p^*,因此,用压强比 p_b/p^* 来代表气流的膨胀加速的程度是方便的。在分析喷管内的流态时,假设来流 p^*,T^* 不变,而反压 p_b 变化。

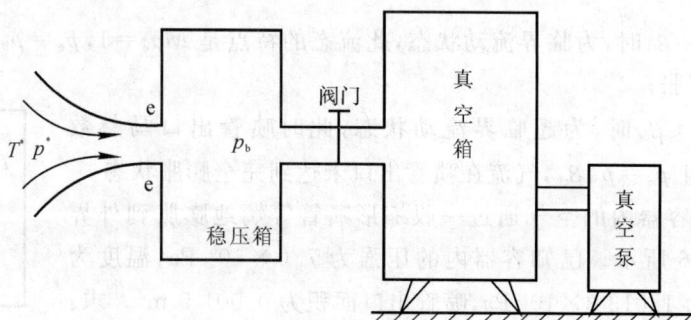

图 7.4 收缩喷管实验设备

下面来分析如图 7.4 所示收缩喷管内的流动。收缩喷管后接一个稳压箱,稳压箱内的压

强(即管后压强 p_b,叫反压或背压)随着阀门的逐渐开大而减小,当反压略低于来流总压时,气流在管内不断加速流动。若反压逐渐减小(或来流总压 p^* 增大),则 p_b/p^* 不断减小,管内流速开始加大,即气流在收缩喷管内加速流动,通过喷管的流量也相应地加大。此种情况下,整个喷管是亚声速流动,如果此时改变反压 p_b,则这种扰动可以向管内传播。由于 $Ma_e<1$,所以 $p_b/p^*>\beta_{cr}$,这种流动状态称为亚临界流动状态,喷管出口压强等于反压,即 $p_e=p_b$,气体在喷管内得到完全膨胀,出口后的流动是平行流动,如图 7.5(a)所示。

随着 p_b/p^* 的不断降低,喷管出口流速进一步加大,当喷管出口速度等于当地声速时,出口马赫数等于 1,此时 $p_e=p_b$,且气流在喷管内仍能得到完全膨胀,流量达到最大值 $q_{m,max}$。这种 $Ma_e=1$, $p_e/p^*=p_b/p^*=\beta_{cr}$ 的流动状态称为临界流动状态。喷管出口后的气流仍是平行流动,如图 7.5(a)所示。

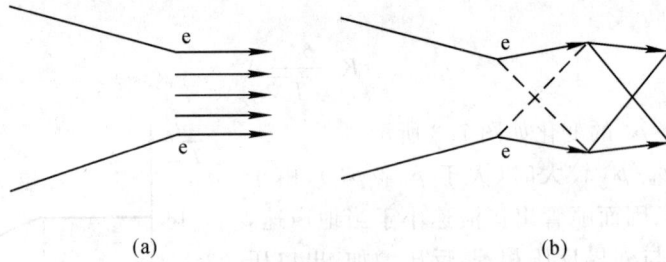

图 7.5　收缩喷管出口后的流动

p_b/p^* 进一步减小,由于喷管出口已是临界截面,反压变化引起的扰动不会逆流传播,所以扰动不能影响管内的流动。出口截面仍维持 $p_e=\beta_{cr}p^*$, $Ma_e=1$ 的临界状态,这种流动状态称为超临界流动状态。此时在喷管出口处的气流压强没有完全膨胀到外界反压,$p_e>p_b$,即 $p_b/p^*<\beta_{cr}$。这种流态又称为未完全膨胀状态,气流在出口截面之后继续膨胀,如图 7.5(b)所示。气流在出口之后经历一个由膨胀波和压缩波组成的复杂波系。

上面所述是在进口气流总压不变的情况下,改变反压 p_b 所得到的结果。如果来流总压不断增大,出口反压不变,则此时 p_b/p^* 将不断减小,也可以得到同样的结论。

总之,收缩喷管的流动状态及特点如下:

(1)当 $p_b/p^*>\beta_{cr}$ 时,为亚临界流动状态,此时 $Ma_e<1$, $p_e=p_b$,气流在喷管内得到完全膨胀;

(2)当 $p_b/p^*=\beta_{cr}$ 时,为临界流动状态,此流态的特点是 $Ma_e=1$, $p_e=p_b=p^*\beta_{cr}$,气流在喷管内得到完全膨胀;

(3)当 $p_b/p^*<\beta_{cr}$ 时,为超临界流动状态,此时喷管出口马赫数 $Ma_e=1$, $p_e>p_b$,且 $p_e=p^*\beta_{cr}$,气流在喷管出口未达到完全膨胀状态。

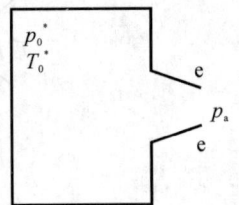

图 7.6　从高压容器经收缩喷管的流动计算

例 7.1　高压容器内的空气通过一收缩形喷管等熵地膨胀到外界大气压强,如图 7.6 所示。已知容器内的压强为 7.0×10^5 Pa,温度为 288 K,大气压强为 $1.013\ 3\times10^5$ Pa,喷管出口面积为 0.001 5 m^2。求:

(1)初始空气的出口速度 V_e 和通过喷管的流量 q_m。

(2)设容器体积为 1 m^3,求保持此状态的时间。

解　高压容器内的初始压强为初始总压 p_0^*,温度为总温 T_0^*。

(1)
$$\frac{p_a}{p_0^*} = \frac{1.013\ 3}{7.0} = 0.144\ 8 < \beta_{cr}$$

流动为超临界状态，因此，$Ma_e = 1.0$，有

$$p_e = p_0^* \beta_{cr} = 7.0 \times 10^5 \times 0.528\ 3 = 3.698\ 1 \times 10^5\ \text{Pa}$$

$$V_e = c_{cr} = \sqrt{\frac{2kRT_0^*}{k+1}} = \sqrt{\frac{2.8 \times 287.06 \times 288}{2.4}} = 310.57\ \text{m/s}$$

通过喷管的流量为

$$q_m = q_{m,\max} = K \frac{p_0^*}{\sqrt{T_0^*}} A_e = 0.040\ 4 \times \frac{7.0 \times 10^5}{\sqrt{288}} \times 0.001\ 5 = 2.5\ \text{kg/s}$$

(2)求维持超临界状态的时间。随着空气的不断流出，容器内的压强不断下降，当容器内的压强值降低到临界状态的压强值时，即 $p^* = p_{cr}^* = p_a/\beta_{cr}$ 时，该流态将不能再维持下去，故终了状态的总压

$$p_{cr}^* = \frac{1.013\ 3 \times 10^5}{0.528\ 3} = 1.918 \times 10^5\ \text{Pa}$$

根据连续方程，有

$$-\frac{dm}{dt} = K \frac{p^*}{\sqrt{T^*}} A_e = q_{m,\max}$$

即

$$d\left(-\frac{p^*}{RT^*}v\right) = K \frac{p^*}{\sqrt{T^*}} A_e dt$$

故

$$t = -\int \frac{\sqrt{T^*}}{Kp^*A_e} d\left(\frac{p^*}{RT^*}v\right) = -\int_{p_0^*}^{p_{cr}^*} \frac{v}{RK\sqrt{T^*}A_e} \frac{dp^*}{p^*} = \frac{v}{KR\sqrt{T^*}A_e} \ln \frac{p_0^*}{p_{cr}^*} =$$

$$\frac{1}{0.040\ 4 \times 287.06 \times 0.001\ 5\sqrt{288}} \ln \frac{7.0 \times 10^5}{1.918 \times 10^5} = 4.39\ \text{s}$$

四、收缩喷管的壅塞状态

当气流处于临界和超临界状态时，喷管出口截面上的气流 $Ma_e = 1$，出口截面是临界截面，通过喷管的流量达到最大值，即 $q_m = q_{m,\max} = K \dfrac{p^*}{\sqrt{T^*}} A_e$。由于喷管出口截面气流速度等于声速，因而反压进一步降低，不能使出口截面上的气流马赫数继续增大，也不能使喷管流量继续增大，因此称流量达到最大值，$Ma_e = 1$ 的流动状态为**壅塞状态**。一旦喷管处于壅塞状态，喷管出口外界反压便不再能影响喷管内的流动。而且由 $q(Ma) = \dfrac{A_e}{A}$ 可知，无论是改变出口外界的反压，还是改变进口气流的总压、总温，都不能使喷管中任一截面上的无量纲参数发生变化。这些无量纲参数有 Ma_e（或 λ_e）、压强比 p/p^* 和温度比 T/T^* 等等。

当 $\dfrac{p_e}{p^*} = \dfrac{p_{cr}}{p^*}$ 时，喷管内的流动处于壅塞（阻塞）流动状态，此时，如果单纯增加总温，则马赫数 Ma_e，压力比 p_e/p^* 保持不变，而 $V_e = \lambda_e c_{cr}$ 将增大。因此，在涡轮喷气发动机中，常通过采用提高燃气总温的办法来增加排气速度，以提高发动机的推力。如果单纯增加进口气流总压，则马赫数 Ma_e 和压力比 p_e/p^* 仍保持不变，由式(7.11a)可知，出口气流速度保持不变。而出口

气流的压强 p_e 随总压的提高而增大,流量也随总压成比例地增大。在壅塞状态下,由于扰动不会越过声速面而逆流传播,因此,降低反压也无法使喷管出口截面参数和通过喷管的流量发生变化。在壅塞状态下,如果只增加喷管出口面积,则 Ma_e,p_e/p^*,V_e 和 p_e 均保持不变,仅流量 q_m 随出口面积 A_e 成比例地增加。

按照壅塞状态的特点,可以归纳出在壅塞状态下各种因素对气流参数的影响,见表 7.3。表中,"→"表示不变,"↑"表示增加,"↓"表示减小。

表 7.3 收缩喷管壅塞状态时的参数变化

影响因素＼参数	Ma_e	p_e/p^*	V_e	p_e	q_m
T^* ↑	→	→	↑	→	↓
p^* ↑	→	→	→	↑	↑
p_b ↓	→	→	→	→	→
A_e ↑	→	→	→	→	↑

从表 7.3 可以看出,在壅塞状态下,对流量的影响因素有喷管进口的总压、总温和喷管出口的面积。因此,在涡轮喷气发动机中,常在喷管前对燃气进行二次喷油燃烧(称为加力燃烧),以提高气流的总温,同时增大出口面积以保持流量不变,采取这样的方式可以增加推力。

例 7.2 空气在如图 7.7 所示的收缩喷管中流动,已知进口参数为 $V_1 = 250$ m/s,$p_1 = 2.22 \times 10^5$ Pa,$T_1 = 899$ K,反压 $p_b = 0.98 \times 10^5$ Pa,试计算喷管出口处的压强、温度、速度和马赫数。

解 设流动是绝能等熵的,则滞止参数保持不变。由进口参数可计算出总温和总压分别为

$$T_1^* = T_1 + \frac{V_1^2}{2c_p} = 899 + \frac{250^2}{2 \times 1\,004.5} = 930 \text{ K}$$

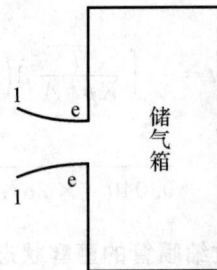

图 7.7 空气经收缩喷管被吸入储气箱

$$p_1^* = p_1 \left(\frac{T_1^*}{T_1}\right)^{\frac{k}{k-1}} = 2.22 \times 10^5 \times \left(\frac{930}{899}\right)^{3.5} = 2.5 \times 10^5 \text{ Pa}$$

因为 $\dfrac{p_b}{p^*} = \dfrac{0.98 \times 10^5}{2.5 \times 10^5} = 0.392$,$\dfrac{p_b}{p^*}$ 小于临界压强比 β_{cr},所以喷管处于超临界状态,即该喷管在壅塞状态下运行,出口 $Ma_e = 1.0$,故可求得出口参数为

$$p_e = p^* \beta_{cr} = 2.5 \times 10^5 \times 0.528\,3 = 1.32 \times 10^5 \text{ Pa}$$

$$T_e = T^* \tau(\lambda_2) = 930 \times 0.833\,3 = 774.9 \text{ K} \qquad (\lambda_2 = 1)$$

$$V_e = c_e = \sqrt{kRT_e} = \sqrt{1.4 \times 287.06 \times 774.9} = 558 \text{ m/s}$$

五、收缩喷管壁面设计

设计收缩喷管时,一般要求在喷管出口产生均匀的流动。只有设计得很平滑的壁面,才能使气流在喷管中逐渐得到膨胀。保证进口截面产生的横向压强梯度和径向分速逐渐减小,并在出口截面上趋于零,从而获得均匀的出口流场。一般认为比较满意的是用维托辛斯基公式

来计算壁面的型线,其公式为

$$\left(\frac{r_e}{r}\right)^2 = 1 - \left(1 - \frac{1}{C}\right)\frac{[1-(x/l)^2]^2}{\left[1+\frac{1}{3}(x/l)^2\right]^3} \tag{7.15}$$

式中,C 表示收缩比,$C=(r_0/r_e)^2$,其他各参数的意义示于图 7.8 中。其中,l 是选定的($l>r_0$),它可以在宽广的范围内变动,这种型面的喷管适合于连接两个不同尺寸的管道,它用在亚声速风洞上;而 r_0 是给定的尺寸;r_e 是喷管的喉部半径。

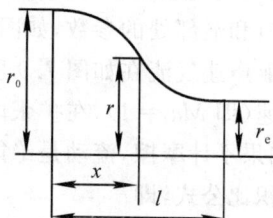

在具体设计时,根据经验,若取 $r_0=2r_e$,且当 $l=\frac{2}{3}r_0$ 时,收缩曲线可以获得较好的气流品质。此种方法既适用于轴对称喷管,又适用于矩形或二维收缩喷管。此时 C 为单边的收缩比。当收缩比较大($C>4$)时,则曲线前部分收缩很陡,而后段却很近似平直,这样对得到均匀的气流是不利的。在这样的情况下,可以采用移轴(即"加 R")的办法来修正。采用这种方法设计收缩型线,可得到较好的气流品质。具体做法如下:

$$r'_0 = r_0 + R$$
$$r'_e = r_e + R$$

令
$$r_0 = 2r'_e$$

得
$$R = r_0 - 2r_e$$

式中,R 为半径的移轴量。用 r'_0,r'_e 代入式(7.15)计算出来的曲线坐标,再减去 R 后即得到收缩比 $C=(r_0/r_e)^2$ 情况下的收缩喷管型线的坐标。

经验表明,用维氏公式来计算壁面的型线,一直到 $\lambda=0.9\sim0.95$ 的宽广速度范围内,喷管后的速度场是足够均匀的。

由于附面层的影响,在设计喷管时,还要对型面修正一个附面层位移厚度(见第十章)。当喷管直接连接在储气罐后面时,其壁面型线可以是圆弧线、双曲线或抛物线等。

图 7.8 收缩喷管型面设计示意图

7.3 拉伐尔喷管

一、基本概念与等熵面积比公式

使气流由亚声速加速到超声速的收缩-扩张喷管称为拉伐尔喷管,如图 7.9 所示。它主要用来产生超声速气流。拉伐尔喷管在超声速及高超声速风洞喷管、超声速飞机、火箭的尾喷管上得到广泛应用。

在实际发动机中,当涡轮出口的气流压强较高时,若采用收缩喷管,则由于气流在喷管内不能得到完全膨胀而造成较大的推力损失。为了提高发动机的推力,需要采用拉伐尔喷管。

由于采用拉伐尔喷管是为了在其扩张段产生超声速气流,因此在这种情况下就有可能会出现激波。超声速气流通过激波是非等熵流动,因此拉伐尔喷管内的流动在一般情况下,是

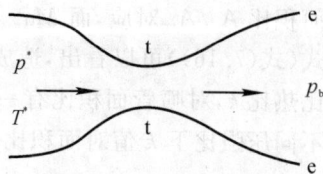

图 7.9 拉伐尔喷管示意图

绝能非等熵流动。但是在不出现激波时,或出现激波时的激波前、激波后的流动区域,可作为绝能等熵(不计摩擦影响)流动来处理。

对于已设计好的拉伐尔喷管,要分析拉伐尔喷管内的流动状态及特点。通常已知的条件有:进口气流总压 p^*、总温 T^*,喷管出口外界反压 p_b 和面积比 A_e/A_t(下标 e,t 分别表示喷管出口和喉部处的参数,如图 7.9 所示)。

亚声速气流在如图 7.9 所示的拉伐尔喷管的收缩段加速,到最小截面(喉部)速度等于当地声速(即 $Ma_t=1$),在扩张段内进一步加速到出口的超声速气流。在这种流动中没有激波存在,如果不计摩擦,流动是绝能等熵的。对喉部与任一截面写出连续方程,即可得到所谓的等熵面积比公式,即

$$\frac{A_{cr}}{A}=q(\lambda) \tag{7.16a}$$

或

$$\frac{A}{A_{cr}}=\frac{1}{Ma}\left[\left(1+\frac{k-1}{2}Ma^2\right)\frac{2}{k+1}\right]^{\frac{k+1}{2(k-1)}} \tag{7.16b}$$

式中 A——喷管任一截面的面积;

A_{cr}——喷管喉部面积。

应当注意,式(7.16a)在喉部与截面 A 之间不存在激波时才能使用。当然截面 A 可以位于喷管的超声速段,也可以位于亚声速段。由式(7.16)可以看出,对于给定的气体,面积比仅与 Ma 有关,其变化规律如图 7.10 所示。由图可以看出,要在喷管出口截面上产生一定 Ma_e 的超声速气流,所对应的喷管面积比 A_e/A_{cr} 是唯一的。另外,每一个面积比,对应着两个马赫数,一个是亚声速气流的 Ma,一个是超声速气流的 Ma。

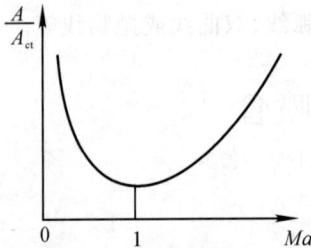

图 7.10 喷管面积比随马赫数的变化   图 7.11 k 值对 A_e/A_{cr} 的影响

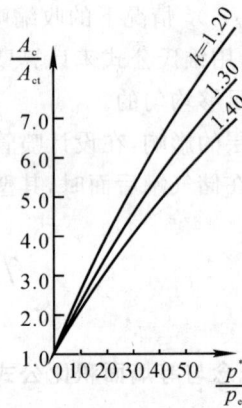

拉伐尔喷管出口截面上的气流速度仍可按式(7.11)计算。对于拉伐尔喷管,由于 Ma_e 与面积比 A_e/A_{cr} 对应,而 Ma_e 又与压强比有关,因此,压强比也对应一定的面积比。从面积比公式(式(7.16))可以看出,造成一定出口马赫数 Ma_e 的喷管面积比 A_e/A_{cr} 还与 k 值有关,不同比热比 k,对喷管面积比有一定影响,这一点在喷管型面设计时应当注意。图 7.11 表示出了不同压强比下 k 值对面积比 A_e/A_{cr} 的影响。

二、拉伐尔喷管的流动状态

由等熵面积比公式可知,要在喷管出口建立一定马赫数的超声速气流,就必须有一定的管

道面积比,但是具备了管道面积比的条件后,能否实现超声速流动,还要由喷管进口的总压 p^* 和外界反压 p_b 来决定。下面分析给定面积比的拉伐尔喷管内可能出现的几种流动状态。

1. 临界状态

在一个恰当的压强比 p_b/p^* 下,气流在收缩段内加速,至喉部马赫数 $Ma_t=1$,然后在扩张段内减速,至出口 $Ma_e<1$,且 $p_e=p_b$,这种流动状态称为拉伐尔喷管的临界状态。气流的静压沿喷管轴线的变化如图 7.12 中的曲线 b 所示。临界状态的特点是 $Ma_t=1$,$Ma_e<1$,$p_e=p_b$(完全膨胀),喷管内无激波,如果不计摩擦,管内的整个流动可视为等熵流动。记临界状态下的出口压强为 p_3,即压强比为 p_3/p^*。可见,当 $p_b/p^*=p_3/p^*$ 时,喷管的流动为临界状态。临界状态下的有关参数计算如下:

喷管出口马赫数 Ma_e:由面积比公式(式(7.16a))可计算得到 Ma_e,即

$$q(Ma_e)=\frac{A_{cr}}{A_e}\qquad(Ma_e<1)$$

出口静压 p_e 与进口总压 p^* 之比

$$p_e/p^*=p_b/p^*=\left(1+\frac{k-1}{2}Ma_e^2\right)^{-\frac{k}{k-1}}=\pi(Ma_e)$$

由于　　　　　　　　　　　　$p_3/p^*=p_b/p^*=p_e/p^*$　　　　　　　　　　(7.17)

所以 p_3/p^* 是面积比 A_{cr}/A_e 的函数。

通过尾喷管的质量流量

$$q_{m,max}=K\frac{p^*}{\sqrt{T^*}}A_t\qquad\qquad\qquad(7.18)$$

2. 亚临界状态

尾喷管内的流动全部为亚声速时,称为亚临界状态。例如,当 $p_b/p^*=1$ 时,整个喷管内无流动,静压等于总压且沿尾喷管不变,如图 7.12 中平行于 x 方向的直线所示,这是亚临界状态的一种极限情况。

当 $1.0>\dfrac{p_b}{p^*}>\dfrac{p_3}{p^*}$ 时,气流在喷管收缩段内加速,至喉部仍然是 $Ma_t<1$,之后在扩张段内减速,至出口 $Ma_e<1$,$p_e=p_b$,如图 7.12 中所示的曲线 a 属于亚临界的流动状态。因此亚临界状态的特点是 $Ma_t<1$,$Ma_e<1$,$p_e=p_b$,气流在喷管内得到完全膨胀,整个喷管为亚声速流动。亚临界状态的有关参数计算如下:

出口马赫数可按下式计算:

$$\left(1+\frac{k-1}{2}Ma_e^2\right)^{\frac{k}{k-1}}=p^*/p_e$$

出口静压　　　　　　　　　　　$p_e=p_b$

通过喷管的流量　　　　　　　$q_m=K\dfrac{p^*q(\lambda_e)}{\sqrt{T^*}}A_e$　　　　　　　　　(7.19)

3. 超临界状态

当 $\dfrac{p_b}{p^*}<\dfrac{p_3}{p^*}$ 时,尾喷管内的流动称为超临界状态。

气流在喷管收缩段加速,至喉部 $Ma_t=1$,之后在扩张段内的流动根据 p_b/p^* 的大小不同,可能有下述几种情况。

(1)气流在扩张段内继续加速,至出口 $Ma_e>1$,同时气流在喷管出口达到完全膨胀,$p_e=p_b$,整个扩张段内无激波,出口外也无激波和膨胀波,静压沿喷管的变化如图 7.12 中的曲线 f 所示。这种情况即是所谓的设计状态,记该状态下的压强比 $p_e/p^*=p_1/p^*=p_b/p^*$。可见,当 $p_b/p^*=p_1/p^*$ 时,尾喷管内的流动为超临界状态,且气流在喷管出口达到完全膨胀。

其特点是 $Ma_t=1,Ma_e>1,p_e=p_b$,因此喷管出口的马赫数可用等熵面积比公式计算,即

$$q(Ma_e)=\frac{A_{cr}}{A_e} \qquad (Ma_e>1)$$

出口静压 $\qquad\qquad p_e/p^*=p_b/p^*\equiv p_1/p^*=\pi(Ma_e)$ $\qquad\qquad$ (7.20)

$$p_e=p_1=p_b$$

通过喷管的流量,由于 $Ma_t=1$,所以流量达到最大值,仍可用式(7.18)计算。

(2)当 $p_b/p^*<p_1/p^*$ 时,气流在扩张段加速到出口的 $Ma_e>1$,气流在喷管内没有得到完全膨胀,即 $p_e/p^*>p_b/p^*$,因此超声速气流在喷管出口产生膨胀波束。在这个压强比范围内,反压的变化不会影响喷管内的流动,因为外界的扰动是以声速传播的,而喷管出口为超声速流动。其流动特点为 $Ma_t=1,q_m=q_{m,max},Ma_e>1$。通常称为欠膨胀流动状态。如图 7.12 中的曲线 g 所示。出口马赫数和通过喷管的流量的计算方法与(1)相同,出口压强 $p_e>p_b$,$p_e=p_1$。对应于超临界状态中管口有膨胀波的流动状态。

(3)当 $p_1/p^*<p_b/p^*\leqslant p_2/p^*$ 时,在这个压强比范围内,气流在扩张段加速到出口的 $Ma_e>1$,气流在出口将产生斜激波,如图 7.12 中的曲线 e 所示。通过斜激波后的压强与外界反压相等,激波强度由压强比 p_b/p_1 决定。随着压强比的不断增大,激波不断增强,激波角逐渐加大,当激波角增加到 90°,即斜激波变成正激波时,激波后的压强与总压之比记为 p_2/p^*,如图 7.12 中的曲线 d 所示。这种流动通常称为过渡膨胀状态。该状态对应于管口有激波的超临界流动状态。

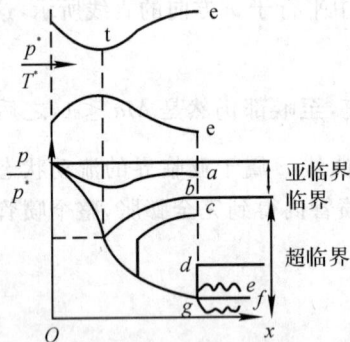

图 7.12 拉伐尔喷管内的流动状态   图 7.13 激波位置计算示意图

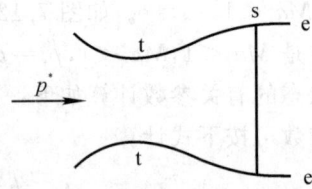

可见,在超临界状态的((1),(2)和(3))三种情况下,喷管内部的流动特点完全相同,计算方法也完全一致,不同的仅是喷管出口后的流动。

压强比 p_2/p^* 可以根据激波关系式确定,即

$$\frac{p_2}{p_1}=\frac{2k}{k+1}Ma_e^2-\frac{k-1}{k+1}$$

因此,可得 $\qquad\qquad p_2/p^*=(p_2/p_1)\times(p_1/p^*)$ $\qquad\qquad$ (7.21)

由于 $Ma_e,p_1/p^*$ 与面积比 A_e/A_t 有关,所以,p_2/p^* 也与面积比 A_e/A_t 有关。

(4)当 $p_2/p^* < p_b/p^* < p_3/p^*$ 时,在这个压强比范围内,在喷管扩张段内会产生激波,该激波可看做是由于随压强比 p_b/p^* 的不断提高,使正激波不断向管内移动的结果。在扩张段内的激波前加速到超声速,压强减小,通过正激波后,压强升高,波后亚声速气流在扩张段减速增压,直到出口处 $Ma_e < 1$, $p_e = p_b$,。此时的压强比沿轴线的变化如图 7.12 中的曲线 c 所示。此种情况对应于超临界状态管内有激波的流动状态。其流动特点为喉部 $Ma_t = 1$, $q_m = q_{m,max}$。

在一维流动的情况下,当已知喷管面积比、来流总压和反压时,可按下述方法计算管内流动参数和激波位置。设 A_s 表示激波所在截面面积,如图 7.13 所示,则根据出口截面气流压强等于反压的条件,对临界截面和出口截面应用连续方程,即

$$K \frac{p_t^*}{\sqrt{T_t^*}} A_t = K \frac{p_e}{\sqrt{T_e^*}} A_e y(\lambda_e)$$

式中　　　　　　　　　　　$p_e = p_b, \quad T_t^* = T_e^*, \quad p_t^* = p^*$

所以　　　　　　　　　　　$y(\lambda_e) = \frac{p^*}{p_b} \frac{A_t}{A_e}$　　　　　　　　　(7.22)

由 $y(\lambda_e)$ 查气动函数表得喷管出口的 λ_e 和 Ma_e,然后再次使用连续方程,即

$$K \frac{p_t^*}{\sqrt{T_t^*}} A_t = K \frac{p_e^*}{\sqrt{T_e^*}} A_e q(\lambda_e)$$

由此可以计算出通过激波的总压恢复因数,即

$$\sigma(Ma_s) = \frac{p_e^*}{p_t^*} = \frac{A_t}{A_e} \frac{1}{q(\lambda_e)}$$　　　　　　　(7.23)

由正激波表可查得激波前的马赫数 Ma_s。由于喉部与激波前之间的流动为绝能等熵的,故由连续方程可得

$$\frac{A_s}{A_t} = \frac{1}{q(\lambda_s)}$$　　　　　　　　　　(7.24)

式中,A_s 为激波所在的截面积。

由以上的分析可知,拉伐尔喷管的流动状态及其特点如下:

$p_b/p^* > p_3/p^*$　　　　　管内全为亚声速流动,为亚临界状态

$p_b/p^* = p_3/p^*$　　　　　$Ma_t = 1$,收缩段和扩张段流动全为亚声速流动,为临界状态

$p_2/p^* < p_b/p^* < p_3/p^*$ 扩张段内有激波,$Ma_t = 1$,$Ma_e < 1$,$p_e = p_b$ ⎫

$p_b/p^* = p_2/p^*$　　　　　正激波位于喷管出口,$Ma_t = 1$,$Ma_e > 1$,$p_e < p_b$ ⎪超

$p_1/p^* < p_b/p^* < p_2/p^*$ 过膨胀状态,出口有斜激波,$Ma_t = 1$,$Ma_e > 1$,$p_e < p_b$ ⎬临界

$p_b/p^* = p_1/p^*$　　　　　完全膨胀状态,$Ma_t = 1$,$Ma_e > 1$,$p_e = p_b$ ⎪状态

$p_b/p^* < p_1/p^*$　　　　　欠膨胀状态,出口有膨胀波,$Ma_t = 1$,$Ma_e > 1$,$p_e > p_b$ ⎭

总之,三个特征压强比是由面积比 A_t/A_e 确定的,即 $q(\lambda_e) = A_t/A_e$,查气动函数表,可得两个速度因数,即 $\lambda_e > 1$,$\lambda_e < 1$,从而可求出 $p_1/p^* = \pi(\lambda_e > 1)$ 和 $p_3/p^* = \pi(\lambda_e < 1)$,而 p_2/p^* 是由 $\lambda_e > 1(Ma_e > 1)$ 查正激波表,得到 p_2/p_1,从而计算出 $p_2/p^* = (p_2/p_1) \times (p_1/p^*)$。

以上按照一维无黏性流动讨论了拉伐尔喷管的流动特点及其计算方法,实际上的多维黏性流动要复杂得多。

在实际流动中,当气流在喷管内加速时,最大速度点最先出现在喉部壁面的凸点处。如果

反压不变,来流总压不断提高,则随着 p_b/p^* 的逐渐下降,在凸点附近逐渐形成局部超声速区,如图 7.14(a)所示。若 p_b/p^* 继续下降,则超声速区继续扩大,会在凸点附近下游局部产生尾激波,如图 7.14(b)所示。这是由于随着局部超声速区受到下游亚声速流动的压缩而产生的。由于上、下壁面的对称性,上、下壁面的超声速区逐步相连,形成一个连接亚声速区与超声速区的分界面,即声速线 A—A,同时上、下壁面产生的尾激波也连接在一起,最终形成一道正激波,如图 7.14(c)所示。

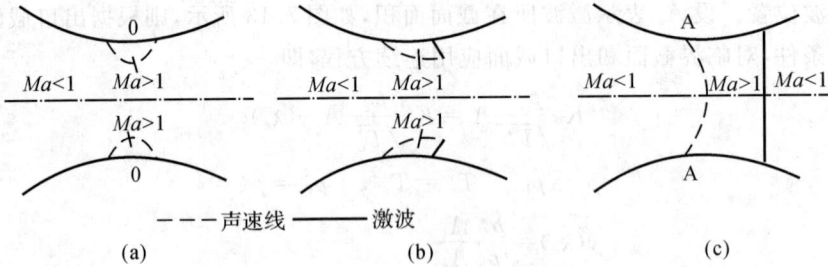

图 7.14 拉伐尔喷管内声速线和激波的形成

三、拉伐尔喷管计算

拉伐尔喷管内的流动计算一般有两类。一类是正问题,即给定喷管面积比 A_t/A_e、反压与总压之比 p_b/p^* 和总温 T^*,需要计算喷管内的流动状态及参数。这类问题求解步骤是,首先按面积比公式确定三个特征压强比;其次根据给定的 p_b/p^* 与三个特征压强比相比较,从而判别实际的流动状态;最后根据流动状态的特点进行计算。

第二类是逆问题,即给定喷管出口 Ma_e,须确定面积比 A_e/A_t 和反压比 p_b/p^*。

若 $Ma_e<1$,通常不需要采用拉伐尔喷管,利用收缩喷管即可达到要求。

若 $Ma_e>1$,此时喉部必然是临界截面,即 $Ma_t=1$,而且扩张段没有激波。可以使用等熵面积比公式(式(7.16))确定喷管的面积比 A_e/A_t,由 Ma_e 可以计算出 p_e/p^*。

根据要求的马赫数分布 $Ma(x)$,可以由式(7.16)确定整个喷管的截面积分布 $A(x)/A_t$。

例 7.3 已知某拉伐尔喷管最小截面面积 $A_t=4.0\times10^{-4}$ m²,出口截面面积 $A_e=6.76\times10^{-4}$ m²。喷管周围的大气压强 $p_a=1\times10^5$ Pa,气源的温度 $T^*=288$ K。当气源的压强 $p^*=1.5\times10^5$ Pa 时,求:

(1)喷管出口处空气的 Ma 和空气的流量;

(2)若管中有激波,求激波的位置。

解 这是一个正问题,需要先确定三个特征压强比。首先由面积比公式 $q(\lambda_e)=\dfrac{A_t}{A_e}=$

$\dfrac{4.0}{6.76}=0.5917$,查气动函数表,得 $\lambda_e=1.634$,$Ma_e=2.0$,$p_1/p^*=\pi(\lambda_e)=0.128$;其次求激波在出口截面时的压强比 p_2/p^*,即

$$\frac{p_2}{p^*}=\frac{p_2}{p_1}\frac{p_1}{p^*}$$

由 $Ma_e = 2.0$ 查正激波表,得 $p_2/p_1 = 4.5$,因此有

$$\frac{p_2}{p^*} = \frac{p_2}{p_1}\frac{p_1}{p^*} = 4.5 \times 0.128 = 0.576$$

再求 p_3/p^*,它对应于出口截面和扩张段是亚声速流动,但喉部是处于临界状态的流动,所以仍可用面积比公式。查气动函数表,得 $\lambda_e = 0.406$, $\frac{p_3}{p^*} = 0.909$。根据 $\frac{p_b}{p^*} = \frac{1}{1.5} = 0.666\ 7$,又由于 $\frac{p_2}{p^*} < \frac{p_b}{p^*} < \frac{p_3}{p^*}$,所以喷管扩张段内有激波。

（1）计算出口 Ma_e 和通过喷管的流量 q_m。对喉部及出口运用连续方程,即

$$K\frac{p^* A_t}{\sqrt{T^*}} = K\frac{p_e A_e y(\lambda_e)}{\sqrt{T^*}}$$

由于出口为亚声速流动,所以

$$p_e = p_a$$

故得

$$y(\lambda_e) = \frac{p^* A_t}{p_b A_e} = 1.5 \times 0.591\ 7 = 0.887\ 6$$

查表得 $Ma_e = 0.5$, $\lambda_e = 0.534$,因为 $\lambda_t = 1$,所以通过喷管的流量为

$$q_m = K\frac{p^*}{\sqrt{T^*}}A_t = 0.040\ 4 \times \frac{1.5 \times 10^5}{\sqrt{288}} \times 4.0 \times 10^{-4} = 0.142\ 8\ \text{kg/s}$$

（2）确定激波位置及出口截面速度与总压。设激波位于扩张段某处,其所在处的面积为 A_s,如图 7.15 所示。由（1）已求出 $y(\lambda_e)$,所以由 $y(\lambda_e) = 0.887\ 6$,查气动函数表,得 $q(\lambda_e) = 0.75$。

对喉部及出口运用连续方程,即

$$K\frac{p^*}{\sqrt{T^*}}A_t = K\frac{p_e^* q(\lambda_e)}{\sqrt{T^*}}A_e$$

图 7.15　确定激波所在位置

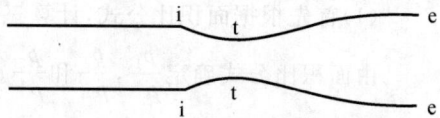

得总压恢复因数

$$\sigma = \frac{p_e^*}{p^*} = \frac{A_t}{A_e}\frac{1}{q(\lambda_e)} = \frac{4.0}{6.76} \times \frac{1}{0.75} = 0.788\ 9$$

由 $\sigma = 0.788\ 9$ 查正激波表得激波前的马赫数 $Ma_s = 1.85$,由气动函数表查得 $q(\lambda_s) = 0.67$。

对喉部及激波前运用连续方程,即

$$K\frac{p^*}{\sqrt{T^*}}A_t = K\frac{p^* q(\lambda_s) A_s}{\sqrt{T^*}}$$

得

$$\frac{A_s}{A_t} = \frac{1}{q(\lambda_s)} = \frac{1}{0.67} = 1.492\ 5$$

所以激波所处的面积

$$A_s = 1.492\ 5 \times A_t = 1.492\ 5 \times 4.0 \times 10^{-4} = 5.79 \times 10^{-4}\ \text{m}^2。$$

还可以求出出口截面的其他参数,例如 V_e、p_e^* 等,留给读者自己完成。

例 7.4　一等截面直管后接一拉伐尔喷管,如图 7.16 所示,已知直管的截面积为 $0.15\ \text{m}^2$,拉伐尔喷管入口处的压强 $p_i = 3.5 \times 10^5\ \text{Pa}$,温度 $T_i = 340\ \text{K}$,马赫数 $Ma_i = 0.15$,喷管出口处的马赫数 $Ma_e = 1.5$。

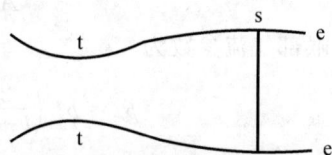

图 7.16　拉伐尔喷管计算中的逆问题

不计摩擦损失,求喷管喉部面积 A_t 及出口面积 A_e,并计算喉部及出口截面的压强、温度和速度。

解　这是一个逆问题。因为 $Ma_e > 1$,故喉部是临界截面,即 $A_t = A_{cr}$,$Ma_t = 1$,故

$$T_i^* = T_i\left(1 + \frac{k-1}{2}Ma_i^2\right) = 340 \times \left(1 + \frac{0.4}{2} \times 0.15^2\right) = 341.53 \text{ K}$$

$$p_i^* = p_i\left(1 + \frac{k-1}{2}Ma_i^2\right)^{\frac{k}{k-1}} = 3.5 \times 10^5 \times (1 + 0.2 \times 0.15^2)^{3.5} =$$

$3.555 \times 10^5 \text{ Pa}$

喷管进口与喉部运用连续方程,即

$$K\frac{p_i^*}{\sqrt{T^*}}A_i q(\lambda_i) = K\frac{p_t^*}{\sqrt{T^*}}A_t$$

由于不计摩擦损失,绝能等熵流动,故有

$$T_i^* = T_t^* = T_e^* , \quad p_t^* = p_i^* = p_e^*$$

由 $Ma_i = 0.15$ 查气动函数表,得 $q(\lambda_i) = 0.260$,所以,有

$$A_t = A_i q(\lambda_i) = 0.15 \times 0.260 = 0.039 \text{ m}^2$$

喉部与喷管出口运用连续方程,且由于流动为绝能等熵的,由 $Ma_e = 1.5$,查表得 $q(\lambda_e) = 0.849$,故

$$A_e = A_t / q(\lambda_e) = 0.039 / 0.849 = 0.046 \text{ m}^2$$

喉部气流参数为

$$p_{cr} = p_i^*\left(\frac{2}{k+1}\right)^{\frac{k}{k-1}} = 3.555 \times 10^5 \times 0.528\ 3 = 1.878\ 1 \times 10^5 \text{ Pa}$$

$$T_{cr} = T_i^*\frac{2}{k+1} = 341.53 \times 0.833\ 3 = 284.61 \text{ K}$$

$$V_{cr} = c_{cr} = \sqrt{kRT_{cr}} = \sqrt{1.4 \times 287.06 \times 284.61} = 338.2 \text{ m/s}$$

喷管出口气流参数,由 $Ma_e = 1.5$ 查气动函数表,得

$$p_e/p^* = \pi(\lambda_e) = 0.273, \quad T_e/T^* = \tau(\lambda_e) = 0.69, \quad \lambda_e = 1.366$$

故

$$p_e = p_i^* \pi(\lambda_e) = 3.555 \times 10^5 \times 0.273 = 0.970\ 5 \times 10^5 \text{ Pa}$$

$$T_e = T_i^* \tau(\lambda_e) = 341.53 \times 0.69 = 235.66 \text{ K}$$

$$V_e = \lambda_e C_{cr} = 1.366 \times 338.2 = 461.98 \text{ m/s}$$

例 7.5　已知空气在拉伐尔喷管中流动时,进口气流总压为 1.523×10^5 Pa,总温为 900 K,出口反压为 $1.013\ 3 \times 10^5$ Pa,喷管面积比 $A_t / A_e = 0.285\ 7$。

(1)确定喷管内的流动状态;

(2)若管内有激波,求激波位置以及喷管出口速度。

解　这是一个正问题。

(1)首先根据面积比公式,计算三个特征压强比,然后确定拉伐尔喷管内的流动状态。

由面积比公式确定 $\dfrac{p_1}{p^*}$,$\dfrac{p_2}{p^*}$ 和 $\dfrac{p_3}{p^*}$。根据 $q(\lambda_e) = \dfrac{A_t}{A_e} = 0.285\ 7$ 查气动函数表,得

$$\lambda_e = 1.914, \quad Ma_e = 2.80, \quad \frac{p_1}{p^*} = \pi(\lambda_e) = 0.036\ 9$$

再由 $Ma_e = 2.8$ 查正激波表，得 $\dfrac{p_2}{p_1} = 8.98$，故

$$\frac{p_2}{p^*} = \frac{p_2}{p_1}\frac{p_1}{p^*} = 8.98 \times 0.036\,9 = 0.331\,4$$

求 p_3/p^*，它对应出口截面是亚声速气流，喷管喉道 $Ma_t = 1$，所以仍可由面积比公式，$q(\lambda_e) = A_t/A_e = 0.285\,7$，查气动函数表，得

$$\lambda_e = 0.185\,7, \quad p_3/p^* = \pi(\lambda_e) = 0.98$$

根据题意，有

$$\frac{p_b}{p^*} = \frac{1.013\,3}{1.523} = 0.665$$

可见 $\dfrac{p_2}{p^*} < \dfrac{p_b}{p^*} < \dfrac{p_3}{p^*}$，超临界流动，管内有激波的流态。

（2）求激波位置 A_s/A_t 及喷管出口的速度 V_e。

对出口及喉部运用连续方程，即

$$K\frac{p_t^*}{\sqrt{T_t^*}}A_t = K\frac{p_e}{\sqrt{T_e^*}}y(\lambda_e)A_e$$

因为管内有激波，所以出口是亚声速（$\lambda_e < 1$），且 $p_e = p_b$，故

$$y(\lambda_e) = \frac{p^*}{p_b}\frac{A_t}{A_e} = 1.5 \times 0.285\,7 = 0.428\,6$$

由此查表得 $\lambda_e = 0.269$，$q(\lambda_e) = 0.411$。然后，再用一次连续方程，即

$$K\frac{p_t^*}{\sqrt{T_t^*}}A_t = K\frac{p_e^*}{\sqrt{T_e^*}}q(\lambda_e)A_e$$

求出气流通过正激波的总压恢复因数

$$\sigma = \frac{p_e^*}{p_t^*} = \frac{1}{q(\lambda_e)}\frac{A_t}{A_e} = \frac{0.285\,7}{0.411} = 0.695\,5$$

查正激波表，得到波前马赫数 $Ma_{s1} = 2.054$，$q(\lambda_{s1}) = 0.568\,1$。最后，对波前截面 A_s 及喉部再次运用连续方程，即

$$K\frac{p_t^*}{\sqrt{T_t^*}}A_t = K\frac{p_{s1}^*}{\sqrt{T_{s1}^*}}A_s q(\lambda_{s1})$$

式中，下标 s1 表示激波前参数。因为激波之前的流动是绝能等熵的，所以 $p_t^* = p_{s1}^*$，$T_t^* = T_{s1}^*$，面积比为

$$\frac{A_s}{A_t} = \frac{1}{q(\lambda_{s1})} =$$

$$\frac{1}{0.568\,1} = 1.76$$

喷管出口的速度 V_e 为

$$V_e = \lambda_e c_{cr} = \lambda_e\sqrt{\frac{2kRT^*}{k+1}} =$$

$$0.269 \times \sqrt{\frac{2 \times 1.4 \times 287.06 \times 900}{1.4+1}} = 147.7 \text{ m/s}$$

7.4 内压式超声速进气道及其他变截面管流

内压式超声速进气道的一个经典问题就是起动问题,这对于超声速和高超声速进气道同样重要。本节利用变截面管内流动的知识讨论内压式超声速进气道内的流动及其起动问题。理解起动过程的关键是清楚地了解气体在管道中流动的一系列流动状态。本节最后讨论其他变截面管内的流动。

7.4.1 内压式超声速进气道

第 7.3 节讨论了气流在拉伐尔喷管中的流动规律。本节讨论的则是一个倒置的拉伐尔喷管,即迎面的超声速气流在如图 7.17 所示的管道内流动。如果流动中没有激波,则可假设流动为一维定常、无摩擦、无热交换、无化学反应,且喉道下游流通能力足够大。

内压式超声速进气道也属于变截面管流。它是靠内部压缩超声速气流使其达到减速增压的目的。内压式超声速进气道包括收缩段、喉部和扩张段。收缩段可以是直壁或曲壁,气体在其中经过一系列波系减速增压,到达喉部时马赫数一般大于 1。然后在扩张段内加速再经过一道正激波,变为亚声速气流。

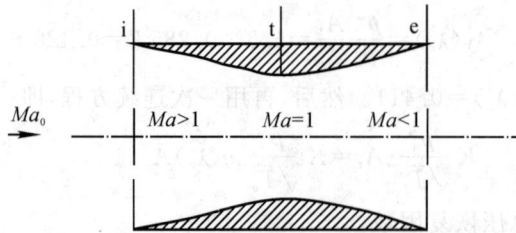

图 7.17 内压式超声速进气道的设计状态

一、设计状态

内压式超声速进气道的理想流动状态如图 7.17 所示,迎面超声速气流在进口之前气流参数不发生变化。进入进气道后,在收缩段(设为曲壁)中进行连续地微弱压缩,气流速度不断减小,到喉部气流速度刚好减小到当地声速,$Ma_t = 1$,然后气流在扩张段内进一步减速,变为亚声速气流,到出口截面得到所需要的气流马赫数。在这样的流动中,不存在激波,因此流动损失很小。这种流动称为最佳流动状态,又叫设计状态。

对于超声速进气道,对进口截面和喉部运用连续方程,则有

$$K \frac{p_i^*}{\sqrt{T_i^*}} A_i q(\lambda_i) = K \frac{p_t^*}{\sqrt{T_t^*}} A_t q(\lambda_t) \tag{7.25}$$

因为流动绝能,所以 $T_i^* = T_t^* = T_0^*$,如果不计摩擦,则 $p_i^* = p_t^* = p_0^*$。在最佳流动状态时,$\lambda_t = 1$,因而 $q(\lambda_t) = 1$,此外 $\lambda_i = \lambda_{0d}$。这样,式(7.25)就可简化成

$$\left(\frac{A_t}{A_i}\right)_d = q(\lambda_{0d}) \tag{7.26}$$

这就是设计状态时的面积比公式。

图 7.18 表示了按式(7.26)所确定的面积比随来流 Ma 的变化关系。由图可见,对于不同

的来流马赫数 Ma_0，为了实现最佳流动，所需的面积比(A_t/A_i)是不同的，Ma_0越大，进口段需要收缩的程度也越大。因此，最佳面积比(A_t/A_i)是与Ma_0一一对应的，这就是说，一定面积比的进气道，只有在确定的Ma_0下，进气道内的流动才是最佳的，Ma_0不合适，流动就不会是最佳的。

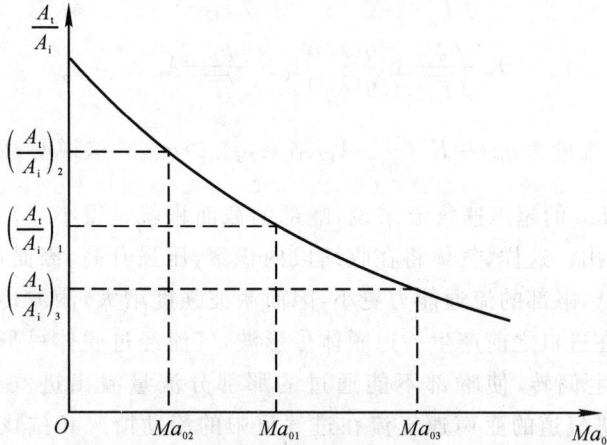

图 7.18 面积比随来流马赫数的变化

二、非设计状态

马赫数小于或大于设计马赫数的流动状态称为非设计状态。下面讨论内压式超声速进气道非设计状态下的流动特点。

1. $Ma_{03} > Ma_{0d}(Ma_{01})$

对于面积比为$(A_t/A_i)_d = (A_t/A_i)_1$的进气道，设计状态（最佳流动）所对应的来流马赫数为$Ma_{0d} = Ma_{01}$，由等熵面积比公式可得$(A_t/A_i)_d = q(\lambda_{0d})$，对于这样面积比的进气道，若迎面气流马赫数不是$Ma_{0d}$，而是$Ma_{03}(Ma_{03} > Ma_{0d})$，那么，超声速气流在进气道的收缩段内减速后，喉部截面上的气流马赫数并不等于1，根据通过进气道任一截面的质量流量不变的条件，可以导出

$$q(\lambda_t) = \frac{A_0 q(\lambda_{03})}{A_t} = \frac{q(\lambda_{03})}{q(\lambda_{0d})}$$

式中，A_0表示自由流管面积。

由于$\lambda_{03} > \lambda_{0d} > 1$，所以$q(\lambda_t) < 1$，喉部气流马赫数$Ma_t > 1$，即在喉部仍是超声速气流。气流在喉部后面的扩张段又重新加速，然后经过由于反压作用而引起的正激波，才变为亚声速气流（见图7.19(a)），由于正激波的存在，总压损失较大。

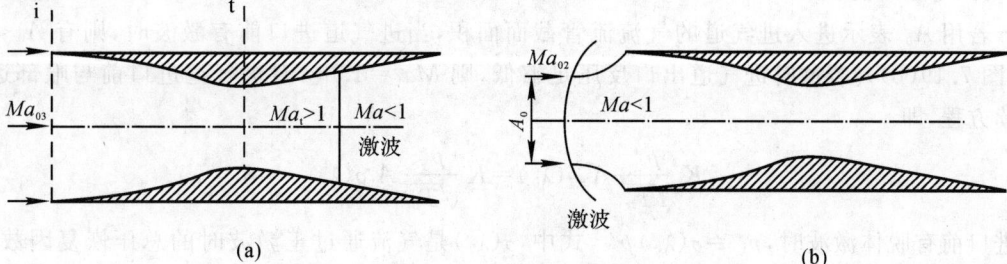

图 7.19 非设计状态的流动图形

2. $Ma_{02} < Ma_d$

若此进气道的迎面气流马赫数 Ma_{02} 小于设计马赫数 Ma_{0d},这时进口截面通过的流量将为

$$q_{m,\mathrm{i}} = K\frac{p_0^*}{\sqrt{T_0^*}}A_\mathrm{i}q(\lambda_{02}) = K\frac{p_0^*}{\sqrt{T_0^*}}\frac{A_\mathrm{i}}{A_\mathrm{t}}A_\mathrm{t}q(\lambda_{02}) =$$

$$K\frac{p_0^*}{\sqrt{T_0^*}}A_\mathrm{t}\frac{q(\lambda_{02})}{q(\lambda_{0d})} > K\frac{p_0^*}{\sqrt{T_0^*}}A_\mathrm{t}$$

而喉部能通过的最大流量为 $q_{m,\mathrm{i}} = K\dfrac{p_0^*}{\sqrt{T_0^*}}A_\mathrm{t}$,结果,$q_{m,\mathrm{i}} > q_{m,\mathrm{t}}$。这说明,面积比为 $(A_\mathrm{t}/A_\mathrm{i})_\mathrm{d}$ 的进气道对马赫数为 Ma_{02} 的超声速气流来说,喉部的截面积就显得小了,进口截面放进来的流量不能从喉部全部排出。这样,气体将在收缩段内积聚,压强升高,因而产生一道正激波。气流经激波后,总压降低,喉部的流通能力更小,因而激波强度增大,激波传播速度增大,直到被推出进气道。于是,在进口之前产生一道脱体弓形波,气流经过脱体弓形波后,变为亚声速气流,流线在进口前发生偏转,使喉部不能通过的那部分流量溢出进气道,其流动图形如图 7.19(b)所示。进入进气道的亚声速气流在进气道中的流动情况和拉伐尔喷管一样,将由进气道出口的反压来决定。

如果在进气道进口前的超声速气流中出现激波,即使将迎面气流马赫数增大到 Ma_{0d},也不可能建立最佳流动状态,这是因为有激波存在时,喉部所能通过的最大流量为

$$q_{m,\mathrm{i}} = K\frac{\sigma p_0^*}{\sqrt{T_0^*}}A_\mathrm{t}$$

激波使气流总压有损失,从而减小了喉部的通流能力。所以在进气道前仍需要溢流,即激波仍然存在。

综上所述,在迎面气流马赫数为 Ma_{0d} 时,可能有两种流动状态。一种是进口前有脱体激波,气流总压有很大的损失;另一种是最佳流动状态,但这种最佳流动状态是不稳定的,因为只要有一点微小的扰动,就会在进口前产生脱体弓形波,一旦出现弓形波后,即使扰动消失后,流动也不可能恢复到最佳状态。空气喷气发动机的飞行马赫数总是由小到大变化的,而且在飞行中,飞行马赫数也总会受到扰动,因此,按面积比确定的内压式超声速进气道,实际上是不可能建立起最佳流动状态的,进口总会有脱体弓形波。流动损失也将是很大的。那么如何消除进气道进口前的弓形波,在进气道中建立起最佳流动状态或接近于最佳流动状态呢? 这个问题就是内压式超声速进气道的起动问题。在讨论进气道起动之前,先介绍一个气动函数,以便为下文的讨论做准备。

3. 气动函数 $\theta(\lambda)$

若用 A_0 表示进入进气道的气流流管截面面积,当进气道进口前有激波时,则有 $A_0 < A_\mathrm{i}$ (见图 7.19(b)),若这时进气道出口反压足够低,则 $Ma_\mathrm{t} = 1.0$。对进气道进口前与喉部运用连续方程,即

$$K\frac{p_0^*}{\sqrt{T_0^*}}A_0q(\lambda_0) = K\frac{p_\mathrm{t}^*}{\sqrt{T_0^*}}A_\mathrm{t}q(\lambda_\mathrm{t})$$

当进口前有脱体激波时,$p_\mathrm{t}^* = \sigma(\lambda_0)p_0^*$,式中,$\sigma(\lambda_0)$ 是气流通过正激波时的总压恢复因数,它仅是波前气流速度因数 λ_0 的函数。在进气道的流动中,$T_0^* = T_\mathrm{t}^*$,并注意到 $q(\lambda_\mathrm{t}) = 1$,则有

$$\frac{A_t}{A_0} = \frac{q(\lambda_0)}{\sigma(\lambda_0)}$$

此式等号右边仅是 λ_0 的函数，记作 $\theta(\lambda_0)$，即

$$\theta(\lambda_0) = \frac{q(\lambda_0)}{\sigma(\lambda_0)} \tag{7.27}$$

这就是所要介绍的气动函数。它与 λ 及 Ma 的关系如下：

由　　　　　　$$q(\lambda) = \left(\frac{k+1}{2}\right)^{\frac{1}{k-1}} \lambda \left(1 - \frac{k-1}{k+1}\lambda^2\right)^{\frac{1}{k-1}}$$

得　　　　　$$\theta(\lambda) = \left(\frac{k+1}{2}\right)^{\frac{1}{k-1}} \frac{1}{\lambda} \left(1 - \frac{k-1}{k+1}\frac{1}{\lambda^2}\right)^{\frac{1}{k-1}} \qquad (\lambda \geqslant 1) \tag{7.28}$$

图 7.20 表示出了 $\theta(\lambda)$ 与 λ 的关系曲线，图上同时也画出了 $q(\lambda)$ 曲线。当 $\lambda=1$ 时，不形成激波，$\sigma=1$，所以 $\theta(\lambda)=q(\lambda)=1$。当 $1 \leqslant \lambda \leqslant \lambda_{max} = \sqrt{\frac{k+1}{k-1}}$ 时，比较 $q(\lambda)$ 与 $\theta(\lambda)$ 的表达式，可以看出，$\theta(\lambda) = q\left(\frac{1}{\lambda}\right)$。当 $\lambda = \lambda_{max}$ 时，$\theta = \theta(\lambda_{max})$。对于空气，$\theta(\lambda_{max}) = 0.600\ 19$。

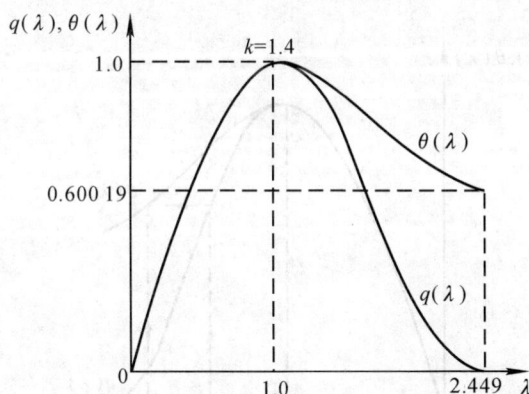

图 7.20　$q(\lambda)$，$\theta(\lambda)$ 随 λ 的变化

4. 超声速进气道的起动

超声速进气道的起动是设计进气道时所需要考虑的问题。下面将利用气动函数 $\theta(\lambda)$，来讨论超声速进气道的起动问题。

进气道的起动过程也就是如何消除进气道进口前的脱体弓形波，建立起最佳流动的过程。有两种途径可以建立起进气道的最佳流动状态，一种是增大迎面气流的马赫数；另一种是增大喉部截面面积。

首先讨论用增大来流 Ma 起动进气道的过程。设进气道几何不可调，即截面尺寸是固定的，A_t/A_i 是根据设计状态的迎面气流马赫数确定的，用 Ma_d 表示设计马赫数，相应的速度因数为 λ_d，进气道的面积比和速度因数符合等熵面积比公式，即

$$A_t/A_i = q(\lambda_d)$$

假设气流在进气道内的流通能力足够大，即通过喉部的流量都能从出口流出；并不计进气道内的摩擦损失。在来流马赫数逐渐加大的过程中，当 $1 < Ma_0 < Ma_d$ 时，根据前面的讨论可知，在进口前会出现脱体弓形波，喉部气流 $Ma_t = 1$，发生堵塞。这时，进气道的流管截面积

A_0,可由连续方程求得,即

$$A_0 q(\lambda_0) = \sigma(\lambda_0) A_i q(\lambda_i)$$

$$A_0/A_i = \frac{q(\lambda_i)\sigma(\lambda_0)}{q(\lambda_0)} = \frac{q(\lambda_i)}{\theta(\lambda_0)}$$

再对 A_i, A_t 截面运用连续方程 $A_i q(\lambda_i) = A_t$,代入上式,并注意 $A_t/A_i = q(\lambda_d)$,则得

$$\frac{A_0}{A_i} = \frac{q(\lambda_i)}{\theta(\lambda_0)} = \frac{A_t/A_i}{\theta(\lambda_0)} = \frac{q(\lambda_d)}{\theta(\lambda_0)} < 1$$

由上式可知,$A_0 < A_i$,即在进口处气流通过激波溢流,随着 λ_0 的增大,$\theta(\lambda_0)$ 的数值减小,所以 A_0/A_i 增大,这意味着溢流减小,激波向进口靠近,但只要 $\lambda_0 \leqslant \lambda_d$,则总是存在 $A_0/A_i < 1$,脱体激波始终存在,一直要到 $\lambda_0 = \lambda_3 (>\lambda_d)$ 时,$\theta(\lambda_3) = q(\lambda_d)$(见图 7.21),才有 $A_0/A_i = 1$。这表示此时流线在进口前没有偏折,溢流消失,激波贴到进口。当激波位于进口时,由于激波不可能稳定在收缩通道内,流动是不稳定的。这是因为激波从进口向喉部移动时波前的 Ma 减小,强度减弱,总压恢复因数增大,通过喉部的流量加大。当 Ma_0 增大到 Ma_3 时,就能将进口激波吸入进气道内。但在 Ma_3 时,如前所说,由于 $Ma_3 > Ma_d$,所以喉部的 $Ma_t > 1$,为了使 $Ma_t = 1$,还要将起动后的来流 Ma_0 再降下来,直到 $Ma_0 = Ma_d$ 时,才能使 $Ma_t = 1$,这时进气道总压损失较小。

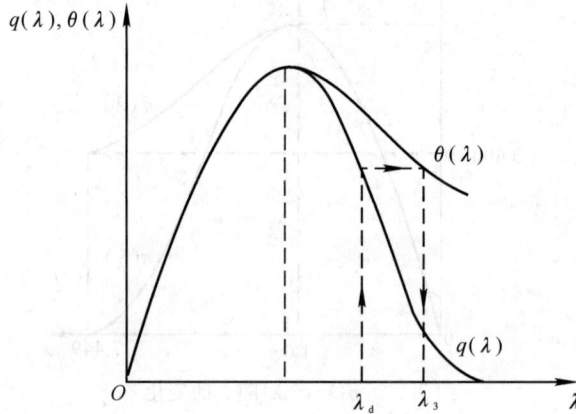

图 7.21　增大 Ma 起动进气道

需要指出,用这种方式起动进气道,迎面气流的马赫数 Ma 比设计的 Ma_d 需要大很多,具体数值可按 $\theta(\lambda_3) = q(\lambda_d)$ 确定。表 7.4 列出了一系列 Ma_d 和 Ma_3 的对应值。

表 7.4　起动进气道 Ma_d 和 Ma_3 的对应值($k = 1.4$)

Ma_d	1.2	1.4	1.59	1.75	1.908	1.98
Ma_3	1.24	1.59	2.12	2.98	5.6	∞

由表 7.4 可以看出,当设计 $Ma_d = 1.98$ 时,理论上,要求 $Ma_3 \to \infty$。因此,当设计马赫数 $Ma_d \geqslant 1.98$ 时,即使在理论上也不可能用提高迎面气流 Ma 的办法来起动进气道。

第二种起动进气道的方法是增大喉部面积。由前分析可知,进气道起动问题之所以存在,是由于进口前出现激波,气流总压有损失,减小了喉部的流通能力。所以,为了使进气道起动,需要将喉部面积(用 A_{t3} 表示)放大。放大的喉部面积应恰好能弥补由于激波所造成的流通能

力的减小，使 $A_0 = A_i$ 的迎面气流完全从喉部流出，即

$$K\frac{p_0^*}{\sqrt{T_0^*}}A_i q(\lambda_d) = K\frac{p_t^*}{\sqrt{T_t^*}}A_{t3}q(\lambda_t)$$

式中，$p_t^* = \sigma(\lambda_d)p_0^*$，$T_0^* = T_t^*$，$\lambda_t = 1$。所以上式可以写成

$$\frac{A_{t3}}{A_i} = \frac{q(\lambda_d)}{\sigma(\lambda_d)} = \theta(\lambda_d) \tag{7.29}$$

图 7.22 表示起动面积比 A_{t3}/A_i 与设计马赫数 Ma_d 的关系，同时也给出了最佳流动状态的面积比（A_t/A_i）与 Ma_d 的关系。

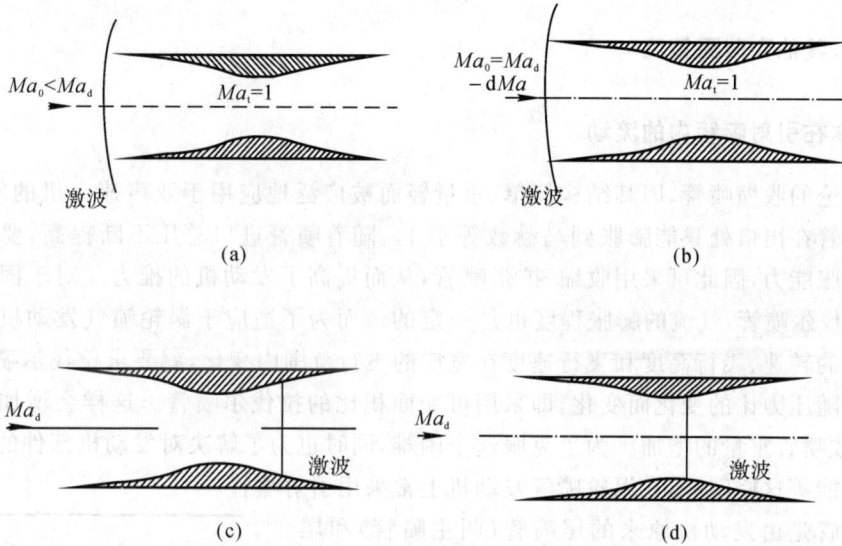

图 7.22　调节喉部面积的进气道起动过程

最后来观察一下喉部面积按起动要求放大了的进气道在起动时各阶段的流动图形。此进气道是在设计马赫数下工作的，其面积比为（A_{t3}/A_i）$_d$。当 $Ma_0 < Ma_d$ 时，以超声速进入进口截面的气体流量，喉部吞不掉，从而在进口前出现脱体激波（见图 7.22(a)）。当 Ma_0 略低于 Ma_d 时，激波贴于进口（见图 7.22(b)）。当速度达到设计值时，激波被吞入进气道，由于激波不能稳定在收缩段中，所以一直顺流移动，通过喉部，然后在扩张段内稳定下来，具体位置由进气道出口的反压决定。由于放大了喉部，所以在喉部截面上，$Ma_t > 1$（见图 7.22(c)）。若激波不靠近喉部，则波前 Ma 也很大，因而损失也很大。为了减小损失，最好使激波处在喉部截面上（见图 7.22(d)）。但这种流动稍有扰动，激波就会被吐出来。所以，实际上是将激波配置在喉部之后不远的截面上，这样工作的进气道，损失较小，工作稳定。

这种进气道工作时有一种滞后现象，气流马赫数 Ma 从低速开始增大时，直到 Ma_d 以前，激波吞不进去，但是起动后，即激波被吞入后，Ma 再减小下来时，直到 Ma_b（见图 7.23 上的 b 点），激波吐不出来。这样，两个面积比的两条曲线就

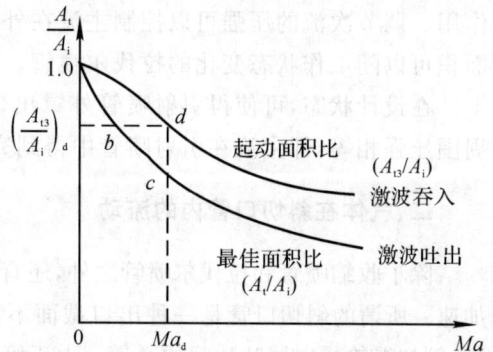

图 7.23　起动面积比与最佳面积比

将图 7.23 所示的区域分成三部分,在起动面积比(A_{i3}/A_i)线以上,进气道进口无激波;在最佳面积比(A_t/A_i)线下方,进气道进口前有激波;在两条曲线之间的区域则可能有激波,也可能无激波。

采用放大喉部面积的办法来起动进气道时,起动后喉部处的气流并不是声速气流,而是$Ma>1$的气流,所以还不是最佳流动状态,仍有一定的损失。为了获得最佳流动状态,需要采用几何面积可调的办法。起动前先将喉部面积放大,将进口前的激波吸入后,再减小喉部面积,使喉部处的气流变成声速气流。在适当的反压配合下,喉部之后是亚声速气流,这样,进气道内将是无激波的流动过程,损失最小。

7.4.2 其他变截面管流

一、气体在引射喷管内的流动

前面讨论的收缩喷管,因其结构简单、重量轻而被广泛地应用于亚声速飞机的发动机上。但是收缩喷管在出口处只能膨胀到马赫数等于1。随着喷管进口总压不断提高,要求喷管具有更大的膨胀能力,因此可采用收缩-扩张喷管,从而提高了发动机的推力。对于固定面积比A_e/A_t的拉伐尔喷管,气流的膨胀程度也是一定的。而为了适应于涡轮喷气发动机在飞行过程中发动机的转速、飞行高度和飞行速度在宽广的飞行范围内变化,就要求拉伐尔喷管扩张段的几何尺寸随压力比的变化而变化,即采用可变面积比的拉伐尔喷管。这样会增加结构上的困难,并导致喷管重量的增加。为了克服这个困难,同时也为了解决对发动机部件的冷却以及提高部件性能等这些问题,在涡轮喷气发动机上常采用引射喷管。

引射喷管是由发动机原来的尾喷管(叫主喷管)和尾喷管外面套的一个外罩所形成的第二个喷管(叫次喷管)构成的,如图 7.24 所示。主喷管可以是收缩喷管,也可以是面积比 A_e/A_t 不大的收缩-扩张喷管。

从发动机排出的燃气通过主喷管流出,在主喷管出口与外部亚声速次流(从次喷管排出的空气流)混合,而由于主流在主喷管内没有得到完全膨胀,喷管中次流的压强、温度比主流的要低得多,因此在喷管出口之后的外罩内,

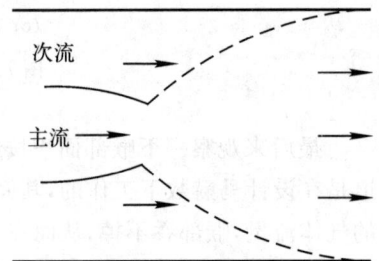

图 7.24 气体在引射喷管中的流动

主流继续膨胀加速,压强降低。周围的次流形成主流的"流体"壁面,起着拉伐尔喷管扩张段的作用。调节次流的压强可以控制主流在外罩内的膨胀程度,这样在外罩内形成一个相当于截面积可以随工作状态变化的拉伐尔喷管。

在设计状态,可使得引射喷管外罩出口截面上气流压强与周围压强相等,即主流在引射喷管中得到完全膨胀。

二、气体在斜切口管内的流动

除了收缩喷管和拉伐尔喷管之外,还有采用斜切口管使气流加速。所谓的斜切口管是一种出口截面不垂直于管道轴线的管道,例如涡轮导向器叶片间的通道。由于管道出口截面不与管道轴线垂直,在管道出口处就会形成一个斜切口,如图7.25所示。

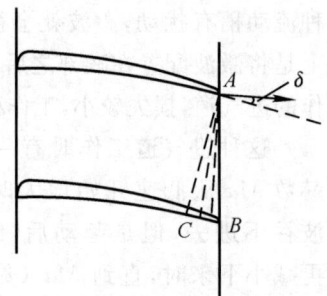

图 7.25 气体在斜切管中的流动

该斜切口具有拉伐尔喷管扩张段的作用，因此，斜切口管可以使气流从亚声速加速到超声速。

气流在收缩段从亚声速不断加速，到最小截面处气流速度达到声速而进入斜切口 ACB。由于外界反压比较低，因而气流过点 A 产生膨胀波束。经膨胀波，气流加速到超声速，同时气流向外折转一定角度 δ。

如果反压与来流总压之比（即压强比）等于临界压强比，则管道最小截面处的马赫数等于1，而出口压强刚好等于外界反压，此种情况下，气体流过斜切口时，不能继续膨胀。

如果压强比大于临界压强比，气流在管道内速度增大得不多，管道最小截面处气流的速度小于声速，出口压强等于外界反压，这里斜切口只起到引导气流的作用，即气流在斜切口处既不转折，也不膨胀。

三、气体在扩散形管内的流动

超声速气流在扩散形管内的流动与在拉伐尔喷管扩张段内的流动一样。这里主要讨论亚声速气流在扩散形管内的流动。

亚声速气流绝能无摩擦地流过扩散形管时，气流速度减小，压力、温度和密度相应地增大。空气喷气发动机的进气道内管道常采用扩散形管道，以便达到提高压强的目的。

若在扩散形管进口处气体温度保持不变，气体在流动过程中，动能减小量越大，说明压缩气体提高压强也越多，即出口与进口压强的比值越大。反之动能减小量越小，压强比也越小。所以在空气喷气发动机的进气道中应尽可能减小损失。

四、塞式喷管

对于用于大气层和航天飞行器上的推进系统，要求飞行器在宽广范围的飞行马赫数及高度的飞行条件下具有良好的性能，从而采用了塞式喷管，如图 7.26 所示。如果采用精心设计的可变几何的塞式喷管，其飞行器可以在很高的高度和很宽的飞行马赫数的范围内持续飞行。图中示出了一种外膨胀的塞式喷管，气流绕外罩唇口流出时，突然膨胀到外界大气压强，即气流经一系列膨胀波扇形区完成膨胀。通过适当的设计，马赫线（特征线）可以聚集于一点。设计塞体表面时，应使气流从进口压强膨胀到外界大气压强，而出口气流转折到平行于喷管轴线方向，并使最后一道波落在塞体顶点 A 上。

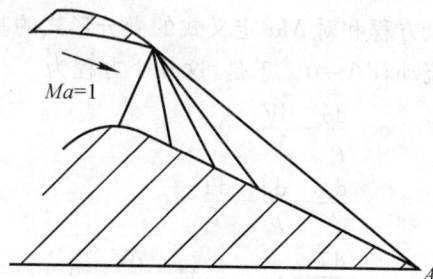

图 7.26　塞式喷管的波系

对于一架必须在很宽的速度范围内飞行的飞机而言，采用可变喷管面积比是现代高性能战斗机所要求的。在实际中，采用矩形喷管更容易实现面积的调节，即可以用两块或三块可控制的铰接板来近似喷管的弯曲部分，以实现有效的调节。此外，采用矩形喷管还可以加速燃气与外界空气的掺混，降低红外辐射，提高飞行器的隐身能力。

7.5 等截面摩擦管流

在第 7.4 节讨论变截面管流时,没有考虑摩擦的影响,但摩擦在实际的管道流动中总是存在的。特别是可压缩流体在等截面管道内的流动是许多工程中的重要问题,诸如天然气在管道中的流动,气体在动力装置内通道中的流动以及化工设备中各类气体的输送和流动等。

为了着重分析摩擦对气流参数的影响,在讨论中假设:

流动是一维定常的;管道是等截面的;气体与外界没有机械功和热量的交换;气体为定比热的完全气体。

如果管道比较短,流动速度又比较大,气体与固体壁面之间的热交换影响与摩擦作用相比可忽略不计,则这种流动称为一维定常等截面的绝热摩擦管流。可以把这种流动看做是纯摩擦过程。如果管道比较长,有足够的时间进行热交换,流动接近于等温过程,则这种流动称为等截面的等温摩擦管流。

本节只讨论一维定常等截面绝热的摩擦管流。

一、摩擦对气流参数的影响

为了讨论摩擦对绝热流动中气流参数的影响,需要对如图 7.27 所示的微元控制体写出微分形式的基本方程。

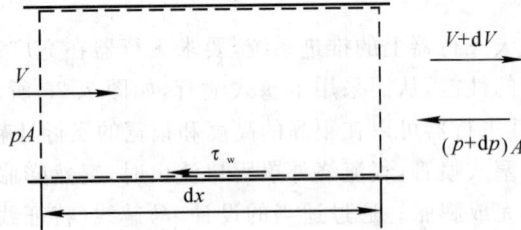

图 7.27 摩擦管流分析

连续方程、状态方程、能量方程和对 Ma 定义式的微分形式的基本方程与变截面管流的方程相同。对于本节的等截面流动,$\mathrm{d}A=0$。于是,这几个方程为

$$\frac{\mathrm{d}\rho}{\rho}+\frac{\mathrm{d}V}{V}=0 \tag{7.30}$$

$$\frac{\mathrm{d}p}{p}-\frac{\mathrm{d}\rho}{\rho}-\frac{\mathrm{d}T}{T}=0 \tag{7.31}$$

$$\frac{\mathrm{d}T}{T}+(k-1)Ma^2\,\frac{\mathrm{d}V}{V}=0 \tag{7.32}$$

$$\frac{\mathrm{d}Ma^2}{Ma^2}=\frac{\mathrm{d}V^2}{V^2}-\frac{\mathrm{d}T}{T} \tag{7.33}$$

动量方程的微分形式 $\quad -A\mathrm{d}p-\tau_w\mathrm{d}A_w=\rho VA\mathrm{d}V \qquad\qquad\text{(a)}$

式中,$\mathrm{d}A_w=\pi d\mathrm{d}x$ 是控制体内气流与管壁接触的面积。在摩擦管流中一般都利用摩擦因数 C_f 来进行分析。摩擦因数 C_f 定义为壁面切应力与气流动压头之比,即

$$C_f = \frac{\tau_w}{\frac{1}{2}\rho V^2}$$

将摩擦因数及 $dA_w = \pi d\,dx$ 代入式(a)后,通除以 ρV^2,并引入声速和马赫数的定义式,得

$$\frac{dV}{V} + \frac{1}{kMa^2}\frac{dp}{p} + 4C_f\frac{dx}{2d} = 0 \tag{7.34}$$

在摩擦管流中,根据总压与静压和马赫数间的关系式,取对数微分后得

$$\frac{dp^*}{p^*} = \frac{dp}{p} + \frac{kMa^2}{1+\frac{k-1}{2}Ma^2}\frac{dMa}{Ma} \tag{7.35}$$

由冲量函数 $\qquad\qquad F = pA + \rho V^2 A = pA(1 + kMa^2)$

取对数再微分得

$$\frac{dF}{F} = \frac{dp}{p} + \frac{2kMa^2}{1+kMa^2}\frac{dMa}{Ma} \tag{7.36}$$

根据熵和总压的关系,微分得

$$ds = -R\frac{dp^*}{p^*} \tag{7.37}$$

这样,得到上述从式(7.30)～式(7.37)8 个联立线性方程组。这 8 个方程中联系着 9 个变量:$\frac{dp}{p}$,$\frac{d\rho}{\rho}$,$\frac{dT}{T}$,$\frac{dV}{V}$,$\frac{dMa}{Ma}$,$\frac{dp^*}{p^*}$,$\frac{ds}{c_p}$,$\frac{dF}{F}$ 和 $4C_f\frac{dx}{d}$。在等截面摩擦管流中,引起气流参数变化的物理原因是黏性摩擦。因此,取 $4C_f\frac{dx}{d}$ 作为独立变量,其余 8 个变量可以由上述 8 个方程用 $4C_f\frac{dx}{d}$ 表示。这样可以方便地分析摩擦对气流参数的影响。解上述 8 个方程可得如下绝热摩擦管流的关系式:

$$\frac{dp}{p} = -\frac{kMa^2[1+(k-1)Ma^2]}{2(1-Ma^2)}4C_f\frac{dx}{d} \tag{7.38}$$

$$\frac{d\rho}{\rho} = -\frac{kMa^2}{2(1-Ma^2)}4C_f\frac{dx}{d} \tag{7.39}$$

$$\frac{dT}{T} = -\frac{k(k-1)Ma^4}{2(1-Ma^2)}4C_f\frac{dx}{d} \tag{7.40}$$

$$\frac{dV}{V} = \frac{kMa^2}{2(1-Ma^2)}4C_f\frac{dx}{d} \tag{7.41}$$

$$\frac{dMa^2}{Ma^2} = \frac{kMa^2\left[1+\frac{k-1}{2}Ma^2\right]}{1-Ma^2}4C_f\frac{dx}{d} \tag{7.42}$$

$$\frac{dp^*}{p^*} = -\frac{kMa^2}{2}4C_f\frac{dx}{d} \tag{7.43}$$

$$\frac{dF}{F} = -\frac{kMa^2}{2(1+kMa^2)}4C_f\frac{dx}{d} \tag{7.44}$$

$$\frac{ds}{c_p} = \frac{(k-1)Ma^2}{2}4C_f\frac{dx}{d} \tag{7.45}$$

从式(7.38)～式(7.45)可以看出在摩擦管流中气流各参数沿管长方向的变化规律,即不论是亚声速气流还是超声速气流,摩擦的作用都是使气流的总压下降,冲量减小而熵值增大。

所以壁面摩擦降低了气流的机械能,减小喷气推进装置的推力;摩擦作用对气流参数(V,Ma,p,ρ,T)的影响,在亚声速气流中与在超声速气流中刚好相反,各种参数的变化列入表 7.5 中。

表 7.5 等截面摩擦管流中各参数沿管长方向的变化

马赫数\参数	$\dfrac{dV}{V}$	$\dfrac{dMa}{Ma}$	$\dfrac{dp}{p}$	$\dfrac{d\rho}{\rho}$	$\dfrac{dT}{T}$	$\dfrac{dp^*}{p^*}$	$\dfrac{dF}{F}$	$\dfrac{ds}{c_p}$
$Ma<1$	↑	↑	↓	↓	↓	↓	↓	↑
$Ma>1$	↓	↓	↑	↓	↑	↓	↓	↑

由以上分析可见,单纯的摩擦不能使亚声速气流转变为超声速气流,也不可能使超声速气流连续地转变为亚声速气流。

二、摩擦管流的计算

在摩擦管中,任意取如图 7.28 所示的两个截面 1 和 2。它们之间的距离为 L,管径为 d,对以上各式在两个截面之间积分,便可得到各流动参数间的关系。将式(7.42)改写为速度因数 λ 的形式,则有

$$\left(\frac{1}{\lambda^2}-1\right)\frac{d\lambda}{\lambda}=\frac{k}{k+1}4C_f\frac{dx}{d}$$

积分上式,有

$$\int_0^L \frac{k}{k+1}4C_f\frac{dx}{d}=\int_{\lambda_1}^{\lambda_2}\left(\frac{1}{\lambda^2}-1\right)\frac{d\lambda}{\lambda}$$

得

$$\left(\frac{1}{\lambda_1^2}-\frac{1}{\lambda_2^2}\right)-\ln\frac{\lambda_2^2}{\lambda_1^2}=\frac{2k}{k+1}4\overline{C}_f\frac{L}{d} \tag{7.46}$$

式中,$\overline{C}_f$ 为按长度 L 平均的摩擦因数,即

$$\overline{C}_f=\frac{1}{L}\int_0^L C_f dx$$

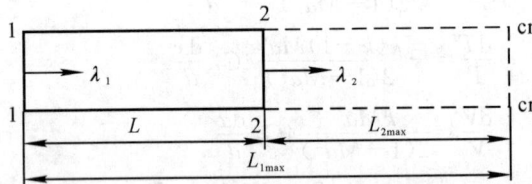

图 7.28 实际管长与最大管长示意图

对于绝热的亚声速完全发展的湍流,根据实验测量,马赫数在 $0\sim1$ 的范围内,气体的压缩性对摩擦因数的影响可以忽略。对于绝热的超声速流的摩擦因数,不仅包括壁面切向应力的影响,而且还包括速度分布不断变化引起的动量交换的影响。对于相对管长 $L/d=10\sim50$ 的管道,在 $Ma=1.2\sim3.0$、管流 $Re=2.5\times10^4\sim7\times10^5$ 的范围内,$\overline{C}_f=0.002\sim0.003$。对于中等长度的管道可取 $\overline{C}_f=0.0025$。

有了 λ 的关系后,截面 1,2 上其他气流参数的关系,可以用气动函数求得。

密度比与速度比为

$$\frac{\rho_2}{\rho_1}=\frac{V_1}{V_2}=\frac{\lambda_1}{\lambda_2}=\frac{Ma_1}{Ma_2}\left[\frac{1+\dfrac{k-1}{2}Ma_2^2}{1+\dfrac{k-1}{2}Ma_t^2}\right]^{\frac{1}{2}} \tag{7.47}$$

温度比
$$\frac{T_2}{T_1}=\frac{\tau(\lambda_2)}{\tau(\lambda_1)}=\frac{1+\dfrac{k-1}{2}Ma_t^2}{1+\dfrac{k-1}{2}Ma_2^2} \tag{7.48}$$

压强比
$$\frac{p_2}{p_1}=\frac{y(\lambda_1)}{y(\lambda_2)}=\frac{Ma_1}{Ma_2}\left[\frac{1+\dfrac{k-1}{2}Ma_t^2}{1+\dfrac{k-1}{2}Ma_2^2}\right]^{\frac{1}{2}} \tag{7.49}$$

总压比
$$\frac{p_2^*}{p_1^*}=\frac{q(\lambda_1)}{q(\lambda_2)}=\frac{Ma_1}{Ma_2}\left[\frac{1+\dfrac{k-1}{2}Ma_2^2}{1+\dfrac{k-1}{2}Ma_t^2}\right]^{\frac{k+1}{2(k-1)}} \tag{7.50}$$

冲量比
$$\frac{F_2}{F_1}=\frac{z(\lambda_2)}{z(\lambda_1)}=\frac{Ma_1(1+kMa_2^2)}{Ma_2(1+kMa_1^2)}\left[\frac{1+\dfrac{k-1}{2}Ma_1^2}{1+\dfrac{k-1}{2}Ma_2^2}\right]^{\frac{1}{2}} \tag{7.51}$$

熵增
$$\frac{s_2-s_1}{R}=\ln\frac{p_1^*}{p_2^*}=\ln\frac{q(\lambda_2)}{q(\lambda_1)}=\ln\left\{\frac{Ma_2}{Ma_1}\left[\frac{1+\dfrac{k-1}{2}Ma_1^2}{1+\dfrac{k-1}{2}Ma_2^2}\right]^{\frac{k+1}{2(k-1)}}\right\} \tag{7.52}$$

由式(7.47)～式(7.52)可知,只要求出出口截面的速度因数或马赫数,就可以计算出各参数比。为了简化计算,一般都设想管子有一个临界截面,然后把进口截面的气流参数和需要计算的那个截面上的参数都和临界截面建立联系。若以 $x=L_{\max}$ 表示气流速度达到声速时的管长,如图7.28所示,对应于 $x=L_{\max}$ 的气流速度因数 $\lambda_2=1$,代入式(7.46),得

$$\left(\frac{1}{\lambda^2}-1\right)+\ln\lambda^2=\frac{2k}{k+1}4\overline{C}_f\frac{L_{\max}}{d} \tag{7.53}$$

式中 $4\overline{C}_f\dfrac{L_{\max}}{d}$——摩擦管流的临界折合长度;

$L_{\max}$——对应于临界截面的管长,即最大管长。

利用临界截面的概念,式(7.47)～式(7.51)可以化为

$$\frac{\rho}{\rho_{cr}}=\frac{V_{cr}}{V}=\frac{1}{\lambda}=\frac{1}{Ma}\sqrt{\frac{2+(k-1)Ma^2}{k+1}} \tag{7.54}$$

$$\frac{T}{T_{cr}}=\frac{k+1}{2+(k-1)Ma^2} \tag{7.55}$$

$$\frac{p}{p_{cr}}=\frac{1}{Ma}\left(\frac{k+1}{2+(k-1)Ma^2}\right)^{\frac{1}{2}} \tag{7.56}$$

$$\frac{p^*}{p_{cr}^*}=\frac{1}{Ma}\left[\left(\frac{1}{k+1}\right)(2+(k-1)Ma^2)\right]^{\frac{k+1}{2(k-1)}} \tag{7.57}$$

$$\frac{F}{F_{cr}}=\frac{1+kMa^2}{Ma[(k+1)(2+(k-1)Ma^2)]^{\frac{1}{2}}} \tag{7.58}$$

对于不同的 k 值,可将这些函数制成表格(见附录表6),利用这些表格,就可以进行摩擦管流的计算。上述这些计算公式很容易编制计算机程序,计算更为快速、准确。

实际上,管道出口气流马赫数不一定等于1,即 L 不一定等于 $L_{\max}$,在此情况下,可按进口马赫数 Ma_1 计算出 $\left(4\bar{C}_f\dfrac{L_{\max}}{d}\right)_{Ma_1}$,再计算出实际折合管长 $4\bar{C}_f\dfrac{L}{d}$,而对应出口截面 Ma_2 的临界折合管长为

$$\left(4\bar{C}_f\frac{L_{\max}}{d}\right)_{Ma_2}=\left(4\bar{C}_f\frac{L_{\max}}{d}\right)_{Ma_1}-4\bar{C}_f\frac{L}{d} \tag{7.59}$$

然后,再利用式(7.53)计算出口截面的 λ_2(或 Ma_2)值,从而可计算出其他参数。附录表6给出了 $k=1.4$ 的绝热摩擦管流函数表。

例 7.6　空气沿着直径 $d=0.1$ m 的等截面直管流动,要使 $Ma_1=0.45$ 的气流加速到 $Ma_2=0.6$,求管道的长度 L(设气流的平均摩擦因数 $\bar{C}_f=0.003$)。

解　从附录表6可查出 $Ma_1=0.45$ 和 $Ma_2=0.6$ 时的临界折合管长分别为 $\left(4\bar{C}_f\dfrac{L_{\max}}{d}\right)_{Ma_1}=$ 1.566 4,$\left(4\bar{C}_f\dfrac{L_{\max}}{d}\right)_{Ma_2}=0.490$ 8,因此根据式(7.59),可得

$$4\bar{C}_f\frac{L}{d}=\left(4\bar{C}_f\frac{L_{\max}}{d}\right)_{Ma_1}-\left(4\bar{C}_f\frac{L_{\max}}{d}\right)_{Ma_2}=$$
$$1.566\ 4-0.490\ 8=1.075\ 6$$

所以
$$L=\frac{D\times1.075\ 6}{4\bar{C}_f}=\frac{0.1\times1.075\ 6}{4\times0.003}=8.963\ 3\ \text{m}$$

例 7.7　空气沿拉伐尔喷管加速成超声速气流后进入一光滑的等截面直管,如图 7.29 所示。已知喷管进口气流总压 $p_0^*=6.89\times10^5$ Pa,总温 $T_0^*=315$ K,距圆管进口 $1.75d$ 的 a 处气流压强 $p_a=2.432\times10^4$ Pa,距圆管进口 $29.6d$ 的 b 处气流压强 $p_b=4.95\times10^4$ Pa。拉伐尔喷管喉部直径

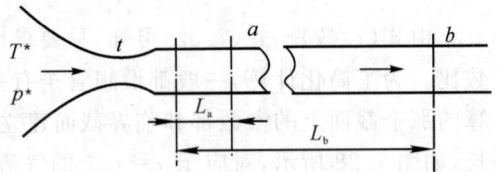

图 7.29　测定平均摩擦因数

为 6.14×10^{-3} m,圆管直径 $d=12.7\times10^{-3}$ m,设喷管喉部之前的流动是等熵的,整个流动是绝能流动,求 a,b 之间这段直管的平均摩擦因数 $\bar{C}_f$。

解　根据连续方程 $p_0^* A_t=p_a y(\lambda_a)A_a$,得

$$y(\lambda_a)=\frac{p_0^* A_t}{p_a A_a}=\frac{6.89}{0.243\ 2}\times\frac{6.14^2}{12.7^2}=6.621\ 9$$

查气动函数表,得 $Ma_a=2.538$,由 Ma_a 查表,得

$$\left(4\bar{C}_f\frac{L_{\max}}{d}\right)_a=0.44,\quad\left(\frac{p}{p_{cr}}\right)_a=0.288,\quad\left(\frac{T}{T_{cr}}\right)_a=0.528$$

又
$$\frac{p_b}{p_a}=\left(\frac{p}{p_{cr}}\right)_b\Big/\left(\frac{p}{p_{cr}}\right)_a$$

得
$$\left(\frac{p}{p_{cr}}\right)_b=\frac{p_b}{p_a}\left(\frac{p}{p_{cr}}\right)_a=\frac{4.95}{2.432}\times0.288=0.586\ 2$$

由 $(p/p_{cr})_b=0.586\ 2$,查表得

$$Ma_b=1.542,\quad\left(4\bar{C}_f\frac{L_{\max}}{d}\right)_b=0.151\ 4$$

于是 $\left(4\overline{C}_f\dfrac{L_{\max}}{d}\right)_a - \left(4\overline{C}_f\dfrac{L_{\max}}{d}\right)_b = 4\overline{C}_f\dfrac{L_b - L_a}{d} = 0.44 - 0.151\,4 = 0.288\,6$

故有 $$\overline{C}_f = \frac{0.288\,6d}{4(L_b - L_a)}$$

即得平均摩擦因数 $$\overline{C}_f = \frac{0.288\,6}{4(29.6 - 1.75)} = 0.002\,59$$

该例题提供了测定绝热摩擦管流中平均摩擦因数的方法。

三、摩擦壅塞

由式(7.53)可以看出,对于给定的进口速度因数 λ_1(或 Ma_1),就有一个相应的管道最大长度(最大管长 $L_{\max}$),若实际管长超过此 λ 对应的最大管长,即使出口反压足够低,以 λ_1 流入管道的流量也无法从出口排出,流动将出现壅塞现象。壅塞将使气流的压强升高,对流动造成扰动。

对于亚声速气流,压强升高的这一扰动将会逆流传播,扰动一直影响到管道进口,使进口流速降低。对应的最大管长加长,临界截面后移,一直移到出口,气流能够从出口通过为止。此时出口截面上的速度因数 $\lambda_2 = 1$,其进口气流 Ma_1 由实际管长确定。

对于超声速气流,压强升高的扰动将会在气流中产生激波。当管长超过最大管长不多时,激波位于管内,这时进口的 λ_1 没有变化。而激波之后的亚声速气流在同样管长上造成的总压损失要比超声速气流小得多,从而使进口流量能够从出口通过,在出口截面上气流达到临界状态,激波位置可按出口气流达到临界状态的条件来确定。

由于实际气体的黏性作用,管内激波结构是十分复杂的。近似计算可按一道正激波来处理。运用式(7.46),从管道进口到激波前以及从激波后到管道出口列出两个关系式,并注意到管道出口的 $\lambda_2 = 1$,则有

$$\left(\frac{1}{\lambda_1^2} - \frac{1}{\lambda_s^2}\right) - \ln\frac{\lambda_s^2}{\lambda_1^2} = \frac{2k}{k+1}4\overline{C}_f\frac{L_s}{d} \tag{7.60a}$$

$$\left(\frac{1}{\lambda_s'^2} - 1\right) - \ln\frac{1}{\lambda_s'^2} = \frac{2k}{k+1}4\overline{C}_f\frac{L - L_s}{d} \tag{7.60b}$$

式中,下标的含义示于图 7.30 中。

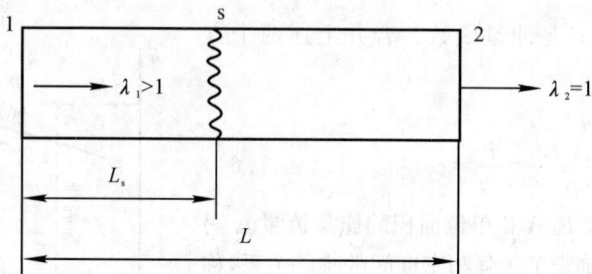

图 7.30 式(7.60)中下标的含义

对于正激波,$\lambda_s' = \dfrac{1}{\lambda_s}$,所以式(7.60b)变为

$$(\lambda_s^2 - 1) - \ln\lambda_s^2 = \frac{8k}{k+1}\overline{C}_f\frac{L - L_s}{d} \tag{7.61}$$

联立求解式(7.60a)和式(7.61),可得两个未知数 λ_s 和 L_s。

综上所述,对于每一个起始的 λ,都存在一个最大的 $4\overline{C}_f \dfrac{L}{d}$ 值,超过这个值,流动就会壅塞。对于给定的 $4\overline{C}_f \dfrac{L}{d}$ 值,在亚声速气流中,存在着一个最大的进口 λ,大于它,流动就会发生壅塞;而在超声速气流中存在着一个最小的进口 λ,小于它,流动也要发生壅塞。

关于反压对绝热摩擦管流的影响此处就不再讨论了。

7.6　气体在有热交换的管道内的流动

本节着重讨论热量交换对气体流动的影响。有热交换的实际流动是很多的。例如,气体在燃烧室中因燃料的燃烧而获得大量的热能;向高温气流中喷水,借水的蒸发使气流冷却;高超声速风洞前室常用电热器对气体加热等。之外,实际的流动过程都伴随有摩擦的作用。气流在燃烧室中的流动,不仅喷油燃烧使流量改变,而且气体的化学成分也发生变化。但是,对于管道长度不大而且流速又低的燃烧室来说,摩擦作用可以略去。此外,燃油和水汽的量与气体的流量相比要小得多,在初步计算中也可以忽略。以上这些假设虽然有一定的近似,但是,突出了现象的物理本质,也使问题得到了简化,而且可以得到具有实际意义的认识和结论。特别是当所假设的情况与实际情况相接近时,所得结论就有较高的准确度。因此,本节将讨论一维定常、定比热容、无摩擦完全气体在等截面直管内的流动过程,并且不考虑功的交换和气体化学成分的变化。这种流动就成了滞止焓或滞止温度变化的流动过程,或看做是纯滞止温度的变化过程。

一、瑞利线

利用瑞利线可以分析加热管流的一些特点。无黏等截面管流的连续方程与动量方程分别为

$$\rho V = \frac{q_m}{A} = \text{const} \tag{7.62}$$

$$p + \rho V^2 = \frac{F}{A} = \text{const} \tag{7.63}$$

式中,q_m 是质量流量;F 是冲量函数。合并上述两个方程,得到

$$p + \frac{\left(\dfrac{q_m}{A}\right)^2}{\rho} = \frac{F}{A} = \text{const} \tag{7.64}$$

当单位面积的冲量函数 F/A 和单位面积的质量流量 q_m/A 为定值时,式(7.64)就确定了压强与密度间的唯一关系,称此关系所画的曲线为瑞利线。由于焓和熵都是压强和密度的函数,因此,由式(7.64)在焓-熵图上可画出瑞利线(见图 7.31)。从图中可以看到以下几个特点:

(1)借助于方程式(7.62)和式(7.64)可求得管内速度与压强和密度的关系式 $V = \sqrt{\mathrm{d}p/\mathrm{d}\rho}$,当此变化过程是在等熵条件下进行时,此速度就是当地声速 c。图 7.31 中标以 * 的点代表 $\mathrm{d}s = 0, Ma = 1$

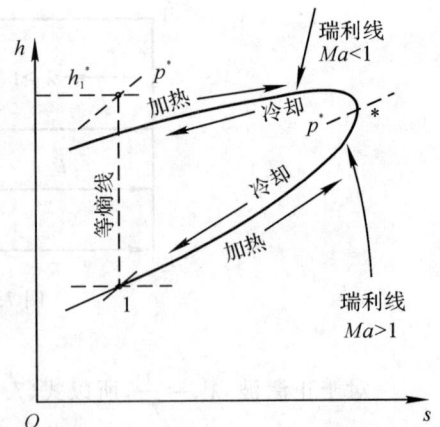

图 7.31　纯 T^* 变化过程的瑞利线

和 $s = s_{max}$ 的状态。

（2）在最大熵值点上方的瑞利线分支对应于亚声速流动,而下方分支则对应于超声速流动。因为单纯换热过程在热力学上是可逆的,故加入热量必定对应于熵的增加,而放出热量则对应于熵的减小。因此,加热使亚声速流的马赫数增大,冷却使马赫数减小;而对于超声速流,加热反而使马赫数减小,冷却使马赫数增大。总之,加热使马赫数趋近于 1,而冷却则使马赫数向离开 1 的方向变化。

（3）无论是亚声速或超声速气流,在加热时,所加入的热量都不能大于出口马赫数等于 1时的加热量。如果超过了它,气流就将壅塞,这将在后面细述。

二、热交换对气流参数的影响

在换热管流中,取无限小的控制体如图 7.32 虚线所示,在 $\mathrm{d}x$ 长度上,单位质量气体与外界交换的热量为 δq。对该控制体写出微分形式的基本关系式为

能量方程
$$\delta q = c_p \mathrm{d}T^* \tag{7.65}$$

动量方程
$$\frac{\mathrm{d}p}{p} + kMa^2 \frac{\mathrm{d}V}{V} = 0 \tag{7.66}$$

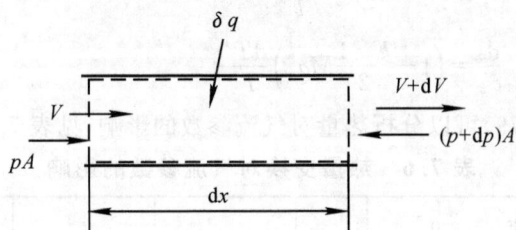

图 7.32　用于分析热量变化的控制面

连续方程、状态方程、Ma 的定义式和总、静压与 Ma 的关系的微分形式的基本方程与等截面摩擦管流方程相同,即

$$\frac{\mathrm{d}\rho}{\rho} + \frac{\mathrm{d}V}{V} = 0 \tag{7.67}$$

$$\frac{\mathrm{d}p}{p} - \frac{\mathrm{d}\rho}{\rho} - \frac{\mathrm{d}T}{T} = 0 \tag{7.68}$$

$$\frac{\mathrm{d}Ma}{Ma} = \frac{\mathrm{d}V}{V} - \frac{\mathrm{d}T}{2T} \tag{7.69}$$

$$\frac{\mathrm{d}p^*}{p^*} = \frac{\mathrm{d}p}{p} + \frac{kMa^2}{2 + (k-1)Ma^2} \frac{\mathrm{d}Ma^2}{Ma^2} \tag{7.70}$$

由总、静温与 Ma 的关系,取对数微分,得

$$\frac{\mathrm{d}T^*}{T^*} = \frac{\mathrm{d}T}{T} + \frac{(k-1)Ma^2}{2 + (k-1)Ma^2} \frac{\mathrm{d}Ma^2}{Ma^2} \tag{7.71}$$

因为
$$\frac{\mathrm{d}s}{c_p} = \frac{\mathrm{d}T}{T} - \frac{k-1}{k} \frac{\mathrm{d}p}{p}$$

将式(7.70)和式(7.71)代入上式,得

$$\frac{\mathrm{d}s}{c_p} = \frac{\mathrm{d}T^*}{T^*} - \frac{k-1}{k} \frac{\mathrm{d}p^*}{p^*} \tag{7.72}$$

从能量方程式(7.65)可以看出,总温的变化直接反映了热量交换的大小和方向,所以可以用总温的变化来反映热量交换的影响。这样,以$\dfrac{\mathrm{d}T^*}{T^*}$来体现换热的影响,联立求解式(7.66)~式(7.72)7个方程,就可找出其他7个气流参数与总温变化的关系,由此可以分析热量交换对这些气流参数的影响。联立解得的方程为

$$\frac{\mathrm{d}Ma}{Ma}=\frac{(1+kMa^2)\left[2+(k-1)Ma^2\right]}{4(1-Ma^2)}\frac{\mathrm{d}T^*}{T^*} \tag{7.73}$$

$$\frac{\mathrm{d}V}{V}=\frac{2+(k-1)Ma^2}{2(1-Ma^2)}\frac{\mathrm{d}T^*}{T^*} \tag{7.74}$$

$$\frac{\mathrm{d}p}{p}=-\frac{\left[2+(k-1)Ma^2\right]kMa^2}{2(1-Ma^2)}\frac{\mathrm{d}T^*}{T^*} \tag{7.75}$$

$$\frac{\mathrm{d}\rho}{\rho}=-\frac{2+(k-1)Ma^2}{2(1-Ma^2)}\frac{\mathrm{d}T^*}{T^*} \tag{7.76}$$

$$\frac{\mathrm{d}T}{T}=\frac{(1-kMa^2)\left[2+(k-1)Ma^2\right]}{2(1-Ma^2)}\frac{\mathrm{d}T^*}{T^*} \tag{7.77}$$

$$\frac{\mathrm{d}p^*}{p^*}=-\frac{kMa^2}{2}\frac{\mathrm{d}T^*}{T^*} \tag{7.78}$$

$$\frac{\mathrm{d}s}{c_p}=\left(1+\frac{k-1}{2}Ma^2\right)\frac{\mathrm{d}T^*}{T^*} \tag{7.79}$$

由式(7.73)~式(7.79)可以分析热量对气流参数的影响,见表7.6。

表7.6　热量交换对气流参数的影响

热量交换 ＼ 气流参数		T^*	p^*	p	V	Ma	T	ρ	s
加热	$Ma<1$	↑	↓	↓	↑	↑	①	↓	↑
	$Ma>1$	↑	↓	↓	↓	↓	↑	↑	↑
冷却	$Ma<1$	↓	↑	↑	↓	↓	②	↑	↓
	$Ma>1$	↓	↑	↑	↑	↑	↓	↓	↓

注:① $Ma<(1/\sqrt{k})$时增大,$Ma>(1/\sqrt{k})$时减小;

②　$Ma<(1/\sqrt{k})$时减小;$Ma>(1/\sqrt{k})$时增大。

可以看出,热量交换对气流速度的影响在亚声速和超声速气流中恰恰相反,加热使亚声速气流加速,使超声速气流减速,放热时情况刚好相反。因此,单独的加热不可能使亚声速气流加速到超声速,也不可能使超声速气流连续地降为亚声速。

无论是超声速气流还是亚声速气流,加热时气流总压都是下降的,这一物理现象称为热阻。而且加热量愈大,总压下降也愈大;气流马赫数愈大,总压下降也愈大。为了减小加热时的总压降低,应尽量减小气流的马赫数。例如,在空气喷气发动机的燃烧室进口,气流的速度就比较低。但在超声速燃烧的冲压发动机燃烧室内,应综合考虑激波损失和加热使得总压下降这两个因素。

在理论上使气流总温减小的冷却过程可以使气流总压增大,但是,由于摩擦等影响因素的存在,实际上这是难以实现的。

三、换热管流的计算

如图 7.33 所示的换热管流，设气流从 1—1 截面流入，从 2—2 截面流出，单位质量气体与外界交换的热量为 q，则此两截面间的气流参数可以由下面导出的基本关系式求出。

能量方程 $\qquad\qquad q = c_p(T_2^* - T_1^*)$ (7.80)

动量方程 $\qquad\qquad c_{cr}z(\lambda_1) = c_{cr2}z(\lambda_2)$

即 $\qquad\qquad\qquad \dfrac{z(\lambda_1)}{z(\lambda_2)} = \sqrt{\dfrac{T_2^*}{T_1^*}}$

或 $\qquad\qquad\qquad \dfrac{T_2^*}{T_1^*} = \left(\dfrac{z(\lambda_1)}{z(\lambda_2)}\right)^2$ (7.81)

由连续方程，得 $\qquad \dfrac{\rho_2}{\rho_1} = \dfrac{V_1}{V_2} = \dfrac{\lambda_1 c_{cr1}}{\lambda_2 c_{cr2}} = \dfrac{\lambda_1}{\lambda_2}\sqrt{\dfrac{T_1^*}{T_2^*}} = \dfrac{\lambda_1 z(\lambda_2)}{\lambda_2 z(\lambda_1)}$ (7.82)

温度比 $\qquad\qquad \dfrac{T_2}{T_1} = \dfrac{T_2^*}{T_1^*}\dfrac{\tau(\lambda_2)}{\tau(\lambda_1)} = \left(\dfrac{z(\lambda_1)}{z(\lambda_2)}\right)^2\dfrac{\tau(\lambda_2)}{\tau(\lambda_1)}$ (7.83)

由动量方程可得压力比和总压比，即

$\qquad\qquad\qquad \dfrac{p_2}{p_1} = \dfrac{r(\lambda_2)}{r(\lambda_1)}$ (7.84)

$\qquad\qquad\qquad \dfrac{p_2^*}{p_1^*} = \dfrac{f(\lambda_1)}{f(\lambda_2)}$ (7.85)

以上是以 λ 为自变量的基本关系式，也可以得到以马赫数为自变量的基本关系式。

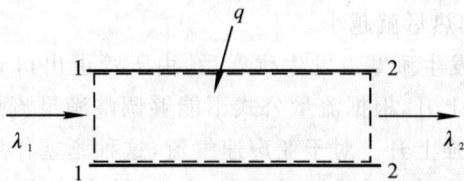

图 7.33 换热管流计算

例 7.8 把某涡轮喷气发动机的燃烧室可近似地看做等截面加热管来计算。设气体在进口截面处的速度 $V_1 = 62.1$ m/s，温度 $T_1 = 323$K，压强 $p_1 = 0.4 \times 10^5$ Pa，在燃烧室中气体吸热量 $q = 1~088$kJ/kg。求出口截面上的气体参数。燃气 $k = 1.33$，$c_p = 1.088$ kJ/(kg·K)。

解 进口处 $\qquad\qquad Ma_1 = \dfrac{V_1}{\sqrt{kRT_1}} = \dfrac{62.1}{352} = 0.176~5$

查表，得 $\qquad\qquad \lambda_1 = 0.19$

$\qquad\qquad\qquad T^* = \dfrac{T_1}{\tau(\lambda_1)} = \dfrac{323}{0.994~9} = 325$ K

$\qquad\qquad\qquad p_1^* = \dfrac{p_1}{\pi(\lambda_1)} = \dfrac{0.4 \times 10^5}{0.979~6} = 0.409 \times 10^5$ Pa

出口处 $\qquad\qquad T_2^* = T_1^* + \dfrac{q}{c_p} = 325 + \dfrac{1~008}{1.008} = 1~325$K

$\qquad\qquad\qquad z(\lambda_2) = z(\lambda_1)\sqrt{\dfrac{T_1^*}{T_2^*}} = 5.453\sqrt{\dfrac{325}{1~325}} = 2.7$

查表,得

$$\lambda_2 = 0.445$$

$$p_2^* = p_1^* \frac{f(\lambda_1)}{f(\lambda_2)} = 0.409 \times 10^5 \times \frac{1.020\ 2}{1.099\ 1} = 0.38 \times 10^5\ \text{Pa}$$

$$\sigma = \frac{p_2^*}{p_1^*} = \frac{0.38}{0.409} = 0.929$$

$$T_2 = T_2^* \tau(\lambda_2) = 1\ 325 \times 0.972 = 1\ 288\text{K}$$

$$p_2 = p_2^* \pi(\lambda_2) = 0.38 \times 10^5 \times 0.892 = 0.339 \times 10^5\ \text{Pa}$$

四、加热壅塞

无论 $Ma < 1$ 或 $Ma > 1$,加热总使得气体速度向声速趋近。但在等截面直管内加热不可能使亚声速气流加速到超声速,也不能使超声速气流连续地减速为亚声速。可见,对于给定的初始马赫数和温度,必定存在着一个最大的加热量,超过此加热量时,加热后的气流速度将达到声速而发生壅塞。将气流在加热管出口的马赫数 $Ma_2 = 1$ 时的加热量叫做临界加热量,记为 q_{cr},对应的加热后气流的总温叫临界总温 T_{cr}^*。根据 $Ma_2 = 1$ 的条件,由式(7.81)和式(7.80)可得

$$\frac{T_{cr}^*}{T_1^*} = \frac{[z(\lambda_1)]^2}{4} \tag{7.86}$$

$$q_{cr} = c_p(T_{cr}^* - T_1^*) = c_p T_1^* \left\{ \frac{[z(\lambda_1)]^2}{4} - 1 \right\} \tag{7.87}$$

可以看出,q_{cr} 随 λ_1 的变化趋势与 $z(\lambda)$ 是一致的。亚声速气流的起始 λ_1 越大,或者超声速气流的起始 λ_1 越小,临界加热量就越小。

当 $q > q_{cr}$ 时,流动就会发生壅塞。发生壅塞后,由于管道出口 $q(\lambda)$ 值已经达到 1,而加入过多热量使总压下降,总温上升,根据流量公式不能够调整满足流量相等的要求。因此,气体在管内堆积,使管内气流压强上升。对于亚声速气流,这种壅塞作用一直影响到管道上游,使起始马赫数下降,因而进入管道的质量流量减小,直到所加入的热量能够使管道出口气流顺畅通过为止,此时,气流出口马赫数等于 1。对于超声速气流,壅塞的影响将以激波的形式向上游传播,由于激波后气流总压损失更大,若进口流量不减小,管内壅塞更严重。所以超声速气流因加热发生壅塞时,激波将一直向上游推进,直到管口外,使进口气流马赫数改变,以适应流量的要求。这时整个直管的流动完全变成亚声速流动。

由上述分析可见,对于给定的起始马赫数,存在着一个临界加热量。换句话说,对于给定的起始总温和加热量,亚声速气流的起始马赫数存在一个最大值,超声速气流的起始马赫数存在一个最小值。

例 7.9 $k = 1.33, R = 287.04\ \text{J}/(\text{kg} \cdot \text{K})$ 的气体流过等截面直管道。现给气体加热,使其达到滞止温度的 3 倍,希望马赫数不超过 0.8。试求初始的马赫数和加给单位质量气体的热量 q。已知初始滞止温度为 310 K,且不计摩擦影响。

解 取如图 7.33 所示的控制体,根据题意,$T_1^* = 310\ \text{K}, T_2^* = 3T_1^* = 930\ \text{K}, Ma_2 = 0.8$,求 Ma_1 和 q。

根据能量方程,可得加给气体的热量为

$$q = c_p(T_2^* - T_1^*) = \frac{kR}{k-1}(T_2^* - T_1^*) =$$

$$\frac{1.33\times287.4}{1.33-1}(930-310)=718.2\ \text{kJ/kg}$$

由动量方程　　　　　　　　$c_{cr}z(\lambda_1)=c_{cr2}z(\lambda_2)$

得　　　　　　　　　　　$z(\lambda_1)=\sqrt{\frac{T_2^*}{T_1^*}}z(\lambda_2)$　　　　　　　　　　　(a)

根据 Ma 与 λ 之间的关系，得

$$\lambda_2=\sqrt{\frac{(k+1)Ma_2^2}{2+(k-1)Ma_2^2}}=\sqrt{\frac{(1.33+1)\times0.8^2}{2+(1.33-1)\times0.8^2}}=0.821$$

所以　　　　　　　　$z(\lambda_2)=\lambda_2+\frac{1}{\lambda_2}=0.821+\frac{1}{0.821}=2.04$

将上式代入式(a)，得　　　　$z(\lambda_1)=\sqrt{\frac{930}{310}}\times2.04=3.533$

查气动函数表，得　　　　　$\lambda_1=0.31,\quad Ma_1=0.285$

即进口马赫数不超过 0.285，若超过 0.285，则出口马赫数不能保证 0.8 的数值。

如果要求加热管不发生壅塞，则此时的进口马赫数计算如下：

由　　　　　　　　　　　$z(\lambda_1)=\sqrt{\frac{T_2^*}{T_1^*}}z(\lambda_2)$

因为　　　　　　　$z(\lambda_2)=\lambda_2+\frac{1}{\lambda_2}=2\qquad(\lambda_2=1)$

所以　　　　　　　　　$z(\lambda_1)=\sqrt{\frac{930}{310}}\times2=3.464$

查气体函数表，得　　　　　$\lambda_1=0.318,\qquad Ma_1=0.29$

即进口马赫数大于 0.29，就会发生壅塞。

例 7.10　理想气体流经等截面加热直管，在位置 2 完成加热，之后气体在收缩喷管内等熵膨胀，如图 7.34 所示，忽略表面摩擦，已知比热比 $k=1.33$，$Ma_1=0.3$，$T_1^*=300\ \text{K}$，$T_2^*/T_1^*=2$，$A_3/A_2=0.9$。求速度因数 λ_3，以及恰好引起流动壅塞时的 T_2^*/T_1^* 及加热量。

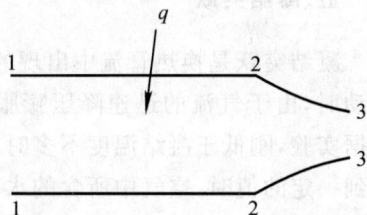

图 7.34　加热直管与收敛喷管的组合

解　设加热管进口为 1 截面，则可写出气流在加热管内的动量方程为

$$c_{cr1}z(\lambda_1)=c_{cr2}z(\lambda_2),\quad z(\lambda_2)=\sqrt{\frac{T_1^*}{T_2^*}}z(\lambda_1)\qquad\text{(a)}$$

由 $Ma_1=0.3$ 查表，得

$$\lambda_1=0.322,\quad z(\lambda_1)=\lambda_1+\frac{1}{\lambda_1}=3.4276$$

代入式(a)，得

$$z(\lambda_2)=2.4236$$

查气动函数表，得

$$\lambda_2=0.528,\quad Ma_2=0.498,\quad q(\lambda_2)=0.74$$

由连续方程

$$K \frac{p_2^*}{\sqrt{T_2^*}} q(\lambda_2) A_2 = K \frac{p_3^*}{\sqrt{T_3^*}} q(\lambda_3) A_3$$

又

$$T_3^* = T_2^*, \qquad p_3^* = p_2^*$$

解得

$$q(\lambda_3) = \frac{A_2}{A_3} q(\lambda_2) = 0.822\ 2$$

查气动函数表,得

$$\lambda_3 = 0.612$$

壅塞时,$\lambda_3 = 1$,所以

$$q(\lambda_2) = \frac{A_3}{A_2} = 0.9$$

查气动函数表,得

$$\lambda_2 = 0.708, \qquad z(\lambda_2) = 2.12$$

故

$$\frac{T_2^*}{T_1^*} = \left[\frac{z(\lambda_1)}{z(\lambda_2)}\right]^2 = \left(\frac{3.427\ 6}{2.12}\right)^2 = 2.61$$

加热量

$$q = c_p(T_2^* - T_1^*) = \frac{kRT_1^*}{k-1}\left(\frac{T_2^*}{T_1^*} - 1\right) =$$

$$\frac{1.33 \times 287.4}{0.33}(2.61 - 1) \times 300 = 559\ \text{kJ/kg}$$

五、凝结突跃

凝结突跃是换热管流中出现的一种现象。气体沿着超声速或高超声速风洞的拉伐尔喷管流动时,由于气流的迅速降压膨胀,使其温度迅速下降,其温度可能低于水蒸气的凝结温度。根据实验,刚低于凝结温度不多时,无明显的凝结现象,即可以允许有一定的过冷度。过冷度达到一定的值时,空气中所含的水汽就会凝结。例如,过冷度在 50 ℃左右就会出现显著的凝结现象。一旦出现凝结,凝结过程便进行得十分迅速,该过程所占的距离很小,几乎是集中在一个截面上完成的。水蒸气凝结时放出潜热,这部分热量突然加入超声速气流中,使超声速气流速度突然下降,密度、压强、总温突然上升,总压突然下降,这种现象称为凝结突跃。显然,凝结突跃不同于正激波突跃,因为凝结突跃使总温突然上升,而激波突跃使总温保持不变。从实验可知,虽然凝结突跃的波面与气流方向接近垂直,但其后的气流仍是超声速的。而正激波突跃后气流一定是亚声速的。

一旦出现凝结突跃,不仅会引起流场中参数的大小发生变化,而且也会改变流场的均匀度,因此超声速和高超声速风洞喷管中应避免凝结突跃。为了避免凝结突跃,通常采用特殊的干燥设备,把空气中的水分减少到万分之五以下,以避免凝结突跃放出过多的热量使气流参数变化过大。

7.7　变流量加质管流

本章的前几节讨论了变截面管流、摩擦管流和换热管流,其共同点是在管道各截面上流量是不变的。在工程实际中还有许多是变流量的管内流动。例如,在火箭发动机上,固体空心药柱燃烧时,燃气不断增加就是变流量的问题。本节将讨论质量添加对主流的影响,仅考虑由于流量变化所引起的参数变化,而不考虑其他因素的影响,即假设没有摩擦、机械功和热量的交换,没有化学反应,等等;同时假设,附加气流是和主流的分子量、比热容都相同的完全气体,且具有相同的总焓 h^*,在控制体内完全混合,离开控制面时具有均匀参数。

一、基本方程

取图 7.35(a)所示的微元控制体,对此控制体写出基本方程。

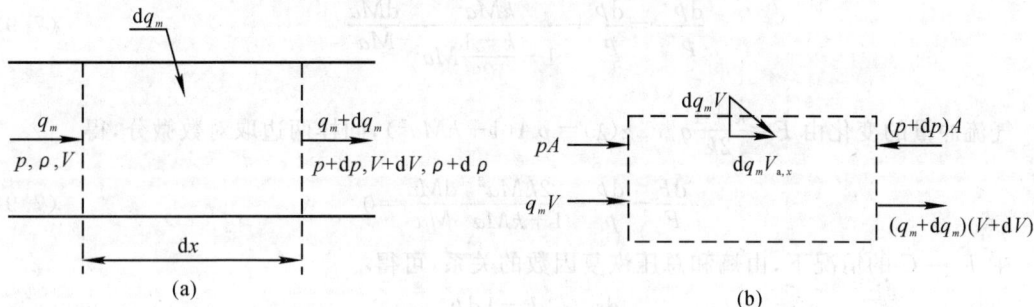

图 7.35　加质管流示意图

1. 连续方程

由流量公式 $q_m = \rho A V$,取对数微分,则有

$$\frac{dq_m}{q_m} = \frac{d\rho}{\rho} + \frac{dV}{V} \tag{7.88}$$

式中　q_m——主流的流量;

　　dq_m——附加的气流流量。

2. 动量方程

图 7.35(b)表示了在 x 方向上作用在控制面上的作用力和单位时间通过控制面的动量。其中,$V_{a,x}$表示附加气流速度在 x 方向的分量,则在 x 方向上列出动量方程得

$$pA - (p + dp)A = (q_m + dq_m)(V + dV) - q_m V - dq_m V_{a,x}$$

令 $y = V_{a,x}/V$,并利用 $q_m = \rho A V$,则动量方程可化成

$$dp + \rho V dV + \rho V^2 (1 - y)\frac{dq_m}{q_m} = 0$$

将上式通除以 p,引进 $p/\rho = c^2/k$,简化后得

$$\frac{dp}{p} + kMa^2 \frac{dV}{V} + kMa^2 (1 - y)\frac{dq_m}{q_m} = 0 \tag{7.89}$$

3. 能量方程

因为已假设主流和附加气流单位质量气体具有相同的总焓,所以两股气流混合后单位质

量气体总焓也保持原有的数值,因此能量方程为

$$h^* = c_p T^* = c_p T + \frac{V^2}{2} = 常数$$

将上式微分并考虑到 $c_p = \frac{k}{k-1}R, c^2 = kRT,$ 则有

$$\frac{\mathrm{d}T}{T} + (k-1)Ma^2 \frac{\mathrm{d}V}{V} = 0 \tag{7.90}$$

4. 其他关系式

状态方程、马赫数的定义式及总静压与马赫数的关系的微分形式基本方程为

$$\frac{\mathrm{d}p}{p} = \frac{\mathrm{d}\rho}{\rho} + \frac{\mathrm{d}T}{T} \tag{7.91}$$

$$\frac{\mathrm{d}Ma}{Ma} = \frac{\mathrm{d}V}{V} - \frac{1}{2}\frac{\mathrm{d}T}{T} \tag{7.92}$$

$$\frac{\mathrm{d}p^*}{p^*} = \frac{\mathrm{d}p}{p} + \frac{kMa^2}{1 + \frac{k-1}{2}Ma^2}\frac{\mathrm{d}Ma}{Ma} \tag{7.93}$$

气流冲量的变化由 $F = \frac{k+1}{2k}q_m c_{cr} z(\lambda) = pA(1 + kMa^2),$ 同样两边取对数微分,得

$$\frac{\mathrm{d}F}{F} - \frac{\mathrm{d}p}{p} - \frac{2kMa^2}{1 + kMa^2}\frac{\mathrm{d}Ma}{Ma} = 0 \tag{7.94}$$

在 $T^* = C$ 的情况下,由熵和总压恢复因数的关系,可得

$$\frac{\mathrm{d}s}{c_p} = -\frac{k-1}{k}\frac{\mathrm{d}p^*}{p^*} \tag{7.95}$$

式(7.94)中的 F 表示气流的冲量。

二、流量变化对气流参数的影响

从式(7.88)~式(7.95)的 8 个方程中有 9 个未知量,只要将影响气流参数变化的流量参数 $\mathrm{d}q_m/q_m$ 作为独立的变量,即可解得其他 8 个参数与 $\mathrm{d}q_m/q_m$ 的关系,即

$$\frac{\mathrm{d}Ma}{Ma} = \frac{1 + \frac{k-1}{2}Ma^2}{1 - Ma^2}[1 + (1-y)kMa^2]\frac{\mathrm{d}q_m}{q_m} \tag{7.96}$$

$$\frac{\mathrm{d}V}{V} = \frac{1}{1 - Ma^2}[1 + (1-y)kMa^2]\frac{\mathrm{d}q_m}{q_m} \tag{7.97}$$

$$\frac{\mathrm{d}p}{p} = -\frac{kMa^2}{1 - Ma^2}[2(1 + \frac{k-1}{2}Ma^2)(1-y) + y]\frac{\mathrm{d}q_m}{q_m} \tag{7.98}$$

$$\frac{\mathrm{d}\rho}{\rho} = -\frac{1}{1 - Ma^2}[Ma^2 + (1-y)kMa^2]\frac{\mathrm{d}q_m}{q_m} \tag{7.99}$$

$$\frac{\mathrm{d}T}{T} = -\frac{(k-1)Ma^2}{1 - Ma^2}[1 + (1-y)kMa^2]\frac{\mathrm{d}q_m}{q_m} \tag{7.100}$$

$$\frac{\mathrm{d}p^*}{p^*} = -kMa^2(1-y)\frac{\mathrm{d}q_m}{q_m} \tag{7.101}$$

$$\frac{\mathrm{d}s}{c_p} = \frac{k-1}{k}\frac{\mathrm{d}p^*}{p^*} = (k-1)Ma^2(1-y)\frac{\mathrm{d}q_m}{q_m} \tag{7.102}$$

$$\frac{\mathrm{d}F}{F} = \frac{ykMa^2}{1+kMa^2}\frac{\mathrm{d}q_m}{q_m}$$ (7.103)

从式(7.96)~式(7.103)可以看出,在 $\mathrm{d}q_m/q_m$ 的系数中包含 Ma 和 y,因此,流量对气流参数的影响不仅与气流的马赫数有关,还与参数 y 有关。表 7.7 列出了当 $y<1$ 时,加入流量对气流参数的影响。

表 7.7　加入流量对气流参数的影响(当 $y<1$ 时)

气流参数＼马赫数	$\dfrac{\mathrm{d}Ma}{Ma}$	$\dfrac{\mathrm{d}V}{V}$	$\dfrac{\mathrm{d}p}{p}$	$\dfrac{\mathrm{d}\rho}{\rho}$	$\dfrac{\mathrm{d}T}{T}$	$\dfrac{\mathrm{d}p^*}{p^*}$	$\dfrac{\mathrm{d}s}{c_p}$	$\dfrac{\mathrm{d}F}{F}$
$Ma<1$	↑	↑	↓	↓	↓	↓	↑	↑
$Ma>1$	↓	↓	↑	↑	↑	↓	↑	↑

由表 7.7 可见,当 $y<1$ 时,加入流量使总压下降,单位质量流体的机械能降低。加入流量将使亚声速气流加速,使超声速气流减速。因此,与前几节讨论的情况相类似,加入流量使气流向临界状态逼近,因而流量加到一定程度时,气流速度达到当地声速,Ma 等于 1,主流开始出现壅塞现象,流量加入过多,则会改变主流的起始状态。

三、附加流量垂直于主流的情况

当附加气流流动方向垂直与主流方向时,$V_{a.x}=0$, $y=0$,方程变得比较容易积分。与摩擦管流中所用的方法相类似,应用临界状态的概念,即流量增加到使 $Ma=1$,此时对应的流量为临界流量 $q_{m,\mathrm{cr}}$,这样式(7.96)的积分形式为

$$\int_{q_m}^{q_{m,\mathrm{cr}}}\frac{\mathrm{d}q_m}{q_m} = \int_{Ma}^{1}\frac{1-Ma^2}{Ma(1+kMa^2)\psi}\mathrm{d}Ma$$

式中

$$\psi = 1+\frac{k-1}{2}Ma^2$$

积分后得

$$\frac{q_m}{q_{m,\mathrm{cr}}} = \frac{Ma[2(k+1)\psi]^{1/2}}{1+kMa^2}$$ (7.104)

同样,积分式(7.97)~式(7.103),可得出其他参数。这里从原始方程出发可以更容易地得出。根据 $T^* = T_{\mathrm{cr}}^* =$ 常数的假设,得

$$\frac{T}{T_{\mathrm{cr}}} = \frac{k+1}{2\psi}$$ (7.105)

又

$$\frac{V}{V_{\mathrm{cr}}} = \lambda = Ma\left(\frac{k+1}{2\psi}\right)^{\frac{1}{2}}$$ (7.106)

从

$$q_m = \rho VA = \frac{p}{RT}VA$$

得

$$\frac{p}{p_{\mathrm{cr}}} = \frac{q_m}{q_{m,\mathrm{cr}}}\frac{T}{T_{\mathrm{cr}}}\frac{V_{\mathrm{cr}}}{V} = \frac{Ma[2(k+1)\psi]^{\frac{1}{2}}}{1+kMa^2}\frac{k+1}{2\psi}\frac{1}{Ma}\left(\frac{2\psi}{k+1}\right)^{\frac{1}{2}}$$

化简得

$$\frac{p}{p_{\mathrm{cr}}} = \frac{k+1}{1+kMa^2}$$ (7.107)

从状态方程得

$$\frac{\rho}{\rho_{cr}} = \frac{p}{p_{cr}} \frac{T_{cr}}{T} = \frac{2\psi}{1+kMa^2} \tag{7.108}$$

从总压、静压和马赫数的关系,得

$$\frac{p^*}{p_{cr}^*} = \frac{k+1}{1+kMa^2} \left[\frac{2\psi}{k+1}\right]^{\frac{k}{k-1}} \tag{7.109}$$

以上方程中的各参数比值与马赫数的关系可制成表格,也可直接编程借助于计算机计算。

例 7.11   图 7.36 所示的固体火箭发动机的火药柱内孔直径 $d=0.025$ m,燃烧在靠近火药柱的内表面非常薄的燃烧区内进行。设燃烧速度 $V_b=0.025$ m/s 保持不变,推进剂的密度 $\rho_p=2\,500$ kg/m^3,燃气的比热比 $k=1.2$,气体常数 $R=320$ J/(kg·K),火焰温度 $T_f=3\,000$ K,火药柱长 $L=0.3$ m,喷管喉部面积 $A_t=0.000\,3$ m^2,出口直径与火药柱内孔直径相等。火药柱始端以下标 0 表示,末端以 e 表示。试计算:

(1)推进剂的燃气流量;

(2)喷管进口气流的马赫数和总压;

(3)始端总压 p_0^*、密度 ρ_0;

(4)始端和末端的静压差。

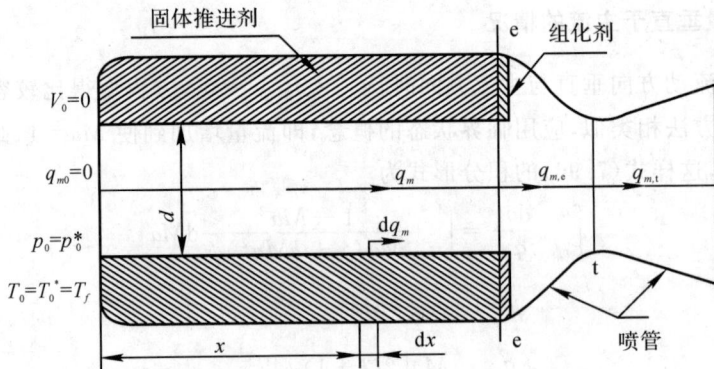

图 7.36   固体火箭发动机火药柱与喷管示意图

解   (1)在微元段 dx 上,$dq_m = V_b\rho_p\pi d\,dx$,则

$$q_{m,e} = \int_0^L dq_m = V_b\rho_p\pi dL =$$

$$0.025 \times 2\,500 \times \pi \times 0.025 \times 0.30 = 1.473 \text{ kg/s}$$

(2) $$q(\lambda_e) = \frac{A_t}{A_e} = \frac{4 \times 0.000\,3}{\pi \times 0.025^2} = 0.6111$$

查气动函数表($k=1.2$),得

$$Ma_e = 0.393\,8, \quad \lambda_e = 0.409\,9$$

$$p_e^* = \frac{q_{m,e}\sqrt{T^*}}{KA_t} = \frac{1.473 \times \sqrt{3\,000}}{0.036\,2 \times 0.000\,3} = 74.29 \times 10^5 \text{ Pa}$$

(3)由式(7.109),当 $Ma_e = 0.393\,8$ 时,

$$\frac{p_e^*}{p_{cr}^*} = \frac{k+1}{1+kMa_e^2} \left[\left(\frac{2}{1+k}\right)\left(1+\frac{k-1}{2}Ma_e^2\right)\right]^{\frac{k}{k-1}} =$$

$$\frac{1.2+1}{1+1.2\times0.393\,8^2}\times\left[\frac{2}{2.2}\times\left(1+\frac{0.2}{2}\times0.393\,8^2\right)\right]^{\frac{1.2}{0.2}}=1.148\,3$$

于是　　　　　$$p_{cr}^*=\frac{74.29\times10^5}{1.148\,3}=64.7\times10^5\ \text{Pa}$$

由式(7.109),对 $Ma_0=0$,有

$$\frac{p_0^*}{p_{cr}}=(1.2+1)\times\left(\frac{2}{2.2}\right)^{\frac{1.2}{0.2}}=1.241\,8$$

$$p_0^*=1.241\,8\times64.7\times10^5=80.30\times10^5\ \text{Pa}$$

$$\rho_0=\frac{p_0^*}{RT}=\frac{80.30\times10^5}{320\times3\,000}=8.36\ \text{kg/m}^3$$

(4)　　　　　$$\Delta p=p_0^*-p_e=p_0^*-p_e^*\pi(\lambda_e)=$$
$$(80.3-74.29\times0.911\,8)\times10^5=12.56\times10^5\ \text{Pa}$$

小　　结

(1)在一维可压缩管内流动中,分析问题的方法是:首先写出一维可压缩流动的微分形式的基本方程;其次突出主要的影响因素,如变截面管内的流动,主要突出截面积变化的因素,把面积变化作为参变量,来分析对其他流动参数的影响;最后得到对各个流动参数的影响规律。其他管内流动,其分析方法类同。

(2)收缩喷管与拉伐尔喷管的流动特点,见表7.8。

表 7.8　收缩喷管与拉伐尔喷管的流动特点

喷管 比较	收 缩 喷 管	拉 伐 尔 喷 管	
特征 参数	临界压强比 β_{cr},对于给定的气体,β_{cr} 为常数,β_{cr} 与面积比无关	$\dfrac{p_1}{p^*},\dfrac{p_2}{p^*},\dfrac{p_3}{p^*}$ 取决于面积比公式	
流动 状态 及 特点	$\dfrac{p_b}{p^*}>\beta_{cr}$,亚临界流动状态,出口 $Ma_e<1$, $p_e=p_b$	$\dfrac{p_b}{p^*}\leqslant\dfrac{p_1}{p^*}$,口外有膨胀波,出口 $Ma_e>1$, 喉部 $Ma_t=1$	超 临 界 状 态
	$\dfrac{p_b}{p^*}=\beta_{cr}$,临界流动状态,$Ma_e=1$,$p_e=p_b$	$\dfrac{p_1}{p^*}<\dfrac{p_b}{p^*}\leqslant\dfrac{p_2}{p^*}$,口外有激波,$Ma_e>1$,$Ma_t=1$	
		$\dfrac{p_2}{p^*}<\dfrac{p_b}{p^*}\leqslant\dfrac{p_3}{p^*}$,管内有激波,$Ma_e<1$,$Ma_t=1$	
	$\dfrac{p_b}{p^*}<\beta_{cr}$,超临界流动状态 $Ma_e=1$,$p_e=p^*\beta_{cr}$	$\dfrac{p_b}{p^*}=\dfrac{p_3}{p^*}$　$Ma_e<1$,$Ma_t=1$,临界状态	
		$\dfrac{p_b}{p^*}>\dfrac{p_3}{p^*}$,管内全为亚声速流动,亚临界状态	

(3)内压式超声速进气道的优点是外部阻力小,缺点是存在起动问题。使进气道起动的方法是提高来流马赫数或增加喉部面积。

(4)摩擦对亚声速气流和超声速气流有不同的影响。单纯的摩擦作用不能使亚声速气流变为超声速气流,也不可能使超声速气流连续地变为亚声速气流。

（5）摩擦管流的计算一般都设想管子有一个临界截面，然后把进口截面和需要计算的那个截面上的参数都和临界截面建立联系，最后利用临界截面的概念，即可进行摩擦管流的计算。

（6）换热管流的计算主要用基本方程，即能量方程、动量方程、连续方程以及气动函数来计算。

（7）加热壅塞是指加热管出口马赫数等于 1 时的状态，此时的加热量叫临界加热量，对应于加热后的总温叫临界总温。

（8）变流量加质管流也是工程中常见的流动，分析的方法与前几节类似，不同点在于将流量参数作为参变量，来分析流量变化对气流参数的影响。

思考与练习题

7.1 当收缩喷管出现壅塞时，此时的流动特点是什么？

7.2 如果要建立 $Ma=2.5$ 的超声速气流，喷管的出口面积 A_e 与喉部面积 A_t 之比应为多大？

7.3 什么叫加热壅塞？试分析加入过多的热量对亚声速气流和超声速气流是如何影响的。

7.4 临界加热量与什么条件有关？

7.5 某风洞的收缩喷管，进口空气流的总压为 1.724×10^5 Pa，总温为 324K，喷管出口通大气，出口面积为 0.03 m²，实验时大气压强 $p_a = 1.013\ 3 \times 10^5$ Pa。若不考虑喷管内的流动损失，试计算喷管出口气流速度、压强及通过喷管的空气流量。

7.6 设空气自容器经收缩喷管等熵流出，如图 7.37 所示，已知 $p^*/p_a=3.3$，$A_1/A_2=2$。求 λ_1。

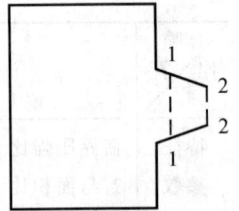

7.7 发动机在地面试车时，测得收缩形喷管前燃气总压和总温分别为 $p^*=2.5 \times 10^5$ Pa，$T^*=1\ 016$ K。已知喷管出口面积 $A_e=0.168$ m²，喷管出口外界大气压强 $p_a=1.013\ 3 \times 10^5$ Pa。试求喷管出口处燃气的速度及通过喷管的流量（设燃气的比热比 $k=1.33$，气体常数 $R=287.4$ J/(kg·K)）。

图 7.37　题 7.6 图

7.8 已知某拉伐尔喷管最小截面的面积 $A_t=4.0 \times 10^{-4}$ m²，出口截面的面积 $A_e=6.76 \times 10^{-4}$ m²。喷管出口外界的大气压强 $p_e=1 \times 10^5$ Pa，气源的温度 $T^*=288$ K。求当气源的压强 p^* 分别等于 1.09×10^5 Pa，1.5×10^5 Pa，2.0×10^5 Pa 和 10×10^5 Pa 时，在喷管出口处空气流的马赫数、速度和空气的流量以及管中有激波时激波的位置。

7.9 给定拉伐尔喷管的出口面积和最小截面面积之比 $A_e/A_t=2$，试问在计算通过喷管的流量时，p_a/p^* 在什么范围内可采用流量公式 $q_m=0.040\ 4 p^* A_t/\sqrt{T^*}$（流体为空气）？

7.10 空气由气瓶经拉伐尔喷管流出，已知气流总温 $T^*=289$ K，$A_e/A_t=4.235$。试求当激波位于出口截面时，出口截面处激波后气流的速度。

7.11 海平面高度的静止大气通过拉伐尔喷管被吸入真空箱，在扩张段的 A_s 处产生一正激波。已知喷管的喉道面积为 A_t，出口面积为 A_e，假设除激波外的流动为一维等熵流动，求真空箱内的压强。

7.12 空气通过一无摩擦的收缩-扩张喷管流动，已知 $A_e/A_t=3$，$p_1^*/p_e=2.5(p_e=p_a)$。

试计算出口马赫数 Ma_e 及气流通过喷管时熵的增加。

7.13 (1)如图 7.38 所示的拉伐尔喷管，已知 $A_e/A_{cr}=2.429$，试求当 p_1^*/p_a 等于多少时，正激波将位于 $A_s/A_{cr}=1.7$ 处。

(2)为保持 p_1^*/p_a 不变，而 $A_e/A_{cr}=2.005$，问激波将移至何处？

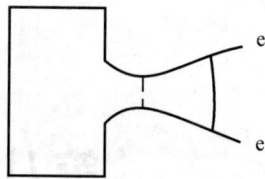

图 7.38　题 7.13 图

7.14 总压为 13.6×10^5 Pa 的空气流过平面拉伐尔喷管，$A_{cr}/A_e=0.496\,5$，问气体流出喷管后，气流方向将连续向外折转的角度是多少度？设喷管出口外界反压 $p_a=1\times10^5$ Pa。

7.15 内压式超声速进气道的进口面积为 A_i，设计马赫数 $Ma_d=1.6$，喉道面积按在设计飞行状态下喉道为声速流动确定。为了使进气道起动，采用飞行加速法。若在起动过程中，除激波有总压损失外的流动是等熵的，问飞行马赫数至少加速到多大，激波才被吞入？

7.16 内压式超声速进气道的设计马赫数 $Ma_d=2.31$，飞行高度 $H=18\,000$ m，已知进气道的面积比 $A_t/A_i=q(\lambda_d)$，且 $A_i=0.15$ m²。问：

(1)在该高度以 $Ma_d=1.95$ 飞行时，进气道进口前的流动图形如何？若飞行马赫数加大到 $Ma_d=2.31$，流动图形有无变化？

(2)为了使进气道起动，喉道面积应放大到多大？

(3)计算喉道面积放大后的喉道马赫数及通过进气道的流量。

7.17 空气在等直径的圆管中无摩擦地流动，由于对气流加热，速度由 $V_1=100$ m/s 增大到 $V_2=300$ m/s。设加热前气体的密度为 $\rho_1=2.4$ kg/m³，试求压强降低的数值，即求 p_1-p_2 的值。

7.18 空气在等直径的圆管中无摩擦地流动，进口总温 $T_1^*=300$ K，由于对气流加热，空气流的速度因数由 0.5 提高到 0.9。求对单位质量空气的加热量。

7.19 空气在等直径的圆管中无摩擦地流动，进口处，$T_1^*=400$ K，$\lambda_1=0.3$，由于对气流加热，所以总温提高，试求达到壅塞状态时的总温 T_2^*。

7.20 一个半热力喷管(见图 7.39)，等截面段为加热段，扩散段为绝热段，不考虑摩擦作用，已知在加热段进口空气流 $T_1^*=289$ K，$V_1=62.2$ m/s，$p_1^*=20\times10^5$ Pa，扩散段为超声速段，出口截面 A_2 上的气流压强 $p_2=p_a=1.033\times10^5$ Pa，通过管道的流量 $q_m=9$ kg/s。试求气流作用于管壁的轴向力。

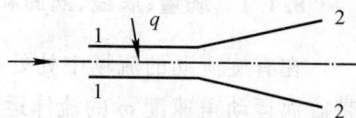

图 7.39　题 7.20 图

第八章 理想流体多维流动基础

在自然界和流体机械中,流体的流动通常不是一维的,流动参数不仅仅沿流动方向变化,而且在垂直于流向的横截面上也发生变化,这就需要运用多维流的理论和分析方法来加以研究。因此,就要在一维流的基础上,学习并掌握多维流的一些基本理论和基本方程。

8.1 有旋流动

有旋流动的主要特征是流场中流体微团的旋转角速度不为零,因此,判断一个流场中流体运动是否有旋的判据就是看它的旋转角速度是否等于零。

有旋流动又称旋涡流动,在自然界人们可以观察到大量的旋涡流动,例如龙卷风、水流流过障碍物后产生的旋涡等。除了这些可以直接观察到的流体旋涡外,流体与固体壁面之间的相对运动、两层不同速度流体的交汇也会产生大量的旋涡流动。这些肉眼可见和不可见的旋涡运动有其自身特有的运动规律。本节的内容就是介绍表达有旋流动的主要参数以及这些参数间的关系。

8.1.1 涡量、涡线、涡面和涡管

在有旋流动的流场中处处存在旋转角速度 ω,因此,与研究运动流体速度场类似,可以将带旋涡运动角速度 ω 的流体运动矢量场作为研究对象,简称旋涡场。

前面已经证明,流体旋转角速度 ω 是速度场旋度的 $1/2$,即

$$\omega = 0.5\ \nabla \times V$$

而速度场的旋度 $\nabla \times V$ 又称为涡量,常用 Ω 表示,即

$$\Omega = \nabla \times V = 2\omega \tag{8.1}$$

涡量是一个描述旋涡运动常用的物理量。

在描述流体速度场时,曾经引入了流线、流面和流管的概念,它清楚地显示出流体运动的速度特征和流量通量特征。与此相似,为了表征流体在旋涡场中的旋涡流动,我们在旋涡场中也可以找出与速度场中流线、流面、流管对应的涡线、涡面和涡管来。

涡线是流场中某一时刻的一条空间曲线,在该时刻这条曲线上每一点的流动角速度矢量 ω 都与该点曲线的切线方向一致,如图 8.1 所示。

根据涡线的定义,可以写出与流线方程类似的涡线方程,即

$$\frac{\mathrm{d}x}{\omega_x} = \frac{\mathrm{d}y}{\omega_y} = \frac{\mathrm{d}z}{\omega_z} \tag{8.2a}$$

或写成矢量形式
$$d\boldsymbol{r}\times\boldsymbol{\omega}=\boldsymbol{0} \tag{8.2b}$$

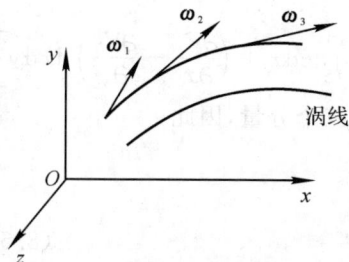

图 8.1　涡线示意图

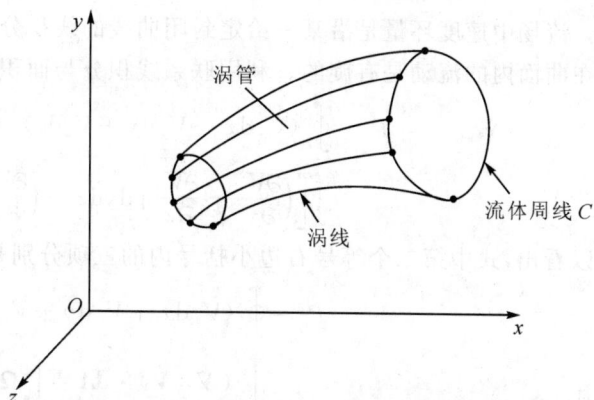

图 8.2　涡管示意图

与流面、流管的定义类似,我们用涡面和涡管来描述旋涡运动。所谓涡面,就是某一时刻通过一条非涡线的空间曲线的所有涡线构成的曲面。而管状涡面的内域就是涡管。也可以说,如果在旋涡场中取一非涡线的封闭曲线,过该曲线每一点的所有涡线组成的管状曲面称为涡管,如图 8.2 所示。

流面对于流量具有不穿透性,流管对于流量具有封闭性;与流面、流管类似,涡面对于涡量具有不穿透性,涡管对于涡量具有封闭性。在涡面上,有

$$\boldsymbol{\Omega}\cdot\boldsymbol{n}=0$$

涡量在涡面的法向投影等于零。

8.1.2　速度环量

流场中流体运动速度沿某一给定封闭曲线的线积分称为绕该曲线的速度环量,通常用 Γ_C 表示。在流体力学中,速度环量是一个重要的物理量,它的大小实际上代表了旋涡流动的强度,因此,可以用速度环量作为旋涡流动定量分析的特征量。在流场中取一条任意的空间封闭曲线 C,如图 8.3 所示,沿该曲线流体运动速度连续变化。根据环量的定义,速度环量可以写为

$$\Gamma_C=\oint_C\boldsymbol{V}\cdot d\boldsymbol{l}=\oint_C V\cos\alpha\, dl \tag{8.3}$$

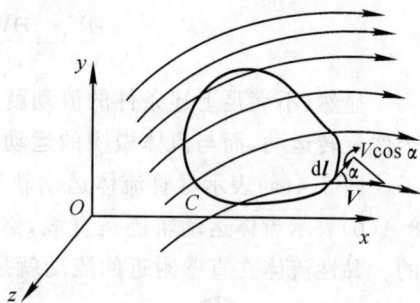

图 8.3　绕任意封闭曲线的速度环量

式中,$d\boldsymbol{l}$ 代表曲线 C 上一个长度为 dl 的微小弧段,它的方向必然就是曲线 C 在该处的切线方向。由于
$$\boldsymbol{V}=V_x\boldsymbol{i}+V_y\boldsymbol{j}+V_z\boldsymbol{k},\qquad d\boldsymbol{l}=dx\boldsymbol{i}+dy\boldsymbol{j}+dz\boldsymbol{k}$$
因此,环量

$$\Gamma_C=\oint_C(V_x\,dx+V_y\,dy+V_z\,dz) \tag{8.4}$$

这是速度环量的一般表达式,一般取逆时针方向为速度环量积分的正方向。

8.1.3 速度环量与旋涡强度的关系

流场中速度环量是沿某一给定封闭曲线的线积分,若速度环量不为零,则说明该封闭曲线所在曲面内的流动是有旋的。利用联系线积分与面积分的斯托克斯公式,可以把式(8.4)写成

$$\Gamma_C = \oint_C (V_x \mathrm{d}x + V_y \mathrm{d}y + V_z \mathrm{d}z) =$$

$$\int\left[\left(\frac{\partial V_z}{\partial y} - \frac{\partial V_y}{\partial z}\right)\mathrm{d}y\mathrm{d}z + \left(\frac{\partial V_x}{\partial z} - \frac{\partial V_z}{\partial x}\right)\mathrm{d}z\mathrm{d}x + \left(\frac{\partial V_y}{\partial x} - \frac{\partial V_x}{\partial y}\right)\mathrm{d}x\mathrm{d}y\right]$$

可以看出,式中第二个等号右边小括号内的三项分别是旋度的三个分量,因此

$$\Gamma_C = \oint_C (V_x \mathrm{d}x + V_y \mathrm{d}y + V_z \mathrm{d}z) =$$

$$\int_A (\boldsymbol{\nabla} \times \boldsymbol{V}) \cdot \mathrm{d}\boldsymbol{A} = \int_A \boldsymbol{\Omega} \cdot \mathrm{d}\boldsymbol{A} \tag{8.5}$$

式中,C 是空间曲面 A 的边界。式(8.5)第二个等号右边是面积 A 上的旋涡强度,或称为通过面积 A 的涡通量。该式说明,沿空间任意封闭曲线的速度环量,等于通过以该曲线为边界的任意空间连续曲面的涡通量。

式(8.5)建立了速度环量与旋涡强度之间的关系。在实际流动中,旋涡强度或涡通量通常不能直接测量,而流动速度的测量相对要容易一些,因此,速度环量可以作为旋涡运动定量分析的代表量。

8.2 无旋流动和速度势

速度旋度处处为零的流动定义为无旋流动,其所在流场称为无旋流场。或者说,如果在流场中,$\boldsymbol{\nabla} \times \boldsymbol{V} = \boldsymbol{0}$ 那么该速度场为无旋流场,这种流动就是无旋流动。在直角坐标系中,无旋流动的条件可以写成

$$\frac{\partial V_z}{\partial y} = \frac{\partial V_y}{\partial z}, \quad \frac{\partial V_x}{\partial z} = \frac{\partial V_z}{\partial x}, \quad \frac{\partial V_y}{\partial x} = \frac{\partial V_x}{\partial y} \tag{8.6}$$

显然,不满足上述条件的流动就是有旋流动。流体运动是否有旋仅仅取决于流体微团是否作旋转运动,而与流体微团的运动轨迹无关。图 8.4 表示了无旋流动和有旋流动的两个例子。图 8.4(a)表示尽管流体运动轨迹近似是圆周,但是流体微团自身并没有作旋转运动;图 8.4(b)表示流体运动轨迹是直线,然而流体微团在运动过程中作旋转运动,因此流动是有旋的。黏性流体在直壁附近的流动就是这种性质的有旋流动。

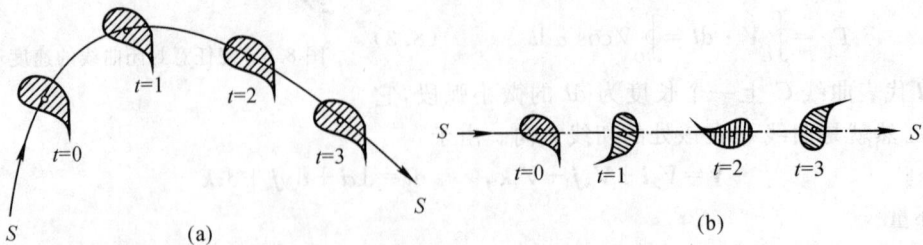

图 8.4 无旋流动和有旋流动的例子

(a) 无旋运动;(b) 有旋运动

式(8.6)表明在无旋流中速度的交叉偏导数相等。因此,在流场中必然存在着这样一个函数 $\varphi(x,y,z,t)$,它对于某一坐标的偏导数等于速度在该坐标方向的分速度,即 $\boldsymbol{V}\varphi=\boldsymbol{V}$,式中函数 φ 称为势函数或速度势,因此

$$\frac{\partial\varphi}{\partial x}=V_x, \quad \frac{\partial\varphi}{\partial y}=V_y, \quad \frac{\partial\varphi}{\partial z}=V_z \tag{8.7}$$

我们很容易证明,无旋条件与势函数的相互依存关系为

$$\begin{cases} \dfrac{\partial V_z}{\partial y}=\dfrac{\partial}{\partial y}\left(\dfrac{\partial\varphi}{\partial z}\right)=\dfrac{\partial^2\varphi}{\partial y\partial z}=\dfrac{\partial}{\partial z}\left(\dfrac{\partial\varphi}{\partial y}\right)=\dfrac{\partial V_y}{\partial z} \\[2mm] \dfrac{\partial V_x}{\partial z}=\dfrac{\partial}{\partial z}\left(\dfrac{\partial\varphi}{\partial x}\right)=\dfrac{\partial^2\varphi}{\partial z\partial x}=\dfrac{\partial}{\partial x}\left(\dfrac{\partial\varphi}{\partial z}\right)=\dfrac{\partial V_z}{\partial x} \\[2mm] \dfrac{\partial V_y}{\partial x}=\dfrac{\partial}{\partial x}\left(\dfrac{\partial\varphi}{\partial y}\right)=\dfrac{\partial^2\varphi}{\partial x\partial y}=\dfrac{\partial}{\partial y}\left(\dfrac{\partial\varphi}{\partial x}\right)=\dfrac{\partial V_x}{\partial y} \end{cases}$$

上式表明,速度交叉偏导数相等的式(8.6)是势函数存在的充分必要条件。这说明,只要流动无旋,就必然存在势函数;反之,如果流场中存在势函数,那么该流场就一定是无旋流场。

若流动是定常的,那么势函数只是空间坐标的函数,因此势函数的全微分可以表示为

$$\mathrm{d}\varphi=\frac{\partial\varphi}{\partial x}\mathrm{d}x+\frac{\partial\varphi}{\partial y}\mathrm{d}y+\frac{\partial\varphi}{\partial z}\mathrm{d}z=V_x\mathrm{d}x+V_y\mathrm{d}y+V_z\mathrm{d}z \tag{8.8}$$

从这些关系式中可以看出,当人们在研究某一具体流动时,如果能够找出描写该流动特征的势函数,那么就可以利用势函数的性质式(8.7)求出这一流动的各点速度,再利用伯努利方程求出全场的压力分布。可见在理想流体的研究中,利用势函数 φ 来求解是很方便的。

例 8.1　证明在有势流动中,沿任意方向的速度分量等于速度势在该方向的导数。

证明　设某点速度为 $\boldsymbol{V}$,而 V_s 是 $\boldsymbol{V}$ 在任一方向 s 上的投影,则

$$V_s=V_x\cos\theta+V_y\cos\alpha+V_z\cos\beta \tag{a}$$

而速度势沿 s 方向的偏导数为

$$\frac{\partial\varphi}{\partial s}=\frac{\partial\varphi}{\partial x}\frac{\mathrm{d}x}{\mathrm{d}s}+\frac{\partial\varphi}{\partial y}\frac{\mathrm{d}y}{\mathrm{d}s}+\frac{\partial\varphi}{\partial z}\frac{\mathrm{d}z}{\mathrm{d}s}=V_x\frac{\mathrm{d}x}{\mathrm{d}s}+V_y\frac{\mathrm{d}y}{\mathrm{d}s}+V_z\frac{\mathrm{d}z}{\mathrm{d}s} \tag{b}$$

但

$$\frac{\mathrm{d}x}{\mathrm{d}s}=\cos\theta, \quad \frac{\mathrm{d}y}{\mathrm{d}s}=\cos\alpha, \quad \frac{\mathrm{d}z}{\mathrm{d}s}=\cos\beta \tag{c}$$

将式(c)代入式(b),并与式(a)比较,得 $\dfrac{\partial\varphi}{\partial s}=V_s$。证毕。 $\tag{8.9}$

例 8.2　证明单连域无旋流场中,速度环量总为零。

证明　由于无旋流场中必定存在速度势 φ,故无旋流场中沿任意封闭曲线的速度环量为

$$\Gamma_c=\oint_C(V_x\mathrm{d}x+V_y\mathrm{d}y+V_z\mathrm{d}z)=\oint_C\mathrm{d}\varphi$$

对于单连域,φ 一定是单值函数,故

$$\Gamma_c=\oint_C\mathrm{d}\varphi=0$$

证毕。这说明在单连域无旋流场中,沿空间任意封闭曲线的环量总为零。如果流场不是单连域,则沿任意封闭曲线环量可能不等于零。

例 8.3　有一个二维平面流场,其速度分布为

$$V_x=x+t, \quad V_y=-y+t$$

试判断流场是否为无旋流场,若无旋,求速度势函数。

解　因 $\dfrac{\partial V_x}{\partial y} = \dfrac{\partial V_y}{\partial x} = 0$,故为无旋流场,必然存在速度势函数 φ。

$$\varphi(x,y,z,t) = \int \frac{\partial \varphi}{\partial x} dx + f(y,t) =$$

$$\int (x+t) dx + f(y,t) = \frac{1}{2}x^2 + tx + f(y,t)$$

$$V_y = \frac{\partial \varphi}{\partial y} = \frac{\partial f(y,t)}{\partial y} = -y+t$$

得
$$f(y,t) = -\frac{1}{2}y^2 + yt + g(t)$$

所以
$$\varphi(x,y,z,t) = 0.5x^2 - 0.5y^2 + (x+y)t + g(t)$$

令当 $x=y=0$ 时,$\varphi=0$,则 $g(t)=0$,所以速度势为

$$\varphi(x,y,z,t) = \frac{1}{2}(x^2 - y^2) + (x+y)t$$

势函数中的常数项一般都不考虑。

8.3　微分形式的连续方程

图 8.5 所示为微元控制体 (dx,dy,dz)。在微元控制体内近似有

$$\int_{cv} \frac{\partial \rho}{\partial t} dv \approx \frac{\partial \rho}{\partial t} dx dy dz$$

考虑到控制体形式的连续方程式(3.32),有

$$\frac{\partial \rho}{\partial t} dx dy dz + \sum_i (\rho_i V_i A_i)_{out} - \sum_i (\rho_i V_i A_i)_{in} = 0 \tag{8.10}$$

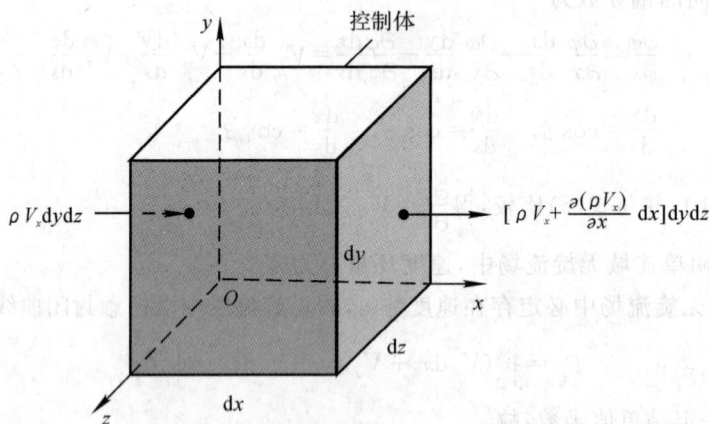

图 8.5　分析微元控制体的质量流量

　　质量流率项发生在 6 个面上,包括 3 个进口、3 个出口。根据第一章连续介质和场的概念,流体具有的各个物理量都是坐标和时间的函数,例如 $\rho = \rho(x,y,z,t)$。因此,如已知左边面上单位面积的质量流量为 ρV_x,则由泰勒公式可知右边面上的单位面积的质量流量为 $\rho V_x + [\partial(\rho V_x)/\partial x]dx$。所以在 x 方向的质量流量应为

$$\{\rho V_x + [\partial(\rho V_x)/\partial x]\mathrm{d}x\}\mathrm{d}y\mathrm{d}z - \rho V_x \mathrm{d}y\mathrm{d}z = [\partial(\rho V_x)/\partial x]\mathrm{d}x\mathrm{d}y\mathrm{d}z$$

同理,可以得出在 y,z 方向的质量流量分别为

$$[\partial(\rho V_y)/\partial y]\mathrm{d}x\mathrm{d}y\mathrm{d}z, \quad [\partial(\rho V_z)/\partial z]\mathrm{d}x\mathrm{d}y\mathrm{d}z$$

代入式(8.10),得

$$\frac{\partial \rho}{\partial t}\mathrm{d}x\mathrm{d}y\mathrm{d}z + \frac{\partial(\rho V_x)}{\partial x}\mathrm{d}x\mathrm{d}y\mathrm{d}z + \frac{\partial(\rho V_y)}{\partial y}\mathrm{d}x\mathrm{d}y\mathrm{d}z + \frac{\partial(\rho V_z)}{\partial z}\mathrm{d}x\mathrm{d}y\mathrm{d}z = 0$$

两边同除以 $\mathrm{d}x\mathrm{d}y\mathrm{d}z$,得出

$$\frac{\partial \rho}{\partial t} + \frac{\partial(\rho V_x)}{\partial x} + \frac{\partial(\rho V_y)}{\partial y} + \frac{\partial(\rho V_z)}{\partial z} = 0 \tag{8.11}$$

式(8.11)即为直角坐标系下微分形式的连续方程。

连续方程可以写成矢量形式为

$$\frac{\partial \rho}{\partial t} + \boldsymbol{\nabla} \cdot (\rho \boldsymbol{V}) = 0 \tag{8.12}$$

将方程式(8.12)展开,有

$$\frac{\partial \rho}{\partial t} + V_x \frac{\partial \rho}{\partial x} + V_y \frac{\partial \rho}{\partial y} + V_z \frac{\partial \rho}{\partial z} + \rho\left(\frac{\partial V_x}{\partial x} + \frac{\partial V_y}{\partial y} + \frac{\partial V_z}{\partial z}\right) = 0$$

前 4 项之和表示密度的随流导数,故

$$\frac{\mathrm{d}\rho}{\mathrm{d}t} + \rho\left(\frac{\partial V_x}{\partial x} + \frac{\partial V_y}{\partial y} + \frac{\partial V_z}{\partial z}\right) = 0$$

或

$$\frac{\mathrm{d}\rho}{\mathrm{d}t} + \rho\boldsymbol{\nabla} \cdot \boldsymbol{V} = 0 \tag{8.13}$$

对于定常流动, $\partial/\partial t = 0$,由式(8.12)可得连续方程为

$$\boldsymbol{\nabla} \cdot (\rho \boldsymbol{V}) = 0 \tag{8.14}$$

对于不可压流动, $\mathrm{d}\rho/\mathrm{d}t = 0$,由式(8.13)可得连续方程为

$$\boldsymbol{\nabla} \cdot \boldsymbol{V} = 0 \tag{8.15}$$

对于圆柱坐标系,可取一扇形微元控制体 $r\mathrm{d}r\mathrm{d}\theta\mathrm{d}z$,经过与上述类似的推导,可得出圆柱坐标系微分形式连续方程为

$$\frac{\partial \rho}{\partial t} + \frac{\partial(r\rho V_r)}{r\partial r} + \frac{\partial(\rho V_\theta)}{r\partial \theta} + \frac{\partial(\rho V_z)}{\partial z} = 0 \tag{8.16}$$

或

$$\frac{\mathrm{d}\rho}{\mathrm{d}t} + \rho\left[\frac{\partial(r V_r)}{r\partial r} + \frac{\partial V_\theta}{r\partial \theta} + \frac{\partial V_z}{\partial z}\right] = 0 \tag{8.17}$$

需要强调指出,由于连续方程不涉及作用力的问题,故实际上它是一个运动学方程。因此,各种形式的连续方程式,不仅适用于无黏性理想流体的流动,而且也适用于黏性流体的流动。

例 8.4　试判断下述流动是否不可压。

(1)　$\boldsymbol{V} = y^2 \boldsymbol{i} + z^2 \boldsymbol{j} + (y+z)\boldsymbol{k}$;

(2)　$V_r = 2r\sin\theta\cos\theta, V_\theta = 2r\cos^2\theta$。

解

(1)
$$\frac{\partial V_x}{\partial x} + \frac{\partial V_y}{\partial y} + \frac{\partial V_z}{\partial z} = 1 \neq 0$$

说明该流场不可能是不可压流动。

(2)
$$\frac{\partial(r V_r)}{r\partial r} + \frac{\partial V_\theta}{r\partial \theta} + \frac{\partial V_z}{\partial z} = 2\sin\theta\cos\theta + 2\sin\theta\cos\theta - 4\sin\theta\cos\theta + 0 = 0$$

说明该流场是不可压流动。

例 8.5 若速度场和密度场分别为

$$\boldsymbol{V} = -\frac{x}{t}\boldsymbol{i} + 3z^2\boldsymbol{j} - \left(\frac{z^3}{y} + y\right)\boldsymbol{k}, \quad \rho = 4ty$$

判断该流动是否满足连续方程。

解

$$\frac{\partial \rho}{\partial t} + V_x\frac{\partial \rho}{\partial x} + V_y\frac{\partial \rho}{\partial y} + V_z\frac{\partial \rho}{\partial z} + \rho\left(\frac{\partial V_x}{\partial x} + \frac{\partial V_y}{\partial y} + \frac{\partial V_z}{\partial z}\right) =$$

$$4y + 3z^2 \times 4t + 4ty\left(-\frac{1}{t} - \frac{3z^2}{y}\right) = 4y + 12z^2t - 4y - 12z^2t = 0$$

说明给定的速度场和密度场满足连续方程。

例 8.6 一个不可压速度场为

$$V_x = a(x^2 - y^2), \quad V_z = b$$

式中,a,b 为常数,试求 V_y。

解 根据连续方程有

$$\frac{\partial}{\partial x}(ax^2 - ay^2) + \frac{\partial V_y}{\partial y} + \frac{\partial b}{\partial z} = 0$$

即

$$\frac{\partial V_y}{\partial y} = -2ax$$

积分上式,得

$$V_y(x, y, z, t) = -2axy + f(x, z, t)$$

式中,等号右边第二项为关于 x,z,t 的任意函数,若取 $f(x, z, t) = 0$,则 $V_y = -2axy$

8.4 欧拉运动微分方程及其积分

8.4.1 微分形式的动量方程——欧拉运动微分方程

早在 1775 年,著名的科学家欧拉通过理论分析建立了理想流体运动与受力的微分方程式,这就是有名的微分形式的动量方程,即欧拉运动微分方程。

1. 直角坐标系的欧拉运动微分方程

假设流体是无黏性的理想流体,流体属性是连续变化的。在直角坐标系描述的流场中取边长分别为 dx,dy,dz 的微元立方体,如图 8.6 所示。

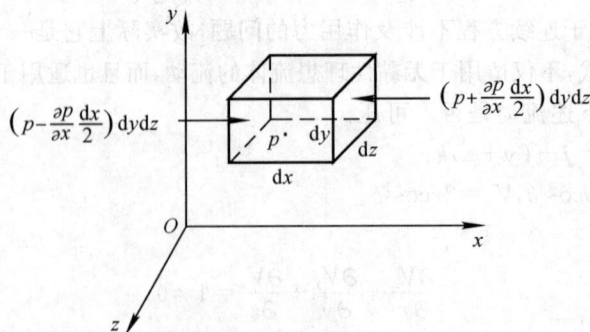

图 8.6 直角坐标微分形式欧拉运动方程的推导

设微元体中心点的压强为 p，则在微元体 x 正方向所在的微元面上，其压强为

$$p+\frac{\partial p}{\partial x}\frac{\mathrm{d}x}{2}$$

在微元体 x 负方向所在的微元面上，其压强为

$$p-\frac{\partial p}{\partial x}\frac{\mathrm{d}x}{2}$$

该微元体在 x 方向上受到的质量力为 $\rho X\mathrm{d}x\mathrm{d}y\mathrm{d}z$，那么，根据牛顿第二运动定律，作用在该微元体 x 方向上的全部外力，即表面力和质量力，将等于微元体的质量 $\rho\mathrm{d}x\mathrm{d}y\mathrm{d}z$ 与 x 方向的加速度 $\mathrm{d}V_x/\mathrm{d}t$ 之乘积，即

$$\left(p-\frac{\partial p}{\partial x}\frac{\mathrm{d}x}{2}\right)\mathrm{d}y\mathrm{d}z-\left(p+\frac{\partial p}{\partial x}\frac{\mathrm{d}x}{2}\right)\mathrm{d}y\mathrm{d}z+\rho X\mathrm{d}x\mathrm{d}y\mathrm{d}z=\rho\mathrm{d}x\mathrm{d}y\mathrm{d}z\frac{\mathrm{d}V_x}{\mathrm{d}t}$$

上式化简后，得到

$$X-\frac{1}{\rho}\frac{\partial p}{\partial x}=\frac{\mathrm{d}V_x}{\mathrm{d}t}$$

这就是理想流体在 x 方向微分形式的动量方程。类似地，在 y 方向和 z 方向同样可以建立起各自方向微分形式的动量方程，即

$$Y-\frac{1}{\rho}\frac{\partial p}{\partial y}=\frac{\mathrm{d}V_y}{\mathrm{d}t}$$

$$Z-\frac{1}{\rho}\frac{\partial p}{\partial z}=\frac{\mathrm{d}V_z}{\mathrm{d}t}$$

上述方程组可以写成矢量形式

$$\boldsymbol{R}-\frac{1}{\rho}\boldsymbol{\nabla}p=\frac{\mathrm{d}\boldsymbol{V}}{\mathrm{d}t} \tag{8.18}$$

如果将 x,y,z 方向的微分方程等号右边在直角坐标系中展开，就得到如下表达式：

$$\left.\begin{array}{l}X-\dfrac{1}{\rho}\dfrac{\partial p}{\partial x}=\dfrac{\partial V_x}{\partial t}+V_x\dfrac{\partial V_x}{\partial x}+V_y\dfrac{\partial V_x}{\partial y}+V_z\dfrac{\partial V_x}{\partial z}\\[2mm] Y-\dfrac{1}{\rho}\dfrac{\partial p}{\partial y}=\dfrac{\partial V_y}{\partial t}+V_x\dfrac{\partial V_y}{\partial x}+V_y\dfrac{\partial V_y}{\partial y}+V_z\dfrac{\partial V_y}{\partial z}\\[2mm] Z-\dfrac{1}{\rho}\dfrac{\partial p}{\partial z}=\dfrac{\partial V_z}{\partial t}+V_x\dfrac{\partial V_z}{\partial x}+V_y\dfrac{\partial V_z}{\partial y}+V_z\dfrac{\partial V_z}{\partial z}\end{array}\right\} \tag{8.19}$$

这就是直角坐标系中无黏性理想流体的欧拉运动微分方程式。当然，式(8.19)也可以写成如下形式：

$$\boldsymbol{R}-\frac{1}{\rho}\boldsymbol{\nabla}p=\frac{\partial \boldsymbol{V}}{\partial t}+(\boldsymbol{V}\cdot\boldsymbol{\nabla})\boldsymbol{V} \tag{8.20}$$

如果忽略质量力，那么式(8.20)可以改写为

$$-\frac{1}{\rho}\boldsymbol{\nabla}p=\frac{\partial \boldsymbol{V}}{\partial t}+(\boldsymbol{V}\cdot\boldsymbol{\nabla})\boldsymbol{V} \tag{8.21}$$

2. 圆柱坐标系下的欧拉运动微分方程

在许多实际问题中，例如，研究流体在旋转机械中的流动问题时，采用圆柱坐标系比较方便，因此，有必要在 r,θ,z 规定的圆柱坐标系下，建立欧拉运动微分方程。与直角坐标系中推导过程类似，在流场中取 $r\mathrm{d}r\mathrm{d}\theta\mathrm{d}z$ 微元体内的流体作为研究对象，列出全部表面力和质量力，建立三个方向的受力和运动微分方程式，就得到如下的圆柱坐标系的欧拉运动微分方程，其形

式与直角坐标系下的表达式略有不同：

$$R_r - \frac{1}{\rho}\frac{\partial p}{\partial r} = \frac{\partial V_r}{\partial t} + V_r\frac{\partial V_r}{\partial r} + V_\theta\frac{\partial V_r}{r\partial\theta} + V_z\frac{\partial V_r}{\partial z} - \frac{V_\theta^2}{r}$$

$$R_\theta - \frac{1}{\rho}\frac{\partial p}{r\partial\theta} = \frac{\partial V_\theta}{\partial t} + V_r\frac{\partial V_\theta}{\partial r} + V_\theta\frac{\partial V_\theta}{r\partial\theta} + V_z\frac{\partial V_\theta}{\partial z} + \frac{V_r V_\theta}{r} \tag{8.22}$$

$$R_z - \frac{1}{\rho}\frac{\partial p}{\partial z} = \frac{\partial V_z}{\partial t} + V_r\frac{\partial V_z}{\partial r} + V_\theta\frac{\partial V_z}{r\partial\theta} + V_z\frac{\partial V_z}{\partial z}$$

式中，R_r，R_θ，R_z 分别为流体单位质量的质量力在径向、切向和轴向的投影。

8.4.2 欧拉运动微分方程的积分

微分形式的欧拉运动方程描述了无黏性理想流体受力及其运动的关系。它是一组偏微分方程，在通常的情况下是难以积分求解的。研究发现，在某些特定条件的限制下，欧拉运动方程可以得到积分解。下面就两种情况分别介绍它的积分解。

1. 定常流沿流线的积分

第三章已经介绍过流线的概念，在定常流中，流线和迹线重合。直角坐标系中的流线方程可以写为

$$\frac{\mathrm{d}x}{V_x} = \frac{\mathrm{d}y}{V_y} = \frac{\mathrm{d}z}{V_z}$$

上式还可以改写为

$$V_x\mathrm{d}y = V_y\mathrm{d}x$$
$$V_y\mathrm{d}z = V_z\mathrm{d}y \tag{8.23}$$
$$V_z\mathrm{d}x = V_x\mathrm{d}z$$

如果将欧拉运动微分方程式(8.19)表示的 x，y，z 的三个方向的方程等号两边分别乘以 $\mathrm{d}x$，$\mathrm{d}y$，$\mathrm{d}z$，并引入定常流的条件，就可以得到下列表达式：

$$X\mathrm{d}x - \frac{1}{\rho}\frac{\partial p}{\partial x}\mathrm{d}x = V_x\frac{\partial V_x}{\partial x}\mathrm{d}x + V_y\frac{\partial V_x}{\partial y}\mathrm{d}x + V_z\frac{\partial V_x}{\partial z}\mathrm{d}x$$

$$Y\mathrm{d}y - \frac{1}{\rho}\frac{\partial p}{\partial y}\mathrm{d}y = V_x\frac{\partial V_y}{\partial x}\mathrm{d}y + V_y\frac{\partial V_y}{\partial y}\mathrm{d}y + V_z\frac{\partial V_y}{\partial z}\mathrm{d}y \tag{8.24}$$

$$Z\mathrm{d}z - \frac{1}{\rho}\frac{\partial p}{\partial z}\mathrm{d}z = V_x\frac{\partial V_z}{\partial x}\mathrm{d}z + V_y\frac{\partial V_z}{\partial y}\mathrm{d}z + V_z\frac{\partial V_z}{\partial z}\mathrm{d}z$$

将式(8.24)等号右边的相关项用流线方程式(8.23)的表达式改写，例如，第一个方程右边的 $V_y\mathrm{d}x$ 用 $V_x\mathrm{d}y$ 来代替，$V_z\mathrm{d}x$ 用 $V_x\mathrm{d}z$ 来代替，y 方向和 z 方向的方程也照此办理，那么式(8.24)就可以改写为

$$X\mathrm{d}x - \frac{1}{\rho}\frac{\partial p}{\partial x}\mathrm{d}x = V_x\frac{\partial V_x}{\partial x}\mathrm{d}x + V_x\frac{\partial V_x}{\partial y}\mathrm{d}y + V_x\frac{\partial V_x}{\partial z}\mathrm{d}z$$

$$Y\mathrm{d}y - \frac{1}{\rho}\frac{\partial p}{\partial y}\mathrm{d}y = V_y\frac{\partial V_y}{\partial x}\mathrm{d}x + V_y\frac{\partial V_y}{\partial y}\mathrm{d}y + V_y\frac{\partial V_y}{\partial z}\mathrm{d}z$$

$$Z\mathrm{d}z - \frac{1}{\rho}\frac{\partial p}{\partial z}\mathrm{d}z = V_z\frac{\partial V_z}{\partial x}\mathrm{d}x + V_z\frac{\partial V_z}{\partial y}\mathrm{d}y + V_z\frac{\partial V_z}{\partial z}\mathrm{d}z$$

将上述三个方程相加,并利用定常流和全微分的表达式,即

$$dU = \frac{\partial U}{\partial x}dx + \frac{\partial U}{\partial y}dy + \frac{\partial U}{\partial z}dz = Xdx + Ydy + Zdz$$

$$dp = \frac{\partial p}{\partial x}dx + \frac{\partial p}{\partial y}dy + \frac{\partial p}{\partial z}dz$$

$$dV_x = \frac{\partial V_x}{\partial x}dx + \frac{\partial V_x}{\partial y}dy + \frac{\partial V_x}{\partial z}dz$$

$$dV_y = \frac{\partial V_y}{\partial x}dx + \frac{\partial V_y}{\partial y}dy + \frac{\partial V_y}{\partial z}dz$$

$$dV_z = \frac{\partial V_z}{\partial x}dx + \frac{\partial V_z}{\partial y}dy + \frac{\partial V_z}{\partial z}dz$$

式中,U 代表质量力的势。这样一来,原来的微分形式欧拉运动方程就可以改写为全微分方程,即

$$dU - \frac{dp}{\rho} = V_x dV_x + V_y dV_y + V_z dV_z = \frac{1}{2}d(V_x^2 + V_y^2 + V_z^2) = VdV$$

它可以写成更简洁的形式:

$$\frac{dp}{\rho} + VdV - dU = 0 \tag{8.25}$$

通过上述变换,沿流线将原来的偏微分方程组,即欧拉运动方程式(8.19)改写成全微分方程,有时也将它称为微分形式的伯努利方程。在重力场中,它的表达式可以写为

$$\frac{dp}{\rho} + d\frac{V^2}{2} + gdz = 0$$

将方程式(8.25)积分,就得到

$$\int \frac{dp}{\rho} - U + \frac{V^2}{2} = C \qquad \text{(沿流线)} \tag{8.26}$$

方程式(8.26)中的常数称为伯努利常数。这说明,在定常流中,沿着同一条流线,只有一个确定的常数;但是在不同的流线上,各条流线的伯努利常数就不一定相同。

2. 定常无旋流的积分

如果流动是定常无旋的,那么必然有

$$\frac{\partial V_y}{\partial z} = \frac{\partial V_z}{\partial y}, \quad \frac{\partial V_z}{\partial x} = \frac{\partial V_x}{\partial z}, \quad \frac{\partial V_x}{\partial y} = \frac{\partial V_y}{\partial x}$$

利用上述无旋、定常条件,可以将式(8.19)改写为

$$X - \frac{1}{\rho}\frac{\partial p}{\partial x} = V_x\frac{\partial V_x}{\partial x} + V_y\frac{\partial V_y}{\partial x} + V_z\frac{\partial V_z}{\partial x} = \frac{\partial}{\partial x}\left(\frac{V^2}{2}\right)$$

$$Y - \frac{1}{\rho}\frac{\partial p}{\partial x} = V_x\frac{\partial V_x}{\partial y} + V_y\frac{\partial V_y}{\partial y} + V_z\frac{\partial V_z}{\partial y} = \frac{\partial}{\partial y}\left(\frac{V^2}{2}\right)$$

$$Z - \frac{1}{\rho}\frac{\partial p}{\partial x} = V_x\frac{\partial V_x}{\partial z} + V_y\frac{\partial V_y}{\partial z} + V_z\frac{\partial V_z}{\partial z} = \frac{\partial}{\partial z}\left(\frac{V^2}{2}\right)$$

将以上三式等号两边分别乘以 dx, dy, dz 后相加,同样可以得到

$$\frac{dp}{\rho} + d\frac{V^2}{2} - dU = 0 \tag{8.27}$$

方程的形式与沿流线得到的方程式(8.25)完全相同,积分之,得到

$$\int \frac{\mathrm{d}p}{\rho} - U + \frac{V^2}{2} = C \qquad (整个流场) \qquad (8.28)$$

此时,在整个流场积分常数都相同,即对所有流线,具有同一个积分常数。多维流动中伯努利方程的压强势能项 $\int \frac{\mathrm{d}p}{\rho}$ 与一维流时一样,在几种特殊情况下可积分出来(见第三章)。质量力势能项 U,在重力场中 $U = -gz$,对液体必须考虑,对于气体,则可以忽略不计。

8.5　其他形式的运动微分方程

8.5.1　葛罗米柯方程

葛罗米柯方程是经典的欧拉运动微分方程的另一种表达方法。近代科学技术的飞速前进和计算流体力学的迅猛发展,早期的欧拉运动方程已远不适应现代工程应用和理论分析的需要。在现代许多研究工作中,人们往往直接运用葛罗米柯方程而不再用早期经典的欧拉运动微分方程来分析和解决问题了。下面将采用两种方法从欧拉运动方程式(8.19)出发来推导葛罗米柯方程。

考察方程式(8.19)等号右边的后三项,以 x 方向为例来说明推导过程。

$$(\boldsymbol{V} \cdot \boldsymbol{\nabla})V_x = V_x \frac{\partial V_x}{\partial x} + V_y \frac{\partial V_x}{\partial y} + V_z \frac{\partial V_x}{\partial z} = \frac{1}{2} \frac{\partial V_x^2}{\partial x} + V_y \frac{\partial V_x}{\partial y} + V_z \frac{\partial V_x}{\partial z} =$$

$$\frac{1}{2} \frac{\partial(V_x^2 + V_y^2 + V_z^2)}{\partial x} + V_y \frac{\partial V_x}{\partial y} + V_z \frac{\partial V_x}{\partial z} - V_y \frac{\partial V_y}{\partial x} - V_z \frac{\partial V_z}{\partial x} =$$

$$\frac{\partial}{\partial x}\left(\frac{V^2}{2}\right) - V_y\left(\frac{\partial V_y}{\partial x} - \frac{\partial V_x}{\partial y}\right) + V_z\left(\frac{\partial V_x}{\partial z} - \frac{\partial V_z}{\partial x}\right) =$$

$$\frac{\partial}{\partial x}\left(\frac{V^2}{2}\right) - 2V_y\omega_z + 2V_z\omega_y =$$

$$\frac{\partial}{\partial x}\left(\frac{V^2}{2}\right) + 2(V_z\omega_y - V_y\omega_z) = \frac{\partial}{\partial x}\left(\frac{V^2}{2}\right) + 2\begin{vmatrix} V_z & V_y \\ \omega_z & \omega_y \end{vmatrix}$$

欧拉运动微分方程式(8.19)在 y 方向和 z 方向的表达式也可以用同样的方法进行变换,然后代入式(8.19),这样就得到了葛罗米柯运动微分方程,或称兰姆(Lamb)运动微分方程,即

$$\left.\begin{array}{l} X - \dfrac{1}{\rho}\dfrac{\partial p}{\partial x} = \dfrac{\partial V_x}{\partial t} + \dfrac{\partial}{\partial x}\left(\dfrac{V^2}{2}\right) + 2(\omega_y V_z - \omega_z V_y) \\[2mm] Y - \dfrac{1}{\rho}\dfrac{\partial p}{\partial y} = \dfrac{\partial V_y}{\partial t} + \dfrac{\partial}{\partial y}\left(\dfrac{V^2}{2}\right) + 2(\omega_z V_x - \omega_x V_z) \\[2mm] Z - \dfrac{1}{\rho}\dfrac{\partial p}{\partial z} = \dfrac{\partial V_z}{\partial t} + \dfrac{\partial}{\partial z}\left(\dfrac{V^2}{2}\right) + 2(\omega_x V_y - \omega_y V_x) \end{array}\right\} \qquad (8.29)$$

式(8.29)也可以写成矢量形式,即

$$\boldsymbol{R} - \frac{1}{\rho}\boldsymbol{\nabla}p = \frac{\partial \boldsymbol{V}}{\partial t} + \boldsymbol{\nabla}\left(\frac{V^2}{2}\right) - \boldsymbol{V} \times (\boldsymbol{\nabla} \times \boldsymbol{V}) \qquad (8.30)$$

推导葛罗米柯方程也可以直接从矢量形式的欧拉运动微分方程式(8.20)出发,利用矢量运算表达式

$$(\boldsymbol{V} \cdot \boldsymbol{V})\boldsymbol{V} = \boldsymbol{V}\left(\frac{V^2}{2}\right) - \boldsymbol{V} \times (\boldsymbol{V} \times \boldsymbol{V})$$

直接得到矢量形式的葛罗米柯运动方程,将它在直角坐标系内展开,就是式(8.29)。

在圆柱坐标系,葛罗米柯方程为

$$\left.\begin{array}{l} R_r - \dfrac{1}{\rho}\dfrac{\partial p}{\partial r} = \dfrac{\partial V_r}{\partial t} + \dfrac{\partial}{\partial r}\left(\dfrac{V^2}{2}\right) + 2(\omega_\theta V_z - \omega_z V_\theta) \\[3mm] R_\theta - \dfrac{1}{\rho}\dfrac{\partial p}{r\partial \theta} = \dfrac{\partial V_\theta}{\partial t} + \dfrac{\partial}{r\partial \theta}\left(\dfrac{V^2}{2}\right) + 2(\omega_z V_r - \omega_r V_z) \\[3mm] R_z - \dfrac{1}{\rho}\dfrac{\partial p}{\partial z} = \dfrac{\partial V_z}{\partial t} + \dfrac{\partial}{\partial z}\left(\dfrac{V^2}{2}\right) + 2(\omega_r V_\theta - \omega_\theta V_r) \end{array}\right\} \quad (8.31)$$

葛罗米柯方程最重要的地方就是它将流体的一般运动分解成两部分:无旋的平移运动和有旋的旋涡运动。或者说,流体的运动一般总是包含两种运动形式:无旋运动和有旋运动。用该方程可以清晰地处理流体的无旋(有势)运动和有旋运动。

应该指出:

(1)以上方程仅仅适用于 $\mu = 0$ 的无黏性流动(通常指理想流体)。

(2)它对可压缩和不可压缩流体都适用。

(3)对于一般的气体运动,质量力可以忽略。

(4)如果流动无旋,那么方程可以大大简化,即

$$\left.\begin{array}{l} X - \dfrac{1}{\rho}\dfrac{\partial p}{\partial x} = \dfrac{\partial V_x}{\partial t} + \dfrac{\partial}{\partial x}\left(\dfrac{V^2}{2}\right) \\[3mm] Y - \dfrac{1}{\rho}\dfrac{\partial p}{\partial y} = \dfrac{\partial V_y}{\partial t} + \dfrac{\partial}{\partial y}\left(\dfrac{V^2}{2}\right) \\[3mm] Z - \dfrac{1}{\rho}\dfrac{\partial p}{\partial z} = \dfrac{\partial V_z}{\partial t} + \dfrac{\partial}{\partial z}\left(\dfrac{V^2}{2}\right) \end{array}\right\} \quad (8.32)$$

8.5.2　克罗克运动方程

从葛罗米柯运动方程出发,对于理想气体忽略质量力的条件下,运动方程为

$$\frac{\partial \boldsymbol{V}}{\partial t} + \boldsymbol{V}\frac{V^2}{2} - \boldsymbol{V} \times (\boldsymbol{V} \times \boldsymbol{V}) = -\frac{1}{\rho}\boldsymbol{V} p \quad (8.33)$$

由热力学知,熵 s 和焓 h 的关系为

$$T\mathrm{d}s = \mathrm{d}h - \frac{1}{\rho}\mathrm{d}p \quad (8.34)$$

对于直角坐标系,式(8.34)可以写成如下形式:

$$\left\{\begin{array}{l} T\dfrac{\partial s}{\partial x} = \dfrac{\partial h}{\partial x} - \dfrac{1}{\rho}\dfrac{\partial p}{\partial x} \\[3mm] T\dfrac{\partial s}{\partial y} = \dfrac{\partial h}{\partial y} - \dfrac{1}{\rho}\dfrac{\partial p}{\partial y} \\[3mm] T\dfrac{\partial s}{\partial z} = \dfrac{\partial h}{\partial z} - \dfrac{1}{\rho}\dfrac{\partial p}{\partial z} \end{array}\right.$$

上式的矢量形式为

$$T\boldsymbol{V}s = \boldsymbol{V}h - \frac{1}{\rho}\boldsymbol{V}p \quad (8.35)$$

代入式(8.33),得

$$\frac{\partial \boldsymbol{V}}{\partial t}+\boldsymbol{\nabla}\frac{V^2}{2}-\boldsymbol{V}\times(\boldsymbol{\nabla}\times\boldsymbol{V})=T\,\boldsymbol{\nabla}s-\boldsymbol{\nabla}h \tag{8.36}$$

引入滞止焓的概念,式(8.36)可以写为

$$\frac{\partial \boldsymbol{V}}{\partial t}-\boldsymbol{V}\times(\boldsymbol{\nabla}\times\boldsymbol{V})=T\,\boldsymbol{\nabla}s-\boldsymbol{\nabla}h^* \tag{8.37}$$

式(8.37)即为无黏性理想气体的克罗克运动方程,又称为克罗克定理。克罗克运动方程最重要的地方是将焓梯度 $\boldsymbol{\nabla}h^*$,熵梯度 $\boldsymbol{\nabla}s$ 与旋度($\boldsymbol{\nabla}\times\boldsymbol{V}$)联系起来,从而可以利用该方程分析理想气体的多维流动。

将方程式(8.37)写成直角坐标系中的表达式,则得直角坐标系中的分量式为

$$\left.\begin{array}{l}\dfrac{\partial V_x}{\partial t}+2(\omega_y V_z-\omega_z V_y)=T\dfrac{\partial s}{\partial x}-\dfrac{\partial h^*}{\partial x}\\[2mm]\dfrac{\partial V_y}{\partial t}+2(\omega_z V_x-\omega_x V_z)=T\dfrac{\partial s}{\partial y}-\dfrac{\partial h^*}{\partial y}\\[2mm]\dfrac{\partial V_z}{\partial t}+2(\omega_x V_y-\omega_y V_x)=T\dfrac{\partial s}{\partial z}-\dfrac{\partial h^*}{\partial z}\end{array}\right\} \tag{8.38}$$

同样,可以得到柱坐标系中的三个分量式,即

$$\frac{\partial V_r}{\partial t}+2(\omega_\theta V_z-\omega_z V_\theta)=T\frac{\partial s}{\partial r}-\frac{\partial h^*}{\partial r}$$

$$\frac{\partial V_\theta}{\partial t}+2(\omega_z V_r-\omega_r V_z)=T\frac{\partial s}{r\partial\theta}-\frac{\partial h^*}{r\partial\theta}$$

$$\frac{\partial V_z}{\partial t}+2(\omega_r V_\theta-\omega_\theta V_r)=T\frac{\partial s}{\partial z}-\frac{\partial h^*}{\partial z}$$

$$\tag{8.39}$$

定常流动中克罗克运动方程为

$$\boldsymbol{V}\times(\boldsymbol{\nabla}\times\boldsymbol{V})=\boldsymbol{\nabla}h^*-T\,\boldsymbol{\nabla}s \tag{8.40}$$

下面用克罗克运动方程式(8.40)来分析无机械功交换的理想气体定常绝热流动的特点。

1. 均能流($\boldsymbol{\nabla}h^*=\boldsymbol{0}$)

定常均能流是指整个流场中的总焓 h^* 均匀分布,且不随时间变化的流动。因此整个流场具有相同的 h^*,$\boldsymbol{\nabla}h^*=\boldsymbol{0}$,代入方程式(8.40),得

$$\boldsymbol{V}\times(\boldsymbol{\nabla}\times\boldsymbol{V})=-T\boldsymbol{\nabla}s \tag{8.41}$$

由式(8.41)可知,如果存在有垂直于流线的熵梯度,则这种定常的均能流动为有旋流。

例如,通过曲线激波的波后流动就是这种流动。因为整个流动为均能流,波前为均匀的无旋流,波后为 $\boldsymbol{\nabla}s\neq\boldsymbol{0}$ 的有旋流动。而通过平面斜激波的流动虽然是均能的有旋流动,但波前、波后的流动均为无旋流动。

2. 均熵流($\boldsymbol{\nabla}s=\boldsymbol{0}$)

均熵流是指整个流场中的熵 s 均匀分布,因此整个流场中具有相同的 s 值,即 $\boldsymbol{\nabla}s=\boldsymbol{0}$。而等熵流则表示沿流线熵值保持不变,即 $\dfrac{\mathrm{d}s}{\mathrm{d}t}=0$,不同的流线具有不同的熵值。

对于均熵流,克罗克运动方程为

$$\boldsymbol{V}\times(\boldsymbol{\nabla}\times\boldsymbol{V})=\boldsymbol{\nabla}h^* \tag{8.42}$$

由式(8.42)可知,如果流场中的总焓梯度不等于零,则流动是有旋的。不过,在实际的流动中,如果流场中有总焓梯度,则必然伴随有熵梯度。

3. 均熵均能流($\boldsymbol{\nabla}s=\boldsymbol{0}$, $\boldsymbol{\nabla}h^*=\boldsymbol{0}$)

均熵均能流是指整个流场的 h^*, s 都均匀分布的流动。因此整个流场中具有相同的 s 值和 h^* 值,即 $\boldsymbol{\nabla}s=\boldsymbol{0}$, $\boldsymbol{\nabla}h^*=\boldsymbol{0}$。这种情况下的克罗克运动方程为

$$\boldsymbol{V}\times(\boldsymbol{\nabla}\times\boldsymbol{V})=\boldsymbol{0} \tag{8.43a}$$

或写为
$$\boldsymbol{V}\times\boldsymbol{\omega}=\boldsymbol{0} \tag{8.43b}$$

对应于式(8.43)的流动可能有以下三种流动,即

(1) $\boldsymbol{V}=\boldsymbol{0}$,静止流场,无实际意义;

(2) $\boldsymbol{\nabla}\times\boldsymbol{V}=\boldsymbol{0}$,无旋流动;

(3) $\boldsymbol{V}/\!/(\boldsymbol{\nabla}\times\boldsymbol{V})$ 即 $\boldsymbol{V}/\!/\boldsymbol{\omega}$ 的流动,速度矢量平行于旋转角速度矢量,称为螺旋运动。这种流动只可能存在于三维流动中,如通过机翼从翼尖拖出去的涡的运动,就是这种螺旋运动。

由上述分析可知,在二维均熵均能流动中,流动一定是无旋的,反之亦然。但在三维均熵均能流动中,可能是无旋流动,也可能是有旋流动。根据开尔文定理(见第8.9节),如果初始无旋,则整个流动保持无旋;如果初始有旋,则流动必然保持有旋,且保持为螺旋运动。

8.5.3 速度势方程

对于无旋流动存在速度势,因此可以导出速度势方程,只要求出其中的势函数 φ,即可得到三个速度分量 V_x, V_y, V_z。这样用求解一个 φ 方程代替求解三个速度分量方程就方便多了。本节的目的就是要导出速度势方程。

定常无旋流动的葛罗米柯运动方程为

$$\boldsymbol{\nabla}\frac{V^2}{2}=-\frac{1}{\rho}\boldsymbol{\nabla}p$$

用 $\boldsymbol{V}$ 点乘上式并移项,得

$$\rho(\boldsymbol{V}\cdot\boldsymbol{\nabla})\frac{V^2}{2}+(\boldsymbol{V}\cdot\boldsymbol{\nabla})p=0 \tag{a}$$

由声速方程 $\boldsymbol{\nabla}p=c^2\boldsymbol{\nabla}\rho$,两边点乘 $\boldsymbol{V}$,得

$$(\boldsymbol{V}\cdot\boldsymbol{\nabla})p=c^2(\boldsymbol{V}\cdot\boldsymbol{\nabla})\rho$$

根据连续方程 $(\boldsymbol{V}\cdot\boldsymbol{\nabla})\rho=-\rho\boldsymbol{\nabla}\cdot\boldsymbol{V}$,代入上式,得

$$(\boldsymbol{V}\cdot\boldsymbol{\nabla})p=-c^2\rho\boldsymbol{\nabla}\cdot\boldsymbol{V} \tag{b}$$

将式(b)代入式(a),得

$$(\boldsymbol{V}\cdot\boldsymbol{\nabla})\frac{V^2}{2}-c^2\boldsymbol{\nabla}\cdot\boldsymbol{V}=0 \tag{8.44}$$

展开式(8.44),得

$$V_x\frac{\partial}{\partial x}\left(\frac{V^2}{2}\right)+V_y\frac{\partial}{\partial y}\left(\frac{V^2}{2}\right)+V_z\frac{\partial}{\partial z}\left(\frac{V^2}{2}\right)-c^2\left(\frac{\partial V_x}{\partial x}+\frac{\partial V_y}{\partial y}+\frac{\partial V_z}{\partial z}\right)=0$$

展开左端并整理,得

$$(V_x^2-c^2)\frac{\partial V_x}{\partial x}+(V_y^2-c^2)\frac{\partial V_y}{\partial y}+(V_z^2-c^2)\frac{\partial V_z}{\partial z}+V_xV_y\left(\frac{\partial V_x}{\partial y}+\frac{\partial V_y}{\partial x}\right)+$$
$$V_xV_z\left(\frac{\partial V_z}{\partial x}+\frac{\partial V_x}{\partial z}\right)+V_yV_z\left(\frac{\partial V_z}{\partial y}+\frac{\partial V_y}{\partial z}\right)=0 \tag{8.45}$$

根据速度势 φ 与速度的关系，有

$$V_x = \frac{\partial \varphi}{\partial x} = \varphi_x, \quad \frac{\partial V_x}{\partial x} = \varphi_{xx}, \quad \frac{\partial V_x}{\partial y} = \varphi_{xy}, \quad \frac{\partial V_x}{\partial z} = \varphi_{xz}$$

$$V_y = \frac{\partial \varphi}{\partial y} = \varphi_y, \quad \frac{\partial V_y}{\partial y} = \varphi_{yy}, \quad \frac{\partial V_y}{\partial x} = \varphi_{yx}, \quad \frac{\partial V_y}{\partial z} = \varphi_{yz}$$

$$V_z = \frac{\partial \varphi}{\partial z} = \varphi_z, \quad \frac{\partial V_z}{\partial z} = \varphi_{zz}, \quad \frac{\partial V_z}{\partial x} = \varphi_{zx}, \quad \frac{\partial V_z}{\partial y} = \varphi_{zy}$$

代入式(8.45)，得

$$\left(1 - \frac{\varphi_x^2}{c^2}\right)\varphi_{xx} + \left(1 - \frac{\varphi_y^2}{c^2}\right)\varphi_{yy} + \left(1 - \frac{\varphi_z^2}{c^2}\right)\varphi_{zz} -$$

$$\frac{2\varphi_x\varphi_y}{c^2}\varphi_{xy} - \frac{2\varphi_x\varphi_z}{c^2}\varphi_{xz} - \frac{2\varphi_y\varphi_z}{c^2}\varphi_{yz} = 0 \tag{8.46}$$

式(8.46)即为无黏性理想定常绝热无旋流动的速度势方程。

对于二维流，速度势方程简化为

$$\left(1 - \frac{\varphi_x^2}{c^2}\right)\varphi_{xx} + \left(1 - \frac{\varphi_y^2}{c^2}\right)\varphi_{yy} - \frac{2\varphi_x\varphi_y}{c^2}\varphi_{xy} = 0 \tag{8.47}$$

速度势方程式(8.46)和式(8.47)是一个非线性的偏微分方程，须借助于计算机进行数值求解。对于二维不可压定常无旋流，$c \to \infty$，速度势方程简化为如下的拉普拉斯方程：

$$\varphi_{xx} + \varphi_{yy} = 0 \tag{8.48}$$

同样可以导出圆柱坐标系中的势函数方程为

$$\left(1 - \frac{\varphi_r^2}{c^2}\right)\varphi_{rr} + \left(1 - \frac{\varphi_\theta^2}{r^2 c^2}\right)\frac{\varphi_{\theta\theta}}{r^2} + \left(1 - \frac{\varphi_z^2}{c^2}\right)\varphi_{zz} -$$

$$\frac{2\varphi_r\varphi_\theta}{r^2 c^2}\varphi_{r\theta} - \frac{2\varphi_\theta\varphi_z}{r^2 c^2}\varphi_{\theta z} - \frac{2\varphi_r\varphi_z}{c^2}\varphi_{rz} + \frac{\varphi_r}{r}\left(1 + \frac{\varphi_\theta^2}{r^2 c^2}\right) = 0 \tag{8.49}$$

对轴对称流动，也可以导出势函数方程为

$$\left(1 - \frac{\varphi_r^2}{c^2}\right)\varphi_{rr} + \left(1 - \frac{\varphi_z^2}{c^2}\right)\varphi_{zz} - 2\frac{\varphi_r\varphi_z}{c^2}\varphi_{rz} + \frac{\varphi_r}{r} = 0 \tag{8.50}$$

有了速度势方程，对于无旋定常流动，就不用求解原始的气体动力学基本方程组，而通过求解势函数方程，求出势函数后，即可求得速度分布，然后用其他方程求出 p, T, ρ 和 Ma 等。

8.5.4　二维定常流动中的流函数和流函数方程

在二维定常流动中，存在流函数，因此可以将运动方程用流函数来表示。下面分别对其进行讨论。

一、流函数的定义及其性质

二维定常流动的连续方程为

$$\frac{\partial(\rho V_x)}{\partial x} + \frac{\partial(\rho V_y)}{\partial y} = 0$$

为了使定义的流函数与前面讨论的势函数具有相同的量纲，将连续方程除以滞止密度 ρ^* 后，改写成如下形式：

$$\frac{\partial}{\partial x}\left(\frac{\rho}{\rho^*}V_x\right) = \frac{\partial}{\partial y}\left(-\frac{\rho}{\rho^*}V_y\right) \tag{a}$$

为叙述方便,令 $M=-\dfrac{\rho}{\rho^*}V_y,N=\dfrac{\rho}{\rho^*}V_x$。由数学中曲线积分的性质可知,如果在规定的区域内,函数 M 和 N 及其导数 $\dfrac{\partial M}{\partial y},\dfrac{\partial N}{\partial x}$ 都连续,则该区域内存在点函数 $\psi(x,y)$,使得 $\mathrm{d}\psi=M\mathrm{d}x+N\mathrm{d}y$ 成立的充要条件是 $\dfrac{\partial M}{\partial y}=\dfrac{\partial N}{\partial x}$;因此该点函数 $\psi(x,y)$ 的全微分可以写为

$$\mathrm{d}\psi=\frac{1}{\rho^*}(-\rho V_y\mathrm{d}x+\rho V_x\mathrm{d}y) \tag{8.51a}$$

$$\psi(x,y)=\int\frac{1}{\rho^*}(-\rho V_y\mathrm{d}x+\rho V_x\mathrm{d}y) \tag{8.51b}$$

称函数 $\psi(x,y)$ 为流函数。式(8.51)就是流函数的定义式。

在圆柱坐标系中,轴对称流动是二维流动($\dfrac{\partial}{\partial\theta}=0$),定常流动的连续方程为

$$\frac{\partial}{r\partial r}(r\rho V_r)+\frac{\partial}{\partial z}(\rho V_z)=0$$

由于 r 与 z 无关,所以连续方程可写为

$$\frac{\partial}{\partial r}\left(-\frac{\rho}{\rho^*}V_r r\right)=\frac{\partial}{\partial z}\left(\frac{\rho}{\rho^*}V_z r\right) \tag{8.52}$$

式(8.52)是 ψ 存在的充要条件,因此有

$$\mathrm{d}\psi=\frac{1}{\rho^*}(\rho r V_z\mathrm{d}r-\rho r V_r\mathrm{d}z)$$

或写成

$$\psi(r,z)=\int\frac{1}{\rho^*}(\rho V_z r\mathrm{d}r-\rho V_r r\mathrm{d}z) \tag{8.53}$$

对不可压缩二维流动,不管流动是否为定常,其连续方程为 $\dfrac{\partial V_x}{\partial x}=\dfrac{\partial(-V_y)}{\partial y}$,该方程也是流函数存在的充要条件。因此有

$$\mathrm{d}\psi=-V_y\mathrm{d}x+V_x\mathrm{d}y$$

$$\psi(x,y,t)=\int(-V_y\mathrm{d}x+V_x\mathrm{d}y) \tag{8.54}$$

说明:

(1)ψ 的定义来自连续方程,因此一切平面流动,不管流动是否有旋,不论是无黏性流体还是黏性流体,只要满足连续方程,都存在流函数。但是,只有无旋流动才存在势函数。因此,对于平面流动,流函数具有更普遍的意义,它是研究平面流动的有力工具。

(2)对于可压缩流体,流函数存在的充要条件不仅要求流动是二维的,而且还要求流动是定常的。因为对于三维或非定常流动,连续方程无法满足存在流函数的充要条件,所以在可压流动中,只有二维定常流动存在流函数。

(3)对于不可压缩流体,只要流动是二维的,就一定存在流函数,不要求流动是否定常。

(4)对于非定常不可压流动,流函数是时间的函数。所以同一流场不同瞬间的流函数不相同。

下面分析流函数的性质。

1. ψ 与 V 的关系

根据流函数的定义式(8.51a),对比流函数的全微分

$$\mathrm{d}\psi(x,y)=\frac{\partial \psi}{\partial x}\mathrm{d}x+\frac{\partial \psi}{\partial y}\mathrm{d}y$$

可得

$$\frac{\partial \psi}{\partial x}=-\frac{\rho}{\rho^*}V_y,\quad \frac{\partial \psi}{\partial y}=\frac{\rho}{\rho^*}V_x \tag{8.55}$$

对于不可压缩流动,$\rho=\rho^*$ 保持不变,可得流函数与速度的关系为

$$\frac{\partial \psi}{\partial x}=-V_y,\quad \frac{\partial \psi}{\partial y}=V_x \tag{8.56}$$

同理,对于轴对称流动,有

$$\frac{\partial \psi}{\partial r}=\frac{\rho}{\rho^*}rV_z,\quad \frac{\partial \psi}{\partial z}=-\frac{\rho}{\rho^*}rV_r \tag{8.57}$$

由以上流函数与速度的关系可以看出,对于二维流动,只要求出流场中的流函数,即可求出速度分布。

2. 等流函数线就是流线

在二维流动中,$\psi=C$ 的线与流线方程一致。证明如下。

令 $\psi=C$,则 $\mathrm{d}\psi=\dfrac{\partial \psi}{\partial x}\mathrm{d}x+\dfrac{\partial \psi}{\partial y}\mathrm{d}y=0$,将式(8.55)或式(8.56)代入后,得

$$\frac{\mathrm{d}x}{\mathrm{d}y}=-\frac{\dfrac{\partial \psi}{\partial y}}{\dfrac{\partial \psi}{\partial x}}=\frac{V_x}{V_y} \tag{8.58}$$

式(8.58)与前面介绍的流线方程 $\mathrm{d}x/V_x=\mathrm{d}y/V_y$ 完全一致,即证明了二维流动中流函数等于常数的线为流线。

注意,ψ 存在的条件是二维流动,而流线在二维和三维流动中都存在。

3. 等流函数线与等势函数线正交

流函数和势函数同时存在的流场是二维定常无旋流动。在这种流动中,等流函数线与等势函数线正交。证明如下。

令势函数和流函数分别为常数,即 $\varphi=C_1$,$\psi=C_2$,则沿等流函数线有

$$\mathrm{d}\psi=\frac{\rho}{\rho^*}(-V_y\mathrm{d}x+V_x\mathrm{d}y)=0 \tag{a}$$

沿等势函数线有

$$\mathrm{d}\varphi=V_x\mathrm{d}x+V_y\mathrm{d}y=0 \tag{b}$$

由式(a)、式(b)可解得

$$\left(\frac{\mathrm{d}y}{\mathrm{d}x}\right)_{\psi=C_2}=\frac{V_y}{V_x},\quad \left(\frac{\mathrm{d}y}{\mathrm{d}x}\right)_{\varphi=C_1}=-\frac{V_x}{V_y}$$

两式相乘,得

$$\left(\frac{\mathrm{d}y}{\mathrm{d}x}\right)_{\psi=C_2}\times\left(\frac{\mathrm{d}y}{\mathrm{d}x}\right)_{\varphi=C_1}=-1$$

上式证明了等流函数线与等势函数线相互垂直,即等流函数线与等势线构成了正交网格。

4. 流函数与流量之间的关系

可以证明,流场中任意两点的流函数之差正比于通过两点间任意曲线的质量流量。

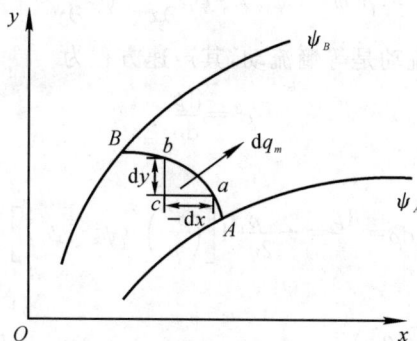

图 8.7　流函数与流量之间的关系

在如图 8.7 所示的二维流场中,取两条 ψ_A 和 ψ_B 的等流函数线,过这两条等值线做任意曲线 AB,计算通过该曲线的流量。在此曲线上取一微元段 dl,某瞬时通过该微元段 dl 上的流量为

$$dq_m = -\rho V_y dx + \rho V_x dy$$

将流函数与速度之间的关系代入上式,得

$$dq_m = \rho^* \left(\frac{\partial \psi}{\partial x} dx + \frac{\partial \psi}{\partial y} dy \right) = \rho^* d\psi$$

积分得

$$q_m = \int_A^B \rho^* d\psi = \rho^* (\psi_B - \psi_A) \tag{8.59}$$

由式(8.59)可以看出,对于可压二维定常流动,任意两点的流函数之差正比于通过两点间任意曲线的质量流量。同样可以证明,对于不可压二维定常流动,任意两点的流函数之差等于通过两点间任意曲线的容积流量。

二、流函数方程

对于理想可压缩流体定常二维绝热流动,可以将葛罗米柯运动方程表示成流函数方程,从而可以通过求解流函数方程得到流函数,再根据流函数与速度的关系求出速度分布。为了便于导出流函数方程,假设为无旋流动,这样可以把葛罗米柯运动方程、无旋条件和声速方程合并后,导出可压流动的流函数方程。

在二维可压定常无旋流动中,葛罗米柯运动方程(忽略质量力)可以表示为

$$\boldsymbol{\nabla} \frac{V^2}{2} = -\frac{1}{\rho} \boldsymbol{\nabla} p$$

写成全微分的形式,并将速度与流函数的关系代入,得

$$dp = -\rho \frac{V^2}{2} = -\rho \frac{V_x^2 + V_y^2}{2} = -\frac{\rho}{2} d\left[\left(\frac{\rho^*}{\rho} \right)^2 (\psi_x^2 + \psi_y^2) \right] \tag{a}$$

根据二维平面流动的无旋条件 $\dfrac{\partial V_x}{\partial y} = \dfrac{\partial V_y}{\partial x}$,用 ψ 表示为

$$\frac{\partial}{\partial y} \left(\frac{\rho^*}{\rho} \frac{\partial \psi}{\partial y} \right) = \frac{\partial}{\partial x} \left(-\frac{\rho^*}{\rho} \frac{\partial \psi}{\partial x} \right) \tag{b}$$

展开并整理,得

$$\rho(\psi_{xx}+\psi_{yy})=\psi_x\frac{\partial\rho}{\partial x}+\psi_y\frac{\partial\rho}{\partial y} \tag{c}$$

无黏性可压缩流体绝热流动是等熵流动,其声速方程为

$$c^2=\frac{\mathrm{d}p}{\mathrm{d}\rho}$$

即将式(a)代入上式,得

$$\mathrm{d}\rho=\frac{\mathrm{d}p}{c^2}=-\frac{\rho}{2c^2}\mathrm{d}\left[\left(\frac{\rho^*}{\rho}\right)^2(\psi_x^2+\psi_y^2)\right]$$

展开上式,有

$$\mathrm{d}\rho=-\frac{\rho}{c^2}\left[\left(\frac{\rho^*}{\rho}\right)^2(\psi_x\mathrm{d}\psi_x+\psi_y\mathrm{d}\psi_y)-(\psi_x^2+\psi_y^2)\left(\frac{\rho^*}{\rho}\right)^2\frac{\mathrm{d}\rho}{\rho}\right]$$

整理后,得

$$\mathrm{d}\rho=\frac{-\dfrac{\rho}{c^2}\left(\dfrac{\rho^*}{\rho}\right)^2(\psi_x\psi_{xx}+\psi_y\psi_{xy})}{1-\dfrac{1}{c^2}\left(\dfrac{\rho^*}{\rho}\right)^2(\psi_x^2+\psi_y^2)}\mathrm{d}x+\frac{-\dfrac{\rho}{c^2}\left(\dfrac{\rho^*}{\rho}\right)^2(\psi_x\psi_{xy}+\psi_y\psi_{yy})}{1-\dfrac{1}{c^2}\left(\dfrac{\rho^*}{\rho}\right)^2(\psi_x^2+\psi_y^2)}\mathrm{d}y$$

由此得

$$\frac{\partial\rho}{\partial x}=\frac{-\dfrac{\rho}{c^2}\left(\dfrac{\rho^*}{\rho}\right)^2(\psi_x\psi_{xx}+\psi_y\psi_{xy})}{1-\dfrac{1}{c^2}\left(\dfrac{\rho^*}{\rho}\right)^2(\psi_x^2+\psi_y^2)}$$

$$\frac{\partial\rho}{\partial y}=\frac{-\dfrac{\rho}{c^2}\left(\dfrac{\rho^*}{\rho}\right)^2(\psi_x\psi_{xy}+\psi_y\psi_{yy})}{1-\dfrac{1}{c^2}\left(\dfrac{\rho^*}{\rho}\right)^2(\psi_x^2+\psi_y^2)}$$

将以上两式代入式(c),并经过整理,得

$$\left[1-\frac{\psi_y^2}{c^2}\left(\frac{\rho^*}{\rho}\right)^2\right]\psi_{xx}+\left[1-\frac{\psi_x^2}{c^2}\left(\frac{\rho^*}{\rho}\right)^2\right]\psi_{yy}+2\left(\frac{\rho^*}{\rho}\right)^2\frac{\psi_x\psi_y}{c^2}\psi_{xy}=0 \tag{8.60}$$

式(8.60)为理想可压 2-D 定常无旋绝热流动的流函数方程。

对于轴对称无旋定常绝热流动,用流函数表示的运动微分方程为

$$\left[1-\frac{\psi_z^2}{r^2c^2}\left(\frac{\rho^*}{\rho}\right)^2\right]\psi_{rr}+\left[1-\frac{\psi_r^2}{r^2c^2}\left(\frac{\rho^*}{\rho}\right)^2\right]\psi_{zz}+2\left(\frac{\rho^*}{\rho}\right)^2\frac{\psi_r\psi_z}{r^2c^2}\psi_{zr}-\frac{\psi_r}{r}=0 \tag{8.61}$$

式(8.60)和式(8.61)均为二阶非线性偏微分方程,可通过数值计算求解。

不可压流,$c\to\infty$,则流函数方程简化为

$$\psi_{xx}+\psi_{yy}=0 \tag{8.62}$$

式(8.62)为拉普拉斯方程,且为线性方程。

说明:

(1)对二维有旋流动也存在流函数 ψ,也可导出更为复杂的有旋流动的流函数方程。因为有旋流动不存在势函数 φ,所以常用流函数 ψ 方程求解。

(2)对无旋的二维定常可压流动,φ,ψ 同时存在,但 ψ 方程复杂,故无旋流动常用势函数方程求解。

8.6　微分形式的能量方程

8.6.1　一般形式的能量方程

微分形式的能量方程可以通过对流场中体积为 $\delta v = \mathrm{d}x\mathrm{d}y\mathrm{d}z$ 的微元控制体,运用热力学第一定律得到,即

$$\dot{Q} = \frac{\mathrm{d}E}{\mathrm{d}t} + \dot{W} \tag{8.63}$$

式中　$\dot{Q}$ ——单位时间内外界传给系统的热量;

　　　$\dfrac{\mathrm{d}E}{\mathrm{d}t}$ ——系统所储存的总能量的增加率;

　　　$\dot{W}$ ——系统对外界输出的功率。

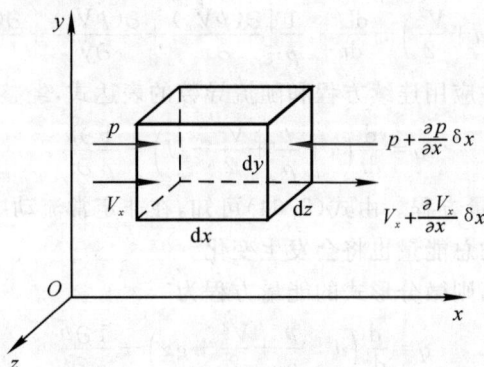

图 8.8　微分形式能量方程推导

对如图 8.8 所示的微元控制体,设单位时间内加给单位质量流体的热量为 $\dot{q}$,则流体微团在单位时间内所吸入的热量为

$$\dot{Q} = \rho \delta v \dot{q} \tag{a}$$

流体微团所具有的储存能在运动过程中的变化率为

$$\frac{\mathrm{d}E}{\mathrm{d}t} = \frac{\mathrm{d}}{\mathrm{d}t}\left[\rho\delta v\left(u + \frac{V^2}{2}\right)\right]$$

根据质量守恒原理,流体微团的质量在运动过程中保持不变,故上式可写成

$$\frac{\mathrm{d}E}{\mathrm{d}t} = \rho\delta v\,\frac{\mathrm{d}}{\mathrm{d}t}\left(u + \frac{V^2}{2}\right) \tag{b}$$

作用在流体微团上的质量力为 $\boldsymbol{R}\rho\delta v$,设质量力有势,且势函数为 U,则质量力可写成 $\boldsymbol{R} = \boldsymbol{\nabla}U$,因此,作用在流体微团上质量力的功率为

$$-\boldsymbol{\nabla}U \cdot \boldsymbol{V}\rho\delta v = \left(-\frac{\mathrm{d}U}{\mathrm{d}t} + \frac{\partial U}{\partial t}\right)\rho\delta v$$

设势函数 U 的当地变化率为零,则

$$-\boldsymbol{\nabla}U \cdot \boldsymbol{V}\rho\delta v = -\frac{\mathrm{d}U}{\mathrm{d}t}\rho\delta v$$

流体微团克服 x 方向压力而对外的功率为

$$\left(p+\frac{\partial p}{\partial x}\mathrm{d}x\right)\mathrm{d}y\mathrm{d}z\left(V_x+\frac{\partial V_x}{\partial x}\mathrm{d}x\right)-(p\mathrm{d}y\mathrm{d}z)V_x$$

展开并略去高阶微量,则有

$$\frac{\partial}{\partial x}(pV_x)\delta v$$

同理,可得 y 方向和方 z 方向的压力对外的功率,则流体微团克服三个方向的压力对外的功率为

$$\left[\frac{\partial(pV_x)}{\partial x}+\frac{\partial(pV_y)}{\partial y}+\frac{\partial(pV_z)}{\partial z}\right]\delta v$$

流体微团对外界的总功率为

$$\dot{W}=-\frac{\mathrm{d}U}{\mathrm{d}t}\rho\delta v+\left[\frac{\partial(pV_x)}{\partial x}+\frac{\partial(pV_y)}{\partial y}+\frac{\partial(pV_z)}{\partial z}\right]\delta v \tag{c}$$

将式(a)、式(b)、式(c)代入式(8.63),并经过整理后,得

$$\dot{q}=\frac{\mathrm{d}}{\mathrm{d}t}\left(u+\frac{V^2}{2}\right)-\frac{\mathrm{d}U}{\mathrm{d}t}+\frac{1}{\rho}\left[\frac{\partial(pV_x)}{\partial x}+\frac{\partial(pV_y)}{\partial y}+\frac{\partial(pV_z)}{\partial z}\right]$$

展开上式右端的第三项,并应用连续方程和随流导数的表达式,经整理和化简,得

$$\dot{q}=\frac{\mathrm{d}}{\mathrm{d}t}\left(u+\frac{p}{\rho}+\frac{V^2}{2}-U\right)-\frac{1}{\rho}\frac{\partial p}{\partial t} \tag{8.64}$$

式(8.64)为微分形式的能量方程。由式(8.64)可知,在非定常流动中,即使理想流体与外界没有热量交换,流体所具有的总能量也将会发生变化。

如果质量力仅有重力,则微分形式的能量方程为

$$\dot{q}=\frac{\mathrm{d}}{\mathrm{d}t}\left(u+\frac{p}{\rho}+\frac{V^2}{2}+gz\right)-\frac{1}{\rho}\frac{\partial p}{\partial t} \tag{8.65}$$

对于气体,忽略质量力势能,则能量方程可以简化为

$$\dot{q}=\frac{\mathrm{d}}{\mathrm{d}t}\left(u+\frac{p}{\rho}+\frac{V^2}{2}\right)-\frac{1}{\rho}\frac{\partial p}{\partial t} \tag{8.66}$$

或引进焓的概念,则有

$$\dot{q}=\frac{\mathrm{d}}{\mathrm{d}t}\left(h+\frac{V^2}{2}\right)-\frac{1}{\rho}\frac{\partial p}{\partial t} \tag{8.67}$$

在定常流动的条件下,对于理想流体的绝热流动,由式(8.65)得

$$\frac{\mathrm{d}}{\mathrm{d}t}\left(u+\frac{p}{\rho}+\frac{V^2}{2}+gz\right)=0$$

上式说明,在定常绝热(绝能)流动中,单位质量流体具有的总能量沿流线保持不变,即

$$u+\frac{p}{\rho}+\frac{V^2}{2}+gz=C \tag{8.68}$$

式(8.68)与一维定常绝能流动的能量方程的形式一致。

8.6.2　其他形式的能量方程

能量方程还可以写成其他形式。将速度点乘欧拉方程的两边,得

$$\boldsymbol{V}\cdot\frac{\mathrm{d}\boldsymbol{V}}{\mathrm{d}t}=\boldsymbol{V}\cdot\boldsymbol{R}-\frac{1}{\rho}\boldsymbol{V}\cdot\boldsymbol{\nabla}p$$

设质量力有势,即 $\boldsymbol{R}=\boldsymbol{V}U$,代入上式后并利用随流导数公式,将上式变为

$$\frac{\mathrm{d}}{\mathrm{d}t}\left(\frac{V^2}{2}\right)=\frac{\mathrm{d}U}{\mathrm{d}t}-\frac{\partial U}{\partial t}-\frac{1}{\rho}\left(\frac{\mathrm{d}p}{\mathrm{d}t}-\frac{\partial p}{\partial t}\right)$$

一般情况下 $\dfrac{\partial U}{\partial t}=0$,由上式可解得

$$\frac{1}{\rho}\frac{\partial p}{\partial t}=\frac{\mathrm{d}}{\mathrm{d}t}\left(\frac{V^2}{2}\right)-\frac{\mathrm{d}U}{\mathrm{d}t}+\frac{1}{\rho}\frac{\mathrm{d}p}{\mathrm{d}t}$$

将上式代入微分形式的能量方程式(8.64),得

$$\dot{q}=\frac{\mathrm{d}}{\mathrm{d}t}\left(u+\frac{p}{\rho}\right)-\frac{1}{\rho}\frac{\mathrm{d}p}{\mathrm{d}t} \tag{8.69}$$

或写成

$$\dot{q}=\frac{\mathrm{d}h}{\mathrm{d}t}-\frac{1}{\rho}\frac{\mathrm{d}p}{\mathrm{d}t} \tag{8.70}$$

式(8.70)称为另一种形式的能量方程。

对于不可压流动,由式(8.69),有

$$\dot{q}=\frac{\mathrm{d}u}{\mathrm{d}t} \tag{8.71}$$

对于定比热的完全气体,有

$$\dot{q}=c_v\frac{\mathrm{d}T}{\mathrm{d}t} \tag{8.72}$$

式中,c_v 为比定容热容。

从式(8.71)和式(8.72)可以看出,在不可压流动中,热交换只会引起温度发生变化,而不会引起其他流动参数(如 V,p)发生变化。速度和压强的变化可以不与能量方程耦合求解,只需要求解连续方程和运动方程即可。

8.7　可压缩理想流体动力学基本方程组

可压缩理想流体动力学基本方程组由连续方程、运动方程、能量方程、状态方程组成。由于方程中的变量数目多于方程的个数,因此需要补充方程。通常补充的方程有熵方程和声速方程等作为辅助方程共 7 个方程。现直接写出形式,以便使用。

$$\frac{\partial \rho}{\partial t}+\boldsymbol{V}\cdot(\rho\boldsymbol{V})=0$$

$$\boldsymbol{R}-\frac{1}{\rho}\boldsymbol{V}p=\frac{\partial \boldsymbol{V}}{\partial t}+(\boldsymbol{V}\cdot\boldsymbol{V})\boldsymbol{V}$$

$$\dot{q}=\frac{\mathrm{d}}{\mathrm{d}t}\left(h+\frac{V^2}{2}-U\right)-\frac{1}{\rho}\frac{\partial p}{\partial t}$$

状态方程

$$T=T(p,\rho)$$

$$h=h(p,\rho)$$

熵方程

$$\frac{\mathrm{d}s}{\mathrm{d}t}\geqslant\frac{\dot{q}}{T}$$

声速方程

$$\boldsymbol{V}p = c^2 \boldsymbol{V}\rho$$

在上述 7 个动力学基本方程中,质量力一般是已知的,对于气体通常可以忽略不计;加热率 q 或者略去不计,或者必须考虑时,可以根据傅里叶定律用温度梯度或其他参数来代替。这样 7 个动力学基本方程中包含 7 个未知数,即速度 $\boldsymbol{V}$、温度 T、压强 p、密度 ρ、焓 h、熵 s 和声速 c,方程数目与待求未知量数目相等,即方程组封闭。上述方程在给定的初始条件和边界条件下可以解出各物理量。

8.8　理想流体的初始条件与边界条件

一、初始条件

在初始时刻,方程组的解应该等于该时刻给定的函数值。在数学上可以表示为
当 $t = t_0$ 时,

$$\left.\begin{array}{l}\boldsymbol{V}(x,y,z,t_0) = \boldsymbol{V}_0(x,y,z)\\ p(x,y,z,t_0) = p_0(x,y,z)\\ \rho(x,y,z,t_0) = \rho_0(x,y,z)\\ T(x,y,z,t_0) = T_0(x,y,z)\end{array}\right\} \tag{8.73}$$

式中,$\boldsymbol{V}_0(x,y,z), p_0(x,y,z), \rho_0(x,y,z), T_0(x,y,z)$ 均为 t_0 时刻的已知函数。

二、边界条件

在运动流体的边界上,方程组的解所应满足的条件称为边界条件。边界条件随具体问题而定,一般来讲可能有以下几种情况:固体壁面(包括可渗透壁面)上的边界条件;不同流体的分界面(包括自由液面、气液界面、液液界面)上的边界条件;无限远或管道进出口处的边界条件等。

1. 理想流体固体壁面上的边界条件

流体不会穿越固体壁面,但理想流体在固体壁面上可以产生滑动,在无分离的条件下,壁面上流体质点运动速度的法向分量 $V_{n,w}$ 等于运动壁面在对应点处的法向分速度 $V_{w,n}$。即

$$V_{n,w} = V_{w,n}$$

对于静止固体壁面,有　　　　　　　　$V_{n,w} = 0$

2. 无穷远边界条件

一般给出无穷远的边界条件有 V_∞、压强 P_∞、温度 T_∞ 和密度 ρ_∞。

3. 进、出口边界条件

对于所有的流动进、出口截面,应给出每时刻截面上速度、压力和温度的分布。对于流体绕流物体的问题,进、出口边界变成了无穷远边界,应给出无穷远边界条件。

4. 自由表面的边界条件为

自由表面是指一种介质与另一种介质相接触的交界面。

自由表面的压强等于外界流体在交界面的压强,即

$$p = p_a$$

8.9　凯尔文定理(汤姆逊定理)

一、流体线和流体周线

在介绍凯尔文定理之前,有必要先解释一下所谓"流体线"的概念。在流体力学中,"流体线"是指永远由同样的流体质点组成的线。它由无限多个流体质点所组成,流体线不仅随流体质点而移动,而且会改变形状,但组成流体线的流体质点仍然是原来的质点,它不会破损或被切割。如果流体线原来呈封闭形状,那么它始终是一条封闭周线,此时的流体线称为"流体周线"。

二、凯尔文定理(汤姆逊定理)

凯尔文定理可以叙述如下:在均质理想流体中,沿着一封闭流体周线的速度环量不随时间而变化,即速度环量的全导数为零,即

$$\frac{\mathrm{d}}{\mathrm{d}t}\oint_C \boldsymbol{V} \cdot \mathrm{d}\boldsymbol{l} = 0$$

为了证明此定理,在流场中任取一流体周线 C,沿此流体周线的速度环量为

$$\Gamma = \oint_C \boldsymbol{V} \cdot \mathrm{d}\boldsymbol{l} = \oint_C (V_x \mathrm{d}x + V_y \mathrm{d}y + V_z \mathrm{d}z) \tag{8.74}$$

微分上式,得到

$$\frac{\mathrm{d}\Gamma}{\mathrm{d}t} = \frac{\mathrm{d}}{\mathrm{d}t}\oint_C (V_x \mathrm{d}x + V_y \mathrm{d}y + V_z \mathrm{d}z) =$$
$$\oint_C \frac{\mathrm{d}}{\mathrm{d}t}(V_x \mathrm{d}x + V_y \mathrm{d}y + V_z \mathrm{d}z) \tag{8.75}$$

根据微分概念,有

$$\left.\begin{array}{l}
\dfrac{\mathrm{d}}{\mathrm{d}t}(V_x \mathrm{d}x) = V_x\left(\dfrac{\mathrm{d}(\mathrm{d}x)}{\mathrm{d}t}\right) + \dfrac{\mathrm{d}V_x}{\mathrm{d}t}\mathrm{d}x = V_x \mathrm{d}V_x + \dfrac{\mathrm{d}V_x}{\mathrm{d}t}\mathrm{d}x \\[2mm]
\dfrac{\mathrm{d}}{\mathrm{d}t}(V_y \mathrm{d}y) = V_y\left(\dfrac{\mathrm{d}(\mathrm{d}y)}{\mathrm{d}t}\right) + \dfrac{\mathrm{d}V_y}{\mathrm{d}t}\mathrm{d}y = V_y \mathrm{d}V_y + \dfrac{\mathrm{d}V_y}{\mathrm{d}t}\mathrm{d}y \\[2mm]
\dfrac{\mathrm{d}}{\mathrm{d}t}(V_z \mathrm{d}z) = V_z\left(\dfrac{\mathrm{d}(\mathrm{d}z)}{\mathrm{d}t}\right) + \dfrac{\mathrm{d}V_z}{\mathrm{d}t}\mathrm{d}z = V_z \mathrm{d}V_z + \dfrac{\mathrm{d}V_z}{\mathrm{d}t}\mathrm{d}z
\end{array}\right\} \tag{a}$$

对于理想无黏性流体,上列各式等号右端的 $\dfrac{\mathrm{d}V_x}{\mathrm{d}t}, \dfrac{\mathrm{d}V_y}{\mathrm{d}t}, \dfrac{\mathrm{d}V_z}{\mathrm{d}t}$ 可以写为

$$\left.\begin{array}{l}
X - \dfrac{1}{\rho}\dfrac{\partial p}{\partial x} = \dfrac{\mathrm{d}V_x}{\mathrm{d}t} \\[2mm]
Y - \dfrac{1}{\rho}\dfrac{\partial p}{\partial y} = \dfrac{\mathrm{d}V_y}{\mathrm{d}t} \\[2mm]
Z - \dfrac{1}{\rho}\dfrac{\partial p}{\partial z} = \dfrac{\mathrm{d}V_z}{\mathrm{d}t}
\end{array}\right\} \tag{b}$$

将式(a)、式(b)代入式(8.75),得

$$\frac{\mathrm{d}\Gamma}{\mathrm{d}t} = \oint_C \left[(V_x \mathrm{d}V_x + V_y \mathrm{d}V_y + V_z \mathrm{d}V_z) + (X\mathrm{d}x + Y\mathrm{d}y + Z\mathrm{d}z) - \right.$$

$$\frac{1}{\rho}\left(\frac{\partial p}{\partial x}\mathrm{d}x + \frac{\partial p}{\partial y}\mathrm{d}y + \frac{\partial p}{\partial z}\mathrm{d}z\right)\Bigg] =$$

$$\oint_C\left[\mathrm{d}\left(\frac{V_x^2 + V_y^2 + V_z^2}{2}\right) + \mathrm{d}U - \frac{1}{\rho}\mathrm{d}p\right] = \oint_C\left[\mathrm{d}\left(\frac{V^2}{2}\right) + \mathrm{d}U - \frac{1}{\rho}\mathrm{d}p\right]$$

如果流体质量力有势,流体的密度只是压强的函数(正压流体),上述积分起点与终点重合,而式中的函数 V,U,p 都是单值的,那么上述积分必然等于零,即

$$\frac{\mathrm{d}\Gamma}{\mathrm{d}t} = \frac{\mathrm{d}}{\mathrm{d}t}\oint_C(V_x\mathrm{d}x + V_y\mathrm{d}y + V_z\mathrm{d}z) = \frac{\mathrm{d}}{\mathrm{d}t}\oint_C \boldsymbol{V} \cdot \mathrm{d}\boldsymbol{l} = 0$$

或者

$$\Gamma = \oint_C(V_x\mathrm{d}x + V_y\mathrm{d}y + V_z\mathrm{d}z) = 常数$$

由此证明了凯尔文定理。即在无黏性质量力有势的正压流体中,沿封闭流体周线的速度环量不随时间而变化。

根据凯尔文定理,可以看出,如果运动从静止状态开始,那么在运动开始之前,对于每一条封闭流体周线的速度环量一定等于零,所以那条流体周线的速度环量将永远等于零。

在无黏性的正压流体中,如果流动原来是无旋的,则沿任何流体周线的速度环量均为零;如果流动原来是有旋的,那么该流动中的旋涡就始终存在。在无黏性的正压流体中,旋涡不会自生自灭。

问题的实质在于理想无黏性流体不能承受任何剪切应力。也就是说,理想流体既没有能力使流体产生剪切变形,也无力阻止已经旋转的流体消除转动。因此,已经旋转的流体,无法使其停止旋转;原来无旋的流体也不可能使其转动起来。

这里必须指出的是,在凯尔文定理中的封闭周线是流体周线而不是空间固定周线,对于空间固定的封闭曲线,其速度环量一般是会随时间而变化的,只有在定常流的情况下,空间固定的封闭曲线速度环量才不会随时间而变化。

小　结

本章主要讨论了理想流体多维流动的基础知识和基本方程。

(1)讨论了有旋流动和无旋流动的定义及判别方法,介绍了速度环量的概念及其与旋涡强度的关系。引进了无旋流动的条件及速度势的概念。

(2)从物理概念出发,导出了微分形式的连续方程、动量方程和能量方程。

(3)微分形式动量方程的其他形式有葛罗米柯运动方程,突出了旋转角速度(速度旋度)的表示形式;克罗克运动方程,突出了熵梯度、总焓梯度与速度旋度间的关系;速度势方程则表示在无旋的条件下,可以求解速度势方程,而在二维流动中,可以求解流函数方程。

(4)介绍了流函数存在的条件,流函数的性质。

(5)介绍了理想流体多维流动的基本方程组及其初始条件和边界条件。从理论上讲,有可能在某些给定的初始条件和边界条件下,通过解方程组,求出流场中的诸物理量。

思考与练习题

8.1　思考判别流场无旋的方法有哪几种。

8.2　流函数和势函数存在的条件是什么？在什么流动中同时存在流函数和势函数？

8.3　已知速度分布为 $V_x=x+t,V_x=-y+t$，求其速度势函数。

8.4　有一平面的无旋流场，速度势函数为

$$\varphi=\frac{x^3}{3}-x^2-xy^2+y^2$$

求过点 $(2,-1)$ 沿迹线 $x^2y=-4$ 方向上的速度分量。

8.5　一流动的流线为一族同心圆，其速度在每条流线上保持不变，且 $V_\theta=k/r,k$ 为常数。问这种流动是否存在速度势？

8.6　有一平面流动，其速度分布为

$$\boldsymbol{V}=V_\infty\left(1-\frac{1}{r^2}\right)\cos\theta\,\boldsymbol{i}_r+\left[\frac{1}{r}-V_\infty\left(1+\frac{1}{r^2}\right)\sin\theta\right]\boldsymbol{i}_\theta$$

试求包含 $r=1$ 的任一封闭曲线的速度环量。

8.7　一平面无旋流动，其速度势函数为 $\varphi=-\dfrac{\theta}{2\pi}$，试分别求包围原点和不包围原点的任意封闭曲线的速度环量。

8.8　一均匀流动的速度为 V_∞，试分别计算绕矩形和圆形封闭曲线的速度环量。

8.9　已知速度分布为 $V_x=x,V_y=y^2,V_z=z$，该流动是否为不可压流动？

8.10　可压缩流体做二维平面流动，x 方向的速度分量为 $V_x=Ax$（A 为常数），求 y 方向的速度分量；如不可压缩流体做平面辐射流动，速度为 $V_r=f(r),V_\theta=0$，试求 V_r 的表达式。

8.11　有一不可压缩流体，y 方向的速度分量为 $V_y=ax+by^2$，z 方向的速度分量为零，求 x 方向的速度分量。已知 a,b 为常数，且当 $x=0$ 时，$V_x=0$。

8.12　判别下面的速度场是否属于不可压流动：

$$V_r=2r\sin\theta,\quad V_\theta=r\cos^2\theta$$

8.13　无黏性不可压缩流体在水平面环路通道内作平面流动，设 V_θ 不随 θ 变化。求：

(1)压强随 V_θ 和 r 的变化关系 $p=f(V_\theta,r)$；

(2)已知 $V_\theta=1,V_\theta=r,V_\theta=\dfrac{1}{r^2}$，求压强随 r 的变化关系 $p=f(r)$。

8.14　无黏性不可压缩流体绕直角壁面流动，其速度势函数为 $\varphi=x^2+y^2$。设静止时的压强为 p_0，试分析壁面处的压强分布。

8.15　已知不可压缩流体流动的速度分布为 $\boldsymbol{V}=6(x+y^2)\boldsymbol{i}+(2y+z^3)\boldsymbol{j}+(x+y+z)\boldsymbol{k}$。试问这种流动是否连续？

8.16　有一个二维不可压流动，其速度分量为 $V_x=2x,V_y=-6x-2y$。试问这种流动是否连续？若连续，求流函数。

8.17　一个三维不可压流场，已知速度分布为 $V_x=x^2-y^2z^3,V_y=-(xy+yz+zx)$。求 z 方向分速度的表达式。

第九章 不可压缩流体的平面势流

流场中各点的流速平行于某一固定平面,并且各流动参数在此平面的法向没有变化,这种流动称为平面流动。本章研究的是不可压缩流体的平面无旋流动,即不可压平面势流。在平面势流的条件下,将流动基本方程简化为(速度)势函数方程,在给定的边界条件下求解势函数方程,然后根据势函数的性质和伯努利方程,就可以求得所研究流场的速度分布和压强分布。

本章从描述不可压平面势流的势函数方程和流函数方程出发,介绍平面势流的叠加原理,然后介绍几种重要的简单平面势流,最后介绍利用势流叠加原理得到的不可压势流圆柱绕流等问题。

9.1 不可压势流的势函数方程和流函数方程

在平面定常无旋不可压流动中,同时存在势函数 φ 和流函数 ψ。由第八章的式(8.48)和式(8.62)已经导出势函数方程和流函数方程分别为

$$\boldsymbol{V}^2\varphi = 0 \tag{9.1}$$

$$\boldsymbol{V}^2\psi = 0 \tag{9.2}$$

它们都满足拉普拉斯方程。说明平面不可压势流的流函数和势函数都是调和函数。式(9.1)的使用条件是不可压无旋流动,而式(9.2)的使用条件是平面定常不可压无旋流动。因此,流函数方程和势函数方程共同存在的流场是平面定常不可压无旋流动。如果平面流是有旋的,那么该流动也有流函数存在,但是此时流函数并不满足拉普拉斯方程。从上面的讨论可以知道,平面定常不可压势流的势函数和流函数均满足拉普拉斯方程,因此,只要知道了其中之一,就可以用速度为媒介很方便地求出另一个来。

例 9.1 已知不可压平面流动的速度分布为

(1) $V_x = y, V_y = -x$;　　(2) $V_x = x - y, V_y = x + y$。

判断是否满足势函数 φ 及流函数 ψ 存在条件,并求出 φ 和 ψ。

解 (1) 由 $V_x = y, V_y = -x$,得到

$$\frac{\partial V_x}{\partial x} = 0, \quad \frac{\partial V_y}{\partial y} = 0$$

满足连续方程,故有流函数,即

$$\psi(x,y) = \int\left(\frac{\partial\psi}{\partial x}dx + \frac{\partial\psi}{\partial y}dy\right) = \int(-V_y dx + V_x dy) =$$

$$\int(x dx + y dy) = \frac{1}{2}(x^2 + y^2) = \frac{r^2}{2}$$

流线族为同心圆。下面再来看看是否存在势函数。为此,用无旋条件来判断:

$$\frac{\partial V_x}{\partial y}=1, \qquad \frac{\partial V_y}{\partial x}=-1$$

显然,旋度

$$\omega_z=\frac{1}{2}\left(\frac{\partial V_y}{\partial x}-\frac{\partial V_x}{\partial y}\right)\neq 0$$

该流动不是有势流动,因此,不存在势函数。

(2)由

$$V_x=x-y, \qquad V_y=x+y$$

可得

$$\frac{\partial V_x}{\partial x}=1, \qquad \frac{\partial V_y}{\partial y}=1, \qquad \frac{\partial V_x}{\partial x}+\frac{\partial V_y}{\partial y}=1+1=2\neq 0$$

流动不连续,故无流函数。又

$$\frac{\partial V_x}{\partial y}=-1, \qquad \frac{\partial V_y}{\partial x}=1$$

因为

$$\frac{\partial V_x}{\partial y}\neq\frac{\partial V_y}{\partial x}$$

不能满足无旋条件,故不存在势函数。

9.2　平面势流叠加原理和几种简单的平面定常势流

9.2.1　势流叠加原理

平面不可压势流的势函数方程和流函数方程均是拉普拉斯方程,而拉普拉斯方程是线性方程,线性方程有一个重要的特征,即方程解的可叠加性。两个或数个拉普拉斯方程解的和或差是拉普拉斯方程的解。这样,就可以用一些简单的势函数叠加来获得一个复杂势流的势函数,从而获得复杂势流的解。

考虑势函数分别为 φ_1 和 φ_2 的两个有势流动,根据势函数的性质,它们都满足拉普拉斯方程,即

$$\boldsymbol{\nabla}^2\varphi_1=0, \qquad \boldsymbol{\nabla}^2\varphi_2=0$$

将这两个方程相加,得到

$$\frac{\partial^2(\varphi_1+\varphi_2)}{\partial x^2}+\frac{\partial^2(\varphi_1+\varphi_2)}{\partial y^2}=0$$

或写为

$$\boldsymbol{\nabla}^2(\varphi_1+\varphi_2)=0$$

上式表明,两个势流叠加,得到一个速度势为 $\varphi=\varphi_1+\varphi_2$ 的新的复合流动,它的速度势仍然满足拉普拉斯方程,因此还是势流。由此可以得到一个推论,新的复合势流的速度场也可以直接将各简单势流速度场叠加而得,即

$$V_x=\frac{\partial\varphi}{\partial x}=\frac{\partial(\varphi_1+\varphi_2)}{\partial x}=\frac{\partial\varphi_1}{\partial x}+\frac{\partial\varphi_2}{\partial x}=V_{x1}+V_{x2}$$

$$V_y=\frac{\partial\varphi}{\partial y}=\frac{\partial(\varphi_1+\varphi_2)}{\partial y}=\frac{\partial\varphi_1}{\partial y}+\frac{\partial\varphi_2}{\partial y}=V_{y1}+V_{y2}$$

类似地,新的复合势流的流函数 $\psi=\psi_1+\psi_2$,等于两个原来的简单流动流函数之和。为了利用势流叠加原理求解一些复杂的势流,下面将研究几种最简单的平面势流。

9.2.2 均匀直线流动

设一平面流动的速度 V_∞ 在全场处处相同,它与 x 方向的夹角为 α,它的两个分速分别为

$$\left.\begin{array}{l} V_x = V_\infty \cos\alpha = a \\ V_y = V_\infty \sin\alpha = b \end{array}\right\} \tag{9.3}$$

式中,a,b 为常数。这是一个无旋流动,同时又满足连续方程,因此存在势函数 $\varphi(x,y)$ 和流函数 $\psi(x,y)$,利用势函数和流函数的性质,有

$$\mathrm{d}\varphi = \frac{\partial\varphi}{\partial x}\mathrm{d}x + \frac{\partial\varphi}{\partial y}\mathrm{d}y = V_x\mathrm{d}x + V_y\mathrm{d}y = a\mathrm{d}x + b\mathrm{d}y$$

$$\mathrm{d}\psi = \frac{\partial\psi}{\partial x}\mathrm{d}x + \frac{\partial\psi}{\partial y}\mathrm{d}y = -V_y\mathrm{d}x + V_x\mathrm{d}y = -b\mathrm{d}x + a\mathrm{d}y$$

积分这两式,得到

$$\left\{\begin{array}{l} \varphi = ax + by + C_1 \\ \psi = ay - bx + C_2 \end{array}\right.$$

如果取点 $(0,0)$ 的 $\varphi = 0,\psi = 0$,则有 $C_1 = C_2 = 0$,即

$$\left\{\begin{array}{l} \varphi = ax + by \\ \psi = ay - bx \end{array}\right.$$

于是,有等势线和流线方程分别为

$$\left\{\begin{array}{l} ax + by = \text{const} \\ ay - bx = \text{const} \end{array}\right.$$

可见流线是一族与 x 轴夹角 α 的平行线,等势线是一族与 y 轴夹角为 α 的平行线,如图 9.1 所示。图中等势线用虚线表示。

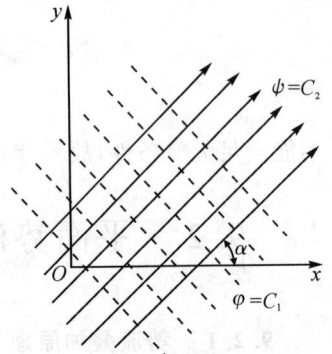

图 9.1 均匀平行流的 φ 与 ψ

9.2.3 点源和点汇

设在无限大平面上,流体以一恒定的体积流量 q_v,源源不断地从一个点沿径向向四周均匀地流出,这种流动称为点源,这个点称为源点。q_v 称为点源强度;若 q_v 为负值,则意味着流体沿径向均匀地从四周流入一点,这种流动称为点汇,这个点称为汇点。若将坐标原点作为源点或汇点,以半径为 r 的圆作底边的单位高度圆柱面为讨论对象,那么,流过此圆柱面的体积流量 $q_v = 2\pi r V_r$,即为源(汇)的体积流量,故

$$V_r = \frac{q_v}{2\pi r} = \frac{q_v}{2\pi\sqrt{x^2 + y^2}}$$

周向速度

$$V_\theta = 0$$

上式说明,点源或点汇的径向速度与半径成反比,半径越大,流速越低。其分速度为

$$V_x = V_r\cos\theta = \frac{q_v}{2\pi r}\frac{x}{r} = \frac{q_v x}{2\pi(x^2 + y^2)}$$

$$V_y = V_r\sin\theta = \frac{q_v}{2\pi r}\frac{y}{r} = \frac{q_v y}{2\pi(x^2 + y^2)}$$

根据以上速度分布,就可以容易地求出点源(点汇)的势函数 φ 和流函数 ψ 来,即

$$\mathrm{d}\varphi = V_x\mathrm{d}x + V_y\mathrm{d}y = \frac{q_v(x\mathrm{d}x + y\mathrm{d}y)}{2\pi(x^2 + y^2)} = \frac{q_v\mathrm{d}(x^2 + y^2)}{4\pi(x^2 + y^2)}$$

$$\mathrm{d}\psi = -V_y\mathrm{d}x + V_x\mathrm{d}y = \frac{q_v(x\mathrm{d}y - y\mathrm{d}x)}{2\pi(x^2 + y^2)} = \frac{q_v\mathrm{d}(y/x)}{2\pi[1 + (y/x)^2]}$$

积分之，得到

$$\varphi = \frac{q_v}{4\pi}\ln(x^2 + y^2) = \frac{q_v}{2\pi}\ln r \tag{9.4}$$

$$\psi = \frac{q_v}{2\pi}\arctan\frac{y}{x} = \frac{q_v}{2\pi}\theta \tag{9.5}$$

由式（9.4）和式（9.5）可知，点源的等势线是一族同心圆，如图9.2（a）所示，而等流函数线则是从源点发出的射线，如图9.2（b）所示。

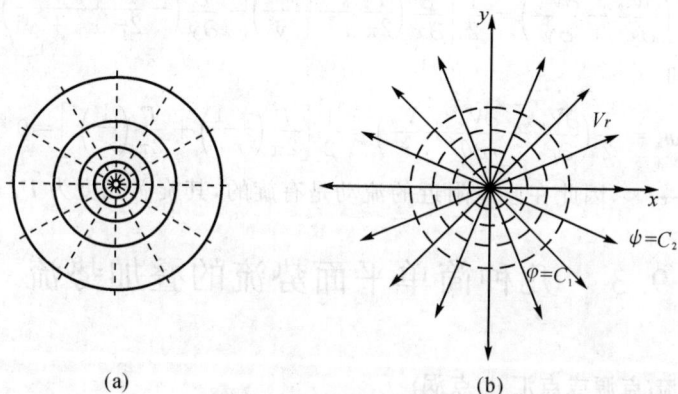

图9.2　点源（点汇）

当 $r \to 0$ 时，$V_r \to \infty$，$\varphi \to \infty$ 因此源点和汇点是奇点，所以径向速度和速度势的表达式只有在源汇点以外才有意义。

将势函数式（9.4）和流函数式（9.5）分别代入拉普拉斯方程，可得 $\mathbf{V}^2\varphi = 0$，$\mathbf{V}^2\psi = 0$ 说明点源和点汇都是无旋流动，即势流。

9.2.4　点涡（有势涡）

点涡是一种特殊的旋涡流动。形式上，流体在作旋转运动，但是除了原点以外，本质上这是一种无旋流动，故我们称这种涡流为有势涡。与点源或点汇不同，点涡的径向速度为零，而周向速度与半径成反比，它的流线是同心圆，等势线是射线，因此，它的两个分速可以表示为

$$\left.\begin{array}{c} V_\theta = \dfrac{\Gamma}{2\pi r} \\[2mm] V_r = 0 \end{array}\right\} \tag{9.6}$$

式中，Γ 称为点涡强度。Γ 取正值表示流动为逆时针方向转动，负值表示顺时针方向转动。式（9.6）表明，其周向速度与半径成反比，离圆心越远，流速越小。可以证明，点涡是一种和点源的等流函数线及等势函数线恰好互换的流动。位于坐标原点的点涡的势函数和流函数分别为

$$\varphi = \frac{\Gamma}{2\pi}\theta = \frac{\Gamma}{2\pi}\arctan\left(\frac{y}{x}\right) \tag{9.7}$$

$$\psi = \frac{\Gamma}{2\pi}\ln r = \frac{\Gamma}{2\pi}\ln\sqrt{x^2 + y^2} \tag{9.8}$$

由此可见，点涡运动的等势线方程为 $\Gamma/(2\pi) \times \theta = C$，即 $\theta = C$，为原点出发的射线。点涡运动的流线方程为 $\Gamma/(2\pi) \times \ln r = C$，或 $r = C$，显然，流线是一族同心圆。

根据速度势的性质,由速度势即可求得直角坐标下的各分速 V_x,V_y 或极坐标下的各分速 V_θ,V_r 分别为

$$V_x = \frac{\partial \varphi}{\partial x} = -\frac{\Gamma}{2\pi} \frac{y}{x^2 + y^2}, \qquad\qquad V_y = \frac{\partial \varphi}{\partial y} = \frac{\Gamma}{2\pi} \frac{x}{x^2 + y^2}$$

$$V_\theta = \frac{\partial \varphi}{r\partial \theta} = \frac{\Gamma}{2\pi r}, \qquad\qquad V_r = \frac{\partial \varphi}{\partial r} = \frac{\partial}{\partial r}\left(\frac{\Gamma}{2\pi}\theta\right) = 0$$

点涡运动是无旋运动即有势运动,除原点以外的流场旋转角速度为零,即

$$\omega_z = \frac{1}{2}\left(\frac{\partial V_y}{\partial x} - \frac{\partial V_x}{\partial y}\right) = \frac{1}{2}\left[\frac{\partial}{\partial x}\left(\frac{\Gamma}{2\pi}\frac{x}{x^2+y^2}\right) - \frac{\partial}{\partial y}\left(-\frac{\Gamma}{2\pi}\frac{y}{x^2+y^2}\right)\right] = 0$$

或者采用极坐标,即

$$\omega_z = \frac{1}{2}\left(\frac{\partial V_\theta}{\partial r} - \frac{\partial V_r}{r\partial \theta} + \frac{V_\theta}{r}\right) = \frac{1}{2}\left[\frac{\Gamma}{2\pi}\left(\frac{-1}{r^2}\right) + \frac{\Gamma}{2\pi}\left(\frac{1}{r^2}\right)\right] = 0$$

在原点,$r \to 0$,$V_\theta \to \infty$,因此在原点附近的流动是有旋的,其旋涡强度为 Γ。

9.3 几种简单平面势流的叠加势流

9.3.1 螺旋流(点源或点汇＋点涡)

将平面势流点源(或点汇)流动和平面势流点涡流动叠加便得到一种新的平面势流,称为螺旋流或源环流(汇环流)。在螺旋流中流体既作旋转运动,同时又作径向运动,它的轨迹呈螺旋状,故称螺旋流。根据势流叠加原理,螺旋流的势函数和流函数分别为

$$\varphi = \frac{q_v}{2\pi}\ln r + \frac{\Gamma}{2\pi}\theta \tag{9.9}$$

$$\psi = \frac{q_v}{2\pi}\theta - \frac{\Gamma}{2\pi}\ln r \tag{9.10}$$

由流函数便可得到流线方程

$$q_v\theta - \Gamma\ln r = C$$

该式可以写为

$$r = e^{\frac{q_v\theta - C}{\Gamma}} \tag{9.11}$$

这是一族对数螺线,它的速度分布为

$$\left.\begin{array}{l} V_r = \dfrac{\partial \varphi}{\partial r} = \dfrac{q_v}{2\pi r} \\[3mm] V_\theta = \dfrac{\partial \varphi}{r\partial \theta} = \dfrac{\Gamma}{2\pi r} \end{array}\right\} \tag{9.12}$$

流体一面在作径向运动,一面又在作旋转运动,二者的合成运动即为螺旋运动。工业上,离心泵内流体的运动,以及旋风燃烧室、旋风除尘器内旋转气流的运动就是属于这种运动。为了减少流体在这类流体机械内的流动损失,避免流体与导叶发生碰撞,离心泵内导叶通常用式(9.11)所示的对数螺线来设计。

9.3.2 偶极流(点源＋点汇)

将强度为 q_v 和 $-q_v$ 的点源和点汇无限地靠近并叠加起来,得到一种新的有势流动,这种

流动称为偶极流。

为了研究叠加以后的流场,首先研究图 9.3 所示的源-汇叠加问题。此时源点和汇点相距 2ε,则在流场中任意点 $P(x,y)$ 处的势函数为点源和点汇的势函数之和,即

$$\varphi = \varphi_1 + \varphi_2 = \frac{q_v}{2\pi}(\ln r_1 - \ln r_2) = \frac{q_v}{2\pi}\ln\frac{r_1}{r_2}$$

式中,r_1 和 r_2 为点 P 至源点和汇点的距离。由图 9.3 可知

$$\begin{cases} r_1 = \sqrt{(x+\varepsilon)^2 + y^2} \\ r_2 = \sqrt{(x-\varepsilon)^2 + y^2} \end{cases}$$

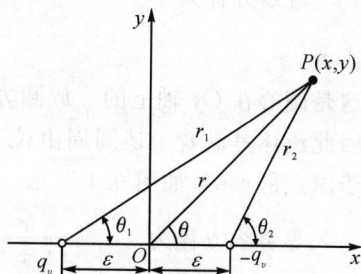

图 9.3　相距 2ε 的源-汇流叠加

代入上述势函数表达式中,有

$$\varphi = \frac{q_v}{2\pi}\ln\sqrt{\frac{(x+\varepsilon)^2 + y^2}{(x-\varepsilon)^2 + y^2}} = \frac{q_v}{4\pi}\ln\frac{(x+\varepsilon)^2 + y^2}{(x-\varepsilon)^2 + y^2} = \frac{q_v}{4\pi}\ln\left[1 + \frac{4x\varepsilon}{(x-\varepsilon)^2 + y^2}\right]$$

若使源点和汇点无限地接近,即 $\varepsilon \to 0$,并将上式按级数 $\ln(1+z) = z - z^2/2 + z^3/3 - \cdots$ 展开,并近似取第一项,可得

$$\varphi = \frac{q_v}{4\pi}\frac{4x\varepsilon}{(x-\varepsilon)^2 + y^2}$$

当点源和点汇无限靠近时,令源、汇的强度 q_v 不断增大,即当 $\varepsilon \to 0$ 时 $q_v \to \infty$,但二者乘积的极限趋于某一常值,保持 $2\varepsilon q_v = M =$ 常数。M 称为偶极流的偶极矩,或称为偶极子的强度。于是有

$$\varphi = \frac{M}{2\pi}\frac{x}{x^2 + y^2} \tag{9.13}$$

这就是偶极流的势函数表达式。

偶极流的流函数也可用类似的方法求得,即

$$\psi = \psi_1 + \psi_2 = \frac{q_v}{2\pi}(\theta_1 - \theta_2)$$

由于

$$\tan\theta_1 = \frac{y}{x+\varepsilon}, \quad \tan\theta_2 = \frac{y}{x-\varepsilon}$$

$$\tan(\theta_1 - \theta_2) = \frac{\tan\theta_1 - \tan\theta_2}{1 + \tan\theta_1\tan\theta_2} =$$

$$\frac{y(x-\varepsilon) - y(x+\varepsilon)}{x^2 - \varepsilon^2 + y^2} = -\frac{2y\varepsilon}{x^2 + y^2 - \varepsilon^2}$$

代入流函数表达式,并用级数展开,保留第一项,得到

$$\psi = \frac{q_v}{2\pi}\arctan\frac{-2y\varepsilon}{x^2 + y^2 - \varepsilon^2} =$$

$$-\frac{q_v}{2\pi}\frac{2y\varepsilon}{x^2 + y^2 - \varepsilon^2}$$

与势函数处理方法相同,当点源和点汇无限靠近时,令源、汇的强度 q_v 不断增大,即当 $\varepsilon \to 0$ 时,$q_v \to \infty$,但二者乘积的极限趋于某一常值,保持 $2\varepsilon q_v = M =$ 常数。于是得到偶极流的流函数为

$$\psi = -\frac{M}{2\pi}\frac{y}{x^2 + y^2} \tag{9.14}$$

从偶极流的势函数表达式(式(9.13))和流函数表达式(式(9.14))可以看出,等势线和流线都是圆。

流线方程为
$$\frac{y}{x^2 + y^2} = C$$

或者
$$x^2 + (y - 1/(2C))^2 = 1/(4C^2)$$

这是圆心在 Oy 轴上的一族圆方程,在坐标原点与 Ox 轴相切。
因此流体是沿着上述圆周由位于原点的点源流出,重新流入位
于原点的点汇,如图 9.4 所示。

等势线方程为
$$\frac{x}{x^2 + y^2} = C_1$$

或者
$$y^2 + (x - 1/(2C_1))^2 = 1/(4C_1^2)$$

这是圆心在 Ox 轴上的一族圆方程,与流线正交,在坐标原点与
Oy 轴相切。

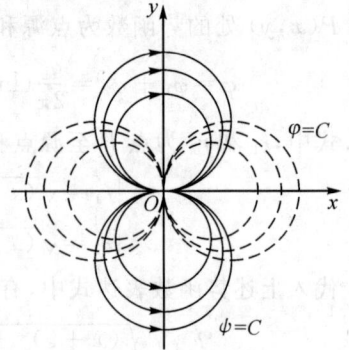

图 9.4　偶极流的等势线和流线

如果将势函数方程式(9.13)分别对 x 和 y 求偏导数,就得到
偶极流的两个速度分量分别为

$$\begin{cases} V_x = \dfrac{\partial \varphi}{\partial x} = \dfrac{M(y^2 - x^2)}{2\pi(x^2 + y^2)^2} \\[3mm] V_y = \dfrac{\partial \varphi}{\partial y} = -\dfrac{M(2xy)}{2\pi(x^2 + y^2)^2} \end{cases}$$

9.4　不带环量的圆柱绕流 (均匀直线流＋偶极流)

研究表明,如果将一个均匀平行流和偶极流叠加,就可以得到理想流体绕圆柱的平面有势
流动。图 9.5 绘出了这两个势流叠加后流动的示意图。

对于一个流动平行于 x 方向的流速为 V_∞ 的均匀平行流,其流函数和势函数分别为

$$\psi_1 = V_\infty y, \quad \varphi_1 = V_\infty x$$

对于偶极流,它的流函数和势函数则分别为

$$\psi_2 = -\frac{M}{2\pi}\frac{y}{x^2 + y^2}, \quad \varphi_2 = \frac{M}{2\pi}\frac{x}{x^2 + y^2}$$

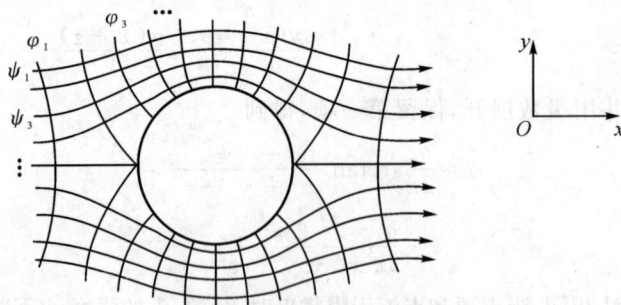

图 9.5　均匀平行流＋偶极流 = 理想流体绕圆柱的流动

根据势流叠加原理,新构成的势流的流函数、势函数分别为上述势流的流函数、势函数的代数
和,即

$$\psi = \psi_1 + \psi_2 = V_\infty y - \frac{M}{2\pi} \frac{y}{x^2 + y^2} = V_\infty y \left(1 - \frac{M}{2\pi V_\infty (x^2 + y^2)} \right)$$

$$\varphi = \varphi_1 + \varphi_2 = V_\infty x + \frac{M}{2\pi} \frac{x}{x^2 + y^2} = V_\infty x \left(1 + \frac{M}{2\pi V_\infty (x^2 + y^2)} \right)$$

由上述流函数公式可知,在 $y = 0$ 及半径为 R 的圆柱上,流函数 ψ 等于零,这是一条零流线。由此得到

$$M = 2\pi V_\infty R^2$$

代入上述流函数和势函数公式,得

$$\psi = V_\infty y \left(1 - \frac{R^2}{r^2} \right) = V_\infty \sin\theta \left(r - \frac{R^2}{r} \right) \tag{9.15}$$

$$\varphi = V_\infty x \left(1 + \frac{R^2}{r^2} \right) = V_\infty \cos\theta \left(r + \frac{R^2}{r} \right) \tag{9.16}$$

这就是复合流动的流函数和势函数表达式。

下面进一步分析这一新的复合流动的主要特点。

1. 零流线

令式(9.15)为零,即 $\psi = 0$,有 $y = 0$ 及 $r = R$ 两个解,显然零流线

图 9.6　零流线

是平行于 x 方向的直线和半径为 R 的圆柱面,即零流线是一条从负无穷远沿 x 正方向来的流线,在圆柱的前驻点与圆柱相撞,分为上、下两条流线,沿圆柱的上表面和下表面流动,然后在圆柱的后驻点又汇合成一条流线,再沿 x 正向朝正无穷远流去。可见这条流线的特征与理想流体绕圆柱流动的特征是相吻合的,如图 9.6 所示。

2. 远场流动

将势函数表达式(式(9.16))分别对 x,y 求偏导数,可得这两个方向的分速分别为

$$V_x = \frac{\partial \varphi}{\partial x} = V_\infty - V_\infty R^2 \frac{x^2 - y^2}{(x^2 + y^2)^2} = V_\infty \left[1 - R^2 \frac{\cos^2\theta - \sin^2\theta}{r^2} \right]$$

$$V_y = \frac{\partial \varphi}{\partial y} = -V_\infty R^2 \frac{2xy}{(x^2 + y^2)^2} = -V_\infty R^2 \frac{2\cos\theta\sin\theta}{r^2}$$

由上两式可知,当 $r \to \infty$ 时,$V_x = V_\infty$,$V_y = 0$,这表明,在离圆柱体无穷远处,流体速度是平行于 x 方向的流动,且等于均匀、平行的来流速度。这有力地说明,复合速度势代表了圆柱绕流问题。

3. 圆柱表面流动

将速度势对径向和周向求偏导数,得到复合流动的径向和周向分速分别为

$$V_r = \frac{\partial \varphi}{\partial r} = V_\infty \cos\theta \left(1 - \frac{R^2}{r^2} \right)$$

$$V_\theta = \frac{\partial \varphi}{r \partial \theta} = -V_\infty \sin\theta \left(1 + \frac{R^2}{r^2} \right)$$

在圆柱表面上,$r = R$,根据以上两式,可得 $V_r = 0$,$V_\theta = -2V_\infty \sin\theta$,这表明在圆柱表面上,新的复合流动是紧紧贴着圆柱表面的,各处的流动速度与圆柱表面相切。在前驻点 $\theta = \pi$,$V_\theta = 0$,在后驻点 $\theta = 0$,$V_\theta = 0$,圆柱表面各点的绝对速度为 $V_\theta = 2V_\infty \mid \sin\theta \mid$,当 $\theta = \pm\pi/2$ 时,$V_\theta = 2V_\infty$,圆柱表面的速度大小只与角度 θ 有关。这又一次证明复合流动是理想流体绕圆柱的流动。

4. 圆柱表面压强分布

因为复合流动是有势流,故伯努利方程全场满足。若建立无穷远处与圆柱表面的伯努利方程,则可以导出圆柱表面的压强分布规律来,即

$$p_\infty + \frac{1}{2}\rho V_\infty^2 = p_s + \frac{1}{2}\rho V_\theta^2 = p_s + \frac{1}{2}\rho(4V_\infty^2 \sin^2\theta)$$

由此得到圆柱表面的压强为

$$p_s = p_\infty + \frac{1}{2}\rho V_\infty^2 - \frac{1}{2}\rho(4V_\infty^2 \sin^2\theta) = p_\infty + \frac{1}{2}\rho V_\infty^2(1 - 4\sin^2\theta)$$

圆柱表面的压强因数 $\qquad C_p = (p_s - p_\infty)/\left(\frac{1}{2}\rho V_\infty^2\right) = 1 - 4\sin^2\theta$

上式表明,在圆柱表面上,前、后驻点的压强因数 $C_p = 1$,而在 $\pm\pi/2$ 处,压强因数达最小值 $C_p = -3$。

当 $\theta = \pi/6, \theta = 5\pi/6, \theta = -\pi/6, \theta = -5\pi/6$ 时,$C_p = 0$。

在流体力学中,常利用圆柱表面压强分布的规律来制成圆柱形测压管,用来测量流动速度的大小、方向及静压强。

9.5 带环量的圆柱绕流和儒科夫斯基升力定理

在第 9.4 节讨论的圆柱绕流中,如果半径为 R 的圆柱体本身在作等速旋转,那么,由于黏性作用,旋转的圆柱会带动紧贴在圆柱表面的流体旋转,同时,又带动周围的流体旋转,其旋转速度与半径成反比。这种流动形态可以用带环量的圆柱绕流来描述,它是由点涡与一个均匀平行流、偶极流叠加而成的,即

均匀平行流 + 偶极流 + 环量为 $-\Gamma$ 的有势涡 → 带环量的圆柱绕流

这样,根据势流叠加原理,就可以写出这种流动的势函数和流函数分别为

$$\varphi = V_\infty \cos\theta\left(r + \frac{R^2}{r}\right) - \frac{\Gamma}{2\pi}\theta \tag{9.17}$$

$$\psi = V_\infty \sin\theta\left(r - \frac{R^2}{r}\right) + \frac{\Gamma}{2\pi}\ln r \tag{9.18}$$

而对应的速度分布为

$$V_r = \frac{\partial\varphi}{\partial r} = V_\infty \cos\theta\left(1 - \frac{R^2}{r^2}\right)$$

$$V_\theta = \frac{\partial\varphi}{r\partial\theta} = -V_\infty \sin\theta\left(1 + \frac{R^2}{r^2}\right) - \frac{\Gamma}{2\pi r}$$

流动如图 9.7(a) 所示。

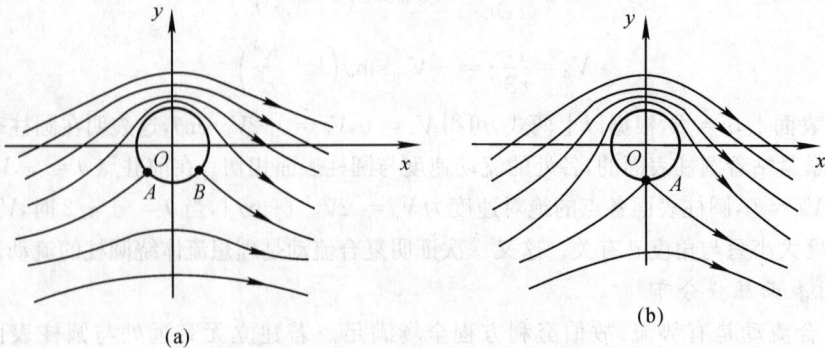

图 9.7 带环量的圆柱绕流

在圆柱表面　　　　　　　　$r = R, \quad V_r = 0$

$$V_\theta = -2V_\infty \sin\theta - \frac{\Gamma}{2\pi R}$$

在滞止点，　　　　　　　　$V_r = 0, \quad V_\theta = 0, \quad \theta = \alpha, \quad \sin\alpha = -\frac{\Gamma}{4\pi R V_\infty}$

若 $\Gamma = 4\pi V_\infty R$，则 $\sin\alpha = -1, \alpha = -\pi/2$，流动如图 9.7(b) 中的驻点 A 所示。若 $\Gamma < 4\pi V_\infty R$，则 $|\sin\alpha| < 1$，在圆柱上有两个驻点，如图 9.7(a) 中的点 A 和 B 所示。若 $\Gamma > 4\pi V_\infty R$，则在圆柱表面上无滞止点，一般在流体内部有一滞止点。

利用速度分布和伯努利方程，可得到圆柱表面的压强分布规律为

$$p_s = p_\infty + \frac{1}{2}\rho V_\infty^2 - \frac{1}{2}\rho \left(-2V_\infty \sin\theta - \frac{\Gamma}{2\pi R} \right)^2 \tag{9.19}$$

$$p_s - p_\infty = \frac{1}{2}\rho V_\infty^2 \left[1 - \left(2\sin\theta + \frac{\Gamma}{2\pi R V_\infty} \right)^2 \right] \tag{9.20}$$

圆柱表面的压强因数

$$C_p = (p_s - p_\infty) / \left(\frac{1}{2}\rho V_\infty^2 \right) = 1 - \left(2\sin\theta + \frac{\Gamma}{2\pi R V_\infty} \right)^2$$

由此可见，圆柱表面压强分布对称于 Oy 轴，而不对称于 Ox 轴；在 Ox 轴下半圆柱表面上的压强均大于 Ox 轴上半圆柱表面上的压强。这样，流体流经带环量的圆柱体时就产生了一个向上的升力。通过对圆柱表面的压强进行积分，就可以得到理想流体流经带环量的圆柱体时的升力 Y 和阻力 X，即

$$Y = F_y = \int_0^{2\pi} -pR\sin\theta \, d\theta$$

$$X = F_x = \int_0^{2\pi} -pR\cos\theta \, d\theta$$

将式(9.19) 代入上式，积分并简化，可以得到

$$Y = F_y = \int_0^{2\pi} -pR\sin\theta \, d\theta = \rho V_\infty \Gamma \tag{9.21}$$

$$X = F_x = \int_0^{2\pi} -pR\cos\theta \, d\theta = 0$$

式(9.21) 说明，在理想流体流经带环量（顺时针为正）的圆柱体时，流体作用在单位长度圆柱体上的升力大小等于流体密度、远前方来流速度和速度环量的乘积，其阻力为零。

这就是著名的库塔-儒科夫斯基升力定理，它广泛地应用于理论空气动力学中求解翼型的升力。

小　　结

本章主要讨论不可压缩流体的平面势流的特点。

(1) 在不可压缩平面势流中，同时存在流函数和势函数，且它们都满足拉普拉斯方程。拉普拉斯方程是线性方程，线性方程可以叠加。

(2) 讨论了几种简单的平面势流，例如均匀直线流动；点源和总汇；点涡等。

(3) 将几种简单的平面势流叠加可以获得较为复杂流动的流场。

（4）讨论了不带环量、带环量的圆柱绕流和儒科夫斯基升力定理。

本章内容表示低速流动中，某些绕流流场的求解方法。在流体力学实验中，测量流动速度的大小和方向，以及静压强等流动参数，就是利用本章第 9.4 节介绍的原理。

思考与练习题

9.1　势流叠加原理是什么？

9.2　已知二维定常流动的流函数为 $\psi = \ln r + 2\theta$，r,θ 为极坐标变量。试求其速度分布；并问是否为不可压流动？

9.3　二维不可压定常流动的流函数为 $\psi = 3x^2 y - y^3$，问是否为无旋流动？求流场中任意点的速度大小与这点到坐标原点距离的关系。

9.4　已知一流场的势函数为 $\varphi = 2x^2 - 3y^2$。求该流场的流函数。

9.5　一平面流场，其速度分布为 $V_x = x^2$，$V_y = xy$。求流函数。

9.6　一直匀流其速度等于常数，沿水平方向流动。问势函数是否存在？若存在，则求势函数的表达式。

9.7　假设一平面流动的势函数为 $\psi = -\sqrt{3}\,x + y + t$，求该流动的速度分布，并求通过点 $M(1,0)$ 和点 $N(2,\sqrt{3})$ 之间的体积流量。

9.8　一定常不可压平面流动，其速度分布为 $V_x = x$，$V_y = -y$。求流线方程，并判别流动是否存在势函数，若存在，求势函数方程。

9.9　已知一不可压缩流体流动的速度分量为 $V_x = \dfrac{\partial f}{\partial y}$，$f = f(x,y)$，且沿 x 方向有一条流线，试证明另一速度分量 $V_y = -\dfrac{\partial f}{\partial x} + \left(\dfrac{\partial f}{\partial x}\right)_{y=0}$。

9.10　假设一平面连续流动的速度分布为 $V_x = x^2 - y^2 + x$，$V_y = -(2xy + y)$。问是否为无旋流动？求经过点 $(1,2)$ 的流线方程。

9.11　如图 9.8 所示的大容器，盛有深度为 H 的水，底部有一个半径为 r_2 的小孔，在容器底部的上方有一个半径为 r_1 的圆形平板，且 $r_1 \gg r_2$，圆板距容器底部的距离为 $h(h \ll H)$。假设正对泄孔的那部分板面上方的表压强为零，板与底部之间的流动可视为点汇，试证明圆板所受的作用力为

$$F = \pi\rho g\left[(H - h)r_1^2 + Q^2 \ln\frac{r_1/r_2}{4\pi^2 gh^2}\right]$$

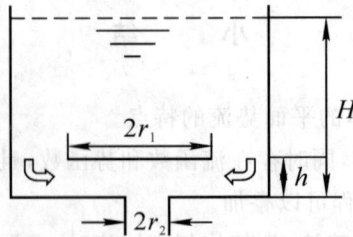

图 9.8　题 9.11 图

第十章　黏性流体动力学基础

　　黏性是流体的重要属性之一,自然界中存在的流体都具有黏性。在管内流动中,如果黏性影响充满整个管道,就必须考虑整个管道的黏性流动。对于黏性影响比较小的情况,有时可以将真实流体近似地按理想流体来处理。而在某些情况下,例如求表面摩擦阻力的问题,流体的黏性起着重要的作用而不能忽略。理论和实验表明,对于气体绕物体的流动,黏性影响主要在靠近物体表面的薄层内(称为附面层)。这样,求解黏性流动的问题,既可以建立并求解黏性流动的基本方程,也可以求解附面层内的流动。因此研究附面层的目的,一方面是为了计算气流绕物体的摩擦阻力,而另一方面则是估算物体上各点的热流量,从而寻求减小摩擦阻力,减轻气动加热,采取必要的设计措施。

　　本章首先讨论黏性流动的基本方程,由于连续方程并不涉及黏性问题,因此本章主要讨论动量方程和能量方程,然后导出湍流流动的雷诺方程,最后讨论附面层基本知识。本章内容构成了黏性流体流动的基本知识。

10.1　微分形式的动量方程——N-S 方程

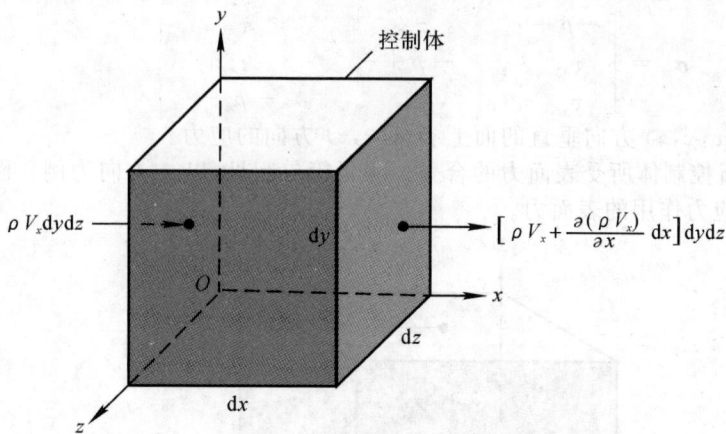

图 10.1　动量方程推导用图

　　针对微元控制体(见图 10.1),根据第 3.5 节,可以列出动量方程(式(3.45)),即

$$\sum \boldsymbol{F} = \frac{\partial}{\partial t}\left(\int_{cv} \rho \boldsymbol{V} \mathrm{d}v\right) + \sum (q_{mi}\boldsymbol{V}_i)_{\text{out}} - \sum (q_{mi}\boldsymbol{V}_i)_{\text{in}} \tag{10.1}$$

同样,由于控制体为微元体,所以式(10.1)中的积分可以表示为

$$\frac{\partial}{\partial t}\left(\int_{cv} \rho \boldsymbol{V} \mathrm{d}v\right) \approx \frac{\partial(\rho \boldsymbol{V})}{\partial t}\mathrm{d}x\mathrm{d}y\mathrm{d}z \tag{10.2}$$

动量通量发生在6个面上,从3个面流入,3个面流出,表10.1中给出了各个控制面上流入或流出控制体的动量。

表 10.1　控制体上的动量通量

流动方向	流入的动量通量	流出的动量通量
x	$\rho V_x \boldsymbol{V} \mathrm{d}y\mathrm{d}z$	$\left[\rho V_x \boldsymbol{V} + \dfrac{\partial(\rho V_x \boldsymbol{V})}{\partial x}\mathrm{d}x\right]\mathrm{d}y\mathrm{d}z$
y	$\rho V_y \boldsymbol{V} \mathrm{d}x\mathrm{d}z$	$\left[\rho V_y \boldsymbol{V} + \dfrac{\partial(\rho V_y \boldsymbol{V})}{\partial y}\mathrm{d}y\right]\mathrm{d}x\mathrm{d}z$
z	$\rho V_z \boldsymbol{V} \mathrm{d}x\mathrm{d}y$	$\left[\rho V_z \boldsymbol{V} + \dfrac{\partial(\rho V_z \boldsymbol{V})}{\partial z}\mathrm{d}z\right]\mathrm{d}x\mathrm{d}y$

将表中结果和式(10.2)代入式(10.1),得

$$\sum \boldsymbol{F} = \left[\frac{\partial(\rho \boldsymbol{V})}{\partial t} + \frac{\partial(\rho V_x \boldsymbol{V})}{\partial x} + \frac{\partial(\rho V_y \boldsymbol{V})}{\partial y} + \frac{\partial(\rho V_z \boldsymbol{V})}{\partial z}\right]\mathrm{d}x\mathrm{d}y\mathrm{d}z \tag{10.3}$$

式(10.3)为矢量方程,等号右边中括号内可以改写成

$$\frac{\partial(\rho \boldsymbol{V})}{\partial t} + \frac{\partial(\rho V_x \boldsymbol{V})}{\partial x} + \frac{\partial(\rho V_y \boldsymbol{V})}{\partial y} + \frac{\partial(\rho V_z \boldsymbol{V})}{\partial z} =$$
$$\boldsymbol{V}\left[\frac{\partial \rho}{\partial t} + \boldsymbol{\nabla} \cdot (\rho \boldsymbol{V})\right] + \rho\left(\frac{\partial \boldsymbol{V}}{\partial t} + V_x \frac{\partial \boldsymbol{V}}{\partial x} + V_y \frac{\partial \boldsymbol{V}}{\partial y} + V_z \frac{\partial \boldsymbol{V}}{\partial z}\right) \tag{10.4}$$

根据连续方程,式(10.4)等号右边中括号内为零,第二大项括号内为加速度,因此方程式(10.3)可以写为

$$\sum \boldsymbol{F} = \rho \frac{\mathrm{d}\boldsymbol{V}}{\mathrm{d}t}\mathrm{d}x\mathrm{d}y\mathrm{d}z \tag{10.5}$$

式(10.5)说明,微元控制体内流体的加速度乘以控制体内流体的质量,等于控制体所受的合外力。控制体所受的外力有两大类:质量力和表面力。质量力是在某种外部场的作用下使得所有流体质量受到的力,如重力、离心力、电磁力等等。表面力是由于控制面上应力的作用而产生的力,这些应力包括压强 p 和流体运动而产生的黏性应力 τ_{ij}。

$$\boldsymbol{\sigma}_{ij} = \begin{bmatrix} -p + \tau_{xx} & \tau_{yx} & \tau_{zx} \\ \tau_{xy} & -p + \tau_{yy} & \tau_{zy} \\ \tau_{xz} & \tau_{yz} & -p + \tau_{zz} \end{bmatrix} \tag{10.6}$$

$\boldsymbol{\sigma}_{ij}$ 表示在与 $i(x,y,z)$ 方向垂直的面上 $j(x,y,z)$ 方向的应力。

下面来分析控制体所受表面力的合力。为了简单起见,以 x 方向为例。图10.2给出了6个面上 x 方向应力作用的表面力。

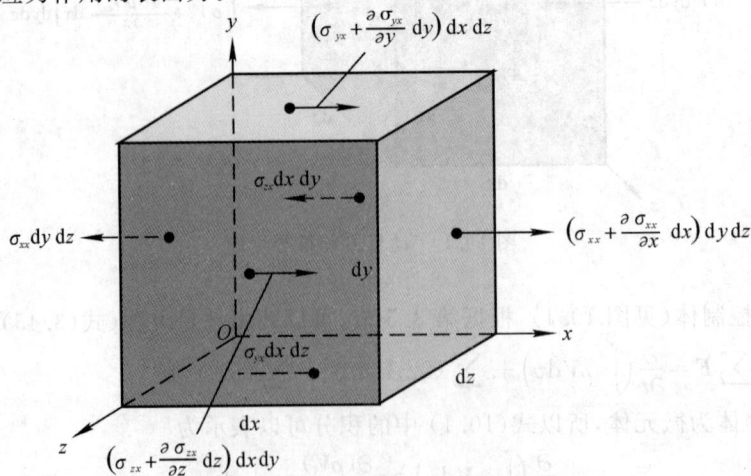

图 10.2　分析控制体所受表面力

将这些力进行矢量和可得出微元控制体所受表面力在 x 方向的分量为

$$\mathrm{d}F_{x,\text{surf}} = \left[\frac{\partial \sigma_{xx}}{\partial x} + \frac{\partial \sigma_{yx}}{\partial y} + \frac{\partial \sigma_{zx}}{\partial z}\right] \mathrm{d}x\,\mathrm{d}y\,\mathrm{d}z \qquad (10.7)$$

将式(10.6) 的第一行代入,两边同除以 $\mathrm{d}v = \mathrm{d}x\,\mathrm{d}y\,\mathrm{d}z$,得

$$\frac{\mathrm{d}F_x}{\mathrm{d}v} = -\frac{\partial p}{\partial x} + \frac{\partial \tau_{xx}}{\partial x} + \frac{\partial \tau_{yx}}{\partial y} + \frac{\partial \tau_{zx}}{\partial z} \qquad (10.8\text{a})$$

同理,可以得出 y,z 方向的合力分别为

$$\frac{\mathrm{d}F_y}{\mathrm{d}v} = -\frac{\partial p}{\partial y} + \frac{\partial \tau_{xy}}{\partial x} + \frac{\partial \tau_{yy}}{\partial y} + \frac{\partial \tau_{zy}}{\partial z} \qquad (10.8\text{b})$$

$$\frac{\mathrm{d}F_z}{\mathrm{d}v} = -\frac{\partial p}{\partial z} + \frac{\partial \tau_{xz}}{\partial x} + \frac{\partial \tau_{yz}}{\partial y} + \frac{\partial \tau_{zz}}{\partial z} \qquad (10.8\text{c})$$

将式(10.8) 写成矢量形式为

$$\left(\frac{\mathrm{d}\boldsymbol{F}}{\mathrm{d}v}\right)_{\text{surf}} = -\boldsymbol{\nabla}p + \left(\frac{\mathrm{d}\boldsymbol{F}}{\mathrm{d}v}\right)_{\text{viscous}} \qquad (10.9)$$

式(10.9) 等号右边第二项为黏性力项,由 9 个分量组成,即

$$\left(\frac{\mathrm{d}\boldsymbol{F}}{\mathrm{d}v}\right)_{\text{viscous}} = \boldsymbol{i}\left(\frac{\partial \tau_{xx}}{\partial x} + \frac{\partial \tau_{yx}}{\partial y} + \frac{\partial \tau_{zx}}{\partial z}\right) + $$
$$\boldsymbol{j}\left(\frac{\partial \tau_{xy}}{\partial x} + \frac{\partial \tau_{yy}}{\partial y} + \frac{\partial \tau_{zy}}{\partial z}\right) + $$
$$\boldsymbol{k}\left(\frac{\partial \tau_{xz}}{\partial x} + \frac{\partial \tau_{yz}}{\partial y} + \frac{\partial \tau_{zz}}{\partial z}\right) \qquad (10.10)$$

式(10.10) 还可以简写成如下的散度形式:

$$\left(\frac{\mathrm{d}\boldsymbol{F}}{\mathrm{d}v}\right)_{\text{viscous}} = \boldsymbol{\nabla} \cdot \boldsymbol{\tau}_{ij} \qquad (10.11)$$

式中

$$\boldsymbol{\tau}_{ij} = \begin{bmatrix} \tau_{xx} & \tau_{yx} & \tau_{zx} \\ \tau_{xy} & \tau_{yy} & \tau_{zy} \\ \tau_{xz} & \tau_{yz} & \tau_{zz} \end{bmatrix} \qquad (10.12)$$

$\boldsymbol{\tau}_{ij}$ 称为黏性应力张量,且为对称张量,即 $\boldsymbol{\tau}_{ij} = \boldsymbol{\tau}_{ji}$,当 $i \neq j$ 时,因此该张量有 6 个独立分量。表面力的合力包含压强梯度和黏性应力散度两部分。将式(10.11)、式(10.9) 代入式(10.5),最后得出对于无限小微元体的微分形式动量方程为

$$\rho\boldsymbol{R} - \boldsymbol{\nabla}p + \boldsymbol{\nabla} \cdot \boldsymbol{\tau}_{ij} = \rho\frac{\mathrm{d}\boldsymbol{V}}{\mathrm{d}t} \qquad (10.13)$$

式中,$\rho\boldsymbol{R}$ 为单位体积所受的质量力。

用文字表示该方程的物理意义为

$$\text{单位体积所受的质量力} + \text{单位体积所受的压力} +$$
$$\text{单位体积所受的黏性力} = \text{密度} \times \text{加速度} \qquad (10.14)$$

将方程式(10.13) 写成分量形式为

$$\rho X - \frac{\partial p}{\partial x} + \frac{\partial \tau_{xx}}{\partial x} + \frac{\partial \tau_{yx}}{\partial y} + \frac{\partial \tau_{zx}}{\partial z} = \rho\left(\frac{\partial V_x}{\partial t} + V_x\frac{\partial V_x}{\partial x} + V_y\frac{\partial V_x}{\partial y} + V_z\frac{\partial V_x}{\partial z}\right) \left.\vphantom{\begin{array}{c}1\\1\\1\end{array}}\right\}$$

$$\rho Y - \frac{\partial p}{\partial y} + \frac{\partial \tau_{xy}}{\partial x} + \frac{\partial \tau_{yy}}{\partial y} + \frac{\partial \tau_{zy}}{\partial z} = \rho\left(\frac{\partial V_y}{\partial t} + V_x\frac{\partial V_y}{\partial x} + V_y\frac{\partial V_y}{\partial y} + V_z\frac{\partial V_y}{\partial z}\right) \qquad (10.15)$$

$$\rho Z - \frac{\partial p}{\partial z} + \frac{\partial \tau_{xz}}{\partial x} + \frac{\partial \tau_{yz}}{\partial y} + \frac{\partial \tau_{zz}}{\partial z} = \rho\left(\frac{\partial V_z}{\partial t} + V_x\frac{\partial V_z}{\partial x} + V_y\frac{\partial V_z}{\partial y} + V_z\frac{\partial V_z}{\partial z}\right)$$

式(10.15)为以应力形式表示的黏性流体运动微分方程。

对于无黏性流动 $\tau_{ij}=0$，因此方程式(10.13)变成

$$\rho\boldsymbol{R}-\boldsymbol{\nabla}p=\rho\frac{\mathrm{d}\boldsymbol{V}}{\mathrm{d}t}$$

该式即为描述理想流动的欧拉方程(Euler's equation)。

对于牛顿流体，黏性应力与流体的变形以及黏度成正比。具体关系式为

$$
\left.
\begin{aligned}
\tau_{xx} &= 2\mu\frac{\partial V_x}{\partial x}-\frac{2}{3}\mu(\boldsymbol{\nabla}\cdot\boldsymbol{V}) \\[4pt]
\tau_{yy} &= 2\mu\frac{\partial V_y}{\partial y}-\frac{2}{3}\mu(\boldsymbol{\nabla}\cdot\boldsymbol{V}) \\[4pt]
\tau_{zz} &= 2\mu\frac{\partial V_z}{\partial z}-\frac{2}{3}\mu(\boldsymbol{\nabla}\cdot\boldsymbol{V}) \\[4pt]
\tau_{xy} &= \mu\left(\frac{\partial V_y}{\partial x}+\frac{\partial V_x}{\partial y}\right) \\[4pt]
\tau_{yz} &= \mu\left(\frac{\partial V_z}{\partial y}+\frac{\partial V_y}{\partial z}\right) \\[4pt]
\tau_{zx} &= \mu\left(\frac{\partial V_x}{\partial z}+\frac{\partial V_z}{\partial x}\right)
\end{aligned}
\right\}
\tag{10.16}
$$

式(10.16)称为广义牛顿内摩擦定律。将式(10.16)代入式(10.15)，当 $\mu=$ 常数时，可得

$$\rho\frac{\mathrm{d}V_x}{\mathrm{d}t}=\rho X-\frac{\partial p}{\partial x}+\mu\left(\frac{\partial^2 V_x}{\partial x^2}+\frac{\partial^2 V_x}{\partial y^2}+\frac{\partial^2 V_x}{\partial z^2}\right)+\frac{\mu}{3}\frac{\partial(\boldsymbol{\nabla}\cdot\boldsymbol{V})}{\partial x} \tag{10.17a}$$

$$\rho\frac{\mathrm{d}V_y}{\mathrm{d}t}=\rho Y-\frac{\partial\rho}{\partial y}+\mu\left(\frac{\partial^2 V_y}{\partial x^2}+\frac{\partial^2 V_y}{\partial y^2}+\frac{\partial^2 V_y}{\partial z^2}\right)+\frac{\mu}{3}\frac{\partial(\boldsymbol{\nabla}\cdot\boldsymbol{V})}{\partial y} \tag{10.17b}$$

$$\rho\frac{\mathrm{d}V_z}{\mathrm{d}t}=\rho Z-\frac{\partial p}{\partial z}+\mu\left(\frac{\partial^2 V_z}{\partial x^2}+\frac{\partial^2 V_z}{\partial y^2}+\frac{\partial^2 V_z}{\partial z^2}\right)+\frac{\mu}{3}\frac{\partial(\boldsymbol{\nabla}\cdot\boldsymbol{V})}{\partial z} \tag{10.17c}$$

式(10.17)即为描述牛顿黏性流体运动的微分方程式，又称为纳维尔-斯托克斯(Navier-Stokes)方程，简称 N-S 方程。它是由 C. L. M. H. Navier(1785—1836) 和 Sir George G. Stokes(1819—1903) 分别独立导出的，方程即以他们的名字联合命名。

该方程可以写成矢量形式，即

$$\rho\frac{\mathrm{d}\boldsymbol{V}}{\mathrm{d}t}=\rho\boldsymbol{R}-\boldsymbol{\nabla}p+\mu\boldsymbol{\nabla}^2\boldsymbol{V}+\frac{\mu}{3}\boldsymbol{\nabla}(\boldsymbol{\nabla}\cdot\boldsymbol{V}) \tag{10.18}$$

对于不可压流动，式(10.18)为

$$\frac{\mathrm{d}\boldsymbol{V}}{\mathrm{d}t}=\boldsymbol{R}-\frac{1}{\rho}\boldsymbol{\nabla}p+\nu\boldsymbol{\nabla}^2\boldsymbol{V} \tag{10.19}$$

式中，$\nu=\dfrac{\mu}{\rho}$ 称为运动黏度；

$$\boldsymbol{\nabla}^2=\frac{\partial^2}{\partial x^2}+\frac{\partial^2}{\partial y^2}+\frac{\partial^2}{\partial z^2}$$

N-S 方程为二阶非线性偏微分方程组。在一般情况下，从数学上精确求解此方程是不可能的。但是对于一些简单的流动，如平行平板的定常层流流动、圆管内的定常层流流动等是可以得到精确解的，而且这些精确解与实验结果符合一致。

不可压流动圆柱坐标下的 N - S 方程为

$$\rho\left(\frac{\mathrm{d}V_r}{\mathrm{d}t}-\frac{V_\theta{}^2}{r}\right)=\rho R_r-\frac{\partial p}{\partial r}+\mu\left(\boldsymbol{\nabla}^2V_r-\frac{2}{r^2}\frac{\partial V_\theta}{\partial\theta}-\frac{V_r}{r^2}\right)$$

$$\left.\rho\left(\frac{\mathrm{d}V_\theta}{\mathrm{d}t}+\frac{V_rV_\theta}{r}\right)=\rho R_\theta-\frac{\partial p}{r\partial\theta}+\mu\left(\boldsymbol{\nabla}^2V_\theta+\frac{2}{r^2}\frac{\partial V_r}{\partial\theta}-\frac{V_\theta}{r^2}\right)\right\} \tag{10.20}$$

$$\rho\left(\frac{\mathrm{d}V_z}{\mathrm{d}t}\right)=\rho R_z-\frac{\partial p}{\partial z}+\mu\left(\boldsymbol{\nabla}^2V_z\right)$$

式中

$$\boldsymbol{\nabla}^2=\frac{1}{r}\frac{\partial}{\partial r}\left(r\frac{\partial}{\partial r}\right)+\frac{1}{r^2}\frac{\partial^2}{\partial\theta^2}+\frac{\partial^2}{\partial z^2}$$

10.2　微分形式的能量方程

类似于第 3.7 节,由式(3.71)同样可以针对微元控制体列出能量方程

$$\dot{Q}-\dot{W}_\mathrm{s}-\dot{W}_\mathrm{v}=\frac{\partial}{\partial t}\left(\int_{\mathrm{cv}}e\rho\,\mathrm{d}v\right)+\int_{\mathrm{cs}}\left(e+\frac{p}{\rho}\right)\rho(\boldsymbol{V}\cdot\boldsymbol{n})\mathrm{d}A \tag{10.21}$$

式中

$$e=u+\frac{1}{2}V^2+gz$$

因为在微元控制体中没有轴功,所以 $\dot{W}_\mathrm{s}=0$。采用与导出式(10.3)完全相同的方法,可以得出

$$\dot{Q}-\dot{W}_\mathrm{v}=\left[\frac{\partial(\rho e)}{\partial t}+\frac{\partial(\rho V_x\zeta)}{\partial x}+\frac{\partial(\rho V_y\zeta)}{\partial y}+\frac{\partial(\rho V_z\zeta)}{\partial z}\right]\mathrm{d}x\mathrm{d}y\mathrm{d}z \tag{10.22}$$

式中,$\zeta=e+p/\rho$。类似于式(10.4),考虑到连续方程,式(10.22)成为

$$\dot{Q}-\dot{W}_\mathrm{v}=\left(\rho\,\frac{\mathrm{d}e}{\mathrm{d}t}+p\,\boldsymbol{\nabla}\cdot\boldsymbol{V}\right)\mathrm{d}x\mathrm{d}y\mathrm{d}z \tag{10.23}$$

传热量 $\dot{Q}$ 可以分为两大类。一类是由于热传导对微元控制体的传热;另一类是辐射、化学反应等其他形式的热量传递。用 q 来表示热传导对控制体内流体在单位时间内单位面积上的传热量。下面推导由于热传导而产生的传热量。根据傅里叶热传导定律,有

$$q=-\lambda\,\boldsymbol{\nabla}T$$

式中,λ 为导热系数,与分析质量流率和动量流率相同,可以得出 6 个面上由于热传导而产生的热流率,见表 10.2。

表 10.2　控制体上的热流量

流动方向	流入的热流量	流出的热流量
x	$q_x\mathrm{d}y\mathrm{d}z$	$\left[q_x+\dfrac{\partial q_x}{\partial x}\mathrm{d}x\right]\mathrm{d}y\mathrm{d}z$
y	$q_y\mathrm{d}x\mathrm{d}z$	$\left[q_y+\dfrac{\partial q_y}{\partial y}\mathrm{d}y\right]\mathrm{d}x\mathrm{d}z$
z	$q_z\mathrm{d}x\mathrm{d}y$	$\left[q_z+\dfrac{\partial q_z}{\partial z}\mathrm{d}z\right]\mathrm{d}x\mathrm{d}y$

将 6 个面上的热流量代数求和，得出

$$\dot{Q}_k = -\left[\frac{\partial q_x}{\partial x} + \frac{\partial q_y}{\partial y} + \frac{\partial q_z}{\partial z}\right]\mathrm{d}x\mathrm{d}y\mathrm{d}z = -\boldsymbol{\nabla} \cdot \boldsymbol{q}\mathrm{d}x\mathrm{d}y\mathrm{d}z \tag{10.24}$$

将傅里叶热传导定律代入式（10.24），得出

$$\dot{Q}_k = \boldsymbol{\nabla} \cdot (\lambda\,\boldsymbol{\nabla} T)\mathrm{d}x\mathrm{d}y\mathrm{d}z \tag{10.25}$$

黏性应力所做功的功率（以下简称黏性应力的功率）等于黏性应力分量、相应的速度分量和相应的面积三项的乘积（见图 10.3），与 x 方向垂直的左侧面上黏性应力的功率为

$$\dot{W}_{v,\mathrm{LF}} = w_x\mathrm{d}y\mathrm{d}z$$

式中
$$w_x = -(V_x\tau_{xx} + V_y\tau_{xy} + V_z\tau_{xz}) \tag{10.26}$$

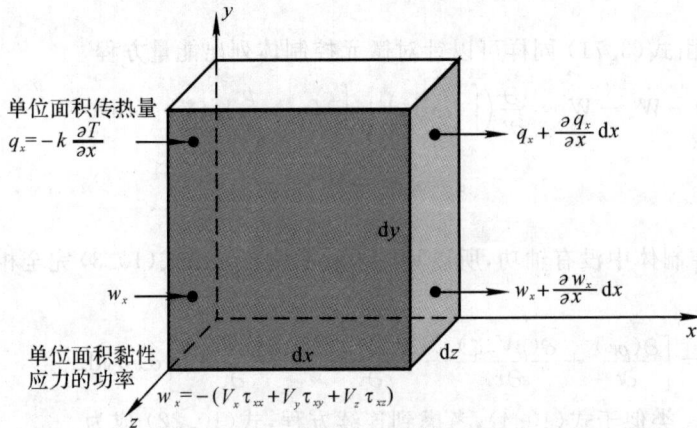

图 10.3　分析黏性应力的功率

与上述分析质量流量、动量流量和热流量完全相同，可以得出在与 x 方向垂直的两个面上黏性应力的功率为

$$\dot{W}_{vx} = -\frac{\partial}{\partial x}(V_x\tau_{xx} + V_y\tau_{xy} + V_z\tau_{xz})\mathrm{d}x\mathrm{d}y\mathrm{d}z$$

同理，可以得出另外两个方向上的功率，因此总的黏性应力的功率应为

$$\begin{aligned}
\dot{W}_v = -\Big[&\frac{\partial}{\partial x}(V_x\tau_{xx} + V_y\tau_{xy} + V_z\tau_{xz}) + \\
&\frac{\partial}{\partial y}(V_x\tau_{yx} + V_y\tau_{yy} + V_z\tau_{yz}) + \\
&\frac{\partial}{\partial z}(V_x\tau_{zx} + V_y\tau_{zy} + V_z\tau_{zz})\Big]\mathrm{d}x\mathrm{d}y\mathrm{d}z = \\
&-\boldsymbol{\nabla} \cdot (\boldsymbol{V} \cdot \boldsymbol{\tau}_{ij})\mathrm{d}x\mathrm{d}y\mathrm{d}z
\end{aligned} \tag{10.27}$$

将式（10.27）、式（10.25）代入式（10.23），便得到微分形式的能量方程为

$$\rho\frac{\mathrm{d}e}{\mathrm{d}t} + p\,\boldsymbol{\nabla} \cdot \boldsymbol{V} = \boldsymbol{\nabla} \cdot (\lambda\,\boldsymbol{\nabla} T) + \boldsymbol{\nabla} \cdot (\boldsymbol{V} \cdot \boldsymbol{\tau}_{ij}) + \rho q' \tag{10.28}$$

式中，q' 表示由于热辐射或其他原因在单位时间内传入的热量。若忽略质量力，则

$$e = u + \frac{1}{2}V^2$$

式(10.28)中黏性力做功项还可以分解为

$$\boldsymbol{\nabla} \cdot (\boldsymbol{V} \cdot \boldsymbol{\tau}_{ij}) \equiv \boldsymbol{V} \cdot (\boldsymbol{\nabla} \cdot \boldsymbol{\tau}_{ij}) + \Phi \tag{10.29}$$

式中，Φ 为黏性耗散函数。该耗散函数为

$$\Phi = \mu \left[2\left(\frac{\partial V_x}{\partial x}\right)^2 + 2\left(\frac{\partial V_y}{\partial y}\right)^2 + 2\left(\frac{\partial V_z}{\partial z}\right)^2 + \left(\frac{\partial V_y}{\partial x} + \frac{\partial V_x}{\partial y}\right)^2 + \right.$$
$$\left. \left(\frac{\partial V_z}{\partial y} + \frac{\partial V_y}{\partial z}\right)^2 + \left(\frac{\partial V_x}{\partial z} + \frac{\partial V_z}{\partial x}\right)^2 \right] - \frac{2}{3}\mu \left(\frac{\partial V_x}{\partial x} + \frac{\partial V_y}{\partial y} + \frac{\partial V_z}{\partial z}\right)^2 \tag{10.30}$$

通过式(10.30)可以看出 $\Phi \geqslant 0$，也就是说耗散项永远是正的，即黏性应力所做的功总是消耗机械能，使流体的内能增加。

将式(10.29)代入到式(10.28)中，并采用式(10.13)消去 $\boldsymbol{\nabla} \cdot \boldsymbol{\tau}_{ij}$，得到内能形式的能量方程为

$$\rho \frac{\mathrm{d}u}{\mathrm{d}t} + p(\boldsymbol{\nabla} \cdot \boldsymbol{V}) = \boldsymbol{\nabla} \cdot (\lambda \boldsymbol{\nabla} T) + \Phi + \rho q' \tag{10.31}$$

根据连续方程，有

$$p(\boldsymbol{\nabla} \cdot \boldsymbol{V}) = -\frac{p}{\rho}\frac{\mathrm{d}\rho}{\mathrm{d}t} = p\rho \frac{\mathrm{d}}{\mathrm{d}t}\left(\frac{1}{\rho}\right) \tag{10.32}$$

它表示单位时间内单位体积流体在压强 p 的作用下所做的膨胀(或压缩)功。

对于完全气体，由热力学公式

$$T \frac{\mathrm{d}s}{\mathrm{d}t} = \frac{\mathrm{d}u}{\mathrm{d}t} + p \frac{\mathrm{d}}{\mathrm{d}t}\left(\frac{1}{\rho}\right) \tag{10.33}$$

$$\frac{\mathrm{d}h}{\mathrm{d}t} = \frac{\mathrm{d}u}{\mathrm{d}t} + p \frac{\mathrm{d}}{\mathrm{d}t}\left(\frac{1}{\rho}\right) + \frac{1}{\rho}\frac{\mathrm{d}p}{\mathrm{d}t} \tag{10.34}$$

因此，可以将式(10.31)写成熵或焓的形式，即

$$\rho T \frac{\mathrm{d}s}{\mathrm{d}t} = \boldsymbol{\nabla} \cdot (\lambda \boldsymbol{\nabla} T) + \Phi + \rho q' \tag{10.35}$$

$$\rho \frac{\mathrm{d}h}{\mathrm{d}t} = \frac{\mathrm{d}p}{\mathrm{d}t} + \boldsymbol{\nabla} \cdot (\lambda \boldsymbol{\nabla} T) + \Phi + \rho q' \tag{10.36}$$

注意到

$$\mathrm{d}u = c_v \mathrm{d}T, \quad \mathrm{d}h = c_p \mathrm{d}T \tag{10.37}$$

设 c_v, c_p, λ 不变，则式(10.31)和式(10.36)又可以写成用温度表示的能量方程，即

$$\rho c_v \frac{\mathrm{d}T}{\mathrm{d}t} = -p(\boldsymbol{\nabla} \cdot \boldsymbol{V}) + \lambda \boldsymbol{\nabla}^2 T + \Phi + \rho q' \tag{10.38}$$

$$\rho c_p \frac{\mathrm{d}T}{\mathrm{d}t} = \frac{\mathrm{d}p}{\mathrm{d}t} + \lambda \boldsymbol{\nabla}^2 T + \Phi + \rho q' \tag{10.39}$$

10.3　初始条件和边界条件

通过上述的推导，得出了描述牛顿流体运动的微分方程组，共 5 个方程，包括连续方程(1个)，动量方程(3个)，能量方程(1个)，而未知量有 6 个，即 $\rho, V_x, V_y, V_z, p, u(T)$(以直角坐标为例，柱坐标结果一样)。因此，方程并不封闭，还需要补充一个热力学的关系式，即完全气体状态方程

$$p = \rho R T \tag{10.40}$$

这样包括状态方程在内，基本方程组共有 6 个方程，构成封闭的方程组。但是要得到具体的解

还要给定相应的初始和边界条件,这些条件统称为定解条件。

1. 初始条件

在初始时刻,方程组的解应该等于该时刻给定的函数值。在数学上可以表示为

当 $t = t_0$ 时,

$$\left.\begin{aligned}\boldsymbol{V}(x,y,z,t_0) &= \boldsymbol{V}_0(x,y,z)\\ p(x,y,z,t_0) &= p_0(x,y,z)\\ \rho(x,y,z,t_0) &= \rho_0(x,y,z)\\ T(x,y,z,t_0) &= T_0(x,y,z)\end{aligned}\right\} \qquad (10.41)$$

式中,$\boldsymbol{V}_0(x, y, z)$,$p_0(x, y, z)$,$\rho_0(x, y, z)$,$T_0(x, y, z)$ 均为 t_0 时刻的已知函数。

2. 边界条件

在运动流体的边界上,方程组的解所应满足的条件称为边界条件。边界条件随具体问题而定,一般来讲可能有以下几种情况:固体壁面(包括可渗透壁面)上的边界条件;不同流体分界面(包括自由液面、气液界面、液液界面)上的边界条件;无限远或管道进、出口处的边界条件等。

对于不可渗漏的固体边界速度为无滑移条件、温度为无突跃条件,即

$$\boldsymbol{V}_{\text{fluid}} = \boldsymbol{V}_{\text{wall}}, \qquad T_{\text{fluid}} = T_{\text{wall}} \qquad (10.42)$$

如果固体边界为可渗漏,则边界条件要根据具体情况来确定。

对于所有的流动进、出口截面,应给出每时刻截面上速度、压力和温度的分布。对于流体绕流物体的问题,进出口边界变成了无穷远边界,应给出无穷远边界条件。

例 10.1　用 N-S 方程导出圆管内的层流不可压缩流动的速度分布。

解　在第四章,我们曾经就圆管内不可压黏性层流流动,通过建立动力学基本方程,得到了该问题的解析解。这一问题还可以通过 N-S 方程来求解。

考虑充分发展的圆管内的不可压层流流动,圆管半径 r_0,直径为 d,采用柱坐标。设管轴为 z 轴,r 方向与 z 轴垂直,则仅有 z 方向的分速度 $V_z = V_z(r)$。取微元控制体,则由式(10.20),N-S 方程可以写为

$$-\frac{\mathrm{d}p}{\mathrm{d}z} + \mu \boldsymbol{\nabla}^2 V_z = -\frac{\mathrm{d}p}{\mathrm{d}z} + \frac{\mu}{r}\frac{\mathrm{d}}{\mathrm{d}r}\left(r\frac{\mathrm{d}V_z}{\mathrm{d}r}\right) = 0$$

对上式两边积分,考虑到 ρ 与 r 无关,则积分两次后,得

$$V_z = \frac{1}{\mu}\frac{\mathrm{d}p}{\mathrm{d}z}\frac{r^2}{4} + C_1 \ln r + C_2$$

式中的积分常数可以通过边界条件确定。当 $r = r_0$ 时,$V_z(r_0) = 0$;当 $r = 0$ 时,$V_z(0) = V_{\max}$,代入上式得

$$C_1 = 0, \qquad C_2 = -\frac{\mathrm{d}p}{\mathrm{d}z}\frac{r_0^2}{4\mu}$$

所以圆管内的速度分布为

$$V_z = \frac{1}{4\mu}\frac{\mathrm{d}p}{\mathrm{d}z}(r^2 - r_0^2)$$

例 10.2　两个相距 h 的无限大平板,如图 10.4 所示,不可压缩黏性流体在其中作一维不可压定常层流流动。用 N-S 方程求解其速度分布规律。

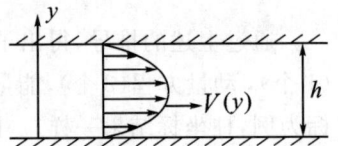

图 10.4　库埃特流动

解　设 x 方向沿流动方向,y 方向垂直于平板。由于平板无

限大,所以速度与坐标 x,z 无关,即 $V = V_x(y)$,而压强与 y,z 坐标无关。对该流动写出 N - S 方程,即由式(10.17a) 得

$$-\frac{1}{\rho}\frac{\mathrm{d}p}{\mathrm{d}x} + \nu\frac{\mathrm{d}^2 V(y)}{\mathrm{d}y^2} = 0$$

由于 $\dfrac{\mathrm{d}p}{\mathrm{d}x}$ 仅是 x 的函数,与 y 无关,因此对上式积分两次,得

$$V(y) = \frac{1}{\mu}\frac{\mathrm{d}p}{\mathrm{d}x}\left(\frac{y^2}{2} + C_1 y + C_2\right)$$

当 $y = 0$ 或 $y = h$ 时,$V(y) = 0$,代入上式得 $C_1 = -h/2, C_2 = 0$,所以库埃特黏性流动的速度分布为

$$V(y) = -\frac{1}{2\mu}\frac{\mathrm{d}p}{\mathrm{d}x}y(h - y)$$

如果将上式写成无量纲的形式,并引进无量纲的压力参数 P,则上式写为

$$\frac{V}{V_\infty} = P\frac{y}{h}\left(1 - \frac{y}{h}\right)$$

式中,$P = -\dfrac{h^2}{2\mu V_\infty}\dfrac{\mathrm{d}p}{\mathrm{d}x}$,$V_\infty$ 为特征速度。从上式可以看出,库埃特黏性流动的速度分布为抛物线规律。由于平板不动,因此在两板壁面处,速度为零;在两板中间($y/h = 1/2$)处,速度达到最大值。

对于可压黏性流动,由于速度、压强、密度和温度都在变化,因此求解的方程除了连续方程和动量方程外,还必须考虑能量方程和状态方程。求出速度、压强和温度分布后,可以进一步求出平板的阻力和热交换。关于可压的库埃特黏性流动,由于求解复杂,此处不再赘述。

10.4　雷诺方程和雷诺应力

在第四章中曾经对湍流流动的速度分布、流动特点和流动损失等作了简单的讨论。如果要知道湍流流场中的流动细节,即计算流场中各点的流动参数,就需要建立适合于湍流流动的基本方程。本节就是要导出湍流流动的雷诺方程。

从对湍流的研究可知,湍流运动中任何物理量都随时间和空间不断地变化,所以要想用 N - S 方程求解这种运动的瞬时速度是非常困难的。研究表明,虽然湍流运动十分复杂,但是它仍然遵循连续介质运动的特征和一般力学规律,因此,雷诺提出用时均值概念来研究湍流运动的方法,导出了以时间平均速度场为基础的雷诺时均 N - S 方程。

雷诺从不可压缩流体的 N - S 方程导出湍流平均运动方程(后人称此为雷诺方程),并引出雷诺应力的概念。之后,人们引用时均值概念导出湍流基本方程,使湍流运动的理论分析得到了很大的发展。

10.4.1　常用的时均运算关系式

设 A,B,C 为湍流中物理量的瞬时值,$\bar{A},\bar{B},\bar{C}$ 为物理量的时均值,A',B',C' 为物理量的脉动值,则具有下述时均运算规律。

(1) 时均量的时均值等于原来的时均值,即

$$\overline{\bar{A}} = \bar{A}$$

$$\tag{10.43}$$

因为在时间平均周期 T 内 $\overline{A}$ 是个定值,所以其时均值仍为原来的值。

(2) 脉动量的时均值等于零,即

$$\overline{A'} = 0 \tag{10.44}$$

$$\overline{A'} = \frac{1}{T}\int_0^T A'\,\mathrm{d}t = \frac{1}{T}\int_0^T (A - \overline{A})\,\mathrm{d}t = \overline{A} - \overline{A} = 0$$

(3) 瞬时物理量之和的时均值,等于各个物理量时均值之和,即

$$\overline{A + B} = \overline{A} + \overline{B} \tag{10.45}$$

$$\overline{A + B} = \frac{1}{T}\int_0^T (A + B)\,\mathrm{d}t = \frac{1}{T}\int_0^T A\,\mathrm{d}t + \frac{1}{T}\int_0^T B\,\mathrm{d}t = \overline{A} + \overline{B}$$

(4) 时均物理量与脉动物理量之积的时均值等于零,即

$$\overline{\overline{A}B'} = 0 \tag{10.46}$$

因为在平均周期内 $\overline{A}$ 是个定值,所以有

$$\overline{\overline{A}B'} = \frac{1}{T}\int_0^T \overline{A}B'\,\mathrm{d}t = \overline{A}\,\frac{1}{T}\int_0^T B'\,\mathrm{d}t = \overline{A}\,\overline{B'} = 0$$

(5) 时均物理量与瞬时物理量之积的时均值等于两个时均物理量之积,即

$$\overline{\overline{A}B} = \overline{A}\,\overline{B} \tag{10.47}$$

同样,在平均周期内 $\overline{A}$ 是个定值,所以

$$\overline{\overline{A}B} = \frac{1}{T}\int_0^T \overline{A}B\,\mathrm{d}t = \overline{A}\,\frac{1}{T}\int_0^T B\,\mathrm{d}t = \overline{A}\,\overline{B}$$

(6) 两个瞬时物理量之积的时均值,等于两个时均物理量之积与两个脉动量之积的时均值之和,即

$$\overline{AB} = \overline{A}\,\overline{B} + \overline{A'B'} \tag{10.48}$$

$$\overline{AB} = \frac{1}{T}\int_0^T AB\,\mathrm{d}t = \frac{1}{T}\int_0^T (\overline{A} + A')(\overline{B} + B')\,\mathrm{d}t = \frac{1}{T}\int_0^T (\overline{A}\,\overline{B} + A'\overline{B} + B'\overline{A} + A'B')\,\mathrm{d}t =$$

$$\overline{A}\,\overline{B} + \overline{B}\,\frac{1}{T}\int_0^T A'\,\mathrm{d}t + \overline{A}\int_0^T B'\,\mathrm{d}t + \frac{1}{T}\int_0^T A'B'\,\mathrm{d}t = \overline{A}\,\overline{B} + \overline{A'B'}$$

推论

$$\overline{ABC} = \overline{A}\,\overline{B}\,\overline{C} + \overline{A}\ \overline{B'C'} + \overline{B}\,\overline{A'C'} + \overline{C}\ \overline{A'B'} + \overline{A'B'C'} \tag{10.49}$$

(7) 瞬时物理量对空间坐标各阶导数的时均值,等于时均物理量对同一坐标的各阶导数,即

$$\left.\begin{array}{l} \dfrac{\overline{\partial^n A}}{\partial s^n} = \dfrac{\partial^n \overline{A}}{\partial s^n} \\[3mm] \dfrac{\overline{\partial^n A}}{\partial s^n} = \dfrac{1}{T}\int_0^T \dfrac{\partial^n A}{\partial s^n}\,\mathrm{d}t = \dfrac{\partial^n}{\partial s^n}\left(\dfrac{1}{T}\int_0^T A\,\mathrm{d}t\right) = \dfrac{\partial^n \overline{A}}{\partial s^n} \end{array}\right\} \tag{10.50}$$

式中,s 代表任意坐标方向,如 x,y,z。

推论　　脉动量对空间坐标各阶导数的时均值等于零,即

$$\overline{\dfrac{\partial^n A'}{\partial s^n}} = 0 \tag{10.51}$$

(8) 瞬时物理量对于时间导数的时均值,等于时均物理量对时间的导数,即

$$\overline{\dfrac{\partial A}{\partial t}} = \dfrac{\partial \overline{A}}{\partial t} \tag{10.52a}$$

在准定常的条件下,

$$\dfrac{\partial \overline{A}}{\partial t} = 0 \tag{10.52b}$$

10.4.2 湍流运动的连续方程

由于湍流流动中各物理量都具有某种统计特征的规律,所以基本方程中任一瞬间物理量都可用平均物理量和脉动物理量之和来代替,并且可以对整个方程进行时间平均的运算。

在湍流运动中,瞬时运动的速度应满足流体运动的基本方程。其连续方程为

$$\frac{\partial \rho}{\partial t} + \frac{\partial (\rho V_x)}{\partial x} + \frac{\partial (\rho V_y)}{\partial y} + \frac{\partial (\rho V_z)}{\partial z} = 0$$

对其进行时均运算

$$\overline{\frac{\partial \rho}{\partial t} + \frac{\partial (\rho V_x)}{\partial x} + \frac{\partial (\rho V_y)}{\partial y} + \frac{\partial (\rho V_z)}{\partial z}} = \overline{\frac{\partial \rho}{\partial t}} + \overline{\frac{\partial (\rho V_x)}{\partial x}} + \overline{\frac{\partial (\rho V_y)}{\partial y}} + \overline{\frac{\partial (\rho V_z)}{\partial z}} =$$

$$\frac{\partial \bar{\rho}}{\partial t} + \frac{\partial \overline{(\rho V_x)}}{\partial x} + \frac{\partial \overline{(\rho V_y)}}{\partial y} + \frac{\partial \overline{(\rho V_z)}}{\partial z} =$$

$$\frac{\partial \bar{\rho}}{\partial t} + \frac{\partial (\bar{\rho}\,\bar{V}_x + \overline{\rho' V'}_x)}{\partial x} + \frac{\partial (\bar{\rho}\,\bar{V}_y + \overline{\rho' V'}_y)}{\partial y} + \frac{\partial (\bar{\rho}\,\bar{V}_z + \overline{\rho' V'}_z)}{\partial z} =$$

$$\frac{\partial \bar{\rho}}{\partial t} + \frac{\partial (\bar{\rho}\,\bar{V}_x)}{\partial x} + \frac{\partial (\bar{\rho}\,\bar{V}_y)}{\partial y} + \frac{\partial (\bar{\rho}\,\bar{V}_z)}{\partial z} + \frac{\partial (\overline{\rho' V'}_x)}{\partial x} + \frac{\partial (\overline{\rho' V'}_y)}{\partial y} + \frac{\partial (\overline{\rho' V'})}{\partial z}$$

所以可压湍流运动的连续方程为

$$\frac{\partial \bar{\rho}}{\partial t} + \frac{\partial (\bar{\rho}\,\bar{V}_x)}{\partial x} + \frac{\partial (\bar{\rho}\,\bar{V}_y)}{\partial y} + \frac{\partial (\bar{\rho}\,\bar{V}_z)}{\partial z} + \frac{\partial (\overline{\rho' V'}_x)}{\partial x} + \frac{\partial (\overline{\rho' V'}_y)}{\partial y} + \frac{\partial (\overline{\rho' V'}_z)}{\partial z} = 0$$

与瞬时值的连续方程相比,多出了三项脉动量乘积的时均值的导数。

对于不可压湍流运动,$\rho = C$,$\frac{\partial \rho}{\partial t} = 0$,则连续方程可化为

$$\frac{\partial \bar{V}_x}{\partial x} + \frac{\partial \bar{V}_y}{\partial y} + \frac{\partial \bar{V}_z}{\partial z} = 0 \tag{10.53a}$$

并可得到

$$\frac{\partial V'_x}{\partial x} + \frac{\partial V'_y}{\partial y} + \frac{\partial V'_z}{\partial z} = 0 \tag{10.53b}$$

可见,对不可压湍流运动,时均运动和脉动运动的连续方程和瞬时运动的连续方程具有相同的形式。

10.4.3 雷诺方程

对于不可压黏性流动,在不考虑质量力的情况下,湍流运动的瞬时速度应满足不可压缩黏性流体的 N－S 方程,即

$$\left.\begin{array}{l}
\dfrac{\partial V_x}{\partial t} + V_x \dfrac{\partial V_x}{\partial x} + V_y \dfrac{\partial V_x}{\partial y} + V_z \dfrac{\partial V_x}{\partial z} = -\dfrac{1}{\rho}\dfrac{\partial p}{\partial x} + \nu\left(\dfrac{\partial^2 V_x}{\partial x^2} + \dfrac{\partial^2 V_x}{\partial y^2} + \dfrac{\partial^2 V_x}{\partial z^2}\right) \\[2mm]
\dfrac{\partial V_y}{\partial t} + V_x \dfrac{\partial V_y}{\partial x} + V_y \dfrac{\partial V_y}{\partial y} + V_z \dfrac{\partial V_y}{\partial z} = -\dfrac{1}{\rho}\dfrac{\partial p}{\partial y} + \nu\left(\dfrac{\partial^2 V_y}{\partial x^2} + \dfrac{\partial^2 V_y}{\partial y^2} + \dfrac{\partial^2 V_y}{\partial z^2}\right) \\[2mm]
\dfrac{\partial V_z}{\partial t} + V_x \dfrac{\partial V_z}{\partial x} + V_y \dfrac{\partial V_z}{\partial y} + V_z \dfrac{\partial V_z}{\partial z} = -\dfrac{1}{\rho}\dfrac{\partial p}{\partial z} + \nu\left(\dfrac{\partial^2 V_z}{\partial x^2} + \dfrac{\partial^2 V_z}{\partial y^2} + \dfrac{\partial^2 V_z}{\partial z^2}\right)
\end{array}\right\} \tag{10.54a}$$

利用不可压流动瞬时运动的连续方程

$$\frac{\partial V_x}{\partial x} + \frac{\partial V_y}{\partial y} + \frac{\partial V_z}{\partial z} = 0$$

可将式(10.54a)改写成

$$\left.\begin{array}{l}\dfrac{\partial V_x}{\partial t}+\dfrac{\partial(V_xV_x)}{\partial x}+\dfrac{\partial(V_xV_y)}{\partial y}+\dfrac{\partial(V_xV_z)}{\partial z}=-\dfrac{1}{\rho}\dfrac{\partial p}{\partial x}+\nu\left(\dfrac{\partial^2 V_x}{\partial x^2}+\dfrac{\partial^2 V_x}{\partial y^2}+\dfrac{\partial^2 V_x}{\partial z^2}\right)\\[3mm]\dfrac{\partial V_y}{\partial t}+\dfrac{\partial(V_xV_y)}{\partial x}+\dfrac{\partial(V_yV_y)}{\partial y}+\dfrac{\partial(V_zV_y)}{\partial z}=-\dfrac{1}{\rho}\dfrac{\partial p}{\partial y}+\nu\left(\dfrac{\partial^2 V_y}{\partial x^2}+\dfrac{\partial^2 V_y}{\partial y^2}+\dfrac{\partial^2 V_y}{\partial z^2}\right)\\[3mm]\dfrac{\partial V_z}{\partial t}+\dfrac{\partial(V_xV_z)}{\partial x}+\dfrac{\partial(V_yV_z)}{\partial y}+\dfrac{\partial(V_zV_z)}{\partial z}=-\dfrac{1}{\rho}\dfrac{\partial p}{\partial z}+\nu\left(\dfrac{\partial^2 V_z}{\partial x^2}+\dfrac{\partial^2 V_z}{\partial y^2}+\dfrac{\partial^2 V_z}{\partial z^2}\right)\end{array}\right\}\quad(10.54\text{b})$$

然后对式(10.54b)中的第一式进行时间平均运算,则有

$$\frac{\partial \overline{V_x}}{\partial t}+\frac{\partial \overline{V_xV_x}}{\partial x}+\frac{\partial \overline{V_xV_y}}{\partial y}+\frac{\partial \overline{V_xV_z}}{\partial z}=-\frac{1}{\rho}\frac{\partial \overline{p}}{\partial x}+\nu\left(\frac{\partial^2 \overline{V_x}}{\partial x^2}+\frac{\partial^2 \overline{V_x}}{\partial y^2}+\frac{\partial^2 \overline{V_x}}{\partial z^2}\right)\qquad(10.55)$$

由于 $V_x=\overline{V}_x+V'_x$,应用时均物理量与脉动物理量之积的时均值等于零的运算规则,即 $\overline{AB'}=0,\overline{BA'}=0$,可得

$$\overline{V_xV_x}=\overline{V}_x\overline{V}_x+\overline{V'_xV'_x},\qquad \overline{V_xV_y}=\overline{V}_x\overline{V}_y+\overline{V'_xV'_y},\qquad \overline{V_xV_z}=\overline{V}_x\overline{V}_z+\overline{V'_xV'_z}$$

这样,式(10.55)经过化简后,可表示为

$$\rho\left(\frac{\partial \overline{V_x}}{\partial t}+\frac{\partial(\overline{V}_x\overline{V}_x)}{\partial x}+\frac{\partial(\overline{V}_x\overline{V}_y)}{\partial y}+\frac{\partial(\overline{V}_x\overline{V}_z)}{\partial z}\right)=$$

$$-\frac{\partial \overline{p}}{\partial x}+\mu\left(\frac{\partial^2 \overline{V}_x}{\partial x^2}+\frac{\partial^2 \overline{V}_x}{\partial y^2}+\frac{\partial^2 \overline{V}_x}{\partial z^2}\right)+\frac{\partial(-\rho\,\overline{V'_xV'_x})}{\partial x}+\frac{\partial(-\rho\,\overline{V'_xV'_y})}{\partial y}+\frac{\partial(-\rho\,\overline{V'_xV'_z})}{\partial z}$$

再应用时均运动的连续方程式(10.53a),上式可化为

$$\left.\begin{array}{l}\rho\left(\dfrac{\partial \overline{V_x}}{\partial t}+\overline{V}_x\dfrac{\partial \overline{V}_x}{\partial x}+\overline{V}_y\dfrac{\partial \overline{V}_x}{\partial y}+\overline{V}_z\dfrac{\partial \overline{V}_x}{\partial z}\right)=-\dfrac{\partial \overline{p}}{\partial x}+\mu\left(\dfrac{\partial^2 \overline{V}_x}{\partial x^2}+\dfrac{\partial^2 \overline{V}_x}{\partial y^2}+\dfrac{\partial^2 \overline{V}_x}{\partial z^2}\right)+\\[3mm]\dfrac{\partial(-\rho\,\overline{V'_xV'_x})}{\partial x}+\dfrac{\partial(-\rho\,\overline{V'_xV'_y})}{\partial y}+\dfrac{\partial(-\rho\,\overline{V'_xV'_z})}{\partial z}\\[3mm]\text{同理,可得}\\[3mm]\rho\left(\dfrac{\partial \overline{V_y}}{\partial t}+\overline{V}_x\dfrac{\partial \overline{V}_y}{\partial x}+\overline{V}_y\dfrac{\partial \overline{V}_y}{\partial y}+\overline{V}_z\dfrac{\partial \overline{V}_y}{\partial z}\right)=-\dfrac{\partial \overline{p}}{\partial y}+\mu\left(\dfrac{\partial^2 \overline{V}_y}{\partial x^2}+\dfrac{\partial^2 \overline{V}_y}{\partial y^2}+\dfrac{\partial^2 \overline{V}_y}{\partial z^2}\right)+\\[3mm]\dfrac{\partial(-\rho\,\overline{V'_xV'_y})}{\partial x}+\dfrac{\partial(-\rho\,\overline{V'_yV'_y})}{\partial y}+\dfrac{\partial(-\rho\,\overline{V'_yV'_z})}{\partial z}\\[3mm]\rho\left(\dfrac{\partial \overline{V_z}}{\partial t}+\overline{V}_x\dfrac{\partial \overline{V}_z}{\partial x}+\overline{V}_y\dfrac{\partial V_z}{\partial y}+\overline{V}_z\dfrac{\partial \overline{V}_z}{\partial z}\right)=-\dfrac{\partial \overline{p}}{\partial z}+\mu\left(\dfrac{\partial^2 \overline{V}_z}{\partial x^2}+\dfrac{\partial^2 \overline{V}_z}{\partial y^2}+\dfrac{\partial^2 \overline{V}_z}{\partial z^2}\right)+\\[3mm]\dfrac{\partial(-\rho\,\overline{V'_xV'_z})}{\partial x}+\dfrac{\partial(-\rho\,\overline{V'_yV'_z})}{\partial y}+\dfrac{\partial(-\rho\,\overline{V'_zV'_z})}{\partial z}\end{array}\right\}\quad(10.56)$$

方程组式(10.56)就是著名的不可压缩流体作湍流运动时的时均运动方程,称为雷诺方程。

将时均运动方程式(10.56)和 N-S 方程式(10.54a)相比可以看出,湍流中的应力,除了由于黏性所产生的应力外,还有由于湍流脉动运动所形成的附加应力,这些附加应力称为雷诺应力。雷诺方程与 N-S 方程在形式上是相同的,只不过在黏性应力项中多出了附加的湍流应力项。

以上导出的雷诺方程和连续方程中,除了要求解的 4 个变量 V_x,V_y,V_z 和 p 外,还有与脉动速度有关的如 $\overline{V'_xV'_x},\overline{V'_xV'_y}$ 等 6 个未知数。4 个方程中有 10 个未知数,即方程组不封闭。要使方程组封闭,必须补充其他未知量的关系式才能够进行求解。

10.4.4　雷诺应力

将雷诺方程与黏性流体应力形式的动量方程进行比较,由式(10.56)可以看出,在湍流的

时均运动方程中，除了原有的黏性应力分量外，还多出了由脉动速度乘积的时均值 $-\rho\,\overline{V'_xV'_x}$，$-\rho\,\overline{V'_xV'_y}$ 等构成的附加项，这些附加项构成了一个对称的二阶张量 $\boldsymbol{G}$，即

$$\boldsymbol{G}=\begin{bmatrix} -\rho\,\overline{V'_xV'_x} & -\rho\,\overline{V'_xV'_y} & -\rho\,\overline{V'_xV'_z} \\ -\rho\,\overline{V'_xV'_y} & -\rho\,\overline{V'_yV'_y} & -\rho\,\overline{V'_yV'_z} \\ -\rho\,\overline{V'_xV'_z} & -\rho\,\overline{V'_yV'_z} & -\rho\,\overline{V'_zV'_z} \end{bmatrix} \tag{10.57}$$

式(10.57)中的各项构成了所谓的雷诺应力。雷诺应力的物理意义可理解如下。

在稳定湍流中的某点 M 处取一微元六面体（见图 10.5(a)），考察过点 M 取与 x 方向垂直的某微元面，其面积为 $\mathrm{d}A_1$。在单位时间内通过单位面积的动量为 ρV_x^2，其时均值为

$$\overline{\rho V_x^2}=\rho\overline{V}_x^2+\rho\,\overline{V'_xV'_x} \tag{10.58}$$

式(10.58)等号左端是单位时间内通过垂直于 x 方向的单位面积所传递的真实动量的平均值；等号右端第一项是同一时间内通过同一面积所传递的按时均速度计算的动量，第二项是由于 x 方向上速度脉动所传递的动量。根据动量定理，通过 $\mathrm{d}A_1$ 面有动量传递，那么在 $\mathrm{d}A_1$ 面上就有力的作用。式(10.58)中各项都具有力的量纲，从而证明了在湍流情况下，沿 x 方向的时均真实应力，应等于时均运动情况下 x 方向上的应力加上由于湍流中的 x 方向脉动引起的附加应力。对 $\mathrm{d}A_1$ 面来说，附加应力 $\rho\,\overline{V'_xV'_x}$ 与它垂直，所以是法向应力，因此称之为附加湍流正应力。

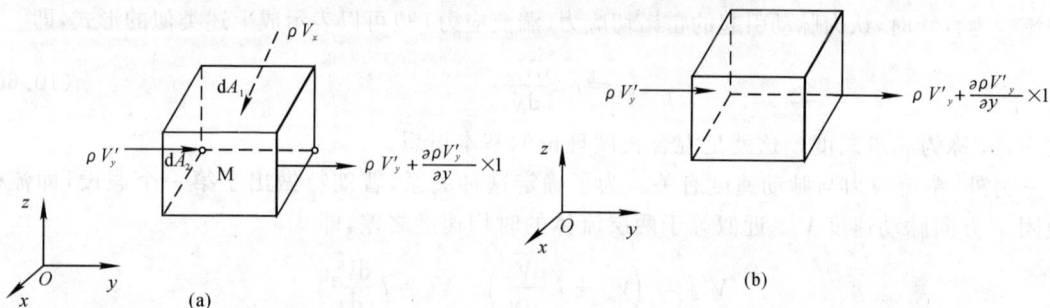

图 10.5　湍流应力分析

由于在点 M 处沿 y 方向上有脉动速度 V'_y，则在单位时间内通过微元面 $\mathrm{d}A_2$（垂直于 y 方向）上的单位面积流入的质量为 $\rho V'_y$，如图 10.5(a)所示。这部分流体本身具有 x 方向的速度 $V_x=\overline{V}_x+V'_x$，因而随之传递的 x 方向上的动量为 $\rho V'_yV_x$，其时均值为

$$\overline{\rho V'_yV_x}=\overline{\rho V'_y(\overline{V}_x+V'_x)}=\overline{\rho V'_y\overline{V}_x}+\overline{\rho V'_yV'_x}$$

根据时均运算关系式，$\overline{\rho V'_y\overline{V}_x}=0$，所以

$$\overline{\rho V'_yV_x}=\rho\,\overline{V'_yV'_x} \tag{10.59a}$$

图 10.5(b)表示一个单位长度的流体微团因 y 方向的速度脉动 V'_y，而在单位时间内通过单位面积上增加的 x 方向上的动量的时均值，即

$$\overline{\rho V'_yV'_x}-\overline{\left(\rho V'_yV'_x+\frac{\partial(\rho V'_yV'_x)}{\partial y}\times 1\right)}=\frac{\partial(-\rho\,\overline{V'_yV'_x})}{\partial y} \tag{10.59b}$$

式(10.59a)表明，在单位时间内通过垂直于 y 方向的 $\mathrm{d}A_2$ 面的单位面积所传递出去的 x 方向动量为 $\rho\,\overline{V'_yV'_x}$，因而该单位面积就受到一个沿 x 方向的、大小为 $\rho\,\overline{V'_yV'_x}$ 的作用力。式(10.59b)说明了这个力的变化量。可以理解为：当流体质点由时均速度较高的流体层向时均

速度较低的流体层脉动时由于脉动引起的动量传递,使低速层被加速;反过来,如果脉动由低速层向高速层发生,高速层被减速,因此这两层流体在 x 方向上各受到切应力的作用。$\rho\overline{V'_y V'_x}$ 是湍流中流体微团的脉动造成的,称为附加湍流切应力。

湍流正应力和湍流切应力统称为雷诺应力。

10.4.5　普朗特混合长度理论

从雷诺方程可以看出,由于湍流运动采用了时均方法,在运动方程中出现了雷诺应力,从而增加了方程中的未知量,因此需要补充新的关系式才能求解。如果补充的关系式是一个代数方程,而不需要补充任何附加的微分方程来求解时均流场,则称这种模型为零方程模型;若补充的关系式是一个微分方程(如湍流脉动动能方程),则称为一方程模型;若是两个微分方程,则称为双方程模型;等等。本节所讨论的普朗特混合长度理论即是所谓的代数模型(零方程模型)。

混合长度理论是基于经验性的一个经过实验验证的理论模型。在许多问题中得到了较好的应用。其基本思想是如果能够找出湍流应力与其他流场参数之间的关系,即找到了这些物理量的补充关系式,就可以使方程组封闭。为此,普朗特把湍流脉动与气体分子运动相比拟,认为雷诺应力是由流体微团的脉动引起的,它和分子运动引起黏性应力的情况十分相似。在定常层流直线运动中,由分子动量输运而引起的黏性切应力 $\tau_l = \mu \mathrm{d}V_x/\mathrm{d}y$,与此相对应,当湍流时均流动的流线为直线时,认为脉动引起的雷诺切应力(湍流应力)也可以表示成上述类似的形式,即

$$\tau_t = \mu_t \frac{\mathrm{d}\overline{V}_x}{\mathrm{d}y} \tag{10.60}$$

式中,μ_t 称为湍流黏度。这就是混合长度理论的基本思想。

另外,湍流应力与脉动速度有关。为了确定这种关系,普朗特做出了第一个假设,即流体微团 x 方向脉动速度 V'_x 近似等于两层流体的时均速度之差,即

$$V'_x \approx \left(\overline{V}_x + l\frac{\mathrm{d}\overline{V}_x}{\mathrm{d}y}\right) - \overline{V}_x = l\frac{\mathrm{d}\overline{V}_x}{\mathrm{d}y}$$

　　这一假设的基础是认为流体微团在 y 方向脉动,从这一层跳入另一层时,要经过一段与其他流体微团不相碰撞的距离 l(见图 10.6),在这段距离上速度保持不变。这个距离 l 称为混合长度,它是流体微团在湍流运动中的自由行程的平均值。经过 l 距离后,流体微团以自己原来的动量进入另一层和周围流体相掺混。

　　从图 10.6 上可以看出,$(y+l)$ 层上的流体质点脉动到 y 层时,其速度比 y 层上的流体时均速度大 $l\mathrm{d}\overline{V}_x/\mathrm{d}y$。它引起 y 层上流体速度有一个正的脉动,其值为 $V'_x = l\mathrm{d}\overline{V}_x/\mathrm{d}y$。同理,当流体微团从 y 层脉动到 $(y+l)$ 层时,使 $(y+l)$ 层的流体有一个负的脉动速度,其大小也是 $l\mathrm{d}\overline{V}_x/\mathrm{d}y$。

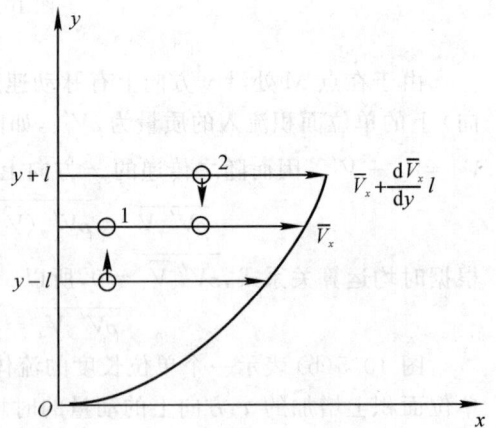

图 10.6　湍流的混合长度

普朗特又做出第二个假设。他认为 y 方向的脉动速度 V'_y 和 V'_x 成正比。其根据可用图 10.6 说明。两层流体混合时,由于上、下两层流体的速度差为 $l\mathrm{d}\overline{V}_x/\mathrm{d}y$,且两层流体的质点间

相互作用,从而引起横向脉动,其速度为 V'_y,因此该速度必然与速度差 $l\mathrm{d}\overline{V}_x/\mathrm{d}y$ 有关,且两者具有相同的数量级。考虑到 V'_y 与 V'_x 的符号相反,因此有

$$-V'_y = CV'_x \approx Cl\frac{\mathrm{d}\overline{V}_x}{\mathrm{d}y}$$

普朗特引入了混合长度的概念,确定了脉动速度 V'_x,V'_y 的大小与时均速度梯度之间的关系,从而确定湍流切应力的大小,即

$$\tau_\mathrm{t} = -\rho\,\overline{V'_x V'_y} = -\rho\,\frac{1}{T}\int_0^T V'_x V'_y\,\mathrm{d}t = \rho\,\frac{1}{T}\int_0^T C\left(l\frac{\mathrm{d}\overline{V}_x}{\mathrm{d}y}\right)^2\mathrm{d}t = \rho Cl^2\left(\frac{\mathrm{d}\overline{V}_x}{\mathrm{d}y}\right)^2$$

式中,混合长度 l 尚未确定,因此可取 $C=1$。这样湍流切应力就可以写为

$$\tau_\mathrm{t} = -\rho\,\overline{V'_x V'_y} = \rho l^2\left(\frac{\mathrm{d}\overline{V}_x}{\mathrm{d}y}\right)^2$$

考虑到湍流切应力 τ_t 的符号应与黏性切应力 τ_l 的符号相同,为标出符号,上式可写成

$$\tau_\mathrm{t} = \rho l^2\left|\frac{\mathrm{d}\overline{V}_x}{\mathrm{d}y}\right|\frac{\mathrm{d}\overline{V}_x}{\mathrm{d}y} = \mu_\mathrm{t}\frac{\mathrm{d}\overline{V}_x}{\mathrm{d}y} \tag{10.61}$$

式中,$\mu_\mathrm{t} = \rho l^2\left|\dfrac{\mathrm{d}\overline{V}_x}{\mathrm{d}y}\right|$,混合长度 l 一般需要实验确定。

10.5　附面层基本知识

10.5.1　附面层的概念

1. 附面层厚度及流动阻力

黏性是流体的重要属性。根据流体黏性的特点,在靠近物体表面处,流体将黏附在物面上而流速为零,即满足无滑移条件。而沿物面的法线方向上,流速逐渐增加,到某一距离处,流速与外边界速度近似相等。通常定义靠近物体表面,存在较大速度梯度的薄层称为附面层或边界层。当 $V=0.99V_0$(V_0 为附面层外边界的速度)时的垂直物面的法向距离为附面层厚度,用 δ 表示。在航空上,有实际意义的问题大多属于大雷诺数下的流动问题,且靠近物体表面速度梯度很大的这一层都是很薄的,因此附面层厚度 δ 是个小量。气流流过物体表面的距离越长,附面层厚度也越大,即附面层厚度随气流流过物体的距离而增加。黏性影响较大的另一种情况是流体在物体后面形成所谓的尾迹区。由于附面层和尾迹区内黏性的作用较强,黏性切应力作用较大,因而形成流动阻力。显然,该阻力产生的根源是流体与物体表面之间的摩擦以及附面层分离引起的。之外,在由于附面层脱离后形成的尾迹区中,还会导致物体表面上产生流动方向的压力差,因而形成所谓的压差阻力。

在附面层外边界,流速接近于外边界速度,因此附面层外边界的速度梯度很小。而空气的黏度也很小,所以在附面层之外,可以忽略黏性的影响,而作为理想流动来处理。总之,在靠近物体表面的附面层内以及在物体之后的尾迹区内,黏性都有显著的影响。

2. 附面层中沿物面的法向压强保持近似不变

在附面层内,除了速度梯度 $\dfrac{\partial V}{\partial y}$ 很大外,还有另外一个重要的特点,对于物面曲率半径比较大,即物面不太弯曲的情况,沿着其物面的法线方向流体压强保持近似不变。如果测量流体流过

平板的附面层内沿 y 方向的压强梯度,则可以得到在附面层内压强 p 沿 y 方向不变,即 $\dfrac{\partial p}{\partial y} = 0$。该结论非常重要,它可以使附面层运动方程大大简化;同时,它还使得理想流体的结论具有实际意义。按理想流体理论计算附面层外边界的压强分布后,即可得到物面上对应点的压强。

3. 位移厚度 δ^*(流量损失厚度或排移厚度)

所谓的位移厚度 δ^* 就是由于附面层内速度降低(流量有损失)而要求流道加宽的厚度。

设物体上某点处的附面层厚度为 δ,如图 10.7 所示,垂直纸面方向为单位宽度,则由于附面层内的流动速度减小,使得实际流过附面层内的质量流量比没有附面层(理想流体时)减少了,所减少的质量流量为

$$\int_0^\delta (\rho_0 V_0 - \rho V_x)\,\mathrm{d}y$$

式中,ρ_0,V_0 分别是附面层外边界的理想流体的密度和速度;ρ,V_x 分别是附面层内流体的密度和速度。这些减少的质量流量要在主流中挤出 δ^* 的距离才能流过去。因此,它应等于以理想流体(ρ_0,V_0)流过 δ^* 距离上的质量流量,即

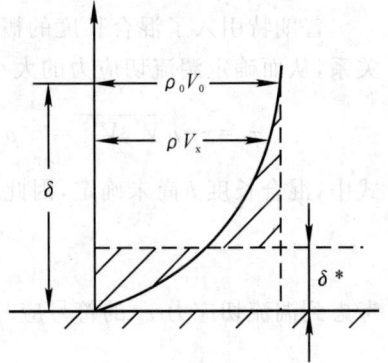

图 10.7 附面层位移厚度

$$\rho_0 V_0 \delta^* = \int_0^\delta (\rho_0 V_0 - \rho V_x)\,\mathrm{d}y$$

所以,得

$$\delta^* = \int_0^\delta \left(1 - \frac{\rho V_x}{\rho_0 V_0}\right)\mathrm{d}y \tag{10.62}$$

由此可见,在质量流量相等的条件下,犹如将理想流体的流动区域自物面向外移动了一个 δ^* 的距离。它表示了由于黏性的作用,附面层内流体质量流量相对理想流体减小的程度。

对于不可压缩流体,式(10.62)可改写为

$$\delta^* = \int_0^\delta \left(1 - \frac{V_x}{V_0}\right)\mathrm{d}y \tag{10.63}$$

根据以上的分析,如果按理想流体设计的型面,为了使相同质量流量的黏性流体能够通过,则物面应向外移动一个 δ^* 的距离。

位移厚度的概念,对于流动方向要求严格的流道设计具有重要的意义。特别是对于管道内出现声速截面时,附面层会使实际流过通道的流量减少。这时,应对按理想流体设计出来的管道壁面进行修正。

例如,设计喷管时,通常先把喷管中的流动看成是无黏性的,求喷管的理想型线,然后考虑黏性的影响,把理想型线上的各点都增加当地位移厚度 δ^*。

4. 动量损失厚度 δ^{**}

由于附面层内的流速小于理想流体的流速,因此附面层内流体的动量也会减小。通过附面层厚度 δ 的流体实际具有的动量为 $\int_0^\delta \rho V_x^2\,\mathrm{d}y$,此部分流体若以附面层外边界上理想流体速度 V_0 运动时,所具有的动量为 $\int_0^\delta \rho V_x V_0\,\mathrm{d}y$。因此其动量损失应等于单位时间内以速度 V_0、密度 ρ_0 流过一面积为 δ^{**}(厚度)$\times 1$(宽度)的流体所具有的动量,即

$$\rho_0 V_0^2 \delta^{**} = \int_0^\delta \rho V_x V_0 \, \mathrm{d}y - \int_0^\delta \rho V_x^2 \, \mathrm{d}y$$

δ^{**} 称为动量损失厚度，即

$$\delta^{**} = \int_0^\delta \frac{\rho V_x}{\rho_0 V_0}\left(1 - \frac{V_x}{V_0}\right) \mathrm{d}y \tag{10.64}$$

对不可压缩流体，$\rho_0 = \rho$，则

$$\delta^{**} = \int_0^\delta \frac{V_x}{V_0}\left(1 - \frac{V_x}{V_0}\right) \mathrm{d}y \tag{10.65}$$

由式(10.63)和式(10.65)可以看出，位移厚度和动量损失厚度与附面层内的速度分布和附面层厚度有关，通常用比值 $H = \delta^*/\delta^{**}$ 表示附面层内速度分布形状的参数，H 称为形状因子。H 越大，说明附面层内的速度分布越呈现凹形状，如图 10.8(a) 所示；H 越小，速度分布越饱满，如图 10.8(b) 所示。因此可见，湍流附面层的形状因子比层流的

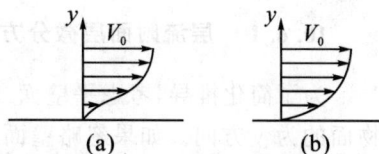

图 10.8　附面层速度分布

小，这是由于湍流流动中流体质点横向脉动的动量变换，使附面层内的速度分布更加均匀。工程中常用形状因子来判定附面层是否出现分离。一般认为，当 $H \geqslant 3.5$ 时，层流附面层会发生分离。而当 $H \geqslant 1.4 \sim 1.75$ 时，湍流附面层会发生分离。

10.5.2　附面层的转捩

根据雷诺实验，黏性流体存在着两种流态，即层流和湍流。附面层流动和管流一样有层流附面层和湍流附面层之分。实验观察表明，流体从物体前缘开始，先形成层流附面层。层流附面层的存在有一个极限情况，超过此极限时，层流处于不稳定状态，并逐渐过渡为湍流附面层。图 10.9 所示是均匀来流流过平板时的流动图形。图中，$O-A$ 称为层流附面层段，$A-B$ 称为转捩段，转捩起点 A 距平板前缘的距离用 X_T 表示，对应于转捩点 A 的雷诺数称为临界雷诺数，即 $Re_{cr} = \dfrac{V_\infty X_T}{\nu}$，通常转捩雷诺数的大小要由实验确定。一般地，对于绕平板的流动，$Re_{cr} = 5 \times 10^5 \sim 3 \times 10^6$。经过转捩段 $A-B$ 后，即 $Re > Re_{cr}$，附面层转变为湍流。由 Re_{cr} 可以得到转捩点的位置，即

$$X_T = \frac{\mu Re_{cr}}{\rho V_\infty} \tag{10.66}$$

由式(10.66)可见，转捩点的位置与流体的黏度、密度、来流速度和临界雷诺数有关。

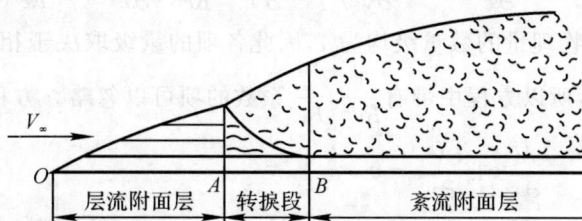

图 10.9　平板上的附面层

参考文献[5]引用了米歇尔(Michel)基于实验提出的转捩点位置 X_T 处的雷诺数和相应的动量损失厚度为参考长度的雷诺数之间的关系为

$$Re_{\delta^{**}} \approx 2.9 Re_{X_T} \tag{10.67a}$$

参考文献[6]给出了经过改进的半经验公式为

$$Re_{\delta^{**}} \approx 1.718Re_{X_T}^{0.435}, \quad 0.3 < Re_{x_T} \times 10^{-6} < 20 \tag{10.67b}$$

只要速度分布光滑和表面光滑,式(10.67)即是确定转捩点位置较好的方法。

10.6　附面层微分方程

附面层概念的提出,可以将黏性流动的求解简化为求解附面层内的流动和附面层外的理想流动;可以根据附面层的特点对 N-S 方程进行简化,得到求解附面层的微分方程。

10.6.1　层流附面层微分方程

为了简化推导,考虑平壁面二维不可压层流流动,取平行于物面的方向为 x 方向,垂直于物面的为 y 方向。如果忽略壁面曲率和质量力的影响,则连续方程和 N-S 方程可表示为

$$\left.\begin{array}{l} \dfrac{\partial V_x}{\partial x} + \dfrac{\partial V_y}{\partial y} = 0 \\[3mm] \dfrac{\partial V_x}{\partial t} + V_x \dfrac{\partial V_x}{\partial x} + V_y \dfrac{\partial V_x}{\partial y} = -\dfrac{1}{\rho}\dfrac{\partial p}{\partial x} + \nu\left(\dfrac{\partial^2 V_x}{\partial x^2} + \dfrac{\partial^2 V_x}{\partial y^2}\right) \\[3mm] \dfrac{\partial V_y}{\partial t} + V_x \dfrac{\partial V_y}{\partial x} + V_y \dfrac{\partial V_y}{\partial y} = -\dfrac{1}{\rho}\dfrac{\partial p}{\partial y} + \nu\left(\dfrac{\partial^2 V_y}{\partial x^2} + \dfrac{\partial^2 V_y}{\partial y^2}\right) \end{array}\right\} \tag{10.68}$$

为了简化式(10.68),对它进行无量纲化。根据附面层流动的特点,选取附面层外边界速度 V_0、物体的特征长度 L、附面层厚度 δ 及密度 ρ 为特征量,对式(10.68)进行无量纲化,即令

$$\left.\begin{array}{l} \bar{x} = \dfrac{x}{L}, \quad \bar{y} = \dfrac{y}{\delta} = \dfrac{y}{L/\sqrt{Re}}, \quad \bar{t} = \dfrac{t}{L/V_0} \\[3mm] \bar{V}_x = \dfrac{V_x}{V_0}, \quad \bar{p} = \dfrac{p}{\rho V_0^2}, \quad \bar{V}_y = \dfrac{V_y}{V_0/\sqrt{Re}} \end{array}\right\} \tag{10.69}$$

式中,$Re = \dfrac{\rho V_0 L}{\mu}$。将式(10.69)代入基本方程式(10.68),可得

$$\left.\begin{array}{l} \dfrac{\partial \bar{V}_x}{\partial \bar{x}} + \dfrac{\partial \bar{V}_y}{\partial \bar{y}} = 0 \\[3mm] \dfrac{\partial \bar{V}_x}{\partial \bar{t}} + \bar{V}_x \dfrac{\partial \bar{V}_x}{\partial \bar{x}} + \bar{V}_y \dfrac{\partial \bar{V}_x}{\partial \bar{y}} = -\dfrac{\partial \bar{p}}{\partial \bar{x}} + \dfrac{1}{Re}\dfrac{\partial^2 \bar{V}_x}{\partial \bar{x}^2} + \dfrac{\partial^2 \bar{V}_x}{\partial \bar{y}^2} \\[3mm] \dfrac{1}{Re}\left(\dfrac{\partial \bar{V}_y}{\partial \bar{t}} + \bar{V}_x \dfrac{\partial \bar{V}_y}{\partial \bar{x}} + \bar{V}_y \dfrac{\partial \bar{V}_y}{\partial \bar{y}}\right) = -\dfrac{\partial \bar{p}}{\partial \bar{y}} + \dfrac{1}{Re^2}\left(\dfrac{\partial^2 \bar{V}_y}{\partial \bar{x}^2}\right) + \dfrac{1}{Re}\left(\dfrac{\partial^2 \bar{V}_y}{\partial \bar{y}^2}\right) \end{array}\right\} \tag{10.70}$$

式中,符号上带"—"的物理量的数量级均为 1,因此各项的量级取决于相应的系数的量级。由于在附面层中 $Re \gg 1$,所以方程中带有 $\dfrac{1}{Re^2}$,$\dfrac{1}{Re}$ 系数的项可以忽略。方程变为

$$\left.\begin{array}{l} \dfrac{\partial \bar{V}_x}{\partial \bar{x}} + \dfrac{\partial \bar{V}_y}{\partial \bar{y}} = 0 \\[3mm] \dfrac{\partial \bar{V}_x}{\partial \bar{t}} + \bar{V}_x \dfrac{\partial \bar{V}_x}{\partial \bar{x}} + \bar{V}_y \dfrac{\partial \bar{V}_x}{\partial \bar{y}} = -\dfrac{\partial \bar{p}}{\partial \bar{x}} + \dfrac{\partial^2 \bar{V}_x}{\partial \bar{y}^2} \\[3mm] \dfrac{\partial \bar{p}}{\partial \bar{y}} = 0 \end{array}\right\} \tag{10.71}$$

利用式(10.69),可将式(10.71)还原为有量纲形式的方程,即

$$\left.\begin{array}{l} \dfrac{\partial V_x}{\partial x}+\dfrac{\partial V_y}{\partial y}=0 \\[3mm] \dfrac{\partial V_x}{\partial t}+V_x\dfrac{\partial V_x}{\partial x}+V_y\dfrac{\partial V_x}{\partial y}=-\dfrac{1}{\rho}\dfrac{\partial p}{\partial x}+\nu\dfrac{\partial^2 V_x}{\partial y^2} \\[3mm] \dfrac{\partial p}{\partial y}=0 \end{array}\right\} \tag{10.72}$$

式(10.72)即为平面壁的二维不可压层流附面层方程。由式(10.72)的最后一个方程可以看出,对于直壁,沿垂直于壁面方向,压强近似保持不变,即附面层内横向截面上的压强近似等于附面层外边界处的主流压强。因此,在求解绕平面物体(或物面曲率半径比较大的物体)的流动时,第三个方程可以去掉,而压强可以用附面层外边界的压强 p_0 代替。因此,平面壁的二维不可压附面层方程为

$$\dfrac{\partial V_x}{\partial x}+\dfrac{\partial V_y}{\partial y}=0 \tag{10.73a}$$

$$\dfrac{\partial V_x}{\partial t}+V_x\dfrac{\partial V_x}{\partial x}+V_y\dfrac{\partial V_x}{\partial y}=-\dfrac{1}{\rho}\dfrac{\partial p_0}{\partial x}+\nu\dfrac{\partial^2 V_x}{\partial y^2} \tag{10.73b}$$

对于曲面物体,采用沿曲面壁方向作为 x 方向,y 方向与 x 方向垂直并从壁面算起,采用正交曲线坐系,并采用与上述同样的分析方法。考虑到物面的曲率半径为 r,经数量级分析后,得到曲线坐标系中的附面层方程为

$$\left.\begin{array}{l} \dfrac{\partial V_x}{\partial x}+\dfrac{\partial V_y}{\partial y}=0 \\[3mm] \dfrac{\partial V_x}{\partial t}+V_x\dfrac{\partial V_x}{\partial x}+V_y\dfrac{\partial V_x}{\partial y}=-\dfrac{1}{\rho}\dfrac{\partial p}{\partial x}+\nu\dfrac{\partial^2 V_x}{\partial y^2} \\[3mm] \dfrac{1}{\rho}\dfrac{\partial p}{\partial y}=\dfrac{V_x^2}{r} \end{array}\right\} \tag{10.74}$$

由式(10.74)可以看出,对于曲壁的情况,由于壁面弯曲产生的离心力,使得横向的压强梯度不为零,显然这是由于壁面弯曲造成的。

求解附面层方程式(10.73)或式(10.74),必须根据具体问题提出相应的边界条件和初始条件。下面给出初始条件和附面层内、外边界上的边界条件。

初始条件:

当 $t=t_0$ 时,

$$V_x=V_x(x,y,t_0), \quad V_y=V_y(x,y,t_0)$$

边界条件:

(1)在物面上,满足无滑移条件,即当 $y=0$ 时,$V_x=0,V_y=0$;

(2)在附面层外边界,满足外边界条件,即当 $y=\delta$ 时,$V_x=V_0(x)$,$V_0(x)$ 是附面层外边界上的理想流体的速度,可以通过附面层外的无黏性流动求出。

10.6.2　湍流附面层微分方程

对于二维不可压湍流附面层,N-S方程式(10.68)中的动量方程中存在有湍流切应力的附加应力项,对二维流动应用式(10.53a)和式(10.56),省略各项时均化参数的记号,则有

$$\frac{\partial V_x}{\partial x} + \frac{\partial V_y}{\partial y} = 0$$

$$\frac{\partial V_x}{\partial t} + V_x \frac{\partial V_x}{\partial x} + V_y \frac{\partial V_x}{\partial y} = -\frac{1}{\rho} \frac{\partial p}{\partial x} + \nu \left(\frac{\partial^2 V_x}{\partial x^2} + \frac{\partial^2 V_x}{\partial y^2} \right) -$$

$$\left(\frac{\partial (V'_x V'_x)}{\partial x} + \frac{\partial (V'_x V'_y)}{\partial y} \right) \qquad (10.75)$$

$$\frac{\partial V_y}{\partial t} + V_x \frac{\partial V_y}{\partial x} + V_y \frac{\partial V_y}{\partial y} = -\frac{1}{\rho} \frac{\partial p}{\partial y} + \nu \left(\frac{\partial^2 V_y}{\partial x^2} + \frac{\partial^2 V_y}{\partial y^2} \right) -$$

$$\left(\frac{\partial (V'_y V'_x)}{\partial x} + \frac{\partial (V'_y V'_y)}{\partial y} \right)$$

经过数量级的分析,湍流附面层方程可以写成如下形式:

$$\frac{\partial V_x}{\partial x} + \frac{\partial V_y}{\partial y} = 0$$

$$\frac{\partial V_x}{\partial t} + V_x \frac{\partial V_x}{\partial x} + V_y \frac{\partial V_x}{\partial y} = -\frac{1}{\rho} \frac{\partial p}{\partial x} + \nu \frac{\partial^2 V_x}{\partial y^2} - \left(\frac{\partial (V'_x V'_x)}{\partial x} + \frac{\partial (V'_x V'_y)}{\partial y} \right)$$

$$\frac{1}{\rho} \frac{\partial p}{\partial y} = \frac{V_x^2}{r}$$

$$(10.76)$$

式中,各物理量指的是时均值,如 V_x 指 $\overline{V_x}$; $V'_x V'_y$ 指 $\overline{V'_x V'_y}$。

求解方程组式(10.76)的边界条件与式(10.74)相同。

10.7　附面层积分方程

虽然附面层微分方程比较 N-S 方程有了很大的简化,但是要求解这一组偏微分方程,其计算工作量仍然很大,需要借助于计算机进行数值求解。求解附面层问题的另一种方法是附面层积分法。这种方法的基本思想是使流动参数在总体上满足附面层基本方程。在求解时,近似地给定一个只依赖于 x 坐标的单参数速度分布来代替附面层内真实的速度分布。解法的精确度取决于所选定的速度分布。

10.7.1　附面层的动量积分方程

附面层积分方程可以由两种方法导出。一种是将附面层微分方程在整个附面层厚度 δ 的区间上积分,另一种是在附面层内取一微元段,运用基本方程。前者主要是从数学上推导,而后者的物理概念比较清楚。下面采用后一种推导方法来得出附面层动量积分方程。

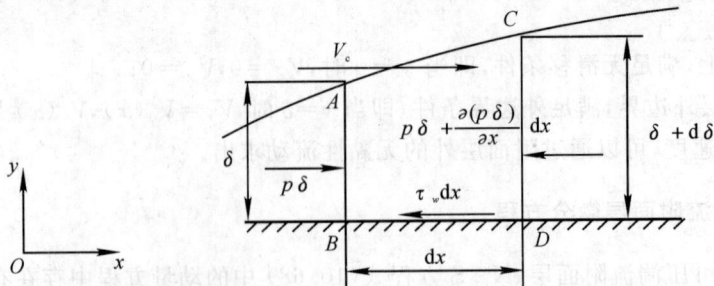

图 10.10　动量积分方程的推导

图 10.10 表示了附面层内流体沿某一壁面的流动。设流动为定常的二维平面不可压流动。在

附面层中取一微元控制体 $ABDCA$，其中 AB 和 CD 是垂直于壁面的两个控制面，相距为 $\mathrm{d}x$，BD 是壁面，AC 是附面层外边界。垂直于纸面控制体的宽度取单位宽度。对控制体运用动量定理。

表 10.3 给出了通过各控制面上的质量流量和相应的动量。

表 10.3　通过各控制面上的质量和动量

控制面 物理量	AB 面	CD 面	AC 面
质　量	在单位时间内通过 AB 面流入控制体的质量为 $\int_0^\delta \rho V_x \mathrm{d}y$	由 CD 面流出的流体质量可按泰勒级数的形式写为 $\int_0^\delta \rho V_x \mathrm{d}y + \dfrac{\partial}{\partial x}\left(\int_0^\delta \rho V_x \mathrm{d}y\right)\mathrm{d}x$	在单位时间内从 AC 面流入控制体的流体质量是 AB 和 CD 面这两个流量的差值，即 $\dfrac{\partial}{\partial x}\left(\int_0^\delta \rho V_x \mathrm{d}y\right)\mathrm{d}x$
动　量	在单位时间内通过 AB 面流入控制体的动量在 x 方向的投影为 $\int_0^\delta \rho V_x^2 \mathrm{d}y$	在单位时间内通过 CD 面流出控制体的动量在 x 方向的投影为 $\int_0^\delta \rho V_x^2 \mathrm{d}y + \dfrac{\partial}{\partial x}\left(\int_0^\delta \rho V_x^2 \mathrm{d}y\right)\mathrm{d}x$	在单位时间内通过 AC 面流入控制体的动量在 x 方向的投影为 $V_0 \dfrac{\partial}{\partial x}\left(\int_0^\delta \rho V_x \mathrm{d}y\right)\mathrm{d}x$

需要强调一点，由于 $\mathrm{d}x$ 是无限小量，所以将 AC 边界上的流体速度都看做是 V_0，实际上，V_0 是 x 的函数，$V_0(x)$ 由壁面形状决定。

在单位时间内，通过控制面流出与流入控制体的动量的差值为

$$\frac{\partial}{\partial x}\left(\int_0^\delta \rho V_x^2 \mathrm{d}y\right)\mathrm{d}x - V_0 \frac{\partial}{\partial x}\left(\int_0^\delta \rho V_x \mathrm{d}y\right)\mathrm{d}x$$

进一步分析作用在控制体上的力。因为对平板在附面层内 $\dfrac{\partial p}{\partial y}=0$，所以在 AB，CD 面上的压强沿 y 方向没有变化。于是沿 x 方向作用在控制体上的力，见表 10.4。

表 10.4　作用在控制体上沿 x 方向的力

控制面 作用力	AB 面	CD 面	AC 面	BD 面
沿 x 方向的作用力	$p\delta$	$-\left(p\delta + \dfrac{\partial(p\delta)}{\partial x}\mathrm{d}x\right)$	$\left(p + \dfrac{\partial p}{\partial x}\dfrac{\mathrm{d}x}{2}\right)\dfrac{\mathrm{d}\delta}{\mathrm{d}x}\mathrm{d}x$	$-\tau_{\mathrm{w}}\mathrm{d}x$

在表 10.4 中，AC 面上的压强取点 A 和点 C 压强的平均值。AC 面积在 x 方向的投影面积大小为 $\mathrm{d}\delta \times 1 = \dfrac{\mathrm{d}\delta}{\mathrm{d}x}\mathrm{d}x$。$-\tau_{\mathrm{w}}$ 表示壁面上的摩擦应力。在 CD 和 BD 面上的作用力方向与 x 方向相反，所以都带有负号。

作用在控制体上沿 x 方向上的合力，经过化简整理后，得

$$p\delta - \left[p\delta + \frac{\partial(p\delta)}{\partial x}\mathrm{d}x\right] + \left(p + \frac{\partial p}{\partial x}\frac{\mathrm{d}x}{2}\right)\frac{\mathrm{d}\delta}{\mathrm{d}x}\mathrm{d}x - \tau_{\mathrm{w}}\mathrm{d}x \approx -\left(\tau_{\mathrm{w}} + \frac{\partial p}{\partial x}\delta\right)\mathrm{d}x$$

根据动量定理，作用在控制体上所有作用力的合力等于单位时间流出和流入控制体动量

之差,即

$$-\left(\tau_{\mathrm{w}}+\frac{\partial p}{\partial x}\delta\right)\mathrm{d}x=\frac{\partial}{\partial x}\left(\int_0^\delta \rho V_x^2\,\mathrm{d}y\right)\mathrm{d}x-V_0\frac{\partial}{\partial x}\left(\int_0^\delta \rho V_x\,\mathrm{d}y\right)\mathrm{d}x$$

即

$$-\tau_{\mathrm{w}}-\frac{\partial p}{\partial x}\delta=\frac{\partial}{\partial x}\left(\int_0^\delta \rho V_x^2\,\mathrm{d}y\right)-V_0\frac{\partial}{\partial x}\left(\int_0^\delta \rho V_x\,\mathrm{d}y\right) \tag{10.77}$$

式(10.77)称为附面层积分方程。该方程对于层流附面层和湍流附面层都适用。对于后一种情况,可直接将附面层连续方程和动量方程相加后沿附面层积分得到,积分时注意到在壁面上及附面层外边界处湍流应力等于零。

对不可压缩流体,式(10.77)化为

$$\frac{\mathrm{d}}{\mathrm{d}x}\left(\int_0^\delta V_x^2\,\mathrm{d}y\right)-V_0\frac{\mathrm{d}}{\mathrm{d}x}\left(\int_0^\delta V_x\,\mathrm{d}y\right)=-\frac{\delta}{\rho}\frac{\mathrm{d}p}{\mathrm{d}x}-\frac{\tau_{\mathrm{w}}}{\rho} \tag{10.78}$$

式(10.78)右端的压强梯度可以根据附面层外边界的理想流动得出。根据伯努利方程

$$p_0+\frac{1}{2}\rho V_0^2=常数$$

对 x 求导后得

$$\frac{\mathrm{d}p_0}{\mathrm{d}x}=-\rho V_0\frac{\mathrm{d}V_0}{\mathrm{d}x}$$

注意到 $\delta=\int_0^\delta \mathrm{d}y$,则式(10.78)等号右端第一项写为

$$-\frac{\delta}{\rho}\frac{\mathrm{d}p}{\mathrm{d}x}=V_0\frac{\mathrm{d}V_0}{\mathrm{d}x}\delta=V_0\frac{\mathrm{d}V_0}{\mathrm{d}x}\int_0^\delta \mathrm{d}y=\frac{\mathrm{d}V_0}{\mathrm{d}x}\int_0^\delta V_0\,\mathrm{d}y \tag{a}$$

式(10.78)等号左端第二项,按两函数乘积的求导法则,有

$$V_0\frac{\mathrm{d}}{\mathrm{d}x}\left(\int_0^\delta V_x\,\mathrm{d}y\right)=\frac{\mathrm{d}}{\mathrm{d}x}\left(V_0\int_0^\delta V_x\,\mathrm{d}y\right)-\frac{\mathrm{d}V_0}{\mathrm{d}x}\left(\int_0^\delta V_x\,\mathrm{d}y\right)=$$

$$\frac{\mathrm{d}}{\mathrm{d}x}\left(\int_0^\delta V_0 V_x\,\mathrm{d}y\right)-\frac{\mathrm{d}V_0}{\mathrm{d}x}\left(\int_0^\delta V_x\,\mathrm{d}y\right) \tag{b}$$

将式(a)、式(b)带入式(10.78),可得

$$\frac{\mathrm{d}V_0}{\mathrm{d}x}\int_0^\delta (V_0-V_x)\,\mathrm{d}y+\frac{\mathrm{d}}{\mathrm{d}x}\int_0^\delta V_x(V_0-V_x)\,\mathrm{d}y=\frac{\tau_{\mathrm{w}}}{\rho}$$

根据 δ^* 和 δ^{**} 的定义式,上式可进一步化成

$$\frac{\mathrm{d}V_0}{\mathrm{d}x}V_0\delta^*+\frac{\mathrm{d}}{\mathrm{d}x}(V_0^2\delta^{**})=\frac{\tau_{\mathrm{w}}}{\rho}$$

展开合并同类项,最后得到

$$\frac{\mathrm{d}\delta^{**}}{\mathrm{d}x}+\frac{1}{V_0}\frac{\mathrm{d}V_0}{\mathrm{d}x}(2\delta^{**}+\delta^*)=\frac{\tau_{\mathrm{w}}}{\rho V_0^2} \tag{10.79}$$

式(10.79)即为附面层动量积分方程。

式(10.79)中,一共有 4 个未知数,即 V_0,τ_{w},δ^* 和 δ^{**},其中,V_0 是由理想流体计算获得的,而 δ^{**} 和 δ^* 则由 V_x 和 δ 决定,因此方程尚有三个未知量 τ_{w},δ 和 V_x。在求解式(10.79)时,通常补充附面层内速度分布 $V_x=f(x)$ 和壁面摩擦切应力 τ_{w} 的表达式。

10.7.2 速度分布应满足的边界条件

用积分法求解附面层时,需要补充附面层内的速度分布。虽然所选定的速度分布不能精确地表示附面层内的流动,但是可以精确地满足边界上的条件。

在附面层外边界上,黏性流体可以近似地看做理想流体。因此在外边界上,它们的速度等于外边界速度,速度的各阶导数都等于零,即

当 $y=\delta$ 时,　　　　$V_x=V_0$,　　$\dfrac{\partial^n V_x}{\partial y^n}=0$　　$(n=1,2,3,\cdots)$　　　　(10.80)

当 $y=0$ 时,应满足无滑移条件

$$V_x=0,\quad V_y=0 \tag{10.81}$$

如果将此条件用于附面层动量微分方程,即

$$V_x\frac{\partial V_x}{\partial x}+V_y\frac{\partial V_x}{\partial y}=-\frac{1}{\rho}\frac{\mathrm{d}p}{\mathrm{d}x}+\nu\frac{\partial^2 V_x}{\partial y^2}$$

则可得到另一个边界条件,即

当 $y=0$ 时,　　　　$\dfrac{\partial^2 V_x}{\partial y^2}=\dfrac{1}{\mu}\dfrac{\mathrm{d}p}{\mathrm{d}x}=-\dfrac{V_0}{\nu}\dfrac{\mathrm{d}V_0}{\mathrm{d}x}$　　　　(10.82)

再把动量方程对 y 求导,有

$$\frac{\partial V_x}{\partial y}\left(\frac{\partial V_x}{\partial x}+\frac{\partial V_y}{\partial y}\right)+V_x\frac{\partial^2 V_x}{\partial y\partial x}+V_y\frac{\partial^2 V_x}{\partial y^2}=\nu\frac{\partial^3 V_x}{\partial y^3}$$

根据连续方程和无滑移条件,又可得到一个边界条件,即

当 $y=0$ 时,　　　　$\dfrac{\partial^3 V_x}{\partial y^3}=0$　　　　(10.83)

只要选定的速度分别满足边界条件,则表明它在物体表面和边界层外部附近都和真实速度分布接近。在附面层中间部分虽然可能有一定的误差,但是在应用积分法时,由于总体上满足动量积分方程,因此可以得到满足工程需要的结果。

在上述边界条件中,无滑移条件式(10.81)和压强梯度条件式(10.82)反映了物面及物面形状对速度分布的影响。因此在附面层计算中,为了保证一定计算精度,应满足这些条件。

10.7.3　平板不可压层流附面层计算

有一直匀流,速度为 V_∞,密度为 ρ,流过如图10.9所示的平板。假设整个平板上全部为层流流动且平板的厚度无限薄,平板长度为 l,宽度为 b,下面用10.7.2小节介绍的附面层积分法对其进行求解。求解的内容有:速度近似分布;附面层厚度;切应力;摩擦阻力因数等。

根据假设,可以认为平板不影响附面层外的流动,仍然可以将附面层以外的流动看成是与平板平行的理想流动。于是,附面层外的流速 $V_0=V_\infty$,且沿平板 $V_0=$ 常数。将其代入动量积分关系式(10.79),则方程简化为

$$\frac{\mathrm{d}\delta^{**}}{\mathrm{d}x}=\frac{\tau_w}{\rho V_\infty^2} \tag{10.84}$$

为了求解式(10.84),需要补充两个关系式,即附面层内的速度分布和壁面上的摩擦应力关系式。

求速度分布的步骤:

首先假设速度分布为 y 的幂函数 ,即

$$V_x=a_0+a_1y+a_2y^2+a_3y^3+\cdots+a_ny^n$$

式中,待定系数 $a_0,a_1,a_3,\cdots$ 是未知的,它们必须由速度分布应遵循的边界条件确定;幂指数 n 可根据具体要求选取。实验证明,取 $n=2$,即可与实验得到的速度分布曲线吻合很好,即

$$V_x = a_0 + a_1 y + a_2 y^2$$

然后,确定式中的三个系数,它们必须由三个边界条件确定。这些边界条件如下:

(1) 在物面上,$y = 0$,$V_x = 0$ 代入上式,得 $a_0 = 0$。

(2) 在附面层外边界上,$y = \delta$,$V_x = V_\infty$,可得 $V_\infty = a_1 \delta + a_2 \delta^2$。

(3) 在附面层外边界上,$y = \delta$,$\dfrac{\partial V_x}{\partial y} = 0$ 可得 $a_1 + 2a_2\delta = 0$。

由以上各式,可以确定

$$a_0 = 0, \quad a_1 = \frac{2V_\infty}{\delta}, \quad a_2 = -\frac{V_\infty}{\delta^2}$$

于是,速度分布为

$$V_x = \frac{2V_\infty}{\delta} y - \frac{V_\infty}{\delta^2} y^2$$

或

$$\frac{V_x}{V_\infty} = \frac{2y}{\delta} - \frac{y^2}{\delta^2} \tag{10.85}$$

需要补充的第二个关系式是牛顿内摩擦定律,它提供了 τ_w 的关系式,即

$$\tau_w = \mu \left(\frac{\partial V_x}{\partial y} \right)_{y=0} = 2\mu \frac{V_\infty}{\delta} \tag{10.86}$$

利用补充方程式(10.85)、式(10.86)和动量积分方程式(10.84),联立求解即可得到附面层内所需要的有关结果。

由速度分布可求得动量损失厚度

$$\delta^{**} = \int_0^\delta \frac{V_x}{V_\infty} \left(1 - \frac{V_x}{V_\infty} \right) \mathrm{d}y = \int_0^\delta \left(\frac{2y}{\delta} - \frac{y^2}{\delta^2} \right) \left(1 - \frac{2y}{\delta} + \frac{y^2}{\delta^2} \right) \mathrm{d}y = \frac{2}{15} \delta$$

于是,有

$$\frac{\mathrm{d}\delta^{**}}{\mathrm{d}x} = \frac{2}{15} \frac{\mathrm{d}\delta}{\mathrm{d}x} \tag{10.87}$$

将式(10.86)、式(10.87)代入式(10.84),得

$$\frac{2}{15} \frac{\mathrm{d}\delta}{\mathrm{d}x} = \frac{2\mu V_\infty}{\delta \rho V_\infty^2} = \frac{2\mu}{\delta \rho V_\infty}$$

整理上式后,得

$$\int_0^\delta \delta \mathrm{d}\delta = \int_0^x \frac{15\mu}{\rho V_\infty} \mathrm{d}x$$

积分结果为

$$\frac{\delta^2}{2} = \frac{15\mu}{\rho V_\infty} x$$

故得附面层厚度随 x 的变化关系为

$$\delta = 5.477 \sqrt{\frac{\nu x}{V_\infty}} \tag{10.88a}$$

或

$$\frac{\delta}{x} = \frac{5.477}{\sqrt{Re_x}} \tag{10.88b}$$

式中,$Re_x = V_\infty x / \nu$,是距平板前缘为 x 处的当地雷诺数。由式(10.88a)和式(10.88b)可见,层流附面层厚度与 x 的平方根成正比,与当地雷诺数的平方根成反比。

将 $\delta(x)$ 代回式(10.86),经化简后可得平板表面上的切应力分布为

$$\tau_w = \mu \left(\frac{\partial V_x}{\partial y} \right)_{y=0} = 2\mu \frac{V_\infty}{\delta} = 0.365 \sqrt{\frac{\rho \mu V_\infty^3}{x}} \tag{10.89}$$

当地摩擦阻力因数 C_f 定义为 $C_f = \tau_w / \left(\dfrac{1}{2} \rho V_\infty^2 \right)$，将式（10.89）代入，即可得层流附面层的 C_f 表达式，即

$$C_f = \frac{0.73}{\sqrt{Re_x}} \qquad (10.90)$$

作用在宽度为 b 的平板的上表面摩擦阻力为

$$X_f = \int_0^l \tau_w b \mathrm{d}x = 0.73 V_\infty^{\frac{3}{2}} b \sqrt{\rho l \mu} \qquad (10.91)$$

整个平板的上表面摩擦阻力因数定义为

$$C_D = \frac{X_f}{\dfrac{1}{2} \rho V_\infty^2 bl} = \frac{1.46}{\sqrt{Re_l}} \qquad (10.92)$$

式中

$$Re_l = V_\infty l / \nu$$

10.7.4　光滑平板不可压湍流附面层计算

一般情况，如果绕物体的附面层不发生严重的脱体现象，曲壁附面层的摩擦阻力与平板情形相差不大，因此可以简化计算。

1. 光滑平板湍流附面层

当流动雷诺数足够大时，在靠近平板前缘一段是层流附面层，而靠近平板后一段是湍流附面层。下面讨论假设平板从前缘开始就是湍流附面层的情况。

为了求解湍流附面层，根据普朗特的假设：沿平板的附面层流动与管流的情况没有显著的差别。因此对于充分发展的平板湍流附面层，可以把它看做管流。其中，附面层厚度已达到管道半径，管中心的最大速度 $V_{\max}$ 相当于附面层外边界的速度 V_∞。实验证明，当 $Re = V_\infty x / \nu < 10^6$ 时，平板湍流附面层的速度分布与管流的速度分布一致。切应力的关系也可采用圆管的结果。

湍流流动的速度分布可以根据半经验的对数分布规律，也可以根据经验的幂次方的分布规律。现采用后者作为第一个补充方程，即

$$\frac{V_x}{V_\infty} = \left(\frac{y}{\delta} \right)^{\frac{1}{7}} \qquad (10.93)$$

代入附面层动量损失厚度的表达式，可得

$$\delta^{**} = \int_0^\delta \frac{V_x}{V_\infty} \left(1 - \frac{V_x}{V_\infty} \right) \mathrm{d}y = \int_0^\delta \left[1 - \left(\frac{y}{\delta} \right)^{\frac{1}{7}} \right] \left(\frac{y}{\delta} \right)^{\frac{1}{7}} \mathrm{d}y = \frac{7}{72} \delta$$

故

$$\frac{\mathrm{d}\delta^{**}}{\mathrm{d}x} = \frac{7}{72} \frac{\mathrm{d}\delta}{\mathrm{d}x} \qquad (10.94)$$

第二个补充方程为 τ_w 的关系式。对于光滑圆管中的湍流流动，当 $Re \leqslant 10^5$ 时，沿程损失因数

$$\lambda = \frac{0.3164}{Re^{\frac{1}{4}}} \qquad (10.95)$$

式中，$Re = \rho V_{av} d / \mu$，V_{av} 是平均速度，当用 $1/7$ 次方速度分布时，它与圆管轴线上的速度 $V_{\max}$ 的关系是 $V_{av} = 0.817 V_{\max}$。当将圆管中的结果用于附面层计算时，要用附面层厚度去代替管径，即 $\delta = d/2$；用附面层外边界上的速度 V_∞ 去代替 $V_{\max}$。这样，应用壁面切应力 τ_w 与 Δp 的关系，并应用式（10.95）就可得到 τ_w 的表达式，即

$$\tau_w = \frac{\Delta p r_0}{2l} = \frac{\lambda}{8}\rho V_{av}^2 = \frac{1}{8} \times 0.316\ 4Re^{-0.25}\rho(0.817V_\infty)^2 =$$

$$\frac{1}{8} \times 0.316\ 4\left(\frac{\rho \times 0.817V_\infty \times 2\delta}{\mu}\right)^{-0.25}\rho(0.817V_\infty)^2 =$$

$$0.023\ 3\rho V_\infty^2\left(\frac{\mu}{\rho V_\infty \delta}\right)^{0.25} \tag{10.96}$$

将式(10.94)、式(10.96)代入附面层积分关系式(10.84),得

$$0.023\ 3\rho V_\infty^2\left(\frac{\mu}{\rho V_\infty \delta}\right)^{0.25} = \frac{7}{72}\rho V_\infty^2 \frac{\mathrm{d}\delta}{\mathrm{d}x}$$

简化后得到

$$0.24\left(\frac{\mu}{\rho V_\infty}\right)^{0.25}\int_0^x \mathrm{d}x = \int_0^\delta \delta^{0.25}\mathrm{d}\delta$$

积分后得到附面层厚度随 x 的变化关系为

$$\delta = 0.382\left(\frac{\mu}{\rho V_\infty x}\right)^{1/5}x \tag{10.97}$$

或

$$\frac{\delta}{x} = \frac{0.382}{Re_x^{1/5}}$$

应用式(10.96)、式(10.97),可以得到平板湍流附面层当地摩擦因数为

$$C_f = \frac{\tau_w}{\frac{1}{2}\rho V_\infty^2} = \frac{0.0592}{Re_x^{1/5}} \tag{10.98}$$

平板上部的摩擦阻力因数及摩擦阻力分别为

$$C_D = \frac{X_f}{\frac{1}{2}\rho V_\infty^2 bl} = \frac{0.074}{Re_l^{1/5}} \tag{10.99}$$

$$X_f = \int_0^l \tau_w b\mathrm{d}x = \frac{0.074}{\left(\frac{V_\infty l}{\nu}\right)^{1/5}}\frac{1}{2}\rho V_\infty^2 bl \tag{10.100}$$

上面的公式是应用1/7次方速度分布得出的结果,一般认为在 $5\times10^5 \leqslant Re_l \leqslant 10^7$ 的范围内较合适,随着 Re_l 的增加,偏差也增大。

  2. 湍流附面层与层流附面层的比较

  湍流附面层与层流附面层在基本特性上有较大差别。

  (1)湍流附面层的速度分布曲线比层流速度分布曲线要饱满得多,湍流附面层内流体平均动量比层流的大,因此湍流附面层不易分离。

  (2)湍流附面层的厚度比层流附面层的厚度增长得快,因为湍流附面层的厚度 δ 与 $x^{0.8}$(见式(10.97))成正比,而层流附面层的 δ 与 $x^{0.5}$ 成正比,可见湍流附面层比层流附面层要厚得多。

  (3)对于湍流附面层来说,作用在平板上的摩擦阻力 X_f 与 $V_\infty^{1.8}$ 及 $l^{0.8}$ 成正比,对于层流附面层来说,作用在平板上的摩擦阻力 X_f 与 $V_\infty^{1.5}$ 及 $l^{0.5}$ 成正比。因此,从减小摩擦阻力来看,层流附面层将优于湍流附面层。

10.7.5 光滑平板混合附面层计算

  在高雷诺数的情况下,绕物体流动的附面层往往是混合附面层,即从平板前缘开始先是一

段层流附面层,经过过渡段再变为湍流附面层,如图 10.11 所示。在计算中忽略过渡段,即认为从转捩点开始,都是湍流附面层。混合附面层的摩擦阻力计算方法如下:

令　　l——平板总长度;

　　　x_T——平板上层流附面层长度;

　　　C_D——从前缘开始平板上全为湍流附面层时的摩擦阻力因数;

　　　C_{Dt}——x_T 段上湍流附面层的摩擦阻力因数;

　　　C_{Dl}——x_T 段上层流附面层的摩擦阻力因数;

　　　C_{Dm}——混合附面层的摩擦阻力因数。

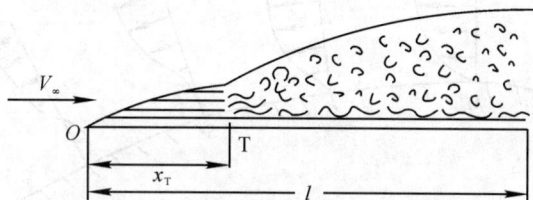

图 10.11　高雷诺数的情况下混合附面层

根据摩擦阻力因数的定义,可得混合附面层的摩擦阻力为

$$\frac{1}{2}\rho V_\infty^2 l C_{Dm} = \frac{1}{2}\rho V_\infty^2 (l C_D - x_T C_{Dt} + x_T C_{Dl})$$

故　　　　　　　　$C_{Dm} = C_D - \frac{x_T}{l}(C_{Dt} - C_{Dl})$

又　　　　　　　　$Re_l = \frac{V_\infty l}{\nu}, \quad Re_{cr} = \frac{V_\infty x_T}{\nu}$

因此　　　　　$C_{Dm} = C_D - \frac{Re_{cr}}{Re_l}(C_{Dt} - C_{Dl}) = C_D - \frac{C}{Re_l}$　　　　　(10.101)

式中　　　　　　　$C = 0.074 Re_{cr}^{4/5} - 1.328 Re_{cr}^{1/2}$

当 Re_l 很大时,　　　　　$C_{Dm} \approx C_D$

以上几节讨论了压强梯度为零(平板)的情况,对于有压强梯度时的曲壁附面层计算可参看黏性流体力学的教材及有关文献。

10.8　附面层分离与控制

10.8.1　附面层分离

在流体流动中,一方面,对于平板附面层,在平板上的压强为常数,即 $\frac{\partial p}{\partial x} = 0$;而对于曲壁附面层,沿物体表面可能存在压强梯度 $\frac{\partial p}{\partial x} > 0$,即流体是在逆压梯度下流动的,因而速度迅速衰减。另一方面,流体沿壁面流动时,附面层厚度逐渐增加,由于黏性摩擦影响,靠近壁面处动能有很大损失。在这双重的作用下,使得靠近壁面某点 S 处的流体停止流动,结果使 S 点之后的附面层内部的流体出现倒流的现象。S 点称为分离点。由图 10.12 可见,在 M 点之前,

$\frac{\partial p}{\partial x}<0,\frac{\partial V_x}{\partial y}>0$，在 M 点之后，$\frac{\partial p}{\partial x}>0,\frac{\partial V_x}{\partial y}<0$，在分离点 S 处，$\left[\frac{\partial V_x}{\partial y}\right]_{y=0}=0$。由以上分析可知，只有在逆压梯度下，即 $\frac{\partial p}{\partial x}>0$，才有可能出现分离。因此，$\frac{\partial p}{\partial x}>0$ 是分离的必要条件。在逆压梯度下，满足 $\left[\frac{\partial V_x}{\partial y}\right]_{y=0}=0$ 的条件，是判别分离的准则。总之，附面层分离只可能在逆压梯度的条件下发生。

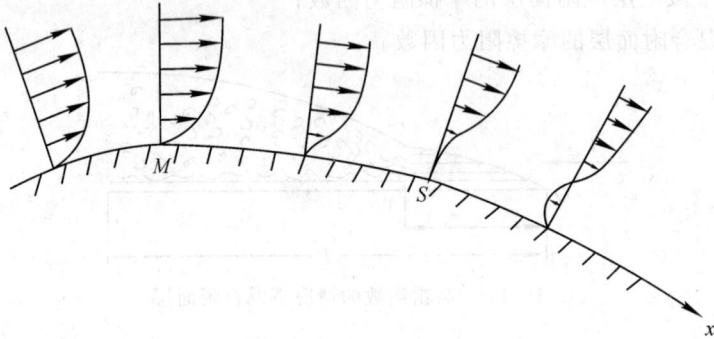

10.12　曲壁附面层分离现象

附面层分离点 S 的准确计算非常困难，因为点 S 是在附面层厚度很小之处，并按外部势流场的压力分布求出的。在分离点之前的流动阻力可按前述的附面层方法计算得到。而一旦附面层出现分离，附面层厚度增加很快，即 $\delta\ll L$（物体特征尺寸）的条件不再满足，此时附面层理论失效，因此要用完整的黏性流动方程来求解。

附面层分离后，流动中出现了旋涡，结果是流动阻力急剧增加。这是由于物体表面上产生流动方向的压力差所致，即所谓的压差阻力。流动阻力包括了压差阻力和摩擦阻力。摩擦阻力主要取决于附面层的流动状态（层流或湍流），压差阻力则主要与附面层的分离有关。

10.8.2　附面层控制

附面层分离会使流体的一部分机械能损失，流体绕物体的阻力急剧增加，发动机各部件效率降低；有时甚至产生不稳定流动，以致造成发动机的损坏。因此在设计时，应尽量避免大范围内的附面层分离。预防和推迟附面层分离是工程设计中应关注的问题。

附面层分离是流体质点在运动中，由于黏性摩擦和逆向压差的共同作用所造成的。有许多方法可以控制和防止附面层分离，这里介绍几种有效的方法。

1. 高速气流喷入附面层

附面层分离的原因之一是黏性使得附面层内的流体速度降低，动能减小。因此防止附面层分离的方法之一是向附面层内注入高速气流，使得附面层内的流体质点重新获得能量。方法是在物体内部设置气源，将高速射流从附面层将要分离之处喷入，使其避免分离。

2. 附面层的吸入

在附面层容易分离的物面上设置狭缝，通过吸气装置把靠近物体表面的低能气流吸入物体内，使附面层厚度变薄，靠近物体表面处的气流具有较大的流速，可以有效地消除附面层分离。

3. 安装涡流发生器

湍流附面层比层流附面层的速度分布较饱满,在物体壁面附近流体质点的动能较大,能够承受较大的逆压梯度,因此湍流附面层比层流附面层不易分离。由此可见,如果在有逆压梯度的通道里或物面上安装一些涡流发生器(能产生诱导涡的小翼形叶片),使附面层提前变成湍流,可有效防止或推迟分离。

4. 设计措施

在设计亚声速通道时,为了减小过大的逆压梯度,应避免扩张通道的扩张角过大。扩张角过大,附面层容易分离,扩张角过小,达到同样面积比的管道长度大,因而摩擦阻力大。一般亚声速的扩压器的扩张角在 $6° \sim 12°$ 的范围内。等压强梯度的扩压器比锥形扩压器分离较迟。对于较短的管道,采用等压强梯度的扩压器很有利。

小　　结

本章讨论黏性流体流动基础及有关基本概念。主要讨论了 N-S 方程,湍流流动的雷诺方程和附面层的基本方程。

(1) 雷诺方程与雷诺应力。

(2) 附面层微分方程、积分方程及有关附面层的特点、分离和控制。

(3) 速度附面层是靠近物体表面速度梯度很大的薄层。在附面层内,若物面曲率半径较大,则压强沿附面层法线方向近似不变。

思考与练习题

10.1　湍流流动用什么方法研究?如何描述湍流脉动现象?

10.2　附面层分离的物理原因是什么?如何判别流动分离?

10.3　附面层内的流动有何特点?

10.4　某一黏性流体绕物体作定常的三维流动,已知速度分布为 $V_x = 3y + 2z$,$V_y = x + 2z$,$V_z = 3x + 2y$,单位为 m/s。设流体的黏度 $\mu = 0.01$ Pa·s,求流场中的切应力 τ_{xy},τ_{yz} 和 τ_{zx}。

10.5　已知不可压流动速度场为 $V_x = 2x$,$V_y = -2y$。求流场中的正应力 τ_{xx},τ_{yy},和 τ_{zz}。

10.6　定常二维不可压黏性流动,黏度为 μ。若已知流函数 $\psi = -xy$,忽略质量力,试通过积分 N-S 方程,找出压强与 x,y 之间的关系。

10.7　水在两块无限大平行平板之间流动,下板静止,上板以 $V_\infty = 0.5$ m/s 的恒定速度沿 x 方向运动,设两板间距 $h = 2.5$ mm,$V_y = V_z = 0$,且黏度为 $\mu = 0.01$ Pa·s。试求:

(1) 通过某截面体积流量为零时的压强梯度;

(2) 设沿 x 方向无压强变化,即 $p = $ const,试求两板之间的速度分布。

10.8　在 10.7 题中,假设上板以 $V_\infty = 0.3$ m/s,压强梯度 $\mathrm{d}p/\mathrm{d}x = -200$ Pa/m,试求水流的最大速度及其所在的位置。

10.9　两块无限大平行平板之间,充满不可压缩绝热黏性流体,已知两板间距 $h = 0.25$ m,压强 $p = $ const,黏度为 $\mu = 1 \times 10^6$ Pa·s,上板以速度 $V_\infty = 0.15$ m/s 运动,下板静止不动。求流体单位体积的内能增加率。

10.10　已知平板层流附面层的速度分布分别为

(1) $V_x/V_\infty = y/\delta$；

(2) $V_x/V_\infty = 2y/\delta - y^2/\delta^2$；

(3) $V_x/V_\infty = \sin[\pi y/(2\delta)]$。

试求附面层特性 δ/δ^* 和 δ^{**}。

10.11　空气以速度 $V_\infty = 75$ m/s，压强 $p = 1 \times 10^5$ Pa，温度 $t = 20$ ℃ 流过水平放置的光滑平板，平板长 2 m，宽 1 m，空气的运动黏度为 $\nu = 1.5 \times 10^{-5}$ m²/s。

(1) 若平板分别为层流和湍流附面层，求平板末端的附面层厚度和总阻力，并比较之。

(2) 设临界雷诺数 $Re_{cr} = 3 \times 10^5$，求平板总阻力。

10.12　在海平面高度，一列长 120 m，宽和高均为 3 m 的火车，以 $V = 100$ m/s 的速度行驶，顶面和两边侧面可看做光滑平板。求这三个面上所受的总摩擦阻力。

第十一章 相似原理及量纲分析

任何流体力学问题的解决不外乎用理论或实验两种方法。在理论方法中,仅极少数简单流动问题可以通过数学分析方法求得解析解,而大部分流动问题只能进行数值求解。然而不管是解析解还是数值解,都需要预先知道主导待求问题的控制方程,这一点对于许多复杂的现象,特别是对于原本就不清楚的未知现象往往是不可能的。这就必须依靠实验方法,即通过实验获取的大量数据研究这类流动问题的内在规律。

任何一个物理现象往往有许多影响因素,要研究每一个因素对这一现象的影响,需要进行大量的实验,有时简直是不可能的。是否存在一种简单的方法使得只进行少量的实验就可达到对流动现象的本质认识呢? 本章介绍的相似原理及量纲分析就是指导实验的理论基础。

11.1 相似原理

由于许多流体力学问题很难用数学方法去解决,必须通过实验来研究。然而直接实验方法有很大的局限性,其实验结果只适用于某些特定条件,并不具有普遍意义,因而即使花费巨大,也很难能揭示现象的物理本质,并描述其中各量之间的规律性关系。还有许多流动现象不宜进行直接实验,例如飞机太大,不能在风洞中直接研究飞机原型的飞行问题;而昆虫的原型又太小,也不宜在风洞中直接进行吹风实验;况且,直接实验方法往往只能得出个别量之间的规律性关系,难以抓住现象的本质。我们更希望用缩小的飞机模型或放大的昆虫模型进行研究。那么,最关心的问题就是,从模型的实验结果所描述的物理现象能否真实再现原型的流动现象呢? 如果要使从模型实验中得到的精确的定量数据能够准确代表对应原型的流动现象,就必须在模型和原型之间满足下述的相似性。

11.1.1 相似概念

相似是指组成模型的每个要素必须与原型的对应要素相似,包括几何要素和物理要素,其具体体现为由一系列物理量组成的场对应相似。对于同一个物理过程,若两个物理现象的各个物理量在各对应点上以及各对应瞬间大小成比例,且各矢量的对应方向一致,则称这两个物理现象相似。在流动现象中若两种流动相似,一般应满足下述条件。

1. 几何相似

几何相似是指模型与其原型形状相同,但尺寸可以不同,而一切对应的线性尺寸成比例,这里的线性尺寸可以是直径、长度及粗糙度等。如果用下标 p 和 m 分别代表原型和模型,则

线性比例常数 $\qquad C_l = \dfrac{l_p}{l_m}$ (11.1)

面积比例常数 $\qquad C_A = \dfrac{A_p}{A_m} = \dfrac{l_p{}^2}{l_m{}^2} = C_l^2$ (11.2)

体积比例常数 $\qquad C_v = \dfrac{v_p}{v_m} = \dfrac{l_p{}^3}{l_m{}^3} = C_l^3$ (11.3)

2. 运动相似

运动相似是指对不同的流动现象,在流场中的所有对应点处对应的速度和加速度的方向一致,且比值相等,也就是说,两个运动相似的流动,其流线和流谱是几何相似的。

速度比例常数 $\qquad C_V = \dfrac{V_p}{V_m}$ (11.4)

由于时间的量纲是 $\dfrac{l(\text{长度})}{V(\text{速度})}$,因此时间比例常数为

$$C_t = \frac{t_p}{t_m} = \frac{l_p/V_P}{l_m/V_m} = \frac{C_l}{C_V}$$ (11.5)

由此加速度比例常数 $\qquad C_a = \dfrac{a_p}{a_m} = \dfrac{V_p/t_p}{V_m/t_m} = \dfrac{C_V}{C_t} = \dfrac{C_V^2}{C_l}$ (11.6)

3. 动力相似

动力相似即对不同的流动现象,作用在流体上相应位置处的各种力,如重力、压力、黏性力和弹性力等,它们的方向对应相同,且对应量大小的比值相等,也就是说,两个动力相似的流动,作用在流体上相应位置处各力组成的力多边形是几何相似的。

一般地说,作用在流体微元上的力有重力(F_G)、压力(F_P)、黏性力(F_v)、弹性力(F_E)和表面张力(F_T)。如果流体是作加(减)速运动,则加上惯性力(F_I)后,上述各力就会组成一个力多边形,因此,

$$\boldsymbol{F}_G + \boldsymbol{F}_P + \boldsymbol{F}_v + \boldsymbol{F}_E + \boldsymbol{F}_T + \boldsymbol{F}_I = \boldsymbol{0}$$

或者 $\qquad \boldsymbol{F}_I = -(\boldsymbol{F}_G + \boldsymbol{F}_P + \boldsymbol{F}_v + \boldsymbol{F}_E + \boldsymbol{F}_T) = -\sum \boldsymbol{F}$

这些力可以简单表示为

重力 $\qquad F_G = mg = \rho l^3 g$

压力 $\qquad F_P = pA = pl^2$

黏性力 $\qquad F_v = \mu\left(\dfrac{\mathrm{d}V}{\mathrm{d}y}\right)A = \mu\left(\dfrac{V}{l}\right)l^2 = \mu V l$

弹性力 $\qquad F_E = EA = El^2$

式中,E 为弹性模量,且 $E = \rho\dfrac{\mathrm{d}p}{\mathrm{d}\rho}$,而 $\dfrac{\mathrm{d}p}{\mathrm{d}\rho} = c^2$,这里 c 是声速,代入上式,因此有

$$F_E = El^2 = \rho l^2 c^2$$

表面张力 $\qquad F_T = \sigma l$

惯性力 $\qquad F_I = ma = \rho l^3 \dfrac{l}{T^2} = \rho l^4 T^{-2} = \rho V^2 l^2$

当然,在许多实际问题中,上述各力并非同等重要,有时有些力可能不存在或者小得可以忽略不计。例如,图 11.1 给出了忽略 F_E 和 F_T 的两种流动,图中,a_t 和 a_n 分别表示切向和法向加速度,而下标 p 和 m 依然表示原型和模型。如果在满足几何相似及运动相似的两个流动现

象中,作用在任何流体微元上的力有 F_G,F_P,F_v 和 F_I 等,那么,如果这些力满足以下条件,则说两个现象是动力相似的:

$$C_F = \frac{F_{G_P}}{F_{G_m}} = \frac{F_{P_P}}{F_{P_m}} = \frac{F_{v_P}}{F_{v_m}} = \frac{F_{I_P}}{F_{I_m}} = \cdots\cdots \tag{11.7}$$

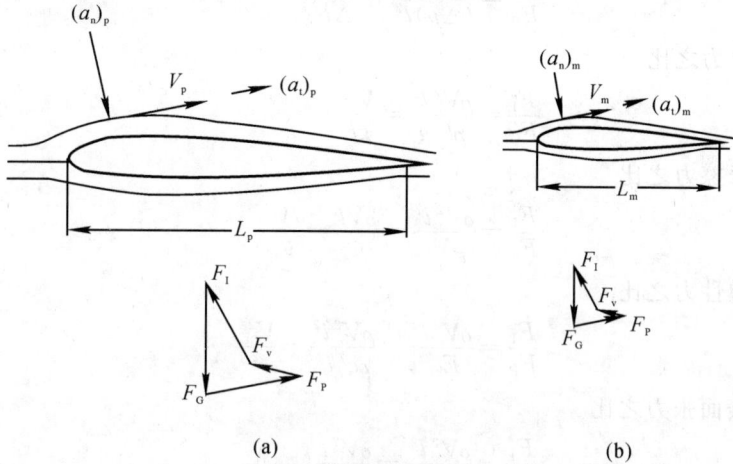

图 11.1　满足几何相似、运动相似和动力相似的流动

(a) 原型;(b) 模型

同样,用 F_G,F_P,F_v 分别去除惯性力 F_I,也可以将其表示成下列关系:

$$\left(\frac{F_I}{F_G}\right)_p = \left(\frac{F_I}{F_G}\right)_m, \quad \left(\frac{F_I}{F_P}\right)_p = \left(\frac{F_I}{F_P}\right)_m, \quad \left(\frac{F_I}{F_v}\right)_p = \left(\frac{F_I}{F_v}\right)_m$$

从这 4 个力得到了 3 个无量纲量,它们必须满足 3 个独立的关系式;同理,从 3 个力可以得到 2 个无量纲量,同时必须满足 2 个独立的关系式。

满足以上三种相似条件时,两个流动现象(或流场)在力学上就是相似的。这三种相似条件中,几何相似是运动相似和动力相似的前提和依据,动力相似则是流动相似的主导因素,而运动相似只是几何相似和动力相似的表征;三者密切相关,缺一不可。

11.1.2　相似原理

理论上,任意一个流动由控制该流动的基本微分方程和相应的定解条件唯一确定。两个相似的流动现象,为了保证它们遵循相同的客观规律,其微分方程就应该相同,这是同类流动的通解;此外,要求得某一具体流动的特解,还要求其单值性条件也必须相似。这些单值性条件包括:

(1) 初始条件,指非定常流动问题中开始时刻的流速、压力等物理量的分布;对于定常流动不需要这一条件。

(2) 边界条件,指所研究系统的边界上(如进口、出口及壁面处等)的流速、压力等物理量的分布。

(3) 几何条件,指系统表面的几何形状、位置及表面粗糙度等。

(4) 物理条件,指系统内流体的种类及物性,如密度、黏度等。

因此,如果两个流动相似,则作为单值性条件相似,作用在这两个系统上的惯性力与其他各力的比例应对应相等。在流体力学问题中,若存在上述所有这 6 种力,而且满足动力相似,则必须使下列各力间的比例对应相等。

惯性力与压力(或压差)之比

$$\frac{F_{\mathrm{I}}}{F_{\mathrm{P}}} = \frac{\rho V^2 l^2}{(\Delta p) l^2} = \frac{\rho V^2}{\Delta p} \tag{11.8}$$

惯性力与重力之比

$$\frac{F_{\mathrm{I}}}{F_{\mathrm{G}}} = \frac{\rho V^2 l^2}{\rho l^3 g} = \frac{V^2}{gl} \tag{11.9}$$

惯性力与摩擦力之比

$$\frac{F_{\mathrm{I}}}{F_{\mathrm{v}}} = \frac{\rho V^2 l^2}{\mu V l} = \frac{\rho V l}{\mu} = \frac{l V}{\nu} \tag{11.10}$$

惯性力与弹性力之比

$$\frac{F_{\mathrm{I}}}{F_{\mathrm{E}}} = \frac{\rho V^2 l^2}{E l^2} = \frac{\rho V^2 l^2}{\rho c^2 l^2} = \frac{V^2}{c^2} \tag{11.11}$$

惯性力与表面张力之比

$$\frac{F_{\mathrm{I}}}{F_{\mathrm{T}}} = \frac{\rho V^2 l^2}{\sigma l} = \frac{\rho V^2 l}{\sigma} \tag{11.12}$$

式(11.8) ~ 式(11.12)分别引入了 5 个无量纲数。它们依次是:

(1) 欧拉数
$$Eu = \frac{\Delta p}{\rho V^2}$$

欧拉数还可写成 $\dfrac{\Delta p}{\dfrac{1}{2} \rho V^2}$ 的形式,例如,在表示物体表面压力分布的压强系数,以及升力系数和阻力系数等中经常用到。物理上,欧拉数表征了压力与惯性力之比。

(2) 弗劳德数
$$Fr = \frac{V^2}{gl}$$

物理上,弗劳德数表征了惯性力与重力间的量级之比。通常写作 $Fr = \dfrac{V}{\sqrt{lg}}$,一个表征流速高低的无量纲量。

(3) 雷诺数
$$Re = \frac{\rho V l}{\mu} \quad \text{或者} \quad Re = \frac{V l}{\nu}$$

物理上,雷诺数表征了相似流动中惯性力与黏性力间的量级之比。流动的 Re 小,表示与惯性力的量级相比,黏性摩擦力的量级要大得多,因此可以忽略惯性力的作用;反之,Re 大则表示惯性力起主要作用,因此可以当做无黏性流体处理。

(4) 马赫数
$$Ma^2 = \frac{V^2}{c^2} \quad \text{或者} \quad Ma = \frac{V}{c}$$

物理上,马赫数表征了惯性力与弹性力间的量级之比,是气体可压缩性的度量,通常用来表示飞行器的飞行速度或者气流的流动速度。

(5) 韦伯数
$$We = \frac{\rho V^2 l}{\sigma}$$

物理上,韦伯数表征了惯性力与表面张力间的量级之比。

可以看出,Eu,Fr,Re,Ma 和 We 都是无量纲数,在相似理论中称为相似准则或者相似判据。它们是判断两个现象是否相似的依据,因而,彼此相似的现象,其同名相似准则的数值一定相等。反之,如果两个流动的单值性条件相似,而且由单值性条件组成的同名相似准则的数值相等,则这两个现象一定相似。

11.2　量纲分析法及 Π 定理的应用

量纲和谐原理指出,要正确反映一个物理现象所代表之客观规律,其所遵循的物理方程式各项的量纲必须一致。这是量纲分析法的基础,因此也可以用这一原理来校核物理方程和经验公式的正确性和完整性。当某个流动现象未知或复杂得难以用理论分析写出其物理方程时,量纲分析就是一种强有力的科学方法。这时只须仔细分析这些现象所包含的主要物理量,并通过量纲分析和换算,将含有较多物理量的方程转化为数目较少的无量纲数组方程,就能为解决问题理出头绪,找出解决问题的方向。这就是量纲分析的价值。

11.2.1　量纲基本知识

量纲,是用以度量物理量单位种类的。在国际单位制(即 SI 单位制)中,规定有 7 个基本单位(或量纲),对于流体力学问题一般涉及其中的 4 个,即长度单位为米(m),质量单位为公斤(kg),时间单位为秒(s),温度单位为开尔文(K),对应的量纲即基本量纲,依次是 L,M,T 和 Θ。任何一个物理量的单位都可以用上述基本量纲的某种组合(即导出量纲)来表示;它们都可以写为基本量纲指数幂乘积的形式。常用的量及量纲有:

量及符号	量纲
速度 V	LT^{-1}
加速度 a	LT^{-2}
力 F	LMT^{-2}
角度 α	1
压强、切应力 p,τ	$ML^{-1}T^{-2}$
密度 ρ	ML^{-3}
功、能量、热量 W,E,Q	$ML^{2}T^{-2}$
功率 N	$ML^{2}T^{-3}$
黏度 μ	$ML^{-1}T^{-1}$
运动黏度 ν	$L^{2}T^{-1}$

11.2.2　量纲分析法 —— 瑞利(Rayleigh) 法

下面举例说明量纲分析方法的具体应用。

例 11.1　不可压缩流体在匀直圆管内作定常流动,试分析圆管单位长度上的流动损失 $\Delta p/l$ 的表达式。

解　根据题意,基本可按以下步骤解题。

(1) 分析所求问题的影响因素。这是求解问题正确与否的关键。在本例中,由于是管内流动,显然管壁粗糙高度 Δ 将会显著影响流动阻力;管长 l、管径 d、流体流动速度 V 都将是重要的影响因素;同样,流体的性质,如密度 ρ 和运动黏度 ν 也将影响流动阻力的大小。因此,该流动

现象共有 $\Delta p, l, d, V, \rho, \nu$ 和 Δ 等 7 个变量,如果研究单位长度上的流动阻力 $\Delta p/l$,则减少一个变量 l,它们组成关系式:

$$f\left(\frac{\Delta p}{l}, d, V, \rho, \nu, \Delta\right) = 0$$

(2) 写出各变量之间的指数关系式:

$$\frac{\Delta p}{l} = K d^\alpha V^\beta \nu^\gamma \rho^\delta \Delta^\kappa$$

其中,$\alpha, \beta, \gamma, \delta$ 和 κ 都是待定指数,K 为常数。

(3) 写出各变量的量纲:

$$\dim \frac{\Delta p}{l} = ML^{-2}T^{-2}$$
$$\dim d = L$$
$$\dim V = LT^{-1}$$
$$\dim \nu = L^2 T^{-1}$$
$$\dim \rho = ML^{-3}$$
$$\dim \Delta = L$$

(4) 写出对应的量纲关系式:

$$ML^{-2}T^{-2} = L^\alpha (LT^{-1})^\beta (L^2 T^{-1})^\gamma (ML^{-3})^\delta L^\kappa = M^\delta L^{\alpha+\beta+2\gamma-3\delta+\kappa} T^{-\beta-\gamma}$$

(5) 比较等号两边对应量纲的指数,并根据量纲一致的原理,解得各待定指数:

$$\delta = 1$$
$$\alpha + \beta + 2\gamma - 3\delta + \kappa = -2$$
$$-\beta - \gamma = -2$$

上述 3 个方程中包含 5 个未知数,于是将其中 2 个,如 γ, κ 作为待定系数,从而解得:

$$\alpha = -1 - \gamma - \kappa$$
$$\beta = 2 - \gamma$$
$$\delta = 1$$

(6) 将求得的指数代入上面的指数关系式,并将具有相同待定指数的量组合在一起成为相似准则:

$$\frac{\Delta p}{l} = K d^{-1-\gamma-\kappa} V^{2-\gamma} \nu^\gamma \rho \Delta^\kappa = K \frac{\rho V^2}{d} \left(\frac{\nu}{Vd}\right)^\gamma \left(\frac{\Delta}{d}\right)^\kappa$$

也可写作

$$\frac{\Delta p}{\rho} = \lambda \frac{l}{d} \frac{V^2}{2}$$

式中

$$\lambda = f\left(Re, \frac{\Delta}{d}\right) = 2K\left(\frac{\nu}{Vd}\right)^\gamma \left(\frac{\Delta}{d}\right)^\kappa$$

称为阻力因数,其中,$Re = \dfrac{Vd}{\nu}$。

可见,圆管流动中的阻力因数 λ 取决于雷诺数 Re 和粗糙度 Δ 的变化,这与前面所讲的尼古拉兹曲线揭示的规律是一致的。但是必须知道,量纲分析不能得出 λ 的具体数值,它的数值只能通过实验获得。假定对于粗糙度 Δ 一定的圆管,如要得到 d, V, ρ, ν 对阻力因数 λ 的影响,如每次改变其中一个量,每个量取 10 个不同的值分别进行实验,要建立上述关系式就需要进行 10^4

次实验。这不仅需要花费大量的人力、物力、财力和宝贵的时间,而且有时也是难以做得到的。但是如果用上述的无量纲数 Re,仅用 10 次实验就可以确定阻力因数 λ 和 Re 之间对应关系的普遍规律,而且不用改变上述每一个量,只须改变容易控制的速度 V 就可以了。这就是量纲分析的科学价值。

上述量纲分析法仅适用于变量少的简单问题,因为变量的增加(例如 4 个以上)就会增加待定指数的数目,从而增加求解难度。这时更普遍、更实用的方法是布金汉(E. Buckingham)法。它将诸变量编列成更少的无量纲量,使问题处理起来更方便,此即布金汉(Ⅱ定理)方法。

11. 2. 3　Ⅱ定理

对于某个物理现象,若影响该现象的有量纲变量有 n 个,其中基本量纲有 m 个,于是可以将这些有量纲变量以乘积形式分组,编排成 $(n-m)$ 个独立的无量纲量,并将各无量纲量组成函数关系式。这些无量纲量用 Ⅱ 表示,故称 Ⅱ 定理。

设变量 $X_1, X_2, \cdots, X_i, \cdots, X_n$ 代表 n 个有量纲变量,如速度、密度及压力等,可以将这些变量写成如下的量纲齐次关系式:

$$F(X_1, X_2, \cdots, X_i, \cdots, X_n) = 0$$

重新编排这个方程为以下形式:

$$f(\Pi_1, \Pi_2, \cdots, \Pi_j, \cdots, \Pi_{n-m}) = 0$$

其中,每个 Ⅱ 代表一个独立的由若干个有量纲量 X_i 以乘积形式组合而成的无量纲量。

下面介绍利用 Ⅱ 定理进行求解的步骤。

例 11. 2　用 Ⅱ 定理方法分析例 11.1 中的流动。

解　(1) 列出对所求问题有重要影响的物理量:如上例所述,共有 $\Delta p, l, d, V, \rho, \nu$ 和 Δ 等 7 个变量,因此有函数关系式

$$\Delta p = F(d, V, \rho, \nu, l, \Delta)$$

或者

$$f(\Delta p, d, V, \rho, \nu, l, \Delta) = 0$$

这里,$n = 7$。

(2) 用国际单位制(MLT)列出各个变量的量纲,它们依次为

$$ML^{-1}T^{-2}, L, LT^{-1}, ML^{-3}, L^2T^{-1}, L, L$$

涉及 M, L, T 这 3 个基本量纲,因此 $m = 3$。

(3) 选择 m 个独立的有量纲变量,它们应包括 M, L, T 三个基本量纲,但不应形成无量纲数组。

在一般流体力学问题中,常选一个与长度有关的量,例如 l 或 d,以保证几何相似;一个与速度有关的量,例如 V,以保证运动相似;再选一个与质量有关的量,例如 ρ,以保证动力相似。这 3 个变量分别具有量纲 L, L/T 和 M/L³,它们不会形成无量纲数组,因为 M, L 不能抵消。因此该例中 $n-m = 4$,即只有 4 个 Ⅱ 值。如果在所研究的问题中包含有温度的变化,则还应再增加一个温度作为基本量纲。注意,在这里选择有量纲量时就不能选 d, V, l,因为它们未能全部包含 M, L, T 三个基本量纲,而且 d, l 互不独立,它们能够组成无量纲量;同时因为同样的原因也不能选 d, ρ, Δ。

(4) 将其余每一个变量依次与上述诸独立变量的相应指数的乘积组成无量纲量 Ⅱ,并将各变量的量纲代入:

$$\Pi_1 = V^{\alpha_1} d^{\beta_1} \rho^{\gamma_1} \Delta p = (LT^{-1})^{\alpha_1}(L)^{\beta_1}(ML^{-3})^{\gamma_1}(ML^{-1}T^{-2}) = M^0 L^0 T^0$$

$$\Pi_2 = V^{\alpha_2} d^{\beta_2} \rho^{\gamma_2} \nu = (LT^{-1})^{\alpha_2}(L)^{\beta_2}(ML^{-3})^{\gamma_2}(L^2 T^{-1}) = M^0 L^0 T^0$$

$$\Pi_3 = V^{\alpha_3} d^{\beta_3} \rho^{\gamma_3} l = (LT^{-1})^{\alpha_3}(L)^{\beta_3}(ML^{-3})^{\gamma_3} L = M^0 L^0 T^0$$

$$\Pi_4 = V^{\alpha_4} d^{\beta_4} \rho^{\gamma_4} \Delta = (LT^{-1})^{\alpha_4}(L)^{\beta_4}(ML^{-3})^{\gamma_4} L = M^0 L^0 T^0$$

（5）对每一个等式写出指数方程，并使每个量纲的指数之和等于0，则对于 Π_1，有

$$L: \quad \alpha_1 + \beta_1 - 3\gamma_1 - 1 = 0$$
$$T: \quad -\alpha_1 - 2 = 0$$
$$M: \quad \gamma_1 + 1 = 0$$

于是，解得指数 $\alpha_1 = -2, \beta_1 = 0, \gamma_1 = -1$。同理，对于 Π_2，有

$$L: \quad \alpha_2 + \beta_2 - 3\gamma_2 + 2 = 0$$
$$T: \quad -\alpha_2 - 1 = 0$$
$$M: \quad \gamma_2 = 0$$

解得指数 $\alpha_2 = -1, \beta_2 = -1, \gamma_2 = 0$。对于 Π_3，有

$$L: \quad \alpha_3 + \beta_3 - 3\gamma_3 + 1 = 0$$
$$T: \quad -\alpha_3 = 0$$
$$M: \quad \gamma_3 = 0$$

解得指数 $\alpha_3 = 0, \beta_3 = -1, \gamma_3 = 0$。同样，对于 Π_4，有

$$L: \quad \alpha_4 + \beta_4 - 3\gamma_4 + 1 = 0$$
$$T: \quad -\alpha_4 = 0$$
$$M: \quad \gamma_4 = 0$$

由此解得　　　　　　　　　　$\alpha_4 = 0, \quad \beta_4 = -1, \quad \gamma_4 = 0$

（6）将上面求得的各指数代入对应的 Π 式中，可得

$$\Pi_1 = \frac{\Delta p}{\rho V^2}$$

$$\Pi_2 = \frac{\nu}{Vd} = \frac{1}{Re}$$

$$\Pi_3 = \frac{l}{d}$$

$$\Pi_4 = \frac{\Delta}{d}$$

（7）建立 $f(\Pi_1, \Pi_2, \cdots, \Pi_j, \cdots, \Pi_{n-m}) = 0$ 型的函数关系，即

$$f\left(\frac{\Delta p}{\rho V^2}, \frac{\nu}{Vd}, \frac{l}{d}, \frac{\Delta}{d}\right) = 0$$

同时，也可以写成任意一个无量纲数的显式关系式，例如对压差求解后，得

$$\frac{\Delta p}{\rho V^2} = f_1\left(\frac{1}{Re}, \frac{l}{d}, \frac{\Delta}{d}\right)$$

　　为了方便起见，可对式中的某些项（注意，它们都是无量纲项）或各项间进行一系列算术运算，例如加、减、乘、除、以及指数和开方等运算，而不影响其无量纲的本质。例如这里对第二项，即 Re 项取倒数后，该式可写成

$$\frac{\Delta p}{\rho V^2} = f_2\left(Re, \frac{l}{d}, \frac{\Delta}{d}\right)$$

由于管路中的压力降随管长呈线性变化,即管长增加一倍,压力降也增加一倍,因此

$$\frac{\Delta p}{\rho V^2} = \frac{l}{d} f_3\left(Re, \frac{\Delta}{d}\right)$$

或者

$$\Delta p = f_4\left(Re, \frac{\Delta}{d}\right) \frac{l}{d} \frac{\rho V^2}{2} = \lambda \frac{l}{d} \frac{\rho V^2}{2}$$

式中,$\lambda = f_4\left(Re, \frac{\Delta}{d}\right)$,可见所得结果与量纲分析法的结果是完全一致的。由相似原理知道,原型的阻力因数(无量纲数)λ 与模型中是相等的,因此,要用模型实验数据推算原型中的结果,只须将原型的相关数据,如 λ, ρ, l, d, V 代入即可求得原型管路中的压力降 Δp。

这里必须强调,量纲分析不能给流体力学问题提供一个完整解,它只能提供部分解,其中的无量纲量 λ 还得通过实验来得到。利用量纲分析求解是否成功完全取决于研究者分析问题的能力,如果研究中遗漏了某个重要的变量,则结论将是不正确的。例如,对于高速流动,可压缩性的影响是显著的,这时,就必须考虑马赫数的影响。反之,如果研究中过多考虑了一些无关紧要的因素,则会使问题复杂化。因此,要成功地应用量纲分析,首先必须熟悉所研究的现象,并且对各变量的影响程度进行深入分析,除去相对次要的影响因素,只保留一些主要因素,既能使问题的求解简捷,又能揭示问题的本质。

11.3 方程分析法

相似理论的关键是导出与物理现象有关的相似准则。前面所述的量纲分析方法,即是通过分析与物理现象有关的变量,再使用 Ⅱ 定理确定相似准则的方法。这种方法对于任何流动问题都是适用的,但是对研究人员要求较高,因为如果对所研究问题理解不深,以致遗漏了一个甚至多个重要的变量,将导致错误的结论。另外一种确定相似准则的方法是方程分析法。该方法是从主导流动的基本方程出发,不存在多余或遗漏变量的问题,因此所得到的相似准则是可靠的。但是这种方法仅仅适用于那些已知描述该流动的基本方程及其全部定解条件的流动现象,而对那些大量的未知流动现象却无能为力。下面通过例题对方程分析法加以说明。

例 11.3 某流动现象可用不可压缩流体定常流动的 N-S 方程来描述,试用方程分析法确定其相似准则。

解 以 N-S 方程的 x 方向投影式为例,即

$$\frac{\mathrm{d}V_x}{\mathrm{d}t} = X - \frac{1}{\rho}\frac{\partial p}{\partial x} + \nu\left(\frac{\partial^2 V_x}{\partial x^2} + \frac{\partial^2 V_x}{\partial y^2} + \frac{\partial^2 V_x}{\partial z^2}\right) \tag{a}$$

与其相似的模型流动中的主导方程为

$$\frac{\mathrm{d}V'_x}{\mathrm{d}t'} = X' - \frac{1}{\rho'}\frac{\partial p'}{\partial x'} + \nu'\left(\frac{\partial^2 V'_x}{\partial x'^2} + \frac{\partial^2 V'_x}{\partial y'^2} + \frac{\partial^2 V'_x}{\partial z'^2}\right) \tag{b}$$

既然二现象相似,必有

$$\left.\begin{aligned}
& x' = C_l x, \quad y' = C_l y, \quad z' = C_l z \\
& t' = C_t t = \frac{C_l}{C_V} t \\
& V'_x = C_V V_x \\
& \rho' = C_\rho \rho, \quad p' = C_p p, \quad \nu' = C_\nu \nu, \quad X' = C_g X
\end{aligned}\right\} \tag{c}$$

式中,各比例常数 C_l,C_t,C_V,C_p,C_ρ,C_ν,C_g 等称为相似倍数。

将式(c)代入式(b),整理后得

$$\frac{C_V^2}{C_l}\frac{\mathrm{d}V_x}{\mathrm{d}t} = C_g X - \frac{C_p}{C_\rho C_l}\frac{1}{\rho}\frac{\partial p}{\partial x} + \frac{C_\nu C_V}{C_l^2}\nu\left(\frac{\partial^2 V_x}{\partial x^2} + \frac{\partial^2 V_x}{\partial y^2} + \frac{\partial^2 V_x}{\partial z^2}\right) \tag{d}$$

既然两个流动现象完全相同,它们的主导方程就应该一致,于是比较式(a)和式(d),则有

$$\frac{C_V^2}{C_l} = C_g = \frac{C_p}{C_\rho C_l} = \frac{C_\nu C_V}{C_l^2} = 1 \tag{e}$$

由此,各相似倍数不能任意选取,它们依式(e)而相互制约。将式(e)第一项分别除以后三项,则有

(1) $\quad\quad \dfrac{C_V^2}{C_g C_l} = 1,\quad$ 即 $\quad \dfrac{V^2}{gl} = \dfrac{V'^2}{g'l'} \quad$ 或 $\quad\quad Fr = Fr'$

(2) $\quad\quad \dfrac{C_V^2 C_\rho}{C_p} = 1,\quad$ 即 $\quad \dfrac{p}{\rho V^2} = \dfrac{p'}{\rho' V'^2} \quad$ 或 $\quad\quad Eu = Eu'$ $\quad$ (f)

(3) $\quad\quad \dfrac{C_V C_l}{C_\nu} = 1,\quad$ 即 $\quad \dfrac{Vl}{\nu} = \dfrac{V'l'}{\nu'} \quad$ 或 $\quad\quad Re = Re'$

至此,从基本方程导出了两个相似的不可压缩定常流动现象的相似准则,它们是弗劳德数 Fr、欧拉数 Eu 和雷诺数 Re。综上所述,相似原理可表述为:两种流动现象相似的充分必要条件是:凡是同一种现象,必能用同一个微分方程所描述;单值性条件相似;由单值性条件中的物理量所组成的相似准则在数值上相等。

11.4 模型实验

11.4.1 全面力学相似

按照上述分析,如果要两个流动达到全面相似,就必须使模型和原型两种流动完全满足几何相似、运动相似和动力相似,且具有相似的初始条件和边界条件,也应使所有相似准则(Re,Eu,Fr,Ma,$\cdots$)分别相等,且初始条件和边界条件相似,这实际上是困难的,有时甚至是办不到的。例如,对于黏性不可压缩流体定常流动,尽管只有 2 个相似准则 Re 和 Fr,但也很难满足。其原因分析如下:

(1)要满足 $(Re)_p = (Re)_m$,即 $\dfrac{V_p l_p}{\nu_p} = \dfrac{V_m l_m}{\nu_m}$,假设两种流动的介质一样,即 $\nu_p = \nu_m$,且模型尺寸为原型尺寸的 $\dfrac{1}{10}$,即 $C_l = \dfrac{l_p}{l_m} = 10$,则应有 $C_V = \dfrac{V_p}{V_m} = \dfrac{l_m}{l_p} = \dfrac{1}{C_l} = \dfrac{1}{10}$,即要求模型中的流速应为原型中的 10 倍。

(2)要满足 $(Fr)_p = (Fr)_m$,即 $\dfrac{g_p l_p}{V_p^2} = \dfrac{g_m l_m}{V_m^2}$,假设 $g_p = g_m$,在 $C_l = \dfrac{l_p}{l_m} = 10$ 的情况下,则应有 $V_p / V_m = C_V = \sqrt{C_l} = 3.16$,即要求模型中的流速应为原型中流速的 1/3.16。显然这与第一项的要求是矛盾的。

解决这一矛盾的办法只有在模型中使用与原型中不同黏度的流体:假定取 $C_V = 3.16$,以满足 Fr 相等的要求,而同时要满足 Re 相等的要求,就应使 $C_\nu = \dfrac{\nu_p}{\nu_m} = \dfrac{V_p}{V_m}\dfrac{l_p}{l_m} = C_V C_l = 31.6$,

这就是说，模型实验中只有使用运动黏度 ν 为原型 $1/31.6$ 的流体，这是很难做到的。

由此看出，即使仅有 2 个相似准则也是难以满足的，若有 3 个以上相似准则时，其模型实验就难以进行，除介质的选择受限制外，其他物理量也会受到限制。为此，工程上通常采用近似模化方法。

11.4.2　近似模化法

全面力学相似几乎不可能，为了使模型研究得以进行，就必须对各相似条件逐一分析，对那些主要的、起决定作用的条件，应当尽量加以保证；而对那些次要的条件只须近似满足，甚至忽略，这样不会引起大的误差。这种近似模化法也是完全可能的。

（1）气体是可压缩流体，但是当 $Ma \leqslant 0.3$ 时，压缩性影响很小，可以近似认为是不可压缩流体，因此可以用气体模化液体的流动。

（2）在工程和无压明渠流动中，重力起主导作用，而黏性力则处于次要地位，因此，重力相似准则 Fr 就是主要相似准则。这在水利工程上得到广泛的应用。

（3）实际流体在管内流动时，黏性力决定流动阻力的大小，而重力则处于次要地位，因此雷诺数 Re 成了主要相似准则。这种方法在管内流动、液压技术、流体机械的模化实验中得到广泛应用。

（4）在上述管内流动中，Re 是主要相似准则，那么，是否一定需要 $Re_m = Re_p$ 呢？如此，假设在小得多的模型实验中使用与原型同样的流体，从 $Re = \dfrac{Vd}{\nu}$，则需要实验流速大大增加；如果流动介质是气体，则高速度可能使得必须要考虑压缩性的影响。幸亏流动的一种特性——"自模性"——给我们带来极大的方便。当 Re 小于某一数值（第一临界值，下临界雷诺数）时，流动处于层流状态。在层流状态范围内，流体的速度分布彼此相似，与 Re 不再有关，这种现象便称为自模性。例如，流体在圆管中作层流流动时，只要 $Re \leqslant 2\,320$，沿横截面的流速分布都是一个轴对称的旋转抛物面，而与 Re 无关；当 $Re = 2\,320$ 即 Re_{cr_1}（第一临界值）时，常将 $Re < Re_{cr_1}$ 的范围叫做"第一自模化区"。当 $Re > Re_{cr_1}$ 时，流动处于由层流向湍流的过渡状态，这时流动速度分布随 Re 变化较大；但是当 $Re \geqslant Re_{cr_2}$（第二临界值）时，流体的速度分布又一次彼此相似，阻力的相似并不要求 Re 相等，即与 Re 无关，流动再次进入自模化状态，称 $Re > Re_{cr_2}$ 的范围叫做"第二自模化区"。只要原型设备的 Re 处于自模化区以内，模型与原型的 Re 就不必相等，只须与原型处于同一自模化区就可以了。也就是说，在同一自模化区内，即使 Re 不相等，其黏性力也是自动相似的。如果流场中的流体是气体，可忽略重力的影响，因此 Fr 不必考虑；这时只须考虑压强的影响，即保证 Eu 相等就可以了。

在这种模化区中进行的模型实验应用很广，如管内流动、低速风洞实验、气体绕流实验等。

11.4.3　实验研究的基本要点

实验研究的理论基础是相似原理，因此在进行实验研究时应注意下述几个问题。

（1）所研究的问题有几个相似准则？相似准则是控制流动的参数。对于一个具体的实验，首先要分析所研究现象的相似准则，并分清主次，找出决定性准则，忽略次要准则。例如，物体在空气中做低速运动时，决定性准则是 Re，而在高速（$Ma > 0.3$）运动时，反映压缩性影响的相似准则 Ma 则成了决定性准则。

（2）有哪些决定性相似准则？根据决定性相似准则相等的条件设计实验，包括模型设计、实验设备及实验条件的选择，实验中流体介质的选择及运动状态的确定等。

（3）实验中应测量哪些物理量？由于彼此相似的现象必定具有数值相同的相似准则，因此实验中就要测定各个相似准则中所包含的一切物理量。

（4）怎样整理实验数据？所有实验结果必须整理成无量纲量的形式。因为在彼此相似的现象中只有无量纲量的数值才相等，只有这种结果在几何相似的流动中才具有普遍意义。

（5）怎样将实验结果换算到原型系统中去？根据相似原理，在相似准则相等的条件下，将实验得到的无量纲量推广到原型系统中，进而得到所需的有量纲量。

小　　结

（1）本章讨论了两种流动相似应满足的条件为几何相似、运动相似和动力相似；根据相似原理，导出了相似准则。

（2）量纲分析法对于分析任何流动都是适用的。对于变量数目较少的简单问题，可以用瑞利法求解；对于变量数目较多的问题，可采用更普遍、更实用的布金汉（Ⅱ定理）方法求解。

（3）用瑞利和布金汉方法要求不能遗漏某个重要的物理变量，否则会导致错误结论。

（4）方程分析法是从主导流动的基本方程出发，不存在遗漏变量的问题，可靠性高，但仅适用于已知描述流动的基本方程及其全部定解条件的流动现象。

（5）工程中要求所有的相似准则对应相等是难以满足的，故常采用近似模化法。对起决定作用的条件应尽量保证，对次要的条件可近似满足或忽略。

第十二章　高超声速流动的特殊问题

高超声速流动是指物体的飞行速度远远大于当地介质的声速,而且出现一系列新特征的流动现象。高超声速空气动力学是近代空气动力学的一个分支,它研究高超声速流体或高温流体的运动规律及其与固体的相互作用。

高超声速空气动力学是本世纪 60 年代以来随着航天工程的进展而发展起来的。高超声速空气动力学研究的重点通常是放在航天器返回大气层时的气动力和气动热问题上。洲际弹道式导弹的弹头、载人飞船的回地舱、可回收式卫星的回收舱以及航天飞机的轨道器等航天器从太空轨道以极高速度(马赫数可达 30 左右)返回稠密大气层时,由于受到空气的阻滞而急剧减速,物面附近空气的温度和压强急剧增高,作用在航天器上的空气动力特征和一般超声速时已明显不同,气动加热问题也变得十分严重。研究这类高超声速飞行的气动问题仍属于连续介质的空气动力学范畴。

本章内容限于介绍高超声速流动的基础知识,包括高超声速流动的基本特征,高超声速流动中的激波以及高超声速流动中的气体力、气动热等问题。

12.1　高超声速流动的基本特征

高超声速(Hypersonic)这一术语是我国著名科学家钱学森于 1964 年在他的一篇重要论文中首创的。高超声速流动的定义有两种形式:

(1) 指 $Ma \geqslant 5$ 的流动。这是一般教科书所采用的经验方法,并不能作为判据。

(2) 指某种高速流动范围。在此范围内,某些在超声速时并不显著的物理化学现象,由于马赫数的增大而变得重要了。

事实上,要给高超声速下一个简明而准确的定义是困难的,因为超声速与高超声速的区别不像亚声速与超声速那样明显。亚声速与超声速流动以 $Ma = 1$ 为界线,当 $Ma < 1$ 时与 $Ma > 1$ 时的流动在本质上是不同的;然而,如果用 $Ma = 5$ 作为区分超声速与高超声速流动的界线,而实际上 $Ma = 4.99$ 和 $Ma = 5.01$ 两种流动之间是不会有明显不同的。可见,在上述两种定义中,前者并不严格,但其优点是简单而直观,有助于初步建立高超声速空气动力学概念;后者比较逼真,但要理解这个定义,首先必须了解高超声速与超声速相比会出现哪些新的流动特征。这些特征可以归纳为由于马赫数非常高而产生的流体力学上的特征,以及由于流动能量很大而引起的流体物理或化学特征。下面分几个方面来叙述这些特征。

1. 流场的非线性性质

当 $Ma_\infty \gg 1$ 的高超声速气流受到扰动时,即使扰动速度与来流速度相比是十分微小的,但同声速相比可能并不小，因此微小的速度改变也会引起气流热力学参数相当大的变化。由理想一维流动的运动方程、完全气体状态方程和等熵关系式，可得如下关系式：

$$\frac{\mathrm{d}p}{p} = -kMa^2 \frac{\mathrm{d}V}{V} \tag{12.1a}$$

$$\frac{\mathrm{d}\rho}{\rho} = -Ma^2 \frac{\mathrm{d}V}{V} \tag{12.1b}$$

$$\frac{\mathrm{d}T}{T} = -(k-1)Ma^2 \frac{\mathrm{d}V}{V} \tag{12.1c}$$

以上各式说明，当 $Ma \gg 1$ 时，即使微小的速度变化也将引起气流压强、密度、温度和声速等参数发生相当大的变化。因此，我们就不能根据微弱扰动像超声速流那样采用小扰动假设使方程线性化了，而必须保留方程中的非线性项。高超声速流场的这种非线性性质，显然使绕流问题的理论研究更为复杂和困难。

但是，由于马赫角随马赫数的增加而减少，高超声速流中某些空气动力学问题与超声速时相比反而变得相对简单了。例如，翼剖面的结果可以直接应用于有限翼展，而略去翼梢的影响；飞行器各部件之间干扰的严重程度大为降低，允许用简单的方法进行计算，甚至完全忽略不计；等等。

2. 薄激波层

根据气体动力学的斜激波理论，在气流偏转角给定的情况下，激波波后的密度增量随来流马赫数的增加而迅速增大。波后气体密度越高，对质量流量而言，所需面积越小。这意味着在高超声速流动中激波与物面之间的距离很小。激波与物面之间的流场称为激波层。高超声速绕物体流动的基本特征之一就是激波层很薄，而且，激波形状与物形往往很接近。例如，马赫数 $Ma_\infty = 36$ 绕半楔角为 $15°$ 的楔形体的高超声速流动，假定气体为比热比 $k = 1.4$ 的量热完全气体，按照理想气体斜激波理论，激波倾角仅为 $18°$（见图 12.1）。

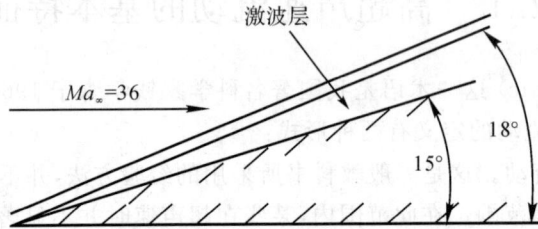

激波层

$Ma_\infty = 36$

$18°$

$15°$

图 12.1　高超声速薄激波层

如果计及高温化学反应的影响，激波角将更小。显然，激波紧靠物体，激波层很薄，如图12.1 所示。这一现象引起某些物理上的复杂化，例如激波自身的厚度消失于激波层中，又如在低雷诺数下，沿物面增长的附面层对流动的影响变得十分重要等。不过，在高雷诺数下，激波层可视为无黏性流，加之激波层很薄，这给理论分析带来了便利，形成了可视为"薄激波层理论"的分析方法。

在极端情况下，薄激波层趋近于 1687 年牛顿假定的流体动力学模型，这就是高超声速空气动力学的近似计算中常用的、既简单又直观的"牛顿理论"。关于激波层的计算将在后文中进行讨论。

3．熵层

高超声速飞行器都做成钝头部，即使是细长飞行器也都做成微钝头细长体。这是因为根据高超声速层流附面层方程的自相似解，头部驻点处的对流传热与头部曲率半径的平方根成反比，将头部钝化可以减轻热载荷，如图12.2所示，将图12.1所示的尖楔变成钝头楔。

在高马赫数下，钝头上的激波层很薄，激波脱体距离 d 亦很小。在头部区域，激波强烈弯曲。我们知道，流体通过激波后引起熵增，激波越强，熵增越大。在流动的中心线附近，弯曲激波几乎与流线垂直，故中心线附近的熵增较大。距流动中心线较远处，激波较弱，相应的熵增也较小。因此，在头部区域形成了一层低密度、中等超声速、低能、高熵、大熵梯度的气流，称为"熵层"。该熵层向下游流动，并覆盖在物体上。沿物面增长的附面层处于熵层之内，并受熵层影响，熵层处在激波层的内层，它和附面层是两个不同的概念。根据可压流动的克罗克(Crocco)定理可知，存在熵梯度的场必为有旋场，所以熵层为强旋涡区，有时把熵层影响称为"涡干扰"。熵层的存在给物面附面层的计算带来困难，因为确定这种附面层的外缘条件是一个难题。

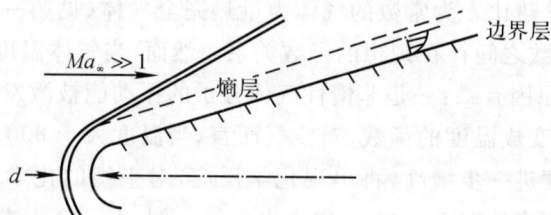

图 12.2　高超声速熵层

4．黏性干扰

以高超声速平板附面层为例。高速或高超声速流动具有很大的动能，在附面层内，黏性效应使流速变慢时，损失的动能部分转变为气体的内能，这称为黏性耗散，且随之附面层内的温度升高而增大。

这种温度升高控制了高超声速附面层的特征。例如，气体的黏度随温度升高而增大，其结果使得附面层变厚；另外，附面层内的法向压力 p 为常数。由状态方程 $\rho = p/(RT)$ 可知，温度增加导致密度减小，对附面层内的质量流而言，密度减小需要较大的面积，其结果也是使附面层变厚。这两种现象的联合作用，使得高超声速附面层的增长比低速情形更为迅速。对平板可压流动附面层而言，附面层厚度 δ 可表示为

$$\delta \propto Ma_\infty^2 / \sqrt{Re_x} \qquad (12.2)$$

式中，Ma_∞ 为自由流马赫数；Re_x 为当地雷诺数。可见，δ 与 Ma_∞^2 成正比，在高超声速速度下它将变得异常地大。

高超声速流动的附面层较厚，相应的位移厚度也较大，由此对附面层外的无黏性流动将施加较大的影响，使外部无黏性流动发生很大改变，这一改变反过来又影响附面层的增长。这种附面层与外部无黏性流动之间的相互作用称为黏性干扰。黏性干扰对物面的压力分布有重要影响，由此，对高超声速飞行器的升力、阻力和稳定性都造成重要影响。另外，黏性干扰使物面摩擦力和传热率增大。高超声速飞行器上的附面层在某些情况下变得与激波层差不多厚。对于这种情况，激波层必须视为全黏性的，通常的附面层分析方法已不再适用。

5．高温流动和真实气体效应

如上所述，高速或高超声速流动的动能被附面层内的摩擦效应所消耗，极大的黏性耗散使

得高超声速流动附面层内的温度非常高,足以激发分子的振动能,并引起附面层内的气体离解,甚至电离。如果高超声速飞行器表面用烧蚀防热层保护,那么,附面层中将有烧蚀产物,并引起复杂的碳氢化合反应。基于这两个原因,高超声速飞行器表面将被化学反应附面层所覆盖。在高超声速飞行器上,不仅有高温附面层流动区,对钝头飞行器而言,还有头部高温区。

钝头飞行器头部的弓形激波是正激波或接近于正激波。在高超声速情况下,这种强激波波后的气体温度极高。例如,在高度 $H=59$ km,$T_\infty=258$ K,$Ma_\infty=36$,钝头体头部弓形激波后的温度,如取 $k=1.4$,并按正激波关系计算,$T_2 \approx 65\ 260$ K(考虑真实气体效应,$T_2 \approx 11\ 000$ K),远比太阳表面温度(约 $6\ 000$ K)要高。如果要精确计算激波层的温度,必须计及化学反应的影响,比热比为常数或 $k=1.4$ 的假设不再有效。由此可见,对高超声速流动,不仅附面层内有化学反应,而且整个激波层内都为化学反应流动所控制。

下面简要分析一下高温气体的物理性质。

在经典热力学和可压缩流动研究中,通常假定气体的比热比为常数,即比热比 $k=c_p/c_v$ 是常数,称在这些假定下比热比 k 为常数的气体为量热完全气体(见第一章)。这种运动气体的压力、密度、温度和马赫数之间存在理想的函数关系。然而,当气体温度很高时,气体的热力学性质变成"非理想"的,原因有二:一是非惰性气体分子的振动能被激发,使 c_p 和 c_v 变成温度的函数,随之,比热比 k 也变成温度的函数,对空气而言,当温度大于 800 K 时,这种影响变得很重要;二是如果气体温度进一步增高,将出现化学反应,对平衡的化学反应气体而言,c_p 和 c_v 是温度和压力的函数,相应地有 $k=f(p,T)$。以空气为例,在一个标准大气压($1.013\ 3 \times 10^5$ Pa)下,温度达到 $2\ 000$ K 左右时,氧气开始离解($O_2 \rightarrow 2O$);达到 $4\ 000$ K 左右时,氧分子全部离解,在此温度下,氮气开始离解($N_2 \rightarrow 2N$);到 $9\ 000$ K 时,氮分子全部离解;在 $9\ 000$ K 以上,出现电离($N \rightarrow N^+ + e^-$,$O \rightarrow O^+ + e^-$),气体变成部分电离的等离子体。所有这些现象叫做高温效应,在空气动力学中称之为真实气体效应。与流体微元通过流场所需要的时间相比,如果振动激发和化学反应所需的时间非常短,则称为振动和化学平衡流动;如果反应所需的时间非常长,则称为化学冻结流动;而介于这两者之间的情形称为化学非平衡流动。对于非平衡流动,分析要困难得多,需要将流体力学方程和化学动力学方程耦合考虑。

另外,高超声速飞行器上高温流动产生的一个物理现象是,飞行器再入大气层期间,在某一高度和某一速度下将出现"通信中断",这时飞行器不能向外发射或接收无线电波。这种现象是由高温气体的电离反应所造成的,电离反应产生自由电子,自由电子吸收了无线电波,使得无线电波既不能传进飞行器内部,也不能从飞行器内部传出来。

6. 严重的气动加热问题

在超声速飞行中物面附面层内气流受到黏性滞止,气体微团的动能转变为热能造成壁面附近的气温升高,高温空气将不断向低温壁面传热,这就是所谓的气动加热现象。对高超声速流,由于马赫数很高,附面层内贴近物面的气温能达到接近驻点温度的高温,气动加热变得十分严重。

例如在上例中,$T_2 \approx 65\ 260$ K,而实际上按平衡流计算出的 $T_2 \approx 11\ 000$ K,这仍是非常高的温度,因而热防护是航天器设计中的一个关键问题。

7. 高空、高超声速流动存在低密度效应

现代的高超声速飞行器在大气密度很低的高空持续飞行,低密度效应对空气动力的影响很重要。当飞行高度极高时,密度可以如此之低,以至于分子的平均自由程(分子与相邻分子碰撞之间分子移动的平均距离)与飞行器的特征长度具有相同的量级。空气介质不再呈现连续性,必须采用与连续流完全不同的方法来研究这种流动。通常用分子运动论的技术来处理。当与飞行器表面相撞后由表面反射的分子与入射分子不发生相互作用时,这种流动被称为自由分子流。当飞行高度下降到一定高度时,尽管连续介质的控制方程近似成立,但物面处的边界条件必须被修正。低密度时物面处气流的速度不为零,应取一定大小的值,称为速度滑移条件。与此相似,壁面处的气体温度也不同于壁温,称此为温度跳跃条件。另外,高空低密度时,激波本身的厚度要变大,通常对激波所做的间断面假设不再有效,经典的朗金-雨贡纽激波关系式必须进行修正。这些都是低密度时重要的物理现象。

高超声速流动的物理特性如图 12.3 所示。

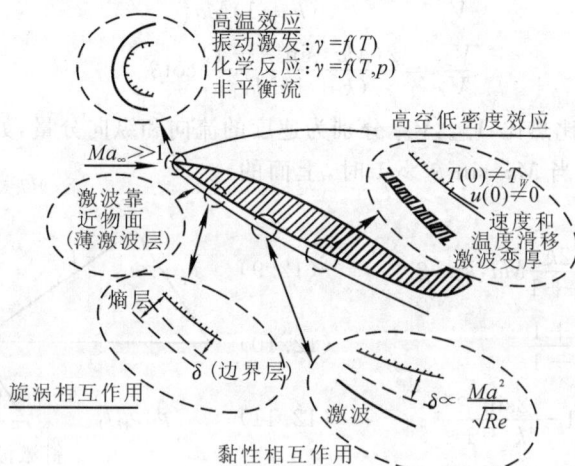

图 12.3　高超声速流动的物理特性示意图

综上所述,高超声速流动区别于超声速流动的基本特征为流场的非线性性质、薄激波层、熵层、黏性干扰、高温流动和真实气体效应、严重的气动加热问题,以及高空、高超声速流动存在低密度效应。

12.2　高超声速流动中的激波关系式及流场性质

在 Ma_∞ 不是非常高,Re 值不是非常低的高超声速流动中,物面上附面层还是相当薄的,引入不计附面层的无黏性流假设来近似计算物体表面的压强分布和气动系数还是允许的和可行的。

在无黏性流条件下,根据已知的激波前后各个物理量间的关系式,并结合高超声速流动中极高马赫数的特点和真实气体效应,可以得到激波前后气流参数变化的近似表达式。

12.2.1　平面斜激波前后参数的简化关系式

研究图 12.4 所示的直线斜激波。上游和下游条件分别用下标 1 和下标 2 表示。对于量热完全气体,即比热比 k 为常数的气体,激波间断面条件为

$$\rho_1 V_{1n} = \rho_2 V_{2n} \tag{12.3}$$

$$\rho_2 V_{2n}(V_{1n} - V_{2n}) = p_2 - p_1 \tag{12.4}$$

$$\rho_2 V_{2n}(V_{1t} - V_{2t}) = 0 \tag{12.5}$$

$$\frac{k}{k-1}\frac{p_1}{\rho_1}+\frac{V_{1n}^2+V_{1t}^2}{2}=\frac{k}{k-1}\frac{p_2}{\rho_2}+\frac{V_{2n}^2+V_{2t}^2}{2} \tag{12.6}$$

式中,下标 n 和 t 分别表示激波的法向和切向。

由此得到通用的斜激波关系为

$$\frac{p_2}{p_1}=1+\frac{2k}{k+1}(Ma_1^2\sin^2\beta-1) \tag{12.7a}$$

$$\frac{\rho_2}{\rho_1}=\frac{(k+1)Ma_1^2\sin^2\beta}{(k-1)Ma_1^2\sin^2\beta+2} \tag{12.7b}$$

$$\frac{V_{2x}}{V_1}=1-\frac{2(Ma_1^2\sin^2\beta-1)}{(k+1)Ma_1^2} \tag{12.7c}$$

$$\frac{V_{2y}}{V_1}=\frac{2(Ma_1^2\sin^2\beta-1)}{(k+1)Ma_1^2}\cot\beta \tag{12.8}$$

式中,β 为激波角;k 为比热比;V_{2x},V_{2y} 分别为速度的流向和纵向分量,如图 12.4 所示。

对于高超声速流,当 $Ma_1^2\sin^2\beta\gg1$ 时,上面的激波关系式简化为

$$\frac{p_2}{p_1}\rightarrow\frac{2k}{k+1}Ma_1^2\sin^2\beta \tag{12.9}$$

$$\frac{\rho_2}{\rho_1}\rightarrow\frac{k+1}{k-1} \tag{12.10}$$

$$\frac{V_{2x}}{V_1}\rightarrow1-\frac{2\sin^2\beta}{k+1} \tag{12.11}$$

$$\frac{V_{2y}}{V_1}\rightarrow\frac{\sin2\beta}{k+1} \tag{12.12}$$

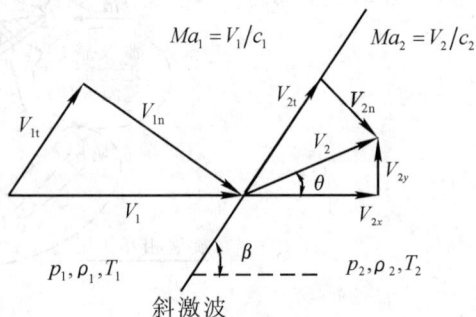

图 12.4 斜激波间断关系示意图

另外,

$$\frac{T_2}{T_1}=\frac{p_2/p_1}{\rho_2/\rho_1}\rightarrow\frac{2k(k-1)Ma_1^2\sin^2\beta}{(k+1)^2} \tag{12.13}$$

跨过激波后,流动特性的变化如图 12.5 所示。

显然,当 $Ma_1^2\sin^2\beta\rightarrow\infty$ 时,压力和温度的增量趋近于无穷大,而激波后的密度和马赫数趋于有限值。

压力因数定义为

$$C_p=\frac{p_2-p_1}{q_1} \tag{12.14}$$

式中

$$q_1=\frac{1}{2}\rho_1V_1^2=\frac{k}{2}p_1Ma_1^2 \tag{12.15}$$

因此

$$C_p=\frac{2}{kMa_1^2}\left(\frac{p_2}{p_1}-1\right) \tag{12.16}$$

将斜激波关系式代入式(12.16),得

$$C_p=\frac{4}{k+1}\left(\sin^2\beta-\frac{1}{Ma_1^2}\right) \tag{12.17}$$

在 $Ma_1^2\sin^2\beta\gg1$ 的极限情况下,有

$$C_p\rightarrow\frac{4}{k+1}\sin^2\beta \tag{12.18}$$

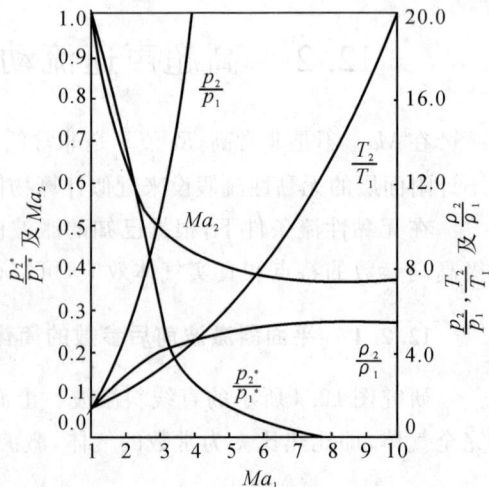

图 12.5 正激波前后流动特性变化($k=1.4$)

当气流转折角 θ、来流马赫数 Ma_1 已知时，激波角 β 可由激波处的速度三角形确定，即

$$\tan\theta = \frac{\dfrac{V_{2y}}{V_1}}{\dfrac{V_{2x}}{V_1}} = \frac{\dfrac{2(Ma_1^2\sin^2\beta - 1)\cot\beta}{(k+1)Ma_1^2}}{1 - \dfrac{2(Ma_1^2\sin^2\beta - 1)}{(k+1)Ma_1^2}} = \frac{2(Ma_1^2\sin^2\beta - 1)\cot\beta}{Ma_1^2(k + \cos2\beta) + 2} \tag{12.19}$$

这就是平面斜激波的 θ-β-Ma 关系。

当 $Ma_1 \to \infty$ 时，若取 $k \to 1$，则有

$$\beta \to \theta \tag{12.20}$$

$$C_p \to 2\sin^2\theta \tag{12.21}$$

这表明，当 $Ma_1 \to \infty$ 时，激波几乎完全贴在楔面上，楔面上的 C_p 值几乎完全取决于壁面折角而与 Ma_1 值无关。显然，此时作用在尖楔上的气动系数同样也与 Ma_1 值无关。来流马赫数高过某个很大值以后，激波后壁面 C_p 值以及无黏性流的气动系数趋近于与来流马赫数无关的极限值，这种特性称为马赫数无关原理。

12.2.2　正激波前后参数关系式

当 $Ma_\infty \gg 1$ 的高超声速气流绕过图 12.6 所示的钝头物体时，物体头部前将出现弓形脱体激波，端部前方的激波面接近正激波。正激波后气流等熵滞止到驻点 2。驻点处压强 p_2^* 和温度 T_2^* 是表征高超声速气流压强分布和热传导的有用参考量。

对 k 为常数的完全气体，穿过正激波前、后参数之比可写为 Ma_1 和 k 的函数，即

图 12.6　钝体前的离体激波

$$\frac{p_2}{p_1} = \frac{2kMa_1^2 - (k-1)}{k+1} \tag{12.22}$$

$$\frac{\rho_2}{\rho_1} = \frac{V_1}{V_2} = \frac{(k+1)Ma_1^2}{(k-1)Ma_1^2 + 2} \tag{12.23}$$

$$\frac{T_2}{T_1} = \frac{\left[2kMa_1^2 - (k-1)\right]\left[(k-1)Ma_1^2 + 2\right]}{(k+1)^2 Ma_1^2} \tag{12.24}$$

$$\frac{p_2^*}{p_1} = \left[\frac{(k+1)Ma_1^2}{2}\right]^{\frac{k}{k-1}}\left[\frac{k+1}{2kMa_1^2 - (k-1)}\right]^{\frac{1}{k-1}} \tag{12.25}$$

$$\frac{T_2^*}{T_1} = \frac{T_1^*}{T_1} = 1 + \frac{k-1}{2}Ma_1^2 \tag{12.26}$$

但实际上，高超声速气流穿过正激波后，激波层内是高温气体，真实气体效应使比热比 k 值下降，层内静温、声速以及速度均低于完全气体值，而密度则显著增大，导致激波层厚度减小。

12.2.3　高超声速小扰动情况

当 $\theta \ll 1$ 时，在高超声速条件下也有 $\beta \ll 1$，这时，$\sin\beta \approx \beta$，$\cos\beta \approx 1$，$\sin\theta \approx \theta$，$\cos\theta \approx 1$，式 (12.19) 化简为

$$\theta\beta = \frac{2(Ma_1^2\beta^2 - 1)}{Ma_1^2(k+1) + 2} \tag{12.27}$$

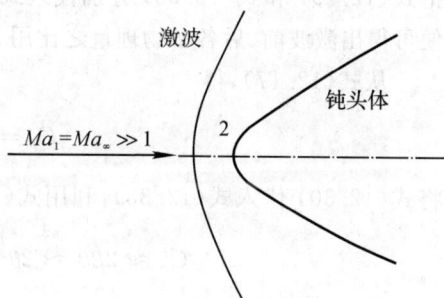

由式(12.27),解得

$$\beta = \left(\frac{k+1}{4} + \frac{1}{2Ma_1^2}\right)\theta \pm \sqrt{\left(\frac{k+1}{4} + \frac{1}{2Ma_1^2}\right)^2 \theta^2 + \frac{1}{Ma_1^2}} \qquad (12.28)$$

负根无意义,略去高阶小量后,得

$$\beta = \left(\frac{k+1}{4}\right)\theta + \sqrt{\left(\frac{k+1}{4}\right)^2 \theta^2 + \frac{1}{Ma_1^2}} \qquad (12.29)$$

在 $Ma_1\theta \gg 1$ 的极限情况下,有

$$\frac{\beta}{\theta} = \frac{k+1}{2} \qquad (12.30)$$

如再令 $k \to 1$,则有

$$\beta \to \theta \qquad (12.31)$$

这在式(12.20)中已对一般情况得到证明。对于常温下的空气,当 $k=1.4$ 时,有

$$\beta \to 1.2\theta \qquad (12.32)$$

把式(12.29)和式(12.30)分别代入式(12.9)~式(12.13)和式(12.18)中,其中令 $\sin\beta \approx \beta$,便可得出激波前、后各个物理量之比用 $Ma_1\theta$ 表示的关系式。下面只列出有意义的部分式子。

从式(12.17),得

$$C_p = \frac{4}{k+1}\beta^2 \left(1 - \frac{1}{Ma_1^2\beta^2}\right) \qquad (12.33)$$

将式(12.30)代入式(12.33),利用式(12.29),可改写为

$$C_p \approx 2\beta\theta \approx 2\theta^2 \left[\frac{k+1}{4} + \sqrt{\left(\frac{k+1}{4}\right)^2 + \frac{1}{Ma_1^2\theta^2}}\right] \qquad (12.34)$$

即压力因数的函数形式为

$$C_p = \theta^2 f(Ma_1\theta, k) \qquad (12.35)$$

由此可见,$Ma_1\theta$ 为高超声速小扰动情况下斜激波后流动的相似参数。

下面讨论当 $Ma_1\theta \gg 1$ 时各个物理量的极限关系式。把式(12.30)代入到式(12.9)~式(12.13)和式(12.18)中,便得

$$\frac{\rho_2}{\rho_1} \to \frac{k+1}{k-1} \qquad (12.36)$$

$$\frac{p_2}{p_1} \to \frac{k(k+1)}{2}Ma_1^2\theta^2 \qquad (12.37)$$

$$\frac{T_2}{T_1} \to \frac{k(k-1)}{2}Ma_1^2\theta^2 \qquad (12.38)$$

$$C_p \to (k+1)\theta^2 \qquad (12.39)$$

$$\frac{\Delta V_x}{V_1} = \frac{V_{2x}}{V_1} - 1 \to -\frac{k+1}{2}\theta^2 \qquad (12.40)$$

$$\frac{\Delta V_y}{V_1} = \frac{V_{2y}}{V_1} \to \theta \qquad (12.41)$$

由此可知,在极限高超声速小扰动情况下,斜激波后各个物理量变化的量级为

$$\frac{\Delta\rho}{\rho_1} = \frac{\rho_2 - \rho_1}{\rho_1} \approx \frac{\rho_2}{\rho_1} \sim O\left(\frac{k+1}{k-1}\right) \qquad (12.42)$$

$$\frac{\Delta p}{p_1} = \frac{p_2 - p_1}{p_1} \approx \frac{p_2}{p_1} \sim O(Ma_1^2\theta^2) \qquad (12.43)$$

$$\frac{\Delta T}{T_1} = \frac{T_2 - T_1}{T_1} \approx \frac{T_2}{T_1} \sim O(Ma_1^2\theta^2) \tag{12.44}$$

$$C_p \sim O(\theta^2) \tag{12.45}$$

$$\frac{\Delta V_x}{V_1} \sim O(\theta^2) \tag{12..46}$$

$$\frac{\Delta V_y}{V_1} \sim O(\theta) \tag{12.47}$$

根据 $c = \sqrt{kp/\rho}$,不难导出激波后声速的量级为

$$\frac{c}{V_1} \sim O(\theta) \tag{12.48}$$

我们不妨将上述结果和超声速情况作一比较。对于超声速小扰动情况,虽然 $\theta \ll 1$,但 β 并非小量,因而可以推导出,在激波后所有物理量的变化都是 $O(\theta)$ 量级。但高超声速小扰动情况却与此不同,激波后的 $\Delta\rho/\rho_1$,$\Delta p/p_1$,$\Delta T/T_1$ 都不是小扰动量,C_p 和 $\frac{\Delta V_x}{V_1}$ 都是 $O(\theta^2)$ 量级,比 $\frac{\Delta V_y}{V_1}$ 要高一阶。由此可知高超声速小扰动理论的非线性性质。

12.2.4 马赫数无关原理

高超声速流动还有一个重要的性质,即来流马赫数高过某个范围以后,物体绕流之解就一致趋近于其极限解,与来流马赫数的变化无关。这一原理对于任意物体的高超声速绕流都是成立的(不限于尖头细长体);它既适用于无黏性的完全气体,也适用于计入真实气体效应和黏性效应的气体。

奥斯瓦梯(Oswatitsch,1951)首先提出了这一原理,其后,海斯和普洛布斯坦(Hayes and Probstein,1959)把它推广到包含真实气体效应和附面层流动的情况。

现在仅以无黏性的完全气体为例来证明这一原理。首先写出基本方程和边界条件,然后再进行推证。

令 x 方向与来流速度 V_∞ 的方向一致,令 y 方向在流动平面内与 x 方向正交,令 z 方向与 x,y 方向正交。设 v_x,v_y 和 v_z 分别表示扰动速度沿 x 方向、y 方向和 z 方向的分量。

为了把基本方程和边界条件都无量纲化,采用以下的无量纲变量:

$$\left.\begin{array}{l} \bar{x} = x/l, \quad \bar{y} = y/l, \\ \bar{v}_x = v_x/V_\infty, \quad \bar{v}_y = v_y/V_\infty, \quad \bar{v}_z = v_z/V_\infty \\ \bar{p} = p/(\rho_\infty V_\infty^2), \quad \bar{\rho} = \rho/\rho_\infty, \quad \bar{c} = c/V_\infty \end{array}\right\} \tag{12.49}$$

式中,l 是参考长度。于是无黏性气体平面定常小扰动流动的基本方程如下:

连续性方程

$$\frac{\partial}{\partial x}[\bar{\rho}(1+\bar{v}_x)] + \frac{\partial}{\partial y}(\bar{\rho}\bar{v}_y) + \frac{\partial}{\partial z}(\bar{\rho}\bar{v}_z) = 0 \tag{12.50}$$

动量方程

$$(1+\bar{v}_x)\frac{\partial\bar{v}_x}{\partial\bar{x}} + \bar{v}_y\frac{\partial\bar{v}_x}{\partial\bar{y}} + \bar{v}_z\frac{\partial\bar{v}_x}{\partial\bar{z}} + \frac{1}{\bar{\rho}}\frac{\partial\bar{p}}{\partial\bar{x}} = 0 \tag{12.51a}$$

$$(1+\bar{v}_x)\frac{\partial\bar{v}_y}{\partial\bar{x}} + \bar{v}_y\frac{\partial\bar{v}_y}{\partial\bar{y}} + \bar{v}_z\frac{\partial\bar{v}_y}{\partial\bar{z}} + \frac{1}{\bar{\rho}}\frac{\partial\bar{p}}{\partial\bar{y}} = 0 \tag{12.51b}$$

$$(1+\bar{v}_x)\frac{\partial \bar{v}_z}{\partial \bar{x}} + \bar{v}_y\frac{\partial \bar{v}_z}{\partial \bar{y}} + \bar{v}_z\frac{\partial \bar{v}_z}{\partial \bar{z}} + \frac{1}{\bar{\rho}}\frac{\partial \bar{p}}{\partial \bar{z}} = 0 \tag{12.51c}$$

量热完全气体沿流线等熵的条件

$$(1+\bar{v}_x)\frac{\partial}{\partial \bar{x}}\left(\frac{\bar{p}}{\bar{\rho}^k}\right) + \bar{v}_y\frac{\partial}{\partial \bar{y}}\left(\frac{\bar{p}}{\bar{\rho}^k}\right) + \bar{v}_z\frac{\partial}{\partial \bar{z}}\left(\frac{\bar{p}}{\bar{\rho}^k}\right) = 0 \tag{12.52}$$

与上述基本方程相对应的边界条件包括来流条件、激波条件和物面条件,它们可分别表示如下:

(1) 来流条件:

$$\bar{v}_x = \bar{v}_y = \bar{v}_z = 0, \quad \bar{p} = \frac{1}{kMa_\infty^2} \to 0, \quad \bar{\rho} = 1 \tag{12.53}$$

(2) 激波条件:从式(12.7) ~ 式(12.8),得到

$$\bar{p}_2 = \frac{p_2}{\rho_\infty V_\infty^2} = \frac{1}{kMa_\infty^2}\left(\frac{p_2}{p_\infty}\right) =$$

$$\frac{2}{k+1}\sin^2\beta\left[1 - \left(\frac{k-1}{2k}\right)\frac{1}{Ma_\infty^2\sin^2\beta}\right] \to \frac{2}{k+1}\sin^2\beta \tag{12.54}$$

$$\bar{\rho}_2 = \frac{(k+1)Ma_\infty^2\sin^2\beta}{(k-1)Ma_\infty^2\sin^2\beta + 2} \to \frac{k+1}{k-1} \tag{12.55}$$

$$\bar{v}_{2x} = -\frac{2\sin^2\beta}{k+1}\left(1 - \frac{1}{Ma_\infty^2\sin^2\beta}\right) \to -\frac{2\sin^2\beta}{k+1} \tag{12.56}$$

$$\bar{v}_{2y} = \frac{2(Ma_\infty^2\sin^2\beta - 1)\cot\beta}{(k+1)Ma_\infty^2} \to \frac{\sin 2\beta}{k+1} \tag{12.57}$$

$$\bar{v}_{2z} = \frac{2(Ma_\infty^2\sin^2\beta - 1)\cot\beta}{(k+1)Ma_\infty^2} \to \frac{\sin 2\beta}{k+1} \tag{12.58}$$

(3) 物面条件:

$$(1+\bar{v}_x)\frac{\partial \bar{F}}{\partial \bar{x}} + \bar{v}_y\frac{\partial \bar{F}}{\partial \bar{y}} + \bar{v}_z\frac{\partial \bar{F}}{\partial \bar{z}} = 0 \tag{12.59}$$

此处 $\bar{F}(\bar{x},\bar{y},\bar{z},\alpha) = 0$ 是物面方程,其中 α 是攻角。

从气体无黏性定常平面流动的基本方程式(12.50) ~ 式(12.52)和边界条件式(12.53) ~ 式(12.58),我们注意到,在上述基本方程和物面条件中,都与 Ma_∞ 无关;只有在来流条件以及在激波条件的组合量 $Ma_\infty\sin\beta$ 中出现 Ma_∞。但当 $Ma_\infty\sin\beta \gg 1$ 时,不仅来流中的 $\bar{p} \to 0$,而且激波后的 $\bar{p}_2, \bar{\rho}_2, \bar{v}_{2x}, \bar{v}_{2y}$ 都趋近于各自的极限值,与 Ma_∞ 无关。这样便可从基本方程和边界条件中直接解出 $\bar{p}, \bar{\rho}, \bar{v}_x, \bar{v}_y$ 的极限值,与来流的马赫数无关。

由此,证明了马赫数无关原理,即对于任意给定物体的高超声速绕流,当 $Ma_\infty \to \infty$ 时,在确定的有限区域内,流动之解一致趋近于其极限解。

应该指出,马赫数无关原理并非指所有的物理量都有极限解,例如 p/p_∞ 和 T/T_∞ 已由式(12.9)和式(12.13)表明,它们与 $Ma_\infty^2\sin^2\beta$ 成正比,不存在极限解。

马赫数无关原理表明,对 $Ma_\infty \to \infty$ 的极限状态,不同的来流马赫数的绕流之解基本上是相同的。这个结论成立的条件是,必须保持来流的 ρ_∞ 和 V_∞ 值不变。关于这一点,不难从基本方程和边界条件的建立,以及推证这个原理的过程中看出。

前面已论及马赫数无关原理适用的范围是 $Ma_\infty\sin\beta \gg 1$,即激波前的法向来流马赫数 $Ma_{\infty n} \gg 1$。对于钝头体绕流,头部附近的脱体激波的 β 较大,因而一般来说,当 $Ma_\infty \geqslant 5$ 时,物

面压力因数就趋近于其极限值。而对于尖头细长体,如要使物面压力因数趋近于极限值,来流 Ma_∞ 值要高许多,它与物形密切相关。

12.3　高超声速流动中的气动力和气动热

12.3.1　高超声速流动中的气动力

实际的高超声速流场很复杂,我们希望能找到简单的计算方法,利用它能得到与精确理论和实验相接近的结果。下面介绍的牛顿理论能满足这方面的要求。

1. 牛顿公式

早在 1687 年,牛顿在他的名著《自然哲学的数学原理》中就提出了流体绕流时作用在物体上作用力的理论,称为牛顿碰撞理论。它的基本假设和理论要点如下:

(1)假设流体是由大量均匀分布的、彼此独立无相互作用的质点所组成的,它们排列整齐且平行地沿着直迹线流向物体。

(2)流体质点流与物面碰撞时,流体质点将失去与物面垂直的法向动量,而保持原有的切向动量沿物面向下流去。由于法向动量的变化从而引起流体作用在物体上的力。

(3)流体对物面的压力只作用在物面能与流体质点相碰撞的表面(称为迎风面)上,而流体碰撞不到的表面(称为遮蔽面)上压力为零。牛顿理论的数学模型如图 12.7 所示。为了确定物面上的压强,设在迎风面上研究和来流方向成斜角 θ 的微小面积 $\mathrm{d}A$,其上压强为 p。由垂直物面等截面面积 $\mathrm{d}A$ 流管的积分形式动量方程有

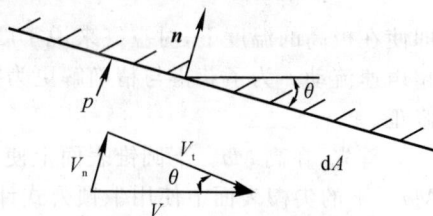

图 12.7　牛顿理论模型

$$p_\infty + \rho_\infty V_{\infty n}^2 = p_\infty + \rho_\infty V_\infty^2 \sin^2\theta = p \tag{12.60}$$

写成压强因数形式是

$$C_p = \frac{p - p_\infty}{\frac{1}{2}\rho_\infty V_\infty^2} = 2\sin^2\theta \tag{12.61}$$

式中,θ 为物面切线与来流方向之间的夹角(在内法线 $\boldsymbol{n}$ 和 $\boldsymbol{V}_\infty$ 所组成的平面内)。

方程式(12.61)称为牛顿正弦平方律。它指明,流体作用在物体迎风面上的压强因数正比于物面当地切线与自由流夹角正弦值的平方。若改用内法线 $\boldsymbol{n}$ 与来流 V_∞ 之间的夹角 ϑ 来表示,则式(12.61)又可写为

$$C_p = 2\cos^2\vartheta \tag{12.62}$$

而在物体的遮蔽区内,由于没有受到流体质点的碰撞,$C_p = 0$。

显然,从牛顿碰撞理论得出的结果,即式(12.61)或式(12.62),对亚、跨、超声速绕流问题是完全不适用的。但是,对于 $Ma_\infty \gg 1$ 的高超声速流来说,分析绕流物体的流动,其绕流图却和牛顿理论的理论假设非常接近。其原因,一方面是由于在高超声速流中,气体的内能与动能之比(它正比于 $\dfrac{1}{Ma_\infty^2}$)很小,流动气体分子无规则热运动效应不大,可以像牛顿理论那样认为气流是一股没有相互作用的质点流。另一方面,正如上节导出的,当 $Ma_\infty \to \infty$,$k \to 1$ 时,$\beta \to \theta$,在物体迎风面上激波几乎贴近物面,气流通过激波后切向动量不变,而法向动量趋近于零,也

正好与牛顿理论一致。所不同的仅仅是高超声速气流"碰撞"的是靠近物面的激波而不是物面本身。因此,牛顿理论所得出的迎风面压强因数 $C_p = 2\sin^2\theta$ 也就与极高超声速流激波后物面压强因数完全相同。至于物体背风面的压强则应与来流压强 p_∞ 属同一量级,当 $Ma_\infty \to \infty$ 时,

$$C_p = \frac{2}{kMa_\infty^2}\left(\frac{p}{p_\infty} - 1\right) \to 0$$

也与牛顿理论在遮蔽区内 $C_p = 0$ 的假设一致。

从近代观点看,牛顿理论实际上是极高超声速流中强激波下物体气动特性与马赫数无关这一原理的另一种推导和表示的方法。因此,牛顿理论的应用范围除要求极高的马赫数外还应包括对物体形状的限制。

线化小扰动理论仅对马赫数不很高的超声速、细长体、小迎角等问题给出了准确的结果;而牛顿理论则提供了马赫数与流动偏转角组合参数 $Ma_\infty \sin\theta \gg 1$ 时的可用结果,即 Ma_∞ 很大时 θ 可小些,Ma_∞ 不太高时 θ 要大些。实验证明,牛顿公式一般要在 Ma_∞ 很高($Ma_\infty > 10$)的范围才接近实验情况。应用牛顿理论可以很方便地计算出高超声速气流中任意形状物体的表面压强分布以及相应的气动参数。

2. 修正的牛顿公式

牛顿压力公式在 $Ma_\infty \to \infty$,$k \to 1$ 时才是准确的,这时密度比 $\varepsilon = \dfrac{k-1}{k+1}$ 趋于零。事实上,即使在极高的温度下,对空气来说密度比也不可能比 $1/20$ 更小,牛顿公式不能表示真实的高超声速流动。为了获得与精确解更为接近的计算结果,在工程计算中通常要对牛顿公式进行修正。

首先,在高 Ma_∞ 下圆锥表面上使用牛顿公式计算 C_p 值的结果与精确解相当接近,而对高 Ma_∞ 下的尖楔表面上使用牛顿公式计算 C_p 值的结果与精确解相比要差一些。其次,按牛顿公式,二维和三维物体的计算结果并无差别,不够合理。还有,高马赫数绕钝头体的流动,在顶点 $\theta = \dfrac{\pi}{2}$ 处,按牛顿公式该点 $C_p = 2$,但该点是驻点,压强因数应是正激波后的 $C_{p_2}^* \neq 2.0$(取决于来流马赫数),也有必要对牛顿公式进行修正。

为进行对牛顿公式的修正,我们将高超声速流中物面的压强因数统一写为

$$C_p = C_p^* \frac{\sin^2\theta}{\sin^2\theta_0} \tag{12.63}$$

式中　C_p^* —— 物体顶点处的压强因数;

　　　θ_0 —— 物体顶点处物面切线与来流的夹角。

对钝头体,$\theta_0 = \dfrac{\pi}{2}$,$\sin^2\theta_0 = 1$,$C_p^* = C_{p_2}^* = C_{p,\max}$,按式(12.63)得 $C_p = C_{p,\max}\sin^2\theta$。当 $Ma_\infty \leqslant 4$ 时,可按完全气体正激波公式计算 $C_{p_2}^*$;而当 $Ma_\infty > 4$ 时,则必须计及穿过激波高温空气的真实气体效应,例如 $Ma = 24$,$C_{p_2}^* = 1.932$。但对激波附体的二维物体和尖头旋成体绕流,C_p^* 则应由绕尖楔和圆锥的高超声速来流马赫数 M_∞ 的激波解来确定。对尖楔,由

$$C_p = 2\theta^2\left[\frac{k+1}{4} + \sqrt{\left(\frac{k+1}{4}\right)^2 + \frac{1}{(Ma_1\theta)^2}}\right]$$

可得近似表达式

$$\frac{C_p^*}{\theta^2} = (k+1) + \frac{K_1}{K} \tag{12.64a}$$

式中,$K = Ma_\infty\theta$,而

$$K_1 = \frac{k+1}{2}\left[\sqrt{K^2 + \left(\frac{4}{k+1}\right)^2} - K\right] \tag{12.64b}$$

当 $K \to \infty$ 时，

$$\frac{K_1}{K} \to 0, \quad \frac{C_p^*}{\theta^2} \to k+1 = 2.4 \qquad (k=1.4)$$

对尖头旋成体，由高超声速圆锥的近似解有

$$\frac{C_p^*}{\theta^2} = 1 + \frac{(k+1)K^2+2}{(k-1)K^2+2}\ln\left(\frac{k+1}{2} + \frac{1}{K^2}\right) \tag{12.65a}$$

式中，$K = Ma_\infty \theta$。当 $K \to \infty$ 时，可得

$$\frac{C_p^*}{\theta^2} \to 1 + \frac{k+1}{k-1}\ln\frac{k+1}{2} = 2.094 \qquad (k=1.4) \tag{12.65b}$$

实验和精确理论计算的结果表明，对于 $K = Ma_\infty \theta$ 值大的情形使用修正的牛顿公式可以得到比牛顿公式更好的效果，而且对三维物体比二维物体更好。

修正的牛顿公式不论是对钝头体还是对尖头旋成体的压强分布计算，均能提供满意的结果，常用于高超声速飞行器的初步设计中。

12.3.2　高超声速飞行器的气动加热和热防护

当飞行器以高超声速飞行时，与飞行相联系的巨大动能转化为激波层内气体温度的急剧升高，从而导致严重的气动加热。因此，在高超声速飞行器的设计中，热传导率和气动加热的预计以及热防护是至关重要的。

1. 导热率和气动加热的预计

我们知道，高温气体传递给物面的热量是用单位面积、单位时间所传递的热量，即热流密度 q_w 来表示的。无量纲的热传导系数可用努塞尔数 Nu 或斯坦顿数 St 来表示。斯坦顿数的定义是

$$St = \frac{q_w}{\rho_\infty V_\infty (h_{a,w} - h_w)} \tag{12.66}$$

式中 $h_{a,w}$ 和 h_w 分别为绝热恢复壁温和实际壁温所对应的比熔值。为近似估计 q_w，这里假设温度恢复因子为 1，并设气体为 $k=1.4$ 的完全气体，则

$$h_{a,w} \approx h_\infty^* = C_p T_\infty + \frac{V_\infty^2}{2} \tag{12.67}$$

对 $Ma_\infty \gg 1$ 的高超声速流动，有

$$\frac{(V_\infty^2/2)}{C_p T_\infty} = \frac{k-1}{2}Ma_\infty^2 \gg 1 \tag{12.68}$$

故

$$h_{a,w} \approx \frac{V_\infty^2}{2} \tag{12.69}$$

由于壁面温度 T_w 是 T_∞ 量级，$h_{a,w} - h_w \approx \dfrac{V_\infty^2}{2}$，因此当 $Ma_\infty \gg 1$ 时，由式（12.66）可得如下近似表示式：

$$q_w = \rho_\infty V_\infty (h_{a,w} - h_w)St \approx \frac{1}{2}\rho_\infty V_\infty^3 St \tag{12.70}$$

这说明，热流密度 q_w 或气动加热量 Q 与来流速度的立方成正比。而气动阻力

$$X = C_x \frac{1}{2}\rho_\infty V_\infty^2 A_\text{参} \tag{12.71}$$

则是正比于速度的平方。因此，随着飞行速度的增高，气动加热量比阻力增长得更快，变成设计

所面临的重要问题。

根据理论和实验研究结果,对简单物形可使用以下简单公式来估计 q_w:

$$q_w = \rho_\infty^N V_\infty^M C \tag{12.72}$$

式中 N, M——常数;

　　　　C——某个函数。

(1) 钝头体驻点处的 q_w:此时,有

$$N = 0.5, \quad M = 3.0$$

$$C = 1.83 \times 10^{-6} R^{-1/2} \left(1 - \frac{h_w}{h_\infty^*}\right) \tag{12.73}$$

式中,R 为钝头体头部半径。

(2) 层流平板的 q_w:此时,有

$$N = 0.5, \quad M = 3.2$$

$$C = 2.53 \times 10^{-9} (\cos\varphi)^{1/2} (\sin\varphi) x^{-1/2} \left(1 - \frac{h_w}{h_\infty^*}\right) \tag{12.74}$$

式中 x——沿物面的距离;

　　　　φ——局部物面相对来流的夹角。

由式(12.73)可看到,在超声速时具有低波阻特性的尖头体,由于尖头体(如旋成体顶点和机翼前缘)半径很小,将承受很高的气动加热率,而尖头体的热容量小,散热困难,温度升得很高,容易熔化或烧蚀(取决于所用的材料),从而大大降低了它在高超声速时的应用价值。因此,高超声速飞行器的气动外形首先要从减少气动加热的角度来考虑。另外,从式(12.72)可知,q_w 还取决于飞行高度上的空气密度值,故气动加热问题一般只在稠密的大气中以高超声速飞行(例如,航天器从外层空间返回地面穿过大气层)时才变得十分严重。

下面来近似估计传给高超声速飞行器的热量。将牛顿第二定律应用到一个无推力高超声速飞行器在大气层中作减速运动的情况上,得

$$\frac{W}{g} \frac{dV_\infty}{dt} = -X = -\frac{1}{2} \rho_\infty V_\infty^2 A_参 C_x \tag{12.75}$$

式中 W——飞行器重力,近似视为常值;

　　　　V_∞——飞行速度;

　　　　g——重力加速度,取为常数;

　　　　X——飞行器所受的阻力;

　　　　A——参考面积。

由于重力远小于阻力,重力影响可不计。

单位时间传给飞行器的热量可表示为

$$\frac{dQ}{dt} = \overline{St} \rho_\infty V_\infty A_表 (h_{a,w} - h_w) \approx \overline{St} \rho_\infty V_\infty A_表 \frac{V_\infty^2}{2} \tag{12.76}$$

式中 Q——传给飞行器的总热量;

　　　　$A_表$——暴露在高温气流中飞行器的表面积;

　　　　$\overline{St}$——平均斯坦顿数。

由雷诺比拟有

$$\overline{St} = \frac{\overline{C}_f}{2S} = C\overline{C}_f \tag{12.77}$$

式中 $\overline{C}_f$——物面平均摩阻因数;

S——雷诺比拟因子$(S_{平板} = Pr^{2/3})$，$C = \dfrac{1}{2S}$。

将式(12.75)和式(12.77)代入式(12.76)，得

$$dQ = C\bar{C}_f \rho_\infty V_\infty A_表 \frac{V_\infty^2}{2} dt = -C' \frac{\bar{C}_f}{C_x} d\left(\frac{W}{2g} V_\infty^2\right) \tag{12.78}$$

式中，$C' = C\dfrac{A_表}{A_参}$。再近似假设$\bar{C}_f/C_x$与V_∞无关，求积分

$$\int_0^{Q_f} dQ = -C' \frac{\bar{C}_f}{C_x} \frac{W}{2g} \int_{V_{\infty i}}^0 dV_\infty^2 \tag{12.79}$$

得

$$Q_f = C' \frac{\bar{C}_f}{C_x} \frac{W}{2g} V_{\infty i}^2 \tag{12.80}$$

式中，Q_f为消耗的动能、克服摩阻后传给飞行器的总热量，它正比于飞行器的初始动能以及摩阻因数与总阻力因数之比。因此，当$\bar{C}_f/C_x$值减少时，Q_f下降。换言之，当摩阻占总阻力比例愈小时，传给飞行器的热量就越小。某些典型物形的$\bar{C}_f/C_x$值见表12.1。

表 12.1　典型物形的$\bar{C}_f/C_x$

物体外形	$\bar{C}_f/C_x$
圆球	≈ 0.01
圆锥	≈ 0.020
流线形飞行器	≈ 0.33
平板	1.0

2. **高超声速飞行器的热防护**

由于高超声速飞行器气动加热严重，必须考虑热防护问题。

(1) 选择合理的气动外形，减少气动加热量。从上面的分析可以得出结论，为降低驻点的传热率、提高热容量，减轻气动加热问题，飞行器外形要设计成钝头体。如果采用细长体飞行器，由于头激波较弱，摩擦阻力占总阻力的比重较大，因而传递给周围气体的热量较少，传递给飞行器本身的热量多，气动加热问题严重。采用钝头体飞行器，头激波很强，摩擦阻力占总阻力的比例较小，因而传给飞行器本身的热量不多，从而缓解了气动加热问题。

采用钝头体可以减轻高超声速飞行器的气动加热这一原理，已在航天器的设计中得到广泛的应用。例如，若希望高超声速飞行器具有低阻外形，通常可采用小钝头的细长锥体；而对长时间飞行的航天飞机，为控制气动加热量应设计成在大迎角下飞行的钝头飞机，以增加阻力系数；等等。

(2) 选用耐高温的合金材料来制造飞行器的结构部件，例如使用钛合金等。

(3) 加隔热和防热装置来减少传给飞行器的热量。例如，采用陶瓷或碳纤维材料制造防护瓦覆盖在航天飞机高温区的表面上；或者在机内安装薄膜冷却和对流冷却装置，通过消耗冷却剂来降低飞行器局部区的高温；等等。

思考与练习题

12.1 什么是高超声速流动？高超声速流动有那些重要的基本特征？

12.2 简述马赫数无关原理以及它的适用范围和使用条件。

12.3 为什么高超声速飞行时飞行器气动加热现象严重？应该如何进行热防护？

附录　各种数值表

表 1　国际标准大气表

H/m	T/K	$c/(\mathrm{m \cdot s^{-1}})$	p/Pa	$\rho/(\mathrm{kg \cdot m^{-3}})$
0	288.15	340.3	1.01325×10^5	1.225
100	287.6	340.0	0.9794×10^5	1.187
500	284.9	338.4	0.95461×10^5	1.167
1000	281.7	336.4	0.89876×10^5	1.111
1500	278.2	334.5	0.84560×10^5	1.058
2000	275.2	332.5	0.79501×10^5	1.007
2500	271.9	330.6	0.74692×10^5	0.9570
3000	268.7	328.6	0.70121×10^5	0.9093
3500	265.4	326.6	0.65780×10^5	0.8634
4000	262.2	324.6	0.61660×10^5	0.8194
4500	258.9	322.6	0.57753×10^5	0.7770
5000	255.7	320.5	0.54048×10^5	0.7364
5500	252.4	318.5	0.50539×10^5	0.6975
6000	249.2	316.5	0.47218×10^5	0.6601
6500	245.9	314.4	0.44075×10^5	0.6243
7000	242.7	312.3	0.41105×10^5	0.5900
7500	239.5	310.2	0.38300×10^5	0.5572
8000	236.2	308.1	0.35652×10^5	0.5258
8500	233.0	306.0	0.33154×10^5	0.4958
9000	229.7	303.8	0.30801×10^5	0.4671
9500	226.5	301.7	0.28585×10^5	0.4397
10000	223.3	299.5	0.26500×10^5	0.4135
11000	216.7	295.1	0.22700×10^5	0.3648
12000	216.7	295.1	0.19399×10^5	0.3119
13000	216.7	295.1	0.16580×10^5	0.2666
14000	216.7	295.1	0.14170×10^5	0.2279
15000	216.7	295.1	0.12112×10^5	0.1948
16000	216.7	295.1	0.10353×10^5	0.1665
17000	216.7	295.1	8.8497×10^3	0.1432
18000	216.7	295.1	7.5652×10^3	0.1217
19000	216.7	295.1	6.4675×10^3	0.1040
20000	216.7	295.1	5.5293×10^3	0.08891
25000	221.5	298.4	2.5492×10^3	0.04008
30000	226.5	301.7	1.1970×10^3	0.01841
35000	236.5	308.3	0.57459×10^3	0.008463
40000	250.4	317.2	0.28714×10^3	0.003996
45000	264.2	325.3	0.14910×10^3	0.001966
50000	270.7	329.8	7.9779×10^1	0.001027
55000	265.6	326.7	4.27516×10^1	0.0005608
60000	255.8	320.6	2.2461×10^1	0.0003059
65000	239.3	310.1	1.1446×10^1	0.0001667
70000	219.7	297.1	5.5205	0.00008754
75000	200.2	283.6	2.4904	0.00004335
80000	180.7	269.4	1.0366	0.00001999

表 2(a) 一维等熵流气动函数表($k=1.40$) *

（以 λ 为自变量）

λ	Ma	$\tau(\lambda)$	$\pi(\lambda)$	$\varepsilon(\lambda)$	$q(\lambda)$	$y(\lambda)$	$z(\lambda)$	$f(\lambda)$	$r(\lambda)$
0.00	0.0000	1.0000	1.0000	1.0000	0.0000	0.0000	∞	1.0000	1.0000
0.01	0.0091	1.0000	0.9999	1.0000	0.0158	0.0158	100.010	1.0001	0.9999
0.02	0.0183	0.9999	0.9998	0.9998	0.0315	0.0316	50.0200	1.0002	0.9995
0.03	0.0274	0.9999	0.9995	0.9996	0.0473	0.0473	33.3633	1.0005	0.9990
0.04	0.0365	0.9997	0.9991	0.9993	0.0631	0.0631	25.0400	1.0009	0.9981
0.05	0.0457	0.9996	0.9985	0.9990	0.0788	0.0789	20.0500	1.0015	0.9971
0.06	0.0548	0.9994	0.9979	0.9985	0.0945	0.0947	16.7267	1.0021	0.9958
0.07	0.0639	0.9992	0.9971	0.9980	0.1102	0.1105	14.3557	1.0028	0.9943
0.08	0.0731	0.9989	0.9963	0.9973	0.1259	0.1263	12.5800	1.0037	0.9926
0.09	0.0822	0.9987	0.9953	0.9966	0.1415	0.1422	11.2011	1.0047	0.9906
0.10	0.0914	0.9983	0.9942	0.9958	0.1571	0.1580	10.1000	1.0058	0.9884
0.11	0.1005	0.9980	0.9930	0.9950	0.1726	0.1739	9.2009	1.0070	0.9861
0.12	0.1097	0.9976	0.9916	0.9940	0.1882	0.1897	8.4533	1.0083	0.9834
0.13	0.1188	0.9972	0.9902	0.9930	0.2036	0.2056	7.8223	1.0098	0.9806
0.14	0.1280	0.9967	0.9886	0.9919	0.2190	0.2216	7.2829	1.0113	0.9776
0.15	0.1372	0.9962	0.9869	0.9907	0.2344	0.2375	6.8167	1.0129	0.9743
0.16	0.1464	0.9957	0.9851	0.9894	0.2497	0.2535	6.4100	1.0147	0.9709
0.17	0.1556	0.9952	0.9832	0.9880	0.2649	0.2695	6.0524	1.0166	0.9672
0.18	0.1648	0.9946	0.9812	0.9866	0.2801	0.2855	5.7356	1.0185	0.9634
0.19	0.1740	0.9940	0.9791	0.9850	0.2952	0.3015	5.4532	1.0206	0.9594
0.20	0.1832	0.9933	0.9769	0.9834	0.3103	0.3176	5.2000	1.0228	0.9551
0.21	0.1924	0.9927	0.9745	0.9817	0.3252	0.3337	4.9719	1.0250	0.9507
0.22	0.2016	0.9919	0.9721	0.9800	0.3401	0.3499	4.7655	1.0274	0.9461
0.23	0.2109	0.9912	0.9695	0.9781	0.3549	0.3660	4.5778	1.0298	0.9414
0.24	0.2201	0.9904	0.9668	0.9762	0.3696	0.3823	4.4067	1.0324	0.9365
0.25	0.2294	0.9896	0.9640	0.9742	0.3842	0.3985	4.2500	1.0350	0.9314
0.26	0.2387	0.9887	0.9611	0.9721	0.3987	0.4148	4.1062	1.0378	0.9261
0.27	0.2480	0.9879	0.9581	0.9699	0.4131	0.4311	3.9737	1.0406	0.9207
0.28	0.2573	0.9869	0.9550	0.9677	0.4274	0.4475	3.8514	1.0435	0.9152
0.29	0.2666	0.9860	0.9518	0.9653	0.4416	0.4640	3.7383	1.0465	0.9095
0.30	0.2759	0.9850	0.9485	0.9629	0.4557	0.4804	3.6333	1.0496	0.9037
0.31	0.2853	0.9840	0.9451	0.9604	0.4697	0.4970	3.5358	1.0527	0.8977
0.32	0.2946	0.9829	0.9415	0.9579	0.4835	0.5135	3.4450	1.0560	0.8916
0.33	0.3040	0.9819	0.9379	0.9552	0.4973	0.5302	3.3603	1.0593	0.8854
0.34	0.3134	0.9807	0.9342	0.9525	0.5109	0.5469	3.2812	1.0626	0.8791
0.35	0.3228	0.9796	0.9303	0.9497	0.5244	0.5636	3.2071	1.0661	0.8727
0.36	0.3322	0.9784	0.9264	0.9469	0.5377	0.5804	3.1378	1.0696	0.8661
0.37	0.3417	0.9772	0.9224	0.9439	0.5509	0.5973	3.0727	1.0732	0.8595
0.38	0.3511	0.9759	0.9183	0.9409	0.5640	0.6142	3.0116	1.0768	0.8528
0.39	0.3606	0.9747	0.9141	0.9378	0.5770	0.6312	2.9541	1.0805	0.8460
0.40	0.3701	0.9733	0.9097	0.9347	0.5897	0.6483	2.9000	1.0842	0.8391
0.41	0.3796	0.9720	0.9053	0.9314	0.6024	0.6654	2.8490	1.0880	0.8321
0.42	0.3892	0.9706	0.9008	0.9281	0.6149	0.6826	2.8010	1.0918	0.8251
0.43	0.3987	0.9692	0.8962	0.9247	0.6272	0.6999	2.7556	1.0957	0.8179
0.44	0.4083	0.9677	0.8915	0.9213	0.6394	0.7172	2.7127	1.0996	0.8108

续 表

λ	Ma	$\tau(\lambda)$	$\pi(\lambda)$	$\varepsilon(\lambda)$	$q(\lambda)$	$y(\lambda)$	$z(\lambda)$	$f(\lambda)$	$r(\lambda)$
0.44	0.4083	0.9677	0.8915	0.9213	0.6394	0.7172	2.7127	1.0996	0.8108
0.45	0.4179	0.9662	0.8868	0.9177	0.6515	0.7346	2.6722	1.1036	0.8035
0.46	0.4275	0.9647	0.8819	0.9142	0.6633	0.7521	2.6339	1.1076	0.7962
0.47	0.4372	0.9632	0.8770	0.9105	0.6750	0.7697	2.5977	1.1116	0.7889
0.48	0.4468	0.9616	0.8719	0.9067	0.6866	0.7874	2.5633	1.1157	0.7815
0.49	0.4565	0.9600	0.8668	0.9029	0.6979	0.8052	2.5308	1.1197	0.7741
0.50	0.4663	0.9583	0.8616	0.8991	0.7091	0.8230	2.5000	1.1238	0.7667
0.51	0.4760	0.9567	0.8563	0.8951	0.7201	0.8410	2.4708	1.1279	0.7592
0.52	0.4858	0.9549	0.8510	0.8911	0.7310	0.8590	2.4431	1.1321	0.7517
0.53	0.4956	0.9532	0.8455	0.8870	0.7416	0.8771	2.4168	1.1362	0.7442
0.54	0.5054	0.9514	0.8400	0.8829	0.7521	0.8953	2.3919	1.1403	0.7366
0.55	0.5152	0.9496	0.8344	0.8787	0.7623	0.9137	2.3682	1.1445	0.7290
0.56	0.5251	0.9477	0.8287	0.8744	0.7724	0.9321	2.3457	1.1486	0.7215
0.57	0.5350	0.9458	0.8230	0.8701	0.7823	0.9506	2.3244	1.1528	0.7139
0.58	0.5450	0.9439	0.8171	0.8657	0.7920	0.9693	2.3041	1.1569	0.7063
0.59	0.5549	0.9420	0.8112	0.8612	0.8015	0.9880	2.2849	1.1610	0.6987
0.60	0.5649	0.9400	0.8053	0.8567	0.8108	1.0069	2.2667	1.1651	0.6912
0.61	0.5750	0.9380	0.7993	0.8521	0.8199	1.0259	2.2493	1.1692	0.6836
0.62	0.5850	0.9359	0.7932	0.8474	0.8288	1.0450	2.2329	1.1732	0.6761
0.63	0.5951	0.9338	0.7870	0.8427	0.8375	1.0642	2.2173	1.1772	0.6685
0.64	0.6053	0.9317	0.7808	0.8380	0.8460	1.0835	2.2025	1.1812	0.6610
0.65	0.6154	0.9296	0.7745	0.8331	0.8543	1.1030	2.1885	1.1851	0.6535
0.66	0.6256	0.9274	0.7681	0.8283	0.8623	1.1226	2.1752	1.1891	0.6460
0.67	0.6359	0.9252	0.7617	0.8233	0.8702	1.1424	2.1625	1.1929	0.6385
0.68	0.6461	0.9229	0.7553	0.8183	0.8778	1.1622	2.1506	1.1967	0.6311
0.69	0.6565	0.9206	0.7487	0.8133	0.8852	1.1822	2.1393	1.2005	0.6237
0.70	0.6668	0.9183	0.7422	0.8082	0.8924	1.2024	2.1286	1.2042	0.6163
0.71	0.6772	0.9160	0.7355	0.8030	0.8994	1.2227	2.1185	1.2078	0.6090
0.72	0.6876	0.9136	0.7289	0.7978	0.9061	1.2432	2.1089	1.2114	0.6017
0.73	0.6981	0.9112	0.7221	0.7925	0.9126	1.2638	2.0999	1.2149	0.5944
0.74	0.7086	0.9087	0.7154	0.7872	0.9189	1.2845	2.0914	1.2183	0.5872
0.75	0.7192	0.9062	0.7085	0.7818	0.9250	1.3055	2.0833	1.2216	0.5800
0.76	0.7298	0.9037	0.7017	0.7764	0.9308	1.3266	2.0758	1.2249	0.5729
0.77	0.7404	0.9012	0.6948	0.7710	0.9364	1.3478	2.0687	1.2281	0.5658
0.78	0.7511	0.8986	0.6878	0.7654	0.9418	1.3692	2.0621	1.2311	0.5587
0.79	0.7619	0.8960	0.6808	0.7599	0.9470	1.3908	2.0558	1.2341	0.5517
0.80	0.7727	0.8933	0.6738	0.7543	0.9519	1.4126	2.0500	1.2370	0.5447
0.81	0.7835	0.8906	0.6668	0.7486	0.9565	1.4346	2.0446	1.2398	0.5378
0.82	0.7944	0.8879	0.6597	0.7429	0.9610	1.4568	2.0395	1.2425	0.5309
0.83	0.8053	0.8852	0.6526	0.7372	0.9652	1.4791	2.0348	1.2451	0.5241
0.84	0.8163	0.8824	0.6454	0.7314	0.9692	1.5016	2.0305	1.2475	0.5174
0.85	0.8274	0.8796	0.6382	0.7256	0.9729	1.5244	2.0265	1.2498	0.5106
0.86	0.8384	0.8767	0.6310	0.7197	0.9764	1.5473	2.0228	1.2520	0.5040
0.87	0.8496	0.8738	0.6238	0.7138	0.9796	1.5705	2.0194	1.2541	0.4974
0.88	0.8608	0.8709	0.6165	0.7079	0.9826	1.5939	2.0164	1.2561	0.4908
0.89	0.8721	0.8680	0.6092	0.7019	0.9854	1.6175	2.0136	1.2579	0.4843
0.90	0.8834	0.8650	0.6019	0.6959	0.9880	1.6413	2.0111	1.2596	0.4779
0.91	0.8947	0.8620	0.5946	0.6898	0.9902	1.6653	2.0089	1.2611	0.4715
0.92	0.9062	0.8589	0.5873	0.6838	0.9923	1.6896	2.0070	1.2625	0.4652
0.93	0.9177	0.8558	0.5800	0.6776	0.9941	1.7141	2.0053	1.2637	0.4589

续 表

λ	Ma	$\tau(\lambda)$	$\pi(\lambda)$	$\varepsilon(\lambda)$	$q(\lambda)$	$y(\lambda)$	$z(\lambda)$	$f(\lambda)$	$r(\lambda)$
0.93	0.9177	0.8558	0.5800	0.6776	0.9941	1.7141	2.0053	1.2637	0.4589
0.94	0.9292	0.8527	0.5726	0.6715	0.9957	1.7389	2.0038	1.2648	0.4527
0.95	0.9409	0.8496	0.5652	0.6653	0.9970	1.7639	2.0026	1.2657	0.4466
0.96	0.9526	0.8464	0.5578	0.6591	0.9981	1.7892	2.0017	1.2665	0.4405
0.97	0.9643	0.8432	0.5505	0.6528	0.9989	1.8147	2.0009	1.2671	0.4344
0.98	0.9761	0.8399	0.5431	0.6466	0.9995	1.8405	2.0004	1.2675	0.4284
0.99	0.9880	0.8366	0.5357	0.6403	0.9999	1.8666	2.0001	1.2678	0.4225
1.00	1.0000	0.8333	0.5283	0.6339	1.0000	1.8929	2.0000	1.2679	0.4167
1.01	1.0120	0.8300	0.5209	0.6276	0.9999	1.9196	2.0001	1.2678	0.4109
1.02	1.0241	0.8266	0.5135	0.6212	0.9995	1.9465	2.0004	1.2675	0.4051
1.03	1.0363	0.8232	0.5061	0.6148	0.9989	1.9738	2.0009	1.2671	0.3994
1.04	1.0486	0.8197	0.4987	0.6084	0.9981	2.0013	2.0015	1.2664	0.3938
1.05	1.0609	0.8162	0.4913	0.6019	0.9970	2.0292	2.0024	1.2656	0.3882
1.06	1.0733	0.8127	0.4840	0.5955	0.9957	2.0574	2.0034	1.2646	0.3827
1.07	1.0858	0.8092	0.4766	0.5890	0.9942	2.0859	2.0046	1.2634	0.3773
1.08	1.0984	0.8056	0.4693	0.5825	0.9924	2.1147	2.0059	1.2619	0.3719
1.09	1.1111	0.8020	0.4619	0.5760	0.9904	2.1439	2.0074	1.2603	0.3665
1.10	1.1239	0.7983	0.4546	0.5695	0.9881	2.1735	2.0091	1.2585	0.3612
1.11	1.1367	0.7946	0.4473	0.5629	0.9856	2.2034	2.0109	1.2565	0.3560
1.12	1.1496	0.7909	0.4400	0.5564	0.9829	2.2337	2.0129	1.2542	0.3508
1.13	1.1627	0.7872	0.4328	0.5498	0.9800	2.2644	2.0150	1.2518	0.3457
1.14	1.1758	0.7834	0.4255	0.5432	0.9768	2.2955	2.0172	1.2491	0.3407
1.15	1.1890	0.7796	0.4183	0.5366	0.9734	2.3270	2.0196	1.2463	0.3357
1.16	1.2023	0.7757	0.4111	0.5300	0.9698	2.3588	2.0221	1.2432	0.3307
1.17	1.2157	0.7718	0.4040	0.5234	0.9660	2.3911	2.0247	1.2399	0.3258
1.18	1.2292	0.7679	0.3969	0.5168	0.9619	2.4239	2.0275	1.2364	0.3210
1.19	1.2428	0.7640	0.3898	0.5102	0.9577	2.4571	2.0303	1.2326	0.3162
1.20	1.2566	0.7600	0.3827	0.5035	0.9532	2.4907	2.0333	1.2286	0.3115
1.21	1.2704	0.7560	0.3757	0.4969	0.9485	2.5248	2.0364	1.2244	0.3068
1.22	1.2843	0.7519	0.3687	0.4903	0.9435	2.5594	2.0397	1.2200	0.3022
1.23	1.2984	0.7478	0.3617	0.4837	0.9384	2.5944	2.0430	1.2154	0.2976
1.24	1.3126	0.7437	0.3548	0.4770	0.9331	2.6300	2.0465	1.2105	0.2931
1.25	1.3269	0.7396	0.3479	0.4704	0.9275	2.6661	2.0500	1.2054	0.2886
1.26	1.3413	0.7354	0.3411	0.4638	0.9218	2.7027	2.0537	1.2001	0.2842
1.27	1.3558	0.7312	0.3343	0.4572	0.9158	2.7399	2.0574	1.1945	0.2798
1.28	1.3705	0.7269	0.3275	0.4505	0.9097	2.7776	2.0613	1.1887	0.2755
1.29	1.3853	0.7226	0.3208	0.4439	0.9034	2.8159	2.0652	1.1827	0.2713
1.30	1.4002	0.7183	0.3142	0.4373	0.8968	2.8548	2.0692	1.1764	0.2670
1.31	1.4153	0.7140	0.3075	0.4307	0.8901	2.8943	2.0734	1.1699	0.2629
1.32	1.4305	0.7096	0.3010	0.4242	0.8832	2.9344	2.0776	1.1632	0.2588
1.33	1.4458	0.7052	0.2945	0.4176	0.8761	2.9751	2.0819	1.1563	0.2547
1.34	1.4613	0.7007	0.2880	0.4110	0.8688	3.0165	2.0863	1.1491	0.2507
1.35	1.4769	0.6962	0.2816	0.4045	0.8614	3.0586	2.0907	1.1417	0.2467
1.36	1.4927	0.6917	0.2753	0.3980	0.8538	3.1014	2.0953	1.1340	0.2427
1.37	1.5087	0.6872	0.2690	0.3915	0.8460	3.1449	2.0999	1.1262	0.2389
1.38	1.5248	0.6826	0.2628	0.3850	0.8380	3.1891	2.1046	1.1181	0.2350
1.39	1.5410	0.6780	0.2566	0.3785	0.8299	3.2341	2.1094	1.1098	0.2312
1.40	1.5575	0.6733	0.2505	0.3720	0.8216	3.2798	2.1143	1.1012	0.2275
1.41	1.5741	0.6686	0.2445	0.3656	0.8131	3.3264	2.1192	1.0924	0.2238
1.42	1.5909	0.6639	0.2385	0.3592	0.8045	3.3738	2.1242	1.0834	0.2201

续 表

λ	Ma	τ(λ)	π(λ)	ε(λ)	q(λ)	y(λ)	z(λ)	f(λ)	r(λ)
1.42	1.5909	0.6639	0.2385	0.3592	0.8045	3.3738	2.1242	1.0834	0.2201
1.43	1.6078	0.6592	0.2326	0.3528	0.7958	3.4220	2.1293	1.0742	0.2165
1.44	1.6250	0.6544	0.2267	0.3464	0.7869	3.4711	2.1344	1.0648	0.2129
1.45	1.6423	0.6496	0.2209	0.3401	0.7779	3.5212	2.1397	1.0551	0.2094
1.46	1.6599	0.6447	0.2152	0.3338	0.7687	3.5721	2.1449	1.0452	0.2059
1.47	1.6776	0.6398	0.2095	0.3275	0.7594	3.6240	2.1503	1.0352	0.2024
1.48	1.6955	0.6349	0.2040	0.3212	0.7500	3.6769	2.1557	1.0249	0.1990
1.49	1.7137	0.6300	0.1985	0.3150	0.7404	3.7309	2.1611	1.0144	0.1956
1.50	1.7321	0.6250	0.1930	0.3088	0.7307	3.7859	2.1667	1.0037	0.1923
1.51	1.7506	0.6200	0.1876	0.3027	0.7209	3.8419	2.1723	0.9927	0.1890
1.52	1.7695	0.6149	0.1823	0.2965	0.7110	3.8991	2.1779	0.9816	0.1858
1.53	1.7885	0.6098	0.1771	0.2904	0.7010	3.9575	2.1836	0.9703	0.1825
1.54	1.8078	0.6047	0.1720	0.2844	0.6908	4.0171	2.1894	0.9588	0.1794
1.55	1.8273	0.5996	0.1669	0.2784	0.6806	4.0779	2.1952	0.9472	0.1762
1.56	1.8471	0.5944	0.1619	0.2724	0.6703	4.1400	2.2010	0.9353	0.1731
1.57	1.8672	0.5892	0.1570	0.2665	0.6599	4.2034	2.2069	0.9232	0.1700
1.58	1.8875	0.5839	0.1521	0.2606	0.6494	4.2682	2.2129	0.9110	0.1670
1.59	1.9081	0.5786	0.1474	0.2547	0.6388	4.3345	2.2189	0.8986	0.1640
1.60	1.9290	0.5733	0.1427	0.2489	0.6282	4.4022	2.2250	0.8861	0.1610
1.61	1.9501	0.5680	0.1381	0.2431	0.6175	4.4714	2.2311	0.8733	0.1581
1.62	1.9716	0.5626	0.1336	0.2374	0.6067	4.5422	2.2373	0.8605	0.1552
1.63	1.9934	0.5572	0.1291	0.2317	0.5958	4.6147	2.2435	0.8474	0.1524
1.64	2.0155	0.5517	0.1248	0.2261	0.5850	4.6889	2.2498	0.8343	0.1495
1.65	2.0380	0.5462	0.1205	0.2205	0.5740	4.7648	2.2561	0.8209	0.1467
1.66	2.0608	0.5407	0.1163	0.2150	0.5630	4.8426	2.2624	0.8075	0.1440
1.67	2.0839	0.5352	0.1121	0.2095	0.5520	4.9223	2.2688	0.7939	0.1413
1.68	2.1074	0.5296	0.1081	0.2041	0.5409	5.0040	2.2752	0.7802	0.1386
1.69	2.1313	0.5240	0.1041	0.1987	0.5298	5.0877	2.2817	0.7664	0.1359
1.70	2.1555	0.5183	0.1003	0.1934	0.5187	5.1736	2.2882	0.7524	0.1332
1.71	2.1802	0.5126	0.0965	0.1882	0.5076	5.2617	2.2948	0.7384	0.1306
1.72	2.2053	0.5069	0.0928	0.1830	0.4964	5.3522	2.3014	0.7243	0.1281
1.73	2.2308	0.5012	0.0891	0.1778	0.4853	5.4451	2.3080	0.7100	0.1255
1.74	2.2567	0.4954	0.0856	0.1727	0.4741	5.5405	2.3147	0.6957	0.1230
1.75	2.2831	0.4896	0.0821	0.1677	0.4630	5.6385	2.3214	0.6813	0.1205
1.76	2.3100	0.4837	0.0787	0.1627	0.4518	5.7393	2.3282	0.6669	0.1181
1.77	2.3374	0.4778	0.0754	0.1578	0.4407	5.8430	2.3350	0.6524	0.1156
1.78	2.3653	0.4719	0.0722	0.1530	0.4296	5.9497	2.3418	0.6378	0.1132
1.79	2.3937	0.4660	0.0691	0.1482	0.4185	6.0595	2.3487	0.6232	0.1108
1.80	2.4227	0.4600	0.0660	0.1435	0.4075	6.1726	2.3556	0.6085	0.1085
1.81	2.4523	0.4540	0.0630	0.1389	0.3965	6.2891	2.3625	0.5938	0.1062
1.82	2.4824	0.4479	0.0602	0.1343	0.3855	6.4093	2.3695	0.5791	0.1039
1.83	2.5132	0.4418	0.0573	0.1298	0.3746	6.5333	2.3764	0.5644	0.1016
1.84	2.5446	0.4357	0.0546	0.1253	0.3638	6.6612	2.3835	0.5496	0.0994
1.85	2.5767	0.4296	0.0520	0.1210	0.3530	6.7932	2.3905	0.5349	0.0971
1.86	2.6094	0.4234	0.0494	0.1166	0.3422	6.9297	2.3976	0.5202	0.0949
1.87	2.6429	0.4172	0.0469	0.1124	0.3316	7.0708	2.4048	0.5055	0.0928
1.88	2.6772	0.4109	0.0445	0.1083	0.3210	7.2167	2.4119	0.4908	0.0906
1.89	2.7123	0.4046	0.0421	0.1042	0.3105	7.3678	2.4191	0.4762	0.0885
1.90	2.7481	0.3983	0.0399	0.1001	0.3001	7.5242	2.4263	0.4617	0.0864
1.91	2.7849	0.3920	0.0377	0.0962	0.2898	7.6863	2.4336	0.4471	0.0843

续　表

λ	Ma	$\tau(\lambda)$	$\pi(\lambda)$	$\varepsilon(\lambda)$	$q(\lambda)$	$y(\lambda)$	$z(\lambda)$	$f(\lambda)$	$r(\lambda)$
1.91	2.7849	0.3920	0.0377	0.0962	0.2898	7.6863	2.4336	0.4471	0.0843
1.92	2.8226	0.3856	0.0356	0.0923	0.2796	7.8545	2.4408	0.4327	0.0823
1.93	2.8612	0.3792	0.0336	0.0885	0.2695	8.0290	2.4481	0.4183	0.0803
1.94	2.9008	0.3727	0.0316	0.0848	0.2596	8.2103	2.4555	0.4040	0.0782
1.95	2.9414	0.3662	0.0297	0.0812	0.2497	8.3987	2.4628	0.3899	0.0763
1.96	2.9832	0.3597	0.0279	0.0776	0.2400	8.5947	2.4702	0.3758	0.0743
1.97	3.0260	0.3532	0.0262	0.0741	0.2304	8.7987	2.4776	0.3618	0.0724
1.98	3.0702	0.3466	0.0245	0.0707	0.2209	9.0113	2.4851	0.3480	0.0704
1.99	3.1155	0.3400	0.0229	0.0674	0.2116	9.2331	2.4925	0.3343	0.0685
2.00	3.1623	0.3333	0.0214	0.0642	0.2024	9.4646	2.5000	0.3208	0.0667
2.01	3.2104	0.3266	0.0199	0.0610	0.1934	9.7066	2.5075	0.3074	0.0648
2.02	3.2601	0.3199	0.0185	0.0579	0.1845	9.9597	2.5150	0.2941	0.0630
2.03	3.3114	0.3132	0.0172	0.0549	0.1758	10.2247	2.5226	0.2811	0.0612
2.04	3.3643	0.3064	0.0159	0.0520	0.1672	10.5025	2.5302	0.2682	0.0594
2.05	3.4190	0.2996	0.0147	0.0491	0.1589	10.7942	2.5378	0.2556	0.0576
2.06	3.4757	0.2927	0.0136	0.0464	0.1507	11.1006	2.5454	0.2431	0.0558
2.07	3.5344	0.2859	0.0125	0.0437	0.1426	11.4231	2.5531	0.2309	0.0541
2.08	3.5952	0.2789	0.0115	0.0411	0.1348	11.7629	2.5608	0.2189	0.0524
2.09	3.6583	0.2720	0.0105	0.0386	0.1272	12.1215	2.5685	0.2071	0.0507
2.10	3.7240	0.2650	0.0096	0.0362	0.1198	12.5005	2.5762	0.1956	0.0490
2.11	3.7922	0.2580	0.0087	0.0338	0.1125	12.9016	2.5839	0.1843	0.0473
2.12	3.8634	0.2509	0.0079	0.0315	0.1055	13.3269	2.5917	0.1733	0.0457
2.13	3.9376	0.2439	0.0072	0.0294	0.0987	13.7788	2.5995	0.1626	0.0440
2.14	4.0151	0.2367	0.0065	0.0273	0.0920	14.2596	2.6073	0.1521	0.0424
2.15	4.0962	0.2296	0.0058	0.0253	0.0857	14.7724	2.6151	0.1420	0.0408
2.16	4.1811	0.2224	0.0052	0.0233	0.0795	15.3205	2.6230	0.1322	0.0393
2.17	4.2704	0.2152	0.0046	0.0215	0.0735	15.9076	2.6308	0.1226	0.0377
2.18	4.3642	0.2079	0.0041	0.0197	0.0678	16.5381	2.6387	0.1134	0.0361
2.19	4.4631	0.2007	0.0036	0.0180	0.0623	17.2170	2.6466	0.1045	0.0346
2.20	4.5675	0.1933	0.0032	0.0164	0.0570	17.9502	2.6545	0.0960	0.0331
2.21	4.6780	0.1860	0.0028	0.0149	0.0520	18.7444	2.6625	0.0878	0.0316
2.22	4.7954	0.1786	0.0024	0.0135	0.0472	19.6076	2.6705	0.0799	0.0301
2.23	4.9202	0.1712	0.0021	0.0121	0.0426	20.5493	2.6784	0.0724	0.0287
2.24	5.0535	0.1637	0.0018	0.0108	0.0383	21.5806	2.6864	0.0653	0.0272
2.25	5.1962	0.1563	0.0015	0.0097	0.0343	22.7151	2.6944	0.0585	0.0258
2.26	5.3495	0.1487	0.0013	0.0085	0.0304	23.9692	2.7025	0.0521	0.0244
2.27	5.5150	0.1412	0.0011	0.0075	0.0268	25.3627	2.7105	0.0461	0.0229
2.28	5.6943	0.1336	0.0009	0.0065	0.0235	26.9204	2.7186	0.0404	0.0216
2.29	5.8896	0.1260	0.0007	0.0056	0.0204	28.6732	2.7267	0.0352	0.0202
2.30	6.1036	0.1183	0.0006	0.0048	0.0175	30.6601	2.7348	0.0303	0.0188
2.31	6.3394	0.1107	0.0005	0.0041	0.0148	32.9317	2.7429	0.0258	0.0175
2.32	6.6011	0.1029	0.0003	0.0034	0.0124	35.5537	2.7510	0.0217	0.0161
2.33	6.8942	0.0952	0.0003	0.0028	0.0103	38.6143	2.7592	0.0180	0.0148
2.34	7.2255	0.0874	0.0002	0.0023	0.0083	42.2335	2.7674	0.0146	0.0135
2.35	7.6044	0.0796	0.0001	0.0018	0.0066	46.5799	2.7755	0.0117	0.0122
2.36	8.0438	0.0717	9.89×10^{-5}	0.0014	0.0051	51.8972	2.7837	0.0091	0.0109
2.37	8.5620	0.0639	6.58×10^{-5}	0.0010	0.0039	58.5518	2.7919	0.0068	0.0096
2.38	9.1865	0.0559	4.14×10^{-5}	0.0007	0.0028	67.1211	2.8002	0.0049	0.0084
2.39	9.9601	0.0480	2.42×10^{-5}	0.0005	0.0019	78.5707	2.8084	0.0034	0.0071
2.40	10.9545	0.0400	1.28×10^{-5}	0.0003	0.0012	94.6465	2.8167	0.0022	0.0059

续 表

λ	Ma	$\tau(\lambda)$	$\pi(\lambda)$	$\varepsilon(\lambda)$	$q(\lambda)$	$y(\lambda)$	$z(\lambda)$	$f(\lambda)$	$r(\lambda)$
2.40	10.9545	0.0400	1.28×10^{-5}	0.0003	0.0012	94.6465	2.8167	0.0022	0.0059
2.41	12.3017	0.0320	5.85×10^{-6}	0.0002	0.0007	118.863	2.8249	0.0012	0.0047
2.42	14.2798	0.0239	2.12×10^{-6}	8.86×10^{-5}	0.0003	159.502	2.8332	0.0006	0.0035
2.43	17.6198	0.0159	5.01×10^{-7}	3.16×10^{-5}	0.0001	241.841	2.8415	0.0002	0.0023
2.44	25.3289	0.0077	4.07×10^{-8}	5.26×10^{-6}	2.02×10^{-5}	497.710	2.8498	3.66×10^{-5}	0.0011
2.4494	261.214	0.0001	3.37×10^{-15}	4.6×10^{-11}	1.78×10^{-10}	52731.11	2.8577	3.22×10^{-10}	0.0000
2.449	∞	0	0	0	0	∞	0	0	

* 此表数据来源于计算机编程计算结果。

表 2(b)　一维等熵流气动函数表($k＝1.33$)*

（以 λ 为自变量）

λ	Ma	$\tau(\lambda)$	$\pi(\lambda)$	$\varepsilon(\lambda)$	$q(\lambda)$	$y(\lambda)$	$f(\lambda)$	$r(\lambda)$
0.00	0.0000	1.0000	1.0000	1.0000	0.0000	0.0000	1.0000	1.0000
0.01	0.0093	1.0000	0.9999	1.0000	0.0159	0.0159	1.0001	0.9999
0.02	0.0185	0.9999	0.9998	0.9998	0.0318	0.0318	1.0002	0.9995
0.03	0.0278	0.9999	0.9995	0.9996	0.0476	0.0477	1.0005	0.9990
0.04	0.0371	0.9998	0.9991	0.9993	0.0635	0.0636	1.0009	0.9982
0.05	0.0463	0.9996	0.9986	0.9989	0.0793	0.0795	1.0014	0.9972
0.06	0.0556	0.9995	0.9979	0.9985	0.0952	0.0954	1.0021	0.9959
0.07	0.0649	0.9993	0.9972	0.9979	0.1110	0.1113	1.0028	0.9944
0.08	0.0742	0.9991	0.9964	0.9973	0.1267	0.1272	1.0036	0.9927
0.09	0.0834	0.9989	0.9954	0.9965	0.1425	0.1431	1.0046	0.9908
0.10	0.0927	0.9986	0.9943	0.9957	0.1582	0.1591	1.0057	0.9887
0.11	0.1020	0.9983	0.9931	0.9948	0.1738	0.1750	1.0069	0.9864
0.12	0.1113	0.9980	0.9918	0.9938	0.1894	0.1910	1.0081	0.9838
0.13	0.1206	0.9976	0.9904	0.9928	0.2050	0.2070	1.0095	0.9810
0.14	0.1299	0.9972	0.9889	0.9916	0.2205	0.2230	1.0110	0.9781
0.15	0.1392	0.9968	0.9872	0.9904	0.2360	0.2390	1.0127	0.9749
0.16	0.1485	0.9964	0.9855	0.9891	0.2514	0.2551	1.0144	0.9715
0.17	0.1578	0.9959	0.9836	0.9876	0.2667	0.2712	1.0162	0.9679
0.18	0.1672	0.9954	0.9816	0.9862	0.2820	0.2872	1.0181	0.9642
0.19	0.1765	0.9949	0.9796	0.9846	0.2972	0.3034	1.0201	0.9602
0.20	0.1858	0.9943	0.9774	0.9829	0.3123	0.3195	1.0222	0.9561
0.21	0.1952	0.9938	0.9751	0.9812	0.3273	0.3357	1.0245	0.9518
0.22	0.2045	0.9931	0.9727	0.9794	0.3423	0.3519	1.0268	0.9473
0.23	0.2139	0.9925	0.9701	0.9775	0.3571	0.3681	1.0292	0.9426
0.24	0.2233	0.9918	0.9675	0.9755	0.3719	0.3844	1.0317	0.9378
0.25	0.2327	0.9911	0.9648	0.9734	0.3866	0.4007	1.0343	0.9328
0.26	0.2420	0.9904	0.9620	0.9713	0.4011	0.4170	1.0369	0.9277
0.27	0.2515	0.9897	0.9590	0.9690	0.4156	0.4334	1.0397	0.9224
0.28	0.2609	0.9889	0.9560	0.9667	0.4300	0.4498	1.0425	0.9170
0.29	0.2703	0.9881	0.9529	0.9643	0.4442	0.4662	1.0454	0.9114
0.30	0.2797	0.9873	0.9496	0.9619	0.4584	0.4827	1.0484	0.9057
0.31	0.2892	0.9864	0.9463	0.9593	0.4724	0.4992	1.0515	0.8999
0.32	0.2986	0.9855	0.9428	0.9567	0.4863	0.5158	1.0547	0.8940
0.33	0.3081	0.9846	0.9393	0.9540	0.5001	0.5324	1.0579	0.8879
0.34	0.3176	0.9836	0.9356	0.9512	0.5137	0.5491	1.0612	0.8817
0.35	0.3271	0.9827	0.9319	0.9483	0.5273	0.5658	1.0645	0.8754
0.36	0.3366	0.9816	0.9281	0.9454	0.5406	0.5826	1.0679	0.8690
0.37	0.3462	0.9806	0.9241	0.9424	0.5539	0.5994	1.0714	0.8625
0.38	0.3557	0.9795	0.9201	0.9393	0.5670	0.6162	1.0749	0.8559
0.39	0.3653	0.9785	0.9160	0.9361	0.5800	0.6332	1.0785	0.8493
0.40	0.3749	0.9773	0.9118	0.9329	0.5928	0.6501	1.0822	0.8425
0.41	0.3845	0.9762	0.9075	0.9296	0.6054	0.6672	1.0858	0.8357
0.42	0.3941	0.9750	0.9031	0.9262	0.6179	0.6843	1.0896	0.8288
0.43	0.4037	0.9738	0.8986	0.9227	0.6303	0.7014	1.0933	0.8219
0.44	0.4134	0.9726	0.8940	0.9192	0.6425	0.7186	1.0972	0.8148
0.45	0.4230	0.9713	0.8893	0.9156	0.6545	0.7359	1.1010	0.8078
0.46	0.4327	0.9700	0.8846	0.9119	0.6663	0.7533	1.1049	0.8006
0.47	0.4424	0.9687	0.8798	0.9082	0.6780	0.7707	1.1088	0.7934
0.48	0.4521	0.9674	0.8748	0.9044	0.6896	0.7882	1.1127	0.7862
0.49	0.4619	0.9660	0.8698	0.9005	0.7009	0.8058	1.1167	0.7790

续 表

λ	Ma	τ(λ)	π(λ)	ε(λ)	q(λ)	y(λ)	f(λ)	r(λ)
0.49	0.4619	0.9660	0.8698	0.9005	0.7009	0.8058	1.1167	0.7790
0.50	0.4717	0.9646	0.8648	0.8965	0.7121	0.8234	1.1206	0.7717
0.51	0.4815	0.9632	0.8596	0.8925	0.7230	0.8411	1.1246	0.7644
0.52	0.4913	0.9617	0.8544	0.8884	0.7338	0.8589	1.1286	0.7570
0.53	0.5011	0.9602	0.8491	0.8842	0.7445	0.8768	1.1326	0.7496
0.54	0.5110	0.9587	0.8437	0.8800	0.7549	0.8947	1.1366	0.7423
0.55	0.5208	0.9572	0.8382	0.8757	0.7651	0.9128	1.1406	0.7349
0.56	0.5308	0.9556	0.8327	0.8714	0.7751	0.9309	1.1446	0.7275
0.57	0.5407	0.9540	0.8271	0.8670	0.7850	0.9491	1.1486	0.7200
0.58	0.5506	0.9524	0.8214	0.8625	0.7946	0.9674	1.1526	0.7126
0.59	0.5606	0.9507	0.8157	0.8580	0.8041	0.9858	1.1566	0.7052
0.60	0.5706	0.9490	0.8098	0.8534	0.8133	1.0043	1.1606	0.6978
0.61	0.5807	0.9473	0.8040	0.8487	0.8224	1.0229	1.1645	0.6904
0.62	0.5907	0.9456	0.7980	0.8440	0.8312	1.0416	1.1684	0.6830
0.63	0.6008	0.9438	0.7920	0.8392	0.8398	1.0604	1.1723	0.6756
0.64	0.6109	0.9420	0.7860	0.8344	0.8482	1.0793	1.1761	0.6683
0.65	0.6211	0.9402	0.7798	0.8295	0.8564	1.0982	1.1799	0.6609
0.66	0.6313	0.9383	0.7736	0.8245	0.8644	1.1173	1.1837	0.6536
0.67	0.6415	0.9364	0.7674	0.8195	0.8722	1.1366	1.1874	0.6463
0.68	0.6517	0.9345	0.7611	0.8144	0.8797	1.1559	1.1910	0.6390
0.69	0.6620	0.9326	0.7548	0.8093	0.8871	1.1753	1.1947	0.6318
0.70	0.6723	0.9306	0.7484	0.8042	0.8942	1.1949	1.1982	0.6246
0.71	0.6826	0.9286	0.7419	0.7989	0.9011	1.2146	1.2017	0.6174
0.72	0.6930	0.9266	0.7354	0.7937	0.9077	1.2343	1.2051	0.6102
0.73	0.7034	0.9245	0.7289	0.7884	0.9142	1.2543	1.2085	0.6031
0.74	0.7138	0.9224	0.7223	0.7830	0.9204	1.2743	1.2118	0.5960
0.75	0.7243	0.9203	0.7156	0.7776	0.9264	1.2945	1.2150	0.5890
0.76	0.7348	0.9182	0.7089	0.7721	0.9321	1.3148	1.2181	0.5820
0.77	0.7454	0.9160	0.7022	0.7666	0.9377	1.3353	1.2211	0.5751
0.78	0.7560	0.9138	0.6955	0.7610	0.9430	1.3559	1.2241	0.5682
0.79	0.7666	0.9116	0.6887	0.7555	0.9480	1.3766	1.2269	0.5613
0.80	0.7772	0.9094	0.6818	0.7498	0.9529	1.3975	1.2297	0.5545
0.81	0.7880	0.9071	0.6750	0.7441	0.9575	1.4185	1.2323	0.5477
0.82	0.7987	0.9048	0.6681	0.7384	0.9618	1.4397	1.2349	0.5410
0.83	0.8095	0.9024	0.6612	0.7326	0.9660	1.4610	1.2374	0.5343
0.84	0.8203	0.9001	0.6542	0.7268	0.9698	1.4825	1.2397	0.5277
0.85	0.8312	0.8977	0.6472	0.7210	0.9735	1.5041	1.2419	0.5211
0.86	0.8421	0.8952	0.6402	0.7151	0.9769	1.5260	1.2440	0.5146
0.87	0.8531	0.8928	0.6332	0.7092	0.9801	1.5479	1.2460	0.5082
0.88	0.8641	0.8903	0.6261	0.7033	0.9831	1.5701	1.2479	0.5018
0.89	0.8751	0.8878	0.6190	0.6973	0.9858	1.5924	1.2496	0.4954
0.90	0.8862	0.8853	0.6120	0.6913	0.9883	1.6149	1.2512	0.4891
0.91	0.8974	0.8827	0.6048	0.6852	0.9905	1.6376	1.2526	0.4829
0.92	0.9086	0.8801	0.5977	0.6791	0.9925	1.6605	1.2539	0.4767
0.93	0.9198	0.8775	0.5906	0.6730	0.9943	1.6835	1.2551	0.4705
0.94	0.9311	0.8749	0.5834	0.6669	0.9958	1.7068	1.2561	0.4645
0.95	0.9424	0.8722	0.5763	0.6607	0.9971	1.7302	1.2570	0.4584
0.96	0.9539	0.8695	0.5691	0.6545	0.9981	1.7539	1.2577	0.4525
0.97	0.9653	0.8667	0.5619	0.6483	0.9989	1.7778	1.2583	0.4466
0.98	0.9768	0.8640	0.5547	0.6421	0.9995	1.8018	1.2587	0.4407

续 表

λ	Ma	τ(λ)	π(λ)	ε(λ)	q(λ)	y(λ)	f(λ)	r(λ)
0.98	0.9768	0.8640	0.5547	0.6421	0.9995	1.8018	1.2587	0.4407
0.99	0.9884	0.8612	0.5476	0.6358	0.9999	1.8261	1.2590	0.4349
1.00	1.0000	0.8584	0.5404	0.6295	1.0000	1.8506	1.2590	0.4292
1.01	1.0117	0.8555	0.5332	0.6232	0.9999	1.8753	1.2590	0.4235
1.02	1.0234	0.8526	0.5260	0.6169	0.9995	1.9003	1.2587	0.4179
1.03	1.0352	0.8497	0.5188	0.6105	0.9990	1.9255	1.2583	0.4123
1.04	1.0471	0.8468	0.5116	0.6042	0.9981	1.9509	1.2577	0.4068
1.05	1.0590	0.8439	0.5045	0.5978	0.9971	1.9766	1.2569	0.4014
1.06	1.0710	0.8409	0.4973	0.5914	0.9958	2.0025	1.2559	0.3960
1.07	1.0830	0.8378	0.4902	0.5850	0.9943	2.0286	1.2548	0.3906
1.08	1.0951	0.8348	0.4830	0.5786	0.9926	2.0551	1.2535	0.3853
1.09	1.1073	0.8317	0.4759	0.5722	0.9907	2.0818	1.2519	0.3801
1.10	1.1196	0.8286	0.4688	0.5657	0.9885	2.1087	1.2502	0.3749
1.11	1.1319	0.8255	0.4617	0.5593	0.9861	2.1360	1.2483	0.3698
1.12	1.1443	0.8223	0.4546	0.5528	0.9835	2.1635	1.2463	0.3648
1.13	1.1567	0.8192	0.4475	0.5463	0.9807	2.1913	1.2440	0.3598
1.14	1.1693	0.8159	0.4405	0.5399	0.9777	2.2194	1.2415	0.3548
1.15	1.1819	0.8127	0.4335	0.5334	0.9744	2.2478	1.2388	0.3499
1.16	1.1946	0.8094	0.4265	0.5269	0.9709	2.2765	1.2359	0.3451
1.17	1.2073	0.8061	0.4195	0.5204	0.9672	2.3055	1.2329	0.3403
1.18	1.2202	0.8028	0.4126	0.5139	0.9634	2.3349	1.2296	0.3356
1.19	1.2331	0.7994	0.4057	0.5075	0.9593	2.3646	1.2261	0.3309
1.20	1.2461	0.7961	0.3988	0.5010	0.9550	2.3946	1.2224	0.3263
1.21	1.2592	0.7926	0.3920	0.4945	0.9505	2.4249	1.2185	0.3217
1.22	1.2723	0.7892	0.3851	0.4880	0.9458	2.4556	1.2144	0.3172
1.23	1.2856	0.7857	0.3784	0.4815	0.9409	2.4867	1.2101	0.3127
1.24	1.2989	0.7822	0.3716	0.4751	0.9358	2.5181	1.2056	0.3083
1.25	1.3124	0.7787	0.3649	0.4686	0.9305	2.5499	1.2008	0.3039
1.26	1.3259	0.7751	0.3582	0.4622	0.9250	2.5821	1.1959	0.2996
1.27	1.3395	0.7716	0.3516	0.4557	0.9194	2.6147	1.1908	0.2953
1.28	1.3533	0.7680	0.3450	0.4493	0.9135	2.6477	1.1854	0.2911
1.29	1.3671	0.7643	0.3385	0.4429	0.9075	2.6811	1.1798	0.2869
1.30	1.3810	0.7606	0.3320	0.4365	0.9013	2.7149	1.1741	0.2828
1.31	1.3950	0.7569	0.3255	0.4301	0.8949	2.7491	1.1681	0.2787
1.32	1.4091	0.7532	0.3191	0.4237	0.8884	2.7838	1.1619	0.2747
1.33	1.4234	0.7495	0.3128	0.4173	0.8817	2.8189	1.1555	0.2707
1.34	1.4377	0.7457	0.3065	0.4110	0.8748	2.8545	1.1489	0.2667
1.35	1.4521	0.7419	0.3002	0.4046	0.8677	2.8906	1.1421	0.2628
1.36	1.4667	0.7380	0.2940	0.3983	0.8605	2.9272	1.1351	0.2590
1.37	1.4814	0.7342	0.2878	0.3920	0.8532	2.9642	1.1279	0.2552
1.38	1.4961	0.7303	0.2817	0.3858	0.8457	3.0018	1.1204	0.2514
1.39	1.5110	0.7264	0.2757	0.3795	0.8380	3.0399	1.1128	0.2477
1.40	1.5261	0.7224	0.2697	0.3733	0.8302	3.0785	1.1050	0.2441
1.41	1.5412	0.7184	0.2637	0.3671	0.8222	3.1176	1.0969	0.2404
1.42	1.5565	0.7144	0.2579	0.3609	0.8141	3.1574	1.0887	0.2368
1.43	1.5719	0.7104	0.2520	0.3548	0.8059	3.1977	1.0803	0.2333
1.44	1.5875	0.7063	0.2463	0.3487	0.7976	3.2386	1.0717	0.2298
1.45	1.6031	0.7022	0.2406	0.3426	0.7891	3.2801	1.0629	0.2263
1.46	1.6189	0.6981	0.2349	0.3365	0.7805	3.3222	1.0539	0.2229
1.47	1.6349	0.6939	0.2294	0.3305	0.7718	3.3649	1.0447	0.2195

续 表

λ	Ma	$\tau(\lambda)$	$\pi(\lambda)$	$\varepsilon(\lambda)$	$q(\lambda)$	$y(\lambda)$	$f(\lambda)$	$r(\lambda)$
1.47	1.6349	0.6939	0.2294	0.3305	0.7718	3.3649	1.0447	0.2195
1.48	1.6510	0.6898	0.2238	0.3245	0.7629	3.4083	1.0353	0.2162
1.49	1.6672	0.6856	0.2184	0.3186	0.7540	3.4524	1.0258	0.2129
1.50	1.6836	0.6813	0.2130	0.3126	0.7449	3.4972	1.0160	0.2096
1.51	1.7002	0.6771	0.2077	0.3067	0.7357	3.5427	1.0061	0.2064
1.52	1.7169	0.6728	0.2024	0.3009	0.7265	3.5889	0.9960	0.2032
1.53	1.7338	0.6685	0.1972	0.2951	0.7171	3.6359	0.9858	0.2001
1.54	1.7508	0.6641	0.1921	0.2893	0.7077	3.6836	0.9754	0.1970
1.55	1.7680	0.6597	0.1871	0.2835	0.6981	3.7321	0.9648	0.1939
1.56	1.7854	0.6553	0.1821	0.2779	0.6885	3.7814	0.9540	0.1909
1.57	1.8029	0.6509	0.1772	0.2722	0.6788	3.8316	0.9431	0.1879
1.58	1.8207	0.6464	0.1723	0.2666	0.6691	3.8826	0.9321	0.1849
1.59	1.8386	0.6419	0.1676	0.2610	0.6592	3.9345	0.9209	0.1820
1.60	1.8567	0.6374	0.1629	0.2555	0.6493	3.9873	0.9095	0.1791
1.61	1.8750	0.6329	0.1582	0.2500	0.6394	4.0410	0.8980	0.1762
1.62	1.8935	0.6283	0.1537	0.2446	0.6294	4.0957	0.8864	0.1734
1.63	1.9122	0.6237	0.1492	0.2392	0.6193	4.1514	0.8746	0.1706
1.64	1.9311	0.6191	0.1448	0.2338	0.6092	4.2082	0.8628	0.1678
1.65	1.9503	0.6144	0.1404	0.2285	0.5990	4.2659	0.8507	0.1651
1.66	1.9696	0.6097	0.1361	0.2233	0.5888	4.3248	0.8386	0.1624
1.67	1.9892	0.6050	0.1320	0.2181	0.5786	4.3847	0.8264	0.1597
1.68	2.0090	0.6003	0.1278	0.2130	0.5683	4.4459	0.8140	0.1570
1.69	2.0290	0.5955	0.1238	0.2079	0.5580	4.5082	0.8016	0.1544
1.70	2.0493	0.5907	0.1198	0.2028	0.5477	4.5717	0.7890	0.1518
1.71	2.0698	0.5859	0.1159	0.1979	0.5374	4.6365	0.7764	0.1493
1.72	2.0906	0.5810	0.1121	0.1929	0.5271	4.7026	0.7637	0.1468
1.73	2.1117	0.5761	0.1083	0.1880	0.5168	4.7701	0.7509	0.1443
1.74	2.1330	0.5712	0.1047	0.1832	0.5064	4.8389	0.7380	0.1418
1.75	2.1546	0.5663	0.1011	0.1785	0.4961	4.9092	0.7250	0.1394
1.76	2.1765	0.5613	0.0975	0.1738	0.4858	4.9810	0.7120	0.1370
1.77	2.1987	0.5563	0.0941	0.1691	0.4755	5.0543	0.6989	0.1346
1.78	2.2212	0.5513	0.0907	0.1645	0.4652	5.1292	0.6858	0.1322
1.79	2.2440	0.5462	0.0874	0.1600	0.4549	5.2058	0.6726	0.1299
1.80	2.2671	0.5411	0.0842	0.1555	0.4447	5.2841	0.6594	0.1276
1.81	2.2905	0.5360	0.0810	0.1511	0.4345	5.3641	0.6462	0.1253
1.82	2.3143	0.5309	0.0779	0.1468	0.4243	5.4460	0.6329	0.1231
1.83	2.3384	0.5257	0.0749	0.1425	0.4142	5.5298	0.6196	0.1209
1.84	2.3629	0.5205	0.0720	0.1382	0.4041	5.6155	0.6063	0.1187
1.85	2.3878	0.5153	0.0691	0.1341	0.3940	5.7033	0.5930	0.1165
1.86	2.4130	0.5100	0.0663	0.1300	0.3840	5.7932	0.5797	0.1144
1.87	2.4386	0.5047	0.0636	0.1259	0.3741	5.8853	0.5664	0.1122
1.88	2.4647	0.4994	0.0609	0.1220	0.3643	5.9797	0.5531	0.1101
1.89	2.4912	0.4941	0.0583	0.1181	0.3545	6.0765	0.5398	0.1081
1.90	2.5180	0.4887	0.0558	0.1142	0.3447	6.1757	0.5265	0.1060
1.91	2.5454	0.4833	0.0534	0.1104	0.3351	6.2775	0.5133	0.1040
1.92	2.5732	0.4779	0.0510	0.1067	0.3255	6.3820	0.5002	0.1020
1.93	2.6015	0.4724	0.0487	0.1031	0.3160	6.4893	0.4870	0.1000
1.94	2.6303	0.4670	0.0465	0.0995	0.3066	6.5995	0.4740	0.0980
1.95	2.6596	0.4614	0.0443	0.0960	0.2973	6.7127	0.4610	0.0961
1.96	2.6894	0.4559	0.0422	0.0925	0.2881	6.8291	0.4480	0.0942

续　表

λ	Ma	τ(λ)	π(λ)	ε(λ)	q(λ)	y(λ)	f(λ)	r(λ)
1.96	2.6894	0.4559	0.0422	0.0925	0.2881	6.8291	0.4480	0.0942
1.97	2.7198	0.4503	0.0401	0.0892	0.2790	6.9488	0.4351	0.0923
1.98	2.7507	0.4448	0.0382	0.0858	0.2700	7.0719	0.4224	0.0904
1.99	2.7822	0.4391	0.0363	0.0826	0.2611	7.1986	0.4097	0.0885
2.00	2.8144	0.4335	0.0344	0.0794	0.2523	7.3291	0.3971	0.0867
2.01	2.8472	0.4278	0.0326	0.0763	0.2436	7.4636	0.3846	0.0849
2.02	2.8806	0.4221	0.0309	0.0733	0.2351	7.6021	0.3722	0.0831
2.03	2.9148	0.4164	0.0293	0.0703	0.2266	7.7450	0.3599	0.0813
2.04	2.9496	0.4106	0.0277	0.0674	0.2183	7.8924	0.3478	0.0795
2.05	2.9852	0.4048	0.0261	0.0645	0.2102	8.0446	0.3358	0.0778
2.06	3.0216	0.3990	0.0246	0.0618	0.2021	8.2018	0.3239	0.0761
2.07	3.0587	0.3931	0.0232	0.0591	0.1942	8.3642	0.3121	0.0744
2.08	3.0967	0.3872	0.0219	0.0564	0.1864	8.5322	0.3005	0.0727
2.09	3.1356	0.3813	0.0205	0.0539	0.1788	8.7060	0.2891	0.0710
2.10	3.1754	0.3754	0.0193	0.0514	0.1713	8.8859	0.2779	0.0694
2.11	3.2162	0.3694	0.0181	0.0489	0.1640	9.0724	0.2668	0.0678
2.12	3.2580	0.3635	0.0169	0.0466	0.1568	9.2656	0.2558	0.0661
2.13	3.3008	0.3574	0.0158	0.0443	0.1498	9.4661	0.2451	0.0646
2.14	3.3447	0.3514	0.0148	0.0420	0.1429	9.6742	0.2345	0.0630
2.15	3.3898	0.3453	0.0138	0.0399	0.1362	9.8904	0.2242	0.0614
2.16	3.4360	0.3392	0.0128	0.0378	0.1296	10.1153	0.2140	0.0599
2.17	3.4836	0.3331	0.0119	0.0357	0.1232	10.3492	0.2040	0.0583
2.18	3.5325	0.3269	0.0110	0.0338	0.1170	10.5928	0.1943	0.0568
2.19	3.5827	0.3207	0.0102	0.0319	0.1109	10.8468	0.1847	0.0553
2.20	3.6345	0.3145	0.0094	0.0300	0.1050	11.1117	0.1754	0.0539
2.21	3.6878	0.3083	0.0087	0.0283	0.0992	11.3884	0.1663	0.0524
2.22	3.7428	0.3020	0.0080	0.0266	0.0937	11.6776	0.1574	0.0509
2.23	3.7995	0.2957	0.0074	0.0249	0.0883	11.9802	0.1488	0.0495
2.24	3.8581	0.2894	0.0068	0.0233	0.0830	12.2972	0.1404	0.0481
2.25	3.9186	0.2830	0.0062	0.0218	0.0780	12.6297	0.1322	0.0467
2.26	3.9812	0.2766	0.0056	0.0204	0.0731	12.9788	0.1243	0.0453
2.27	4.0460	0.2702	0.0051	0.0190	0.0684	13.3458	0.1166	0.0439
2.28	4.1132	0.2637	0.0046	0.0176	0.0638	13.7321	0.1092	0.0426
2.29	4.1829	0.2573	0.0042	0.0163	0.0594	14.1393	0.1020	0.0412
2.30	4.2552	0.2508	0.0038	0.0151	0.0553	14.5692	0.0951	0.0399
2.31	4.3305	0.2442	0.0034	0.0140	0.0512	15.0237	0.0885	0.0385
2.32	4.4088	0.2377	0.0031	0.0129	0.0474	15.5050	0.0821	0.0372
2.33	4.4905	0.2311	0.0027	0.0118	0.0437	16.0156	0.0759	0.0359
2.34	4.5757	0.2245	0.0024	0.0108	0.0402	16.5583	0.0700	0.0347
2.35	4.6648	0.2178	0.0022	0.0099	0.0368	17.1361	0.0644	0.0334
2.36	4.7581	0.2112	0.0019	0.0090	0.0337	17.7526	0.0590	0.0321
2.37	4.8559	0.2045	0.0017	0.0081	0.0307	18.4119	0.0539	0.0309
2.38	4.9586	0.1977	0.0015	0.0074	0.0278	19.1186	0.0491	0.0297
2.39	5.0668	0.1910	0.0013	0.0066	0.0252	19.8781	0.0445	0.0285
2.40	5.1808	0.1842	0.0011	0.0059	0.0226	20.6964	0.0401	0.0272
2.41	5.3013	0.1774	0.0009	0.0053	0.0203	21.5808	0.0361	0.0261
2.42	5.4290	0.1706	0.0008	0.0047	0.0181	22.5395	0.0322	0.0249
2.43	5.5647	0.1637	0.0007	0.0042	0.0160	23.5824	0.0287	0.0237
2.44	5.7092	0.1568	0.0006	0.0036	0.0141	24.7212	0.0253	0.0225
2.45	5.8635	0.1499	0.0005	0.0032	0.0124	25.9697	0.0223	0.0214

续 表

λ	Ma	$\tau(\lambda)$	$\pi(\lambda)$	$\varepsilon(\lambda)$	$q(\lambda)$	$y(\lambda)$	$f(\lambda)$	$r(\lambda)$
2.45	5.8635	0.1499	0.0005	0.0032	0.0124	25.9697	0.0223	0.0214
2.46	6.0290	0.1429	0.0004	0.0028	0.0108	27.3446	0.0194	0.0203
2.47	6.2071	0.1359	0.0003	0.0024	0.0093	28.8661	0.0168	0.0191
2.48	6.3994	0.1289	0.0003	0.0020	0.0079	30.5592	0.0144	0.0180
2.49	6.6082	0.1219	0.0002	0.0017	0.0067	32.4545	0.0122	0.0169
2.50	6.8359	0.1148	0.0002	0.0014	0.0056	34.5907	0.0103	0.0158
2.51	7.0857	0.1077	0.0001	0.0012	0.0047	37.0170	0.0085	0.0148
2.52	7.3615	0.1006	9.55×10^{-5}	0.0009	0.0038	39.7966	0.0070	0.0137
2.53	7.6684	0.0934	7.09×10^{-5}	0.0008	0.0031	43.0130	0.0056	0.0126
2.54	8.0127	0.0863	5.14×10^{-5}	0.0006	0.0024	46.7780	0.0044	0.0116
2.55	8.4031	0.0790	3.61×10^{-5}	0.0005	0.0019	51.2452	0.0034	0.0105
2.56	8.8510	0.0718	2.45×10^{-5}	0.0003	0.0014	56.6313	0.0026	0.0095
2.57	9.3724	0.0645	1.6×10^{-5}	0.0002	0.0010	63.2525	0.0019	0.0085
2.58	9.9902	0.0572	9.85×10^{-6}	0.0002	0.0007	71.5890	0.0013	0.0075
2.59	10.7393	0.0499	5.67×10^{-6}	0.0001	0.0005	82.4068	0.0009	0.0065
2.60	11.6743	0.0426	2.99×10^{-6}	7.01×10^{-5}	0.0003	97.0075	0.0005	0.0055
2.61	12.8893	0.0352	1.39×10^{-6}	3.94×10^{-5}	0.0002	117.7967	0.0003	0.0045
2.62	14.5614	0.0278	5.35×10^{-7}	1.93×10^{-5}	8.01×10^{-5}	149.7678	0.0002	0.0035
2.63	17.0795	0.0204	1.53×10^{-7}	7.49×10^{-6}	3.13×10^{-5}	205.2628	5.93×10^{-5}	0.0026
2.64	21.5440	0.0129	2.42×10^{-8}	1.88×10^{-6}	7.87×10^{-6}	325.3593	1.50×10^{-5}	0.0016
2.65	33.4200	0.0054	7.24×10^{-10}	1.34×10^{-7}	5.65×10^{-7}	779.9764	1.08×10^{-6}	0.0007
2.6569	∞	0	0	0	0	∞	0	0

　＊ 此表数据来源于计算机编程计算结果。

表 3　普朗特-迈耶函数表 *

λ	Ma	$\nu(\lambda)/(°)$	λ	Ma	$\nu(\lambda)/(°)$
1.01	1.012	0.0590	1.41	1.574	14.0937
1.02	1.024	0.1663	1.42	1.591	14.5903
1.03	1.036	0.3045	1.43	1.608	15.0922
1.04	1.049	0.4674	1.44	1.625	15.5992
1.05	1.061	0.6512	1.45	1.642	16.1114
1.06	1.073	0.8534	1.46	1.660	16.6288
1.07	1.086	1.0722	1.47	1.678	17.1512
1.08	1.098	1.3062	1.48	1.696	17.6788
1.09	1.111	1.5541	1.49	1.714	18.2114
1.10	1.124	1.8150	1.50	1.732	18.7491
1.11	1.137	2.0881	1.51	1.751	19.2918
1.12	1.150	2.3727	1.52	1.769	19.8395
1.13	1.163	2.6682	1.53	1.789	20.3923
1.14	1.176	2.9740	1.54	1.808	20.9501
1.15	1.189	3.2897	1.55	1.827	21.5129
1.16	1.202	3.6148	1.56	1.847	22.0808
1.17	1.216	3.9489	1.57	1.867	22.6537
1.18	1.229	4.2918	1.58	1.887	23.2317
1.19	1.243	4.6430	1.59	1.908	23.8147
1.20	1.257	5.0023	1.60	1.929	24.4029
1.21	1.270	5.3695	1.61	1.950	24.9961
1.22	1.284	5.7443	1.62	1.972	25.5945
1.23	1.298	6.1264	1.63	1.993	26.1981
1.24	1.313	6.5157	1.64	2.016	26.8068
1.25	1.327	6.9120	1.65	2.038	27.4208
1.26	1.341	7.3152	1.66	2.061	28.0401
1.27	1.356	7.7249	1.67	2.084	28.6647
1.28	1.370	8.1412	1.68	2.107	29.2946
1.29	1.385	8.5639	1.69	2.131	29.9300
1.30	1.400	8.9927	1.70	2.156	30.5708
1.31	1.415	9.4277	1.71	2.180	31.2171
1.32	1.430	9.8687	1.72	2.205	31.8691
1.33	1.446	10.3157	1.73	2.231	32.5266
1.34	1.461	10.7684	1.74	2.257	33.1899
1.35	1.477	11.2268	1.75	2.283	33.8590
1.36	1.493	11.6909	1.76	2.310	34.5340
1.37	1.509	12.1606	1.77	2.337	35.2149
1.38	1.525	12.6358	1.78	2.365	35.9018
1.39	1.541	13.1164	1.79	2.394	36.5948
1.40	1.557	13.6024	1.80	2.423	37.2941

续 表

λ	Ma	ν(λ)/(°)	λ	Ma	ν(λ)/(°)
1.81	2.452	37.9997	2.14	4.015	65.9832
1.82	2.482	38.7117	2.15	4.096	67.0330
1.83	2.513	39.4303	2.16	4.181	68.1007
1.84	2.545	40.1555	2.17	4.270	69.1871
1.85	2.577	40.8875	2.18	4.364	70.2934
1.86	2.609	41.6265	2.19	4.463	71.4205
1.87	2.643	42.3725	2.20	4.567	72.5697
1.88	2.677	43.1257	2.21	4.678	73.7423
1.89	2.712	43.8863	2.22	4.795	74.9398
1.90	2.748	44.6544	2.23	4.920	76.1637
1.91	2.785	45.4301	2.24	5.053	77.4159
1.92	2.823	46.2138	2.25	5.196	78.6985
1.93	2.861	47.0055	2.26	5.349	80.0137
1.94	2.901	47.8055	2.27	5.515	81.3640
1.95	2.941	48.6140	2.28	5.694	82.7525
1.96	2.983	49.4311	2.29	5.890	84.1827
1.97	3.026	50.2572	2.30	6.104	85.6583
1.98	3.070	51.0925	2.31	6.339	87.1842
1.99	3.116	51.9373	2.32	6.601	88.7657
2.00	3.162	52.7917	2.33	6.894	90.4094
2.01	3.210	53.6562	2.34	7.225	92.1234
2.02	3.260	54.5311	2.35	7.604	93.9174
2.03	3.311	55.4166	2.36	8.044	95.8039
2.04	3.364	56.3132	2.37	8.562	97.7989
2.05	3.419	57.2211	2.38	9.186	99.9235
2.06	3.476	58.1409	2.39	9.960	102.2071
2.07	3.534	59.0729	2.40	10.954	104.6918
2.08	3.595	60.0177	2.41	12.301	107.4426
2.09	3.658	60.9756	2.42	14.279	110.5696
2.10	3.724	61.9473	2.43	17.619	114.2897
2.11	3.792	62.9332	2.44	25.327	119.1750
2.12	3.863	63.9341	2.45	∞	130.45
2.13	3.938	64.9505			

* 此表数据来源于计算机编程计算结果。

表 4　正激波表

Ma_1	Ma_2	$\dfrac{p_2}{p_1}$	$\dfrac{\rho_2}{\rho_1}\left(\dfrac{V_1}{V_2}\right)$	$\dfrac{T_2}{T_1}$	$\dfrac{p_2^*}{p_1^*}$
1.00	1.0000	1.0000	1.0000	1.00000	1.00000
1.01	0.9901	1.0234	1.0167	1.00664	1.00000
1.02	0.9805	1.0471	1.0334	1.01325	0.99999
1.03	0.9712	1.0710	1.0502	1.01981	0.99997
1.04	0.9620	1.0952	1.0671	1.02634	0.99992
1.05	0.9531	1.1196	1.0840	1.03284	0.99985
1.06	0.9444	1.1442	1.1009	1.03931	0.99975
1.07	0.9360	1.1690	1.1179	1.04575	0.99961
1.08	0.9277	1.1941	1.1349	1.05217	0.99943
1.09	0.9196	1.2194	1.1520	1.05856	0.99920
1.10	0.9118	1.2450	1.1691	1.06494	0.99893
1.11	0.9041	1.2708	1.1862	1.07129	0.99860
1.12	0.8966	1.2968	1.2034	1.07763	0.99821
1.13	0.8892	1.3230	1.2206	1.08396	0.99777
1.14	0.8820	1.3495	1.2378	1.09027	0.99726
1.15	0.8750	1.3762	1.2550	1.09658	0.99669
1.16	0.8682	1.4032	1.2723	1.10287	0.99605
1.17	0.8615	1.4304	1.2896	1.10916	0.99535
1.18	0.8549	1.4578	1.3069	1.11544	0.99457
1.19	0.8485	1.4854	1.3243	1.12172	0.99372
1.20	0.8422	1.5133	1.3416	1.12799	0.99280
1.21	0.8360	1.5414	1.3590	1.13427	0.99180
1.22	0.8300	1.5698	1.3764	1.14054	0.99073
1.23	0.8241	1.5984	1.3938	1.14682	0.98958
1.24	0.8183	1.6272	1.4112	1.15309	0.98836
1.25	0.8126	1.6562	1.4286	1.15937	0.98706
1.26	0.8071	1.6855	1.4460	1.16566	0.98568
1.27	0.8016	1.7150	1.4634	1.17195	0.98422
1.28	0.7963	1.7448	1.4808	1.17825	0.98268
1.29	0.7911	1.7748	1.4983	1.18456	0.98107
1.30	0.7860	1.8050	1.5157	1.19087	0.97937
1.31	0.7809	1.8354	1.5331	1.19720	0.97760
1.32	0.7760	1.8661	1.5505	1.20353	0.97575
1.33	0.7712	1.8970	1.5680	1.20988	0.97382
1.34	0.7664	1.9282	1.5854	1.21624	0.97182
1.35	0.7618	1.9596	1.6028	1.22261	0.96974
1.36	0.7572	1.9912	1.6202	1.22900	0.96758
1.37	0.7527	2.0230	1.6376	1.23540	0.96534
1.38	0.7483	2.0551	1.6549	1.24181	0.96304
1.39	0.7440	2.0874	1.6723	1.24825	0.96065
1.40	0.7397	2.1200	1.6897	1.25469	0.95819
1.41	0.7355	2.1528	1.7070	1.26116	0.95566
1.42	0.7314	2.1858	1.7243	1.26764	0.95306
1.43	0.7274	2.2190	1.7416	1.27414	0.95039
1.44	0.7235	2.2525	1.7589	1.28066	0.94765
1.45	0.7196	2.2862	1.7761	1.28720	0.94484
1.46	0.7157	2.3202	1.7934	1.29376	0.94196
1.47	0.7120	2.3544	1.8106	1.30035	0.93901
1.48	0.7083	2.3888	1.8278	1.30695	0.93600
1.49	0.7047	2.4234	1.8449	1.31357	0.93393

续 表

Ma_1	Ma_2	$\dfrac{p_2}{p_1}$	$\dfrac{\rho_2}{\rho_1}\left(\dfrac{V_1}{V_2}\right)$	$\dfrac{T_2}{T_1}$	$\dfrac{p_2^*}{p_1^*}$
1.50	0.7011	2.4583	1.8621	1.32022	0.92979
1.51	0.6976	2.4934	1.8792	1.32688	0.92659
1.52	0.6941	2.5288	1.8963	1.33357	0.92332
1.53	0.6907	2.5644	1.9133	1.34029	0.92000
1.54	0.6874	2.6002	1.9303	1.34703	0.91662
1.55	0.6841	2.6362	1.9473	1.35379	0.91319
1.56	0.6809	2.6725	1.9643	1.36057	0.90970
1.57	0.6777	2.7090	1.9812	1.36738	0.90615
1.58	0.6746	2.7458	1.9981	1.37422	0.90255
1.59	0.6715	2.7828	2.0149	1.38108	0.89890
1.60	0.6684	2.8200	2.0317	1.38797	0.89520
1.61	0.6655	2.8574	2.0485	1.39488	0.89145
1.62	0.6625	2.8951	2.0653	1.40182	0.88765
1.63	0.6596	2.9330	2.0820	1.40879	0.88381
1.64	0.6568	2.9712	2.0986	1.41578	0.87992
1.65	0.6540	3.0096	2.1152	1.42280	0.87599
1.66	0.6512	3.0482	2.1318	1.42985	0.87201
1.67	0.6485	3.0870	2.1484	1.43693	0.86800
1.68	0.6458	3.1261	2.1649	1.44403	0.86394
1.69	0.6431	3.1654	2.1813	1.45117	0.85985
1.70	0.6405	3.2050	2.1977	1.45833	0.85572
1.71	0.6380	3.2448	2.2141	1.46552	0.85156
1.72	0.6355	3.2848	2.2304	1.47274	0.84736
1.73	0.6330	3.3250	2.2467	1.47999	0.84312
1.74	0.6305	3.3655	2.2629	1.48727	0.83886
1.75	0.6281	3.4062	2.2791	1.49458	0.83457
1.76	0.6257	3.4472	2.2952	1.50192	0.83024
1.77	0.6234	3.4884	2.3113	1.50929	0.82589
1.78	0.6210	3.5298	2.3273	1.51669	0.82151
1.79	0.6188	3.5714	2.3433	1.52412	0.81711
1.80	0.6165	3.6133	2.3592	1.53158	0.81268
1.81	0.6143	3.6554	2.3751	1.53907	0.80823
1.82	0.6121	3.6978	2.3909	1.54659	0.80376
1.83	0.6099	3.7404	2.4067	1.55415	0.79927
1.84	0.6078	3.7832	2.4224	1.56173	0.79476
1.85	0.6057	3.8262	2.4381	1.56935	0.79023
1.86	0.6036	3.8695	2.4537	1.57700	0.78569
1.87	0.6016	3.9130	2.4693	1.58468	0.78113
1.88	0.5996	3.9568	2.4848	1.59239	0.77655
1.89	0.5976	4.0008	2.5003	1.60014	0.77196
1.90	0.5956	4.0450	2.5157	1.60791	0.76736
1.91	0.5937	4.0894	2.5310	1.61572	0.76274
1.92	0.5918	4.1341	2.5463	1.62357	0.75812
1.93	0.5899	4.1790	2.5616	1.63144	0.75349
1.94	0.5880	4.2242	2.5767	1.63935	0.74884
1.95	0.5862	4.2696	2.5919	1.64729	0.74420
1.96	0.5844	4.3152	2.6069	1.65527	0.73954
1.97	0.5826	4.3610	2.6220	1.66328	0.73488
1.98	0.5808	4.4071	2.6369	1.67132	0.73021
1.99	0.5791	4.4534	2.6518	1.67939	0.72555

续 表

Ma_1	Ma_2	$\dfrac{p_2}{p_1}$	$\dfrac{\rho_2}{\rho_1}\left(\dfrac{V_1}{V_2}\right)$	$\dfrac{T_2}{T_1}$	$\dfrac{p_2^*}{p_1^*}$
2.00	0.5774	4.5000	2.6667	1.68750	0.72087
2.01	0.5757	4.5468	2.6815	1.69564	0.71620
2.02	0.5740	4.5938	2.6962	1.70382	0.71153
2.03	0.5723	4.6410	2.7108	1.71203	0.70685
2.04	0.5707	4.6885	2.7255	1.72027	0.70218
2.05	0.5691	4.7362	2.7400	1.72855	0.69751
2.06	0.5675	4.7842	2.7545	1.73686	0.69284
2.07	0.5659	4.8324	2.7689	1.74520	0.68817
2.08	0.5643	4.8808	2.7833	1.75359	0.68351
2.09	0.5628	4.9294	2.7976	1.76200	0.67886
2.10	0.5613	4.9783	2.8119	1.77045	0.67420
2.11	0.5598	5.0274	2.8261	1.77893	0.66956
2.12	0.5583	5.0768	2.8402	1.78745	0.66492
2.13	0.5568	5.1264	2.8543	1.79601	0.66029
2.14	0.5554	5.1762	2.8683	1.80459	0.65567
2.15	0.5540	5.2262	2.8823	1.81322	0.65105
2.16	0.5525	5.2765	2.8962	1.82187	0.64645
2.17	0.5511	5.3270	2.9101	1.83057	0.64185
2.18	0.5498	5.3778	2.9238	1.83930	0.63727
2.19	0.5484	5.4288	2.9376	1.84806	0.63270
2.20	0.5471	5.4800	2.9512	1.85686	0.62814
2.21	0.5457	5.5314	2.9648	1.86569	0.62359
2.22	0.5444	5.5831	2.9784	1.87456	0.61905
2.23	0.5431	5.6350	2.9918	1.88347	0.61453
2.24	0.5418	5.6872	3.0053	1.89241	0.61002
2.25	0.5406	5.7396	3.0186	1.90138	0.60553
2.26	0.5393	5.7922	3.0319	1.91039	0.60105
2.27	0.5381	5.8450	3.0452	1.91944	0.59659
2.28	0.5368	5.8981	3.0584	1.92853	0.59214
2.29	0.5356	5.9514	3.0715	1.93764	0.58771
2.30	0.5344	6.0050	3.0845	1.94680	0.58330
2.31	0.5332	6.0588	3.0975	1.95599	0.57890
2.32	0.5321	6.1128	3.1105	1.96522	0.57452
2.33	0.5309	6.1670	3.1234	1.97448	0.57016
2.34	0.5297	6.2215	3.1362	1.98378	0.56581
2.35	0.5286	6.2762	3.1490	1.99311	0.56148
2.36	0.5275	6.3312	3.1617	2.00248	0.55718
2.37	0.5264	6.3864	3.1743	2.01189	0.55289
2.38	0.5253	6.4418	3.1869	2.02133	0.54862
2.39	0.5242	6.4974	3.1994	2.03081	0.54437
2.40	0.5231	6.5533	3.2119	2.04033	0.54014
2.41	0.5221	6.6094	3.2243	2.04988	0.53594
2.42	0.5210	6.6658	3.2367	2.05947	0.53175
2.43	0.5200	6.7224	3.2489	2.06910	0.52758
2.44	0.5189	6.7792	3.2612	2.07876	0.52344
2.45	0.5179	6.8362	3.2733	2.08846	0.51931
2.46	0.5169	6.8935	3.2855	2.09819	0.51521
2.47	0.5159	6.9510	3.2975	2.10796	0.51113
2.48	0.5149	7.0088	3.3095	2.11777	0.50707
2.49	0.5140	7.0668	3.3215	2.12762	0.50303

续 表

Ma_1	Ma_2	$\dfrac{p_2}{p_1}$	$\dfrac{\rho_2}{\rho_1}\left(\dfrac{V_1}{V_2}\right)$	$\dfrac{T_2}{T_1}$	$\dfrac{p_2^*}{p_1^*}$
2.50	0.5130	7.1250	3.3333	2.13750	0.49902
2.51	0.5120	7.1834	3.3452	2.14742	0.49502
2.52	0.5111	7.2421	3.3569	2.15737	0.49105
2.53	0.5102	7.3010	3.3686	2.16736	0.48711
2.54	0.5092	7.3602	3.3803	2.17739	0.48318
2.55	0.5083	7.4196	3.3919	2.18746	0.47928
2.56	0.5074	7.4792	3.4034	2.19756	0.47540
2.57	0.5065	7.5390	3.4149	2.20770	0.47155
2.58	0.5056	7.5991	3.4263	2.21788	0.46772
2.59	0.5047	7.6594	3.4377	2.22809	0.46391
2.60	0.5039	7.7200	3.4490	2.23834	0.46012
2.61	0.5030	7.7808	3.4602	2.24863	0.45636
2.62	0.5022	7.8418	3.4714	2.25895	0.45263
2.63	0.5013	7.9030	3.4826	2.26932	0.44891
2.64	0.5005	7.9645	3.4936	2.27971	0.44522
2.65	0.4996	8.0262	3.5047	2.29015	0.44156
2.66	0.4988	8.0882	3.5157	2.30062	0.43792
2.67	0.4980	8.1504	3.5266	2.31113	0.43430
2.68	0.4972	8.2128	3.5374	2.32168	0.43071
2.69	0.4964	8.2754	3.5482	2.33227	0.42714
2.70	0.4956	8.3383	3.5590	2.34289	0.42359
2.71	0.4949	8.4014	3.5697	2.35355	0.42007
2.72	0.4941	8.4648	3.5803	2.36425	0.41657
2.73	0.4933	8.5284	3.5909	2.37498	0.41310
2.74	0.4926	8.5922	3.6015	2.38575	0.40965
2.75	0.4918	8.6562	3.6119	2.39656	0.40623
2.76	0.4911	8.7205	3.6224	2.40741	0.40283
2.77	0.4903	8.7850	3.6327	2.41829	0.39945
2.78	0.4896	8.8498	3.6431	2.42922	0.39610
2.79	0.4889	8.9148	3.6533	2.44017	0.39277
2.80	0.4882	8.9800	3.6635	2.45117	0.38946
2.81	0.4875	9.0454	3.6737	2.46221	0.38618
2.82	0.4868	9.1111	3.6838	2.47328	0.38293
2.83	0.4861	9.1770	3.6939	2.48439	0.37970
2.84	0.4854	9.2432	3.7039	2.49553	0.37649
2.85	0.4847	9.3096	3.7138	2.50672	0.37330
2.86	0.4840	9.3762	3.7238	2.51794	0.37014
2.87	0.4833	9.4430	3.7336	2.52920	0.36700
2.88	0.4827	9.5101	3.7434	2.54050	0.36389
2.89	0.4820	9.5774	3.7532	2.55183	0.36080
2.90	0.4814	9.6450	3.7629	2.56321	0.35773
2.91	0.4807	9.7128	3.7725	2.57462	0.35469
2.92	0.4801	9.7808	3.7821	2.58606	0.35167
2.93	0.4795	9.8490	3.7917	2.59755	0.34867
2.94	0.4788	9.9175	3.8012	2.60907	0.34570
2.95	0.4782	9.9862	3.8106	2.62064	0.34275
2.96	0.4776	10.0552	3.8200	2.63223	0.33982
2.97	0.4770	10.1244	3.8294	2.64387	0.33692
2.98	0.4764	10.1938	3.8387	2.65555	0.33404
2.99	0.4758	10.2634	3.8479	2.66726	0.33118

续 表

Ma_1	Ma_2	$\dfrac{p_2}{p_1}$	$\dfrac{\rho_2}{\rho_1}\left(\dfrac{V_1}{V_2}\right)$	$\dfrac{T_2}{T_1}$	$\dfrac{p_2^*}{p_1^*}$
3.00	0.4752	10.3333	3.8571	2.67901	0.32834
3.01	0.4746	10.4034	3.8663	2.69080	0.32553
3.51	0.4508	14.2068	4.2679	3.32874	0.21111
4.01	0.4347	18.5934	4.5769	4.06249	0.13759
4.51	0.4234	23.5634	4.8161	4.89263	0.09096
5.01	0.4151	29.1168	5.0033	5.81948	0.06124
6.01	0.4041	41.9734	5.2704	7.96395	0.02945
7.01	0.3973	57.1634	5.4459	10.49663	0.01526
8.01	0.3929	74.6867	5.5662	13.41785	0.00844

表 5　斜激波前后气流参数表

（完全气体 $k=1.4$）（δ 取为整数）

Ma_1	δ	弱　波			强　波		
		β	p_2/p_1	Ma_2	β	p_2/p_1	Ma_2
1.05	0.0	72.25	1.000	1.050	90.00	1.120	0.953
	(0.56)	79.94	1.080	0.984	79.94	1.080	0.984
1.10	0.0	65.38	1.000	1.100	90.00	1.245	0.912
	1.0	69.81	1.077	1.039	83.58	1.227	0.925
	(1.52)	76.30	1.166	0.971	76.30	1.166	0.971
1.15	0.0	60.41	1.000	1.150	90.00	1.376	0.875
	1.0	63.16	1.062	1.102	85.99	1.369	0.880
	2.0	67.01	1.141	1.043	81.18	1.340	0.901
	(2.67)	73.82	1.256	0.960	73.82	1.256	0.960
1.20	0.0	56.44	1.000	1.200	90.00	1.513	0.842
	1.0	58.55	1.056	1.158	87.04	1.509	0.845
	2.0	61.05	1.120	1.111	83.86	1.494	0.855
	3.0	64.34	1.198	1.056	80.03	1.463	0.876
	(3.94)	71.98	1.353	0.950	71.98	1.353	0.950
1.25	0.0	53.13	1.000	1.250	90.00	1.656	0.813
	1.0	54.88	1.053	1.211	87.66	1.653	0.815
	2.0	56.85	1.111	1.170	85.21	1.644	0.821
	3.0	59.13	1.176	1.124	82.55	1.626	0.832
	4.0	61.98	1.254	1.072	79.39	1.594	0.853
	5.0	66.50	1.366	0.999	74.64	1.528	0.895
	(5.29)	70.54	1.454	0.942	70.54	1.454	0.942
1.30	0.0	50.29	1.000	1.300	90.00	1.805	0.786
	1.0	51.81	1.051	1.263	88.06	1.803	0.787
	2.0	53.48	1.107	1.224	86.06	1.796	0.792
	3.0	55.32	1.167	1.184	83.96	1.783	0.800
	4.0	57.42	1.233	1.140	81.65	1.763	0.812
	5.0	59.96	1.311	1.090	78.97	1.733	0.831
	6.0	63.46	1.411	1.027	75.37	1.679	0.864
	(6.66)	69.40	1.561	0.936	69.40	1.561	0.936
1.35	0.0	47.80	1.000	1.350	90.00	1.960	0.762
	1.0	49.17	1.051	1.314	88.34	1.958	0.763
	2.0	50.64	1.104	1.277	86.65	1.952	0.766
	3.0	52.22	1.162	1.239	84.89	1.943	0.772
	4.0	53.97	1.224	1.199	83.03	1.928	0.781
	5.0	55.93	1.292	1.157	81.00	1.908	0.793
	6.0	58.23	1.370	1.109	78.66	1.877	0.811
	7.0	61.18	1.466	1.052	75.72	1.830	0.839
	8.0	66.92	1.633	0.954	70.03	1.711	0.909
	(8.05)	68.47	1.673	0.931	68.47	1.673	0.931
1.40	0.0	45.59	1.000	1.400	90.00	2.120	0.740
	1.0	46.84	1.050	1.365	88.55	2.119	0.741
	2.0	48.17	1.103	1.330	87.08	2.114	0.743
	3.0	49.59	1.159	1.293	85.57	2.106	0.748
	4.0	51.12	1.219	1.255	83.99	2.095	0.755
	5.0	52.78	1.283	1.216	82.32	2.079	0.764
	6.0	54.63	1.354	1.174	80.49	2.058	0.776
	7.0	56.76	1.433	1.128	78.42	2.028	0.793
	8.0	59.37	1.526	1.074	75.90	1.984	0.818
	9.0	63.19	1.655	1.003	72.19	1.906	0.863
	(9.43)	67.72	1.791	0.927	67.72	1.791	0.927
1.45	0.0	43.60	1.000	1.450	90.00	2.286	0.720
	1.0	44.78	1.050	1.416	88.71	2.285	0.720
	2.0	46.00	1.103	1.381	87.41	2.281	0.723
	3.0	47.30	1.158	1.345	86.08	2.275	0.726
	4.0	48.68	1.217	1.309	84.70	2.265	0.732
	5.0	50.16	1.279	1.272	83.27	2.253	0.739
	6.0	51.76	1.346	1.233	81.74	2.236	0.749

续　表

Ma$_1$	δ	弱　波			强　波		
		β	p$_2$/p$_1$	Ma$_2$	β	p$_2$/p$_1$	Ma$_2$
1.45	7.0	53.52	1.419	1.191	80.07	2.213	0.761
	8.0	55.52	1.500	1.146	78.02	2.184	0.778
	9.0	57.89	1.593	1.095	75.98	2.142	0.801
	10.0	61.05	1.711	1.032	73.00	2.076	0.837
	(10.79)	67.10	1.915	0.924	67.10	1.915	0.924
1.50	0.0	41.81	1.000	1.500	90.00	2.458	0.701
	1.0	42.91	1.050	1.466	88.84	2.457	0.702
	2.0	44.07	1.103	1.432	87.67	2.454	0.704
	3.0	45.27	1.158	1.397	86.48	2.448	0.707
	4.0	46.54	1.217	1.362	85.26	2.440	0.711
	5.0	47.89	1.278	1.325	83.99	2.430	0.717
	6.0	49.33	1.343	1.288	82.66	2.416	0.725
	7.0	50.88	1.413	1.250	81.25	2.398	0.735
	8.0	52.57	1.489	1.208	79.71	2.375	0.748
	9.0	54.47	1.572	1.164	78.00	2.345	0.764
	10.0	56.68	1.666	1.114	76.00	2.305	0.785
	11.0	59.47	1.781	1.056	73.44	2.245	0.817
	12.0	64.36	1.967	0.961	68.79	2.115	0.885
	(12.11)	66.59	2.044	0.921	66.59	2.044	0.921
1.55	0.0	40.18	1.000	1.550	90.00	2.636	0.684
	1.0	41.23	1.051	1.516	88.95	2.635	0.685
	2.0	42.32	1.104	1.482	87.88	2.632	0.686
	3.0	43.45	1.159	1.448	86.80	2.628	0.689
	4.0	44.64	1.217	1.413	85.70	2.621	0.693
	5.0	45.89	1.278	1.378	84.57	2.611	0.698
	6.0	47.22	1.343	1.341	83.39	2.599	0.705
	7.0	48.62	1.411	1.304	82.15	2.584	0.713
	8.0	50.13	1.485	1.265	80.83	2.565	0.723
	9.0	51.78	1.563	1.224	79.40	2.541	0.736
	10.0	53.60	1.649	1.180	77.81	2.511	0.752
	11.0	55.69	1.746	1.132	75.97	2.471	0.772
	12.0	58.24	1.860	1.076	73.69	2.415	0.801
	13.0	61.98	2.018	0.999	70.24	2.316	0.852
	(13.40)	66.17	2.179	0.920	66.17	2.179	0.920
1.60	0.0	38.68	1.000	1.600	90.00	2.820	0.668
	1.0	39.69	1.051	1.566	89.03	2.819	0.669
	2.0	40.73	1.105	1.532	88.06	2.817	0.670
	3.0	41.81	1.160	1.498	87.07	2.812	0.673
	4.0	42.93	1.219	1.464	86.06	2.806	0.676
	5.0	44.11	1.280	1.429	85.03	2.798	0.681
	6.0	45.35	1.345	1.393	83.97	2.787	0.686
	7.0	46.65	1.413	1.357	82.86	2.774	0.693
	8.0	48.03	1.484	1.320	81.69	2.758	0.702
	9.0	49.51	1.561	1.281	80.45	2.738	0.712
	10.0	51.12	1.643	1.240	79.10	2.713	0.725
	11.0	52.89	1.733	1.196	77.61	2.683	0.741
	12.0	54.89	1.832	1.148	75.90	2.643	0.761
	13.0	57.28	1.948	1.094	73.82	2.588	0.789
	14.0	60.54	2.097	1.023	70.90	2.500	0.832
	(14.65)	65.83	2.319	0.919	65.83	2.319	0.919
1.65	0.0	37.31	1.000	1.650	90.00	3.010	0.654
	1.0	38.27	1.052	1.616	89.11	3.009	0.654
	2.0	39.27	1.106	1.582	88.20	3.006	0.656
	3.0	40.30	1.162	1.548	87.29	3.003	0.658
	4.0	41.38	1.221	1.514	86.37	2.997	0.661
	5.0	42.50	1.283	1.480	85.42	2.989	0.665
	6.0	43.67	1.348	1.444	84.45	2.980	0.670
	7.0	44.89	1.415	1.409	83.44	2.968	0.676
	8.0	46.18	1.487	1.372	82.39	2.954	0.683
	9.0	47.55	1.563	1.334	81.29	2.937	0.692
	10.0	49.01	1.643	1.295	80.11	2.916	0.703
	11.0	50.58	1.729	1.254	78.83	2.890	0.716
	12.0	52.31	1.822	1.210	77.41	2.859	0.732
	13.0	54.26	1.926	1.163	75.80	2.819	0.752
	14.0	56.54	2.044	1.109	73.87	2.764	0.778
	15.0	59.52	2.192	1.042	71.25	2.681	0.818
	(15.86)	65.55	2.465	0.918	65.55	2.465	0.918

续 表

Ma$_1$	δ	弱 波			强 波		
		β	p$_2$/p$_1$	Ma$_2$	β	p$_2$/p$_1$	Ma$_2$
1.70	0.0	36.03	1.000	1.700	90.00	3.205	0.641
	1.0	36.97	1.053	1.666	89.17	3.204	0.641
	2.0	37.93	1.107	1.632	88.33	3.202	0.642
	3.0	38.93	1.164	1.598	87.48	3.199	0.644
	4.0	39.96	1.224	1.564	86.62	3.193	0.647
	5.0	41.03	1.286	1.529	85.75	3.186	0.650
	6.0	42.15	1.351	1.495	84.85	3.178	0.655
	7.0	43.31	1.420	1.459	83.93	3.167	0.660
	8.0	44.53	1.491	1.423	82.97	3.154	0.667
	9.0	45.81	1.567	1.386	81.97	3.139	0.675
	10.0	47.17	1.647	1.348	80.91	3.121	0.684
	11.0	48.61	1.731	1.309	79.78	3.099	0.695
	12.0	50.17	1.822	1.267	78.56	3.072	0.708
	13.0	51.87	1.920	1.223	77.21	3.040	0.724
	14.0	53.77	2.027	1.176	75.67	2.999	0.744
	15.0	55.99	2.150	1.122	73.84	2.944	0.770
	16.0	58.80	2.300	1.057	71.43	2.863	0.808
	17.0	64.63	2.586	0.932	66.00	2.647	0.905
	(17.01)	65.32	2.617	0.918	65.32	2.617	0.918
1.75	0.0	34.85	1.000	1.750	90.00	3.405	0.628
	1.0	35.75	1.053	1.716	89.22	3.406	0.628
	2.0	36.69	1.109	1.682	88.44	3.404	0.630
	3.0	37.65	1.167	1.648	87.64	3.400	0.631
	4.0	38.65	1.227	1.613	86.84	3.395	0.634
	5.0	39.69	1.290	1.579	86.03	3.389	0.637
	6.0	40.76	1.356	1.544	85.19	3.381	0.641
	7.0	41.87	1.425	1.509	84.34	3.371	0.646
	8.0	43.04	1.497	1.473	83.45	3.360	0.652
	9.0	44.25	1.573	1.437	82.53	3.346	0.659
	10.0	45.53	1.653	1.400	81.57	3.329	0.667
	11.0	46.88	1.737	1.361	80.56	3.310	0.677
	12.0	48.32	1.826	1.321	79.47	3.287	0.688
	13.0	49.87	1.922	1.279	78.29	3.259	0.701
	14.0	51.55	2.025	1.235	76.99	3.225	0.718
	15.0	53.42	2.137	1.187	75.51	3.183	0.738
	16.0	55.59	2.265	1.133	73.76	3.127	0.764
	17.0	58.30	2.420	1.068	71.48	3.046	0.800
	18.0	62.95	2.667	0.965	67.27	2.873	0.877
	(18.12)	65.13	2.775	0.919	65.13	2.775	0.919
1.80	0.0	33.75	1.000	1.800	90.00	3.613	0.617
	1.0	34.63	1.054	1.766	89.27	3.613	0.617
	2.0	35.54	1.110	1.731	88.53	3.611	0.618
	3.0	36.48	1.169	1.697	87.78	3.608	0.619
	4.0	37.44	1.231	1.663	87.03	3.603	0.622
	5.0	38.45	1.295	1.628	86.27	3.597	0.625
	6.0	39.48	1.361	1.593	85.49	3.590	0.628
	7.0	40.56	1.431	1.558	84.69	3.581	0.633
	8.0	41.67	1.504	1.523	83.87	3.570	0.638
	9.0	42.84	1.581	1.486	83.02	3.557	0.644
	10.0	44.06	1.661	1.449	82.13	3.542	0.652
	11.0	45.34	1.746	1.412	81.20	3.525	0.660
	12.0	46.69	1.835	1.373	80.22	3.504	0.670
	13.0	48.12	1.929	1.332	79.16	3.480	0.682
	14.0	49.66	2.030	1.290	78.02	3.451	0.696
	15.0	51.34	2.138	1.245	76.76	3.415	0.712
	16.0	53.20	2.257	1.196	75.33	3.371	0.733
	17.0	55.34	2.391	1.142	73.63	3.313	0.759
	18.0	58.00	2.552	1.077	71.43	3.230	0.796
	19.0	62.31	2.797	0.977	67.58	3.064	0.867
	(19.18)	64.99	2.938	0.920	64.99	2.938	0.920
1.85	0.0	32.72	1.000	1.850	90.00	3.826	0.606
	1.0	33.58	1.055	1.815	89.31	3.826	0.606
	2.0	34.47	1.112	1.781	88.61	3.824	0.607
	3.0	35.38	1.172	1.746	87.91	3.821	0.608
	4.0	36.32	1.234	1.711	87.20	3.817	0.611
	5.0	37.30	1.299	1.677	86.48	3.811	0.613
	6.0	38.30	1.367	1.642	85.74	3.804	0.617
	7.0	39.35	1.438	1.607	84.99	3.796	0.621

续 表

Ma$_1$	δ	弱 波			强 波		
		β	p$_2$/p$_1$	Ma$_2$	β	p$_2$/p$_1$	Ma$_2$
1.85	8.0	40.43	1.512	1.571	84.23	3.786	0.626
	9.0	41.55	1.590	1.535	83.43	3.774	0.631
	10.0	42.72	1.671	1.498	82.61	3.760	0.638
	11.0	43.94	1.756	1.461	81.75	3.744	0.646
	12.0	45.22	1.845	1.422	80.85	3.725	0.655
	13.0	46.58	1.940	1.383	79.89	3.703	0.665
	14.0	48.02	2.040	1.342	78.86	3.677	0.677
	15.0	49.56	2.146	1.298	77.75	3.646	0.692
	16.0	51.23	2.261	1.252	76.51	3.609	0.709
	17.0	53.09	2.386	1.203	75.11	3.563	0.729
	18.0	55.23	2.528	1.148	73.44	3.502	0.756
	19.0	57.87	2.697	1.082	71.29	3.415	0.793
	20.0	62.10	2.952	0.982	67.55	3.244	0.865
	(20.20)	64.87	3.106	0.920	64.87	3.106	0.920
1.90	0.0	31.76	1.000	1.900	90.00	4.045	0.596
	1.0	32.60	1.056	1.865	89.34	4.044	0.596
	2.0	33.47	1.114	1.830	88.68	4.043	0.597
	3.0	34.36	1.175	1.795	88.01	4.040	0.598
	4.0	35.28	1.238	1.760	87.34	4.036	0.600
	5.0	36.23	1.304	1.725	86.66	4.031	0.603
	6.0	37.21	1.374	1.690	85.97	4.024	0.607
	7.0	38.22	1.446	1.655	85.26	4.016	0.610
	8.0	39.27	1.521	1.619	84.54	4.007	0.614
	9.0	40.36	1.600	1.583	83.79	3.996	0.620
	10.0	41.49	1.682	1.546	83.02	3.983	0.626
	11.0	42.67	1.768	1.509	82.22	3.968	0.633
	12.0	43.90	1.858	1.471	81.39	3.950	0.641
	13.0	45.19	1.953	1.432	80.50	3.930	0.650
	14.0	46.55	2.053	1.391	79.57	3.907	0.661
	15.0	48.00	2.159	1.349	78.56	3.879	0.674
	16.0	49.55	2.272	1.305	77.47	3.847	0.688
	17.0	51.23	2.393	1.258	76.25	3.807	0.707
	18.0	53.10	2.526	1.208	74.86	3.758	0.727
	19.0	55.24	2.676	1.151	73.21	3.694	0.755
	20.0	57.90	2.856	1.084	71.06	3.601	0.794
	21.0	62.25	3.132	0.979	67.23	3.414	0.869
	(21.17)	64.79	3.280	0.922	64.79	3.280	0.922
1.95	0.0	30.85	1.000	1.950	90.00	4.270	0.586
	1.0	31.68	1.057	1.914	89.37	4.269	0.586
	2.0	32.53	1.116	1.879	88.74	4.267	0.587
	3.0	33.40	1.178	1.844	88.11	4.265	0.589
	4.0	34.31	1.242	1.809	87.47	4.261	0.590
	5.0	35.23	1.310	1.773	86.82	4.256	0.593
	6.0	36.19	1.380	1.738	86.17	4.250	0.596
	7.0	37.18	1.454	1.703	85.50	4.242	0.599
	8.0	38.21	1.530	1.667	84.81	4.233	0.604
	9.0	39.26	1.610	1.630	84.11	4.223	0.609
	10.0	40.36	1.694	1.594	83.38	4.211	0.614
	11.0	41.50	1.781	1.557	82.63	4.197	0.621
	12.0	42.69	1.873	1.519	81.85	4.180	0.628
	13.0	49.93	1.969	1.480	81.03	4.162	0.637
	14.0	45.23	2.069	1.440	80.17	4.140	0.647
	15.0	46.60	2.175	1.398	79.25	4.115	0.658
	16.0	48.06	2.288	1.355	78.26	4.086	0.671
	17.0	49.62	2.408	1.310	77.17	4.051	0.686
	18.0	51.32	2.537	1.262	75.97	4.009	0.705
	19.0	53.21	2.678	1.210	74.59	3.956	0.727
	20.0	55.38	2.838	1.152	72.93	3.887	0.756
	21.0	58.10	3.031	1.082	70.75	3.787	0.796
	22.0	62.86	3.346	0.966	66.53	3.566	0.883
	(22.09)	64.72	3.460	0.923	64.72	3.460	0.923
2.00	0.0	30.00	1.000	2.000	90.00	4.500	0.577
	1.0	30.81	1.058	1.964	89.40	4.500	0.578
	2.0	31.65	1.118	1.928	88.80	4.498	0.578
	3.0	32.51	1.181	1.892	88.20	4.495	0.580
	4.0	33.39	1.247	1.857	87.59	4.492	0.581
	5.0	34.30	1.315	1.821	86.97	4.487	0.584
	6.0	35.24	1.387	1.786	86.34	4.481	0.586

续 表

Ma_1	δ	弱 波			强 波		
		β	p_2/p_1	Ma_2	β	p_2/p_1	Ma_2
2.00	7.0	36.21	1.462	1.750	85.71	4.474	0.590
	8.0	37.21	1.540	1.714	85.05	4.465	0.594
	9.0	38.25	1.622	1.677	84.39	4.455	0.598
	10.0	39.32	1.707	1.641	83.70	4.444	0.604
	11.0	40.42	1.796	1.603	82.99	4.431	0.610
	12.0	41.58	1.888	1.565	82.26	4.415	0.617
	13.0	42.78	1.986	1.526	81.49	4.398	0.625
	14.0	44.03	2.088	1.487	80.69	4.378	0.634
	15.0	45.35	2.195	1.446	79.83	4.355	0.644
	16.0	46.73	2.308	1.403	78.92	4.328	0.656
	17.0	48.21	2.427	1.359	77.94	4.296	0.669
	18.0	49.79	2.555	1.313	76.86	4.259	0.685
	19.0	51.51	2.692	1.264	75.66	4.214	0.704
	20.0	53.42	2.843	1.210	74.27	4.157	0.728
	21.0	55.65	3.014	1.150	72.59	4.082	0.758
	22.0	58.46	3.223	1.076	70.33	3.971	0.802
	(22.97)	64.67	3.646	0.924	64.67	3.646	0.924
2.10	0.0	28.44	1.000	2.100	90.00	4.978	0.561
	2.0	30.03	1.122	2.026	88.90	4.976	0.562
	4.0	31.72	1.256	1.953	87.78	4.971	0.565
	6.0	33.51	1.402	1.880	86.64	4.961	0.569
	8.0	35.41	1.561	1.807	85.47	4.946	0.576
	10.0	37.43	1.734	1.733	84.24	4.926	0.585
	12.0	39.59	1.923	1.656	82.94	4.901	0.596
	14.0	41.91	2.129	1.578	81.54	4.867	0.611
	16.0	44.43	2.355	1.495	80.00	4.823	0.630
	18.0	47.21	2.604	1.408	78.26	4.765	0.654
	20.0	50.37	2.885	1.312	76.19	4.685	0.687
	22.0	54.17	3.215	1.202	73.52	4.564	0.735
	24.0	59.77	3.674	1.049	69.11	4.324	0.825
	(24.61)	64.62	4.033	0.927	64.62	4.033	0.927
2.20	0.0	27.04	1.000	2.200	90.00	5.480	0.547
	2.0	28.59	1.127	2.124	88.98	5.478	0.548
	4.0	30.24	1.265	2.049	87.94	5.473	0.550
	6.0	31.98	1.417	1.974	86.89	5.463	0.555
	8.0	33.83	1.583	1.899	85.80	5.450	0.561
	10.0	35.79	1.764	1.823	84.67	5.431	0.569
	12.0	37.87	1.961	1.745	83.49	5.407	0.579
	14.0	40.10	2.176	1.666	82.22	5.376	0.592
	16.0	42.49	2.410	1.583	80.84	5.337	0.609
	18.0	45.09	2.666	1.496	79.31	5.286	0.630
	20.0	47.98	2.949	1.404	77.55	5.218	0.657
	22.0	51.28	3.270	1.301	75.42	5.122	0.694
	24.0	55.36	3.655	1.181	72.56	4.973	0.749
	26.0	62.70	4.292	0.980	66.48	4.581	0.885
	(26.10)	64.62	4.443	0.931	64.62	4.443	0.931
2.30	0.0	25.77	1.000	2.300	90.00	6.005	0.534
	2.0	27.30	1.131	2.221	89.04	6.003	0.535
	4.0	28.91	1.275	2.144	88.07	5.998	0.537
	6.0	30.61	1.434	2.067	87.09	5.989	0.541
	8.0	32.42	1.607	1.990	86.08	5.976	0.547
	10.0	34.33	1.796	1.912	85.03	5.959	0.554
	12.0	36.35	2.002	1.833	83.93	5.936	0.564
	14.0	38.51	2.226	1.751	82.77	5.907	0.576
	16.0	40.82	2.470	1.668	81.51	5.871	0.591
	18.0	43.30	2.736	1.581	80.14	5.824	0.609
	20.0	46.01	3.028	1.489	78.59	5.763	0.633
	22.0	49.03	3.351	1.389	76.77	5.682	0.664
	24.0	52.54	3.722	1.279	74.51	5.565	0.706
	26.0	57.08	4.182	1.143	71.27	5.368	0.774
	(27.45)	64.65	4.874	0.934	64.65	4.874	0.934
2.40	0.0	24.63	1.000	2.400	90.00	6.553	0.523
	2.0	26.12	1.136	2.318	89.10	6.552	0.524
	4.0	27.70	1.286	2.238	88.19	6.547	0.526
	6.0	29.38	1.451	2.159	87.26	6.538	0.530
	8.0	31.15	1.631	2.080	86.31	6.525	0.535
	10.0	33.02	1.829	1.999	85.33	6.509	0.542

续　表

Ma$_1$	δ	弱　波			强　波		
		β	p$_2$/p$_1$	Ma$_2$	β	p$_2$/p$_1$	Ma$_2$
2.40	12.0	35.01	2.045	1.918	84.30	6.487	0.551
	14.0	37.11	2.280	1.835	83.22	6.460	0.562
	16.0	39.35	2.535	1.750	82.06	6.425	0.575
	18.0	41.75	2.813	1.661	80.80	6.382	0.592
	20.0	44.34	3.116	1.569	79.40	6.326	0.613
	22.0	47.18	3.448	1.471	77.81	6.253	0.640
	24.0	50.37	3.820	1.364	75.89	6.154	0.675
	26.0	54.19	4.252	1.243	73.40	6.005	0.726
	28.0	59.66	4.838	1.078	69.29	5.713	0.820
	(28.68)	64.71	5.327	0.937	64.71	5.327	0.937
2.50	0.0	23.58	1.000	2.500	90.00	7.125	0.513
	2.0	25.05	1.141	2.416	89.14	7.123	0.514
	4.0	26.61	1.296	2.333	88.28	7.118	0.516
	6.0	28.26	1.468	2.251	87.40	7.110	0.519
	8.0	30.01	1.657	2.169	86.51	7.098	0.524
	10.0	31.85	1.864	2.086	85.58	7.082	0.530
	12.0	33.80	2.090	2.002	84.61	7.061	0.539
	14.0	35.87	2.336	1.917	83.60	7.034	0.549
	16.0	38.06	2.604	1.830	82.52	7.001	0.562
	18.0	40.39	2.895	1.739	81.36	6.960	0.557
	20.0	42.89	3.211	1.646	80.07	6.908	0.596
	22.0	45.60	3.556	1.548	78.63	6.841	0.620
	24.0	48.60	3.936	1.443	76.94	6.753	0.651
	26.0	52.04	4.366	1.327	74.86	6.627	0.693
	28.0	56.34	4.884	1.189	71.95	6.425	0.757
	(29.80)	64.78	5.801	0.940	64.78	5.801	0.940
2.60	0.0	22.62	1.000	2.600	90.00	7.720	0.504
	2.0	24.07	1.145	2.512	89.19	7.781	0.505
	4.0	25.61	1.307	2.427	88.36	7.714	0.506
	6.0	27.24	1.486	2.342	87.53	7.705	0.510
	8.0	28.97	1.683	2.257	86.67	7.693	0.514
	10.0	30.79	1.900	2.172	85.79	7.678	0.520
	12.0	32.72	2.137	2.085	84.88	7.657	0.528
	14.0	34.75	2.396	1.997	83.92	7.632	0.538
	16.0	36.90	2.677	1.908	82.91	7.600	0.550
	18.0	39.19	2.982	1.815	81.82	7.560	0.564
	20.0	41.62	3.313	1.720	80.63	7.511	0.582
	22.0	44.24	3.672	1.621	79.30	7.448	0.604
	24.0	47.10	4.066	1.516	77.78	7.367	0.631
	26.0	50.31	4.503	1.403	75.96	7.256	0.667
	28.0	54.09	5.007	1.274	73.59	7.091	0.719
	30.0	59.35	5.671	1.106	69.78	6.778	0.811
	(30.81)	64.87	6.297	0.943	64.97	6.297	0.943
2.70	0.0	21.74	1.000	2.700	90.00	8.338	0.496
	2.0	23.17	1.150	2.609	89.22	8.337	0.496
	4.0	24.70	1.318	2.520	88.43	8.332	0.498
	6.0	26.31	1.504	2.432	87.63	8.324	0.501
	8.0	28.02	1.710	2.344	86.82	8.312	0.506
	10.0	29.82	1.937	2.256	85.98	8.297	0.511
	12.0	31.73	2.186	2.167	85.11	8.277	0.519
	14.0	33.74	2.457	2.076	84.20	8.251	0.528
	16.0	35.86	2.752	1.984	83.24	8.220	0.539
	18.0	38.11	3.073	1.889	82.21	8.182	0.553
	20.0	40.50	3.420	1.792	81.10	8.135	0.569
	22.0	43.05	3.736	1.691	79.86	8.075	0.589
	24.0	45.81	4.206	1.585	78.47	7.998	0.615
	26.0	48.85	4.656	1.472	76.83	7.897	0.647
	28.0	52.34	5.163	1.349	74.79	7.753	0.691
	30.0	56.69	5.773	1.202	71.92	7.519	0.759
	(31.74)	64.96	6.814	0.946	64.96	6.814	0.946
2.80	0.0	20.93	1.000	2.800	90.00	8.980	0.488
	2.0	22.35	1.155	2.706	89.25	8.978	0.489
	4.0	23.85	1.329	2.613	88.49	8.974	0.491
	6.0	25.46	1.523	2.522	87.73	8.966	0.494

续 表

Ma_1	δ	弱 波			强 波		
		β	p_2/p_1	Ma_2	β	p_2/p_1	Ma_2
2.80	8.0	27.15	1.738	2.431	86.95	8.954	0.498
	10.0	28.94	1.975	2.340	86.14	8.939	0.503
	12.0	30.83	2.236	2.248	85.31	8.919	0.510
	14.0	32.82	2.521	2.154	84.44	8.894	0.519
	16.0	34.92	2.831	2.059	83.53	8.864	0.530
	18.0	37.14	3.168	1.961	82.55	8.826	0.543
	20.0	39.49	3.532	1.861	81.50	8.780	0.558
	22.0	41.99	3.927	1.758	80.34	8.772	0.577
	24.0	44.68	4.355	1.651	79.05	8.650	0.600
	26.0	47.61	4.822	1.538	77.55	8.554	0.630
	28.0	50.89	5.340	1.416	75.73	8.424	0.668
	30.0	54.79	5.939	1.278	73.33	8.227	0.724
	(32.59)	65.05	7.352	0.949	65.05	7.352	0.949
2.90	0.0	20.17	1.000	2.900	90.00	9.645	0.481
	2.0	21.58	1.160	2.802	89.28	9.643	0.482
	4.0	23.08	1.341	2.706	88.55	9.639	0.484
	6.0	24.67	1.542	2.612	87.81	9.631	0.487
	8.0	26.35	1.766	2.518	87.06	9.619	0.491
	10.0	28.13	2.014	2.423	86.29	9.604	0.496
	12.0	30.01	2.287	2.327	85.49	9.584	0.503
	14.0	31.99	2.586	2.230	84.65	9.560	0.511
	16.0	34.07	2.912	2.132	83.78	9.530	0.521
	18.0	36.27	3.266	2.031	82.85	9.493	0.533
	20.0	38.59	3.650	1.929	81.85	9.448	0.548
	22.0	41.05	4.064	1.823	80.74	9.392	0.566
	24.0	43.67	4.512	1.714	79.54	9.321	0.588
	26.0	46.52	4.998	1.600	78.14	9.231	0.615
	28.0	49.66	5.533	1.479	76.49	9.110	0.650
	30.0	53.28	6.136	1.345	74.39	8.935	0.699
	32.0	57.93	6.879	1.183	71.29	8.635	0.777
	(33.36)	65.15	7.912	0.952	65.15	7.912	0.952
3.00	0.0	19.47	1.000	3.000	90.00	10.333	0.475
	2.0	20.87	1.166	2.898	89.30	10.332	0.476
	4.0	22.36	1.352	2.799	88.60	10.327	0.477
	6.0	23.94	1.562	2.701	87.88	10.319	0.480
	8.0	25.61	1.795	2.603	87.16	10.307	0.484
	10.0	27.38	2.055	2.505	86.41	10.292	0.489
	12.0	29.25	2.340	2.406	85.64	10.273	0.496
	14.0	31.22	2.654	2.306	84.84	10.248	0.504
	16.0	33.29	2.996	2.204	84.00	10.218	0.514
	18.0	35.47	3.368	2.100	83.11	10.182	0.525
	20.0	37.76	3.771	1.994	82.15	10.137	0.539
	22.0	40.19	4.206	1.886	81.11	10.082	0.556
	24.0	42.78	4.676	1.774	79.96	10.014	0.577
	26.0	45.55	5.184	1.659	78.65	9.927	0.602
	28.0	48.59	5.739	1.537	77.13	9.812	0.635
	30.0	52.02	6.356	1.406	75.24	9.652	0.678
	32.0	56.18	7.081	1.254	72.65	9.399	0.743
	34.0	63.67	8.268	1.003	66.75	8.697	0.908
	(34.07)	65.24	8.492	0.954	65.24	8.492	0.954
3.10	0.0	18.82	1.000	3.100	90.00	11.045	0.470
	2.0	20.21	1.171	2.994	89.32	11.043	0.470
	4.0	21.68	1.364	2.891	88.64	11.039	0.472
	6.0	23.26	1.582	2.789	87.95	11.031	0.474
	8.0	24.93	1.825	2.688	87.24	11.019	0.478
	10.0	26.69	2.098	2.586	88.52	11.004	0.482
	12.0	28.55	2.395	2.484	85.78	10.984	0.490
	14.0	30.51	2.724	2.380	85.00	10.960	0.497
	16.0	32.57	3.083	2.274	84.19	10.930	0.507
	18.0	34.74	3.474	2.167	83.33	10.894	0.518
	20.0	37.02	3.897	2.058	82.42	10.850	0.531
	22.0	39.42	4.354	1.947	81.42	10.795	0.548
	24.0	41.97	4.847	1.833	80.33	10.728	0.567
	26.0	44.69	5.379	1.715	79.09	10.644	0.591

续 表

Ma$_1$	δ	弱 波			强 波		
		β	p$_2$/p$_1$	Ma$_2$	β	p$_2$/p$_1$	Ma$_2$
3.10	28.0	47.65	5.956	1.593	77.67	10.533	0.621
	30.0	50.94	6.592	1.462	75.94	10.383	0.661
	32.0	54.80	7.320	1.316	73.66	10.158	0.717
	34.0	60.21	8.277	1.124	69.87	9.717	0.820
	(34.73)	65.34	9.093	0.956	65.34	9.093	0.956
3.20	0.0	18.21	1.000	3.200	90.00	11.780	0.464
	2.0	19.59	1.176	3.090	89.34	11.778	0.465
	4.0	21.06	1.376	2.983	88.68	11.774	0.466
	6.0	22.63	1.602	2.878	88.01	11.766	0.469
	8.0	24.29	1.855	2.773	87.32	11.754	0.473
	10.0	26.05	2.138	2.667	86.62	11.738	0.478
	12.0	27.91	2.451	2.561	85.90	11.719	0.484
	14.0	29.86	2.795	2.453	85.15	11.695	0.491
	16.0	31.92	3.172	2.344	84.37	11.665	0.500
	18.0	34.07	3.583	2.233	83.54	11.629	0.511
	20.0	36.34	4.027	2.121	82.65	11.584	0.524
	22.0	38.72	4.507	2.006	81.70	11.531	0.540
	24.0	41.24	5.024	1.889	80.65	11.464	0.559
	26.0	43.92	5.582	1.770	79.48	11.381	0.581
	28.0	46.81	6.184	1.645	78.13	11.275	0.610
	30.0	50.00	6.843	1.514	76.53	11.131	0.646
	32.0	53.65	7.583	1.371	74.48	10.924	0.697
	34.0	58.35	8.491	1.198	71.41	10.566	0.779
	(35.33)	65.43	9.714	0.959	65.43	9.714	0.959
3.30	0.0	17.64	1.000	3.300	90.00	12.538	0.460
	2.0	19.01	1.181	3.186	89.36	12.537	0.460
	4.0	20.48	1.388	3.075	88.71	12.532	0.462
	6.0	22.04	1.622	2.965	88.06	12.524	0.464
	8.0	23.70	1.886	2.856	87.39	12.512	0.468
	10.0	25.46	2.181	2.747	86.71	12.496	0.473
	12.0	27.31	2.508	2.636	86.01	12.477	0.479
	14.0	29.26	2.869	2.525	85.28	12.452	0.486
	16.0	31.31	3.264	2.412	84.52	12.422	0.495
	18.0	33.46	3.695	2.297	83.72	12.386	0.505
	20.0	35.71	4.162	2.181	82.86	12.342	0.518
	22.0	38.08	4.666	2.064	81.94	12.288	0.533
	24.0	40.57	5.208	1.944	80.93	12.233	0.551
	26.0	43.22	5.792	1.822	79.81	12.141	0.573
	28.0	46.06	6.421	1.696	78.54	10.036	0.599
	30.0	49.16	7.106	1.564	77.03	11.898	0.634
	32.0	52.67	7.866	1.422	75.15	11.704	0.680
	34.0	56.97	8.762	1.258	72.50	11.390	0.750
	(35.88)	65.52	10.356	0.961	65.52	10.356	0.961
3.40	0.0	17.11	1.000	3.400	90.00	13.320	0.455
	2.0	18.47	1.137	3.281	89.38	13.318	0.456
	4.0	19.93	1.400	3.166	88.74	13.314	0.457
	6.0	21.49	1.643	3.053	88.11	13.305	0.460
	8.0	23.15	1.917	2.940	87.46	13.293	0.463
	10.0	24.90	2.225	2.826	86.79	13.278	0.468
	12.0	26.76	2.566	2.712	86.11	13.258	0.474
	14.0	28.70	2.944	2.596	85.40	13.233	0.481
	16.0	30.75	3.358	2.479	84.66	13.203	0.489
	18.0	32.89	3.810	2.360	83.88	13.167	0.500
	20.0	35.13	4.300	2.241	83.05	13.122	0.512
	22.0	37.49	4.829	2.120	82.16	13.069	0.526
	24.0	39.97	5.398	1.997	81.19	13.003	0.544
	26.0	42.59	6.010	1.872	80.11	12.922	0.565
	28.0	45.39	6.668	1.744	78.89	12.819	0.590
	30.0	48.42	7.380	1.611	77.47	12.685	0.623
	32.0	51.81	8.165	1.469	75.72	12.499	0.665
	34.0	55.84	9.067	1.310	73.36	12.213	0.728
	36.0	61.92	10.331	1.087	68.96	11.582	0.856
	(36.39)	65.60	11.019	0.962	65.60	11.019	0.962

续 表

Ma$_1$	δ	弱 波			强 波		
		β	p_2/p_1	Ma$_2$	β	p_2/p_1	Ma$_2$
3.50	0.0	16.60	1.000	3.500	90.00	14.125	0.451
	2.0	17.96	1.192	3.377	89.39	14.123	0.452
	4.0	19.42	1.413	3.257	88.77	14.118	0.453
	6.0	20.97	1.664	3.140	88.15	14.110	0.456
	8.0	22.63	1.949	3.022	87.51	14.098	0.459
	10.0	24.38	2.269	2.904	88.86	14.082	0.464
	12.0	26.24	2.626	2.786	86.20	14.062	0.469
	14.0	28.18	3.021	2.666	85.51	14.037	0.476
	16.0	30.23	3.455	2.546	84.78	14.007	0.485
	18.0	32.36	3.928	2.422	84.02	13.970	0.495
	20.0	34.60	4.442	2.299	83.22	13.926	0.507
	22.0	36.95	4.997	2.174	82.35	13.872	0.521
	24.0	39.41	5.594	2.048	81.42	13.806	0.537
	26.0	42.01	6.234	1.920	80.38	13.726	0.557
	28.0	44.77	6.923	1.789	79.21	13.624	0.582
	30.0	47.76	7.665	1.655	77.85	13.492	0.613
	32.0	51.05	8.478	1.513	76.21	13.313	0.653
	34.0	54.89	9.397	1.357	74.05	13.046	0.710
	36.0	60.09	10.572	1.159	70.55	12.540	0.811
	(36.87)	65.69	11.703	0.964	65.69	11.703	0.964
3.60	0.0	16.13	1.000	3.600	90.00	14.953	0.447
	2.0	17.48	1.197	3.472	89.40	14.952	0.448
	4.0	18.93	1.425	3.348	88.80	14.947	0.449
	6.0	20.49	1.686	3.226	88.19	14.938	0.452
	8.0	22.14	1.982	3.104	87.57	14.926	0.455
	10.0	23.90	2.315	2.982	86.93	14.910	0.460
	12.0	25.75	2.687	2.859	86.28	14.890	0.465
	14.0	27.70	3.100	2.735	85.60	14.864	0.472
	16.0	29.74	3.554	2.609	84.90	14.834	0.480
	18.0	31.88	4.050	2.483	84.16	14.797	0.490
	20.0	84.11	4.588	2.355	83.37	14.752	0.502
	22.0	36.45	5.170	2.227	82.53	14.698	0.515
	24.0	38.90	5.795	2.097	81.62	14.632	0.532
	26.0	41.48	6.466	1.966	80.62	14.551	0.551
	28.0	44.22	7.186	1.834	79.49	14.450	0.575
	30.0	47.15	7.961	1.697	78.19	14.320	0.604
	32.0	50.38	8.804	1.555	76.64	14.145	0.642
	34.0	54.07	9.746	1.400	74.64	13.892	0.695
	36.0	58.30	10.894	1.215	71.62	13.450	0.781
	(37.31)	65.77	12.407	0.966	65.77	12.407	0.966
3.70	0.0	15.68	1.000	3.700	90.00	15.805	0.444
	2.0	17.03	1.203	3.567	89.41	15.803	0.444
	4.0	18.48	1.438	3.439	88.82	15.798	0.446
	6.0	20.03	1.707	3.312	88.22	15.790	0.448
	8.0	21.69	2.015	3.186	87.61	15.777	0.452
	10.0	23.44	2.361	3.059	86.99	15.761	0.456
	12.0	25.30	2.750	2.931	86.35	15.740	0.461
	14.0	27.25	3.181	2.803	85.69	15.715	0.468
	16.0	29.29	3.655	2.673	85.00	15.684	0.476
	18.0	31.42	4.174	2.542	84.28	15.646	0.486
	20.0	33.65	4.738	2.410	83.51	15.601	0.497
	22.0	35.99	5.348	2.278	82.69	15.546	0.510
	24.0	38.43	6.003	2.145	81.80	15.480	0.526
	26.0	40.99	6.705	2.011	80.83	15.399	0.545
	28.0	43.71	7.458	1.876	79.74	15.298	0.568
	30.0	46.61	8.266	1.738	78.49	15.169	0.596
	32.0	49.77	9.142	1.594	77.01	14.998	0.632
	34.0	53.35	10.112	1.440	75.14	14.754	0.681
	36.0	57.76	11.260	1.262	72.45	14.352	0.758
	(37.71)	65.85	13.131	0.968	65.85	13.131	0.968
3.80	0.0	15.26	1.000	3.800	90.00	16.680	0.441
	2.0	16.60	1.208	3.662	89.42	16.678	0.441
	4.0	18.05	1.450	3.529	88.84	16.673	0.443
	6.0	19.60	1.729	3.398	88.25	16.664	0.445

续 表

Ma$_1$	δ	弱 波			强 波		
		β	p_2/p_1	Ma$_2$	β	p_2/p_1	Ma$_2$
3.80	8.0	21.26	2.048	3.267	87.66	16.652	0.448
	10.0	23.02	2.409	3.135	87.05	16.635	0.452
	12.0	24.87	2.813	3.003	86.42	16.614	0.458
	14.0	26.82	3.263	2.870	85.77	16.588	0.464
	16.0	28.87	3.759	2.735	85.09	16.557	0.472
	18.0	31.00	4.302	2.600	84.39	16.519	0.482
	20.0	33.23	4.892	2.464	83.64	16.473	0.493
	22.0	35.56	5.530	2.328	82.84	16.418	0.506
	24.0	37.99	6.216	2.192	81.97	16.351	0.521
	26.0	40.54	6.951	2.055	81.02	16.270	0.540
	28.0	43.24	7.738	1.917	79.97	16.169	0.562
	30.0	46.11	8.581	1.776	78.77	16.040	0.589
	32.0	49.22	9.492	1.631	77.34	15.871	0.624
	34.0	52.70	10.494	1.478	75.57	15.634	0.670
	36.0	56.90	11.654	1.304	73.12	15.259	0.739
	38.0	64.19	13.487	1.029	67.57	14.227	0.913
	(38.09)	65.92	13.876	0.969	65.92	13.876	0.969
3.90	0.0	14.86	1.000	3.900	90.00	17.578	0.438
	2.0	16.20	1.214	3.757	89.43	17.577	0.438
	4.0	17.64	1.463	3.619	88.86	17.571	0.440
	6.0	19.20	1.752	3.483	88.28	17.562	0.442
	8.0	20.85	2.082	3.347	87.70	17.550	0.445
	10.0	22.61	2.457	3.211	87.10	17.533	0.449
	12.0	24.47	2.878	3.074	86.48	17.511	0.455
	14.0	26.42	3.347	2.936	85.84	17.485	0.461
	16.0	28.47	3.865	2.797	85.18	17.453	0.469
	18.0	30.61	4.433	2.657	84.49	17.414	0.478
	20.0	32.83	5.050	2.517	83.75	17.368	0.489
	22.0	35.16	5.171	2.377	82.97	17.312	0.502
	24.0	37.59	6.435	2.237	82.12	17.245	0.517
	26.0	40.13	7.203	2.097	81.20	17.163	0.535
	28.0	42.80	8.026	1.956	80.18	17.061	0.556
	30.0	45.65	8.906	1.813	79.01	16.933	0.583
	32.0	48.72	9.854	1.667	77.64	16.765	0.616
	34.0	52.13	10.890	1.513	75.96	16.533	0.660
	36.0	56.15	12.072	1.343	73.68	16.177	0.724
	38.0	62.09	13.690	1.110	69.50	15.402	0.853
	(38.44)	65.99	14.641	0.970	65.99	14.641	0.970
4.00	0.0	14.48	1.000	4.000	90.00	18.500	0.435
	2.0	15.81	1.219	3.852	89.44	18.498	0.435
	4.0	17.26	1.476	3.709	88.88	18.493	0.437
	6.0	18.81	1.774	3.568	88.31	18.484	0.439
	8.0	20.47	2.117	3.427	87.73	18.471	0.442
	10.0	22.23	2.506	3.287	87.14	18.454	0.446
	12.0	24.10	2.945	3.144	86.54	18.432	0.452
	14.0	26.05	3.434	3.001	85.91	18.405	0.458
	16.0	28.10	3.974	2.857	85.26	18.372	0.466
	18.0	30.24	4.567	2.713	84.58	18.333	0.475
	20.0	32.46	5.212	2.569	83.86	18.286	0.485
	22.0	34.79	5.909	2.425	83.09	18.230	0.498
	24.0	37.21	6.659	2.281	82.26	18.162	0.513
	26.0	39.74	7.463	2.137	81.36	18.079	0.530
	28.0	42.40	8.321	1.994	80.36	17.977	0.551
	30.0	45.23	9.240	1.849	79.23	17.848	0.577
	32.0	48.26	10.226	1.701	77.91	17.681	0.609
	34.0	51.61	11.300	1.546	76.30	17.452	0.651
	36.0	55.50	12.510	1.378	74.16	17.110	0.711
	38.0	60.83	14.065	1.164	70.60	16.441	0.820
	(38.77)	66.06	15.426	0.972	66.06	15.426	0.972

表 6　有摩擦的等截面直管道中绝热流动的数值表

（完全气体 $k=1.4$）

Ma	T/T_{cr}	p/p_{cr}	p^*/p_{cr}^*	V/V_{cr} 或 ρ_{cr}/ρ	F/F_{cr}	$\left(4\bar{f}\dfrac{L}{d}\right)_{cr}$
0.00	1.2000	∞	∞	0.00000	∞	∞
0.05	1.1994	21.903	11.5914	0.05476	9.1584	280.02
0.10	1.1976	10.9435	5.8218	0.10943	4.6236	66.922
0.15	1.1946	7.2866	3.9103	0.16395	3.1317	27.932
0.20	1.1905	5.4555	2.9635	0.21822	2.4004	14.533
0.25	1.1852	4.3546	2.4027	0.27217	1.9732	8.4834
0.30	1.1788	3.6190	2.0351	0.32572	1.6979	5.2992
0.35	1.1713	3.0922	1.7780	0.37880	1.5094	3.4525
0.40	1.1628	2.6958	1.5901	0.43133	1.3749	2.3085
0.45	1.1533	2.3865	1.4486	0.48326	1.2763	1.5664
0.50	1.1429	2.1381	1.3399	0.53453	1.2027	1.06908
0.55	1.1315	1.9341	1.2549	0.58506	1.1472	0.72805
0.60	1.1194	1.7634	1.1882	0.63481	1.10504	0.49081
0.65	1.10650	1.6183	1.1356	0.68374	1.07314	0.32460
0.70	1.09290	1.4934	1.09436	0.73179	1.04915	0.20814
0.75	1.07858	1.3848	1.06242	0.77893	1.03137	0.12728
0.80	1.06383	1.2892	1.03823	0.82514	1.01853	0.07229
0.85	1.04849	1.2047	1.02067	0.87037	1.00966	0.03632
0.90	1.03270	1.12913	1.00887	0.91459	1.00399	0.014513
0.95	1.01652	1.06129	1.00215	0.95782	1.00093	0.003280
1.00	1.0000	1.0000	1.0000	1.0000	1.0000	0
1.05	0.98320	0.94435	1.00203	1.04115	1.00082	0.002712
1.10	0.96618	0.89359	1.00793	1.08124	1.00305	0.009933
1.15	0.94899	0.84710	1.01746	1.1203	1.00646	0.02053
1.20	0.93168	0.80436	1.03044	1.1583	1.01082	0.03364
1.25	0.91429	0.76495	1.04676	1.1952	1.01594	0.04858
1.30	0.89686	0.72848	1.06630	1.2311	1.02169	0.06483
1.35	0.87944	0.69466	1.08904	1.2660	1.02794	0.08199
1.40	0.86207	0.66320	1.1149	1.2999	1.03458	0.09974
1.45	0.84477	0.63387	1.1440	1.3327	1.04153	0.11782
1.50	0.82759	0.60648	1.1762	1.3646	1.04870	0.13605
1.55	0.81054	0.58084	1.2116	1.3955	1.05604	0.15427
1.60	0.79365	0.55679	1.2502	1.4254	1.06348	0.17236
1.65	0.77695	0.53421	1.2922	1.4544	1.07098	0.19022
1.70	0.76046	0.51297	1.3376	1.4825	1.07851	0.20780
1.75	0.74119	0.49295	1.3865	1.5097	1.08603	0.22504
1.80	0.72816	0.47407	1.4390	1.5360	1.09352	0.24189
1.85	0.71238	0.45623	1.4952	1.5614	1.1009	0.25832
1.90	0.69686	0.43936	1.5552	1.5861	1.1083	0.27433
1.95	0.68162	0.42339	1.6193	1.6099	1.1155	0.28989
2.00	0.66667	0.40825	1.6875	1.6330	1.1227	0.30499
2.05	0.63200	0.39389	1.7600	1.6553	1.1297	0.31965
2.10	0.63762	0.38024	1.8369	1.6769	1.1366	0.33385
2.15	0.62354	0.36728	1.9185	1.6977	1.1434	0.34760
2.20	0.60976	0.35494	2.0050	1.7179	1.1500	0.36091

续　表

Ma	T/T_{cr}	p/p_{cr}	p^*/p_{cr}^*	V/V_{cr}或ρ_{cr}/ρ	F/F_{cr}	$\left(4\bar{f}\dfrac{L}{d}\right)_{cr}$
2.25	0.59627	0.34319	2.0964	1.7374	1.1565	0.37378
2.30	0.58309	0.33200	2.1931	1.7563	1.1629	0.38623
2.35	0.57021	0.32133	2.2953	1.7745	1.1690	0.39826
2.40	0.55762	0.31114	2.4031	1.7922	1.1751	0.40989
2.45	0.54533	0.30141	2.5168	1.8092	1.1810	0.42113
2.50	0.53333	0.29212	2.6367	1.8257	1.1867	0.43197
2.55	0.52163	0.28323	2.7630	1.8417	1.1923	0.44247
2.60	0.51020	0.27473	2.8960	1.8571	1.1978	0.45259
2.65	0.49906	0.26658	3.0359	1.8721	1.2031	0.46237
2.70	0.48820	0.25878	3.1830	1.8865	1.2083	0.47182
2.75	0.47761	0.25131	3.3376	1.9005	1.2133	0.48095
2.80	0.46729	0.24414	3.5001	1.9140	1.2182	0.48976
2.85	0.45723	0.23726	3.6707	1.9271	1.2230	0.49828
2.90	0.44743	0.23066	3.8498	1.9398	1.2277	0.50651
2.95	0.43788	0.22431	4.0376	1.9521	1.2322	0.51447
3.00	0.42857	0.21822	4.2346	1.9640	1.2366	0.52216
3.50	0.34783	0.16850	6.7896	2.0642	1.2743	0.58643
4.00	0.28571	0.13363	10.719	2.1381	1.3029	0.63306
4.50	0.23762	0.10833	16.562	2.1936	1.3247	0.66764
5.00	0.20000	0.08944	25.000	2.2361	1.3416	0.69381
6.00	0.14634	0.06376	53.180	2.2953	1.3655	0.72987
7.00	0.11111	0.04762	104.14	2.3333	1.3810	0.75281
8.00	0.08696	0.03686	190.11	2.3591	1.3915	0.76820
9.00	0.06977	0.02935	327.19	2.3772	1.3989	0.77898
10.00	0.05714	0.02390	535.94	2.3905	1.4044	0.78683
∞	0	0	∞	2.4495	1.4289	0.82153

表 7　几种常见平面相对于其几何中心 C 的惯性矩 J_C

平面名称	图　形	面积 A	形心位置 S_C	惯性矩 J_C
矩　形		bh	$\dfrac{h}{2}$	$\dfrac{bh^3}{12}$
三角形		$\dfrac{bh}{2}$	$\dfrac{2h}{3}$	$\dfrac{bh^3}{36}$
等边梯形		$\dfrac{h(a+b)}{2}$	$\dfrac{h(a+2b)}{3(a+b)}$	$\dfrac{h^3(a^2+4ab+b^2)}{36(a+b)}$
圆		πR^2	R	$\dfrac{\pi R^4}{4}$
半　圆		$\dfrac{\pi R^2}{2}$	$\dfrac{4R}{3\pi}$	$\dfrac{(9\pi^2-64)R^4}{72\pi}$
圆　环		$\pi(R^2-r^2)$	R	$\dfrac{\pi(R^4-r^4)}{4}$
椭　圆		πab	a	$\dfrac{\pi a^3 b}{4}$

各章习题答案

第一章

1.3 (1)$p_2 = 13.61 \times 10^5$ Pa (2)$P_2 = 25.75 \times 10^5$ Pa

1.4 $M = \dfrac{1}{32}\pi d^4 \dfrac{\mu}{\delta}\omega$

1.5 $\tau_{y=0} = 71.2 \times 10^{-3}$ N/m³

1.6 设 $\tau = c$,由 $\tau = \mu\dfrac{dV}{dy}$ 可得

$$dV = \dfrac{c}{\mu}dy, \int_0^V dV = \int_0^y \dfrac{c}{\mu}dy$$

由此得出 $V = \dfrac{c}{\mu}y$,当 $y = b$ 时,$V = V_0$,代入可得 $c = \mu\dfrac{V_0}{b}$,所以 $V = \dfrac{V_0}{b}y$。

1.7 (1)$\dfrac{dV}{dy} = 19.44$ /s (2)$\tau = 3.5 \times 10^{-4}$ N/m²

1.8 $\mu = \dfrac{60abM}{\pi^2 r_1^2 n(4r_2 aH + r_1^2 b)}$

1.9 $\mu = 0.834$ Pa·s

第二章

2.2 $\theta = 0.117°$

2.3 $P_{gauge} = 887$ Pa

2.4 $P_{gauge} = 147\ 469$ Pa

2.6 $\omega = 18.8$ rad/s

2.7 (1)$P = 9\ 800$ Pa,$F = 98$ N (2)$G = 1.950\ 2$ N

2.8 (1)$P_{gauge} = 80.3 \times 10^6$ Pa (2)$P_{gauge} = 81.7 \times 10^6$ Pa

2.9 (1)$\theta = 17.02°$ (2)$p_{min} = 111\ 517$ Pa,$p_{max} = 120\ 533$ Pa

2.10 总压力 $F = 45.3$ kN 距点 E:$y'_{D2} = 1.321\ 37$ m 距点 A:$y_{D2} = 2.476$ m

2.11 (1)$F_x = 130.6$ kN,$F_y = 35$ kN (2)$F_x = 68.3$ kN,$F_y = 99.99$ kN

2.12 $T = 3.762$ N

2.13 $\omega = \dfrac{2}{R}\sqrt{gh}$

2.14 $F = \gamma\left[\dfrac{\pi\omega^2 d^4}{64g} + \dfrac{\pi d^2 h}{4}\right] + P_a\pi\dfrac{d^2}{4}$

2.15 $F_x = \gamma H2RL$,$F_z = \gamma\pi R^2 L/2$

第三章

3.3 $(1)x^2 + y^2 = C$　同心圆族 逆时针方向　$(2)x^2 - y^2 = C'$　$(3)y^2 = C$

3.4 $(1)x = y$　$(2)y = e^{x-1}$

3.5 $y^2 - 2y + 2x = 0$

3.6 $a = 144\mathbf{i} + 32\mathbf{j} + 18\mathbf{k}$

3.7 $a = (3 + t)\mathbf{i} + (2 - t)\mathbf{j}$

3.8 $(1)a_x = \dfrac{2}{L}V_0^2(1 + 2x/L)$　$(2)a = 2 \times 10^4 \text{ m/s}^2$, $a = 6 \times 10^4 \text{ m/s}^2$

3.9 $\dfrac{\mathrm{d}\rho}{\mathrm{d}t} = z + 4x^2 t + 3y^3 t + zt^3$

3.10 $\omega_z = -7/2$, $\gamma_z = 3/2$, $\nabla \cdot V = 0$

3.12 $V_x = ykr^{-2}$, $V_y = -xkr^{-2}$

3.13 有旋流动

3.14 $q_{v0} = 4q_{vi}$; $q_{v3} = q_{vi}$; $q_{v2} = 2q_{vi}$; $q_{v1} = 3q_{vi}$; $V_1 = 9.6$; $V_2 = 6.4$; $V_3 = 3.2$

3.15 $F_x = -P_1 A_1 + P_2 A_2 \cos\theta + \rho_2 q_{v2} V_2 \cos\theta - \rho_1 q_{v1} V_1$, $F_y = P_2 A_2 \sin\theta + Pq_{v2} V_2 \sin\theta$

3.16 $R = 2\,559(8.471)(\times) 10^4 \text{ N}$

3.17 $F_x = V_0 q_{v0} \sin\theta$, $F_y = V_2 q_{v2}$, $q_{v1} = \dfrac{1 - \cos\theta}{2} q_{v0}$, $q_{v2} = \dfrac{1 + \cos\theta}{2} q_{v0}$

3.18 $P_3 - P_1 = 6\,975.8 \text{ Pa}$

3.19 $(1)Fx = \rho V^2 A(\cos\alpha - 1)$, $F_y = \rho V^2 A\sin\alpha$　$(2)u/V = 1/3$

3.20 $(1)P_B = 9.22 \times 10^4 \text{ Pa}$　$(2)P_B = 9.90 \times 10^4 \text{ Pa}$

3.21 $R = q_m V_j - P_a A_e + P_e A_e = q_m V_j + (P_e - P_a)A_e$　推力 $F = -R$　方向:向左

第四章

4.4 $Re_{水} = 2.88 \times 10^5$, $Re_{油} = 1.59 \times 10^3$

4.5 $d > 0.512 \text{ m}$

4.7 在层流流动中, $\tau = \mu \dfrac{\mathrm{d}V}{\mathrm{d}r}$, 在两固定平面之间, 则 $\mathrm{d}r = \dfrac{\mu}{\tau}\mathrm{d}V$

由 $P_1 by - P_2 by - 2\tau bl = 0$, 则 $\tau = \dfrac{P_1 - P_2}{2l}y$;

$\tau = -\mu \dfrac{\mathrm{d}V}{\mathrm{d}y}$, 则 $\int_0^V \mathrm{d}V = \int_{y_0}^y -\dfrac{\Delta P}{\mu 2l}y\mathrm{d}y$ 得出 $V = \dfrac{\Delta P(y_0^2 - y^2)}{4\mu l}$。

当 $y = 0$ 时, 有 $\qquad\qquad V_{\max} = \dfrac{\Delta P y_0^2}{4\mu l}$

$$\overline{V} = \dfrac{q_v}{y_0 b} = \dfrac{\int_0^y Vb\mathrm{d}y}{y_0 b} = \dfrac{\Delta P}{4\mu l}(y_0^2 - y_0^2/3), \quad \overline{V} = 2/3 V_{\max}$$

4.8 $(1)\tau_w = 37.4 \text{ Pa}$　$(2)\tau_w = 12.51 \text{ Pa}$, $V_* = 0.193 \text{ m/s}$　$(3)\overline{V} = 2.45 \text{ m/s}$

4.9 $q_{v水} : q_{v空} = 28.6$

4.10 $(1)V_t : V_l = 1$　$(2)\Delta p = 2.51 \text{ Pa}$　$(3)V_{\max} = 0.138 \text{ m/s}$

4.11 $a = b$

4.12 (1) $\dfrac{q_{v1}}{q_{v2}} = 16$ (2) $\dfrac{Q_1}{Q_2} = 6.56$

4.13 $Q = (2\pi rb + \pi b^2)\sqrt{\dfrac{2\Delta P}{\rho}\left(\dfrac{\lambda l}{2b} + \zeta\right)}$

4.14 $Q = 0.8 \ \text{m}^3/\text{s}$

4.15 $Vp = 8.08 \ \text{m}$

4.16 (1)$V_2 = 35.51 \ \text{m/s}$ $q_v = 2.51 \ m^3 s$ (2)$N = 1\,583 \ \text{kW}, \ \eta = 0.161$

4.17 X 截面的流量为 $q_u = +\dfrac{q_v}{2}x$, $\mathrm{d}h_w = \lambda\dfrac{\mathrm{d}x}{\mathrm{d}}\dfrac{1}{2g}\left(q_u + \dfrac{q_v}{2}x\right)^2/A^2$

$h_w = \displaystyle\int_0^l \mathrm{d}h_w = S\left(q_u^2 + q_u q_v + \dfrac{q_v^2}{3}\right), \ S = \dfrac{\lambda}{d}\dfrac{l}{2gA^2}$

4.18 $H = 7.4 \ \text{m}$

4.19 $\Delta p = 3.56\times10^5 \ \text{Pa}$

第五章

5.3 $q_m = 24.1 \ \text{kg/s}$

5.4 (1)$F = 210.26 \ \text{N}$ (2)$Ma_1 = 0.8, Ma_2 = 0.2$ (3)T^* 不变,P^* 不变

5.5 $\lambda_2 = 1.139, p_2 = 3.11\times10^5 \ Pa$

5.6 $V_2 = 394.848\,4 \ \text{m/s}$

5.8 $V_2 = 286.86 \ \text{m/s}$

5.9 $V = 214.41 \ \text{m/s}, \ T = 267.12 \ \text{K}$

5.10 $F_i = 32.37 \ \text{kN}$

5.11 $V_{\max} = 760.73 \ \text{m/s}$

5.12 $V = 448.27 \ \text{m/s} \ \ \lambda = 1.224\,7$

5.13 $Ma_2 = 1.643\,4, \ T_2 = 201.3 \ \text{K}$

5.14 $\lambda_2 = 0.64$

5.15 $T^* = 215.08 \ \text{K}, V_{\min} = 268.39 \ \text{m/s}, T_2 = 139.23 \ \text{K}, p_2 = 0.876\times10^5 \ \text{Pa}$

5.16 $\lambda_2 = 0.799$

5.17 $A = 0.14 \ \text{m}^2$

第六章

6.6 扰动被限制在以扰动源为顶点、半顶角为 $360°$ 的马赫锥内。

$Ma_2 = 2.44, \delta = 10.66$

6.8 $\delta = 33.19°, \varphi = 96.74°$

6.12 $\dfrac{\rho_2}{\rho_1} = 3, \dfrac{p_2}{p_1} = 4.13, \dfrac{T_2}{T_1} = 1.38; \ \ Ma_1 = 1.96, Ma_2 = 0.557$

6.13 $V_2 = 574.07 \ \text{m/s}$

6.15 (1)$\beta = 31.85°, p_2/p_1 = 1.864, Ma_2 = 2.086, \rho_2/\rho_1 = 1.549\,3, \ \ T_2/T_1 = 1.203\,1, p_2^*/p_1^* = 0.976\,1$

(2)由斜激波表查得为 $29.8°$。

6.16 $p_2 = 4.978\,3\times10^5 \ \text{Pa}, T_2 = 521.2 \ \text{K}, V_2 = 466 \ \text{m/s}, Ma_2 = 1.02$

6.17 $\beta = 47.89°, \delta = 5.0 \ Ma_2 = 1.325$

6.18 (1)$\beta = 53.42°, p_2/p_1 = 2.843, Ma_2 = 1.210, p_2^*/p_1^* = 0.891$

(2)$p_2^*/p_1^* = 0.972\ 2$

6.19 $p_2^*/p_1^* = 0.916\ 6$

6.21 $Ma_1 = 1.255\ 297\ 28$

6.22 $F = 3\ 194\ N$

第七章

7.5 $v = 303\ m/s, q_m = 11.55\ kg/s$

7.6 $\lambda_1 = 0.33$

7.8 (1)$Ma_e = 0.351\ 5, q_m = 0.099\ 3\ kg/s$ (2)$\sigma = 0.789$

7.9 当 $p_3/p^* \leqslant 0.94$ 时可使用

7.10 $v_e = 157.73\ m/s$

7.12 $Ma_e = 0.47, \Delta s = 216.975\ kg \cdot K$

7.13 (1)$\dfrac{p_1^*}{p_a} = 1.530\ 3$ (2)$\sigma = 0.859\ 9$

7.14 $\delta = 3.6°$

7.15 $Ma = 2.15$

7.16 (1)进气道前有正激波,加大马赫数到 2.31 无变化

(2)$A_{t3} = 0.117\ m^2$ (3)$Ma = 2.02, m = 12.44\ kg/s$

7.17 $p_1 - p_2 = -4.8 \times 10^4\ N/m^2$

7.18 $q = 164.32\ kJ/kg$

7.19 $T_2^* = 1\ 320\ K$

7.20 $R = 2.245\ kN$

第八章

8.1 (1)判断旋转角速度为零或涡量为零。 (2)判断速度环量为零。

8.2 势函数存在条件是流动为无旋流动

流函数存在条件二维平面流动并满足连续方程

二维无旋流动同时存在势函数和流函数

8.3 $\varphi = \dfrac{1}{2}(x^2 - y^2) + t(x + y)$

8.4 存在势函数

8.6 $\Gamma_{L1} = \Gamma_{L0} = 2\pi$

8.7 包围原点:$\Gamma_{c1} = 2k\pi$,不包围原点:$\Gamma_{c2} = 0$

双连域;

则包围原点:$\Gamma_0 = -1$

8.8 $\Gamma = 0$

8.9 当 $y = -1$ 时,为不可压,否则为可压流动。

8.10 $v_r = \dfrac{c}{r}$

8.11 $v_x = -2bxy$

8.12 可压流动

8.13 (1) $\dfrac{\partial p}{\partial r} = \dfrac{\rho}{r} v_\theta^2$ 　 (2) $p = -\rho \dfrac{1}{4r^4} + c$

8.14 $p = p_0 - 2\rho(x^2 + y^2)$

8.15 流动不连续

8.16 流动连续存在流函数　$\varphi(x, y) = 3x^2 + 2xy + C$

8.17 $v_z = -xz + \dfrac{1}{2}z^2$

第九章

9.1 平面不可压势流的势函数和流函数方程均是拉普拉斯方程,方程解线性可加,这就是势流叠加原理。

9.2 $v_r = \dfrac{2}{r}$, $v_\theta = -\dfrac{1}{r}$　　流动不可压

9.3 流动无旋　$v = \sqrt{v_x^2 + v_y^2} = 3r$($r$为点到原点的距离)

9.4 存在流函数

9.5 存在流函数

9.6 存在势函数 $\varphi = cx$

9.7 $\varphi(x, y) = -x - \sqrt{3}\,y + t$, $Q_{MN} = 4$

9.8 $\omega_z = 0$,存在势函数 $\varphi = \dfrac{1}{2}(x^2 - y^2)$

9.9 由不可压平面流动满足

$$\frac{\partial v_x}{\partial x} + \frac{\partial v_y}{\partial y} = 0$$

$$\frac{\partial v_y}{\partial y} = -\frac{\partial^2 f}{\partial x \partial y}, \quad v_y = -\frac{\partial f}{\partial x} + c$$

又 $y = 0$ 是一条流线,即 $y = 0$, $v_y = 0$。

所以　　　　　　　$c = \left(\dfrac{\partial f}{\partial x}\right)_{y=0}$, $v_y = \dfrac{\partial f}{\partial x} + \left(\dfrac{\partial f}{\partial x}\right)_{y=0}$

9.10 为无旋流动,$y - 3x = c$

9.11 圆板上表面受力　　　　　$F_{上} = \rho g(H - h)\pi r_1^2$

由连续方程　　　　　　　　　$Q = 2\pi r h v_r$, $v_r = \dfrac{Q}{2\pi r h}$

$p + \dfrac{\rho v^2}{2} = \text{const}$ 在$(0,0)$处　　　$p_{相} = 0$, $v = v_x = 0$

则　　　　　　　　　　　　　$c = 0$, $p = -\dfrac{\rho}{2}\dfrac{Q^2}{4\pi^2 r^2 h^2}$

下表面受力　　$F_{下} = \displaystyle\int_{r_2}^{r_1} p 2\pi r \,\mathrm{d}r = -\dfrac{\rho}{2}\dfrac{Q^2}{4\pi^2 h^2}\int_{r_2}^{r_1}\dfrac{2\pi r}{r^2}\,\mathrm{d}r = -\dfrac{\rho Q^2}{4\pi h^2}\ln\dfrac{r_1}{r_2}$

所以板受力　　$F = F_{上} - F_{下} = \rho g \pi\left[(H - h)r_1^2 + \dfrac{Q^2}{4\pi^2 g h^2}\ln\dfrac{r_1}{r_2}\right]$

第十章

10.4 $\tau_{xy} = 0.04$ Pa, $\tau_{yz} = 0.04$ Pa, $\tau_{zx} = 0.05$ Pa

10.5 $\tau_{xx} = 0.04$ Pa, $\tau_{yy} = -0.04$ Pa, $\tau_{zz} = 0$

10.6 $p = -\dfrac{1}{2}\rho(x^2 + y^2) + c$

10.7 (1) 当 $Q = 0$ 时, $\dfrac{\mathrm{d}p}{\mathrm{d}x} = 4.8 \times 10^3$ Pa/m (2) $v_{(y)} = 200y$ m/s$(0 \leqslant y \leqslant 2.5 \times 10^{-3}$ m$)$

10.8 当 $y = 0.071$ 时, $v_{(y)}$ 取最值 $v_{(y)\max} = 4.5$ m/s

10.9 $\Delta E = 0.12$ J

10.10 (1)$\delta/\delta^* \delta = 2$, $\delta^{**} = \dfrac{\delta}{6}$, (2)$\delta/\delta^* = 3$, $\delta^{**} = \dfrac{2\delta}{15}$, (3)$\delta/\delta^* = \dfrac{\pi}{\pi - 2}$, $\delta^{**} = \dfrac{4 - \pi}{2\pi}\delta$

10.11 (1)$\delta = 3.46 \times 10^{-3}$ m, $X_f = 3.05$ N

湍流附面层 $\qquad\qquad\qquad \delta = 0.03$ m, $X_f = 19.7$ N

比较可得:湍流附面层的厚度比层流附面层增加的快得多,湍流附面层比层流附面层要厚得多。

湍流附面层的阻力比层流的阻力要大得多,从减小阻力来看,层流附面层要优于湍流附面层。

(2)$X_f = 124.035$ N

10.12 $x_f = 6.98 \times 10^6$ N

参考文献

[1] 潘锦珊. 气体动力学基础[M]. 北京:国防工业出版社,1989.

[2] 王新月,杨青真. 热力学与气体动力学基础[M]. 西安:西北工业大学出版社,2004.

[3] 童秉纲,孔祥言,邓国华. 气体动力学[M]. 北京:高等教育出版社,1989.

[4] Magnus Retal. Flow over awfoils in the cransonic regine—preditlon of Buffet onset. Volume 1,AD709377.

[5] White F M. Viscous fluid flow[M]. New York:McGraw-Hill,1974.

[6] 邢宗文. 流体力学基础[M]. 西安:西北工业大学出版社,1990.

[7] 周光坰,等. 流体力学:上册[M]. 2 版. 北京:高等教育出版社,2001.

[8] 张也影. 流体力学[M]. 2 版. 北京:高等教育出版社,2004.

[9] 景思睿,张鸣远,流体力学基础[M]. 西安:西安交通大学出版社,2004.

[10] Anderson J D, Jr. Modern compressible flow [M]. New York:McGraw-Hill Book Company, 1982.

[11] Finnemore E J, Franzini J B. Fluid mechanics with engineering applications [M]. 北京:清华大学出版社,2003.

[12] 瞿章华,刘伟,等. 高超声速空气动力学[M]. 长沙:国防科技大学出版社,2001.